CONGRÈS

GÉOLOGIQUE INTERNATIONAL

COMPTE RENDU

DE LA

VII SESSION, ST. PÉTERSBOURG, 1897

ST. PÉTERSBOURG

Imprimerie de M. Stassuléwitsch, Was. Ostr., 5 ligne, 28

1899

Печатано по распоряженію Геологическаго Комитета.

L'AUGUSTE PROTECTEUR

DU CONGRÈS

Sa Majesté Impériale

L'EMPEREUR NICOLAS II.

AVANT-PROPOS.

Le VII Congrès Géologique International a décidé que les comptes-rendus des Congrès devront être publiés dans le courant des deux années qui suivront les sessions, mais comme toutes les mesures ont été prises pour hâter l'impression de ce volume, nous sommes à même de le publier six mois avant l'écoulement du terme fixé. Nous voulions par cet empressement donner la possibilité aux diverses Commissions chargées de travaux par le Congrès, de mettre à profit les matériaux présentés et élaborés dans la 7-e Session.

Nous avons divisé le volume en trois parties:

La première contient les travaux préparatoires du Comité d'organisation et les circulaires officielles, adressées par le Comité.

La seconde comprend le séjour des congressistes à St. Pétersbourg, les procès-verbaux des séances, les rapports des Commissions et l'aperçu des objets exposés pendant le Congrès. Il ne nous a pas paru inutile d'y inclure le récit sommaire des excursions qui ont eu lieu avant, pendant et après la Session. Dans l'espoir que cet historique ne serait pas dénué d'intérêt, nous nous sommes efforcés de présenter non seulement tous les succès, mais aussi tous les mécomptes des voyages, et d'exposer aussi exactement que possible les discussions qui se sont élevées sur place à propos de tel ou tel phénomène géologique. Pour avoir les données les plus justes sur la marche des excursions, nous nous sommes adressés au directeur de chacune d'entre elles. Nous nous plaisons à reconnaître ici toute l'amabilité que nous avons rencontrée en chacun de nos collègues. Nous avons malheureusement quelques lacunes à constater relativement aux excursions du Caucase et de Crimée, les directeurs n'ayant sans doute pas eu le temps de rédiger leurs relations à ce sujet.

La troisième partie renferme les mémoires écrits sur les questions proposées dans les circulaires du Comité d'organisation, ainsi que les communications faites dans les séances du Congrès. Les bornes dans lesquelles nous devions nous tenir ne nous ont pas permis d'insérer dans ce volume quelques mémoires remis au Comité, mais non référés dans le cours de la Session. Cette ommission se justifie d'ailleurs par le fait que quelques-uns de ces mémoires ont déjà paru dans certains journaux périodiques.

Pour accélérer l'impression, nous avons admis une pagination double: dans la première et la seconde partie, les pages sont en chiffres romains; dans la troisième, en chiffres arabes.

Nous n'avons pas cru nécessaire d'ajouter un index alphabétique, la table des matières étant assez complète pour permettre de s'orienter facilement dans la lecture du livre.

Nous ne pouvons terminer notre Compte-rendu sans exprimer la plus sincère reconnaissance des géologues russes envers leurs collègues étrangers qui ont si chaleureusement et affectueusement répondu à l'amical appel que nous leur avions adressé de visiter notre pays. Le meilleur voeu que nous pussions ici former, ce serait de penser que notre Compte-rendu fût comme un monument élevé aux intérêts scientifiques et à la profonde sympathie qui n'ont cessé, dans tout le parcours du vaste territoire de la Russie, de faire de tous les géologues autant de frères.

Les secrétaires généraux: *Th. Tschernyschew.*
C. de Vogdt.

TABLE DES MATIÈRES.

AVANT-PROPOS.

PREMIÈRE PARTIE.

(Historique).

DEUXIÈME PARTIE.

A. COMPOSITION DU CONGRÈS.

B. PROCÈS-VERBAUX.

1. Procès-verbaux des séances du conseil.

2. Procès-verbaux des assemblées générales.

TROISIÈME PARTIE.

PREMIÈRE PARTIE.

HISTORIQUE.

L'idée de réunir le Congrès géologique en Russie fut exprimée pour la première fois à la session de Londres. Les représentants de notre Empire y furent priés de soumettre au Gouvernement le désir unanime des géologues de tous les pays de tenir une des prochaines assemblées internationales à St-Pétersbourg. Sa Majesté l'Empereur Alexandre III daigna accueillir favorablement ce désir et au Congrès de Washington il fut donné connaissance du télégramme suivant, envoyée par A. Karpinsky, directeur du Comité Géologique:

> „Le Comité Géologique de Russie a l'honneur d'informer le Congrès que par l'ordre de Sa Majesté l'Empereur il est autorisé à déclarer le consentement du Gouvernement russe à l'invitation de la VII session du Congrès géologique international à St.-Pétersbourg. En invitant les géologues de toutes les nations à visiter la Russie en 1897, le Comité Géologique fera tout son possible pour rendre leur séjour dans notre pays plein d'intérêt scientifique et agréable".

Le délégué officiel du Gouvernement russe présent au Congrès de Washington, Th. Tschernyschew, eut l'honneur d'ajouter au nom des géologues de sa patrie qu'ils feraient tout ce qui serait en leur pouvoir pour organiser des excursions intéressantes à travers le vaste territoire de l'Empire.

Dès lors les géologues russes procédèrent aux préparatifs nécessaires pour recevoir dignement le Congrès et se mirent à élaborer le programme des excursions. Les excursions à grande échelle se présentant comme le moyen le plus simple pour faire connaître à nos hôtes les résultats des travaux géologiques faits en Russie, il fut résolu d'organiser de pareilles excursions dans les régions les plus intéressantes au point de vue géologique. Un des obstacles les plus graves que nous avions à vaincre pour faire prendre une connaissance rapide de la structure de la Russie, c'était l'absence d'une carte géologique générale composée sur les données fournies par les explorations de nos géologues après la publication des petites cartes de Murchison et de Helmersen. Il fallut y suppléer en publiant notre carte géologique au 1:2520000; la comparaison de cette carte avec celles de Murchison et de Helmersen mit aussitôt en évidence toute l'importance des progrès atteints dans la géologie de la Russie pendant ces dernières vingt-cinq années.

Au Congrès de Zürich, dans l'assemblée générale du 1 septembre 1894, Mr. Karpinsky répéta l'invitation de se réunir en septième session à St. Pétersbourg et annonça le programme général des excursions que l'on se proposait de faire dans l'Oural et le Caucase, la première avant, la seconde après la session.

Le Comité d'organisation du 7-me Congrès, élu à Zürich avec pouvoir de se compléter à son gré, se composait primitivement du président A. Karpinsky et des membres MM. Dokoutchaïew, Khroustchow, Lagorio, Lahusen, Loewinson-Lessing, Michalski, Möller, Nikitin, Pavlow, Fr. Schmidt et Tschernyschew.

Le Comité ainsi composé décida dans sa première séance d'inviter à prendre part aux travaux de l'organisation du Congrès les personnes qui sont énumérées dans la première circulaire envoyée en son temps aux géologues, aux Instituts géologiques, aux différentes Sociétés, aux Universités et aux Académies.

Avec le gracieux assentiment de Sa Majesté l'Empereur, Son Altesse Impériale, Monseigneur le Grand-Duc Constantin Constantinowitch, Président de l'Académie Impériale des Sciences, daigna accepter la présidence honoraire du Comité d'organisation. Son Altesse Impériale, Monseigneur le Grand-Duc Serge Alexandrowitch et Son Altesse Impériale Madame la Princesse Eugénie Maximilianovna d'Oldenbourg daignèrent s'adjoindre au Comité en qualité de membres honoraires, ainsi que le Prince Golitzin, Commandant en chef des administrations civile et militaire du Caucase, le Comte Délianow, Ministre de l'Instruction publique, le Conseiller privé actuel Ermolow, Ministre de l'Agriculture et des Domaines de l'Empire et le Prince Khilkow, Ministre des Voies de communication.

Malgré la grande distance qui séparait les membres du Comité d'organisation, plusieurs d'entre eux se firent un devoir d'assister aux réunions du Comité et de prendre part à l'élaboration du règlement qui devait servir de base aux excursions et aux occupations des géologues durant la session. Ces bases ayant été portées par nos circulaires à la connaissance des membres du Congrès, nous jugeons inutile de les répéter ici.

Vu la difficulté de se réunir souvent tous ensemble, le Comité d'organisation élut un bureau à qui fut confiée la gestion des affaires du Congrès. On trouvera plus bas, dans la première circulaire, les noms des membres de ce bureau.

Th. Tschernyschew fut nommé secrétaire du Comité d'organisation et, sur sa déclaration que le grand travail dont il était chargé nécessitait un second secrétaire, Mr. Androussow voulut bien se mettre à sa disposition. Mais bientôt

Mr. Androussow, nommé professeur à l'université de Iouriew, fut obligé de renoncer à cette charge et d'un consentement unanime C. de-Vogdt fut élu second secrétaire.

Avant la réunion du Congrès, le Comité d'organisation eut la douleur de perdre trois de ses membres: le général Stebnitsky, le professeur Golovkinsky et l'ingénieur des mines Barbot de Marny.

Au moment de l'ouverture du Congrès le Comité était composé comme suit:

Président d'honneur:

Son Altesse Impériale, Monseigneur le Grand-Duc Constantin Constantinowitch, Président de l'Académie Impériale des Sciences.

Membres honoraires:

Son Altesse Impériale, Monseigneur le Grand-Duc Serge Alexandrowitch, Général-Gouverneur de Moscou.

Son Altesse Impériale, Madame la Princesse Eugénie Maximilianovna d'Oldenbourg, Présidente de la Société Impériale de Minéralogie.

Son Excellence M. A. Ermolow, Ministre de l'Agriculture et des Domaines de l'Empire.

Son Excellence M. le Comte I. Délianow, Ministre de l'Instruction publique.

Son Excellence M. le Prince M. Khilkow, Ministre des Voies de communication.

Son Excellence M. le Prince G. Golitzin, Commandant en chef des administrations civile et militaire du Caucase.

Président:

A. Karpinsky, Directeur du Comité Géologique, Membre de l'Académie des Sciences de St.-Pétersbourg.

Membres:

Amalitzky, Wl., Prof. de géologie à l'Université de Varsovie.

Androussow, N., Prof. à l'Université de Iouriew.

Anoutchine, Dm., Prof. à l'Université de Moscou.

Armachevsky, P. J., Prof. de minéralogie à l'Université de St.-Wladimir, Kiew.

Berghell, H., Dr. phil., Géologue de la Commission Géologique de Finlande, Helsingfors.

Brio, A., Prof. à l'Université de Kharkow.

Dokoutchaïew, W., Prof. de minéralogie à l'Université de St.-Pétersbourg.

Fédorow, E., Prof. de minéralogie à l'Académie Agricole de Moscou.

Frosterus, B., Dr., Géologue de la Commission Géologique de Finlande, Helsingfors.

Gourow, Al., Prof. de géologie à l'Université de Kharkow.

Iéréméew, P., Membre de l'Académie des Sciences de St.-Pétersbourg.

Inostrantzew, Al., Dr., Prof. à l'Université de St.-Pétersbourg.

Karakasch, N., Conservateur du Musée géologique de l'Université de St.-Pétersbourg.

Khroustchow, K., Prof. de minéralogie à St.-Pétersbourg.

Kolenko, B., Piatigorsk.

Konchin, A., Ingénieur des mines, Tiflis.

Krasnopolsky, A., Ingénieur des mines, Géologue en chef du Comité Géologique, St.-Pétersbourg.

Krotow, P., Prof. à l'Université de Kazan.

Lagorio, A., Prof. de minéralogie à l'Université de Varsovie.

Lahusen, J., Prof. de paléontologie à l'Institut des mines, St.-Pétersbourg.

Loewinson-Lessing, F., Prof. de minéralogie à l'Université de Iouriew.

Loutougin, L., Ingénieur des mines, Géologue du Comité Géologique, St.-Pétersbourg.

de Manziarli, E., Ingénieur des mines, Kharkow.

Michalski, A., Ingénieur des mines, Géologue en chef du Comité Géologique, St.-Pétersbourg.

Moeller, V., Ingénieur des mines, Directeur de l'Institut des mines, St.-Pétersbourg.

Mouchkétow, J., Prof. de géologie à l'Institut des mines, St.-Pétersbourg.

Nikitin, S., Géologue en chef du Comité Géologique, St.-Pétersbourg.

Pavlow, A. P., Prof. de géologie à l'Université de Moscou.

Pavlow, A. W., Assist. de géologie à l'Université de Moscou.

Pavlow, M., M-me, Moscou.

Pleske, Th., St.-Pétersbourg.

Prendel, R., Prof. de minéralogie à l'Université d'Odessa.

Radde, G., Directeur du Musée d'Histoire Naturelle, Tiflis.

Ramsay, W., Dr. philosoph., Helsingfors.

Romanovsky, G., Ingénieur des mines, St.-Pétersbourg.

Rosen, baron F., Prof. de minéralogie à l'Université de Kazan.

Rouguévitch, K., Ingénieur des mines, Piatigorsk.

Schmidt, Fr., Membre de l'Académie des Sciences, St.-Pétersbourg.

Séderholm, J., Directeur de la Commission Géologique de Finlande, Helsingfors.

Sibirtzew, N., Prof. à l'Institut agricole et forestier, Novaïa Alexandria.

Simonovitch, S., Tiflis.

Sintzow, J., Prof. de géologie à l'Université d'Odessa.

Sokolow, N., Géologue en chef du Comité Géologique, St.-Pétersbourg.

Sokolow, W., Cand. des sc. nat., Moscou.

Stuckenberg, A., Prof. de géologie à l'Université de Kazan.

Théophilaktow, C., Prof. à l'Université de Kiew.

Tigerstedt, A., Ingénieur des mines, Helsingfors.

Tillo, A., Général-Lieutenant, St.-Pétersbourg.

Toll, baron E., Géologue du Comité Géolog., St.-Pétersbourg.

Tschernyschew, Th., Membre de l'Académie des Sciences, Géologue en chef du Comité Géologique, St.-Pétersbourg.

Tzébrikow, W., Moscou.

Tzvétaïew, M., M-lle, Moscou.

Vénukow, P., Prof. de Géologie à l'Université de Kiew.

Vernadsky, W., Prof. de minéralogie à l'Université de Moscou.

de-Vogdt, C., Conservateur au Cabinet géologique de l'Université de St.-Pétersbourg.

Wiik, F., Prof. de minéralogie à l'Université d'Helsingfors.

Zaytzew, A., Prof de minéralogie à l'Université de Tomsk.

Le Bureau du Comité.

Président:	A. Karpinsky.
Vice-président:	A. Inostrantzew.
Secrétaires:	Th. Tschernyschew.
	C. de-Vogdt.
Trésorier:	A. Michalski.
Membres du Conseil:	N. Androussow.
	J. Lahusen.
	F. Loewinson-Lessing.
	A. Michalski.
	S. Nikitin.
	A. Pavlow
	N. Sokolow.
	Fr. Schmidt.
	E. Toll, baron.

Au printemps de 1896 les travaux préparatoires étaient déjà si avancés que le Comité d'organisation put autoriser le bureau de publier la 1-ère circulaire.

Congrès Géologique International.

7-me session. Russie 1897.

1-re circulaire.

Le V Congrès Géologique International à Washington reçut l'invitation de Sa Majesté l'Empereur de se réunir en VII session à St. Pétersbourg.

Le Congrès de Zürich résolut définitivement que la VII réunion du Congrès aurait lieu à St. Pétersbourg.

Par vote unanime A. Karpinsky, directeur du Comité Géologique de Russie, fut élu président du Comité d'organisation, membres duquel furent nommés les membres du Comité Géologique (B. Dokoutschaïew, P. Iérémécw, A. Inostrantzew, A. Krasnopolsky, A. Michalski, P. Mouchkétow, I. Lahusen, S. Nikitin, N. Sokolow, Fr. Schmidt, Th. Tschernyschew) et les professeurs russes qui se trouvaient présents au Congrès de Zürich (C. Khroustchow, A. Lagorio, F. Loewinson-Lessing, A. Pavlow). En même temps il fut décidé de compter membres du Comité d'organisation toutes les personnes que le Comité trouverait nécessaire de s'adjoindre.

Dans une séance préparatoire le Comité a résolu d'appeler à prendre part à l'organisation du Congrès les professeurs de géologie, de paléontologie et de minéralogie des Universités et Ecoles Supérieures de la Russie, Mr. Séderholm, directeur de la Commission géologique de Finlande et les autres géologues finlandais, enfin quelques personnes dont la collaboration était à désirer.

Le Comité d'organisation a résolu, d'une voix unanime, d'adresser à Son Altesse Impériale M-gr le Grand-Duc Constantin Constantinovitch, Président de l'Académie Impériale des Sciences, la prière de daigner accepter le titre de Président honoraire, faveur à laquelle Sa Majesté l'Empereur a gracieusement donné Son consentement.

La composition du Comité est la suivante:

Président d'honneur:

Son Altesse Impériale M-gr le Grand-Duc Constantin Constantinovitch. Président de l'Académie Impériale des Sciences.

Président:

A. Karpinsky. Directeur du Comité Géologique.

Membres:

Androussow N., St. Pétersbourg.
Anoutchine D., Moscou.
Amalitzky V., Varsovie.
Armachevsky P., Kiew.
Berghell H., Helsingfors.
Brio A., Kharkow.
Dokoutchaïew B., St. Pétersbourg.
Fédorow E., Moscou.
Frosterus B., Helsingfors.
Golovkinsky N., Alouchta.
Gourow A., Kharkow.
Iéréméew P., St. Pétersbourg.
Inostrantzew A., St. Pétersbourg.
Karakasch N., St. Pétersbourg.
Khroustchow C., St. Pétersbourg.
Kolenko B., Piatigorsk.
Konchin A., Tiflis.
Krasnopolsky A., St. Pétersbourg.
Krotow P., Kazan.
Lagorio A., Varsovie.
Lahusen J., St. Pétersbourg.
Loewinson-Lessing F., Iouriew.
Loutougin L., St. Pétersbourg.
Manziarli de Dellinisti S., Bakmouth.
Michalski A., St. Pétersbourg.
Moeller V., St. Pétersbourg.
Mouchkétow J., St. Pétersbourg.
Nikitin S., St. Pétersbourg.
Pavlow A. P., Moscou.
Pavlow A. B., Moscou.
Pavlow Marie, Moscou.
Pleske Th., St. Pétersbourg.
Prendel R., Odessa.
Radde G., Tiflis.
Ramsay W., Helsingfors.
Romanovsky G., St. Pétersbourg.
Rosen, baron, F., Kazan.
Rouguévitch K., Piatigorsk.
Schmidt Fr., St. Pétersbourg.
Séderholm J., Helsingfors.
Sibirtzew N., Novaïa Alexandria.
Simonovitsch S., Tiflis
Sintzow J., Odessa.
Sokolow N., St. Pétersbourg.
Sokolow V., Moscou.
Stebnitzky J., St. Pétersbourg.
Stuckenberg A., Kazan.
Théophilaktow C., Kiew.
Tigerstedt A., Helsingfors.
Tillo A., St. Pétersbourg.
Toll, baron, E., St. Pétersbourg.
Tschernyschew Th., St. Pétersbourg.
Tzébrikow V., Moscou.
Tzvétaïew Marie, Moscou.
Vénioukow P., Kiew.
Vernadsky V., Moscou.
de-Vogdt C., St. Pétersbourg.
Wilk F., Helsingfors.
Zaytzew A., Tomsk.

Le bureau, élu par acclamation, se compose des membres suivants:

Président: A. Karpinsky.
Vice-président: A. Inostrantzew.
Secrétaires: Th. Tschernyschew. N. Androussow.
Trésorier: A. Michalski.
Membres du Conseil: J. Lahusen.
Th. Loewinson-Lessing.
A. Michalski.
S. Nikitin.
A. Pavlow.
N. Sokolow.
Fr. Schmidt.
E. Toll, baron.

Dans les séances du 7/19 Avril 1895 et du 3/15 Janvier 1896 le Comité a adopté le règlement suivant concernant l'organisation du VII Congrès Géologique International:

Session:

1) Les séances du congrès se tiendront à St. Pétersbourg vers la fin du moi d'août (nouveau style).

2) La session durera à peu près huit jours.

3) Les séances ne seront pas tenues par sections comme à Zürich.

4) Les séances seront particulièrement consacrées à des questions de principes dont la discussion, à l'état actuel de la science géologique, peut conduire à des résultats satisfaisants. (Il est désirable que des communications soient faites sur les importants travaux géologiques entrepris en Russie, dont les résultats ne peuvent encore être publiés; sur les explorations portant en Russie un caractère particulier (études sur le sol, sur de nouvelles méthodes d'études scientifiques non publiées etc.).

5) Pour donner aux géologues étrangers et russes la possibilité de faire des communications sur leurs nouvelles découvertes, nouveaux instruments etc., le Comité se propose d'organiser au besoin des réunions spéciales, en concordance avec celles des diverses Sociétés scientifiques assemblées pendant la durée du Congrès.

6) Des salles seront mises à la disposition des membres du Congrès qui voudront exposer des cartes géologiques, profils, échantillons etc.

Excursions:

Ainsi qu'il avait été annoncé au Congrès du Zürich, on organisera 1) des excursions spéciales qui auront pour but de visiter des localités intéressantes au point de vue géologique et d'étudier des dépôts spéciaux; 2) deux grandes excursions générales.

La première des grandes excursions, spéciale par rapport à l'Oural, générale relativement aux régions qu'on devra traverser pour arriver à cette chaîne, aura lieu avant l'ouverture du Congrès (du 17/29 juillet au 10/22 août), sous la direction de A. Karpinsky, S. Nikitin, Th. Tschernyschew, A. Krasnopolsky, A. Stuckenberg. On partira de Moscou et l'on suivra l'itinéraire: Riazan, Penza, Syzran, Samara, Oufa, Zlatooust, Tchéliabinsk, Kychtym, Ekathérinebourg, Taguil, Kouchva, Perm, Kazan, Nijni-Novgorod, Moscou, St. Pétersbourg.

Pour les géologues qui s'intéressent à la région de la Volga il sera organisé une variation de cette excursion: les participants visiteront, sous la direction de S. Nikitin, les rives de la Volga depuis Samara jusqu'à Kazan, où ils rejoindront l'excursion revenant de l'Oural.

En même temps que se fera l'excursion à l'Oural, une autre, dirigée par Fr. Schmidt, ira en Esthonie, où les géologues prendront connaissance du cambrien, du silurien et des formations glaciaires. L'excursion durera à peu près 12 jours.

Enfin on se propose d'organiser avant l'ouverture du Congrès une excursion de 6 à 7 jours pour visiter la Finlande (sous la direction de M-rs Sederholm et Ramsay). L'itinéraire sera: St. Pétersbourg, Vybourg, Imatra. Vilmanstrand, Tammerfors, Helsingfors, Hochland. On examinera principalement les roches cristallines et les formations glaciaires.

Après la clôture du Congrès se fera une excursion lointaine d'après le programme suivant:

1) Départ de St. Pétersbourg; visite de Moscou et de ses environs.

Division en trois sections:

Section A.	*Section B.*	*Section C.*
2) De Moscou au bassin du Donetz; étude des sédiments carbonifères dans la région de Moscou, Kharkow etc. Bassin du Donetz (sous la direction de Th. Tschernyschew et L. Loutougin). Voyage à Wladikavkaz et visite des eaux minérales.	2) De Moscou à Nijni-Novgorod; voyage par la Volga en bateau à vapeur; voyage à Wladikavkaz (sous la direction de A. Pavlow, V. Amalitzky).	2) De Moscou à Kiew; voyage par le Dniépr et voyage à Wladikavkaz (sous la direction de N. Sokolow et de C. Théophilaktow).

Les trois sections ensemble, après réunion à Wladikavkaz.

3) De Wladikavkaz à Tiflis par la Route militaire de Géorgie: visite des glaciers (sous la direction de F. Loewinson-Lessing).

4) Tiflis et Bakou (sous la direction de S. Simonowitch, A. Konchin et I. Sjögren).

5) Tiflis—Batoum; visite du Tkviboul (sous la direction de S. Simonowitch).

6) De Batoum à Kertch.

7) Kertch et autres parties de la Crimée (sous la direction de N. Androussow, A. Lagorio, N. Golovkinsky, C. de-Vogdt et N. Karakasch).

8) Sébastopol.—Clôture définitive du Congrès.

Toute l'excursion (de St. Pétersbourg jusqu'à Sébastopol) durera à peu près un mois.

En outre sont projetées les variations suivantes:

a) Etude du bassin du Donetz et visite de quelques localités de la Russie méridionale, intéressantes au point de vue minier (sous la direction de Th. Tschernyschew, L. Loutougin et A. Gourow). Cette variation prendrait 11 jours, si les participants rejoignent, par Grosny et Pétrovsk, l'excursion principale à Bakou, et 21 à 22 jours s'ils ne se dirigent pas au Caucase et vont directement en Crimée.

b) Excursion de Piatigorsk: visite du glacier Guénal-don (sous la direction de B. Kolenko).

c) De Kislovodsk à l'Elborous (sous la direction de M-rs Rouguévitch et Karakasch).

Remarque: Les personnes qui prendraient part à l'excursion *c*) n'auraient pas le temps de faire des observations sur la Route militaire de la Géorgie et ne seraient point à Bakou.

d) Excursion au lac Gokhtcha et au mont Ararat (sous la direction de M-rs Arzruni et Loewinson-Lessing).

e) Excursion de Koutaïs en remontant le Rion jusqu'au glacier Mamissky (sous la direction de M-r Simonovitch).

Remarque: Les participants aux excursions *d* et *e* termineraient leur voyage au Caucase.

f) Les excursions en Crimée, proposées par M-rs Golovkinsky, Androussew, Karakasch, Lagorio et de-Vogdt, pourraient être simultanées de l'excursion au Caucase.

Dans le cas qu'un assez grand nombre de géologues exprimeront le désir de visiter le Caucase sans s'arrêter ni au centre, ni au sud de la Russie, le Comité d'organisation s'empressera d'organiser une excursion spéciale au Caucase qui prendra une vingtaine de jours.

Vous soumettant le plan des excursions projetées, le Bureau a l'honneur de vous prier, Monsieur, de vouloir bien l'informer, avant le mois d'octobre, à laquelle des excursions vous désirerez prendre part.

En automne le Bureau aura l'honneur de vous envoyer le plan détaillé des excursions (avec l'estimation approximative des frais).

Le Comite d'organisation se fait un plaisir de porter à votre connaissance que Sa Majesté l'Empereur, sur le rapport de son Excellence le Ministre des Voies de communication, a daigné accorder à tous les géologues (qui auront assuré à temps leur concours aux travaux du Congrès) des billets donnant droit au trajet gratuit, en première classe des chemins de fer russes, durant leur séjour en Russie avant et après la session du Congrès (y compris les excursions).

Au nom du Comité général d'organisation

Le Bureau:

A. Karpinsky, président.

Th. Tschernyschew, secrétaire général.

Dans l'été de 1896 les directeurs des différentes excursions, après avoir visité toutes les localités désignées dans les itinéraires à suivre, fournirent au Comité d'organisation les données qui permettaient dès lors au bureau de se mettre en relation avec les administrations et les personnes dont pouvait dépendre le succès de nos excursions. Partout les organisateurs trouvèrent à leurs démarches un chaleureux accueil et le succès qu'obtinrent les excursions avant comme après le Congrès doit être entièrement attribué à la prévenance et à la générosité que nous témoignèrent les administrations de l'Etat, des différentes villes, des entreprises particulières et leurs hauts fonctionnaires. Dans la description des excursions se trouveront les noms des administrations et des personnes à qui nous devons surtout cet heureux succès.

Ce fut en automne 1896 que se terminèrent avec les différents Ministères les pourparlers qui pouvaient faciliter aux géologues étrangers le passage de la frontière et leur voyage en Russie.

C'est aussi à la même époque que le nombre des réponses reçues par le Comité à la 1-ère circulaire permit de faire le calcul approximatif des moyens de transport dont on aurait besoin dans les excursions. Il se trouva que les demandes de participation aux excursions étaient bien plus nombreuses que le Comité ne s'y attendait. Il devenait dès lors très difficile de laisser sans changement le programme primitivement élaboré et, si l'on parvint à le maintenir, ce ne fut que grâce à la bienveillance du Prince Khilkow, Ministre des Voies de communication, ainsi que du département des chemins de fer et de l'administration des chemins de fer de l'Etat placés sous sa haute direction, et grâce au large concours du sénat de la Finlande, du Prince Golitzin, Commandant en chef de l'Administration civile et militaire du Caucase, de Son Excellence M. Ermolow, Ministre de l'Agriculture et des Domaines de l'Empire, et de toutes les personnes privées qui ne s'arrêtèrent devant aucune dépense pour réaliser les excursions projetées.

Lorsque les détails des excursions se furent suffisamment éclaircis, le Comité publia sa seconde circulaire:

Congrès Géologique International.

7-me session. Russie 1897.

2-me circulaire.

Comme supplément à notre première circulaire, expédiée en été 1896, nous avons l'honneur de vous soumettre les détails suivants concernant le séjour de la 7-me session du Congrès International à St. Pétersbourg et les excursions qu'on se propose d'organiser avant et après la session.

Les séances du Congrès auront lieu à St. Pétersbourg du 17 (29) août au 23 août (4 sept.) dans le local de l'Académie Impériale des Sciences. Relativement au programme des occupations du Congrès, le Comité d'organisation s'est mis en rapport avec le président et le secrétaire de la commission permanente, établie par la session de Londres et chargée de préparer les questions qu'il serait désirable de soumettre à la discussion. Aussitôt que ce programme sera définitivement arrêté, nous nous empresserons de l'adresser par circulaire à tous les géologues.

Comme nous avons déjà eu l'occasion de le dire dans notre première circulaire, une salle spéciale sera assignée à l'exposition de cartes géologiques. profils, éditions, collections, instruments etc. Le Comité d'organisation, après entente avec le Ministère des Finances, se fait un plaisir de faire connaître que tous les objets destinés à l'exposition et portant l'adresse du Congrès (Russie, St. Pétersbourg, Exposition du Congrès Géologique International) pourront, sans avoir été soumis à aucune inspection douanière à la frontière, arriver à St. Pétersbourg, où ils seront déballés en présence de personnes désignées par le Comité.

Pour faciliter les formalités du visa des passeports des géologues se rendant à notre Congrès, le Comité d'organisation s'est mis en rapport avec le Ministère des Affaires étrangères qui a mandé à tous les consulats russes de l'étranger d'adoucir, à l'égard de chacun des géologues participants, les formalités du visa, sur présentation d'une carte de membre du Congrès. Au passage de la frontière il suffira d'exhiber la même carte aux employés de la douane, auxquels il aura été ordonné de faciliter autant que possible les formalités de douane.

Tous les géologues qui auront acquitté le montant de leur cotisation, recevront un billet personnel leur donnant droit au trajet gratuit en première classe des chemins de fer russes et finlandais. Prenant en considération que ces billets doivent être préparés et répartis en temps opportun, le Comité d'organisation prie les personnes désireuses de prendre part au Congrès de verser leur cotisation avant le 15 (27) mars de l'année courante.

La cotisation donnant droit de participation à la 7-me session du Congrès a été fixée à 5 roubles = 10 marcs = 12 francs = 10 shil. Cette somme devra être adressée au nom de notre caissier:

A. O. Michalski, géologue du Comité Géologique (Comité Géologique. St. Pétersbourg. Wassili Ostrow, 4-me Ligne).

Chacun des membres du Congrès recevra dans la suite l'ouvrage imprimé des travaux de la 7-me session du Congrès international.

Le programme définitif des excursions qui se feront, tant avant qu'après la session, a été arrêté comme suit:

I. Excursions avant le Congrès [1].

A. Excursion à l'Oural.

Les directeurs des excursions seront: du 16 (28) juillet au 22 juillet (3 août) S. Nikitin; du 22 juillet (3 août) au 31 juillet (12 août) Th. Tschernyschew, et dans les mines de minéraux, du 29 juillet (10 août) au 30 juillet (11 août) A. Arzruni; du 31 juillet (12 août) au 5 (17) août A. Karpinsky; du 6 (18) août au 8 (20) août Th. Tschernyschew; du 10 (22) août jusqu'à l'arrivée à Nijni-Novgorod et St. Pétersbourg A. Stuckenberg et S. Nikitin.

Réunion des excursionnistes à Moscou le 17 (29) juillet.

Les personnes désirant prendre part aux excursions dans les environs de Moscou avant l'ouverture du Congrès, sont invitées à se trouver le matin du 16 (28) juillet à Moscou, où l'on se propose de faire les excursions suivantes: Le 16 (28) juillet — visite du Kremlin et des montagnes Worobiowy (Montagnes des Moineaux). Le 17 (juillet – Dorogomilowo et Mniowniki. Le 18 (30) juillet—Miatchkowo.

18 (30) juillet au soir. Départ de Moscou par le chemin de fer de Riazan.

19 (31) juillet au matin. Riajsk

20 juillet (1 août) au matin. Syzran. Excursions aux environs de Syzran.

21 juillet (2 août). Samara, Course au Tzarew-Kourgan et aux montagnes Jégouli. Dans la nuit départ de Samara.

22 juillet (3 août). Arrêt à Slak ou Dawlekanowa. A midi départ pour Oufa. Coupes d'Oufa. Dans la nuit départ d'Oufa.

23 juillet (4 août). Station Acha. De là, à pied ou en chemin de fer, mais avec arrêts, jusqu'à la station Miniar. On passera la nuit à Miniar.

24 juillet (5 août). De Miniar à la station Simskaïa et de là, à cheval, à l'usine de Simsk. Alentours de l'usine. Retour à la station Simskaïa.

25 juillet (6 août). De la station Simskaïa par Yéral et Yakhia à Oust-Kataw (le trajet Yakhia à Oust-Kataw se fera à pied). Arrêt à Oust-Kataw.

26 juillet (7 août). D'Oust-Kataw à la station Wiazowaïa; de là, à cheval, à la mine de Bakal, où on passera la nuit.

27 juillet (8 août). Examen des gisements de Bakal. Le soir, à cheval, à l'usine de Satka et de là à la station Souléïa. Course à l'embarcadère de Satka (si le temps le permet).

28 juillet (9 août). De la station Souléïa à Slatooust. Examen des coupes de Kossotour et d'Ourenga.

[1]) Les participants à l'excursion de l'Oural, ayant à faire des trajets considérables en voitures ouvertes, feront bien de se munir d'une forte chaussure imperméable, de vêtements chauds et de manteaux imperméables.

29 juillet (10 août). Excursion au Grand Taganaï (Bolchoï Taganaï). Les géologues désireux de visiter les mines de minéraux y feront une excursion spéciale.

30 juillet (11 août). Course à l'usine de Koussa.

31 juillet (12 août). Départ de Slatooust pour franchir l'Oural. Arrêt à la station Ourjoum et visite du mont Alexandrovskaïa Sopka. De là à Mias. Visite des placers. Arrêt à Mias.

1 (13) août. Montagnes d'Ilmen et trajet à Tchéliabinsk. Un petit groupe d'excursionnistes partira de la station Bichkil visiter, sous la direction de N. Wyssotsky, les gisements d'or de Katchkar.

2 (14) août. Course aux mines de Wonliarlarski et visite des mines de Podwintsew et de Zélenkow du système de Katchkar. Kychtym.

3 (15) août. Mont Sougomak.

4 (16) août. Kychtym-Ekatherinebourg. Visite de la fabrique Impériale pour la taille des pierres.

5 (17) août. Les excursionnistes se diviseront en deux groupes; l'un ira visiter les mines d'or de Bérézowsk; l'autre traversera en bateau à vapeur le lac Werkh-Issetzky pour arriver au village Palkina (sous la direction de O. Clerc). Visite des gisements de minéraux d'Eugénie-Maximilianovna (sous la direction de A. Karnojitsky).

6 (18) août. D'Ekatherinebourg à Taguil. Montagne Wyssokaïa.

7 (19) août. Visite des mines de cuivre Miédnoroudniansky et du mont Lyssaïa. De Taguil aux mines de manganèse.

8 (20) août. Le matin de Taguil à Barantcha. Course à la montagne Sinaïa. Trajet à Kouchwa. Montagne Blagodat. On passera la nuit à Kouchwa.

9 (21) août. De Kouchwa à Oural et, par l'embranchement de Louniévskaïa à l'usine d'Alexandrovsk. La nuit à Perm.

10 (22) août. De Perm par la Kama en aval.

11 (23) août. Embouchure de la Biélaïa.

12 (24) août. Laïchew.

13 (25) août. Kazan. Réception à Kazan. Visite de la ville et de l'université. Dans la nuit on partira de Kazan pour arriver le lendemain matin de bonne heure à Kozmodémiansk.

14 (26) août. Trajet à Nijni-Novgorod.

15 (27) août au soir, ou 16 (26) août au matin, arrivée à St. Pétersbourg.

B. Excursion en Esthonie.

De St. Pétersbourg à Reval, au Port Baltique le long du chemin de fer baltique et à l'île de Dago.

L'excursion, sous la direction de Fr. Schmidt, se prolongera du 1 (13) au 15 (27) août.

C. Excursion en Finlande.

Sous la direction de I. Sederholm et W. Ramsáy.

Réunion des excursionnistes à Helsingfors le 9 (21) août au matin.

Départ à Tammerfors le 9 (21) août au soir, où on passera la nuit.

10 (22) août. Excursion en bateau à vapeur pour examiner les bords du lac Näsijärvi. La nuit à Tammerfors.

11 (23) août. Par le chemin de fer à Siuro: de là, à cheval, à Lavia. La nuit à Lavia.

12 (24) août. De Lavia à Tammerfors. La nuit à Tammerfors.

13 (25) août. Excursion aux environs de Tammerfors. Départ pour Lahtis, où on passera la nuit.

14 (26) août. Excursion à Messilä et retour à Lahtis. Départ pour Kotka, où on passera la nuit.

15 (27) août au matin, départ pour Hogland. Retour à Kotka et départ pour Wiborg, où on passera la nuit.

16 (28) août au matin, arrivée à St. Pétersbourg.

16 (28) août. Réunion préliminaire des membres du Congrès.

17 (29) août. Ouverture du Congrès.

23 août (4 septembre). Clôture du Congrès.

II. Excursions après le Congrès.

Excursion au Caucase.

Départ de St. Pétersbourg le 24 août (5 septembre) au soir.

25 août (6 septembre). Arrivée à Moscou. Séjour à Moscou.

Du 25 au 27 août, répétition des excursions aux environs de Moscou, pour les personnes qui voudraient y prendre part (voir les 3 premiers jours de l'excursion à l'Oural: Kremlin, Worobiowo, Dorogomilowo, Mniowniki, Miatchkowo).

Départ de Moscou en trois groupes [1].

Groupe A.	*Groupe B.*	*Groupe C.*
(Directeurs: le 28 août (9 sept.) S. Nikitin; le 29 août (10 sept.) A. Gourow: du 30 août (12 sept.) au 1 (13) septembre Th. Tschernyschew et L. Loutougin; le 2 (14) sept. K. Rouguéwitsch pour la première section, A. Konchin pour la seconde). 28 août (9 septem-	(Sous la direction de A. Pavlow et de W. Amalitzky). 26 août (7 septembre) au soir, départ de Moscou à Nijni-Novgorod. 27 août (8 septembre). Examen des coupes de Nijni-Novgorod. Le soir départ de Nijni. 28 août (9 septembre). Kazan. 29 août (10 septembre)	(Sous la direction de N. Sokolow. 27 août (7 septembre) départ de Moscou par le train courrier à Kiew. 28 août (9 septembre) au soir, arrivée à Kiew. 29 août (10 septembre). Examen des dépôts tertiaires et post-tertiaires de Kiew et de ses environs.

[1]) L'excursion au Caucase sans arrêt dans la Russie du centre et du sud ne se fera pas, vu le petit nombre de géologues qui ont exprimé le désir d'y prendre part.

bre). Départ de Moscou de grand matin. Arrêt à Podolsk, Toula et Aleksine. La nuit à Koursk.

29 août (10 septembre). Kharkow. Arrêt à Kharkow. La nuit départ de Kharkow.

30 août (11 septembre). Bassin du Donetz. Wolyntzewo. Mine de mercure. Gorlovka. La nuit départ à Rostow.

31 août (12 septembre). Les environs des stations Almaznaïa et Warwaropol. Les mines de sel.

1 (13) sept. Rostow.

2 (14) sept. Eaux minérales. Les excursionnistes se diviseront en deux sections: l'une se rendra à Kislowodsk, visitant en passant Jéliéznowodsk, Piatigorsk et Essentouki [1]; l'autre continuera chemin jusqu'à Grozny dans le but de visiter les sources de pétrol près de cette station.

3 (15) sept. Wladikavkaz.

au matin, Dolinowka (sur la frontière des gouvernements de Kazan et de Simbirsk). Gorodichtché et localité au-dessus de Poliwna. Le soir on passara devant Simbirsk.

30 août (11 septembre). Chiriaïew-bouérak. Carrières d'asphalte en amont du pont. Kachpour en aval de Syzran.

31 août (12 septembre) le matin. Arrêt en aval de Wolsk. Arrêt en face de Baronsk. Vers le soir arrivée à Saratow.

1 (13) septembre le matin, arrêt près de Bannovka. Dans la journée, arrêt près de Chtcherbakovka. Le soir arrivée à Kamychin.

2 (14) septembre. Arrêt près de Balykléï.

Le même jour, arrivée à Tzaritsyn. De Tzaritsyn soit en chemin de fer à Wladikavkaz, soit en bateau à vapeur, par Astrakhan et Pétrovsk, à Wladikavkaz.

30 août (11 septembre). Départ de Kiew en bateau à vapeur pour Tcherkassy. Le soir de Tcherkassy à Znamenka.

31 août (12 septembre). Nikolaïew. Le matin, en bateau à vapeur à Kherson. Visite des environs de Kherson.

1 (13) septembre. De Kherson à Nikopol et de là à Alexandrovsk.

2 (14) septembre. Course à Konka (si le temps le permet).

Le même jour départ d'Alexandrovsk, par Rostow à Wladikavkaz, où on arrivera vers le soir du 4 (16) septembre.

Du 4 (16) au 7 (19) septembre les trois groupes réunis se rendront par la Route militaire de Géorgie à Tiflis, sous la direction de F. Loewinson-Lessing. Un petit groupe se séparera à Wladikavkaz et, sous la direction de B. Kolenko, se dirigera au glacier Guénaldon, pour revenir à la Route militaire de Géorgie le 7 (19) sept. et continuer le voyage jusqu'à Tiflis.

Réunion de tous les excursionnistes à Tiflis et départ, le 9 (21) septembre, pour Bakou, sous la direction de A. Konchin et J. Sjögren.

[1] Les personnes qui visiteront l'Elborous se sépareront à Kislowodsk. L'excursion à l'Elborous se fera à cheval et prendra près de 4 jours. On dormira dans des tentes. Les participants rejoindront l'excursion principale à Tiflis.

10 (22) et 11 (23) sept. à Bakou. Le soir du 11 (13) sept. départ de Bakou dans la direction de la station Souram Là les excursionnistes se partageront en deux groupes:

Le groupe principal, sous la direction de S. Simonowitch, ira de la station Souram à Biélogory, en partie à pied, en partie en chemin de fer, et passera la nuit du 12 (24) sept. à Biélogory. Le 13 (25) sept. trajet de Biélogory à Tkwiboul, où on passera la nuit. Le 14 (26) sept. visite des environs de Tkwiboul. Le 15 (27) sept. de Tkwiboul à la station Rion.

Le plus petit groupe se rendra, sous la direction de A. Konchin. de la station Mikhaïlowo à Borjom, où il passera la nuit. Le 13 (25) sept. trajet à cheval de Borjom à Abas-Touman. On passera la nuit à Abas-Touman. Le 14 (26) et le 15 (27) sept. on fera le trajet d'Abas-Touman à la station Rion, avec arrêt en chemin pour passer la nuit.

Les excursionnistes qui désireront prendre part à l'excursion générale en Crimée, se réuniront à la station Rion.

NB. Les géologues qui désireront prendre part à une excursion spéciale au glacier Mamisson, sous la direction de S. Simonowitch, se sépareront à la station Rion et resteront au Caucase encore 7 jours: ils n'arriveront en Crimée que vers la fin de l'excursion générale. Le 15 (27) septembre au soir les personnes qui participeront à l'excursion de la Crimée se réuniront à Batoum pour partir le soir en bateau à vapeur pour Kertch, où ils arriveront le 17 au matin. Toute la journée du 17 (29) sept. sera consacrée à la visite des environs de Kertch.

18 (30) sept. Koktebel. Excursion à pied, sous la direction de A. Lagorio, à Karadag. Départ le soir, en bateau à vapeur, pour Soudak.

19 sept. (1 octobre). Excursion aux environs de Soudak, sous la direction de K. von Vogdt. A Alouchta les excursionnistes se diviseront après midi en deux groupes.

Le premier groupe (sous la direction de K. von Vogdt) se rendra en bateau à vapeur à Yalta. Le 20 sept. (2 oct.) visite d'Aloupka et de Yalta. Le 21 sept. (3 oct.) trajet en bateau à vapeur de Yalta à Sébastopol. Le 22 sept. (4 oct.) visite des environs de Sébastopol.

Le second groupe (au nombre de 60 personnes tout au plus), sous la direction de A. Golovkinsky restera à Alouchta, où il passera la nuit. Le 20 sept. (2 octobre), partie à pied, partie en voitures, on se rendra à Yalta pour visiter Kastel. Biyouk-Lambat. Aïyoudag etc. Le 21 sept. (3 oct.) traversée de la montagne par la nouvelle chaussée, en passant par Yaïla pour arriver à Baktchissaraï. Le 22 sept. (4 oct.) excursion aux environs de Bakhtchissaraï. Le soir. à cheval. à Sébsatopol.

Le 23 sept. (5 oct.) réunion de tous les excursionnistes à Sébastopol.

Fin des excursions.

On imprime en ce moment le guide des excursions, muni de la carte géologique de la Russie d'Europe au 1 6300000 (150 verstes par pouce anglais) et de nombreuses cartes spéciales, profils et figures. Les membres du Congrès pourront recevoir ce guide dès son apparition, c'est-à-dire au plus tard à la fin d'avril, moyennant le payement de 10 frs.

Le Comité d'organisation qui a mis tous ses soins à diminuer autant que possible les frais de l'excursion de l'Oural, en a fixé le montant à 150 roubles (400 frs.), la nourriture y comprise depuis le départ de Moscou jusqu'au retour à St. Pétersbourg. Ce prix n'a pu être obtenu que grâce au concours personnel qu'a porté au Congrès M. le Ministre de l'Agriculture et des domaines de l'Empire, Son Excellence A. Yermolow, au ressort duquel appartient le Comité Géologique de Russie, grâce aussi aux propriétaires et à l'administration des districts possédant des usines, et à l'amabilité de l'administration de quelques-unes des villes se trouvant sur le parcours de l'excursion, qui ont bien voulu promettre la plus large hospitalité.

L'excursion en Esthonie reviendra à 50 roubles (135 frs.).

Celle en Finlande est évaluée à 50 marcs finlandais (50 frs.).

Les frais de la grande excursion après le Congrès (voir les 3 variantes, mais non compris l'excursion à l'Ararat, au glacier Mamisson et à l'Elborous) s'élèveront par personne à 250 roubles (665 frs.). Les personnes qui ne désireront faire qu'une partie de l'excursion générale au Caucase et en Crimée, de même que celles qui resteront au Caucase pour prendre part aux excursions spéciales à l'Ararat et au glacier Mamisson, auront à payer 8 roubles (21 frs.) pour chaque journée passée dans l'excursion générale.

L'excursion à l'Ararat coûtera 100 r. (270 frs.) par personne.

L'excursion spéciale au glacier Mamisson reviendra à 45 r. (120 frs.).

Les participants à l'excursion à l'Elborous payeront 15 roubles (40 frs.), outre les frais de l'excursion principale.

L'excursion de Yalta à Sébastopol par Bakhtchissaraï coûtera 15 roubles (40 frs.), outre les frais de l'excursion principale.

En fixant le montant des frais des excursions, le comité d'organisation se fait un devoir d'ajouter que, dans le cas où les dépenses seraient moindres, chacun des excursionnistes recevra la part qui lui reviendra après vérification des sommes qui auront été dépensées.

Au nom du Comité général d'Organisation

Le Bureau:

A Karpinsky, président
Th. Tchernyschew, secrétaire général.

Simultanément avec l'organisation des excursions, le Comité élaborait le programme du séjour des membres du Congrès à St.-Pétersbourg et celui des question scientifiques dont la solution par la 7-me assemblée internationale était le plus à désirer. Dans ce but le Comité se mit en relation avec M-rs Capellini et Dewalques, l'un président, l'autre secrétaire de la Commission permanente chargée dès la Session de Londres de préparer les questions scientifiques à soumettre à la discussion du Congrès. En outre le Comité envoya à M-r Capellini et aux géologues les plus éminents des divers pays le projet des questions scientifiques qu'il aurait voulu voir délibérées par le Congrès, avec prière de lui communiquer leurs opinions à ce sujet.

Les réponses ne tardèrent pas à arriver et le Comité put imprimer sa troisième circulaire relative aux occupations scientifiques de la session de St.-Pétersbourg:

Congrès Géologique International

7-me session. Russie 1897.

3-me circulaire.

Le Comité d'organisation du VII Congrès Géologique International a décidé, dans sa séance du 21 février (5 mars), de régler de la manière suivante le temps que les membres du Congrès auront à passer à St. Pétersbourg entre le 17 (29) août et le 23 août (4 sept.):

De 9 à 10 heures auront lieu les séances du Conseil du Congrès.

De 10 à 2 heures: discussion des questions qui seront proposées dans le programme du Comité d'organisation.

De 2 à 3 heures: visite des musées et de l'exposition.

De 3 à 5 heures: communications d'un caractère général, anoncées d'avance au Comité d'organisation [1]. Il a été décidé que ces communications seront groupées de manière à n'embrasser en un même jour qu'une seule des branches de la science géologique.

Après la session du Congrès l'on se propose de faire des excursions dans les environs de St. Pétersbourg. Dans l'intervalle entre le 17 (29) août et le 23 août (4 sept.) il sera fait une excursion de 1½ jour jusqu'à la cascade d'Imatra.

Quant aux questions scientifiques que l'on se propose d'éclairer à la VII session du Congrès, le Comité d'organisation s'est mis en rapport avec M. M. les professeurs Capellini et Dewalque, président et secrétaire de la commission permanente du Congrès — commission chargée d'élaborer préalable-

---

[1]) Jusqu'ici plusieurs géologues ont déjà exprimé le désir de faire des communications de ce genre.

ment les questions qu'il serait désirable de soumettre à la discussion du Congrès—ainsi qu'avec plusieurs géologues de l'Europe occidentale et d'Amérique.

En considération des réponses reçues, le Comité d'organisation s'est aperçu que toutes les Sessions qui ont suivi celle de Londres, ont perdu de vue les propositions de la Commission pour l'unification de la nomenclature, élaborées dans les réunions de Genève (1886) et de Manchester (1887) et énoncées par le secrétaire de cette Commission en ces termes:

„la commission pour l'uniformité de la nomenclature a pensé qu'il importe, avant d'aller plus loin, d'adopter quelques principes de nature à servir de guide dans la discussion des systèmes de classification, et elle a adopté les thèses suivantes:

„I. Les divisions de premier ordre devront avoir une valeur universelle et être basées sur des caractères paléontologiques assez généraux pour pouvoir s'appliquer à toute la terre".

„II. Les sous-groupes (qui sont facultatifs) seront nécessairement définis par les caractères communs aux systèmes dont ils sont formés. Ils devront avoir une valeur presque universelle".

(Dans la pensée de la commission, ces sous-groupes étaient le jurassique et le crétacé. La réunion de Manchester ayant repoussé ces sous-groupes, cette thèse II disparaît du programme).

„III. Les systèmes auront encore une valeur très générale. Leurs caractères paléontologiques doivent indiquer une évolution organique, particulièrement caractérisée par l'étude des animaux pélagiques".

„IV. Pour qu'une division soit érigée en système, il convient que la succession des faunes pélagiques s'y montre susceptible de subdivisions bien marquées".

„V. Les divisions d'un système doivent avoir une valeur européenne ou équivalente. Chaque étage doit être caractérisé par une faune pélagique suffisamment distincte".

„VI. Les sous-étages pourront n'avoir qu'une valeur régionale".

„(Pour les divisions ultérieures, qui n'ont qu'un caractère local, la commission pense que le Congrès international n'a pas à s'en occuper)".

„VII. Les divisions de même ordre doivent présenter autant d'équivalence que possible, au point de vue de l'évolution paléontologique qu'elles représentent".

„N. B.—La Commission reconnaît que les variations géographiques doivent être prises en sérieuse considération dans l'établissement des divisions de divers ordres: mais, en raison du caractère souvent local de ces variations, et surtout de l'imperfection actuelle de nos connaissances en ce qui concerne les anciens rivages, elle pense que l'argument stratigraphique a besoin d'être confirmé par le criterium paléontologique".

Dans la réunion de Manchester, M. Hughes a appelé l'attention sur la nécessité de discuter les principes avant les applications; sur sa proposition, la Commission a décidé de demander au Congrès de déterminer d'abord les lois de la terminologie stratigraphique, ainsi que les règles à suivre dans la critique historique en stratigraphie, surtout au point de vue de la loi de priorité.

La commission termine son rapport par la phrase suivante:

„Il paraît évident qu'on abrégerait beaucoup les discussions si le Congrès procède de cette manière".

Malheureusement le Congrès de Londres n'a pu profiter des saines idées énoncées à Genève et à Manchester et a dû continuer les travaux dans la direction imposée par la Session de Berlin. De même les questions posées par la commission pour l'unification de la nomenclature ont été négligées aux Congrès de Washington et de Zürich. Il serait par conséquent à désirer que le Congrès de Russie revînt aux questions ayant un caractère international et que les décisions des commissions de Genève et de Manchester que nous venons de citer — auxquelles on pourrait ajouter quelques thèses générales—devinssent la base des questions à discuter.

Le Comité d'organisation du Congrès de St. Pétersbourg est d'avis qu'avant d'aborder les autres questions, le Congrès devrait tout d'abord décider laquelle des deux classifications il désire conserver dans la science:

la classification artificielle, basée uniquement sur des données historiques, ou

la classification naturelle qui se base tant sur des changements physico-géographiques généraux, communs à tout le globe terrestre que sur des données faunistiques, et non sur les limites accidentelles des diverses divisions, appelées d'après le nom de la contrée où elles ont été constatées pour la première fois. Les données dont la science dispose actuellement sont assez nombreuses pour esquisser les principaux traits des grands changements physico-géographiques, tels que la transgression des mers, les relations qui existent entre celles-ci et les oscillations générales des continents, les phénomènes de dislocation etc. Le rapprochement de ces données avec les données faunistiques pourrait sans doute faire admettre un nouveau groupement des systèmes géologiques et cesser les continuelles polémiques infructueuses. qui proviennent des efforts que l'on est obligé de faire pour placer dans le cadre des systèmes actuels tout ce que les diverses régions offrent d'original. Il va sans dire que la discussion de cette question de nature générale n'exclut point la nécessité d'examiner les propositions de la commission pour l'unification de la nomenclature: mais une entente satisfaisante préalable contribuerait certainement beaucoup à préparer le succès de la délibération des propositions, faites par les commissions de Genève et de Manchester.

Après l'examen de ces premiers points il serait vivement à désirer que l'on éclaircît une seconde question de principe, celle des règles à suivre pour l'introduction de nouveaux termes dans la nomenclature stratigraphique. Chacun de nous sait combien de nouvelles dénominations apparaissent dans la littérature pour désigner les diverses divisions géologiques. Souvent les auteurs de termes nouveaux les introduisent sans aucun argument, ni batrologique ni faunistique, qui pût servir à distinguer d'une façon nette des dépôts voisins les sédiments, auxquels ils appliquent ces dénominations; il arrive même que les auteurs ont eux-mêmes des idées très vagues sur ce qu'ils appellent d'un nouveau nom. De tels néologismes apparaissent non-seulement dans la littérature spéciale, mais assez souvent même dans les manuels, d'où il passent dans la littérature générale. Les nouveaux termes n'étant évidemment qu'un encombrement inutile pour la science, il est au plus haut degré à désirer que le Congrès, qui a déjà établi les règles à suivre dans la nomenclature paléontologique, se prononce aussi sur la question de la nomenclature stratigraphique et qu'il établisse les données qui puissent autoriser à appliquer de nouvelles dénominations à certains dépôts.

Une autre question de nécessité non moins absolue, ce serait, selon l'opinion du Comité d'organisation, celle de la nomenclature pétrographique dont il est plus qu'urgent aujourd'hui d'établir les principes. L'inondation de nouveaux termes dans la science a atteint de telles dimensions, que bientôt aucune mémoire d'homme ne sera en état de retenir toute la masse des dénominations nouvelles et que la lecture de chaque mémoire nécessitera l'emploi d'un glossaire spécial. Les travaux entreprises dans cette direction auraient pu se faire simultanément avec la délibération des principes de la classification pétrographique, dont l'élaboration a été confiée par le Congrès de Zürich à une commission spéciale sous la présidence de Mr. A. Michel-Levy.

Le Comité d'organisation du Congrès de St. Pétersbourg ne se flatte nullement de l'espérance que la seule session du 17 (22) août au 23 août (5 sept.) parvienne à épuiser tout ce programme, mais n'en fût-ce même qu'une partie qui pût être soumise à la discussion sous tous les points de vue — discussion qui donnerait au Congrès la possibilité de s'exprimer dans un sens déterminé — la VII Session du Congrès géologique international aurait cependant le mérite d'avoir dirigé les travaux de la réunion sur la vraie voie, abandonnée depuis la Session de Washington.

Comme complément et rectification de la seconde circulaire, le Comité d'organisation juge nécessaire de communiquer ce qui suit:

Outre les excursions annoncées dans la 1-re et la 2-me circulaire, le Comité d'organisation se voit à même de proposer encore une excursion au glacier Tséïsky, qui aura pour point de départ la station Darg-Kokh du chemin de fer Rostow-Wladikavkaz.

Le 4 (16) septembre les excursionnistes, sous la direction de K. Rossikow, se rendront en voitures à l'usine Alaguir, par la Route militaire d'Ossétie. De là le trajet se fera à cheval jusqu'à la localité dite St. Nicolas, où on passera la nuit.

Le 5 (17) septembre on se rendra à cheval, par l'aoul Tséïsky. au glacier Tséïsky. La nuit sera passée soit au glacier, soit à St. Nikolas.

Le 6 (18) septembre, retour à la station Darg-Kokh et de là à Wladikavkaz et à Tiflis, par la Route militaire de Géorgie.

Le nombre des participants à cette excursion ne pourra pas dépasser celui de 25 personnes.

L'excursion au glacier Tséïsky reviendra à 20 frs., non compris les frais de l'excursion principale.

L'excursion de Yalta à Bakhtchissaraï, à travers le Yaïla, se fera sous la direction de J. Golovkinsky et de A. Lagorio.

L'excursion à l'Ararat se fera sous la direction de A. Arzruni et de F. Loewinson-Lessing.

L'excursion de la Volga (B), sous la direction de A. Pavlow et de W. Amalitzky, commencera un jour plus tard, c'est-à-dire le 27 août (8 septembre).

Le trajet de Tzaritzyn à Wladikavkaz se fera en chemin de fer.

Les frais de l'excursion en Finlande ont été, par erreur, évalués à 50 frcs., mais nos collègues de Finlande nous ont fait savoir qu'ils monteront à 130 frs.

Les participants à l'excursion en Esthonie devront se réunir à St. Pétersbourg le 1 (13) août. Le départ de St. Pétersbourg pour Narva et le commencement de l'excursion se feront le soir du même jour.

Toutes les excursions dans l'Oural, en dehors de la voie ferrée, pourront se faire en voitures.

Le trajet de Borjom à la station Rion, par Abas-Touman, sera aussi parcouru en voitures.

Malgré tous les soins pris, le guide des excursions ne paraîtra probablement pas avant la moitié du mois de mai. Le livre est devenu bien plus volumineux que le Comité ne l'avait cru d'abord—environ 500 pages—et sera augmenté de nombreuses cartes et gravures.

Il est désirable que les objets destinés à l'exposition qui prendront beaucoup de place, soient envoyés avant la fin du mois de juillet. Les collis que les exposants désireront déballer eux-mêmes, seront laissés intacts jusqu'à leur arrivée.

En réponse aux nombreuses lettres reçues en ces derniers temps, le Comité d'organisation se fait un devoir de faire connaître que les billets gratuits pour les chemins de fer russes seront valables du 10 (22) juillet au 5 (17) octobre. Ces billets donneront droit aux géologues de se rendre de la frontière aux points de départ des excursions (St. Pétersbourg, Moscou etc.) et de prendre part à toutes les parties de l'itinéraire des excursions proposées. De même les billets seront valables pour le retour des excursionnistes à la frontière, à partir de n'importe quel point où ils voudront quitter les excursions du Congrès.

Les lois russes exigeant pour le passage de la frontière l'exhibition d'un passe-port muni du visa d'un consulat russe, les membres du Congrès sont priés de s'en faire délivrer un à temps par leurs gouvernements respectifs. La carte de membre du Congrès ne pourra faciliter, comme nous l'avons dit dans notre deuxième circulaire, que les formalités du visa et de douane.

Le Comité d'organisation reçoit journellement des demandes d'admission aux excursions de la part d'étudiants des hautes écoles spéciales et universités de l'étranger. Tout en comprenant l'utilité que l'assistance aux excursions en Russie procurerait aux jeunes gens, le Comité se voit, à son grand regret, dans l'impossibilité d'y admettre les étudiants, tant étrangers que russes, vu le trop grand nombre de géologues qui se sont déjà inscrits membres du Congrès et des excursions, et le nombre forcément restreint des personnes qui pourront participer aux excursions [200 pour l'excursion dans l'Oural, 20 en Esthonie, 200 en Crimée, 30 pour l'excursion C (Dniépr), 150 pour l'excursion B (Volga)].

Au nom du Comité général d'Organisation

Le Bureau:

A. Karpinsky, président.

Th. Tschernyschew, secrétaire général.

Cependant les demandes de participation aux excursions de l'Oural, de la Volga et de l'Esthonie s'accumulaient à un tel degré que le Comité se vit dans l'impossibilité de les satisfaire toutes. Comme il arrivait en outre quantité de bulletins d'adhésion de la part de personnes étrangères à la science géologique qui n'avaient en vue que de faire un voyage par la Russie dans des conditions très favorables, le Comité dut se résoudre à envoyer aux Sociétés scientifiques et à bon nombre de géologues la lettre que nous reproduisons ici:

Le Comité d'organisation du 7-me Congrès Géologique International, après avoir fait tout ce qui dépendait de lui pour la meilleure organisation des excursions qui auront lieu avant et après la Session, s'est vu à même de proposer aux géologues d'y prendre part aux conditions les moins coûteuses. Le bas prix des excursions est dû à ce que le Gouvernement russe, se prêtant de bonne grâce à la requête du Comité, a daigné accorder, comme nous avons eu l'honneur de le dire dans la 1-ère circulaire, toutes les facilités possibles quant au séjour des géologues dans l'Empire. Aujourd'hui, quand ces faveurs ont reçu une large publicité, le Comité reçoit tous les jours des demandes, tant de la part des géologues dont la présence au Congrès est fort désirable, que de nombreuses personnes inconnues, qui ne se sont jamais fait connaître dans les domaines de la géologie. Le Comité se voit en conséquence obligé d'annoncer que les géologues seuls ont le droit de profiter des facilités accordées pour leur arrivée en Russie et leur participation aux excursions, et que ces faveurs ne s'étendent nullement aux personnes qui ne se sont pas fait connaître par des publications géologiques. Cette exclusion est due principalement au trop grand nombre des géologues des autres pays—plus de 600—qui ont exprimé le désir de venir en Russie et de prendre part aux excursions; il y a même tout lieu de croire que ce nombre sera encore dépassé. S'il vient encore s'y joindre des personnes désireuses de faire un voyage en Russie à frais minimes, le Comité se verra dans l'impossibilité d'organiser d'une manière satisfaisante les excursions des géologues, au profit exclusif desquels le Gouvernement russe s'est imposé de grands sacrifices. Pour ces raisons le

Comité d'organisation se voit à regret obligé de faire savoir dès maintenant que toutes les personnes qui ne lui sont pas connues par des travaux géologiques, en cas d'envoi de leur cotisation au caissier, pourront être inscrites comme membres du Congrès, mais sans profiter des avantages, accordés, nous le répétons, aux seuls géologues.

Au nom du Comité général d'organisation

Le Bureau:

A. Karpinsky, président.
Th. Tschernyschew, secrétaire général.

Peu de temps après le Comité publia la quatrième circulaire:

Congrès Géologique International.

7-me session. Russie 1897.

4-me circulaire.

Comme nous avons eu l'honneur de l'annoncer dans notre 3-me circulaire adressée à tous les membres du Congrès, le nombre des participants aux excursions de l'Oural, de l'Esthonie et de la Volga a dû nécessairement être limité. Le Comité d'organisation s'est vu forcé de prendre cette mesure tant par suite de l'insuffisance du nombre des hôtels qu'à cause de la nécessité d'avoir recours pour des logements à des maisons particulières ou de n'avoir à offrir que des vagons pour y passer la nuit. Ceci s'applique surtout à l'Oural où il y aura de grands trajets à parcourir en voitures dans une région très peu peuplée et où les administrations minières n'auront que peu de véhicules à mettre à la disposition des excursionnistes. Les participants à l'excursion de l'Oural feront bien de prendre avec eux un oreiller, une couverture (plaid), des vêtements chauds, de bonnes bottes et un manteau imperméable.

Actuellement le nombre des géologues désireux de prendre part à ces excursions dépasse considérablement le chiffre auquel nous devons nous borner. Le Comité d'organisation se voit, en conséquence, et bien à regret, dans la triste nécessité de ne pouvoir admettre toutes les demandes et, dans l'impossibilité de satisfaire tout le monde, de donner la préférence aux personnes qui se sont présentées les premières en répondant à la première circulaire de l'année passée, ainsi qu'à la seconde. Les personnes auxquelles la participation à ces excursions doit être refusée, en sont prévenues par une lettre particulière.

Pour éviter que les géologues qui se sont inscrits conditionnellement pour telle ou telle excursion et qui voudraient y renoncer, ne privent leurs confrères de la possibilité d'y prendre part, le Comité d'organisation les prie de vouloir bien lui dire définitivement s'ils tiennent ou non à participer aux excursions devant se faire avant le Congrès (de l'Oural ou de l'Esthonie).

Du 15 au 18 juillet des délégués du Comité se trouveront à Moscou aux gares des chemins de fer Moscou-Brest et Nicolas, pour indiquer aux géologues venant de l'étranger le lieu de réunion des excursionnistes se rendant à l'Oural.

En envoyant le billet donnant droit au trajet en 1-re classe sur les chemins de fer russes, le Comité d'organisation se permet de rappeler à MM. les géologues que les billets gratuits pour les chemins de fer russes seront valables du 10 (22) juillet au 5 (17) octobre. Ces billets leur donneront le droit de se rendre de la frontière aux points de départ des excursions (St. Pétersbourg, Moscou etc.) et de prendre part à toutes les parties de l'itinéraire des excursions proposées. De même, les billets seront valables pour le retour des excursionnistes à la frontière, à partir de n'importe quel point où ils voudront quitter les excursions du Congrès.

Conformément aux lois en vigueur sur les chemins de fer russes, les porteurs de billets gratuits sont tenus:

1) à ne point passer leur billet à d'autres personnes;

2) à présenter le billet sur demande du chef du train ou du contrôle;

3) chaque billet donne droit au transport gratuit d'un poud (16 kilogr.).

Le Comité d'organisation prie chaque possesseur d'un billet de le signer lui-même sur le revers, en bas, à la ligne marquée par un point rouge.

Les personnes qui ne profiteront pas du billet de chemin de fer qui leur sera envoyé, sont priées de le retourner au Comité par lettre chargée.

Aux personnes arrivant par la Finlande, les billets pour le parcours sur les chemins de fer finlandais seront délivrés par Mr. I. Sederholm, Directeur de la Commission Géologique de la Finlande et membre du Comité d'organisation.

Au nom du Comité général d'organisation

Le Bureau:

A. Karpinsky, président.

Th. Tschernyschew, secrétaire général.

A la même époque nos collègues de Finlande nous ont communiqué sur l'excursion qu'ils se proposaient de faire dans leur pays, les détails que l'on va trouver dans la lettre que nous donnons ici:

Congrès Géologique International.

7-ème session. Russie 1897.

(EXCURSIONS EN FINLANDE).

Nous avons l'honneur de vous adresser un billet donnant droit au libre parcours en première classe sur les chemins de fer finlandais du 1-r juillet au 31 octobre 1897. Nous prenons en même temps la liberté de vous communiquer les détails suivants relatifs aux excursions en Finlande.

Pour se rendre en Finlande on peut suivre les itinéraires suivants:

Par St. Pétersbourg. Départ des trains pour Helsingfors: 9 h. m., 7 h. 55' soir (wagon-lit) et 11 h. 20' s.

Par Stockholm. Départ tous les jours de bateaux à vapeur. (Obs. Comme il y a une grande affluence de passagers à cause de l'exposition de Stockholm, il vaut mieux retenir sa place d'avance).

Par Copenhague. Départ du bateau à vapeur le mardi, alternativement pour Helsingfors et pour Abo. Le bateau, qui part le 17 août, arrive à Abo le 19 août. Départ du vapeur pour Hangö tous les mercredis à midi: arrivée à Hangö le vendredi à midi.

Par Lübeck. Départ du vapeur tous les samedis à 5 h., arrivée à Helsingfors le mardi vers 1 h. après midi.

Par Stettin. Départ du vapeur tous les mercredis à 4 h. m. Arrivée à Helsingfors le vendredi vers 7 h. soir.

Un certain nombre de géologues allemands ont désiré prendre le bateau, qui part de Stettin le 18 août et arrive à Helsingfors le 20 août au soir. M. le professeur Keilbach (Kgl. Geologische Landesanstalt, Berlin), qui a bien voulu se charger d'organiser cette excursion, enverra, dans une prochaine circulaire, aux excursionnistes allemands, belges, français et suisses des détails à ce sujet.

Parmi les hôtels de Helsingfors, ont peut recommander la „Societetshuset“ et l'„Hôtel Kämp“, dont les omnibus attendent les arrivées des trains et des bateaux, ainsi que l'„Hôtel Kleineh“ situé sur le port. Les géologues, qui désirent qu'on leur retienne une chambre, sont priés d'annoncer à l'avance le jour de leur arrivée et d'exprimer leurs désirs relativement au comfort.

La réunion aura lieu à Helsingfors le samedi 21 août, et les membres qui n'auront pas encore versé leur cotisation de 130 marcs de Finlande (= 130 francs), pourront alors la payer au bureau de l'excursion (Commission géologique, Boulevardsgatan 29). Sont compris dans cette somme: tous le frais de route, la chambre et les repas, depuis le départ d'Helsingfors jusqu'à l'arrivée à St. Pétersbourg.

Nous engageons les géologues, qui désirent étudier les collections d'Helsingfors ou visiter la ville et les environs, à venir dès la veille ou l'avant-veille, car le départ pour Tammerfors aura déjà lieu dans l'après-midi du 21.

Le nombre des géologues inscrits pour l'excursion ayant dépassé de beaucoup nos prévisions, le manque de gîtes convenables à Lavia, et la difficulté de se procurer suffissamment d'équipages, nous ont contraints d'exclure du programme le long et difficile trajet en voiture de Siuro à Lavia. Après avoir fait une excursion vers l'ouest les voyageurs retourneront de Mauri, dans les environs de Siuro, à Tammerfors. Un autre jour on fera, en chemin de fer, une pointe vers le N.O. jusqu'à Orivesi pour étudier la nature du contact entre les schistes bothniens et leur soubassement: puis l'on se rendra en voiture aux célèbres äsar de Kangasala. Nous espérons que l'intérêt général de l'excursion ne sera pas diminué par cet arrangement; d'autre part les excursionnistes y gagneront beaucoup sous le rapport de la commodité.

MM-rs les D-rs B. Frosterus et V. Hackman, à Lahtis, ainsi que M. le baron G. de Geer prendront part à la direction des excursions. Autant que possible on se divisera en plusieurs groupes pour éviter les inconvénients du grand nombre d'excursionnistes. Ces inconvénients seront en partie compensés par le fait qu'on disposera maintenant de trains spéciaux et de bateaux à vapeur pour visiter des endroits qui ne sont accessibles que par des voyages en voiture ou en bateau et des promenades longues et pénibles.

Dans le but de recevoir les géologues étrangers et d'organiser les excursions en Finlande, la Société de Géographie de Finlande a choisi un comité composé de: MM-rs E. R. Néovius, professeur, président; M. Alfthan, lieutenant-colonel, Aug. Ramsay, docteur des sciences, N. Sjöman, cap. de 1-er rang, directeur du Pilotage, et des soussignés membres.

Les directeurs des excursions:

Wilhelm Ramsay. *J. J. Sederholm.*

Au mois de mai, comme nous l'avions promis dans notre troisième circulaire, nous avons terminé l'impression de notre guide des excursions. On comprendra facilement tous les efforts que nous avons dû employer à la rédaction de ce volumineux ouvrage qui a pu se publier en moins de trois mois, quoiqu'il soit accompagné de nombreux dessins, de plusieurs cartes et vues des régions à parcourir. Les reliures mobiles aussitôt faites, le Comité d'organisation s'est empressé d'envoyer le livre que la plupart des géologues ont pu recevoir avant leur arrivée en Russie.

A l'approche du moment où les géologues devaient arriver, le Comité reçut tant de lettres demandant des détails sur le passage de la frontière et le séjour en Russie, qu'il se vit obligé de publier une cinquième circulaire. Cette circulaire fut expédiée avec les billets donnant droit au parcours gratuit sur les chemins de fer de la Russie.

Congrès Géologique International.

7-me session. Russie 1897.

5-me circulaire.

Le Comité d'organisation a reçu dans ces derniers temps un si grand nombre de lettres demandant des explications sur ce que l'on aura à faire et où l'on devra s'adresser après l'arrivée à St. Pétersbourg et Moscou qu'il se croit obligé de faire savoir ce qui suit.

A leur arrivée à Moscou pour l'excursion de l'Oural, les excursionnistes, à partir du 14 (26) juillet, trouveront à la station du chemin de fer de Brest des écriteaux avec l'inscription „Congrès Géologique International" et des flèches indiquant l'endroit où les attendront les représentants du Comité d'organisation pour leur assigner les hôtels et leur faciliter l'orientation dans la ville de Moscou.

Les membres de l'excursion en Esthonie arrivant à St. Pétersbourg par le chemin de fer de Warsowie, du 30 juillet (11 août) au 1 août (13), et les géologues arrivant le 5 (17) ou le 6 (18) août pour prendre part à l'excursion en Finlande, verront à la gare de St. Pétersbourg les mêmes écriteaux avec flèches qui leur indiqueront où ils pourront trouver les représentants du Comité.

Le départ pour l'excursion d'Esthonie aura lieu de St. Pétersbourg le 1 (13) août à 7 heures du soir et pour celle de Finlande le 6 (18) août au soir.

Les membres du Congrès qui vont en Finlande et qui n'auront pas encore reçu de billet pour le parcours gratuit sur les chemins de fer, n'auront, pour le recevoir, qu'à montrer leur carte de membre aux chefs des stations Abo, Hangö, Helsingfors et St. Pétersbourg.

Il sera organisé à Moscou, dans le nouveau bâtiment de l'université, un bureau central pour les renseignements à donner sur les excursions que l'on pourra faire dans les environs de la ville avant le départ pour celle de l'Oural, et sur les musées et les autres endroits de Moscou qui méritent d'être visités.

C'est dans ce même bureau que l'on recevra la cotisation fixée pour les excursions de l'Oural et des environs de Moscou.

Le montant des frais des excursions de Finlande et d'Esthonie devra être remis aux directeurs de ces excursions.

La somme nécessitée pour les excursions qui se feront après la Session devra être versée à St. Pétersbourg dans le courant de la semaine du Congrès.

Comme toutes les places pour les excursions projetées sont déjà retenues, le Comité d'organisation se voit dans l'impossibilité de satisfaire les nouvelles demandes qui pourraient lui être adressées.

Le Comité se fait un plaisir d'annoncer que le Département des douanes a accordé le passage gratuit à la frontière des appareils photographiques dont les membres du Congrès croiront avoir besoin pour leur propre usage.

Vu le retard qui s'est produit dans la publication du guide (retard dont nous donnerons les raisons dans la préface), le livre ne sera envoyé qu'à ceux des membres qui nous ont donné leur adresse en Europe. Aux géologues des autres continents qui se seront déjà mis en route avant le commencement des excursions, le livre ne sera remis qu'après leur arrivée en Russie.

Les membres de l'excursion de l'Oural pourront se faire adresser les lettres „poste restante" à Zlatooust (4 jours de trajet à partir de St. Pétersbourg) ou à Ekathérinebourg (5 jours de trajet).

Au nom du Comité général d'organisation

Le Bureau:

A. Karpinsky, président.

Th. Tschernyschew, secrétaire général.

Mentionnons encore que le Comité d'organisation a dû s'occuper de trouver un local où les géologues pouvaient se réunir dans leurs entrevues avec leurs collègues et trouver un entretien bon marché. La pratique des Congrès précédents avait montré la nécessité d'avoir pareil local. Le comité se mit en relation avec le club situé au coin de la Moïka et du Démidow péréoulok et réussit à obtenir que les géologues pourraient jouir des mêmes droits que les membres du club et y trouveraient tout le comfort possible, tant sous le rapport du local que de la nourriture. Le fait que les géologues ont souvent visité l'établissement, et les conversations qui animaient leurs réunions prouvent suffisamment que le Comité avait été bien inspiré.

Les géologues désireux de faire l'excursion de l'Oural furent les premiers à arriver en Russie. Après entente avec le Département des chemins de fer, des vagons de 1-ère classe stationnaient à toutes les gares où les géologues pouvaient passer la frontière, pour être joints aux trains directs correspondant à ceux qui arrivaient de l'étranger. Des vagons se tenaient aussi à la disposition de ceux qui voulaient aller en Esthonie et en Finlande. Aux différentes gares de St. Pétersbourg, des bureaux avaient été établis pour donner aux arrivants les renseignements concernant les hôtels et les chambres garnies où ils pouvaient se loger.

Les excursions successives ayant chacune dans le guide un chapitre qui leur est exclusivement consacré, nous passerons immédiatement à la description du séjour des géologues à St. Pétersbourg.

Tous les géologues, ceux qui venaient de l'étranger comme ceux qui avaient pris part aux excursions avant la réunion du Congrès, reçurent à leur arrivée à St. Pétersbourg le bulletin ci-dessous:

Congrès Géologique International.

7-me session. Russie 1897.

Samedi, 16 (28) août, à 8 heures du soir, aura lieu la réception des Membres du Congrès par le Comité d'organisation (Démidow péréoulok, № 1).

Le local indiqué ci-dessus est mis à la disposition des Membres du Congrès du 17 (29) au 24 août (5 septembre) pour les rendez-vous et les repas journaliers.

L'ouverture du Congrès aura lieu dimanche, 17 (29) août, à 1 heure après midi dans la salle du Musée Zoologique de l'Académie des Sciences.

Adresses à noter:

---

1) Salle des séances du Congrès (au Musée Zoologique de l'Académie des Sciences)—Wassili-Ostrow, vis-à-vis du pont du Palais.

Васильевскій Островъ, Университетская набережная, противъ Дворцоваго моста.

---

2) Lieu des rendez-vous et des repas journaliers: Démidow péréoulok, № 1.

Демидовъ переулокъ, № 1.

Le 16/28 août vingt géologues choisis comme représentants des divers pays par le Ministre de l'Agriculture et des Domaines de l'Empire, Son Excellence M. Ermolow, furent reçus par Leurs Majestés l'Empereur et l'Impératrice. Ils étaient accompagnés de Son Altesse Impériale, le

Grand-Duc Constantin Constantinowitch, de Son Excellence M. Ermolow et de MM. Karpinsky et Tschernyschew. La réception eut lieu à midi au Grand palais Samson. Chacun des géologues eut l'honneur d'être présenté à Leurs Majestés qui daignèrent leur exprimer tout l'intérêt qu'Elles portaient à la science et s'informer gracieusement des impressions que leur avaient laissées leurs excursions en Russie.

Le même jour au soir, conformément au programme, les géologues devaient se réunir dans un banquet offert par le Comité d'organisation. Tous les membres du Congrès présents à St.-Pétersbourg avaient accepté l'invitation et arrivèrent au club, dont ils égayèrent bientôt les vastes salles et le jardin illuminé. Les membres du Comité d'organisation se rendirent joyeusement au-devant de leurs hôtes, firent connaissance avec eux et leur souhaitèrent la bienvenue, heureux de retrouver parmi eux de vieux amis qu'ils n'avaient pas vus depuis longtemps.

Pendant le banquet et le jour suivant on distribua aux géologues le programme des occupations du Congrès:

Congrès Géologique International.

Russie. 1897.

PROGRAMME

de la 7-me session.

Samedi, 16 (28) août: à 8 heures du soir — Réception des Membres du Congrès par le Comité d'organisation (Démidow péréoulok, № 1).

Dimanche, 17 (29) août: à 10 heures du matin—Séance du Conseil.
à 1 heure—Ouverture du Congrès et assemblée générale sous la présidence de Son Altesse Impériale M-gr le Grand-Duc Constantin Constantinowitch.

Lundi, 18 (30) août: à 9 heures du matin—Séance du Conseil;
à 10½ heures du matin— Assemblée générale;

à 3 heures de l'après-midi—Séance consacrée aux communications et conférences sur des questions de Géologie générale.

Mardi, 19 (31) août, Visite de Péterhof.

Mercredi, 20 août (1 sept.): à 9 heures du matin—Séance du Conseil;
à 10½ heures du matin—Assemblée générale;
à 3 heures de l'après-midi — Séance consacrée aux communications et conférences sur des questions de Pétrographie, Minéralogie et Géologie appliquée.
Promenade aux îles et Réception (Raout) à la Douma (Hôtel de Ville).

Jeudi, 21 août (2 sept.): Excursion à Imatra. Départ à 7 heures du matin, retour à 1 heure du matin le 3 sept.

Vendredi, 22 août (3 sept.): à 9 heures du matin—Séance du Conseil;
à 10½ heures du matin—Assemblée générale.
à 3 heures de l'après-midi — Séance consacrée aux communications et conférences sur des questions de Stratigraphie et de Paléontologie.
Excursion à Pavlovsk (dîner et concert).

Samedi, 23 août (4 sept.): à 9 heures du matin—Séance du Conseil;
à 10½ heures du matin—Assemblée générale;
à 3 heures de l'après-midi — Séance consacrée aux conférences sur des questions de Stratigraphie et de Paléontologie.

Dimanche, 24 août (5 sept.): à 9 heures du matin - Séance du Conseil;
à 1 heure de l'après-midi—Assemblée générale. Clôture de la Session.

Dans la soirée du 18/30 août plus de 400 géologues furent gracieusement reçus au palais de Marbre par Leurs Altesses Impériales, Monseigneur le Grand-Duc Constantin Constantinowitch et Son Auguste Epouse. Leurs Altesses Impériales daignèrent passer plus de deux heures au milieu de Leurs hôtes, s'adressant aux différents groupes et s'entretenant bienveillamment avec chacun des géologues.

Le lendemain, 19/31 août, jour fixé pour l'excursion à Péterhof, une partie des géologues au nombre d'environ 400, s'y rendit par bateau spécial et les autres par le chemin de fer. Au débarcadère attendaient des voitures de palais et de louage pour conduire les excursionnistes au palais Samson; beaucoup préférèrent traverser le parc à pied. Les eaux jaillissaient de toutes les fontaines, l'un des plus grands attraits de Péterhof, et du haut de la terrasse devant le palais les géologues purent admirer le spectacle vraiment féerique qui se déployait devant eux. Toutes les salles du palais étaient ouvertes et il fallut plus d'une heure à les visiter. Au déjeuner, servi dans deux salles, le baron de Richthofen proposa le premier toast en l'honneur de Sa Majesté l'Empereur qui daignait accorder aux géologues une si gracieuse hospitalité. Le toast qui répondait au sentiment de reconnaissance de tous les assistants, fut accueilli avec enthousiasme.

Après le déjeuner on alla visiter la fabrique pour la taille des pierres (mosaïque florentine, travaux d'art en néphrite, quartz, rodonite etc.), dont les objets, depuis longtemps célèbres par la finesse et le goût du travail, ont été couronnés des premiers prix dans toutes les expositions universelles où ils ont été envoyés.

Le mauvais temps empêcha malheureusement la promenade que l'on se proposait de faire aux îles de Pétersbourg.

Le 20 août (1 sept.) au soir, un banquet fut donné à la Douma; le maire de la ville voulut y prendre part pour souhaiter lui-même la bienvenue aux congressistes.

Le jeudi, 21 août (2 sept.), fut consacré à la visite de la cascade d'Imatra. Une description plus détaillée de cette excursion, organisée d'une manière brillante par le Sénat de la Finlande, sera donnée dans le chapitre qui parlera des diverses excursions.

Le 22 août (3 sept.) et le 23 août (4 sept.) un certain nombre des géologues se rendirent à Pavlovsk pour étudier les coupes du cambrien et du silurien le long de la petite rivière Popovka (voir le guide).

Il nous reste à rappeler la charmante soirée passée à la villa de Son Excellence M. Ermolow, et le bienveillant accueil que nous y avons reçu. Son Excellence, le Ministre de l'Agriculture et des Domaines de l'Empire, félicita les géologues de l'heureuse issue de leurs travaux à St.-Pétersbourg et leur exprima tous les souhaits qu'il formait pour que le retour dans leurs patries, après le long voyage qu'ils avaient encore à faire au Caucase et en Crimée, se fît avec non moins de bonheur que leurs excursions avant l'ouverture du Congrès.

Du 17/29 au 27 août (5 sept.) les Musées géologique, minéralogique et paléontologique de l'Académie Impériale des Sciences, les Musées de l'Université Impériale, de l'Institut des mines et du Comité Géologique furent laissés ouverts aux membres du Congrès. Les géologues purent aussi visiter librement le Musée éthnographique de l'Académie des Sciences, le Cabinet minéralogique de l'Académie militaire de Médecine et les galeries de l'Ermitage Impérial.

Nous serions ingrats si nous passions sous silence les aimables invitations du Yacht-Club et du Club des vélocipédistes où les géologues étaient admis avec les mêmes privilèges que les membres qui en faisaient partie.

Enfin nous avons à exprimer notre profonde reconnaissance au Conseil Municipal de St. Pétersbourg qui a bien voulu faire distribuer aux membres du Congrès un Plan-Guide illustré de la capitale.

Après avoir donné dans ce qui précède l'exposé de ce qui a été fait pour la réussite de la Session de St.-Pétersbourg, nous allons passer à la liste des membres et aux travaux du Congrès.

SECONDE PARTIE.

A Composition du Congrès.

1. Liste générale des membres.
2. Délégations.

B. Procès-verbaux.

C. Rapports des commissions.

1. Commission de la Carte Géologique d'Europe.
2. Commission de la Bibliographie.
3. Commission des glaciers.

D. Aperçu des objets exposés pendant le Congrès.

E. Excursions.

A. COMPOSITION DU CONGRÈS.

L'Auguste Protecteur du Congrès:

Sa Majesté Impériale l'Empereur Nicolas II.

1. Liste générale des membres.

Président d'honneur:

Son Altesse Impériale, Monseigneur le Grand-Duc Constantin Constantinowitch, Président de l'Académie Impériale des Sciences.

Membres honoraires:

Son Altesse Impériale, Monseigneur le Grand-Duc Serge Alexandrowitch, Général-Gouverneur de Moscou.

Son Altesse Impériale, Madame la Princesse Eugénie Maximilianovna d'Oldenbourg, Présidente de la Société Impériale de Minéralogie.

Son Excellence M. A. Ermolow, Ministre de l'Agriculture et des Domaines de l'Empire.

Son Excellence M. le Comte I. Délianow, Ministre de l'Instruction publique.

Son Excellence M. le Prince M. Khilkow, Ministre des Voies de communication.

Son Excellence M. le Prince G. Golitzin, Commandant en chef des administrations civile et militaire du Caucase.

LISTE DES MEMBRES.

Les membres présents au Congrès sont marqués par un astérisque (*). Les membres qui n'ont pris part qu'aux excursions sont marqués par un point (•).

Allemagne.

* Albert, H., Bergreferendar, Mitglied d. d. geologischen Gesellschaft, Berlin.

* von Ammon, L., Privatdocent, München.

* Andreae, A., Prof., Direct. des Museums, Hildesheim.

* Andreae, Ph., Frankfurt a. M.

• Arzruni, Prof. an der Technischen Hochschule, Aachen.

* Backhaus, A., Dr., Prof. der Agricultur an der Universität, Königsberg.

Bamberg, P., Friedenau.

* Baum, G. Bergreferendar, Grube Heinitz, Bezirk Trier.

* Beck, Dr., Prof. der Geologie, Freiberg, i. S.

* Behme, Fr., Dr., Goslar.

* Behrens, K., General-Direktor, kgl. Bergrath, Herne. Westphalen.

Bellingrodt, F., Bergbaubeflissener, Aachen.

Benecke, E., Prof. an der Universität, Strassburg.

Berendt, G., Dr., Prof., Geheimer Bergrath, Berlin.

* Bergeat, A., Dr., Privatdocent an der Universität in München.

* Beyschlag. F., Dr., Prof., kgl. Landesgeologe, Berlin.

* Biedermann, R., Dr., Prof. an der Universität, Berlin.

Blanckenhorn, M., Dr., Privatdocent an der Universität, Erlangen.

* Block, J., Bonn.

* Boehm, G., Dr., Prof. an der Universität, Freiburg in Breisgau.

• Boehm, Frau. Freiburg, i. B.

v. d. Borne, G., Dr. phil., Berneuchen.
Braetsch, E., Bergassessor, Kattowitz, Oberschlesien.
* Brockhoff, R., Ing., Aachen.
* Broili, F., Cand. geol., München.
Brunhuber, A., Dr., Regensburg.
* Bücking, H., Dr., Prof. der Mineralogie und Petrographie an der Universität, Strassburg.
* Bütow, H., Geheimer Rechnungsrath, Vorstandsmitglied der Gesellschaft für Erdkunde, Berlin.
* Bütow, M., Frau, Berlin.
* Cohen, E., Prof. an der Universität, Greifswald.
* Cohen, E., Frau, Greifswald.
Credner, C., Mitglied d. geogr. Ges. zu Greifswald, Grossgörschen bei Leipzig.
* Credner, H., Dr., Prof., Geh. Bergrath, Leipzig.
* Credner, R., Dr., Prof. der Geographie an der Universität, Greifswald.
* Dannenberg, A., Dr., Aachen.
Dathe, E., Dr. phil., kgl. Landesgeologe, Berlin.
* Deecke, W., Prof. an der Universität, Greifswald.
* Dÿes, W., Dr. phil., Hildesheim i. H.
* Dziuk, A., Bergingenieur, Hannover.
* Ebeling, M., Dr., Oberlehrer, Berlin.
Ehrenburg, K., Dr., Privatdoc. an der Universität, Würzburg.
v. Elterlein, A., Dr. phil., Ass. am mineralog.-geologischen Institut zu Erlangen.
* Erchenbrecher, V., Dr., Betriebsdirector, Neustassfurt.
* Erdmann, H., Prof. an der Universität zu Halle a/S.
* Erdmann, M., Frau, Halle a/S.
* Felix, J., Dr. phil., Prof., Leipzig.
* Fischer, F., Dr., Prof., Göttingen.

Fleischmann, A., Dr., Prof., Erlangen.
* Förster, B., Dr., Prof., Mühlhausen i. Els.
* Franke, G., Prof. der Bergbaukunde an der kgl. Bergakademie, Berlin.
* Frech, Fr., Dr., Prof. der Geologie und Palaeontologie an der Universität, Breslau.
* Frech, V., Frau, Breslau.
Freitag, H., Dr., Leipzig.
* Friedrichsen, M., Cand. rer. nat., Berlin.
v. Fritsch, K., Dr., Prof. der Geologie, Halle a. S.
Fuess, R., Optiker, Steglitz bei Berlin.
* Futterer, K., Dr., Prof., Karlsruhe.
* Gäbert, C., Leipzig.
* Gagel, C., Dr. phil., Geologe an der kgl. geologischen Landesanstalt, Berlin.
* Gallinek, A., Dr. phil., Charlottenburg bei Berlin.
* Gallinek, E., Dr. phil., Breslau.
* Geinitz, E., Dr., Prof., Rostock.
* Genthe, W., Dr. phil., Leipzig.
* Gottsche, C., Dr., Hamburg.
* Götz, W., Dr., Prof., München.
Graeff, L., Bergreferendar, Aachen.
* Greim, G., Dr., Privatdocent der Mineralogie und physischen Geographie, Darmstadt.
* Groth, P., Prof. an der Universität, München.
* Gürich, G., Dr., Privatdocent, Breslau.
Haas, H., Dr., Prof. der Geologie und Palaeontologie an der Universität, Kiel.
Hagemeyer, S., Clausthal i. H.
* Haeckel, E., Dr., Prof. an der Universität, Jena.
Hauchecorne, W., Dr., Director der kgl. preussischen geologischen Landesanstalt und der Bergakademie, Berlin.

* Hecker, A., Dr. phil., assist. an d. agronom. Institut in Poppelsdorf bei Bonn.
* Heine, A., Direct. des chemins de fer, Berlin.
Heraeus, H., Direct. d. Platinschmelze, Hanau.
Herrmann, O., Dr., Docent an den Techn. Staatslehranstalten, Chemnitz.
* Hettner, A., Dr., Prof. an der Universität, Leipzig.
Heusler, C., Geheimer Bergrath, Bonn.
* Hilberg, E., Dr. phil., Essen am Ruhr.
* Holzapfel, E., Prof. a. d. Technischen Hochschule, Aachen.
* Hüser, G., Bergreferendar, Berlin.
* Ientzsch, A., Dr., Prof. an der Universität, Königsberg.
* Ientzsch, Frau, Königsberg.
* Jacobsthal, J., Prof. am Polytechnikum, Charlottenburg bei Berlin.
* Jaekel, O., Dr., Prof. an der Universität, Berlin.
* Kalkowsky, E., Dr., Prof., Dresden.
Kaunhowen, Fr., Dr. phil., Geologe an der kgl. preussischen geologischen Landesanstalt, Berlin.
* Kayser, E., Dr., Prof. der Geologie an der Universität, Marburg.
* Keilhack, K., kgl. Landesgeologe, Berlin.
* Kerp, H., Gymnasiallehrer, Bonn.
Kirchhoff, H., Bergwerksdirector, Dortmund.
* Klockmann, Fr., Dr., Prof. an der Bergakademie, Clausthal.
* Klossowsky, kgl. Bergmeister, Clausthal.
* Koch, M., Dr., kgl. Bezirksgeologe, Berlin.
* v. Koenen, A., Dr., Prof., Geheimer Bergrath, Göttingen.
* Koeppen, W., Prof., Hamburg.
* Koken, E., Dr., Prof. d. Geologie u. Mineralogie, Tübingen.

Korn, J., Dr. phil., Geologe an der kgl. preussischen geologischen Landesanstalt, Berlin.

* Korthals, W. C., Heidelberg.

* Krahmann, M., Berging., Charlottenburg bei Berlin.

* Krantz, F., Dr. phil., Bonn.

* Kühn, B., Dr. phil., Geologe, Berlin.

* Kuhnert, B., Dr. Berlin.

Lehmann, E., Major a. d., Göttingen.

* Leiss, C., Vertreter d. Firma R. Fuess (Optiker), Berlin.

* Lengemann, A., Bergrath, Clausthal.

* Lengemann, M., Frau, Clausthal.

* Lenk, H., Dr., Prof. an der Universität, Erlangen.

* Leonhard, R., Dr. phil., Breslau.

* Lepsius, R., Dr., Prof., Director der geolog. Landesanstalt, Darmstadt.

* Linck, G., Dr., Prof., Iena.

* Loeschmann, E., Dr. phil., Breslau.

* Maas, G., Dr. phil., Geologe, Berlin.

* Macco, Alb., Bergreferendar, Siegen.

Maurer, Fr., Darmstadt.

* Milch, L., Dr. phil., Privatdocent an der Universität, Breslau.

* Mueller, W., Dr. phil., Privatdocent an der kgl. technischen Hochschule, Charlottenburg bei Berlin.

* Nasse, R., Geheimer Oberbergrath, Berlin.

* Nasse, R., Berlin.

* Nasse, C., M-me, Berlin.

* Nasse, M-lle, Berlin.

Naumann, E., Prof., ehem. Director d. Geol. Reichsanst. v. Japan, München.

Nentwig, H., Dr., Vorsteher d. naturwissenschaftl. Sammlungen, Warmbrunn i. R. G.

* Neubauer, P., Bergrath, Leopoldshall bei Stassfurt.

* Neumann, L., Dr., Prof. der Geographie an der Universität, Freiburg i. B.

* Oebbeke, K., Dr., Prof. d. Geologie und Mineralogie an d. Techn. Hochschule, München.

* Oppenheim, P., Dr. phil., Charlottenburg bei Berlin.

* Osann, A., Dr., Prof., Heidelberg.

* Panaotović, J., Dr., Chemiker, Dresden.

Paulcke, W., Freiburg i/B.

* Philippi, E., Dr., Assist. am Museum für Naturkunde, Berlin.

* Philippson, A., Dr., Privatdocent a. d. Universität, Bonn.

* Plagemann, A., Dr. phil., Hamburg.

* Plieninger, F., Dr., Assist. an der Palaeontol. Sammlung, München.

Rauff, H., Dr. phil., Prof., Bonn.

* Rein, J., Dr., Prof., Geheimrath, Bonn.

* von Reinach, A., Freiw. Mitarbeiter d. k. Preuss. geolog. Landesanstalt, Frankfurt a/M.

* Remelé, A., Dr. phil., Geheimrath, Prof., Eberswald.

* Richter, M., Mitgl. d. geogr. Ges., Berlin.

* v. Richthofen, Freiherr, Geheimer Regierungsrath, Prof. an der Universität, Berlin.

* v. Richthofen, Freifrau, Berlin.

* Rinne, F., Dr. phil., Prof. an der Techn. Hochschule, Hannover.

* Rinne, E., Frau, Hannover.

* Romberg, J., Dr., Berlin.

* Röse, C., Dr., München.

* Rothpletz, A., Dr., Prof., München.

Schaller, J., Strassburg.

* Scheibe, R., Dr. phil., Prof., Berlin.

* Schellwien, E., Dr., Privatdoc. a. d. Universität zu Königsberg.

* Schenck, A., Dr., Privatdocent an der Universität, Halle a. S.

* Scheuffgen, F., Dr. phil., Trier.

* Schulmann, L., Membre de la Soc. Vaudoise des sciences naturelles, München.

* Schulte, L., Dr. phil., Geologe an der kgl. preussischen geologischen Landesanstalt, Berlin.

* Scupin, H., Dr. phil., Breslau.

* Seligmann, G., Coblenz.

* Semper, M., Dr. phil, München.

Sindermann, R., Breslau.

Stade, H., Dr. phil., Assist. an dem kgl. preussischen meteorolog. Institut, Brocken.

* Steinmann, G., Dr., Prof., Freiburg i. B.

* Steinmann, Frau, Freiburg i. B.

* Stephan, R., Dr., Berlin.

* Stolley, E., Dr. phil., Privatdocent, Kiel.

Strauss, W., Dr., Grossherzoglicher Secretär des Oberschulrathes, Karlsruhe.

Struckmann, C., Dr. phil., Amtsrath, Hannover.

Struckmann, G., königlicher Regierungsassessor, Hannover.

* Stübel, A., Dr. phil., Dresden.

Stürtz, B., Bonn.

* Supan, A., Dr., Prof., Gotha.

Tornquist, A., Dr., Privatdocent an der Universität, Strassburg.

* Traube, H., Dr., Prof., Berlin.

* Treptow, E., Prof. an der Bergakademie, Freiberg in Sachsen.

Truckenbrod, Dr. Med., Regensburg.

Thaddeew, C., Assist. am mineralogischen Institut bei d. Technischen Hochschule, Aachen.

* Uhlig, C., Mitgl. der Naturforsch. Gesellsch., Freiburg i. B.

* Ulrich, A., Dr. phil., Leipzig.

Vollert, Bergassessor und General-Director, Weissenfels.

Volz, W., Dr. phil., Assist. am Palaeontologischen Institut der Universität, Breslau.

* Vorwerg, O., Dr., Mitglied d. d. geologischen Gesellschaft, Herischdorf im Riesengebirge.

* Wahnschaffe, F., Dr., Prof., kgl. Landesgeologe. Charlottenburg bei Berlin.

* Walther, J., Dr., Prof. der Geologie und Palaeontologie, Jena.

Weber, M., Dr. phil., München.

* Weigand, Br., Dr., Prof., Strassburg.

* Weissleder, E., Oberbergrath, Leopoldshall bei Stassfurt.

Wilckens, F., Sypniewo, W. Pr.

von Wolff, F., Berlin.

* Wolff, W., Dr. phil., Assist. an der kgl. preussischen geologischen Landesanstalt, Berlin.

* Wysogorski, J., Cand. geol., Breslau.

Young, A., Berlin.

* Zeise, O., Dr., Geologe der kgl. preussischen geologischen Landesanstalt, Berlin.

* Zimmermann, E., Dr., kgl. preussischer Bezirksgeologe, Berlin.

* Zirkel, F., Dr., Prof. an der Universität, Leipzig.

* v. Zittel, K., Dr., Prof., München.

République Argentine.

* Berg, C., Dr., Prof., Directeur du Musée National, Buenos Aires.

Australie.

* Liversidge, A., Prof. at the University, Sydney.
* Stonier, G. A., Victoria.

Autriche-Hongrie.

* Altinger, A., Dr., Prof., Kremsmünster.
* v. Arthaber, G., Dr. phil., Assist. am palaeontolog. Institut der Universität, Wien.
Béla de Inkey, géologue en chef, Pressbourg.
* Böckh, J., Directeur de l'Institut Géologique Royal de la Hongrie, Budapest.
Böhm, L., Dr., Gymnasiallehrer, Rudolfswert, Krain.
Brusina, S., Prof. à l'Université, Direct. du Musée zoologique, Zagreb.
* Cathrein, A., Dr., Prof. an der Universität zu Innsbruck.
Crammer, H., Prof., Wiener-Neustadt.
* Diener, C., Prof. d. Geologie an der Universität zu Wien.
* Diener, M., Frau, Wien.
* Doelter, C., Dr., Prof. an der Universität zu Graz.
* Dunikowski, E. H., Dr., Prof. à l'Université, Lemberg.
* Franzenau, A., Conservateur du Musée National, Budapest.
Fritsch, A., Prof. de Zoologie à l'Université, Prague.
* Fuchs, Th., Direct. d. geologischen Abteilung d. k. k. Naturhistorischen Hofmuseums, Wien.
* Grzybowski, J., Dr. phil., Assist. de géologie à l'Université, Cracovie.
* Helmhacker, Prof., Ing. des mines, Prague.
* Hilber, V., Prof. an der Universität, Graz.
* Hlawatsch, C., Dr., Wien.

* Hödl, R., Dr., k. k. Supplent für Geographie an der k. k. Staats-Gewerbeschule, Wien.
* Hoernes, R., Dr., Prof. der Geologie und Palaeontologie an der Universität, Graz.
* Höfer, H., o. ö. Prof. der Geologie, Mineralogie und Lagerstättenlehre an der Hochschule für Berg- u. Hüttenwesen in Leoben.
* Hořovský, Ed., Bergrath, Wien.
Janisch, L., Membre de la Soc. des naturalistes à Lemberg.
* von Kerner, F., Dr., Sectionsgeologe d. k. k. geologischen Reichsanstalt, Wien.
* Klöpsch, E., Général (domicile—St. Pétersbourg).
* Kossmat, F., Dr., Sectionsgeologe d. k. k. g. R., Wien.
* Krafft v. Dellmensingen, A., Dr., Assist. am geol. Institut d. Universität, Wien.
de Lòczy, L., Dr., Prof. à l'Université, Budapest.
* Makowsky, A., o. ö. Prof. der Geologie an der k. k. technischen Hochschule, Brünn.
v. Mojsisovics, E., Dr. Vicedirector d. k. k. Geologischen Reichsanstalt, Wien.
v. Mojsisovics, Ch., Frau. Wien.
* Mulacek, J., Cand. Prof., Graz.
* Niedzwiedzki, J., Dr., Prof. de l'Ecole polytechnique, Lemberg.
* Paulitschke, Ph., Dr., Prof., Wien.
Penck, A., Dr., Prof. d. Geographie an der Universität, Wien.
* Perner, J., Dr., Ass. au Musée de Bohême, Prague.
* Redlich, K. A., Dr., k. k. Adjunkt. u. Privatdocent für Palaeontologie an der Hochschule für Berg- und Hüttenwesen, Leoben.
* Richter, E.. Dr., Prof., Mitglied d. internat. Gletscher-Commission, Graz.

* Rzehak, A., Prof., Brünn.
* Schaffer, Fr., Wien.
* de Siemiradzki, J., Dr., Prof. à l'Université, Lemberg.
Stache, G., Dr., Direct. der k. k. geologischen Reichsanstalt, Wien.
* Stadnicki, G., Membre de la Soc. des Naturalistes à Lemberg.
Suess, Ed., Prof. an der Universität, Wien.
* Suess, Fr., Dr., Sectionsgeologe der k. k. geologischen Reichsanstalt, Wien.
* Syroczynski, L., Prof. agrégé de l'Ecole polytechnique, Lemberg.
* de Szádeczky, J., Dr., Prof. à l'Université, Kolosvár, Hongrie.
* Szajnocha, L., Prof. de géologie et de paléontologie à l'Université de Cracovie.
* Teirich, E., Dr. Wien.
* Tietze, E., Dr., Chefgeologe d. k. k. geologischen Reichsanstalt, Wien.
Toula, F., Dr., Ord. off. Prof. der Mineralogie und Geologie an der Techn. Hochschule, Wien.
* Uhlig, V., Dr., Prof. à l'Ecole polytechnique, Prague.
* Zuber, R., Dr., Prof. de géologie à l'Universite, Lemberg.

Belgique.

van Aekere, A., Membre de la Soc. géologique de Belgique, Gand.
van Aekere, C., Membre de la Soc. géologique de Belgique, Gand.
de Brouwer, J., Membre de la Soc. géologique de Belgique, Gand.

Delvaux, E., Membre de la Comm. géol. de Belgique, Bruxelles.

Dewalque, G., Prof. à l'Université, Liège.

* de Dorlodot, H., Prof. à l'Université, Louvain.

Firket, A., Ing. en chef der mines, Chargé de cours à l'Université. Liège.

Hankar, Alb., Ing., Prof. de géologie à l'Ecole de guerre de Belgique, Bruxelles.

de Hemricourt de Grunne, C., comte, Membre de la Soc. géolog. de Belgique, Brabant.

Houzeau de Lehaie, A., Prof. à l'Ecole des mines, Vice-prés. de la Soc. belge de géologie, Hyon (Mons).

* Lemonnier, A., Ing., Bruxelles.

* Lohest, M., Chargé du cours de géologie appliquée à l'Université, Liège.

Macquet, A., Direct. de l'Ecole des Mines du Hainaut, Ing. du Corps des mines, Mons.

* Malaise, C., Prof., Membre de l'Académie Royale de Belgique, Gembloux.

* Mourlon, M., Directeur du Service Geologique et Membre de l'Academie. Bruxelles.

Paquet, G., Membre de la Soc. belge de géologie, Bruxelles.

* Prinz, W., Prof. de minéralogie et de géologie à l'Université, Bruxelles.

Renard, O., Prés. de la Soc. belge de géologie, Prof. à l'Université, Gand.

de Schiervel, Ch., Membre de la Soc. géologique de Belgique, Bruxelles.

* Schmitz, Th., Candidat-ingénieur civil des mines, Louvain.

* Stainier, X., Prof. de géologie à l'Institut agricole de l'Etat, membre de la Commission de la Carte géologique de Belgique, Gembloux.

* Toubeau, J., Dr., Prof. Suppleant à l'Université, Bruxelles.
Trasenster, P., Ing. honoraire des mines, Liège.

Bulgarie.

* Leverkühn, P., Dr., Directeur des Institutions scientifiques de S. A. R. le Prince de Bulgarie, Sophia.
* Zlatarski, G., Prof. de géologie et Recteur à l'Ecole des Hautes Etudes à Sophia.

Canada.

Gilpin, Edw., L. L. D., F. R. S. C., Inspector of Mines, Halifax, Nova Scotia.
Kennedy, G., T., M. A., D. Sc., F. G. S., Prof. of Geology, Kings College, Windsor, Nova Scotia.
* Laflamme, J. C. K., Recteur de l'Université Laval, Québec.

Colonie du Cap.

* Sclater, W. L., Director of South African Museum, Cape Town.

Danemark.

* Ravn, J., P., Cand. mag., Copenhague.
* Schibbye, W., Membre de la Soc. géologique, Copenhague.
* Steenstrup, K, Dr., Copenhague.
* Ussing, N., Dr. phil., Prof. de minéralogie à l'Université, Copenhague.

Espagne.

Arisqueta, J., Ing. des mines, Bilbao.

de Cortázar, D., Subdirecteur de la carte géologique. Ing. en chef des mines, Madrid.

* de Mazarredo, C., Ing. des mines, Madrid.

del Socorro, marquis, Prof. de géologie à l'Université de Madrid.

* de Yarza, R. A., Ing. en chef du district minier de Vizcaya, Lequeitio.

États Unis d'Amérique.

Academy of Natural Sciences of Philadelphia.

Ames, J. S., Dr. phil., Associate Professor in Johns Hopkins University, Baltimore.

Ballou, W. H., New-York.

* Barker, R., Baron, Cambridge, Mass.

* Bascom, F., Miss, Lecturer in Geology Bryn Mawr College, Philadelphia.

Becker, G. F., Geologist U. S. Geological Survey, Washington D. C.

Beecher, Ch., E., Prof. in Paleontology Yale University, New-Haven, Conn.

* Beyer, S. W., Associate Prof. of Geology, Iowa State Agricultural College, Ames.

* Bishop, Th., San Francisco, California

* Bishop, J., San Francisco, California.

* Bishop, Mrs., San Francisco, California.

* Braeunlich, S., Miss, New-York.

Branner, J. C., Dr., Prof., Stanford University, California.

* Brooks, A. H. Assistant Geologist U. S. G. S., Washington D. C.

* Clark, W. B., Prof. of Geology Johns Hopkins University, Baltimore.

Claypole, E. W., D. Sc., F. G. S., Prof. of Geology, Akron.

Club, The New-York Mineralogical-, New-York.

Codd, R., M., President Buffalo Agassiz Association, Ithaca.

* Crook, A. R., Dr. phil., Prof. of Mineralogy Northwestern University, Evanston, Illinois.

Cross, Wh., Geologist U. S. Geological Survey, Washington, D. C.

* Daly, R. A., Dr. phil., Cambridge, U. S. A.

* Dean, B., Adj. Prof. in Columbia University, New-York.

* Dean, Mrs., New-York.

Dwight, W. B., Prof. of Mineralogy and Geology in Vassar College, Poughkeepsie, New-York.

* Emerson, B. K., Prof. of Geology in Amherst College, Vice Pres. of the Geol. Soc. of America, Amherst.

* Emmons, S. F., U. S. Geologist, Washington D. C.

* Fisher, E. F., Miss, Instructor in Geology and Mineralogy Wellesley College, Wellesley, Mass.

* Fleming, M. A., Miss, Secr. and Ex-president of the Field Club of the Soc. of natur. sc., Buffalo.

* Forster, J. H., Dr. phil., New-York.

* Frazer, P., Dr. sc. nat., Prof., Philadelphia.

* Frye, A. E., Boston.

Gilbert, Gr. K., Geologist U. S. Geological Survey, Washington, D. C.

Girty, G. H., Geologist U. S. Geological Survey, Washington, D. C.

Grant, U. S., Assist. Geologist G. and N. H. S. of Minnesota, Minneapolis.

* Gulliver, F. P., Dr. phil. in Geology Norwich. U. S.

Hague, A., Geologist U. S. Geological Survey, Washington, D. C.

* Hall, J., State Geologist and Palaeontologist of New-York., Albany, New York.

Hayes, Ch. W., Ph. D., Geologist U. S. Geological Survey, Washington, D. C.

Heilprin, A., Prof. of Geology, Philadelphia.

Hills R. C., F. G. S., F. G. S. A., U. S. Geological Survey, Denver (Colorado).

van Hise, Ch. R., Geologist U. S. Geological Survey, Washington, D. C.

Hitchcock, C. H., Prof. of Geology, Hanarr, N. H.

* Hobbs, W. H., Dr. phil., F. G. S. A., Ass. Prof. of Mineralogy and Petrology, University of Wisconsin, Asst. U. S. Geologist, Madison, Wisconsin.

* Hobbs, W. H., Mrs, Madison, Wisconsin.

* Hovey, E. O., Dr., F. G. S. A., Ass't Curator, Geol. Dep't, Am. Mus. Nat. Hist., New-York.

* Hovey, E. O., Mrs., New-York.

* Hovey, H. C., D. D., F. G. S. A., Newburyport, U. S.

* Iddings, J. P., Prof. of Petrology, University of Chicago, Chicago, Illinois.

* Ives, Fr., Judge of Distr. Court, Geologist, Crookston, Minn.

Jaggar, Th. A., Instructor in Geology, Cambridge Mass.

* Johnson, I. L., Miss, Boston.

Kemp, J. F., Prof. of Geology, Columbia University, New-York.

* Keyes, Ch. R., Dr., State Geologist of Missouri, Jefferson City.

Kunz, G. F., New-York.

* Langley, S. P., Secretary-General and Director, Smithsonian Institution, Washington, D. C.

* Lawson, A. C., Dr. ph., Prof. of Geology and Mineralogy, University of California, Berkeley.

Library, The Public-, of the City of Boston, Mass.

Le Boutillier, R., Member of Academy Natural Science, Philadelphia.

Lord, E. C. E., Dr. phil., Washington D. C.

* Mac Curdy, G., Fellow of the Geographical Society of U. S., New-Haven.

* Manson, Marsden C. E., Dr. Phil., Pres. Department of Highways Sacramento, California.

Marcou, J., Cambridge, Mass.

* Marsh, O. C., Prof. of Paleontology, Yale University, New-Haven, Conn.

Mathews, Edw. B., Assist. Prof. of Petrography and Mineralogy Johns Hopkins University, Baltimore.

Merrill, F. J., Direct. New-York State Museum, Albany.

* Merrill, G. P., Curator Departement of Geology U. S. National Museum, Washington D. C.

* Miller, A. M., Prof of Geology, State College of Kentucky, Lexington.

Museum, American, of Natural History, New-York.

* Neal, W. Dalton, M. Sc., Instructor in Geology and Mineralogy Univ. of Utah.

* Newman, G. S., Colonel, Aspen, Colorado.

* Nitze, H. B., Bachelor Science, Mining Engineer, Baltimore, Md.

* Palache, Ch., Dr. phil., Instructor of Mineralogy, Harvard University, Cambridge, Mass.

* Penfield, S. L., Prof. of Mineralogy Yale University, New-Haven.

* Pirsson, L. V., Prof. of Physical Geology, Yale University, New Haven.

Prosser, C. S., Prof. of Geology in Union College, Schenectady, New-York.

* Purington, C. W., Assist. Geologist. U. S. G. S., Washington, D. C.

* Read, M. A., Houston, Texas.

* Reid, H. F., Dr. phil., Associate Prof. Johns Hopkins University, Baltimore.

Rice, W. North, Prof. of Geology, Middletown.

* Richards, J. W., Dr. phil., Assist. prof. of Mineralogy, Lehigh University, Bethlehem, Pennsylvania.

* Ries, H., Ph. D., F. G. S. A., Assist. in Mineralogy Columbia University and Clay Specialist, U. S. Geological Survey, New-York.

* Ries, C., Mrs. Member of N.-Y. Scientific Alliance, New-York.

* Rothwell, R. P., C. E., M. E., Editor of the Engineering and Mining Journal, New-York.

Spencer, A. C., Geologist U. S. Geological Survey, Washington, D. C.

* Spurr, J. E., A. M., F. G. S. A., Washington, D. C.

* Stackpole, P. L., Washington, D. C.

* von-Streeruwitz, W. H., St. Geologist for West-Texas.

Steineger, L., Curator, Departement Reptiles U. S. National Museum, Washington, D. C.

* Stevenson, J. J., Prof. of Geology, New-York University, Pres. of N. Y. Academy, Vice-Pres. of G. S. of America, New-York.

* Stevenson, J. J., Mrs., New-York.

* Stevenson, M., Miss, New-York.

* Talmage, J. E., Dr., Pres. and Prof. of Geology, University of Utah, Salt Lake City.

Tarr, R. S., Prof. of dynamic Geology an phys. Geography, Cornell University, Ithaca.

Thomas, H., Baltimore.

Tower, G. W., Geologist U. S. Geological Survey, Washington, D. C.

Turner, H. W., Geologist U. S. Geological Survey, Washington, D. C.

University of Pennsylvania, Philadelphia.

Upham, W., Secretary of the Minnesota Historical Society, Minnesota.

Walcott, Ch. D., Director U. S. Geological Survey, Washington, D. C.

Washington, H. S., Dr. Ph., F. U. S. G. S., Locust, New Jersey.

Washington, Mrs. Locust, New Jersey.

* Wayland-Vaughan, T., B. Sc., A. B., A. M., Member of U. S. Geological Survey, F. G. S. A., Washington D. C.

* Weeks, C., Mining Engineer, New-York.

White, D., Assist. Geologist U. S. Geological Survey, Washington, D. C

* White, I. C., Dr. phil., Treasurer of the Geolog. Soc. of America, Morgantown.

Whitfield, R. P., Prof., M. A., F. G. S. A., Curator Geological Departement American Museum Natural History, New-York.

Williams, H. S., Dr. ph., Prof. of Geology, Yale University, New-Haven, Conn.

* Willis, B., Geologist U. S. Geological Survey, Washington, D. C.

Winchell, N. H., State Geologist G. and N. H. S. of Minnesota, Minneapolis.

Wolff, J. E., Prof. of Petrography and Mineralogy in Harvard University, Cambridge, Mass.

* Woodrow, J., Dr. phil., Prof. of Biology, Geology and Mineralogy, Columbia. S. C.

Zeile, J., San Francisco, California.

France.

* d'Abartiague, L., Ing. civil, Ossés (Basses Pyrénées).

Barral, E., Prof. agrégé de chimie et de minéralogie à la Faculté de Médecine, Lyon.

* Barrois, Ch., Dr., Prof., Prés. de la Soc. géologique de France, Lille.

* Barrois, C., Géologue, Lille.

de Baye, baron, Chargé de mission par le Ministère de l'instruction publique de France, Paris.

Bellanger, E., Elève-Ing. au Corps des Mines, Paris.

Bergeron, Prof. de géologie et minéralogie à l'Ecole Centrale des Arts et Manufactures, Paris.

* Beroud, J., Membre de la Société géologique de France, Mionnay (Ain).

Bernard, A., Prof. de Faculté à Alger, membre de la Soc. géol. de France, Alger.

Bertrand, L., Dr. ès-sc., Chargé de conférences de pétrographie à la Faculté des Sciences, Paris.

* Bertrand, M., Membre de l'Institut, Paris.

Bès de Berc, M., Elève-Ing. au Corps des mines, Paris.

Bigot, A., Prof. de géologie et de paléontologie à l'Université, Caen.

* Blanc, E., Membre de la Commission Centrale de la Soc. de géographie de Paris.

de Boisfleury, A., Elève-Ing. au Corps des mines, Paris.

de Bollemont, Gr., Nancy.

Bonaparte, Roland, Prince, Paris.

* Boule, M., Assist. au Muséum d'Histoire naturelle, Paris.

* Bourgeat, Fr., Prof. de géologie, Membre de la Société géologique de France, Lille.

* Camena d'Almeida, G., Prof. de géographie à l'Université, Caen.

Carez, L., a. Vice-Prés. de la Soc. géologique de France, Collaborateur principal au Service de la Carte géologique de la France, Paris.

Dagincourt, Dr., Paris.

Dagincourt, M-me, Paris.

* Depéret, Ch., Prof. de géologie, Doyen de la Faculté des sciences, Lyon.

Dewatines, F., Membre de la Société géol. du Nord, Lille.

Dollfus, G., Collaborateur du Service de la carte géol. de la France, Paris.

* Drouet, P., Prés. de la Soc. Linnéenne de Normandie, Caen.

Dru, L., Ing. des mines, Paris.

* Ducamp, G., Inspecteur Adjoint des forêts, Nîmes.

* Eyssèric, J., Explorateur, Chargé de mission par le Ministère de l'Instruction publique, Carpentras (Vaucluse).

* Fabre, G., Inspecteur des forêts, Directeur de l'Observatoire du Mont Aigoual, Nimes.

* Fallot, Prof. de Géologie à l'Université, Bordeaux.

Ficheur, E., Prof. de géologie à l'Ecole supér. des sciences d'Alger, Alger.

* Gaudry, A., Membre de l'Institut, Prof. de paléontologie au Muséum d'Histoire naturelle, Paris.

* Gaudry, M-me, Paris.

Geandey, F., Lyon.

* Girardet, F., Préparateur à l'Ecole de Pharmacie. Nancy.

Gosselet, J., Prof. à l'Université, Lille.

* de Grossouvre, A., Ing. en chef des mines, Attaché au Service Central de la Carte géologique de France, Bourges (Cher).

Guébhard, Dr., Membre de la Soc. géologique de France, St. Vallier de Thiey.

* Guilliermond, Al., Membre de la Société d'anthropologie de Lyon, Attaché au Laboratoire de géologie de l'Université, Lyon.

Haug, E., Prof., Paris.

Hovelacque, M., Dr. ès-sc. nat., Paris.

Hovelacque, M-me, Paris.

* Janet, A., Ing., Toulon.

Janet, L., Ing. au Corps des mines, Collaborateur du Service de la Carte géologique, Paris.

Janet, M-me, Paris.

* Jannettaz, P., Ing., Paris.

de Lamothe, Colonel, Directeur d'artillerie, Alger.

de Lapparent, A., Prof., Paris.

Lecocq, G., Membre de la Soc. géol. du Nord, Lille.

Leprince-Ringuet, F., Elève-Ing. au Corps des mines, Paris.

* Levasseur, E.. Membre de l'Institut, Paris.

Linder, Prés. du Conseil général des mines et de la Commission spéciale de la Carte géologique de France, Paris.

Lodin, A., Ing. en chef des mines, Prof. à l'Ecole supérieure des mines, Paris.

* Lorin, H., Dr., Prof. agrégé d'histoire et de géographie, Tunis.

* Lory, P., Préparateur à la Faculté des Sciences, Grenoble.

* Maillard, Prés. de la Société des Sciences et des Arts, Douai.

* de Margerie, Emm., Membre du Conseil de la Soc. géologique de France, Paris.

* Meunier, St., Prof. de géologie au Muséum d'Histoire naturelle. Paris.

* Meunier, M-me, Paris.

* Meunier, A., M-lle, Paris.

Munier-Chalmas, Dr., Prof. de géologie à la Sorbonne, Paris.

Nicklès, R., Prof. de géologie à l'Université, Nancy.

* Offret, A., Prof. de minéralogie à l'Université de Lyon.

Olivier, E., Directeur de la Revue scientifique du Bourbonnais et du centre de la France, Moulins-sur-Allier.

Parent, H., Préparateur à la Faculté des Sciences, Lille.

Polaillon, H., Paris.

Pourcel, A., Elève-Ing. au Corps des mines, Paris.

Ramond, G., Assist. de géologie au Muséum d'Histoire naturelle, Paris.

Raveneau, L., Prof. agrégé d'histoire et de géographie, Paris.

Reymond, F., Senateur, Ancien président de la Soc. des Ing. civils, Paris.

* Reymond, F., Membre de la Soc. géol. de France, Veyrins (Isère).

* de Riaz, Lyon.

Riche, A., Dr. ès-sc., Chef des travaux de géologie à l'Université, Lyon.

* Roman, Fr., Préparat. de géologie à la Faculté des Sciences, Lyon.

* Stuer, A., Membre des Sociétés géolog., minéral. et anthropologique de France, Paris.

* Stuer, A., M-me, Paris.

* de Tannenberg, W., Prof. à l'Université, Toulouse.

Tardy, Membre de la Soc. géol. de France, Bourg-en-Bresse.

* Thiéry, A., Paris.

* Thomas, H., Chef des travaux graphiques de la carte géologique, Paris.

Trapet, Pharmacien-major de première classe, Camp de Châlons (Marne).

Vidal de la Blache, P., Sous-Directeur de l'Ecole normale supérieure, Paris.

* Vélain, Ch , Prof. à la Sorbonne, Paris.

Viellard, Ch., Paris.

Wallerant, Prof. à l'Ecole normale supérieure, Paris.

Yver, A., Paris.

Zürcher, Ph., Ing. en chef des ponts et chaussées, Digne.

Grande-Bretagne.

* Abercromby, J., Honorable, Edinbourgh.

Allen, E., Mining Engineer, Member Manchester Geological Society, Bowdon near Manchester.

* Backhouse, W. A., Darlington.

Barlow, W., F. G. S. L., London.

* Bather, F. A., Assist. at the British Museum, London.

Bather, St., Mrs., London.

* Bauermann, H., Ing. des mines, Prof. de métallurgie, Londres.

* Belinfante, L. L., Assist. Secretary Geolog. Soc. of London.

Benn, C. A., F. G. S., London.

* Bewsher, S., F. G. S. L., London.

* Blake, J. F., Reverend., F. G. S., London.

Blanford, W. T., L. L. D., F. R. S., Geological Survey of India (retired), London.

Bowman, H. L., Curator of Mineralogical Department, University Museum, Oxford.

Brough, B., General Secretary of Iron and Steel Institute, London.

* Cadell, H. M., F. G. S., lately member of H. M. Geological Survey, Grange Bo'ness.

* Churchill, W., Esq., London.

Cole, Gr. A., Prof. of Geology, Royal College of Science for Ireland, Dublin.

* Cooke, L. H., Assoc. Royal School of mines, F. G. S. L., F. G. S. Gl., London.

* Daniel, A., M. A., Dr. phil., Stoke-on-Trent.

Davis, W., Member of the Geological Association of London, London.

* Dawkins, W. B., F. R. S., Prof. of mineralogy Owens College, Manchester.

Douglas Galton, Sir, Captain, London.

* Emary, P., F. G. S., London.

* Fletcher, L., F. R. S., F. G. S., Keeper of Minerals in the British Museum, London.

Foster, Le Neve, Cl., Prof., Llandudno.

* Geikie, Sir A., Director General of the Geological Surveys of the United Kingdom, London.

Gilbert, E. G., London.

Graves, H. G., Engineer, London.

* Green, Upf., F. G. S., London.

* Gurney, H. P., Principal of Durham College of science, F. G. S., Newcastle upon Tyne.

* Harris, G. J., Treasurer of the Malacological Society of London, London.

* Harris, M., Mrs, London.

* Hind, Wh., M. D., B. S., F. R. C. S., F. G. S., Stoke-on-Trent.

Hinton, H. A., F. G. S., London.

* Hinxmann, L , Member of the Staff of H. M. Geological Survey, F. G. S., Edinburgh.

* Hobson, B., M. Sc., F. G. S., Manchester.

* Horne, J., F. R. S. E., F. G. S., H. M. Geological Survey, Edinburgh.

* Howe, J. A., Lecturer in Geology and Assist. Mining Lecturer, Newcastle.

Hudleston, W. H., Vice-President of the Geological Society of London, London.

* Hughes, T. Mc., Prof., Cambridge.

* Hughes, Mrs, Cambridge.

Hume, G., London.

* Hume, W. F., F. G. S. L., London.

* Lake, Ph., M. A., Cambridge.

Lardeur, A., F. G. S., London.

* Louis, D. A., Mining Engineer, London.

* Louis, H., Prof., M. A., A. R. S. M., F. G. S., etc., Mining Engineer, Newcastle upon Tyne.

Mallet, F. R., Superintendent, Geological Survey of India (retired), London.

* Mallet, R. T., Civil Engineer, London.

Mac Neil, Chr., Glasgow.

Markby, J. R., London.

Marr, J. E., M. A., F. R. S., Lecturer in the University of Cambridge.

* Marsh, H. C., Member of British Association, etc., Leeds.

Marshall, J., Cambridge.

Medlicott, H., Lately Direct. Geol. Survey of India, Clifton

* Murray, J., Direct. of Challenger Expedition Reports, Edinburgh.

Newton, E. T., Palaeontologist, Geological Museum, London.

Noar, L. L., Member Manchester Geological Society, Limm.

* Peach, B. N., Member of the geolog. Survey of Scotland, Edinburgh.

Ramsden, J. V., Assist. Mineralogical Department, University Museum, Oxford.

* Ridley, J. C., Member of Iron and Steel Institute, Mining Engineer, Newcastle upon Tyne.

Rudler, F. W., Curator of Museum of Practical Geology, London.

Sarolea, Ch., Prof., of University, Edinburgh.

* Sclater, P. L., F. R. S., F. Z. S., F. G. S., London.

* Seeley, H. G., F. R. S., Prof. of Geology in King's College, London.

* Simpson, T., Y., Edinburgh.

Sollas, W. J., Prof. of Geology in the University, Dublin.

* Stirrup, M., Président of Manchester Geological Society, F. G. S. L., Bowdon, near Manchester.

Tabuteau, L-t. Colonel, Batheaston near Bath.

Teall, J. J. Prof. of Petrography, London.

Thom, J., Mining Engineer, Member Manchester Geological Society, Manchester.

Traquair, R. H., Dr., Keeper of the Natural History Department, Museum of Science and Art., Edinburgh.

Voiret, A., Miss, London.

Watts, W., M. A., F. G S., Corndon.

* White, J. F., Mining Engineer, F. G. S., Wakefield.

Woodward, C. J., Director chemistry Department Municipal Technical School, Birmingham.

Young, A. C., F. G. S., London.

Indes Orientales.

Oldham, R. D., Offg. Director Geological Survey of India, Calcutta.

Vredenburg, E. W., Assist. Superintendent Geological Survey of India, Calcutta.

Italie.

*d'Achiardi, G., Dr. sc. nat., Assist. de minéralogie à l'Université de Pise.

*Ambrosioni, M., Dr. sc. nat., Bergamo.

*de Angelis d'Ossat, G., Assist. au Cabinet géologique de l'Université à Rome.

*Baldacci, L., Ing. en chef des mines, Rome.

*Bertolio, S., Ing. au Corps Royal des mines, Prof. à l'Ecole Polytechnique, Milan.

Betocchi, Al., Prof., Membre de l'Academie des Sciences (Lincei), Rome.

*Bossi, C., Ing., Rome.

Botti, Uld., Reggio, Calabria.

Brugnatelli, L., Dr., Prof. de minéralogie à l'Université, Pavie.

Campi, Em., Milan.

*Canavari, M., Prof. de géologie et de paléontologie à l'Université de Pise.

*Capacci, C., Ing. des mines, Membre de la Société géologique d'Italie, Florence.

*Capellini, G., Senateur, Prof., Prés. du Comité géologique, Bologne.

Cattaneo, R., Turin.

*Cermenati, M., Dr., Prof., Roma.

*Cirmeni, B., Dr., Rome.

Clerici, J., Ing , Milan.
* Cocchi, J., Prof. de géologie à l'Institut des hautes études, Membre du Comité géologique d'Italie, Florence.
* Corsi, A., Ing., Florence.
* Dervieux, E., Membre de la Société géologique d'Italie, Turin.
* Engel, Ad., Ing., Rome.
* Fatichi, N., Membre de la Société géologique, Florence.
Ferraris, E., Ing. Monteponi.
Fucini, A., Assistant à la chaire de géologie à l'Université de Pise.
* de Gregorio, marquis, A., Direct. des Annales de géol. et de paléontol., Palerme.
* Koch, O., Ing., Rome.
Lanari, U., Ing., Roma.
Levi, A. S., baron, Membre de la Société géologique d'Italie. Florence.
* Marchi, P., Prof., Président de l'Institut Royal technique à Florence.
Martelli, C., Ing., Massa Marittima.
* Mattirolo, H., Ing.-Géol. au Corps Royal des mines, Rome.
* Meli, R., Prof. de géologie à l'Ecole Royale des Ingénieurs à Rome.
* Melzi, G., comte, Dr. des sc. nat., Milan.
Merli, Ch. Merate (Como).
Merli, A. M-me, Merate (Como).
Neviani, A., Prof., Secrétaire de la Société géologique d'Italie, Rome.
* de Nicolis, E., Dr., Verona.
Novarese, V., Ing. au Corps Royal des mines, Rome.
Omboni, G., Prof. de géologie à l'Université de Padoue.
Parona, C. Prof. de géologie à l'Université, Turin.

* Pellati, N., Inspect. général des mines, directeur de la carte géologique, Rome.
* Portis, A., Dr., Prof. de géologie à l'Université, Rome.
* Riva, C., Assist. au Cabinet minéralogique de l'Université de Pavia, Milan.
* Sabatini, V., Ing. au Corps Royal des mines, Rome.
* Sacco, F., Dr., Prof. de paléontologie, Turin.
Sella, A. Dr., Rome.
Società Geologica Italiana, Rome.
* de Stefani, Ch., Prof. de géologie à l'Ecole des hautes études, Florence.
* di-Stefano, G., Dr., Rome.
* Tellini, A., Prof. d. sc. naturelles à l'Institut technique, Udine.
* Vinassa de Régny, P. E., Dr., Assist. de géologie et de minéralogie à l'Université de Parme.
* Vitalini, Fr., Prof., Membre de la Soc. géologique d'Italie, Rome.
* Zaccagna, D., Géologue du Comité géologique, Rome.

Japon.

* Kochibe, T., Directeur du Service Géologique Impérial du Japon, Tokio.
* Tsuneto, N., Agronome en chef du Service Géologique Impérial du Japon, Tokio.

Mexique.

* Aguilera, J. G., Directeur de l'Institut géologique du Mexique.
* Ordoñez, E., Géologue de l'Institut géologique du Mexique.

Nouvelle Zélande.

Ulrich, G., Prof. of Mineralogy, Dunedin.

Pays-Bas.

* van Calker, F., Prof. à l'Université, Groningue.
Lorié, J., Dr. phil., Utrecht.
* Martin, K., Dr., Prof. à l'Université de Leyde.
* Wichmann, A., Dr., Prof. à l'Université, Utrecht.

Portugal.

Choffat, P., Lisbonne.
Delgado, J., Direct. du Service géologique du Portugal, Lisbonne.
* Mendes Guerreiro, J. V., Ing. en chef de 1-re classe, Lisbonne.
do Rego Lima, J., Ing. des mines, Prof. de géologie et d'exploitation des mines à l'Ecole Militaire, Lisbonne.

Roumanie.

* Alimanestiano, C., Chef du service des mines, Bucarest.
* Alimanestiano, S., M-me, Bucarest.
Athanasius, S., Licencié ès sciences, Prof. au Lycée à Yassy.
* Bottea C., Ing. des mines, Prof. à l'Ecole des ponts et chaussées, Bucarest.
Bratila, M., Prof. de géographie et statistique, Bucarest.

* Costin-Vellea, G., Prof. de géographie au Lycée National, Yassi.
* Draghicénu, M., Directeur des mines, Bucarest.
Licherdopol, J. P., Prof. de sc. physiques et naturelles, Bucarest.
Mrazec, L., Prof. de minéralogie à l'Université, Bucarest.
* Saabner-Tuduri, A., Dr. Prof. des sc. naturelles, Bucarest.
* Saabner Tuduri, M-me, Bucarest.
* Sévastos, C., Yassy.
* Sevastos, R., Membre de la Soc. géologique de France, Yassy.
Simionescu, J., Licencié à l'Université, Bucarest.
Stefanescu, S., Prof. au Lycée St. Sava, Bucarest.
* Stefanescu, G., Prof. de géologie à l'Université, membre de l'Acad. d. Sciences, Bucarest.
* Stefanescu, M., M-me, Bucarest.
* Stefanescu, Fl., M-lle, Bucarest.

Russie.

* Abegg, W. A., St. Pétersbourg.
Abramow, Th., Ing. des mines, Novotscherkask.
* Acker, Em., Ing., St. Pétersbourg.
* Agafonow, V., Conservateur au Musée minéralogique de l'Université, St. Pétersbourg.
* Alfthan, M., Lieutenant-Colonel de l'Etat Major, Helsingfors.
* Amalitzky, Wl., Prof. de géologie à l'Université, Varsovie.
* Amalitzky, A., M-me, Varsovie.
* Andrussow, N , Prof. à l'Université de Iouriew.
Anoutchine, Dm., Prof. à l'Université, Moscou.

* Antonovitch, M., membre de la Soc. Impériale de Minéralogie, St. Pétersbourg.
* Armachevsky, P. J., Prof. de minéralogie à l'Université de St-Wladimir, Kiew.
Arnoldi, W., Assist. au Jardin Botanique, Moscou.
* Aurich, Anna, St. Pétersbourg.
• Awdakow, N. S., Ing. des mines, Kharkow.
Babaïanz, E. J., Ing. des mines, St. Pétersbourg.
• Barbot-de-Marny, E., Ing. des mines, Zlatooust.
* Barsow, N., St. Pétersbourg.
Beck, W., Ing. des mines, St. Pétersbourg.
Belelubsky, N., Prof., Directeur du Laboratoire mécanique à l'Institut Imp. des Ing. des voies de communication, St. Pétersbourg.
* Berghell, H., Dr. phil., Géologue de la Commission géologique de la Finlande, Helsingfors.
* Besobrasow, N. M., St. Pétersbourg.
* Bilderling, P., St. Pétersbourg.
* Bilibine, W., M-me, St. Pétersbourg
* Bissarnow, M., Ing. des mines, St. Pétersbourg.
* Blümenfeld, M., St. Pétersbourg.
* Bock, J., Conseiller d'Etat actuel, St. Pétersbourg.
Bogolioubow, N., Candidat des sc. nat., Moscou.
† Bogolioubsky, J., Ing. des mines, Nijnéoudinsk.
* Bogoslowsky, N., Géol. du Comité géologique, St. Pétersbourg.
• Borissiak, Al., Assist. du Comité géologique, Ing. des mines, St. Pétersbourg.
Brousnitzine, Th., Ing. des mines, St. Pétersbourg.
Brukhanenko, A., Assist. à l'Université, Moscou.
* Buckse, E., Chimiste, St. Pétersbourg.
* Buechner, E, Zoologue en chef du Musée zoologique de l'Academie des Sciences, St. Pétersbourg.

Chlebowski, J., Ing. des mines, Varsovie.

• Clerc, O., Secrétaire de la Soc. Ouralienne des sciences naturelles, Ekathérinebourg.

* Denissiew, S., Ing. des mines, St. Pétersbourg.

* Derjawine, A., Assist. du Comité géologique, St. Pétersbourg.

* Dingelstedt, V., Genève.

* de Dittmar, N., Ing. des mines, Kharkow.

Dokoutschaiew, W., Prof. de minéralogie à l'Université, St. Pétersbourg.

* Doss, B., Dr., Docent au Polytechnikum de Riga.

* Dvoriachine, N., Dr. méd., St. Pétersbourg.

* Dziedzicki, H., Dr., Membre de la Soc. Entomologique, Membre de l'Académie de Cracovie, Varsovie.

Eichelmann, Ed., Ing. des mines, Piatigorsk.

* Eckert, A., Dr. méd., St. Pétersbourg.

* Etrait, R., M-me, St. Pétersbourg.

* Faas, Al., Ing. des mines, Senno, gouv. Moghilew.

* Fegreus, T., Dr., Bakou.

* Filrosé, A., Ing. des mines, St. Pétersbourg.

* Frosterus, B., Dr., Géologue à la commission géologique de Finlande, Helsingfors.

* Gebauer, F., Ing. des mines, Wilna.

* Gerbertz, B., Ing. des mines, St. Pétersbourg.

* Gervais, F., Ing. des mines, St. Pétersbourg.

* Glinka, K. D., Prof. de minéralogie à l'Institut agricole et forestier à Nowo-Alexandria.

* Gobi, Ch., Prof. à l'Université, St. Pétersbourg.

• Gogol-Ianovsky, G., Cand. des sc. nat., Tiflis.

Golenkine, M., Prof. agrégé à l'Université, Moscou,

* Golychkine, E., Lieutenant-Colonel d'Artillerie, Kowno.

Gourow, Al., Prof. de géologie à l'Université, Kharkow.

* Grigoriew, Al., Secrétaire de la Soc. Impériale de Géographie, St. Pétersbourg.

* Grigoriew, N., Assistant du Comité géologique, S.-Pétersbourg.

Guérassimow, A. P., Ing. des mines, Irkoutsk.

* Hackmann, V., Dr., Helsingfors.

• Hainingen-Huene, Fr., Baron, Reval.

* de Haller, O., St. Pétersbourg.

• Hamilton, J., Gérant des mines de Nijné-Taguilsk.

• de Hasselblatt, R., Directeur des mines Bieloretzky, gouv. Perm.

* Herlin, R., Inspecteur des forêts, Helsingfors.

Huhn, H., Direct. de la fabrique Imp. de mosaïques et d'objets d'art en pierres dures à Péterhof.

* Iakowlew, D., Candidat des sc. nat., Membre de la Soc. Impériale de Géographie, St. Pétersbourg.

* Iakowlew, A., M-me, St. Pétersbourg.

* Iakowlew, N., Ing. des mines, Geologue du Comité géologique, St. Pétersbourg.

Ianowsky, K., Conseiller privé, Tiflis.

Iaworowsky, P., Ing. des mines, St. Pétersbourg.

* Iereméjew, P., Membre de l'Académie Impériale des Sciences, Prés. de la Soc. Impériale de Minéralogie etc., St. Pétersbourg.

Ijitzky, N., Ing. des mines, St. Pétersbourg.

* Inostrantzew, Al., Dr., Prof. de l'Université, St. Pétersbourg.

* Iossa, N., Ing. des mines, St. Pétersbourg.

* Iwanow, A. O., Ing. des mines, St. Pétersbourg.

* Iwanow, Al., Cand. des sc. nat., Moscou.

* Iwanow, D., Ing. des mines, Soukhednew (gouvern. de Kielce).

* Iwanow, D., St. Pétersbourg.

* Iwanow, M., Ing. des mines, St. Pétersbourg.
* Iwanow, V., maître de la 2 Ecole réale, St. Pétersbourg.
Jaczewski, L., Ing. des mines, St. Pétersbourg.
* Jaunez-Sponville, An., Ing. des mines, St. Pétersbourg.
* Jenjourist, Th., Membre de la Soc. des Naturalistes à Charkow, Pabianitzi, gouv. Piétrokovo.
Johansson, K., Ing. des mines, Taganrog.
* Kalistratow, Al., Ing. des mines, St. Pétersbourg.
* Karakasch, N., Conservateur du Musée géologique de l'Université, St. Pétersbourg.
* Karakasch, N., M-me, St. Pétersbourg.
* Karnitzky, Ch., Ing. des mines, Piatigorsk.
* Karnojitzky, A. N., Privat-docent à l'Université de St.-Pétersbourg.
* Karpinsky, A. P., Directeur du Comité géologique, St.-Pétersbourg.
* Karpinsky, E. A., M-lle, St. Pétersbourg.
* Khardine, Dm., Laborant à l'Institut technologique, St. Pétersbourg.
* Khitrowo, S., Candidat des sc. nat., Chablykino, gouv. d'Orel.
* Khlaponine, A., Ing. des mines, Conserv. du Comité géologique, St. Pétersbourg.
* Khorochewsky, W. W., Ing. des mines, Soukhednew, gouv. de Kielce.
* Khowansky, J. J., Ing. des mines, Novotcherkask.
* Kestner, N., Candidat des sc. nat., St. Pétersbourg.
Kitaïew, N., Direct. de l'Ecole Ouralienne des mines, Ekathérinebourg.
Kitaïew, E., M-me, Ekathérinebourg.
* Kleiber, W. H., Ing. des voies de communication, Kazan.

* Kobetzky, J., Ing. des mines, Membre de la Soc. physico-mathématique de l'Université, Kiew.

Koeppen, Al., Ing. des mines, Conseiller privé, St. Pétersbourg.

* Koeppen, Th., Conseiller d'Etat actuel, St. Pétersbourg.

Kojewnikow, Gr., Conservateur au Musée Zoologique de l'Université, Moscou.

Kokscharow, N., Ing. des mines, Prof. de minéralogie à l'Institut forestier, St. Pétersbourg.

Kolenko, B., Directeur de gymnase, Piatigorsk.

* Komarow, A., Ing. des mines, St. Pétersbourg.

Komarowsky, W., Membre de la Sect. Sibérienne de la Soc. de Géographie, Bargousine.

* Kontkiewicz, St., Ing. des mines, Dombrowa.

* Koroviakoff, B., Candidat des sc. nat., St. Pétersbourg.

* Koslow, W., Membre de la Soc. Impériale de Minéralogie, St. Pétersbourg.

* Koslow, E., M-me, St. Pétersbourg.

* Kosmowsky, C., Membre de la Soc. des Naturalistes de Moscou, Kirsanow.

* Kotzowsky, N., Ing. des mines, Prof. à l'Ecole des Mines, St. Pétersbourg,

Kougouchew, Wl., prince, Ing. des mines, Kharkow.

* Koulibine, N., Ing. des mines, Prés. du Conseil des mines, St. Pétersbourg.

* Koulibine, S., Ing. des mines, St. Pétersbourg.

Kourtschinsky, W., Prof. à l'Université, Iouriew.

* Kousnetzow, I., Cand. des sc. nat., St. Pétersbourg.

* Kousnetzow, N., Prof. de Botanique à l'Université, Iouriew.

* Kousnetzow, S., Ing. des mines, Usines Omoutninsky, gouv. de Viatka.

* Kouznetzky, P., Conservateur au Cabinet géologique de l'Université, Kiew.

* Kowersky, E., Général-Lieutenant, St. Pétersbourg.

Kracheninnikow, Th , Assist. de botanique à l'Université, Moscou.

Krasnopolsky, A., Ing. des mines, Géologue en chef du Comité Géologique, St. Pétersbourg.

* Krichtafovitsch, N., Rédacteur-Editeur de l'„Annuaire géologique et minéralogique de la Russie", Nowo-Alexandria.

* Krickmeyer, R., Assist. au Cabinet minéralogique de l'Université, Iouriew.

* Krotow, P., Prof. à l'Université, Kazan.

* Kroustchoff, K., Prof. de minéralogie à St. Pétersbourg.

* Koupffer, A., Assist. de minéralogie à l'Institut agricole, Moscou.

Kvitka, S. K., Ing. des mines, Bakou.

Kyber, A., Ing. Chimiste, Riga.

Kyber, Ed., Riga.

* Lagorio, A., Prof. de minéralogie à l'Université, Varsovie.

* Lahusen, J., Prof. de paléontologie à l'Institut des mines, St. Pétersbourg.

* Lamansky, W., Candidat des sc. nat., St. Pétersbourg.

* Laskarew, Wl., Laborant au Musée Géologique de l'Université, Odessa.

* Latchinow, P., Ing. des mines, St. Pétersbourg.

* Lebedew, N., Ing. des mines, Tiflis.

* Lebedkine, J. S., Ing. des mines, St. Pétersbourg.

* Lebedintzew, A., Assist. au laboratoire de l'Université, Odessa.

Lebedzinsky, L., Ing. des mines. St. Pétersbourg.

Lesgaft, E., Assist. de physique à l'Institut agricole de Nowo-Alexandrïa.

* Lesman, A., St. Pétersbourg.

* Lewitzky, Gr., Prof. à l'Université, Iouriew.

* Liamine, N., Ing. des mines, St. Pétersbourg.

Liaschenko, Th., Ing. des mines, Iwanovskaja, gouv. d'Ekathérinoslaw.

* Lissitzine, G., Ing. des mines, St. Pétersbourg.

* Listow, I., Membre de la Soc. Impériale de Minéralogie, Tscherkassy, gouv. Kiew.

* Loesch, A.. Ing. des mines, St. Pétersbourg.

* Loewinson-Lessing, Fr. J., Prof. de minéralogie à l'Université de Iouriew.

* Loewinson-Lessing, V., M-me, Iouriew.

* Lonnbohm, C., Dr. ph., Helsingfors.

* Loransky, Ap., Inspecteur à l'Institut des mines, St. Pétersbourg.

* Loutouguine, L., Ing. des mines, Géologue du Comité Géologique, St. Pétersbourg.

* Maiewsky, Th., Ing. des mines, St. Pétersbourg.

* Makerow, J. A., Assit. au laboratoire du Cabinet géol. de l'Université à St. Pétersbourg.

* Maliarewsky, Kr., Ing. des mines, St. Pétersbourg.

* Mamontow, W., Candidat des sc. nat., St.-Pétersbourg.

* de Manziarly, Et., Ing. des mines, Kharkow.

* Markow, E., Dr. phil., St. Pétersbourg.

* Matéréew, M., M-me, St. Pétersbourg.

Meister, A., Ing. des mines, St. Pétersbourg.

* Melnikow, M., Ing. des mines, St. Pétersbourg.

* Menchoutkine, N., Prof. à l'Université de St. Pétersbourg.

* von Merklin, C., Prof., St. Pétersbourg.

* Miassoyédow, P., Cons. d'Etat actuel, St. Pétersbourg.
* Michalski, A., Ing. des mines, Géologue en chef du Comité Géologique, St. Pétersbourg.
* Mickwitz, A., Ing., Reval.
* Mikhailowsky, G., Assist. de minéralogie à l'Université, Varsovie.
Miklucha-Maclay, M., Ing. des mines, St. Pétersbourg.
* Missouna, A., M-lle, St. Pétersbourg.
de Moeller, V., Ing. des mines, Conseiller intime, Directeur de l'Institut des mines, St. Pétersbourg.
* de Moeller, R., Iouriew.
* Moguiliansky, N., Cand. des sc. nat., St. Pétersbourg.
Monkowsky, T., Ing. des mines, Lougansk.
* Moroséwicz, I. A., Géologue du Comité géologique, St. Pétersbourg.
* Moser, M., Maître au 7-me Gymnase, St. Pétersbourg.
* Mouchkétow, J., Prof. de géologie à l'Institut des mines, St. Pétersbourg.
* Moursakow, V., Ing. des mines, St. Pétersbourg.
Mourawsky, B., Ing. des mines, Wilna.
* Nadson, G., Privat-docent à l'Université de St. Pétersbourg.
Nalivkine, W., Ing. des mines, Assist. du Comité géologique, St. Pétersbourg.
* Nikitin, S. N., Géologue en chef du Comité géol., St. Pétersbourg.
* Nikitin, V., Cand. des sc. nat., St. Pétersbourg.
* Norpé, M. F., Ing. des mines, St. Pétersbourg.
Nossowitch, D. P., Candidat des sc. nat., Tiflis.
Obroutschew, Wl., Ing. des mines, Irkoutsk.
* Ossoskow, P., Membre de la Soc. Impériale de Minéralogie, St. Pétersbourg.

* Ototzky, P. W., Conserv. au Cabinet minéralogique de l'Université à St. Pétersbourg.

* Otto, C., Helsingfors.

Ourbanovitch, I., Ing. des mines, St. Pétersbourg.

Ouwarow, P., Cand. des sc. nat., Moscou.

* Owssiannikow, B., Ing.-Technologue, Docent de chimie, St. Pétersbourg.

* Palibine, J., Conservateur au Jardin Botanique Impérial, St. Pétersbourg.

* Pallisen, R. I., St. Pétersbourg.

Palmén, H., baron, Secrétaire de la Chancellerie Finlandaise de Sa Majesté L'Empereur.

* Patzoukéwitsch, N., Membre de la Société russe d'Anthropologie, St. Pétersbourg.

* Pavlow, A., Prof. de géologie à l'Université, Moscou.

* Pavlow, M., M-me, Membre de la Soc. des Naturalistes de Moscou, Moscou.

* Pavlow, A. W., Assist. de géologie à l'Université de Moscou.

* de Peetz, A., Conservateur du Cabinet géologique à l'Université, St. Pétersbourg.

* de Peters, Al., Bibliothecaire de l'Académie Impériale des Sciences, St. Pétersbourg.

* de Peters, I., M-me, St. Pétersbourg.

* Pfaffius, C., Ing. des mines, St. Pétersbourg.

* Pfaffius, V., M-me, St. Pétersbourg.

* Piatnizky, P., Kharkow.

• Pissarev, W., Ing. en chef du district de Zlatooust.

* Pliétneff, A. P., St. Pétersbourg.

Plumier, Ch., Ing. des mines, Gorlovka, gouv. d'Ekathérinoslaw.

Pluszczewski, L., Ing. des mines, Moscou.

• Podgaïetzky, L., Ing. des mines, St. Pétersbourg.

* Pogrébow, N., Secrétaire du Comité géologique, St. Pétersbourg.

* Pokrowsky, Al., Cand. des sc. nat., Kiew.

* Poliénow, B., Conservateur du Cabinet géologique à l'Université, St. Pétersbourg.

* Pomerantzew. A., St. Pétersbourg.

* Popow, B., Candidat des sc. nat., St. Pétersbourg.

* Popow, J., Ing. des mines, Membre de la Soc. Impériale de Minéralogie, St. Pétersbourg.

* Poutiatine, P., prince, Membre des Sociétés Antropologiques à St. Pétersbourg, Paris etc., St. Pétersbourg.

* Prendel, R., Prof. de minéralogie à l'Université, Odessa.

* Prozorovsky-Golitzine, Al., prince, Conservateur du Cabinet géologique de l'Université, St. Pétersbourg.

• Rabinowitsch, L., Ing. des mines, Almasnaïa, gouv. d'Ekathérinoslaw.

* Radetzky, R., Dr. méd,, St. Pétersbourg.

* Radkévitch, G. A., Assistant au Musée minéralogique à l'Université de St. Wladimir, Kiew.

* Raïevsky, N., Directeur de gymnase à St. Pétersbourg.

* Ramsay, A., Dr. phil., Directeur à Helsingfors.

* Ramsay, W., Dr. phil., Docent à l'Université, Helsingfors.

* Rausch de Traubenberg, P., baron, Dr. phil., St. Pétersbourg.

* Rausch de Traubenberg, A., baronne, St. Pétersbourg.

Retowski, O., Conseiller d'Etat, Théodosie.

Reymond, G., Ing., Gorlovka, gouv. d'Ekathérinoslaw.

Rippas, Pl., Ing. d. mines, Assist. du Comité Géologique, St. Pétersbourg.

* de Ritter, N., Kiew.

Romanowsky, G. D., Ing. des mines, St. Pétersbourg.

* Romanowsky, E., Membre de la Soc. Impériale de Minéralogie, St. Pétersbourg.

* Rosberg, J., Dr., Membre de la Commission géologique de la Finlande, Helsingfors.

* Rossikow, C., Membre de la Soc. Impériale de Géographie, Wladikavkaz.

* Rossikow, A., M-me, Membre de la Section du Caucase de la Soc. Impériale de Géographie, Wladikavkaz.

• Rouguéwitch, Cl., Ing. des mines, Piatigorsk.

Samoïlow, J., Assist. au Cabinet minéralogique de l'Université, Moscou.

* de Sanmark, C. G., Surintendant de l'industrie, Helsingfors.

Savenkow, N., Ing., des mines, Orel.

* Savitzky, A., Ing. des mines, St. Pétersbourg.

* Sawanevsky, A., St. Pétersbourg.

* Schaniavsky, A., Moscou.

* Schepowalnikow, Al., Cand. des sc. nat., St. Pétersbourg.

• Schichkowsky, C. A., Mias.

* Schklarevsky, A., Assist. au Cabinet minéralogique de l'Université, Moscou.

* Schlippé, Th., candidat de l'Université de Moskou, Toula.

* Schmidt, Fr., Membre de l'Académie Impériale des Sciences, St. Pétersbourg.

* Schmoelling, L., Cand. des sc. nat., St. Pétersbourg.

* Schnabl, J., Dr., Membre de la Soc. des Naturalistes de Varsovie, Varsovie.

* Schokalsky, J., Secrétaire de la Section de géographie physique de la Société Impériale de Géographie, St. Pétersbourg.

* Schoschine, P., Candidat des sc. nat., Kharkow.

* Schostkovsky, J., Ing. des mines, St. Pétersbourg.

* de Schulten, A., Docent à l'Université de Helsingfors.
* Sederholm, J., Directeur de la Commission géologique de Finlande, Helsingfors.
* Sederholm, A., M-me, Helsingfors.
* Semenow, P., Senateur, Vice-Prés. de la Soc. géographique, St. Pétersbourg.
* Semenow, V., Candidat des sc. nat., St. Pétersbourg.
Semiannikow, L., Ing. des mines, Tiflis.
* Sendau, A., Ing. des mines, St. Pétersbourg.
• Serguéew, G., Candidat des sc. nat., Kychtym.
* Serguéew, M., Ing. des mines, St. Pétersbourg.
* Sevier, A., Ing. des mines, St. Pétersbourg.
* Sibirtzew, N. M., Professeur à l'Institut agricole et forestier de Nowo-Alexandria.
* Sidorenko, M., Privat-docent à l'Université, Odessa.
• Simonowitch, S., Tiflis.
Sjöman, N., Direct. du Service du Pilotage, Helsingfors.
* Skrinnikow, Al., Laborant à l'Université, Varsovie.
* Sokolow, N. A., Dr., Géologue en chef du Comité Géologique, St. Pétersbourg.
Sokolow, Wl., Cand. des sc. nat., Moscou.
Sokolowsky, N., Ing. des mines, Kharkow.
Solitander, C. P., Intendant des mines, Helsingfors.
* Sovétow, S., Asist. de géographie physique à l'Université de St. Pétersbourg.
* Soustchinsky, P., Candidat des sc. nat., St. Pétersbourg.
† * Spendiarow, L., Candidat des sc. nat., St. Pétersbourg.
* Spijarny, N., Moscou.
* Spindler, J., Chef du bureau météorologique de la section hydrographique du Ministère de la marine, St. Pétersbourg.
* Stahl, A. F., Ing. des mines, St. Pétersbourg.
* de Stein, W., Conseiller d'Etat, St. Pétersbourg.

Stempkowsky, D., Ing. d. mines, Lougansk.

* de Steven, Al., Conseiller d'Etat actuel, Membre de la Soc. Impériale de Minéralogie, St. Pétersbourg.

†•Stoeber, E. A., Magistre de pharmacie, Wladikavkaz.

* Strémooukhow, D., Conservateur à la Soc. des sciences naturelles de Moscou, Moscou.

• Stschepetilow, Wl., Dr. med., Moscou.

Stschirowsky, Conservateur du Cabinet géologique à l'Université, Moscou.

* Stuckenberg, A., Prof. de géologie à l'Université de Kazan.

* Tanfiliew, G., Magistre de botanique, St. Pétersbourg.

* Tarassenko, W. E., Conservateur du Cabinet minéralogique à l'Université de St-Vladimir, Kiew.

Thaddéew, Al., Ing. des mines, Ekathérinebourg.

• Théophilaktow, C., Prof. à l'Université, Kiew.

* Thesleff, A., Finlande.

Tigerstedt, A., Ing. des mines, Helsingfors.

* Tigranoff, L., Lieutenant d'artillerie, St. Pétersbourg.

* Tigranow, G., Cand. des sc. nat., St. Pétersbourg.

* Tillo, A., Général-Lieutenant, St. Pétersbourg.

* Toll, E., baron, Géologue du Comité Géologique, St. Pétersbourg.

* Tolmatchow, I. P., Candidat des sc. nat., St-Pétersbourg.

Toutkowsky, P., Dr. phil., Kiew.

* Trüstedt, O., Ing. des mines, Pitkaranta.

* Tschernyschew, Th. N., Géologue en chef du Comité Géologique, St-Pétersbourg.

* Tzwétaïew, M., M-lle, Moscou.

Tzvetkoff, W. N., Sous-direct. de la fabrique Imp. à Péterhof.

* Vernadsky, W., Prof. de minéralogie à l'Université de Moscou.

*de-Vogdt, C., Conservateur au Cabinet géologique de l'Université, St. Pétersbourg.
*de Vogdt, O., M-me, St. Pétersbourg.
*von-Wahl, A., Pajus, Livonie.
*Wakoulowsky, N. N., Membre de la Soc. Impériale de Minéralogie, St. Pétersbourg.
*Wannary, P., Cand. des sc. nat., St. Pétersbourg.
*Wassiliew, E., Ing. des mines, St. Pétersbourg.
*Wénukow, P. N., Prof. de géologie à l'Université de St-Wladimir, Kiew.
*Wersilow, N., Ing. des mines, St. Pétersbourg.
•Wisconte, C., Cand. des sc. nat., Moscou.
*Wöhrmann, S., baron, Dr. phil., St. Pétersbourg.
*Woeikow, A., Dr., Prof. de géographie à l'Université, St. Pétersbourg.
*Woislaw, S., Prof., Ing. des mines, St. Pétersbourg.
*Wolff, J., St. Pétersbourg.
*Worobiow, B., Candidat des sc. nat., Ekathérinodar.
*Woronow, Z., M me, St. Pétersbourg.
Wosnessensky, Wl., Ing. des mines, Assist. au Comité Géologique, St. Pétersbourg.
*Wrangel, F., baron, St. Pétersbourg.
Wyssotzky, N., Ing. des mines, Géologue au Comité Géologique, St. Pétersbourg.
*Zabolotny, D., Candidat des sc. nat, Dr. méd., Kiew.
*Zalessky, S., Prof., St. Pétersbourg.
Zaïtzew., A., Prof. de géologie et minéralogie à l'Université de Tomsk.
•Zélenkow, E., Kotchkar, gouv. d'Orenbourg.
Zemiatschensky, P., Conservateur au Cabinet minéralogique de l'Université, St. Pétersbourg.
Zglenicki, W., Ing. des mines, Membre de la Société Impériale de Minéralogie, St. Pétersbourg.

*Zickendrath, E., Dr., Moscou.
*Zlatkowsky, B., Cand. sc. nat., Witebsk.
*Zwerintzew, L., Dr. phil., Membre de la Soc. Impériale de Minéralogie, St. Pétersbourg.
*Zwerinzew, Th., M-me, St. Pétersbourg.

Serbie.

Antoula, D., Dr. phil., Prof. de gymnase, Belgrade.
*Źujović, J. M., Prof. de géologie, Recteur de l'Université, Belgrade.

République Sud-Africaine.

Draper, Th., Johannesburg, South Africa.

Suède et Norvège.

*Andersson, G., Dr., Stockholm.
*Andersson, A., M-me, Stockholm.
*Bäckström, H., Dr., Chargé de cours en minéralogie et petrographie à l'Université de Stockholm.
*Brögger, W., Dr., Prof. à l'Université, Christiania.
*de Geer, G., baron, Dr. phil., Prof. de géologie à l'Université, Stockholm.
*Högbom, A. G., Prof. de minéralogie et géologie, Upsala.
*Holm, G., Dr., Paléontologue de l'Institut géologique de Suède, Stockholm.
*Lindvall, C., Ingénieur, Stockholm.
Lundbohm, H., Géologue du Service de la carte géologique de Suède, Stockholm.
*Nathorst, A., Dr., Prof., Stockholm.
*Reusch, H., Dr., Dir. de l'Institut géologique de la Norvège, Christiania.
*Svenonius, F. V., Dr. phil., Statsgeolog, Stockholm.

* Torell, O., Directeur du Service de la Carte géologique de la Suède, Stockholm.
* Törnquist, S. L., Prof. de géologie, Stockholm.
* Wille, N., Dr., Prof. à l'Université, Christiania.

Suisse.

* Abelianz, H., Prof. an der Universität, Zürich.
* Baltzer, A., Prof. de géologie à l'Université, Berne.
* Bergier, R., A., Ing. des mines, Lausanne.
* Brunhes, J., Prof. de géographie à l'Université de Fribourg.
* Brunhes, M-me, Fribourg.
* Duparc, L., Dr. sc., Prof. de minéralogie et géologie à l'Université de Genève.
Escher-Hess, C., Mitglied des Schweiz. geolog. Gesellsch., Zürich.
* Forel, F., Dr., Prof. à l'Université de Lausanne, Morges.
Golliez, H., Prof. à l'Université de Lausanne.
* Goll, H., Membre de la Soc. géologique suisse, Lausanne.
* Gutzwiller, A., Dr. phil., Lehrer an der Ober-Realschule, Basel.
* Gutzwiller, A., Frau, Basel.
* Heim, A., Dr., Prof. der Geologie, Zürich.
* Jaccard, P., Prof. agrégé à l'Université, Lausanne.
* Joukowsky, E., Ing. civil des mines, Genève.
* Lugeon, M., Dr., Prof. à l'Université de Lausanne.
* Mayer-Eymar Ch., Professeur à l'Université, Zurich.
* Muret, E., Inspecteur des Forêts, Secrétaire de la Commission Internationale des Glaciers, Morges.
* Oswald, A., Dr., Bâle.
* Renevier, E., Prof. à l'Université de Lausanne.
* Rüst, Ch., Dr. sc., Privat-docent, Genève.
* Schmidt, C., Dr. phil., Professor an der Universität, Basel.

Liste classifiée des membres.

PAYS	Membres inscrits	Membres qui ont assisté à la session	Membres qui n'ont assisté qu'aux excursions
Allemagne	193	143	2
Argentine	1	1	—
Australie	2	2	—
Autriche-Hongrie	54	41	—
Belgique	23	9	—
Bulgarie	2	2	—
Canada	3	1	—
Colonie du Cap	1	1	—
Danemark	4	4	—
Espagne	5	2	—
Etats Unis d'Amérique	112	63	—
France	89	40	—
Grande-Bretagne	77	40	—
Indes Orientales	2	—	—
Italie	53	34	—
Japon	2	2	—
Mexique	2	2	—
Nouvelle-Zélande	1	—	—
Pays-Bas	4	3	—
Portugal	4	1	—
Roumanie	18	12	—
Russie	338	243	18
Serbie	2	1	—
République Sud-Africaine	1	—	—
Suède et Norvège	15	14	—
Suisse	22	20	—
Membres honoraires	7	3	—
Totaux	1037	684	20

Délégations.

Allemagne.

Grossherzogliche Badische Technische Hochschule zu Karlsruhe. *K. Futterer.*

Grossherzogliche Hessische Geologische Landesanstalt. *R. Lepsius.*

Königliche Bayrische Ludwig-Maximilians-Universität zu München. *K. v. Zittel, P. Groth.*

Königliches Bayrisches Oberbergamt. *L. Ammon.*

Königliche Bayrische Technische Hochschule. *K. Oebbeke.*

Königliche Sächsische Regierung. *H. Credner.*

Königliche Universität zu Breslau. *Fr. Frech.*

Königliche Universität zu Freiburg. *G. Steinmann.*

Königliche Universität zu Tübingen. *E. Koken.*

Königliche Universität zu Marburg. *E. Kayser.*

Physikalisch-Oekonomische Gesellschaft zu Königsberg i. Pr. *A. Jentsch.*

Senkenbergische Naturforschende Gesellschaft. *A. de Reinach.*

Verein deutscher Eisenhüttenleute. *Fr. Beyschlag.*

République Argentine.

Université de Buenos Aires. *C. Berg.*

Autriche-Hongrie.

Academie de Cracovie. *J. Niedzwiedzki, L. Szajnocha.*

Kaiserliche königliche Regierung. *Th. Fuchs.*

Königliches Ungarisches Agricultur-Ministerium, k. Ungarische Geologische Anstalt. *J. Böckh.*

K. k. geologische Reichsanstalt. *E. Tietze.*
K. k. Bergakademie. *J. Höfer, K. Redlich.*
K. k. geographische Gesellschaft in Wien. *E. Tietze, C. Diener.*
Technische Schule zu Brünn. *A. Makowsky, A. Rzehak.*
Technische Schule zu Lemberg. *J. Niedzwiedzki, L. Szajnocha.*
Ungarische Academie der Wissenschaften. *J. Böckh.*
Ungarisches Ministerium für Kultur und Unterricht. *A. Franzenau.*
Ungarische Geologische Gesellschaft. *J. Böckh.*
Universität zu Graz. *R. Hoernes, V. Hilber.*
Universität zu Innsbruck. *A. Cathrein.*
Université de Lemberg. *E. Dunikowski, R. Zuber, J. Siemiradzki.*
Université de Cracovie. *J. Niedzwedzki, L. Szajnocha.*

Belgique.

Académie Royale de Belgique. *C. Malaise.*
Commission Géologique de Belgique. *M. Mourlon, X. Stainier, M. Lohest.*
Gouvernement Royal de Belgique. *M. Mourlon, M. Lohest, W. Prinz, X. Stainier.*
Université de Louvain. *H. de Dorlodot.*

Bulgarie.

Ecole des Hautes Etudes à Sophia. *G. Zlatarski.*
Gouvernement Bulgare. *G. Zlatarski.*

Danemark.

Gouvernement de Danemark. *A. Ussing.*
Université de Copenhague. *A. Ussing.*

États Unis d'Amérique.

Academy of Natural Sciences of Philadelphia. *P. Frazer.*

American Association for the Advancement of Science. *J. Hall, J. J. Stevenson, J. P. Iddings, B. K Emerson, I. C. White.*

American Museum of Natural History of the City of New-York. *E. O. Hovey.*

American Philosophical Society. *P. Frazer.*

„American Geologist". *P. Frazer.*

American Society of Civil Engineers. *Marsden Manson.*

Buffalo Society of Natural Sciences. *Miss. M. Fleming.*

California Academy of Sciences. *A. C. Lawson, Marsden Manson.*

Columbia University. *H. Ries.*

Department of the Interior. *W. H. Hobbs.*

Department of Agriculture. *Fr. Ives.*

Franklin Institute of Pennsylvania. *J. W. Richards.*

Geological Society of America. *J. J. Stevenson, B. K. Emerson, I. C. White.*

Geological Survey of Missouri. *Ch. Keyes.*

Gouvernement des États Unis. *W. B. Clark, S. F. Emmons, J. P. Iddings, W. H. Hobbs, J. E. Spurr, O. C. Marsh, B. K. Emerson, A. H. Brooks, S. P. Langley.*

John's Hopkin's University. *W. B. Clark, H. F. Reid.*

Lehigh University. *J. W. Richards.*

Museum of Comparative Zoology of Harvard University. *C. Palache, F. Gulliver, R. Daly, Baron R. Barker.*

New-York Academy of Sciences. *H. Ries.*

Northwestern University of Illinois. *A. R. Crook.*

Smithsonian Institution. *S. P. Langley.*

The State of New-York. *J. Hall.*

The State of Maryland. *W. B. Clark.*
The State of North Carolina. *H. B. Nitze.*
The State of Iowa. *S. W. Beyer.*
The Iowa Geological Survey. *S. W. Beyer.*
The New-York Mineralogical Club. *E. O. Hovey.*
United States Geological Survey. *B. K. Emerson, O. C. Marsh, S. P. Emmons, J. E. Spurr, A. H. Brooks, W. H. Hobbs, J. P. Iddings, W. B. Clark, T. Wayland, Vaughan.*
University of California. *A. C. Lawson.*
University of the City of New-York. *J. J. Stevenson.*
University of Pennsylvania. *P. Frazer.*
University of Chicago. *J. P. Iddings.*
Yale University. *O. C. Marsh, S. L. Penfield, L. V. Pirsson.*

France.

Académie du Var. *A. Janet.*
Ecole Nationale Supérieure des Mines. *M. Bertrand.*
Faculté des Sciences de l'Université de Bordeaux. *Fallot.*
Faculté des Lettres de l'Université de Caen. *G. Camena d'Almeida.*
Faculté des Sciences de l'Université de Grenoble. *P. Lory.*
Faculté des Sciences de l'Université de Lille. *Ch. Barrois.*
Faculté des Sciences de l'Université de Lyon. *Ch. Depéret, A. Offret, F. Roman.*
Faculté des Sciences de l'Université de Paris. *Ch. Vélain.*
Faculté des Sciences de l'Université de Toulouse. *W. de Tannenberg.*
Ministère de l'Instruction publique. *A. Gaudry, M. Boule, E. de Margerie, Ch. Vélain.*
Muséum d'Histoire Naturelle de Paris. *A. Gaudry, St. Meunier.*

Service de la Carte géologique de la France. *M. Bertrand.*
Société de Géographie. *E. de Margerie, E. Blanc.*
Société de Géographie commerciale de Paris. *E. Blanc.*
Société de Geographie de Marseille. *A. Janet.*
Société Linnéenne de Normandie. *U. Drouet.*
Société Zoologique de France. *A. Janet.*
Société de Spéléologie. *A. Janet.*

Grande Bretagne.

British Museum. *L. Fletcher, Fr. Bather.*
Geological Society of London. *Sir A. Geikie, F. Hughes, H. Bauermann.*
Kings College of London. *H. Seeley.*
North of England Institute of Mining and Mechanical Engineers. *H. Louis*
Royal Society of Edinburgh. *J. Murray, H. Cadell, J. Talmage.*
Royal Society of London. *Sir A. Geikie, K. Hughes.*
The Iron and Steel Institute. *J. Ridley, H. Bauermann.*
University of Cambridge. *Th. Hughes, Ph. Lake.*
University of Edinburgh. *H. Cadell.*
Victoria University of Manchester. *B. Dawkins.*

Italie.

Académie Royale „dei Lincei". *G. Capellini.*
Académie Royale des Sciences, Lettres et Beaux-Arts à Palerme. *Marquis de Gregorio.*
Commission Royale de Géologie de Rome. *G. Capellini, N. Pellati.*
Institut des Hautes Etudes de Florence. *C. de Stefani.*
Institut Royal de Venise des Sciences, Lettres et Arts. *E. de Nicolis.*

Société géologique Italienne. *J. Cocchi.*
Université de Bologne. *G. Capellini.*
Université de Naples. *G. Capellini.*
Université de Pise. *M. Canavari.*

Mexique.

Institut Géologique de Mexique. *J. Aguilera, E. Ordonez.*
Le gouvernement de Mexique. *J. Aguilera, E. Ordoñez.*

Pays-Bas.

Section des Sciences mathématiques et physiques de l'Academie d'Amsterdam. *K. Martin.*
Université de Groningue. *F. van Calker.*
Université de Leyde. *K. Martin.*
Université d'Utrecht. *C. Wichmann.*

Portugal.

Gouvernement du Portugal. *M. Mendes-Guerreiro.*

Roumanie.

Ministère des Domaines. *C. Alimanestiano, M. Draghicénu.*

Suède et Norvège.

Gouvernement Royal. *A. Nathorst, A. Högbom, S. Törnquist, O. Torell, H. Reusch.*
Université de Stockholm. *Baron Gerard de Geer.*
Université de Christiania. *W. Brögger.*

Suisse.

Direction de l'Instruction publique du canton de Fribourg. *J. Brunhes.*

Société géologique de Suisse. *A. Heim*, *E. Renevier*, *C. Schmidt*.

Université de Fribourg. *J. Brunhes*.

LE COMITÉ D'ORGANISATION.

Président:

A. Karpinsky, Directeur du Comité Géologique, Membre de l'Académie des Sciences de St.-Pétersbourg.

Membres:

Amalitzky, Wl., Prof. de géologie à l'Université de Varsovie.

Androussow, N., Prof. à l'Université de Iouriew.

Anoutchine, Dm., Prof. à l'Université de Moscou.

Armachevsky, P. J., Prof. de minéralogie à l'Université de St.-Wladimir, Kiew.

Berghell, H., Dr. phil., Géologue de la Commission Géologique de Finlande, Helsingfors.

Brio, A., Prof. à l'Université de Kharkow.

Dokoutchaïew, W., Prof. de minéralogie à l'Université de St.-Pétersbourg.

Fédorow, E., Prof. de minéralogie à l'Académie Agricole de Moscou.

Frosterus, B., Dr., Géologue de la Commission Géologique de Finlande, Helsingfors.

Gourow, Al., Prof. de géologie à l'Université de Kharkow.

Iéréméew, P., Membre de l'Académie des Sciences de St.-Pétersbourg.

Inostrantzew, Al., Dr., Prof. à l'Université de St.-Pétersbourg.

Karakasch, N., Conservateur du Musée géologique de l'Université de St.-Pétersbourg.

Khroustchow, K., Prof. de minéralogie à St.-Pétersbourg.

Kolenko, B., Piatigorsk.

Konchin, A., Ingénieur des mines, Tiflis.

Krasnopolsky, A., Ingénieur des mines, Géologue en chef du Comité Géologique, St.-Pétersbourg.

Krotow, P., Prof. à l'Université de Kazan.

Lagorio, A., Prof. de minéralogie à l'Université de Varsovie.

Lahusen, J., Prof. de paléontologie à l'Institut des mines, St.-Pétersbourg.

Loewinson-Lessing, F., Prof. de minéralogie à l'Université de Iouriew.

Loutouguine, L., Ingénieur des mines. Géologue du Comité Géologique, St.-Pétersbourg.

de Manziarli, E., Ingénieur des mines, Kharkow.

Michalski, A., Ingénieur des mines, Géologue en chef du Comité Géologique, St.-Pétersbourg.

Moeller, V., Ingénieur des mines, Directeur de l'Institut des mines, St.-Pétersbourg.

Mouchkétow, J., Prof. de géologie à l'Institut des mines, St.-Pétersbourg.

Nikitin, S., Géologue en chef du Comité Géologique, St.-Pétersbourg.

Pavlow, A. P., Prof. de géologie à l'Université de Moscou.

Pavlow, A. W., Assist. de géologie à l'Université de Moscou.

Pavlow, M., M-me, Moscou.

Pleske, Th., St.-Pétersbourg.

Prendel, R., Prof. de minéralogie à l'Université d'Odessa.

Radde, G., Directeur du Musée d'Histoire Naturelle, Tiflis.

Ramsay, W., Dr. philosoph., Helsingfors.

Romanovsky, G., Ingénieur des mines, St.-Pétersbourg.

Rosen, baron F., Prof. de minéralogie à l'Université de Kazan.

Rouguévitch, K., Ingénieur des mines, Piatigorsk.

Schmidt, Fr., Membre de l'Académie des Sciences, St.-Pétersbourg.

Séderholm, J., Directeur de la Commission Géologique de Finlande, Helsingfors.

Sibirtzew, N., Prof. à l'Institut agricole et forestier, Nowo-Alexandria.

Simonovitch, S., Tiflis.

Sintzow, J., Prof. de géologie à l'Université d'Odessa.

Sokolow, N., Géologue en chef du Comité Géologique, St -Pétersbourg.

Sokolow, W., Cand. des sc. nat., Moscou.

Stuckenberg, A., Prof. de géologie à l'Université de Kazan.

Théophilaktow, C., Prof. à l'Université de Kiew.

Tigerstedt, A., Ingénieur des mines, Helsingfors.

Tillo, A., Général-Lieutenant, St.-Pétersbourg.

Toll, E., baron, Géologue du Comité Géolog., St.-Pétersbourg.

Tschernyschew, Th., Membre de l'Académie des Sciences, Géologue en chef du Comité Géologique, St.-Pétersbourg.

Tzébrikow, W., Moscou.

Tzwétaïew, M., M-lle, Moscou.

Vernadsky, W., Prof. de minéralogie à l'Université de Moscou.

de-Vogdt, C., Conservateur au Cabinet géologique de l'Université de St.-Pétersbourg.

Wénukow, P., Prof. de Géologie à l'Université de Kiew.

Wiik, F., Prof. de minéralogie à l'Université d'Helsingfors.

Zaïtzew, A., Prof. de minéralogie à l'Université de Tomsk.

LE BUREAU DU COMITÉ.

Président:	A. Karpinsky.
Vice-président:	A. Inostrantzew.
Secrétaires:	Th. Tschernyschew.
	C. de-Vogdt.
Trésorier:	A. Michalski.
Membres du Conseil:	N. Androussow.
	J. Lahusen.
	F. Loewinson-Lessing.
	A. Michalski.
	S. Nikitin.
	A. Pavlow.
	N. Sokolow.
	Fr. Schmidt.
	E. Toll, baron.

B. PROCÈS-VERBAUX.

1. Procès-verbaux des séances du Conseil.

PREMIÈRE SÉANCE.

17 (29) août 1897.

La séance du Conseil est ouverte à 10 heures dans le local préparé au Musée zoologique de l'Académie des Sciences.

Le président du Comité d'organisation, M. Karpinsky, souhaite la bien-venue au Conseil.

Sont présents les membres suivants:

Allemagne

v. Zittel
Lepsius
H. Credner

Autriche-Hongrie

Tietze

États-Unis

Emmons
Frazer

France

Gaudry

Grande Bretagne

Geikie

Italie

Capellini
Pellati

Roumanie

Stefanescu

Russie

Androussow
F. Schmidt
Loewinson-Lessing

Russie

Michalski
Amalitzky
de-Toll
Armachevsky
Nikitin
Inostrantzew

Suède et Norvège

Brögger
Torrel

Suisse

C. Schmidt
Heim
Renevier
Forel.

M. Renevier, président du Congrès de Zürich, propose qu'on forme la liste des membres du bureau de la session de St.-Pétersbourg. Il explique que Messieurs Hall, Capellini et Renevier, en leur qualité de présidents des Congrès précédents, sont membres de droit du bureau.

Pour augmenter le nombre des représentants de chaque pays au Conseil et pour faire hommage aux grands établissements scientifiques qui ont fait l'honneur au Congrès de lui envoyer leurs délégués, M. Karpinsky propose d'en élire quelques-uns comme vice-présidents.

Sont nommés membres du bureau:

Ancien président honoraire:

James Hall.

Anciens présidents:

Capellini.
Renevier.

Président.

Karpinsky.

Secrétaires généraux:

Tschernyschew.
de-Vogdt.

Vices-présidents:

Allemagne:	von Richthofen.
	H. Credner.
	v. Zittel.
Argentine:	Berg.
Autriche-Hongrie:	Tietze.
	Böckh.
Belgique:	Mourlon.
Bulgarie:	Zlatarski.
Canada:	Laflamme.
Danemark:	Ussing.
Espagne:	Cortazar.
États Unis:	Marsh.
	Emerson.
	Frazer.
	Emmons.
France:	Gaudry.
	Bertrand.
	Ch. Barrois.
Grande-Bretagne:	Archibald Geikie.
	Hughes.
	Murray.
Italie:	Cocchi.
	Pellati.
Japon:	Kochibe.
Mexique:	Aguilera.
Pays-Bas:	Martin.

Portugal:	Mendes-Guerreiro.
Roumanie:	Stefanescu.
Russie:	Inostrantzew.
	Nikitin.
	Stuckenberg.
	Sederholm.
	Lagorio.
	Fr. Schmidt.
Suède:	Nathorst.
	Torell.
Norvège:	Brögger.
	Reusch.
Serbie:	Źujović.
Suisse:	Heim.

Secrétaires:

Loewinson-Lessing.
Boule.
Belinfante.
Lugeon.
J. Walther.
Meli.
de Margerie.

M. Karpinsky propose le programme de la 7-me Session qui est adopté par le Conseil.

Il propose en outre l'ordre du jour de la 1-re séance du Congrès.

M. Karpinsky fait la proposition suivante que le Conseil adopte:

Le français est la langue officielle de toutes les affaires administratives. Les exposés sur ces affaires qui ne peuvent être faits en français seront traduits.

Les communications scientifiques pourront être faites en français, ou en allemand, sans être traduites.

Les volumes du Congrès seront publiés principalement en français, mais les travaux scientifiques seront publiés dans la langue du manuscrit.

M. Karpinsky propose au Conseil de décider que les membres du Congrès qui prendront part aux discussions soient tenus de déposer au secrétariat, immédiatement après les séances, un résumé écrit de leurs paroles.

Sur la proposition du professeur Gaudry, le Conseil décide de consacrer la séance du Conseil de mercredi, 20 août (1 sept.), à la délibération sur la question de la prochaine réunion du Congrès.

M. Forel annonce que la Commission pour l'étude du mouvement des glaciers fera son rapport au Conseil vendredi le 22 août (3 sept.).

M. Renevier communique qu'il est prié par M. Hauchcorne, qui s'est malheureusement démis le bras, de présider la Commission où M. Beyschlag présentera le rapport sur la carte géologique internationale de l'Europe.

M. Nikitin annonce qu'à l'une des séances du Conseil M. Margerie et lui feront un rapport sur les travaux de la Commission internationale pour la bibliographie géologique.

M. Karpinsky propose de diviser le temps consacré aux communications et conférences de la manière suivante:

Lundi — Géologie générale.

Mercredi—Pétrographie, Minéralogie et Géologie appliquée.

Vendredi—Stratigraphie et Paléontologie.

Samedi—Stratigraphie et Paléontologie.

La séance est levée à $10^1/_2$ heures.

Le secrétaire général

Th. Tschernyschew.

DEUXIÈME SÉANCE.

18 (30) août 1897.

La séance du Conseil est ouverte à 9 heures du matin.

Le procès-verbal de la séance du 17 (29) août est lu et adopté après modifications.

Le président du Congrès, M. Karpinsky, propose de consacrer les assemblées générales de lundi et mercredi aux discussions relatives à la classification et nomenclature stratigraphiques, et les assemblées générales de vendredi et de samedi aux discussions relatives à la classification et nomenclature pétrographiques. Cette proposition est adoptée par le Conseil.

Le Conseil décide que les communications orales ne devront pas dépasser quinze minutes.

Le Conseil adopte la proposition du président, M. Karpinsky, de nommer M. Renevier, président de l'assemblée générale de lundi — et de la séance de lundi, qui aura lieu à 3 heures, — M. le baron de Richthofen.

Le Conseil décide que la séance de l'après-midi de lundi sera consacrée aux communications relatives à la géologie générale et celle de mercredi aux communications relatives à la pétrographie, la minéralogie et la géologie appliquée.

Après lecture de la liste des communications relatives à la géologie générale, le Conseil décide qu'elles seront faites dans l'ordre suivant:

1) M. Stanislas Meunier: L'étude expérimentale de l'orographie générale.
2) M. Sacco: Essai sur l'orographie de la terre.
3) M. Prinz: Etude expérimentale sur l'orogénie.
4) M. Martin: Zur Geologie der Molukken.
5) M. Forel: Variations périodiques des glaciers.

6) M. Marsden-Manson: The evolution of climates.

7) M. Reid: On the directions of flow of glaciers and the origin of some morains.

8) M. Lindvall: a) Cause of the Ice Age.
b) How is the mammuth frozen in N. Siberia.

La séance est levée à 10 heures.

Le secrétaire général
Th. Tschernyschew.

TROISIÈME SÉANCE.

20 août (1 septembre) 1897.

La séance est ouverte à 9 heures 15 du matin sous la présidence de M. Karpinsky.

Le procès-verbal de la séance du 18 (30) août est adopté.

Le Président du Congrès, M. Karpinsky, présente la liste des délégués qui sera distribuée très prochainement.

M. Renevier rend compte de la séance tenue hier par la Commission de la Carte Géologique de l'Europe. Celle-ci a nommé M. Hauchecorne président de cette Commission en remplacement de M. Beyrich décédé, et a nommé M. Beyschlag membre et secrétaire de la Commission. Le conseil décide que le rapport sur la Carte Géologique de l'Europe sera présenté aujourd'hui au Congrès, à l'assemblée générale, par M. Beyschlag.

M. Karpinsky propose au Conseil de nommer la Commission chargée d'étudier les principes de la classification chronologique des sédiments.

M. Renevier estime que le nombre des membres de cette Commission ne doit pas être trop considérable; la Commission devrait pouvoir s'adjoindre les personnes dont elle jugera le concours utile.

A la suite de cette motion, le Conseil décide que les membres seront désignés dans sa prochaine séance.

M. Gaudry présente au Conseil l'invitation des géologues français à l'effet de tenir le prochain Congrès à Paris en 1900.

M. Heim expose les inconvénients que présentera pour le Congrès la coïncidence de l'Exposition Universelle; il propose soit de retarder d'une année la réunion du Congrès à Paris, soit de tenir la session en 1900 dans une autre ville de France.

M. von Zittel ne partage pas ces craintes; il croit qu'il serait facile de prendre des mesures contre l'encombrement auquel a fait allusion M. Heim. M. Capellini propose alors de faire examiner les demandes d'admission au Congrès par les Sociétés Géologiques de chaque pays. M. A. Geikie et Tietze appuient cette proposition.

M. Emmons, au nom de ses collègues américains, développe le voeu suivant:

„Que, désormais, la qualité de membre du Congrès soit réservée aux personnes dont la candidature aura été approuvée par les principales Sociétés ou Institutions Géologiques du pays auxquelles elles appartiennent".

Sur la proposition de M. Mendes Guerreiro, le conseil décide de discuter séparément la question du lieu de réunion du prochain Congrès et celle de la limitation des admissions.

M. Karpinsky met aux voix la proposition de M. Gaudry; cette proposition est adoptée à l'unanimité moins trois voix (applaudissements).

M. Tietze déclare alors que les géologues autrichiens sont chargés de proposer au Congrès de tenir sa 9-e Session à Vienne: Cette invitation est acceptée à l'unanimité (applaudissements).

M. Tietze, passant à la question de l'admission des membres, estime qu'il serait dangereux d'en restreindre le nombre en exigeant le contrôle des candidats par les Sociétés Géologiques et Géographiques de chaque pays.

M. Renevier se rallierait volontiers à l'opinion de M. Tietze; on pourrait toutefois, pour chaque nation, nommer des délégués qui auraient la préférence sur les autres membres pour la participation aux excursions.

M. Bertrand propose de subordonner les admissions, non pas à l'avis des Sociétés, mais à celui de Comités spéciaux constitués dans chaque pays.

La suite de la discussion est remise à la prochaine séance.

M. Karpinsky communique l'ordre du jour de l'assemblée générale.

M. Karpinsky propose comme président de cette séance M. Bertrand; pour la séance de l'après-midi, il propose M. Groth. Ces propositions sont accueillies par acclamation.

M. Walther, au nom de quelques membres du Congrès, lit l'exposé du motifs d'une proposition tendant à l'établissement d'un Institut flottant International.

Cette proposition sera développée dans la séance générale de Vendredi par M. Androussow.

Après lecture de la liste des communications relatives aux travaux de pétrographie, de minéralogie et de géologie appliquée, le Conseil décide qu'elles seront faites dans l'ordre suivant:

1) J. Walther: Versuch einer Classification der Gesteine.
2) Stan. Meunier: Etudes sur la roche-mère du platine de l'Oural.
3). Brögger: Ueber die Differentiation des norwegischen Nephelinsyenites.

4) Lebedintzew. Physikalisch-chemische Untersuchung des Karabugas.

5) Tillo: a) Sur la dépression au centre du continent asiatique.

b) Sur les anomalies magnétiques du centre de la Russie d'Europe.

6) Erdmann: Ueber das Vorkommen des Ammoniakstickstoffes im Urgestein.

Le séance est levée à 10 h. 45 minutes.

Le secrétaire général

Th. Tschernyschew.

QUATRIÈME SÉANCE.

22 août (3 septembre) 1897.

La séance est ouverte à 9 heures 15 du matin sous la présidence de M. Karpinsky.

Le procès-verbal de la séance du 20 août (1 sept.) est adopté.

Le président présente une lettre de M. Gümbel, retenu à Munich par son état de santé, qui envoie au Congrès ses voeux de succès. M. Karpinsky propose et le conseil décide d'envoyer des télégrammes à M. Gümbel et Suess pour leur exprimer le regret du Conseil de ne pas les voir au Congrès.

M. Karpinsky présente au Conseil, au nom de M. Richard, deux brochures: 1) Sur la richesse minérale de la Roumanie; 2) Sur le pétrole.

Le président, M. Karpinsky, donne lecture de la liste des membres de l'ancienne Commission internationale pour l'unification de la nomenclature et propose de nommer les membres de la nouvelle Commission chargée d'étudier les principes de la classification chronologique des sédiments.

M. Renevier fait observer que l'on devrait nommer les membres de la nouvelle Commission indépendamment de la composition de l'ancienne Commission et qu'il faut choisir les membres parmi les personnes qui s'intéressent aux questions de classification, en laissant à la Commission la possibilité de s'adjoindre dans la suite de nouveaux membres en cas de besoin.

M. Capellini rappelle l'origine de la Commission et les tâches qui lui ont été imposées; il insiste sur le fait que la Commission à déjà accompli une de ces tâches—celle de l'unification de la classification et du coloriage. Il est d'avis qu'il faut avoir dans la Commission des représentants de tous les pays sans se préoccuper du nombre des membres

Le président propose de nommer deux catégories de membres: des membres effectifs et des membres consultatifs.

M. Renevier appuie cette proposition qui est adoptée.

M. Mendes Guerreiro propose de choisir la Suisse comme siège central de la Commission. Après une discussion, à laquelle prennent part MM. Zittel et Capellini, il est décidé que la Commission fixera elle-même le lieu de ses réunions en tenant compte des réunions des différentes Sociétés géologiques.

La composition de la Commission est fixée de la manière suivante:

Membres effectifs:

MM. Barrois, Capellini, Hughes, Renevier, Tietze, Tschernyschew, H. Williams, v. Zittel

Membres consultatifs:

Choffat, Clark, Cortazar, Davy, Dawson, Déperet, Frech, Griesbach

Karpinsky	Stefanescu
Kayser	De-Stefani
de Lapparent	Taramelli
Martin	Uhlig
Mayer-Eymar	Van der Broeck.
Nathorst	Walcott
Nikitin	Hor. Woodward.

M. Forel donne lecture du rapport de la Commission internationale des glaciers; il est décidé que ce rapport sera lu dans l'Assemblée générale.

Le président donne lecture du voeu suivant présenté par une réunion préparatoire de 42 pétrographes: (MM. Zirkel, Groth, Cohen, Kalkowsky, Brögger, Iddings, C. Schmidt, Geikie, Riva, Sabattini. Mattirolo, Högbom, Pirsson, Bakom, Lagorio, Inostranzeff, Osann, Doelter, Linck, Khroustschow, Morozévitch, Barrois, Duparc, Bäckström, Bücking, Klockman, Linck, Milch, Scheibe, Romberg, Ussing, Lawson, v. Calker, Wichmann, Doss, Ramsay, Hobson, Hobbs, Rinne, Loewinson-Lessing).

„Un groupe de membres du Congrès, réunis au nombre de 42 pour discuter la question de la nomenclature systématique des roches, se permet de transmettre au Conseil le voeu unanime de ses membres, conçu de la manière suivante:

Il est désirable que l'on renonce, en présence du développement extraordinairement rapide de la Pétrographie, à l'idée de faire fixer par une résolution du Congrès les principes spécialement applicables à la classification méthodique des roches.

Pour arriver à la simplification de la nomenclature pétrographique réclamée par les géologues, il est indispensable de définir avec plus de précision qu'on ne l'a fait jusqu'à présent les noms généraux dont l'emploi est nécessaire dans l'exécution des cartes".

Ms. Barrois et Brögger expliquent que la réunion de pétrographes ne s'est prononcée que contre l'opportunité d'une décision ferme, mais non contre celle d'une discussion préalable.

M. Brögger demande qu'on ne renouvelle pas les pouvoirs de l'ancienne Commission qui n'a pas présenté de rapport.

M. Bertrand pense au contraire qu'il faut conserver l'ancienne Commission, en l'invitant à pousser plus activement ses travaux Ms. Karpinsky et Renevier appuient cette proposition, à laquelle M. Brögger ne s'oppose pas; sur sa demande la motion des 42 pétrographes sera transmise à la Commission.

M. Gaudry présente le projet de résolution suivant:

„Le Congrès géologique international réuni à St. Pétersbourg exprime le voeu que les gouvernements de tous les pays établissent l'enseignement de la géologie et de la paléontologie dans les classes supérieures des Lycées ou Gymnases. Les délégués de chaque pays sont invités à faire part de ce vœu à leur gouvernement respectif".

M. Capellini appuie la proposition de M. Gaudry que le Conseil adopte à l'unanimité.

M. Loewinson-Lessing rappelle que la réunion préliminaire des pétrographes précités a émis, sur la proposition de M. Brögger, le vœu de la fondation d'une publication internationale de pétrographie, consacrée principalement aux résumés et comptes-rendus des travaux pétrographiques de tous les pays et demande au Congrès de nommer une commission pour l'étude préliminaire de cette question.

M. v. Zittel et Renevier se prononcent contre cette proposition.

M. Brögger attire l'attention du Conseil sur le Journal international de mathématique, rédigé par Mittag-Loeffler, qui pourrait servir d'exemple d'une entreprise de ce genre.

Sur la demande de M. Brögger, appuyée par MM. Bertrand et Heim, le Conseil décide de présenter la proposition en question à l'Assemblée générale.

Sur la proposition de M. Karpinsky il est décidé de proposer à l'Assemblée de nommer membres de la Commission du Journal international de pétrographie:

MM. Barrois, Becke, Brögger, Fouqué, Geikie, Iddings, Khroustschow, Loewinson-Lessing, Michel-Lévy, Pirsson, Rosenbusch, C. Schmidt, Teall, Törnebohm, Tschermak, Ussing, Zirkel.

Le président M. Karpinsky propose de nommer comme président de l'Assemblée générale d'aujourd'hui—M. Emmons, de la séance de l'après-midi—M. Hughes.

Il est décidé de remettre à l'Assemblée générale du 23 août (4 sept.) la discussion sur la nomenclature des roches, de charger M. Loewinson-Lessing de prendre la parole pour ouvrir la discussion, et de fixer l'ordre du jour de la séance de l'après-midi d'aujourd'hui comme il suit:

1) M. Makowsky: Lössfunde aus der Mammuthzeit von Mähren.
2) M. Frech: Ueber Meere and Continente der palaeozoischen Aere.
3) M. Seeley: On fossil reptiles from the governements of Perm and Wologda.
4) M. Bashford-Dean: On the relations of the palaeozoic fish-fauna of Russia and N. America.

La séance est levée à 10 heures et demie.

Le secrétaire général
Th. Tschernyschew.

CINQUIÈME SÉANCE.

23 août (4 septembre) 1897.

La séance est ouverte à $9^{1}/_{2}$ h. sous la présidence de M. Karpinsky.

M. Karpinsky résume la discussion faite dans la séance précédente du 20 août et invite le conseil à la continuer.

M. Schmidt propose de traiter séparément les deux questions de limitation du nombre des membres du Congrès et de limitation du nombre des participants aux excursions.

M. Frazer donne lecture de la proposition suivante:

1) Seront admis aux sessions du Congrès, à titre d'associés, tous ceux qui s'annoncent au secrétaire dans la période fixée et qui ont payé leur cotisation.

2) Les membres du Congrès qui seuls auront les droits de voter sur les questions proposées, de prendre part aux excursions arrangées pour les géologues par le Comité d'organisation et de servir comme officiers et membres des comités du Congrès, sont des délégués par les universités ou par les Sociétés d'histoire naturelle bien connues, ou ceux qui sont personellement connus aux membres du Comité d'organisation par leurs travaux géologiques.

M. Tietze demande qu'on mentionne aussi les Comités géologiques.

M. Stefanescu fait ressortir la difficulté de distinguer, pour les séances et pour les votes, les membres associés et les membres effectifs.

M. Capellini pense qu'en cas de difficulté sur ce point, on peut, comme on l'a fait à Bologne, procéder par vote écrit.

M. Bertrand dit qu'il ne faut pas compliquer la question et qu'il est désirable de porter tous ses efforts sur la limitation du nombre des excursionnistes.

M. Pellati reproduit les observations qu'il a déjà présentées à la séance du 20 août et qui ont été mises au procès-verbal: il est d'avis qu'on n'exclue pas du Congrès les personnes qui s'y intéressent sérieusement, même dans le cas où elles ne seraient membres d'aucune Société scientifique. Il faudrait exclure seulement ceux qui voudraient jouir des avantages du Congrès sans la moindre participation à ses travaux. Il serait bon pour cela de former dans chaque pays un petit comité, de trois membres par exemple, qui transmettrait au Comité d'organisation les demandes avec les renseignements nécessaires. D'après l'avis de ce Comité, on pourrait rejeter les demandes qui ne présenteraient pas les conditions voulues.

M. Renevier demande la séparation des questions.

M. Zittel est opposé à la division en deux catégories. Le grand nombre de participants au Congrès est une chose désirable et, quant aux excursions, il faut, s'il est nécessaire, prendre les renseignements d'une manière seulement officieuse.

M. Tietze appuie M. Zittel.

La proposition de M. Frazer, mise aux voix, est repoussée.

M. Schmidt lit la proposition suivante:

„Le conseil émet le vœu que le nombre des membres du Congrès restant illimité, le nombre des participants aux excursions géologiques soit limité de manière à ne pas entraver la tâche des conducteurs ni l'étude sérieuse des régions parcourues".

M. Emmons dit qu'on n'a pas voté que le nombre des membres du Congrès serait illimité.

M. Heim propose une nouvelle rédaction:

„Le Comité local a le droit de restreindre suivant les besoins le nombre des participants aux excursions."

D'après M. Pellati, le conseil a voté qu'il n'y aurait qu'une catégorie de membres, mais il n'a pas voulu priver le Comité d'organisation du droit de faire les exclusions nécessaires. Quant aux excursions, M. Pellati pense, avec M. Tietze, que le Comité d'organisation a le droit et le devoir de n'admettre que les demandes compatibles avec les circonstances, en tenant compte de la qualité des demandeurs et des renseignements des comités locaux.

M. Frazer dit que son seul but était de faciliter la tâche du Comité d'organisation.

M. Bertrand ne voit dans les observations précédentes rien qui s'oppose à l'adoption de la proposition de M. Schmidt, à condition qu'on efface les mots: „le nombre des membres du Congrès restant illimité.“ Il s'agira ainsi d'un simple vœu, sur l'autorité duquel le Comité d'organisation pense s'appuyer.

La proposition de M. Schmidt, avec la suppression indiquée, est adoptée à l'unanimité.

M. Barrois communique au Conseil un télégramme de la Société géologique de la France. On décide qu'il en sera donné lecture en séance.

M. Karpinsky propose M. Gaudry comme président de la séance de l'après-midi. L'ordre du jour de cette séance est fixé ainsi qu'il suit:

1) Frech. Ueber Meere und Continente der palaeozoischen Aere.
2) Stefanescu. Sur le Dinotherium gigantissimum de Roumanie.
3) Mayer-Eymar. Sur l'histoire stratigraphique des derniers temps de la Méditerranée.
4) Martin. Présentation d'une note sur les fossiles de Java.
5) Von Koenen. Ueber einige tektonische Verhältnisse in Hannover.
6) Blake. Sur la distribution des fossiles, non seulement en zones, mais aussi en provinces.

Le secrétaire général

Th. Tschernyschew.

SIXIÈME SÉANCE.

24 août (5 septembre) 1897.

La séance est ouverte à 9 heures du matin sous la présidence de M. Karpinsky.

Le procès-verbal de la séance du 23 août (4 septembre) est adopté.

Le président annonce au Conseil que le père du défunt Léonide Spendiarow désire déposer à la Banque de l'Empire la somme de 4,000 roubles, à condition que les intérêts de ce capital, qui s'accumulent dans l'intervalle entre deux Congrès, soient décernés comme „Prix de Léonide Spendiarow" aux meilleurs travaux sur des questions géologiques désignées par les Congrès.

Le Conseil vivement touché de l'offre de M. Spendiarow décide de lui exprimer sa profonde reconnaissance.

Mrs Capellini et Mendès Guerreiro proposent de charger le Comité d'organisation du 7-me Congrès de l'élaboration, pour la Session de Paris, du règlement à suivre dans le décernement du „Prix de Léonide Spendiarow" et de laisser au même Comité le choix du premier thème qui sera mis au concours.

Le Conseil adopte la proposition et décide de la soumettre à l'approbation de l'Assemblée générale.

Sur la proposition du président, l'ordre du jour de la séance de clôture est fixé ainsi qu'il suit:

1) Communication relative au don de M. Spendiarow-père.
2) Proposition de M. Gaudry d'introduire la Géologie et la Paléontologie dans le programme d'étude des Gymnases et Lycées.
3) Décision du Conseil de n'admettre dorénavant aux excursions des Congrès qu'un nombre limité de participants.

4) Fixation du terme de la publication des Comptes-rendus du Congrès.
5) Invitation de la part des géologues autrichiens au Congrès de 1903.
6) Discours de clôture.

Le secrétaire général
Th. Tschernyschew.

---

2. Procès-verbaux des assemblées générales.

SÉANCE D'OUVERTURE.

17 (29) août 1897.

La séance est ouverte à 1 heure et demie dans la grande salle du Musée zoologique de l'Académie des sciences.

S. A. I. M. le Grand-Duc Constantin Constantinowitch, Président honoraire, prononce le discours suivant, couvert par les applaudissements de l'assemblée:

«Au nom de Sa Majesté l'Empereur, notre Auguste Protecteur, je souhaite la bienvenue à la brillante assemblée des géologues réunis ici, et je suis heureux de saluer en vous les représentants des pays civilisés du monde entier.

Il y a vingt ans, de l'autre côté de l'océan, à Philadelphie, a germé pour la première fois l'idée de la nécessité de faire concorder les travaux des géologues des différentes parties du monde, et il fut décidé que le premier Congrès géologique international aurait lieu à Paris.

Déjà alors se dessina clairement la série des questions qui avaient besoin, pour une solution, du travail réuni des géologues de tous les pays. En dehors des questions de première importance, les sessions qui se sont tenues dans la suite à Bologne, Berlin, Londres, Washington et Zürich, en ont fait connaître toute une série de nouvelles, d'un caractère également international, et la solution de quelques-unes d'entre elles a déjà laissé des résultats éclatants dans toute la littérature géologique contemporaine.

Lors du Congrès de Londres, quelques-uns des membres avaient exprimé le désir de voir les géologues se réunir en Russie. Sa Majesté l'Empereur Alexandre III accueillit ce désir avec bienveillance et daigna inviter le Congrès, alors réuni à Washington, à tenir sa VII-me session à St. Pétersbourg. Dès ce moment on se mit activement à l'oeuvre pour recevoir dignement les membres du Congrès. Pour donner à nos hôtes la possibilité de prendre connaissance, sur place, des particularités géologiques de notre pays, il fut décidé tout d'abord que l'on ferait plusieurs grandes excursions à travers la Russie. Ce projet ne pouvait cependant se réaliser que grâce à la générosité de Sa Majesté l'Empereur Nicolas II. Notre gracieux Souverain daigna aussitôt accorder le plus large secours pour contribuer au succès de ces excursions.

En ce moment plusieurs d'entre vous, Messieurs, ont déjà pu réaliser une partie des excursions projetées. Bon nombre d'entre vous ont déjà traversé deux fois la Russie d'Europe et ont visité le versant asiatique de l'Oural, ce berceau de notre industrie minière. Vous avez eu, il est vrai, bien des difficultés à vaincre dans ce parcours, mais je me plais à croire, Messieurs, que les privations que vous avez eu à supporter, ont été compensées par les choses nouvelles et intéressantes que vous avez vues pendant votre voyage.

D'autres, parmi vous, ont visité la Finlande dans des excursions pleines d'un intérêt scientifique, grâce à la coopération éclairée de vos collègues, les géologues finlandais.

Un certain nombre, enfin, a pu parcourir les provinces Baltiques, ce côté de la Russie qui est sans doute un des mieux étudiés sous le rapport géologique.

Dans toutes vos excursions vous avez pu voir l'accueil cordial que l'on fait en Russie aux représentants de la science.

Maintenant que vous avez réuni de nouveaux matériaux pour vos études et que vous avez vu de vos propres yeux ce que la plupart d'entre vous ne connaissaient encore que par les livres, vous allez commencer le travail dont vous avez à vous occuper à St. Pétersbourg.

Permettez-moi, Messieurs, d'exprimer le voeu que l'arbre florissant de la science géologique, qui a déjà donné de si beaux fruits dans les sessions précédentes, n'en donne pas en moindre abondance dans le Congrès de St. Pétersbourg, et que notre réunion actuelle puisse donner un compte-rendu d'un intérêt scientifique non moins satisfaisant que ceux qui ont été publiés après chacune des six premières sessions.

Je déclare la VII-me session du Congrès géologique international ouverte».

S. A. I. Madame la Princesse d'**Oldenbourg**, Présidente de la Société Impériale de Minéralogie, lit, suivie attentivement par son auditoire, les lignes suivantes:

Monseigneur, Mesdames, Messieurs,

«Jamais les devoirs imposés par la qualité de Présidente de la Société Impériale Minéralogique de St.-Pétersbourg ne m'ont été plus agréables à remplir qu'aujourd'hui.

Je ressens vivement l'honneur d'avoir à souhaiter la bienvenue à une assemblée aussi illustre que celle qui se presse dans cette enceinte.

Nos sympathies vous sont acquises à plusieurs titres. En vous, nous ne saluons pas seulement des hôtes étrangers, mais surtout des hommes éminents, venus en Russie au nom des intérêts élevés de la science.

Fondée en 1817, protégée par Nos Augustes Souverains, la Société Impériale Minéralogique a contribué, autant que lui ont permis ses moyens, au développement des études géologiques.

Elle est fière de compter parmi ses membres de nombreuses personnalités scientifiques qui ont tenu à honneur de se faire largement représenter ici par d'illustres délégués.

Les résultats de vos recherches et de vos laborieuses discussions auront pour Notre Société Minéralogique une valeur inappréciable, et Nos annales garderont l'ineffaçable souvenir de nos savants confrères, accourus de tous les pays pour s'associer à l'œuvre commune de ce VII Congrès Géologique.»

Un télégramme reçu de S. A. I. M. le Grand-Duc Alexandre Mikhaïlowitch est lu par S. A. I. le Grand-Duc Constantin Constantinowitch:

„La Société Impériale des Naturalistes de St-Pétersbourg souhaite la bienvenue à MM. les membres du Congrès géologique international; elle espère que Notre vaste patrie présentera de nombreux attraits scientifiques aux congressistes et que la science profitera de la session du Congrès en Russie."

Alexandre Mikhaïlowitch.

M. le Ministre de l'Agriculture et des Domaines prend ensuite la parole, et, d'une voix chaleureuse qui pénètre l'assemblée, souhaite dans son discours la bienvenue à MM. les congressistes:

Monseigneur,

Altesses Impériales, Mesdames et Messieurs,

„Permettez moi de souhaiter à mon tour la bienvenue parmi nous aux membres de cette réunion brillante au nom du Ministère de l'Agriculture et des Domaines, Institution qui a la haute direction du service géologique de la Russie. Je ne puis m'empêcher d'exprimer le plaisir que j'éprouve en voyant cette belle assemblée qui compte un si grand nombre de géologues illustres dont les noms jouissent d'une réputation universelle.

Les recherches géologiques en Russie datent du siècle dernier, c'est-à-dire d'un temps où les connaissances géologiques n'avaient pas encore acquis le caractère d'une science indépendante et déterminée. A cette période se rapportent les travaux de plusieurs explorateurs célèbres, membres pour la plupart de notre Académie des sciences, tels que Pallas, Lepékhin et autres; les ouvrages de ces savants, surtout du premier d'entre eux, présentent jusqu'à nos jours une source inépuisable de données géologiques ayant trait aux diverses régions de notre vaste territoire.

L'enseignement systématique de la géologie prit naissance en Russie dès les premières années du siècle présent et fut concentré tout d'abord dans l'Institut des mines, appelé à répondre aux exigences pratiques de l'industrie minière; les recherches géologiques furent concentrées dès le début dans les régions les plus importantes au point de vue industriel, tels que les versants de l'Oural, le bassin du Donetz, etc. La création des chaires de géologie au sein de nos Universités, la fondation des Sociétés savantes des naturalistes à Moscou et de minéralogie à St. Pétersbourg, ainsi que d'autres Sociétés d'histoire naturelle qui existent aujourd'hui non seulement auprès de chacune de nos Universités, mais encore dans la plupart de nos villes même secondaires, contribuèrent puissamment au développement des investigations géologiques dans les diverses parties de l'Empire et donnèrent à la science géologique dans notre pays la place qui lui revient de droit. Ne disposant tout d'abord que d'un seul organe périodique, le Journal des Mines, la géologie compte aujourd'hui des dizaines de publications dont les pages sont ouvertes aux travaux de nos savants.

Il m'est particulièrement agréable de rappeler avec reconnaissance au sein de cette illustre assemblée les services éminents apportés à l'étude géologique de la Russie par les savants étrangers. Les recherches de Gustav Rose, Murchison, Verneuil et d'autres sommités célèbres de cette science font époque dans l'histoire des progrès de la géologie dans notre pays.

Les principales expéditions organisées en vue de l'exploration géologique de la Russie n'ont, certes, pu être réalisées qu'avec le concours direct du gouvernement, qui à apporté son support matériel à la plupart des plus importantes entreprises de ce genre. Tels sont les célèbres voyages de Murchisson et de Verneuil, les explorations de Keyserling sur la Pétchora, les travaux d'Abich au Caucase, etc. C'est également aux frais du gouvernement que la Société Impériale de Minéralogie entreprit l'étude systématique de la topographie de la Russie d'Europe. En 1882, enfin, le gouvernement a fondé un institut géologique spécial. En outre des travaux de cet institut, de nombreuses recherches géologiques se font annuellement en vue de venir en aide aux exigences pratiques de l'agriculture, de l'industrie minière, etc. Citons parmi ces recherches les travaux entrepris en vue de l'irrigation et de l'assainissement dans différentes parties de la Russie, l'exploration des terrains avoisinant les sources de nos principaux cours d'eau, les importantes explorations géologiques le long du grand Transsibérien et bien d'autres encore. A partir de l'année courante commence l'étude détaillée des régions aurifères de la Sibérie. C'est dans cette même année que le gouvernement a trouvé nécessaire de tripler le personnel de notre Comité Géologique et d'augmenter considérablement les fonds dont il dispose.

Les recherches géologiques se développent actuellement en Russie de jour en jour et servent de base à la majeure partie des entreprises se rapportant à la géologie, dues à l'initiative tant du gouvernement que des particuliers.

C'est au moment du développement toujours croissant de cette activité fébrile dans le domaine de la science géologique que se réunit la 7-ème session du Congrès géologique international et que nous saluons comme nos hôtes les savants les plus éminents du monde entier. Cette réunion présente un événement d'une importance capitale qui laissera à tout jamais sa trace dans l'histoire scientifique de notre pays.

M'inspirant de cette conviction, je suis heureux de vous souhaiter encore une fois la bienvenue sur notre sol dont les profondeurs, grâce à votre science, n'auront bientôt plus de secrets pour nous, et je forme les voeux les plus sincères pour le succès de vos doctes travaux."

Après ces discours de bienvenue, la parole est prise par M. Capellini. Les lignes qui suivent reproduisent les phrases prononcées par le plus ancien président présent:

Monseigneur,

M-me la Grande Duchesse,

M-me la Princesse,

Messieurs les Membres du Congrès,

C'est au titre d'ancien président du 2-me Congrès à Bologne sous le Protectorat de Sa Majesté le Roi Humbert I qu'aujourd'hui je dois l'honneur d'être appelé à me faire l'interprète des sentiments qui animent cette savante et nombreuse assemblée laquelle va tenir sa VII Session sous le Protectorat de Sa Majesté l'Empereur Nicolas II et la Présidence d'honneur de Son Altesse Impériale Monseigneur le Grand-Duc Constantin Constantinowitch, Président de l'Académie Impériale des Sciences.

C'est avec une vive émotion que nous voyons la Famille Impériale de la Russie accorder son heureuse influence à l'avancement des sciences et présider même plusieurs des principales Institutions scientifiques.

Mais ce qui est encore plus touchant, c'est de voir assister à cette séance solennelle Son Altesse Impériale Madame la Princesse Eugénie Maximilianovna d'Oldenbourg, Présidente de la Société Impériale de Minéralogie, à laquelle plusieurs parmi nous tiennent au plus grand honneur d'appartenir depuis longtemps.

Madame la Princesse, fidèle aux traditions de Son Auguste Père, le Duc Maximilien de Leuchtemberg, illustre paléontologiste, et aussi de son frère, le Duc Nicolas, savant minéralogiste, consacre beaucoup de son temps à la science.

Les paroles de bienvenue qui nous ont été adressées par Son Altesse Impériale le Grand-Duc et par Son Altesse Impériale Madame la Princesse Eugénie resteront à jamais gravées au fond de nos coeurs desquels s'élèvent dans ce moment un sentiment unanime de vive reconnaissance et des voeux bien sincères pour la prospérité de la Famille Impériale de Russie.

Grâce à ce puissant concours à notre oeuvre, dès que nous avons touché le sol de ce vaste Empire, nous avons eu à apprécier les soins qui avaient été donnés pour écarter toutes les difficultés par une organisation du Congrès si parfaite, si grandiose, qui dépasse tout ce que nous aurions pu imaginer et que nous pouvons seulement trouver en rapport avec la munificence de notre Auguste Protecteur et des autres Membres de la Famille Impériale qui ont bien voulu s'y intéresser.

Je suis fier de l'honneur que le sort m'a réservé pour cette circonstance solennelle; il aurait fallu un interprète plus éloquent que moi, mais puisque votre bienveillance ne m'a jamais fait défaut, je réclame votre indulgence".

M. Renevier, président de la dernière session du Congrès à Zürich, prend alors la parole et propose la ratification par l'assemblée de la constitution du bureau du présent Congrès, telle qu'elle a été élaborée le matin par le conseil.

Les propositions sont acclamées et M. Renevier déclare élus à leurs différents titres les géologues dont la liste suit:

Ancien président honoraire:

James Hall.

Anciens présidents:

Capellini.
Renevier.

Président:

Karpinsky.

Secrétaires généraux:

Tschernyschew.
v. Vogdt.

Vice-présidents

Allemagne:	von Richthofen.
	Credner.
	Zittel.
Argentine:	Berg.
Autriche-Hongrie:	Tietze.
	Böckh.
Belgique	Mourlon.
Bulgarie:	Zlatarski.
Canada:	Laflamme.
Danemark:	Ussing.
Espagne:	Cortazar.
États-Unis:	Marsh.
	Emerson.
	Frazer.
	Emmons.
France:	Gaudry.
	Bertrand.
	Ch. Barrois.
Grande-Bretagne:	Geikie.
	Hughes.
	Murray.
Italie:	Cocchi.
	Pellati.

Japon:	Kochibe.
Mexique:	Aguilera.
Pays-Bas:	Martin.
Portugal:	Mendes Guerreiro.
Roumanie:	Stefanescu.
Russie:	Inostrantzew.
	Nikitin.
	Stuckenberg.
	Sederholm.
	Lagorio.
	Fr. Schmidt
Serbie:	Źujović.
Suède:	Nathorst.
	Torell.
Norvège:	Brögger.
	Reusch.
Suisse:	Heim.

Secrétaires:

Loewinson-Lessing.
Boule.
Belinfante.
Lugeon.
J. Walther.
Meli.
de Margerie.

M. Renevier remet alors la présidence du VII congrès à M. Karpinsky.

Ce dernier se lève et prononce le discours qui suit, que les congressistes applaudissent vigoureusement, marquant ainsi leur sympathie pour celui dont la tâche a été et va être si rude.

Discours de M. Karpinsky:

Monseigneur,

Altesses Impériales, Mesdames et Messieurs,

„Permettez-moi, honorés confrères, de vous exprimer toute ma reconnaissance pour l'honneur que vous m'avez fait de me nommer président du Congrès réuni aujourd'hui dans notre ville. Je n'aurais jamais osé accepter cet honneur si je n'avais compté sur le bienveillant concours des présidents des Sessions précédentes, Messieurs Capellini et Renevier, qui ont mis à notre service leur longue expérience et leur grand savoir. Je leur exprime encore une fois ma gratitude la plus cordiale.

Avant d'aborder nos travaux, je crois qu'il est de mon premier devoir de rendre un dernier hommage à la mémoire des membres des anciens Congrès que nous avons eu le profond chagrin de perdre depuis notre dernière Session. Nous regrettons vivement de ne plus voir parmi nous le président honoraire du Congrès de Londres, Huxley, ni son président. Prestwich, ni le président de la Session de Berlin. Beyrich, ni James Dana, l'un des présidents du Congrès de Washington, ni l'illustre Daubrée. Le mérite de ces éminents savants est connu de tous et leurs noms occuperont certainement une place marquante dans l'histoire de la science qui fait l'objet de nos études.

Nous ne voyons pas non plus parmi nous le célèbre savant Des-Cloizeaux, Posepny, le marquis de Saporta, Bornemann, ni Antonio del Castillo, le fondateur de l'établissement géologique de Mexico.

Ils étaient tous des hommes doués d'un esprit vaste et d'une grande énergie, mais ils étaient déjà tous plus ou moins avancés en âge et n'ont malheureusement pu accomplir tout ce que leur beau talent aurait pu produire encore.

Dans ces derniers temps notre science a encore perdu des hommes pleins de vie et qui nous donnaient les plus belles espérances; la mort les a enlevés au milieu de leur activité. Tels étaient Cope, un des plus illustres savants du Nouveau Monde; de Foullon, digne géologue autrichien, enlevé prématurément à la science; Léon du Pasquier, le jeune et énergique secrétaire de la commission établie au Congrès de Zürich pour l'étude du mouvement des glaciers, et Marshal Hall son initiateur.

Nous ne sommes pas en état de citer ici toutes les pertes que nous avons faites. Il y a bien d'autres savants encore que nous devrions nommer et qui se sont illustrés dans la science.

Levons-nous tous, Messieurs, pour honorer leur mémoire!

Pour passer à la tache qui incombe à notre réunion, je me permets de vous rappeler que le Comité d'organisation juge comme étant de toute nécessité de revenir, dans notre Session, sur la question vitale de l'unification de la nomenclature et pense que nous pourrions prendre comme base de nos discussions les propositions élaborées à Genève et Manchester par la Commission internationale.

Le Comité d'organisation est d'avis qu'avant d'aborder toute autre question, le Congrès devrait décider laquelle des deux classifications chronologiques des formations sédimentaires il désire conserver dans la science:

la classification artificielle, basée uniquement sur des données historiques, ou

la classification naturelle qui se base tant sur des changements physico-géographiques généraux, communs à tout le globe terrestre, que sur des données faunistiques, et non sur les limites accidentelles des diverses divisions, appelées d'après le nom de la contrée où elles ont été constatées pour la première fois.

Ensuite il est à désirer que le Congrès éclaircisse une seconde question de principe, celle des règles à suivre pour l'introduction de nouveaux termes dans la nomenclature stratigraphique. Chacun de nous sait combien de nouvelles dénominations apparaissent dans la littérature pour désigner les diverses divisions géologiques. Nombre de ces nouveaux termes n'étant évidemment qu'un encombrement inutile pour la science, il est au plus haut degré à désirer que le Congrès qui a déjà établi les règles à suivre dans la nomenclature paléontologique, se prononce aussi sur la question de la nomenclature stratigraphique et qu'il établisse les données qui puissent autoriser à appliquer de nouvelles dénominations à certains dépôts.

Une autre question de nécessité non moins absolue, ce serait celle de la nomenclature pétrographique. Les travaux que nous entreprendrions dans cette direction pourraient se faire simultanément avec la délibération des principes de la classification pétrographique, dont l'élaboration a été confiée par le Congrès de Zürich à une Commission spéciale sous la présidence de M. A. Michel-Lévy.

Le développement de la science doit être, nous le reconnaissons, entièrement libre, sans être entravé par aucune réglementation. Les progrès remarquables faits en ces derniers temps dans toutes les branches de la science géologique dont les méthodes se perfectionnent de plus en plus, ont ouvert toute une série de nouveaux horizons; ces nouvelles données exigent, il va sans dire, de nouveaux termes qui manquent encore à la langue scientifique et qui serviront à l'enrichir. Mais, comme il arrive toujours en pareil cas, les appellations nouvelles se sont trop multipliées et jamais la géologie n'a autant souffert d'une pareille surabondance de nouveaux mots. Comme l'a très bien fait remarquer M. Renevier, le président du Congrès de Zürich, nous allons à grands pas à une nouvelle tour de Babel, et cela lorsque les faits peuvent être cependant étudiés avec une précision plus facile à atteindre aujourd'hui qu'elle ne l'a jamais été.

Cette question ne peut être décidée que d'un accord unanime et un Congrès, personne n'en doute, est compétent pour la résoudre. Lorsque neuf dixièmes des géologues ou même la moitié seulement sont parfaitement d'accord sur la nécessité d'une règle à suivre pour conserver toute sa netteté à la langue scientifique, tous les autres finiront certainement peu à peu à s'y conformer. Même sans accord l'uniformité tant désirée finirait par s'établir, mais que de temps, que de difficultés pour faire disparaître tous les malentendus qui pourraient se produire!

Le Comité d'organisation ne peut naturellement pas espérer que notre Session actuelle, qui ne durera que huit jours, puisse arriver à épuiser le programme indiqué, mais il est du moins convaincu qu'il aura mis les travaux du Congrès sur la bonne voie, sur la seule qui pourra nous amener à d'heureux résultats.

Je ne puis terminer, Messieurs, sans vous dire que c'est un bien grand plaisir pour nous tous, Russes, de voir réunis dans notre capitale tant de géologues du monde entier. La géologie réunit les résultats de toutes les sciences qui concernent notre planète. Un véritable géologue plein de sa science ne peut être par conséquent un spécialiste à vues étroites. La largeur de vue qu'il a sur la science en général, il la porte sur tout ce qui l'entoure. La vérité, qu'elle soit agréable ou non, qu'elle soit d'accord avec nos préjugés ou les contrarie, la vérité est le seul but qu'il cherche à atteindre dans sa vie. Ce qui me réjouit surtout, je ne vous le cache pas, c'est que, de retour dans votre pays, vous contribuerez volontairement ou à votre insu à éclairer vos compatriotes sur notre pays, si peu connu jusqu'ici à la plupart d'entre eux.

En étudiant la structure de son propre pays, en reconstituant son histoire non sur les documents écrits, mais à partir des époques géologiques les plus reculées, et par la conviction obtenue que les conditions physico-géographiques actuelles de sa patrie sont le résultat de cette histoire se reflétant sur le caractère et les moeurs, le géologue s'attache à son pays natal avec le plus profond patriotisme. Mais il se convainc en même temps que la vraie science géologique ne se restreint pas à sa seule patrie et que ce n'est que le travail fraternel des géologues du monde entier qui peut nous éclairer sur la structure et les évolutions de la terre, notre grande patrie à tous. Cette concorde fraternelle est un des plus beaux côtés des Congrès scientifiques en général, et nulle part, peut-être, elle ne fait mieux sentir ses bienfaits que dans le progrès de la science à laquelle notre réunion est consacrée."

Le Secrétaire général qui vient d'être élu, se lève alors au milieu des applaudissements des congressistes. Son discours, que nous rapportons ci-après, est couvert par les applaudissements de son éminent auditoire.

Discours de M. Tschernyschew:

Monseigneur,

Altesses Impériales, Mesdames et Messieurs,

Tout ce que vous venez d'entendre vous prouve avec quelle joie nos compatriotes ont accueilli la nouvelle que le VII-e Congrès géologique international aurait lieu en Russie.

Déjà à Londres, dans le conseil du Congrès, le désir avait été exprimé que les représentants de la Russie fissent les démarches nécessaires auprès de leur Gouvernement pour obtenir l'autorisation de pouvoir se réunir dans une des prochaines sessions à St. Pétersbourg. Il était déjà décidé alors que les deux Congrès suivants auraient lieu l'un à Washington, l'autre à Vienne; les géologues ne pouvaient, par conséquent, se rassembler dans notre capitale qu'en 1897. Ce désir fut entendu: le Congrès de Washington reçut de Sa Majesté l'Empereur Alexandre III la gracieuse invitation de se réunir à St. Pétersbourg. Dès lors nous nous sommes mis à préparer le programme des excursions à faire et nous avons publié une carte géologique de la Russie d'Europe, afin de donner aux géologues des pays étrangers un tableau de la situation actuelle de la science géologique en Russie.

Ce ne fut qu'après le Congrès de Zürich que s'est formé définitivement le Comité d'organisation sous l'Auguste Présidence de Son Altesse Impériale, Monseigneur le Grand Duc Constantin Constantinowitch.

A la première liste que nous avons donnée dans notre circulaire d'invitation au Congrès ont daigné s'adjoindre comme membres honoraires du Comité: l'Auguste Gouverneur Général de Moscou, Son Altesse Impériale, Monseigneur le Grand-Duc Serge Alexandrowitch; Son Altesse Impériale Madame la Princesse Eugénie Maximilianovna d'Oldenbourg, Présidente de la Société Impériale Minéralogique; le Prince Golitzin, Commandant en chef de l'administration et des troupes du Caucase; le Comte Délianow, Ministre de l'Instruction publique; le Conseiller privé actuel Ermolow, Ministre de l'Agriculture et des Domaines de l'Empire et le Prince Khilkow, Ministre des Voies de communication.

Nous avons un triste devoir à remplir en vous rappelant les noms de plusieurs de nos illustres confrères que nous avons eu la douleur de perdre au commencement même de nos travaux: le général Stebnitsky, chef de la Section topographique de l'Etat-Major, le professeur Golovkinsky qui a pu encore finir, sur la Crimée, un des meilleurs chapitres du guide de nos excursions, et l'ingénieur des mines Barbot de Marny, l'un de nos géologues les plus distingués par ses travaux sur le Causase.

La tâche qui incombait au Comité présentait bien plus de difficultés chez nous que dans les pays où le Congrès s'est réuni jusqu'ici. Les conditions naturelles de la Russie, d'immenses espaces dépourvus d'hôtels, de chaussées et d'autres facilités de voyage, et la connaissance imparfaite de bon nombre de parties de notre vaste territoire — tout cela exigeait de nous un grand travail pour le choix des itinéraires à suivre dans nos excursions et pour nous mettre en relation avec les différentes administrations et avec les personnes auxquelles nous devions avoir recours.

Les principales phases de notre travail préparatoire vous sont déjà connues par les circulaires que nous avons eu l'honneur de vous adresser dans le courant de ces deux dernières années. Je ne puis ici que dire encore combien l'exemple de notre Auguste Souverain, qui a daigné contribuer si généreusement et si puissamment à l'organisation du Congrès, a été suivi avec empressement par ceux de nos compatriotes à qui nous nous sommes adressés avec la prière de nous aider dans la réalisation de notre tâche.

Vous trouverez plus tard dans les „Travaux du Congrès" les noms de tous ceux qui nous ont prêté leur bienveillant appui, car il m'est impossible de les citer aujourd'hui et je dois me borner à leur exprimer ici notre plus vive reconnaissance. Je n'exagérerai pas, Messieurs, en vous disant que sans leur chaleureux concours nous n'aurions pas été à même de vous offrir la dixième partie des excursions à travers la Russie que vous avez déjà faites ou qui vous restent encore à accomplir.

C'est aussi pour moi un agréable devoir à remplir que celui d'exprimer toute notre reconnaissance pour le zèle fraternel avec lequel nos confrères finlandais ont pris part à nos travaux et ont rendu possible l'organisation d'excursions en Finlande avant le Congrès.

Il restait encore une autre difficulté à vaincre — c'était l'absence d'un compendium de la Russie qui pût vous servir dans vos excursions. Ce compendium, il fallait le créer. Tous nos éminents géologues se sont mis aussitôt au travail et ont résumé chacun, en quelques pages, les connaissances actuelles sur les différentes parties de la Russie qu'ils ont le mieux étudiées. Ce livre est maintenant dans vos mains et ce n'est pas à nous d'en juger la valeur.

En dehors de l'organisation des excursions nous avions aussi à élaborer le programme des questions scientifiques que nous aurions à discuter au Congrès. En le préparant, nous avons résolu d'y préciser la voie, selon nous la seule bonne à suivre, pour arriver aux résultats que nous sommes tous unanimes à désirer dans des réunions internationales. Après nous être mis en relation, pour l'élaboration du programme, avec Messieurs les professeurs Capellini, président, et Dewalque, secrétaire de la Commission permanente du Congrès, nous vous proposons, Messieurs, de concentrer vos occupations principalement sur des questions d'un caractère général — notamment sur les nomenclatures stratigraphique et pétrographique—questions si brûlantes dans l'état actuel de la science et qui ont déjà été l'objet de nos discussions aux Congrès antérieurs, surtout à celui de Bologne. Les détails de ce programme vous ont été donnés dans notre troisième circulaire, et viennent de vous être rappelés ici dans le discours de M. Karpinsky, président de notre Comité d'organisation. Nous espérons qu'après échange d'opinion entre ses membres le Congrès arrivera à se prononcer définitivement sur les questions relevées dans le programme.

L'honorable président de la Session de Zürich, le professeur Renevier, y a déjà fait très justement remarquer que la réaction contre l'acception par le Congrès de déterminations obligatoires, réaction qui s'était déjà déclarée à Londres, menaçait de faire perdre à nos Congrès la signification pratique qu'ils peuvent et doivent avoir. Ce qui montre le mieux l'importance des décisions du Congrès dans nos conceptions scientifiques, c'est la nomenclature chronologique élaborée au Congrès de Bologne et qui est aujourd'hui universellement acceptée.

Déjà à la Session de Zürich, sur l'initiative de Monsieur Michel-Lévy, directeur du bureau chargé de dresser la carte géologique de la France, on commença les travaux préparatoires pour fixer la nomenclature pétrographique et il fut élu une commission composée de représentants de tous les pays. Le rapport qu'elle fera facilitera certainement nos travaux. En outre, nous nous sommes adressés à plusieurs savants en les priant de bien vouloir nous donner par écrit leur opinion sur les questions proposées par notre Comité d'organisation, afin de pouvoir les imprimer à temps et accélérer par là l'heureuse solution de notre programme. Messieurs les professeurs Joh. Walther, Fr. Frech, Loewinson-Lessing et le géologue en chef de la Reichsanstalt, Monsieur C. Bittner, ont bien voulu nous envoyer leurs rapports, qui vous seront distribués, après la séance, au bureau du Congrès.

Dans une de nos séances vous entendrez aussi, Messieurs, les rapports sur les travaux qui ont été faits par la Commission chargée de dresser la carte géologique de l'Europe, par celle qui s'occupe de la bibliographie géologique et par la Commission spéciale, formée à Zürich pour l'étude des mouvements des glaciers dans le monde entier.

Voilà en résumé, Messieurs, ce qui a été fait par le Comité d'organisation du Congrès et dont vous aurez à vous occuper durant votre séjour à St. Pétersbourg.

Notre tâche, vous le voyez, est très vaste, et si nous

pouvons en remplir heureusement ne fût-ce qu'une partie, le but de notre réunion sera atteint et nous pourrons avec raison être fiers des résultats obtenus par la Session de St. Pétersbourg.

Permettez-moi, Mesdames et Messieurs, de conclure en vous disant encore une fois que l'invitation que nous avons adressée aux savants du monde entier, a été partout accueillie avec beaucoup de sympathie, et la plus belle récompense que nous ayons pu ambitionner pour notre travail nous est donnée par la brillante assemblée qui s'est réunie dans notre capitale. Mieux que personne nous comprenons tout ce que laisse à désirer l'organisation de notre Session, et nous reconnaissons que, habitués comme vous l'êtes à voir se réunir chez vous des sociétés savantes internationales, vous eussiez beaucoup mieux fait que nous. Notre seule justification est le désir sincère de rendre votre séjour chez nous aussi agréable que possible, et de vous aider à mieux connaître notre patrie qui vous adresse son salut simple, mais sortant du coeur: Soyez les bien venus!"

M. Semenow, Président de la Société Impériale de Géographie, dans des paroles bien senties, au nom de la Société qu'il représente, souhaite la bienvenue sur le sol russe à MM. les congressistes.

Monseigneur,
Altesses Impériales,
Excellences, Mesdames et Messieurs.

La Société Impériale Russe de géographie se fait un devoir de présenter à l'assemblée ici réunie des illustres représentants de la géologie l'expression de sa sympathie la plus cordiale.

Une des jeunes branches du faisceau des sciences qui ont

pour but l'étude de notre globe terrestre—la géologie—a rendu à la plus ancienne des sciences de ce faisceau, la géographie, des services si éminents qu'aujourd'hui aucune entreprise géographique ne peut se passer du concours de la géologie.

Dans notre pays, pendant l'existence demi-séculaire de notre Société de géographie, les deux sciences marchent d'accord et sans rivalité aucune vers le but commun—la connaissance approfondie de la terre où, comme l'a si bien dit un grand écrivain:

There are books in the running brooks
And sermons in stones.

Aujourd'hui non seulement ceux de mes compatriotes qui ont eu l'occasion de déchiffrer quelques-unes des pages du grand livre de la nature disséminées sur l'immense surface de la Russie, mais la nation toute entière, avec son gouvernement éclairé en tête, s'empressent de présenter à votre savante analyse toutes ces pages qui vous intéressent depuis le glint cambrien de l'Esthonie jusqu'aux couches jurassiques de Moscou et les roches cristallines du Taganaï, depuis les osares de la Finlande jusqu'aux glaciers encore mouvants du Caucase.

Soyez donc les bienvenus, Messieurs, au nom de la belle science qui nous unit de liens de fraternité tout aussi impérissables que les roches qui sont l'objet favori de nos études.

S. A. I. le Grand-Duc Constantin Constantinowitch lève la séance.

Il est deux heures et demie.

Le secrétaire: *Maurice Lugeon.*

PREMIÈRE ASSEMBLÉE GÉNÉRALE.

18 (30) août 1897.

La séance est ouverte à 11 heures dans la grande salle du Musée zoologique de l'Académie des Sciences.

M. Karpinsky prend la parole pour passer la présidence à M. Renevier.

M. Pavlow adresse le discours suivant:

Messieurs,

„La plus ancienne Université russe, celle de Moscou, et la Société Impériale des Naturalistes de Moscou qui y est annexée, m'ont confié le grand honneur de saluer de leur part cette haute et brillante réunion scientifique, et de vous souhaiter, Messieurs, un plein succès dans vos nobles efforts pour avancer la science géologique, pour résoudre les différents problèmes que vous offre la géologie de notre pays et pour y apporter votre expérience et vos lumières. Moscou est le coeur de la Russie, par conséquent ces salutations et ces voeux dont je suis heureux d'être l'interprète ne peuvent être que cordiaux et chaleureux".

M. Mendes-Guerreiro présente, au nom de M. F. de Botella, un volume intitulé: Espana y sus antiguos Mares (Madrid 1897).

M. Renevier invite l'assemblée à poursuivre l'ordre du jour, lequel a pour objet la discussion sur la nomenclature et la classification stratigraphiques.

M. Loewinson-Lessing présente une traduction résumée des thèses de la brochure de M. Bittner, distribuée aux membres du Congrès: Vorschläge für eine Normirung der Regeln der stratigraphischen Nomenclatur.

M. Frech présente les thèses renfermées dans sa brochure également distribuée au congrès: Ueber Abgrenzung und Benennung der geologischen Schichtengruppen.

M. v. Zittel propose de discuter les questions principiales avant de passer aux questions spéciales.

M. Renevier, voulant prendre la parole, passe la présidence à M. v. Zittel.

M. Renevier pense qu'il ne sera possible d'arriver à l'unification de la nomenclature et de la classification stratigrafiques qu'en prenant les temps comme point de départ et non les couches. Pour les détails il s'en refère à son chronographe déjà publié. Il est d'accord avec M. Frech pour combattre l'idée de la nouvelle école française, qui prend les transgressions comme base de la classification. Cependant il s'oppose avec énergie à la deuxième partie de la brochure de M. Frech; il trouve que celui-ci y est entré dans des questions de pur détail.

M. Zittel demande si quelques membres désirent discuter la question générale.

M. Depéret estime qu'il est dangereux de renoncer à la méthode historique de classification. Mais s'il faut garder les noms historiques, il faut d'abord s'assurer qu'ils sont bons et ne pas les maintenir aveuglément.

M. Hoernes ne pense pas qu'une majorité du Congrès ait qualité pour résoudre des questions de ce genre.

M. Mayer-Eymar insiste à ce qu'on ne se serve plus du terme de formation, aboli par les précédents congrès. Il entre ensuite dans des questions de détail.

M. Frech dit en réponse que M. Renevier l'a mal compris. Il ne veut pas éliminer les noms géographiques d'une façon absolue, mais il pense que bien souvent leur emploi prête a de graves confusions. Il cite comme exemple le Norien, etc. Il préfere des noms paléontologiques pour les étages, parce que les géologues peuvent de pays à pays échanger des fossiles originaux, tandis qu'ils doivent se déplacer, souvent très loin, pour étudier la succession des étages.

M. Renevier propose de résumer la discussion par une résolution.

M. Bertrand demande alors si les géologues russes, qui ont des idées bien arrêtées à ce sujet, ne veulent pas prendre la parole à cette occasion.

M. Karpinsky pense que les classifications actuelles sont surtout artificielles; il est désirable de procéder à l'édification d'une classification naturelle, basée sur des faits généraux, reconnaissables sur toute la terre.

M. Tschernyschew dit que si le temps n'est pas encore mûr pour résoudre ces questions, on devrait les soumettre à une commission que nommerait le conseil.

M. v. Zittel désire que l'on sache quel principe de classification l'on pourra adopter, la base physique ou la base paléontologique. Toutes les classifications jusqu'ici, depuis W. Smith, ont été basées sur la paléontologie. S'il y en a de plus naturelles, il faut les proposer à la discussion.

M. Pavlow reconnaît que la classification actuelle est artificielle, mais à mesure que l'on étudie de plus en plus les fossiles, on se rapproche de la classification naturelle. Les bases paléontologiques sont en somme les plus solides. Notre classification actuelle n'est pas seulement paléontologique, elle repose aussi sur les données physiographiques. Il propose donc de la garder, mais de l'améliorer peu à peu.

M. Bertrand fait observer que la question à résoudre par une commission ne paraît pas avoir été posée d'une façon nette.

M. Renevier formule la résolution suivante: „Le Congrès est d'avis que, pour le moment, il n'y a pas lieu de rejeter ou de révolutionner les méthodes historiques". Il prie le Conseil de nommer une commission spéciale pour déterminer les principes de classification qu'il faudra adopter.

M. Balzer s'oppose à cette résolution; un siècle peut-être se passera avant qu'il soit possible de résoudre une question pareille. Le Congrès tout entier forme de lui-même une commission suffisante.

M. de Gregorio propose d'ajouter au libellé de la proposition ci-dessus le mot paléontologique (après classification).

M. Toubeau propose d'ajouter les mots suivants (après classification): „en cherchant à la rendre de plus en plus naturelle".

M. Szajnocha croit que la grande majorité votera pour la méthode historique, mais il propose de ne prendre aucune décision.

M. Renevier met aux voix la motion d'ordre de M. Szajnocha. Elle est rejetée à la presque unanimité.

M. Renevier met aux voix le premièr paragraphe de la résolution, amendé comme suit: „Le Congrès est d'avis qu'il faut rester sur le terrain de la méthode historique en cherchant à la rendre de plus en plus naturelle."

Ce paragraphe est voté à l'unanimité.

La seconde partie de la résolution est ensuite mise aux voix dans les termes suivants: „Le Conseil est chargé de nommer une commission pour étudier les principes de la classification dans l'esprit de la décision ci-dessus".

Cette seconde partie est aussi adoptée.

La séance est levée à 1 heure et demie.

Les Secrétaires: *L. L. Belinfante.*
Maurice Lugeon.
Johannes Walther.

DEUXIÈME ASSEMBLÉE GÉNÉRALE.

20 août (1 septembre) 1897.

La séance est ouverte à $11^1/_4$ dans la grande salle du Musée zoologique de l'Académie des Sciences.

M. Marcel Bertrand préside la séance.

M. Fallot invite les professeurs universitaires à venir nombreux, l'an prochain, à Bordeaux pour y assister, du 19 au 21 mai, à un congrès international de l'Enseignement supérieur.

M. Renevier annonce le rapport de la Carte géologique d'Europe dont on remarque le superbe panneau placé dans l'exposition du Congrès.

M. Beyschlag lit le rapport de la commission de la carte géologique de l'Europe.

M. Bertrand propose que l'assemblée vote des remerciements à ceux qui s'occupent avec tant de zèle de cette grande œuvre, en particulier à MM. Hauchecorne et Beyschlag. Des applaudissements nourris répondent immédiatement à cette proposition.

M. Bertrand passe à l'ordre du jour, c'est-à-dire à la discussion des articles contenus dans les brochures de MM. Bittner et Frech, articles modifiés et fondus par MM. Karpinsky et Tschernyschew.

Discussion du premier article.

„L'introduction d'un nouveau terme stratigraphique doit être basée sur un besoin scientifique bien déterminé, motivé par des raisons péremptoires. Toute nouvelle appellation doit être accompagnée d'une caractéristique claire — tant batrologique que paléontologique—des dépôts auxquels elle est appliquée; en même temps elle doit être fondée sur des données observées, non dans une seule coupe, mais sur un espace plus ou moins considérable".

M. Renevier voit dans cette proposition un mélange de questions générales et régionales. Il croit qu'en premier lieu il faut restreindre la discussion à la nomenclature internationale, car on ne peut empêcher l'introduction de noms nouveaux pour déterminer des séries locales. Il donne donc un assentiment complet à la proposition, à la condition que le terme à créer ait une importance générale.

M. Bertrand demande quelle différence M. Renevier fait entre les termes de général et régional.

M. Renevier répond en citant quelques exemples, ainsi le Muschelsandstein, terme ayant des sens stratigraphiques très différents, qu'on ne peut, pourtant, admettre dans la nomenclature générale.

M. Depéret est en partie de l'avis de M. Renevier, mais il ne voudrait pas qu'on donne à ces termes locaux une terminaison uniforme quelconque.

M. Mourlon s'étonne qu'on s'effraye de l'introduction de termes nouveaux. Pour lui, la nécessité s'en impose quand on subdivise de très épaisses séries locales, caractérisées jusqu'alors par un seul terme. On arrive tôt ou tard à paralléliser les nouveaux termes avec ceux, généralement adoptés par l'usage dans tous les pays.

M. de Grossouvre craint que tout ce que l'on veut imposer ne soit pas suivi.

M. Renevier trouve que la forme du mot ne doit pas faire exclure un nom de stratigraphie locale.

M. Mourlon dit qu'on est d'accord sur les grands termes généraux, au milieu desquels on peut introduire pour les besoins locaux des noms non internationaux.

Une discussion s'engage, à laquelle prennent part MM. Mourlon, Bertrand, Tschernyschew, Renevier. Elle amène une légère modification de la proposition, savoir l'introduction des mots „dans la nomenclature internationale".

La proposition ainsi modifiée est mise aux voix:

„L'introduction d'un nouveau terme stratigraphique dans la nomenclature internationale doit être basée sur un besoin scientifique bien déterminé, motivé par des raisons péremptoires".

La première proposition est adoptée dans sa première partie.

M. Sacco propose d'ajouter dans la deuxième partie les mots: „sur une localité typique".

M. Frech s'élève contre l'expression de localité typique, car bien souvent les localités choisies cessent d'être typiques par suite de la disparition des affleurements.

M. Mayer-Eymar dit qu'il est impossible de s'appuyer sur la méthode d'Oppel basée sur des fossiles dits caractéristiques.

La proposition de M. Sacco mise aux voix n'est pas adoptée.

La deuxième partie de la proposition est alors acceptée.

Discussion du deuxième article.

„Les appellations appliquées à un terrain dans un sens déterminé ne peuvent plus être employées dans un autre sens".

Cette proposition est adoptée sans discussion.

Discussion du troisième article.

La date de la publication décide de la priorité des noms stratigraphiques donnés à une même série de couches.

M. Depéret croit que la priorité est une chose respectable, mais qu'il ne faut pas s'y lier aveuglément.

M. Mayer-Eymar dit que le terme doit être tiré du latin, être facilement traduisible, etc.

M. Bertrand fait remarquer que ce géologue sort de la discussion.

Au vote l'article est adopté.

Discussion du quatrième article.

„Pour les petites subdivisions stratigraphiques, suffisamment caractérisées paléontologiquement, en cas de création de nouveaux noms, il est préférable de prendre pour base leurs particularités paléontologiques les plus importantes. On ne devra faire emploi de noms géographiques ou d'autres que pour des sections de certaine importance renfermant plusieurs horizons paléontologiques, ou lorsque le terrain ne peut être caractérisé paléontologiquement".

M. Renevier trouve la proposition trop élastique.

M. Frech désire que cette proposition soit résolue dans le sens de faciliter les études, mais pour lui, jusqu'ici, la discussion a été toute philologique. Il demande que les termes de „paléo", „méso" et „néo" soient appliqués dans les nomenclatures françaises et anglaises.

M. Renevier trouve qu'on veut respecter la nomenclature allemande et pas les autres. La modification doit être égale pour tous si on veut avoir des solutions internationales.

M. Tietze fait remarquer qu'on est ici pour simplifier et non pour compliquer la nomenclature.

Une discussion s'engage que nous croyons inutile de rapporter ici. MM. Mourlon, Mayer-Eymar, Pavlow, Diener, Renevier, Déperet y prennent part.

Au vote la proposition est acceptée.

On renvoie à la commission une proposition de M. Frech ainsi conçue: „Il serait désirable pour les divisions des systèmes dans lesquels il n'y a pas de noms usités comme Dogger, Lias etc., d'introduire les mots „Paléo", „Méso" et „Néo".

Discussion du cinquième article.

„Pour ce qui est des diverses appellations stratigraphiques qui existent dans la littérature, il serait à désirer que les termes désignant des sections ou des séries fussent remplacés par les mots „supérieur", „moyen" et „inférieur".

Cet article est renvoyé à la commission.

Discussion du sixième article.

„Lorsqu'un terme donné à toute une série de couches doit être restreint à la désignation d'une partie seulement de ces couches, on ne doit le conserver que pour les couches les mieux caractérisées paléontologiquement".

Une discussion s'engage entre MM. Tschernyschew, Mourlon, Renevier, Pavlow, à la suite de laquelle l'article est renvoyé à la commission.

Discussion du septième article.

„Les noms mal formés au point de vue étymologique sont à corriger, sans les exclure pour cela du domaine de la science".

L'article est adopté sans discussion.

Le séance est levée à midi $^3/_4$.

Les Secrétaires *Maurice Lugeon.*
Johannes Walther

TROISIÈME ASSEMBLÉE GÉNÉRALE.

22 août (3 septembre) 1897.

La séance est ouverte à 11 h. $^1/_2$ dans la grande salle du Musée zoologique de l'Académie des Sciences.

M. Emmons préside la séance.

M. Androussow lit et développe la proposition relative à l'établissement d'un Institut flottant international.

„Les formations marines jouent le rôle principal dans la stratigraphie et la connaissance de leur origine est tout à fait indispensable pour le géologue; ce n'est que l'étude approfondie des mers actuelles qui peut nous donner une base pour juger des modes de formation des sédiments et de la répartition des organismes dans les mers des périodes anciennes.

Les résultats obtenus sous ce rapport, surtout par les célèbres expéditions océaniques du Challenger, sont de la plus haute importance.

Mais ces expéditions furent isolées et temporaires. Un nombre très restreint de géologues ont eu l'occasion de jeter un coup d'oeil sur le fond des océans. Il semble indispensable, pour les progrès de la géologie en général et pour l'éducation du géologue, que celui-ci soit mis en position d'étudier personnellement la biologie, la physique et l'histoire naturelle des mers.

Un Institut flottant international, entretenu par tous les gouvernements, pourrait rendre ce service à la Science.

Les soussignés demandent au Congrès de sanctionner ce voeu et de prier tous les gouvernements d'accorder les sommes nécessaires à la création et à l'entretien de cet Institut".

(Signé):	*Androussow.*	*A. Karpinsky.*
	Ch. Barrois.	*Lebedinzew.*
	M. Bertrand.	*O. C. Marsh.*
	G. Capellini.	*J. Murray.*
	F. A. Forel.	*W. Prinz.*
	Th. Fuchs.	*Stuckenberg.*
	A. Gaudry.	*J. Walther.*
	A. Geikie.	*v. Wrangel.*
	E. Haeckel.	*K. v. Zittel.*

Sir J. Murray, MM. v. Zittel, F. A. Forel appuient chaudement la proposition que vient de lire M. Androussow.

La proposition est approuvée à l'unanimité.

M. v. Zittel prie M. Karpinsky de prendre en main cet appel et de le faire parvenir aux gouvernements.

M. F. A. Forel lit le rapport de la Commission internationale des glaciers. Il dépose ce rapport sur le bureau.

M. Richter demande l'appui de tous pour mener à bien la tâche si importante et si utile de la Commission des glaciers. Il espère que, moyennant cette collaboration générale. la Commission pourra livrer un rapport substantiel au prochain Congrès.

M. Emmons remercie M. Forel. Le rapport est approuvé à l'unanimité.

M. Nikitin lit le rapport final de la Commission bibliographique.

M. Mourlon présente le premier fascicule de la Bibliographia geologica. Il développe la méthode remarquable qui sert de base à l'édification de cette grande oeuvre. Cette bibliographie est un répertoire des travaux concernant les sciences géologiques, d'après la classification décimale. Elle forme la partie géologique de la Bibliographia universalis (Belgique, Ministère de l'industrie et du travail).

Mr. Albert Gaudry a la parole:

Messieurs et chers confrères,

„Au commencement de cette année, les savants français ne pensaient pas que la VIII-ème session du Congrès géologique international dût se tenir à Paris. Ils supposaient qu'elle aurait lieu dans la ville de Vienne qui possède de si éminents géologues. Mais Mr. Stache, Directeur de l'Institut impérial géologique d'Autriche, d'accord avec Mr. Suess, professeur à l'Université de Vienne, et Mr. de Hauer, intendant du Musée impérial d'histoire naturelle, a bien voulu faire savoir aux géologues français que, si une session du Congrès géologique international pouvait être tenue à Paris en 1900 lors de l'Exposition universelle, les géologues autrichiens remettraient à une date ultérieure la session qui doit avoir lieu à Vienne.

Très reconnaissants de la communication bienveillante des savants autrichiens, les géologues français ont constitué un Comité pour s'occuper de la question du futur Congrès. Le Comité a fait à l'unanimité la proposition suivante qu'il m'a chargé de soumettre aux géologues réunis à St. Pétersbourg pour la VII-ème session du Congrès géologique international:

„Les géologues français sollicitent l'honneur que la VIII-ème session du Congrès géologique international ait lieu à Paris en 1900, lors de l'Exposition universelle. Le Gouvernement de la République française s'associe à cette motion. Nous sommes informés que nous pourrons compter sur le haut patronage du Ministre de l'Instruction publique et du Ministre des travaux publics. Les géologues français invitent les géologues de tous les pays et leur assurent qu'ils seront accueillis avec la plus grande cordialité“.

La proposition de tenir la VIII-ème session du Congrès géologique international à Paris en 1900, pendant l'Exposition universelle, est chaleureusement applaudie et votée à l'unanimité.

Mr. Albert Gaudry ajoute:

Mes chers confrères,

„Les géologues français qui sont dans cette enceinte vous remercient de l'honneur que vous faites à notre pays. Nous devons particulièrement exprimer notre reconnaissance aux savants autrichiens sans la proposition desquels nous ne pourrions avoir cet honneur, et nous vous adressons le voeu que la IX-ème session du Congrès géologique international se tienne à Vienne.

Comme vous l'avez vu dans une note que nous avons déposée sur le bureau du Congrès, nous avons l'intention de faire plusieurs excursions géologiques dans les parties de la France les plus intéressantes au point de vue scientifique et pittoresque. Vous avez sous les yeux une carte qui a été apportée, au nom de Mr. Michel Lévy, par Mr. Thomas; les excursions projetées sont marquées sur cette carte:

On ferait avant le Congrès un voyage de 12 jours en Bretagne sous la conduite de Mrs. Barrois et Albert. Les géologues qui n'iraient pas en Bretagne pourraient visiter la Normandie et le Boulonnais, sous la conduite de Mrs. Gosselet et Munier Chalmas.

Pendant la durée du Congrès, Mrs. Munier Chalmas et Stanislas Meunier dirigeraient des promenades géologiques aux environs de Paris.

Après le Congrès, il y aurait un voyage dans le Massif central de la France sous la conduite de Mrs. Michel Lévy, Marcellin, Boule, Fabre, suivi d'un voyage dans les Alpes sous la conduite de Mrs. Marcel Bertrand, Haug, Kilian, Termier. La durée totale de ces deux voyages serait de trois semaines environ.

Ces projets d'excursion sont trop lointains pour ne pas être provisoires. Si d'autres courses étaient demandées par un certain nombre de personnes, nous trouverions des savants très heureux de les diriger".

M. Bertrand, de la part de M. Michel-Lévy, dépose sur le bureau un travail intitulé: Classification des magmas des roches éruptives.

M. de Margerie présente la traduction en français de l'„Antliz der Erde" de M. Suess. Le congrès par ses applaudissements remercie les traducteurs.

La séance est levée à 12 h. 1/4.

Les Secrétaires: *Maurice Lugeon.*
Romolo Meli.

QUATRIÈME ASSEMBLÉE GÉNÉRALE.

23 août (4 septembre) 1897.

La séance est ouverte à 11 h. 1/4 dans la grande salle du Musée zoologique de l'Académie des Sciences.

M. Zirkel préside la séance.

M. v. Zittel donne lecture de la liste des membres effectifs de la Commission choisie pour étudier la question de la nomenclature générale. Ce sont:

MM. Barrois — Tietze
Capellini — Tschernyschew
Hughes — H. Williams
Renevier — v. Zittel

M. Zirkel lit la proposition suivante présentée au Conseil dans la séance du 22 août (3 septembre) 1897:

„Un groupe de membres du Congrès, réunis au nombre de 42 pour discuter la question de la nomenclature systématique des roches, se permet de transmettre au Conseil le voeu unanime de ses membres, conçu de la manière suivante:

Il est désirable que l'on renonce, en présence du développement extraordinairement rapide de la Pétrographie, à l'idée de faire fixer par une résolution du Congrès les principes spécialement applicables à la classification méthodique des roches.

Pour arriver à la simplification de la nomenclature pétrographique réclamée par les géologues, il est indispensable de définir avec plus de précision qu'on ne l'a fait jusqu'à présent les noms généraux dont l'emploi est nécessaire dans l'exécution des cartes".

M. le président ouvre la discussion.

M. Loewinson-Lessing résume en ces termes sa brochure distribuée aux membres du Congrès et intitulée Note sur la classification et la nomenclature des roches éruptives:

Mesdames, Messieurs,

La pétrographie des roches éruptives est sur le point de cesser de n'être qu'une science descriptive. Les études, les observations et les expériences sur la genèse, la différentiation, la structure et la composition des roches éruptives font de grands progrès et la pétrographie s'achemine à grands pas vers la position d'une science théoriquement fondée, expérimentale et exacte.

Parmi les problèmes que nous imposent les progrès de la pétrographie, c'est la question de classification et de nomenclature des roches éruptives qui est à l'ordre du jour en ce moment. A mesure que nos connaissances de la genèse, de la composition chimique, de la différentiation s'accroissent, l'insuffisance de nos classifications et de notre nomenclature se fait sentir plus fort. Une réforme, une amélioration est nécessaire, et c'est pourquoi le Comité d'organisation a certainement eu raison de mettre cette question à l'ordre du jour. Il serait prématuré de vouloir donner en ce moment une classification et une nomenclature laborées; mais je pense qu'il est temps de se mettre d'accord sur certains points importants. Permettez-moi donc d'émettre quelques idées à ce sujet et de faire plusieurs propositions dans le but d'ouvrir la discussion qui, je l'espère, ne manquera pas d'animation.

Pour être rationnelle et scientifique, la classification doit tenir compte de la genèse et des rapports mutuels des roches. J'entends par „rapport", non pas ou, plutôt, non seulement, les conditions extérieures qui accompagnent la cristallisation d'une masse ignée, mais surtout l'ensemble des procès chimiques et physiques qui donnent naissance à une roche déterminée en empruntant, pour la faire naître, le matériel aux masses complexes de l'intérieur de notre planète. La classification doit tenir et nous rendre compte de la différentiation, et celle-ci ne peut être appréciée que par l'étude de la composition chimique des roches éruptives, de leur consanguinité, des rapports mutuels des différentes roches.

Mes études sur la différentiation et la composition chimique des roches éruptives, études dont je ne saurais vous donner une esquisse, même sommaire, sans abuser de votre patience, me conduisent à la conception suivante de la différentiation [1]). Dans le magma liquide les différents oxydes sont déjà liés, entre eux et avec la silice, dans des proportions qui correspondent à la composition des minéraux — futures parties constituantes de la roche que formera le magma. La différentiation se produit par groupes d'oxydes correspondant aux minéraux futurs, et dans le magma

[1]) Je me permets de déposer sur le bureau les feuilles déjà imprimées de mon mémoire russe.

prêt à cristalliser ce sont les affinités chimiques qui règlent la marche de la différentiation. Le phénomène essentiel de la différentiation, c'est l'antagonisme des alcalis et des terres alcalines. Les oxydes alcalins tendent à se séparer d'un côté en retenant les quantités de silice et d'alumine nécessaires pour former des feldspaths et des feldspathides, tandis que les terres alcalines se séparent pour former des monosilicates ou des bisilicates ferromagnésiens et en partie calcifères. Si la marche de la différentiation n'était pas entravée, elle devrait mener à la séparation du magma en un liquide ou une roche feldspathique, pure ou avec un excès de silice, un liquide ou une roche ferromagnésienne monosilicatée et une autre, ferromagnésienne bisilicatée. Ce ne sont que ces magmas-ci qui sont des magmas pures, non mélangés. Toutes les roches éruptives ne sont que des mélanges de ces magmas fondamentaux selon les lois qui règlent les mélanges des liquides. Ces mélanges sont prototectiques ou deutérotectiques, selon que la roche en question peut être considérée comme un mélange de ces magmas primaire ou un mélange secondaire, c. a. d. un mélange de deux ou trois roches prototectiques. Pour tenir compte de cette conception on pourrait se servir avec succès d'un procédé graphique.

Je suis d'avis que ni la structure ni la composition minéralogique, ni le mode et la forme de gisement ne peuvent servir de point de départ à une classification rationnelle des roches éruptives. C'est la composition chimique qui est la cause première, qui doit servir de base. Dans mon étude sur la composition chimique des roches éruptives qui est sous presse, j'utilise la composition chimique pour trouver les données suivantes:

1. Degré ou coefficient d'acidité (Aciditätscoefficient, Silicatstufe). En divisant le nombre d'atomes d'oxygène, retenus par la silice, par le nombre de ceux qui sont contenus

dans les autres oxydes, on obtient un nombre caractéristique. En moyenne chaque famille a son coefficient à elle.

2. Formule de la composition chimique. Les oxydes sont réunis en deux groupes: RO et R^2O^3; en prenant pour unité la quantité du groupe dont la teneur est plus petite, on obtient une formule du type: $mRO\ R^2O^3 n\ SiO^2$. En moyenne chaque famille et chaque type ont une formule caractéristique.

3. La relation $R^2O : RO$ en proportions moléculaires.

4. La relation $Na^2O : K^2O$ pour les roches alcalines.

Après avoir constitué les groupes et les classes en se basant exclusivement sur la composition chimique, on forme les familles, les types, les genres etc. en combinant les données de la structure, de la composition minéralogique et de la composition chimique. C'est la dernière qui décide en première ligne de l'indépendance d'un type et c'est elle qui nous indique des rapprochements difficiles à deviner à l'aide de la composition minéralogique et de la structure.

Messieurs, il n'entre pas dans mes desseins de vous proposer une classification élaborée des roches éruptives; nous tâcherons de l'élaborer en commun dans la commission internationale. Je n'ai pris la parole que pour insister sur le rôle important de la composition chimique, sur l'utilité des procédés graphiques et des formules, et pour attirer votre attention sur la question des roches filonnaires et des taxites. Chaque classification future sera fortement influencée par le point de vue que l'on choisira par rapport aux roches filonnaires et aux taxites. Je suis adversaire de l'individualisation des roches filonnaires et je me refuse de leur assigner des noms à part: ni la composition chimique ou minéralogique, ni la structure, ni le mode de formation ne nous autorisent à le faire. Par contre il ne serait que juste de faire entrer les taxites ou laves bisomatiques dans nos classifications.

Les taxites sont des laves bréchiformes, complexes, qui doivent leur existence a des particularités de différentiation. En cherchant attentivement, on retrouve les taxites dans différentes familles de roches éruptives; c'est un type intéressant, important et nullement exceptionnel.

Passons à la nomenclature. La question de nomenclature est plus facile à aborder et à résoudre, mais elle nous prendrait trop de temps, si je voulais entrer dans des détails. Permettez-moi donc de ne formuler que quelques propositions en laissant tous les détails pour la discussion et les travaux de la commission.

Il serait inutile et injuste de nier qu'il y a des cas où un nouveau nom est le bienvenu; mais ces cas sont beaucoup moins nombreux que les nouveaux noms eux-mêmes. Un nouveau nom me semble justifié et même nécessaire dans les cas suivants:

1) Pour désigner un nouveau type de structure, ou pour un groupe formée de plusieurs structures réunies, à un certain point de vue, en une unité de certaine valeur. Ainsi, des noms tels que structure gloméroporphyrique, structure symplectique, structure taxitique etc. sont de nature à simplifier la nomenclature: ils substituent un seul nom à un nombre plus ou moins considérable de nouveaux noms qui ne manqueraient pas d'être créés pour telle ou telle roche à structure symplectique, taxitique etc., si ces dénominations de structures n'existaient pas.

2) Pour désigner une nouvelle famille ou un nouveau type de roche se distinguant essentiellement, par sa composition chimique ou minéralogique, des roches connues.

Je ne considère l'individualité chimique d'une roche comme bien établie que lorsque le coefficient d'acidité α, la formule générale, les relations $R^2O : RO$ ou $Na^2 : K^2O$ se distinguent des roches connues.

L'individualité au point de vue de la composition minéralogique n'est justifiée que lorsque la roche présente une nouvelle association de minéraux, se distingue des autres roches par un élément essentiel.

Par contre il faut éviter la formation de nouvelles dénominations dans les cas suivants:

1) Chaque fois qu'on peut se passer d'un nouveau mot en combinant les noms préexistants de manière à former une nouvelle dénomination.

2) Quand il s'agit d'une variété qui ne se distingue des roches connues que par des particularités de peu d'importance, p. e. par un élément accessoire, une différence insignifiante de structure etc.

3) Quand le nouveau nom implique une hypothèse ou un ordre d'idées qui ne sont acceptées que par une seule école pétrographique et non par toutes. Ainsi p. e. on ne devrait point désigner par de nouveaux noms les roches filonnaires identiques par leur structure et leur composition à certaines roches intrusives ou effusives connues, vu que l'individualité des roches filonnaires n'est pas admise par tous les pétrographes.

Je suis d'avis qu'en créant de nouvelles dénominations dans les cas susindiqués, où il y a lieu de le faire, on devrait éviter autant que possible les nouveaux noms empruntés aux localités et difficiles à retenir par cela-même qu'ils ne rappellent rien de connu. Il est préférable d'utiliser les noms préexistants en leur ajoutant un adjectif, un préfixe, une terminaison, de manière à indiquer le groupe ou type le plus proche, le type parent, et en même temps la particularité distinctive. Granite à oegyrine, albitophyre, porphyre sodique à leucite, leucogabbro, porphyrite à diallage, gabbrosyénite, etc. — tout cela sont des noms qui évoquent des rapprochements et diminuent par cela même la difficulté de retenir le nouveau nom, tout en donnant une idée plus ou moins précise de la nouvelle roche. D'un autre côté: Beerbachite, Malchite, Estérellite, Lindöite, Taurite etc. sont des noms qui ne nous disent rien, sont difficiles à retenir et encombrent la mémoire.

Quant au mode de formation des nouveaux noms, je pense qu'il serait utile de suivre le chemin suivant. Les grandes subdivisions doivent se baser sur la composition chimique; on obtient de cette façon des familles de granites, de trachytes, de basaltes etc. Chaque famille peut être subdivisée au point de vue des particularités chimiques; ainsi p. ex., les trachytes se divisent en trachytes potassiques et en trachytes sodiques. Ensuite on a recours à la composition minéralogique, p. ex. trachyte sodique à aegyrine; en dernier lieu c'est la structure qui permet de faire des subdivisions encore plus minutieuses, p. ex. trachyte sodique à aegyrine et à structure piletaxique, ou vitrophyrique ou taxitique etc. Je ne crains pas les noms trop longs, pourvu qu'ils soient formés d'une façon rationnelle; ils valent toujours mieux que les noms tout courts, mais qui sont difficiles à retenir parce qu'ils ne nous disent rien.

Toute somme faite on arrive aux conclusions suivantes:

1) Un nouveau nom ne saurait être créé que dans un des cas précités, quand il est indispensable.

2) Ce nouveau nom ne devra être un nouveau mot emprunté à une localité, à un nom propre etc., que dans les cas où la formation de ce nouveau nom à l'aide de ceux qui existent déjà ne serait pas possible ou mènerait à des expressions trop compliquées.

3) Il faut éviter autant que possible d'employer des noms ou termes déjà usités en leur attribuant un nouveau sens ou une nouvelle portée.

4) Un nouveau nom ne saurait être donné à une roche que lorsque l'on en donne une description complète et surtout l'analyse chimique.

5) Dans les cas où il s'agit d'une structure, elle devra être figurée.

6) Le droit de priorité sera réglé non seulement par l'élément chronologique, mais encore, et surtout, par les conditions formulées dans les №№ 4 et 5.

Voici, Mesdames et Messieurs, en peu de mots une esquisse des questions qui me préoccupent, qui doivent préoccuper chaque pétrographe. Il s'agit d'aider la pétrographie à sortir de la position subordonnée d'une science purement descriptive que l'abus du microscope a failli lui assigner. Les germes du développement de la pétrographie des roches éruptives sont ailleurs. La composition chimique, la différentiation, la genèse, les rapports de consanguinité—voilà les questions qui méritent, qui exigent une étude assidue. Une commission pétrographique internationale a déjà été constituée; faisons-la fonctionner, aidons-nous mutuellement, étudions en commun les questions ci-dessus mentionnées, c'est le seul chemin pour arriver avec le temps à une nomenclature et à une classification rationnelles des roches éruptives".

M. Ramon Adan de Yarza dit que les roches de même constitution minéralogique devraient avoir le même nom.

M. Lagorio dit qu'il va de soi que le caractère chimique des magmas devra servir de base dans les classifications de l'avenir, car les magmas, représentant des solutions compliquées, sont sujets aux lois universelles qui régissent celle-là. Jusqu'à ce que ces lois seront fixées, on ne pourra aboutir à une classification naturelle. Il y a encore une autre circonstance qui, à l'heure présente, s'oppose à l'unification. C'est tout bonnement notre ignorance de la dépendance de la structure, du mode de dépôt, c'est-à-dire des conditions d'éruption, d'intrusion et de refroidissement. On pourrait, il est vrai, établir des groupes généraux qui répondraient au besoin de l'édification des cartes géologiques. Mais ce serait là une distribution purement formelle et qui n'aurait aujourd'hui aucune valeur scientifique. Par contre, les géologues pratiques qui travaillent aux levés géologiques pourraient rendre un précieux service aux pétrographes, s'ils voulaient, au cours de leurs recherches, établir, de la façon la plus claire, les relations tectoniques et stratigraphiques des massifs éruptifs.

M. Tschernyschew demande ce qu'ont voulu dire les pétrographes par le terme de „noms généraux".

M. Brögger fait observer que, depuis le Congrès de Zürich, un progrès sensible s'est fait sentir dans la pétrographie, vu l'acceptation plus générale de l'importance de la composition chimique dans la classification des types de roches éruptives. Il pense aussi que la crainte de la multiplicité des désignations disparaîtra peu à peu, à mesure que la classification des types de roches s'établira d'une façon plus nette. Il termine en faisant ressortir l'importance des noms généraux et la nécessité de les déterminer d'une façon plus stricte.

M. Lagorio dit que, bien qu'il soit relativement facile de se mettre d'accord au sujet des roches intrusives telles que les granites et les diorites, il manque un principe général pour la distribution des roches effusives, car la distinction de „paléo-" et „néovolcanique" est purement provisoire. C'est pour cela déjà qu'il est impossible d'établir une classification utilisable pour les levés géologiques. Où arrêtera-t-on par exemple la limite des mélaphyres et des basaltes? Pour ces raisons, l'orateur, dans cette question, se tient sur la réserve.

M. Duparc n'est pas de l'avis de M. Broegger. Il ne doit pas y avoir de nomenclature à l'usage des pétrographes et une autre à l'usage des stratigraphes. Il est d'accord avec M. Loewinson-Lessing que l'unification de la nomenclature n'est peut-être pas possible à l'heure actuelle; mais on peut cependant chercher à s'accorder sur des points de répère généraux, qui pourraient servir de base à une nomenclature partout adoptée.

M. Iddings dit qu'il était parmi les signataires de la proposition des quarante-deux pétrographes. Il lui paraissait que la différence d'opinion entre eux au sujet de quelques-uns des principes fondamentaux de la classification était si considérable que, faute d'un rapport de la part de la Commission nommée à Zürich, il était matériellement impossible d'arriver à une conclusion pratique pendant la session actuelle du Congrès. Il approuve la tentative de soumettre la question à une nouvelle commission. Il est d'accord avec M. Loewinson-Lessing sur plusieurs des principes développés dans son mémoire, mais il n'est pas d'accord avec lui sur certains points de détail.

M. Zirkel fait remarquer que les „noms généraux" existent déjà depuis longtemps et qu'il s'agit simplement de ne pas en faire un mauvais usage. Il passe ensuite à la proposition émise à l'assemblée des quarante-deux de fonder une publication internationale de pétrographie. Il donne lecture de la liste des membres proposés par le Conseil pour étudier la création de ce nouvel organe.

M. Renevier dit qu'il s'est opposé dans la séance du Conseil à la proposition de nommer une commission pour l'étude de la création d'un organe des pétrographes. Il défend sa manière de voir en ce qui concerne l'entrée en matière de la discussion de la nomenclature pétrographique. Il faut faire un effort, dit-il, dans la voie d'une nomenclature. Il ne comprend pas pourquoi les quarante-deux pétrographes, en dehors de tous les usages admis dans les précédents Congrès, se sont ainsi groupés pour former une véritable obstruction. Il les conjure de revenir à de meilleurs sentiments. Puisque les pétrographes s'entendent au sujet des groupements généraux, ils feraient bien d'arrêter ainsi les bases d'une nomenclature internationale rationelle et naturelle.

M. Duparc demande à l'assemblée de rentrer dans la discussion générale. Il y a deux questions en suspens, on ne peut en résoudre deux ensemble. Il importe de savoir ce que le Congrès décidera de la Commission nommée à Zürich, puis de s'occuper ensuite du journal international de pétrographie.

M. Frazer pense que le journal pétrographique doit être laissé à l'initiative privée. Le Congrès s'est toujours opposé à une proposition de ce genre. S'il n'a pas voté contre la proposition dans la séance du Conseil, c'est que, faute de temps, il n'a pas voulu la discuter.

M. Zirkel demande à l'assemblée de se prononcer sur le maintien ou non de la Commission pétrographique de Zürich.

M. Renevier fait remarquer que la Commission subsiste toujours. Si elle n'a pas montré jusqu'ici son existence par une manifestation quelconque, la commission du Congrès peut lui demander de remplir le rôle qui lui est dévolu.

M. Wichmann dit que la Commission de Zürich doit être considérée décédée.

M. Tschernyschew demande avant tout qu'on arrive à une solution pratique.

M. Brögger dit qu'une commission ne peut pas déterminer les noms de groupes principaux. Il croit que ce serait plus pratique de considérer la Commission de Zürich comme étant dissoute.

M. Barrois propose de garder l'ancienne Commission et d'y adjoindre la nouvelle commission à titre consultatif.

M. Renevier lit l'extrait suivant du procès-verbal de la séance du Conseil du 22 août (3 septembre) 1897:

„M. Brögger demande qu'on ne renouvelle pas les pouvoirs de l'ancienne Commission qui n'a pas présenté de rapport.

M. Bertrand pense au contraire qu'il faut conserver l'ancienne Commission en l'invitant à pousser plus activement ses travaux. MM. Karpinsky et Renevier appuient cette proposition à laquelle M. Brögger ne s'oppose pas; sur sa demande la motion des 42 pétrographes sera transmise à la Commission."

Il fait remarquer que M. Brögger, en qualité de membre de l'ancienne Commission, aggrave sa propre position, en disant que celle-là n'a rien fait.

M. Brögger trouve son temps trop précieux pour le perdre dans une besogne inutile. C'est à la Commission de mener des travaux de ce genre à bonne fin et non aux membres séparés. Les vues sont du reste si différentes que, pour les harmoniser, une correspondance interminable serait nécessaire. On ne peut arriver à une solution qu'en se réunissant souvent et en discutant les questions de vive voix.

M. Zirkel met aux voix la question de la continuité de l'existence de la Commission de Zürich. L'assemblée se prononce pour la continuité par 29 voix contre 19.

L'assemblée reprend alors la discussion sur la fondation d'un journal international de pétrographie et M. Iddings dit que, en ce qui concerne les pétrographes, ils estiment qu'une publication de ce genre est très désirable et serait d'une grande utilité. C'est à des spécialistes qu'il incombe surtout de résoudre les questions qui concernent leurs travaux, et il émet l'espoir que le Congrès tiendra compte des vœux des pétrographes.

M. Karpinsky dit qu'il s'agit seulement de la nomination d'une Commission pour l'étude préliminaire de la création de ce journal.

M. Brögger dit que, sur quarante-deux pétrographes, trente-neuf se sont prononcés en faveur de la proposition; très peu d'entre eux participent à la présente assemblée.

M. Tschernyschew fait remarquer que c'est la propre faute des pétrographes de ne pas assister à l'assemblée générale. La seule question à mettre aux voix est celle de la nomination d'une Commission préliminaire.

M. Zirkel donne lecture de la liste de la Commission proposée et, sur la demande de M. Brögger, y ajoute les noms de MM. Törnebohm et C. Schmidt.

La liste se compose donc des noms suivants:

MM.	Barrois	Pirsson
	Becke	Rosenbusch
	Brögger	C. Schmidt
	Fouqué	Teall
	Geikie	Törnebohm
	Iddings	Tschermak
	Khroustschow	Ussing
	Loewinson-Lessing	Zirkel.
	Michel-Lévy	

Cette liste est approuvée par l'assemblée.

M. Karpinsky présente au Congrès, au nom de M. Henry B. C. Nitze, les travaux suivants:

1) Gold deposits of north Carolina,

2) Monazite, and monazite deposits in north Carolina.

Le Président donne la parole au docteur Frazer qui dit:

M. le Président et Messieurs mes collègues,

„Je suis chargé d'une mission qui est en dehors des devoirs d'un membre de ce congrès, mais néanmoins elle est, en quelque sorte, géologique, internationale et rattachée au but qui nous rassemble ici. Pour honorer la mémoire de feu le Dr. F. V. Hayden, sa veuve a fondé l'„Hayden memorial medal" dans le but de couronner, chaque année, les travaux de celui qui a fait le plus pour la géologie. L'Academy of Natural Sciences étant l'aînée des Institutions similaires du continent américain, elle a été désignée pour choisir les titulaires.

Ordinairement le choix se fait dans l'automne, mais en conséquence de la session du Congrès géologique elle a decerné la médaille plus tôt. Dès la fondation de son tableau d'honneur, c'est-à-dire depuis 1889 jusqu'à présent, sept savants de presque autant de pays ont été choisis. Nous avons le plaisir d'en voir parmi nous James Hall, doyen des géologues américains, m. le Sénateur Capellini, m. le professeur von Zittel—le prof. Suess étant retenu à Vienne,— tandis que la Science entière pleure la perte de Huxley, de Daubrée, et de Cope. Tous ces messieurs, les morts comme les vivants, ont rendu à la décoration l'honneur qu'ils en ont reçu en l'embellissant de l'éclat de leurs noms. L'Academy of Natural Sciences, après examen de toutes les candidatures par un comité spécial, a adopté à l'unanimité le nom proposé et m'a délégué en offrir l'insigne matériel au lauréat de son choix. C'est donc à titre de délégué de cette Academy qui, dans cette fonction, représente à son tour la science de la géologie en Amérique que j'ai l'honneur et le plaisir de remettre la médaille Hayden pour l'an 1897 à m. le directeur en chef du comité géologique, M. Alexandre Petrovitch Karpinsky, en reconnaissance des grands services qu'il a rendus à la géologie, tant par ses travaux spéciaux que par la sage direction du comité géologique du plus grand empire du monde, direction qui ne peut qu'influer beaucoup les études dans tous les pays.

La mission dont je suis chargé pourrait se borner à ce que je viens de dire, mais il m'est impossible de ne pas faire allusion à la conception splendide, à la direction parfaite de tout ce qui concerne la VII-me session du Congrès géologique qui éclipse non seulement toutes les précédentes, mais tout ce qui a été tenté ailleurs pour la science. La libéralité inouie de l'Auguste Souverain de toutes les Russies à l'égard du Congrès a donné la mesure de la confiance que Sa Majesté accorde à m. Karpinsky et à ses collègues, tandis que le puissant appui que ces derniers prêtent au directeur en chef est preuve de l'entente cordiale qui existe entre les géologues russes.

Sans cette confiance et sans cet appui le résultat obtenu eût été impossible.

Au nom de l'Academy of Watmal Sciences, des géologues américains et, j'ose dire, de tous les membres de ce Congrès, je souhaite à m. Karpinsky une vie heureuse et assez longue pour jouir de toutes les marques d'estime qu'il mérite et qu'il recevra dans l'avenir".

Les applaudissements de l'assemblée couvrent les paroles de l'orateur.

M. Karpinsky, profondément ému de ce témoignage de sympathie, remercie en ces termes:

M. Frazer et Messieurs,

„Je suis profondément ému du témoignage de sympathie que l'Academy of Natural Sciences a bien voulu m'offrir.

Je suis très honoré de ce que désormais mon nom sera associé à ceux des éminents savants que vous venez de citer.

Je vous prie, monsieur Frazer, de bien vouloir transmettre à l'Academy of Natural Sciences l'expression de mes très sincères remerciements".

M. Zirkel lit le télégramme suivant:

„La Société géologique de France, réunie aux mines de Ronchamp (Haute Saône), exprime ses sentiments de confraternité au Congrès géologique de St. Pétersbourg et lui souhaite bonne réussite.

Le president *Breycher*".

La séance est levée à 1 heure.

Les Secrétaires: *L. L. Belinfante.*
Maurice Lugeon.

SÉANCE DE CLOTURE.

24 août (5 septembre) 1897.

La séance est ouverte à $1^1/_4$ h. par le président M. Karpinsky.

M. Karpinsky fait la communication suivante:

Le père du défunt Léonide Spendiarow prie d'annoncer au Congrès qu'en mémoire de la mort de son fils qui avait été si dévoué à la science géologique, il dépose à la Banque d'Etat la somme de 4000 roubles aux conditions suivantes:

„Les intérêts du capital qui s'accumuleront dans l'intervalle d'un Congrès à l'autre devront former un prix, Prix du géologue Léonide Spendiarow. Ce prix sera décerné par les Congrès au meilleur ouvrage géologique ou à la meilleure solution de questions proposées par les Congrès géologiques, n'importe à quelle nationalité l'auteur appartienne.

Les documents relatifs à ce capital de 4000 roubles déposé à la Banque d'Etat seront gardés par l'Institut géologique supérieur de la Russie (le Comité Géologique) auquel appartiendra le droit d'en percevoir les intérêts.

Ces conditions ne pourront être modifiées qu'avec le consentement du donateur ou des descendants du défunt Léonide Spendiarow".

M. Karpinsky prie l'assemblée d'accepter cette proposition par acclamation et d'exprimer les remerciements du Congrès à M. Spendiarow père; il invite l'Assemblée à se lever pour honorer la mémoire du jeune géologue défunt.

L'assemblée accepte la proposition et vote les remerciements à M. Spendiarow-père.

M. Capellini et Mendès Guerreiro proposent d'autoriser le Comité d'organisation de la VII Session de régler les formalités relatives au don de M. Spendiarow et de formuler les questions dont la solution heureuse sera récompensée du prix en mémoire de Spendiarow au Congrès de Paris.

La proposition est adoptée.

M. Karpinsky transmet la présidence à M. Capellini.

Mr. Albert Gaudry est chargé d'exprimer un voeu au sujet de l'enseignement de la géologie. Il s'exprime ainsi:

„Un savant que vous connaissez tous, mr. Haeckel, m'a entretenu d'une pensée inspirée à plusieurs d'entre nous par leur intérêt pour les progrès de la géologie. La science du vieux monde a des adeptes éminents et nombreux; pour s'en convaincre, il suffit de jeter les yeux sur cette assemblée où l'on compte tant d'hommes de talent venus de tous pays. Mais nous devons prévoir l'avenir; il importe de continuer l'élan qu'a eu notre science à ses débuts, quand on commençait à découvrir des horizons immenses, jusqu'alors inconnus dans le monde animé comme dans le monde physique.

„Le développement rapide de la géologie n'a pas seulement une importance philosophique; il a été une des causes des progrès industriels du siècle qui va finir, et sera sans doute la base de progrès non moins grands dans le vingtième siècle. Pourtant la plupart des gouvernements, ou bien n'ont encore organisé aucun enseignement de la géologie dans les Lycées et Gymnases, ou bien ils ne l'ont organisé que pour les classes inférieures. Mr. Heim a entretenu quelques-uns de nos confrères des avantages qui sont résultés en Suisse de l'enseignement de la géologie dans les classes supérieures. Evidemment cette science ne peut être bien appréciée que par les jeunes gens dont l'instruction est déjà avancée. Après avoir conféré avec votre Conseil, nous avons l'honneur de vous proposer la matière suivante:

Le Congrès géologique international réuni à St. Pétersbourg exprime le voeu que les Gouvernements de tous les pays établissent l'enseignement de la géologie et de la paléontologie dans les classes supérieures des Lycées ou Gymnases. Les délégués de chaque pays sont invités à faire part de ce voeu à leur Gouvernement respectif".

Cette proposition est votée à l'unanimité par le Congrès géologique international.

M. Capellini présente à l'Assemblée la proposition suivante de M. C. Schmidt, adoptée par le Conseil:

„Le conseil émet le vœu que le nombre des participants aux excursions géologiques soit limité de manière à ne pas entraver la tâche des conducteurs, ni l'étude sérieuse des régions parcourues."

L'Assemblée adopte à l'unanimité la proposition suivante de M. Frazer:

„Le conseil exprime le vœu que le Compte-rendu des Sessions soit publié dans les deux années qui suivront les Congrès, autant que cela sera possible sans déranger ou amoindrir la valeur de la publication".

M. Tietze invite le Congrès, au nom des géologues autrichiens, de se réunir en IX session à Vienne (*vifs applaudissements*).

M. Capellini prend la parole:

Mesdames et Messieurs,

„Renouvelez vos remerciements très respectueux à Sa Majesté l'Empereur Nicolas II, Haut Protecteur de notre Congrès, auquel Il a voulu donner Son très puissant appui, et à Sa Majesté la gracieuse Impératrice Alexandra.

(Applaudissements prolongés).

Notre vive reconnaissance au Président d'honneur Monseigneur le Grand-Duc Constantin qui a si largement contribué au bon succès de la VII Session.

(Applaudissements répétés).

A Son Excellence le Ministre Yermolow qui, bien connu non seulement comme homme d'Etat, mais aussi par ses travaux sur l'agriculture et ses mémoires de géologie, a aidé le Comité d'organisation avec beaucoup d'amabilité et de la manière la plus efficace. *(Applaudissements).*

Aux membres du gouvernement qui se sont intéressés au Congrès en faisant partie du Comité d'organisation. Tout particulièrement à M. le Ministre des voies de communication, le prince Khilkoff, qui a rendu de si éminents services à notre oeuvre par la facilitation des voyages et des nombreuses excursions. *(Applaudissements).*

A la ville de St. Pétersbourg qui nous a reçus avec une splendeur vraiment digne de sa grandeur. *(Applaudissements).*

Au Sénat de Finlande qui, après bien des soins pour les nombreux géologues qui ont visité la Finlande avant le Congrès, a voulu nous avoir tous aux rapides de l'Imatra où nous avons trouvé une réception dont nous garderons à toujours le plus beau souvenir". *(Applaudissements).*

M. Karpinsky reprend la présidence.

Mr. Albert Gaudry prononce les paroles suivantes:

„Je suis chargé d'une très douce mission, celle d'exprimer notre reconnaissance aux organisateurs du Congrès géologique international. Des hommes éminents ont entrepris la difficile tâche de faire la géologie de la vaste Russie. Tous les moments de leur vie sont pris par ce travail qu'ils poursuivent avec énergie, car ils sentent qu'il s'agit d'une oeuvre non seulement de science, mais de patriotisme. Leur pays a de grandes richesses naturelles: ses métaux, ses houilles, ses pétroles, ses pierres rares, les applications de la géologie à l'agriculture jouent un rôle important pour son avenir. Eh bien, les plus habiles géologues de la Russie se sont arrachés à leurs travaux pour organiser notre congrès. Ils ont composé un volume où ils ont réuni de précieux renseignements sur la constitution géologique des différentes régions que nous devons visiter, de sorte que nous sommes initiés d'avance à leur étude. Puis, nous sommes guidés dans chaque pays par les savants qui les ont le mieux explorés. Les organisateurs du Congrès nous ont donné, d'accord avec les chefs du Gouvernement, les Municipalités et les populations, de magnifiques fêtes où la cordialité a égalé la munificence. Enfin, ils ont préparé des séances scientifiques marquées par d'intéressantes discussions. Ils ont fait tout cela avec un dévouement sans bornes.

Je suis certain d'être l'interprête de chacun de nous en adressant nos plus chaleureux remerciements à tous les membres du Comité d'organisation du VII-ème Congrès géologique international, particulièrement à notre éminent Président mr. Karpinsky et à notre cher Secrétaire général mr. Tschernyschew".

Ces paroles sont couvertes d'applaudissements. Le Congrès acclame vivement les noms de m. Karpinsky et de m. Tschernyschew.

Mr. Albert Gaudry termine ainsi son allocution:

„Une des charmantes choses de notre congrès international, c'est sa continuité; les amitiés commencées dans un pays grandissent dans un autre; nous nous quittons avec l'espérance de nous revoir. Comme j'ai eu l'occasion de vous le dire, mes chers confrères, ce sera pour nous un grand honneur de vous recevoir en 1900 dans notre vieille ville de Paris, et de vous montrer les formations géologiques de quelques parties de la France. Mais il nous sera difficile d'égaler ce qui a été fait au Congrès de St. Pétersbourg; d'avance nous vous demandons votre indulgence. Mes compartiotes peuvent seulement vous assurer que nous vous retrouverons tous avec bonheur. Nous vous donnons rendez-vous à Paris en 1900, lors de l'exposition universelle".

M. de Richthofen parle de la signification des Congrès: „On noue des connaissances, on remporte des souvenirs instructifs. Nous sommes reçus partout avec la plus grande amabilité, nous quittons chaque pays plus riches en connaissances, en souvenirs, en impressions diverses, ici plus qu'ailleurs. L'excursion à l'Oural a montré comment la population et les autorités s'étaient partout sacrifiées pour contribuer à notre comfort". En terminant, M. de Richthofen remercie, au nom des géologues allemands, les géologues français de leur cordiale invitation.

(Vifs applaudissements)

Le président M. Karpinsky adresse à l'Assemblée le discours suivant:

„C'est avec la plus chaleureuse reconnaissance que j'ai écouté vos paroles si pleines de bienveillance et d'amitié.

Ne me connaissant point de facultés présidentielles, j'ai toujours craint pour le succès de l'affaire dont vous avez bien voulu me charger.

Je suis heureux de vous voir satisfaits et j'adresse mes profonds remerciements à mes collègues du Bureau du Congrès, dont la prévenance et l'empressement à me venir en aide ont rendu mes devoirs fort simples. Dans les affaires de l'organisation du Congrès nous sommes surtout obligés à mon infatigable ami Tschernyschew dont l'étonnante énergie a vaincu toutes les difficultés *(applaudissements)*, ainsi qu'à notre trésorier M. Michalski *(applaudissements)* et à M. de Vogdt *(applaudissements)* qui, pendant plusieurs mois, ont consacré tout leur temps à la préparation du Congrès. Il m'est impossible aussi de parler sans exprimer ma reconnaissance à M. Inostrantzew *(applaudissements)*, aux directeurs des diverses excursions, à toutes les institutions, à commencer par l'Académie Impériale des Sciences, aux Ministres des Voies de communication, des Finances, de l'Instruction publique et enfin à toutes les personnes auxquelles nous nous étions adressés. *(Applaudissements).* Ce n'est qu'à l'ensemble de ce travail que nous devons peut-être la présence au Congrès d'un aussi grand nombre de savants illustres de tout l'univers, dont la participation aux travaux du Congrès a donné à notre Session de l'autorité et la possibilité de mettre en avant des questions de la plus haute importance, par exemple celle de la fondation d'un Institut flottant International pour l'étude des mers.

J'espère que les désirs énoncés au Congrès se réaliseront avant la prochaine Session à Paris où les géologues français nous invitent avec tant de cordialité. Ainsi, au revoir dans trois ans! Soyez persuadés que vous laissez ici de vrais amis qui ne vous oublieront jamais!

Nous adressons à tous les membres du Congrès notre sincère merci". *(Applaudissements répétés).*

Le président M. Karpinsky déclare la VII Session du Congrès géologique International close; il est deux heures de l'après-midi.

---

3. Procès-verbaux des séances

consacrées aux communications de Géologie générale, Pétrographie, Minéralogie, Géologie appliquée, Stratigraphie et Paléontologie.

Séance relative aux travaux de Géologie générale.

18 (30) août 1897.

La Séance est ouverte à 3 heures et demie dans la grande salle du Musée zoologique de l'Académie des Sciences.

M. de Richthofen préside la séance. Il annonce la très

triste nouvelle de la mort subite du D-r Spendiarow qui dans l'excursion de l'Oural avait acquis la sympathie de tous les participants par son amabilité. Il était chargé comme assistant d'accompagner les congressistes dans le Caucase. L'assemblée, très impressionnée, se lève en signe de deuil.

M. Stanislas Meunier met sous les yeux de l'auditoire des appareils qui lui ont permis de reproduire, dans ses grandes lignes et dans des détails parfois très intimes, la structure orogénique de l'Europe. Si on laisse se contracter sur ellemême une feuille de caoutchouc, amenée à la forme hémisphérique et recouverte d'un épais revêtement de platre, il se détermine dans ce revêtement des dénivellations qui présentent cette condition offerte par les reliefs naturels, d'être de plus en plus récents à mesure qu'ils occupent une situation plus éloignée du pôle. Sans préjuger de la nature réelle de la matière fluide nucléaire de la terre, on peut dire que si elle jouissait de la contractibilité caractéristique du caoutchouc, les grands reliefs de l'Europe se grouperaient selon les dispositions qu'on leur connaît.

M. Sacco, après avoir indiqué les principaux auteurs qui se sont occupés de l'origine de la terre, expose qu'à la suite de l'accueil bienveillant que les savants ont fait à son „Essai sur l'Origine de la terre", il a fait construire un globe orogénique de la terre qu'il présente au Congrès. La théorie de l'auteur apparaît plus claire, plus naturelle et peut-être plus convaincante.

En admettant la fluidité ignée magmique primitive de la Planète terrestre, il paraît logique d'accepter aussi son refroidissement graduel par irradiation, spécialement à la surface, la très lente contraction de son noyau igné intérieur, et, par conséquent, la réduction progressive du volume et du diamètre terrestre.

Naturellement la croûte superficielle, après s'être consolidée, continuant à être sujette à l'action générale de contraction du globe, dut s'adapter à cette contraction, se restreindre en surface et, n'étant pas contractile, ni guère élastique, elle fut et est obligée de se plisser. Les plissements très accentués que présentent non seulement les zones récentes de ridement, mais encore les formations archéiques des Massifs anciens, prouvent que, depuis les temps primaires jusqu'à nos jours, il s'est en surface accompli une réduction énorme dans la croûte terrestre.

Par suite de la concentration du globe terrestre, graduelle, mais pas absolument égale partout, il se serait constitué peu à peu, à la fin de l'ère archéique et pendant l'ère primaire, sur la partie superficielle de la croûte terrestre, dans la vaste région africo-arabe et (comme une espèce de grande vague périphérique à celle-ci) dans les régions qui entourent l'aire actuelle de l'Océan Pacifique, plusieurs zones spéciales de ridement et de soulèvement relatif. Il en résulta, par conséquent, une sorte de dépression océanique, irrégulièrement subannulaire (atlantico-indo-méditerranéenne) et, diamétralement opposée à la zone centrale du soulèvement africo-arabe, une zone immense de dépression, irrégulièrement circulaire, le grand bassin de l'Océan Pacifique. Ces premières zones de soulèvement se consolidèrent ensuite graduellement et restèrent par conséquent presque fixes, constituant les premières régions continentales, squelette des continents futurs, que M. Sacco appelle Massifs anciens.

Les Massifs anciens peuvent se distinguer dans leur ensemble, par rapport à leur nature géologique et à leur époque de formation, en deux parties, savoir: A: une zone calédonienne, plus ancienne et par conséquent plus érodée et plus déprimée, essentiellement archéique, constituant le noyau plus su moins excentrique de tout le massif; B: une zone hercynienne, généralement périphérique à la première, plus récente, et conséquemment mieux conservée, plus soulevée, souvent montueuse, constituée essentiellement de terrains archéiques et primaires.

Les Massifs anciens de la Terre, considérés dans leur ensemble, sont: dans la partie centrale, les Massifs africain, arabe, madagascarien et indien, dans la partie que l'on pourrait appeler périphérique, les Massifs calédonien, sibérien, australien, austral ou antarctique, brésilien, guyanien et nord-américain-groënlandais.

Après la constitution de ces Massifs, la concentration du globe terrestre se continuant, et par conséquent aussi le ridement de la surface de la Terre, les zones contournant ces Massifs de première consolidation et les régions interposées à ces Massifs (régions qui constituaient alors généralement des bassins marins) se trouvèrent comprimées contre et entre ces masses rigides; par suite elles furent forcées peu à peu de se constituer en plis plus ou moins étendus (souvent accompagnés naturellement par des cassures, des déplacements, des failles, par des tremblements de terre, par des phénomènes volcaniques, etc.), plis qui, s'étendant graduellement, s'accentuant et se multipliant, amplifièrent très notablement les aires continentales, constituèrent des chaînes élevées de montagnes et envahirent amplement les grandes aires restées jusqu'alors océaniques. Ce phénomène doit se continuer encore de nos jours et se continuera dans l'avenir, jusqu'à ce que l'énergie du globe terrestre se soit épuissée.

Il en resulte des zones orogéniques récentes que l'on peut indiquer comme zones alpines, appenniniques et océaniques et qui se constituèrent peu à peu, en s'accentuant depuis le commencement de l'ère secondaire jusqu'au temps présent.

Après cela M. Sacco passe à l'examen les principales zones de la terre.

M. Prinz fait une communication sur la reproduction expérimentale des grands reliefs terrestres.

Dans la première partie de son exposé, M. Prinz examine la question de savoir si l'échelle réduite des expériences géologiques permet leur application aux grands phénomènes de la nature. L'orateur conclut affirmativement. Il cite par exemple des expériences faites à des échelles très différentes et aboutissant à un même résultat. Pour les détails il renvoie à son article publié dans la Revue de l'Université de Bruxelles (№ 10, 1896—97). Dans une seconde partie, M. Prinz reprend la question des homologies et, à l'aide d'une carte tracée d'après les données de l'ouvrage de Suess (Antlitz der Erde), démontre la disposition régulière des masses continentales et leurs formes typiques répétées. Enfin l'orateur montre les résultats de ses expériences sur les matières plastiques, dont les linéaments reproduisent ceux des cartes.

Ces essais furent exécutés par torsion et compression simultanées; ils datent de Janvier 1891.

M. de Richthofen présente, au nom de M. Marsden Manson, un manuscrit anglais intitulé The Evolution of Climates (L'Evolution des climats).

M. K. Martin présente un mémoire en allemand sur la Géologie des Mollusques. Ce travail paraîtra ultérieurement.

M. F. A. Forel, président de la Commission des glaciers, expose l'intérêt des études entreprises par cette commission sur les variations périodiques de la grandeur des glaciers, et il invite les membres du Congrès à les encourager. Il est nécessaire de réunir des observations sur les glaciers des diverses régions montagneuses de la terre, pour constater si les variations sont simultanées dans les deux hémisphères et attribuables à des causes cosmiques, ou bien si elles sont opposées dans les deux hémisphères et attribuables à des causes astronomiques, ou enfin, si elles sont sans généralités sur les diverses parties de la terre et, par conséquent, attribuables à des causes atmosphériques.

M. **Reid** fait une communication sur les glaciers.

Les observateurs ont jusqu'ici étudié principalement la composante horizontale du mouvement des glaciers. Il est important d'étudier aussi la composante verticale. Le raisonnement nous permet de construire schématiquement un diagramme des lignes d'écoulement dans un glacier simple et les positions successives des strates. C'est ce que Agassiz a essayé de faire, mais il est tombé dans une grave erreur dans la supposition qu'il fit, que la glace en contact avec le lit du glacier marche plus vite que celle qui se trouve au-dessus.

L'examen des lignes d'écoulement permet de se rendre compte de l'origine de certaines moraines qui apparaissent au-dessous de la ligne des névés. Nous voyons ainsi que la forme usuelle du front des glaciers est une forme d'équilibre, mais cet équilibre peut être inconstant et de nombreuses variations peuvent surgir. Ainsi on peut expliquer quelques irrégularités qu'on a pu observer dans les variations de longueur des glaciers.

M. **Lindvall** fait une communication sur les causes de la période glaciaire.

La séance est levée à 5 heures $^1/_4$.

Les Secrétaires: *Maurice Lugeon.*
Johannes Walther.

Séance relative aux travaux de Pétrographie, de Minéralogie et de Géologie appliquée.

20 août (1 septembre) 1897.

La séance est ouverte à 3 heures et demie dans la grande salle du Musée zoologique de l'Académie des Sciences.

M. Groth, en prenant le fauteuil présidentiel, remercie le Congrès de l'honneur qui lui a été fait en le nommant pour présider à la séance.

M. Walther expose les principes de sa classification des roches. Il fait observer que dans la brochure distribuée aux membres il y a des erreurs d'impression qu'il se propose de rectifier dans l'édition définitive.

M. Brögger, tout en observant que la classification de M. Walther n'est manifestement pas conçue au point de vue d'un pétrographe, s'accorde avec les idées qui ont déterminé son projet de classification. Il trouve que c'est tout à fait correct de classer les roches d'origine secondaire avec les roches correspondantes d'origine primitive, et conclut en félicitant l'auteur de la portée générale de son travail.

M. Walther répond que l'orateur le comble de confusion en le louant si hautement. C'est grâce à la lecture assidue des ouvrages de Brögger, Reusch, Schmidt et autres maîtres, qu'il a pu concevoir le projet de classification soumis au Congrès. S'il a eu la hardiesse d'avancer un peu vite et un peu loin dans le sentier tracé par les maîtres, peut-être ne l'en blâmeront-ils pas. Darwin et Charles Lyell furent les premiers à ouvrir la voie dans laquelle la science de nos jours s'est engagée.

M. Stanislas Meunier résume très rapidement les expériences qui lui ont permis de reproduire, dans les traits principaux de sa composition minéralogique et de sa structure, la roche-mère de Nijné-Taguilsk dans l'Oural. Il montre que tous les minéraux, péridote, pyroxène, platine ferrifère, fer chromé et fer oxydulé, sont reproduisibles dans un tube de porcelaine chauffé au rouge par la réaction mutuelle de vapeur convenablement choisie. La chimie spéciale qui se développe dans ce cas paraît être celle qui a mené à la constitution des météorites et être à l'œuvre en ce moment même dans la photosphère du soleil où l'éclat lumineux est consécutif à la constitution d'un véritable givre par condensation brusque de vapeurs suffisamment refroidies.

Les conclusions de ce travail sont donc de nature à rattacher les unes aux autres, pour les réunir sans les confondre, les notions relatives à la Géologie et celles qui constituent le domaine de l'Astronomie physique.

M. Brögger résume son travail: „Ueber die Differentiation des norwegischen Nephelinsyenits."

M. le général de Tillo donne le résumé suivant de ses mémoires: *(a)* Sur la dépression au centre de l'Asie; *(b)* Sur les anomalies magnétiques dans le centre de la Russie d'Europe.

„Il s'agit de présenter au Congrès quelques résultats qui se rapportent à deux séries de recherches bien différentes par leur objet, mais ayant des traits communs. Toutes les deux ont été poursuivies par la Société de géographie qui m'en a confié la direction. L'une avait pour but d'organiser une station météorologique régulière au centre du continent asiatique, dans la région de Tourfan, pour obtenir avec quelque degré de précision la cote altimétrique de la dépression découverte par nos explorateurs, d'abord par les frères Groum-Grjimailo, puis par Pevzow, Obroutschew, Roborovski et Kozlow. Cette station météorologique de Loukchoun a fonctionné avec des instruments vérifiés par l'Observatoire physique central, avant et après l'expédition, pendant une durée de deux années (1894 et 1895) et, comme je viens d'en dépouiller les carnets, je puis annoncer d'abord que la lecture annuelle moyenne est égale à 766,5 et la lecture maxima du baromètre à mercure (sans aucune réduction au niveau de la mer [1]) a atteint la valeur de 796,6 millimètres, constatée aussi par un anéroïde Naudet. Nous avons donc une

[1]) Opération extrêmement délicate, car l'isobare est inconnue.

preuve suffisante qu'au centre de l'Asie il existe une dépression. Mais pour en connaître définitivement la cote altimétrique, il faudra réaliser un nivellement géométrique d'une longueur de plus de 1,000 kilomètres, en prenant Semipalatinsk, déjà fixé, pour point de départ. Comme la géologie profite énormément de l'hypsométrie, il me paraît important d'émettre la conviction que les données sur la marche du baromètre à Loukchoun sont d'une grande valeur pour tous les calculs hypsométriques dans le continent asiatique".

„L'autre série de recherches se rapporte aux anomalies magnétiques au centre de la Russie d'Europe. Dans ce pays qui constitue dans le monde une exception peut-être unique de terrains qui, sans avoir traversé de très longues phases d'émersion, se sont depuis les débuts des temps siluriens montrés constamment refractaires aux efforts de plissements et de morcellements, dans ces régions des gouvernements du centre de la Russie d'Europe avec des strates tranquilles de paléogène d'une épaisseur considérable, on constate des anomalies magnétiques tout aussi prononcées que dans des contrées volcaniques, et même plus encore. Sans énumérer la série assez longue des déterminations magnétiques de savants russes, je me bornerai à vous présenter les petites cartes magnétiques des environs du village Kotchétovka, cartes exécutées par M. Moureaux qui a été engagé par la Société de géographie à continuer les recherches magnétiques dans le gouvernement de Koursk. Sur une plaine d'une dixaine de kilomètres carrés, on constate que les lignes des valeurs égales des éléments magnétiques varient pour la déclinaison entre $+97$ et -34^0, pour l'inclinaison entre $+79$ et $+48$, la valeur de l'intensité totale s'élevant à 1,00. On peut donc affirmer que nos strates horizontales cachent des perturbations orographiques encore inconnues, mais dont l'étude pourra avoir une grande portée pratique".

M. Lebedintzew fait une communication sur les résultats obtenus par l'expédition du „Krasnovodsk“ dans le golfe de Karabougas. On avait cru jusqu'à présent que dans ce golfe il se dépose du chlorure de soude (sel gemme). Mais il est maintenant établi que ce phénomène n'a pas lieu, comme l'avait déjà supposé antérieurement M. Androussow. Le fond du golfe de Karabougas est formé par des dépôts de gypse, couverts au milieu du golfe par des depôts de mirabilite. Ce fait au premier abord paraît très étrange; il s'explique cependant très facilement, si l'on tient compte de la constitution chimique des eaux de la mer Caspienne. Celles-ci sont très riches en sulfates. La relation entre la quantité de sulfate de magnésie et de chlorure de soude équivaut à 1:2,6, tandis que celle que renferment les eaux océaniques est égale à 1:11. C'est pourquoi les eaux caspiennes qui s'écoulent par un détroit dans le golfe de Karabougas et qui s'y évaporent en atteignant une concentration jusqu'à 18—22$^0/_0$, deviennent tellement riches en sulfates que le dépôt de sels de Glauber s'y produit au grand profit de l'industrie.

M. Androussow fait observer que la formation de sels de Glauber dans le golfe de Karabougas est très intéressante au point de vue chimique, mais pour les géologues la déposition de gypse est d'une importance bien plus considérable, c'est l'unique exemple actuel de dépôts de ce genre.

M. Hugo Erdmann résume brièvement son travail „Ueber das Vorkommen von Ammoniakstickstoff im Eruptivgestein“. La découverte de l'azote et de l'hélium dans les veines de pégmatite de la Scandinavie l'amena à examiner au spectroscope toute une série de ces roches (voir les comptes-rendus de la Société allemande de chimie, année 1896, vol. XXIX, page 1718). L'azote s'y trouve à l'état de combinaison chimique et se transforme par l'action de l'eau des acides et des bases alcalines en ammoniaque, mais il n'y est pas à l'état d'occlusion. L'orateur fait remarquer qu'ici l'azote n'est pas d'origine organique, qu'en outre la proportion de ce gaz augmente en raison directe de l'état de fraîcheur de l'échantillon de la roche. Il a pu estimer la quantité d'azote développée en forme d'ammoniaque, sans tenir compte de l'azote qui se trouve peut-être dans ces roches dans d'autres combinaisons. Ainsi, dans le porphyre frais de Landsberg près Halle a/d Saale, il y a, en moyenne, 0.014 pour cent d'azote ammoniacal, proportion qui correspond à 140 grammes d'azote par 1000 kilogrammes, soit 170 grammes ou 224 litres d'ammoniaque. Ceci équivaut (au poids spécifique de 1.5) à 425 grammes ou 560 litres par mètre cube, c'est-à-dire qu'il se développe à peu près la moitié du volume de la roche en ammoniaque gazeux.

La séance est levée à 5 heures.

Les Secrétaires: *L. L. Belinfante.*
F. Loewinson-Lessing.

Première séance relative aux travaux de Stratigraphie et de Paléontologie.

22 août (3 septembre) 1897.

La séance est ouverte à 3 h. $^1/_2$ dans la grande salle du Musée zoologique de l'Académie des Sciences.

M. Hughes préside la séance et annonce que les membres du Congrès qui désirent participer à l'excursion *C* dans le Caucase, par le Dniepr, sont priés de s'inscrire immédiatement au bureau.

M. Frech qui devait faire une communication la renvoie à demain, ses matériaux ne lui étant pas parvenus.

M. Makowsky parle de l'existence de l'homme en concomitance avec les grands mammifères diluviens (Mammouth et Rhinoceros), d'après les matériaux récoltés dans le loess de Bruenns. L'orateur complète son exposé à l'aide des superbes matériaux de ce gisement, exposés dans les collections du congrès. Une note plus détaillée paraîtra dans les mémoires.

M. Hughes remercie M. Makowsky au nom de l'assemblée. Il aurait désiré voir une coupe de la couche fossilifère, pour être assuré qu'elle est pas remaniée et que par conséquent l'autenticité des fossiles ne puisse être niée.

M. Seeley fait une communication sur les reptiles fossiles des gouvernements de Perm et de Wologda.

„Les reptiles permiens russes ont un intérêt international, parce qu'ils sont voisins des formes fossiles trouvées dans l'Afrique, les Indes, l'Ecosse, les Etats-Unis. Cet intérêt est augmenté par la découverte de M. Amalitzky dans le gouvernement de Wologda, où ces reptiles terrestres sont associés à des plantes (Glossopteris) et des coquilles. Il y avait donc des lacs permiens très nombreux sur la terre ferme à cette époque.

Ces reptiles sont de l'ordre Anomodontia, mais appartiennent à diverses formes dans les diverses contrées. Peu de genres sont communs à deux régions; il en est de même, plus tard, pour les reptiles wealdiens.

Les Anomodontia sont voisins soit des Labyrinthodontes, soit des Monotremata.

Les Denterosaurus, Rhopalodon, ont beaucoup de traits communs avec les Dicynodonta, et quoique leur dentition soit theriodonte, on les a séparés des Theriodonta".

M. Amalitzky pense que les Pareiosaurus vivaient dans le Permien de Russie, à juger d'après de nouveaux échantillons de Wologda. Peut-être l'étude plus approfondie pourra-t-elle montrer que ces fossiles devront être rapportés à de nouveaux genres russes.

Ces fossiles russes ne montrent que peu d'affinités avec

les Monotremata, ils sont plus voisins des Labyrinthodontes Les Anomodontia, comme les Dinosauriens renferment des types distincts.

Les Denterosauriens et les Dicynodontes forment le passage aux Cetiosauriens; il serait préférable de réunir ces types en un groupe, plutôt que de placer les Theridonta, complètement monotremes, dans le même groupe que les Denterosauriens.

Ces nouveaux Pareiosauriens de Russie, intermédiaires entre les 2 groupes, ont de grandes affinités avec Cetiosaurus.

La séance est levée à 4 h. $^1/_2$.

Les Secrétaires: *Maurice Lugeon.*
Romolo Méli.

Deuxième séance consacrée aux travaux de Stratigraphie et de Paléontologie.

23 août (4 septembre) 1897.

La séance est ouverte à $3^1/_2$ h., dans la grande salle du Musée zoologique de l'Académie des Sciences.

M. Gaudry préside la séance.

M. Frech fait une communication sur les continents et les mers paléozoïques, accompagnée de cartes illustratives exposées dans la salle.

M. Bertrand propose de remercier M. Frech pour sa communication et pour avoir tenté, le premier, de tracer des cartes du globe à l'âge paléozoïque.

M. Stephanescu parle sur le Dinotherium gigantissimum Step. trouvé à Mûnzaté (Roumanie).

Il attire l'attention sur la grandeur énorme de cette espèce; il montre les caractères qui la distinguent des autres espèces de Dinotherium connues; il attire surtout l'attention des paléontologistes sur la patte qui n'a que trois doigts, et la disproportion des dimensions des phalanges. L'amoptate est oval et très concave à la partie intérieure, l'apophyse caracoïde fait défaut et la cavité glénoïdale est de forme ovale et à bords arrondis.

M. Depéret fait remarquer l'importance de la découverte de M. Stephanescu.

M. Gaudry fait des observations sur les ossements qui composent la jambe du Dinotherium gigantissimum, sur la différence avec le D. giganteum et sur leur grandeur, en se reportant aux figures exposées par M. Stephanescu.

M. Mayer-Eymar donne un „Exposé succinct de l'histoire géologique du bassin méditerranéen" (*sensu extenso*).

Il donne un aperçu des étages et sous-étages tertiaires supérieurs depuis la constitution du bassin méditerranéen (sensu extenso) à la fin de l'âge dertonien ou miocène supérieur. Il démontre que c'est à l'invasion de l'Océan dans la Méditerranée et au retrait de la mer que sont dus les étages Dertonien, Messanien, Assien, Sicilien et Saharien, et leur deux sous-étages.

M. von Koenen parle sur quelques relations stratigraphiques en Hannovre.

M. K. Martin présente au Congrès un fascicule de son travail: Die Fossilien von Java auf Grund einer Sammlung von Dr. R. D. M. Verbeck.

M. Blake lit son mémoire „Sur la distribution des fossiles non seulement en zones, mais aussi en provinces.

La séance est levée à 5 heures.

Les Secrétaires: *Romolo Méli.*
Loewinson-Lessing.

C. RAPPORTS DES COMMISSIONS.

1. Commission de la Carte Géologique d'Europe.

Rapport de la carte géologique d'Europe sur l'état des travaux de cette carte.

Monsieur Hauchecorne, directeur de la carte géologique, est malheureusement empêché par maladie de faire lui-même le rapport sur l'état des travaux de la carte géologique. Il m'a chargé de donner le rapport.

Depuis le dernier Congrès nous avons réussi d'éditer deux livraisons de la carte. Ce sont la livraison I, composée des feuilles A I, A II, B I, B II, C IV, D IV, comprenant l'Allemagne, la Belgique, la Hollande, le Danemark du sud, les îles d'Irlande, les Faroer et la côte Groenlandaise, l'Autriche occidentale et une partie de la Russie occidentale; la livraison II, composée des feuilles A V, A VI, B V, B VI et C VI contenant le Portugal, l'Espagne, la France centrale et occidentale, l'Italie centrale avec la Sardaigne et la Sicile et la côte nord du Maroc, de l'Algérie et de la Tunisie.

Une troisième livraison paraîtra au printemps prochain. Elle vous est présentée en épreuves déjà imprimées en couleurs. Elle contient les feuilles A III, A IV, B III, B IV, C V,

D V, D V I; ce sont les parties que je n'ai pas encore nommées de la France, de l'Italie, de l'Allemagne, toute la Suisse, toute l'Autriche et la Hongrie, tous les pays du Danube avec la Grèce et toute la Grande-Bretagne. Jusqu'à maintenant nous avons donc achevé dix-huit feuilles, contenant la plus grande partie de l'Europe centrale et occidentale.

L'état des travaux sur les pays différents est le suivant:

1) *Portugal.* Déjà publiée.

2) *Espagne.* Déjà publiée.

3) *Maroc.* La côte du nord est publiée provisoirement.

4) *Algérie.* La côte du nord est publiée.

5) *Tunisie.* La côte du nord est publiée.

6) *France.* La plus grande partie est publiée; le nord du pays avec des corrections importantes de M. Michel-Levy est présent en épreuve coloriée.

7) *Grande-Bretagne.* Comme les matériaux que nous avions reçus de M-r Topley ne suffisaient pas, M-r Geikie a eu la bonté de nous procurer tous les matériaux spéciaux, qui sont bien nombreux. Nous en avons fait à Berlin une nouvelle rédaction en employant la méthode proposée par M-r Hauchecorne, admise par la commission de la carte à Salzbourg, d'après laquelle le sous-sol connu, recouvert de terrains quaternaires et modernes, a été représenté par des hachures espacées de la couleur du sous-sol sur les espaces des dépôts superficiels. Nous constatons que cette méthode s'est montrée bien praticable et très utile, et pourra être appliquée pour tous les pays de même configuration, du moins pour ceux où nous trouvons de grands dépôts glaciaires.

8) *Hollande.* Déjà publiée.

9) *Belgique.* Déjà publiée.

10) *Allemagne.* L'Allemagne septentrionale et centrale a déjà paru; la partie sud est présentée en épreuves en couleurs et contient les plus nouveaux résultats des services géologiques.

11) *Suisse.* La carte a été dessinée tout à fait de nouveau selon la belle carte qui a paru à l'occasion du dernier congrès international.

Messieurs Schmidt et Heim nous ont bien aidé.

12) *Italie.* La partie centrale étant finie, les parties manquantes ont été maintenant imprimées en couleurs d'après la révision de M-r Pellati.

13) *Autriche-Hongrie.* Toutes les feuilles du pays sont imprimées. M-r Penk nous a donné d'importants matériaux de ses études sur le phénomène glaciaire des Alpes, qui nous ont permis de donner sur la feuille C V une figuration uniforme de ce phénomène. La Hongrie a été dessinée de nouveau d'après la carte nouvelle au millionième, publiée à l'occasion du Millénaire.

14) *Etats du Danube, Presqu'île des Balkans, y compris la Grèce.* La partie occidentale de la Roumanie a été imprimée selon les matériaux de M-r Stefanescu; pour les autres états nous avons fait à Berlin une esquisse, revisée par M-rs Toula pour les Balkans, Philippson pour la Grèce et l'Epire, Stilber pour la Thessalie.

15) *Russie.* Depuis longtemps les parties russes des feuilles E IV et D III sont dessinées et entre nos mains; mais nous n'avons pas pu les publier parce qu'il nous manquait encore les parties voisines de la Finlande et de la Suède. Ces feuilles seront publiées aussitôt que nous aurons ces matériaux.

16) *Finlande.* Par M-r Sederholm à Helsingfors et par nous à Berlin il a été essayé bien des fois de représenter les nombreuses petites parcelles du terrain primitif couvert en partie de vastes dépôts glaciaires.

Enfin M-r Sederholm a réussi à en donner un dessin suffisant et il promet de faire de même avec le nord de la Finlande.

17) *Suède.* Quant à la Suède, nous ne sommes pas avan-

cés au delà de ce que nous avons dit dans notre rapport à Zürich. M-r Torell nous a envoyé, il est vrai, les deux feuilles du Sud du pays, mais elles ne contiennent pas le quarternaire que nous espérons enfin recevoir bientôt.

18) *Norvège.* Les limites géologiques de la feuille C III sont gravées. M-r Reusch a livré tout le matérial nécessaire du pays, mais nous ne l'avons pas encore pu publier, vu que les matériaux voisins nous manquent encore.

19) *Danemark.* La partie sud du pays, ainsi que l'Islande, les Faroer et la côte Groenlandaise sont publiées. M-rs Steenstrup et Ussing ont eu la bonté de nous communiquer, en juillet passé, un dessin géologique de la partie du nord du pays qui manque encore.

Nous ne manquerons pas de publier le reste de la carte le plutôt possible après la communication des matériaux qui nous seront procurés, et nous prions nos collègues de bien vouloir nous aider à les obtenir, particulièrement des pays qui n'ont pas encore été l'objet de recherches géologiques systématiques, comme par exemple certaines parties de la côte sud de la Méditerranée et de la Turquie, ainsi que l'Asie mineure.

F. Beyschlag.

2. Commission de Bibliographie.

A la session tenue à Washington en 1891, le Congrès géologique avait élu une Commission permanente de bibliographie. La Commission qui avait pour président M. Gilbert, pour secrétaire M. de Margerie, résolut de borner sa tâche à composer une Bibliographie des bibliographies géologiques. Le système accepté pour l'exécution du travail est exposé dans le tome publié de la Bibliographie.

Le secrétaire reçut les manuscrits promis avant la fin de 1892, mais les matériaux étaient loin d'être complets et exigeaient de plus une rédaction très soignée. Néanmoins, dans l'espace entre le Congrès de Washington et celui de Zürich, M. de Margerie parvint à avancer cet énorme travail de manière qu'une partie en put être publiée pour le Congrès de Zürich et que le plan de toute l'édition se trouva dessiné. M. Gilbert ayant présenté à Zürich sa démission de président de la Commission, M. Nikitin fut élu à sa place. Sur la proposition de la Commission il fut décidé de distribuer à tous les membres des Congrès de Washington et de Zürich des exemplaires de la Bibliographie. L'impression de l'ouvrage était assurée grâce au concours des comités d'organisation des Congrès de Washington et de Zürich qui avaient pris à leur charge la majeure partie des frais de l'édition.

Un an avant la session de St. Pétersbourg l'édition intitulée „Catalogue des Bibliographies Géologiques“ a été expédiée aux membres des deux Congrès précédents. Les exemplaires qui sont restés ont été mis en vente au prix de 25 frs.

Le „Catalogue“ ayant paru, la Commission déclare sa tâche terminée. *S. Nikitin*, président.

3. Commission Internationale des glaciers.

Rapport de la Commission lu dans l'assemblée générale du 22 août (3 septembre).

Le VI Congrès de Géologie, à Zürich, a reçu de M. le capitaine Marshall Hall la lettre d'invitation suivante:

Parkstone, Dorset, Angleterre, 1 août 1894.

Monsieur le président,

Pendant les dernières années, on a étudié systématiquement l'enregistrement des variations glaciaires, et des observateurs soigneux et bien qualifiés ont publié l'histoire des glaciers de quelques contrées d'Europe. La Suisse, la France, l'Autriche, la Bavière et l'Italie ont donné jour à des rapports, grâce auxquels nous pouvons fonder un commencement de ce que, faute d'une expression meilleure, il me sera permis d'appeler la glaciologie comparée. L'attention croissante vouée aux données météorologiques nous ouvre un champ d'investigation au sujet de l'influence des climats sur l'histoire, tant ancienne que moderne, des variations de grandeur des glaciers.

D'une autre part, notre connaissance des glaciers arctiques et antarctiques, de ceux de la Scandinavie, de l'Islande, du Grœnland, de l'Himalaya, de l'Amérique, de la Nouvelle-Zélande, etc., etc., est encore bien peu complète, malgré les contributions intéressantes de nombreux explorateurs savants et dévoués.

Ce serait faciliter considérablement l'étude d'ensemble des variations en grandeur des glaciers, si les résultats obtenus dans chaque pays étaient réunis dans un même rapport annuel (qui pourrait comprendre aussi les données météorologiques). Nous arriverions bientôt à des comparaisons qui jetteraient sans doute de la lumière sur plusieurs problèmes de l'histoire naturelle générale, problèmes intéressant aussi bien les géologues que les glaciairistes.

J'ai l'honneur de proposer au Congrès la création d'une commission, composée de un ou plusieurs membres de chaque nationalité, chargés de choisir entre eux un rédacteur pour chaque pays; le rédacteur ferait son rapport chaque année au président de la commission qui le publierait en entier ou en partie.

Tout en laissant pleine liberté à chacun des pays pour l'étude de ses glaciers, la commission indiquerait certaines règles générales, de manière à ce que le travail amenât à des résultats d'ensemble et qui fussent comparables entre eux.

Il serait utile que le rapport général fût rédigé dans une seule langue; cela simplifierait les recherches et les correspondances. Je propose l'emploi de la langue française.

Toutes les mesures devront être données dans le système métrique.

(Sur la requête du soussigné, le Club alpin anglais a déjà fait un premier pas dans cette voie en adressant aux gouvernements des Colonies anglaises une lettre circulaire demandant que des informations et observations soient réunies sur les variations de grandeur des glaciers).

Il est à croire que l'intérêt de ces investigations se répandra chaque année davantage. En donnant suite au projet que j'ai esquissé, je suis convaincu que le Congrès entrerait dans une voie utile et féconde; j'ose espérer que ma proposition sera jugée digne de l'attention des savants réunis à Zürich, en vue des neiges éternelles des Alpes suisses.

Agréez, Monsieur le Président, l'expression de mes sentiments les plus distingués.

Capitain Marshall Hall, F. G. S.

Cette proposition a été renvoyée à la Section de Géologie générale et sur le rapport de M. Forel, délégué de cette section, le Comité du Congrès a décidé la création d'une Commission des glaciers, chargée „de provoquer et de généraliser les études sur les variations en grandeur des glaciers".

Cette commission a été composée de délégués des différents pays possédant des glaciers, à savoir:

pour l'*Allemagne*—M. le professeur D-r S. Finsterwalder à Münich;

pour l'*Autriche*—M. le professeur D-r E. Richter à Graz;

pour le *Danemark et ses colonies*—M. le D-r K. J. V. Steenstrup à Copenhague;

pour les *Etats-Unis d'Amérique*—M. le professeur D-r H. F. Reid à Baltimore;

pour la *France*—M. le Prince Roland Bonaparte à Paris;

pour la *Grande-Bretagne et ses colonies*—M. le capitaine Marshall Hall à Parkstone, Dorset;

pour la *Norvège*—M. le D-r P. A. Oyen à Christiania;
pour la *Suède*—M. le D-r F. U. Svenonius à Stockholm;
pour la *Suisse* — M. le professeur D-r F. A. Forel à Morges.

La Commission devait être complétée par décision du Comité du Congrès, se constituer elle-même, établir son programme et son champ d'activité, et faire rapport dans la prochaine Session du Congrès (C-R. du Congrès de Zürich, p. 56).

Le Congrès a accepté avec reconnaissance l'offre de S. A. le Prince Roland Bonaparte de prendre à sa charge les dépenses de la Commission.

Conformément à ces décisions la Commission est entrée en activité. Par suite de la dispersion de ses membres, elle a procédé par voie de circulaires et correspondance, et n'a tenu de séances que pendant les Sessions du Congrès à Zürich en 1894, à St. Pétersbourg en 1897.

La Commission s'est complétée en proposant et en faisant ratifier par le Comité du Congrès les nominations suivantes:

pour la *Russie*—M. le professeur D-r Iwan Mouchkétow à St. Pétersbourg;

pour l'*Italie*—M. le professeur D-r Torquata-Taramelli à Pavie;

pour le *Spitzberg* et autres territoires sans maître des régions polaires — M. le professeur D-r A. G. Nathorst à Stockholm;

pour la *Suisse*, sur la demande de M. Forel, un second délégué en la personne de M. le professeur D-r Léon Du Pasquier à Neuchâtel.

M. le capitaine Marshall Hall étant décédé le 14 avril 1896, il a été remplacé, en qualité de délégué de la *Grande-Bretagne* et de ses colonies, par M. D. W. Freshfield à Londres.

M. le professeur T. Taramelli ayant donné sa démission,

il a été remplacé, en qualité de délégué de l'*Italie*, par M. le professeur D-r G. Marinelli à Florence.

M. le professeur D-r L. Du Pasquier est décédé à Neuchâtel le 1 avril 1897; il n'a pas été remplacé.

Le bureau de la Commission a été composé de:

M. le professeur D-r F. A. Forel à Morges (Suisse), président;

M. le professeur D-r L. Du Pasquier à Neuchâtel, secrétaire.

La Commission a adopté le nom de „Commission internationale des glaciers". Elle a défini et limité son programme dans ces termes:

„La Commission internationale des glaciers entreprend l'étude des variations en grandeur des glaciers actuels dans les diverses régions du globe".

Les bases de l'activité de la Commission ont été fixées comme suit:

A. La Commission est l'organe de réception et de publication des rapports sommaires, fournis par ses membres sur les variations en grandeur des glaciers dans les diverses régions du globe.

B. Chacun des membres de la Commission a entière compétence pour organiser comme bon lui semblera, et de la manière la plus utile, les études historiques et les observations actuelles et futures dans la région qu'il représente.

Ces résolutions ont été développées en ces termes:

Les conditions dans lesquelles se trouvent soit les divers membres de la Commission, soit les glaciers qu'ils doivent étudier, sont tellement différentes d'un pays à l'autre qu'il nous semble impossible pour le moment d'établir des règles générales aussi bien pour l'étude que pour les rapports qui doivent résumer cette étude. Ici l'on pourra établir une observation régulière et suivie de la longueur des glaciers, de leurs variations en volume, et peut-être même de leur vitesse d'écoulement; là les observations seront discontinues; ailleurs elles se réduiront à la comparaison de mesures accidentelles prises par les voyageurs. Dans certains cas l'étude pourra être historique et collecter, en les critiquant, les observations des dernières décades d'années, des derniers siècles écoulés; dans d'autres cas les faits du passé sont ignorés et l'avenir seul nous procurera des documents Dans certains pays nous obtiendrons l'appui du gouvernement et une collaboration de ses agents officiels; ailleurs nous en serons réduits à l'initiative individuelle. Le travail d'observation est trop différent dans les divers cas spéciaux pour pouvoir être international; il doit être national, ou provincial, ou local.

Il est donc convenable de laisser la compétence la plus étendue à chacun des membres de notre commission pour agir à sa guise et pour le mieux des intérêts qu'il a à soigner et des conditions dans lesquelles il se trouve. Suivant les circonstances ils pourront avoir recours aux Académies, sociétés de Géologie ou d'Histoire naturelle, sociétés de Géographie. Clubs alpins, etc., en leur demandant de créer des commissions nationales ou locales, chargées d'organiser l'étude qui nous occupe; s'il y a des dépenses à faire, les sociétés et les gouvernements intéressés leur accorderont, nous l'espérons, leur appui financier.

L'étude organisée, la Commission nationale ou locale fera paraître chaque année, dans une revue scientifique du pays. en langue indigène, un rapport détaillé où tous les faits d'observation et d'expérience seront enregistrés et précieusement conservés. Par la succession de ces rapports annuels le phénomène apparaîtra bientôt dans toute sa grandeur et le public indigène ne tardera pas à s'y intéresser.

Il va sans dire que la Commission dans son ensemble et chacun de ses membres en particulier seront prêts à appuyer de leurs décisions ou conseils toute activité nationale qui se relierait à notre institution.

Pour préciser les expressions et uniformiser les rapports, la Commission a adopté la terminologie suivante, sur la proposition de M. F. A. Forel:

Une periode comprend l'ensemble des changements de volume d'un glacier, depuis le moment où, partant d'un état de minimum, il commence à croître, jusqu'à ce que, après avoir passé par un état de maximum et une phase de décrue, il commence de nouveau à grandir.

Une période se compose de deux phases:

1) Phase de crue, ou de croissance, ou d'agrandissement.

2) Phase de décrue, ou de diminution, ou de réduction.

Les époques critiques de la période sont:

1) Un état de minimum, qui termine la phase de décrue et précède la phase de crue.

2) Un état de maximum qui termine la crue et précède la décrue.

Dans la première moitié de la phase, que ce soit une crue ou une décrue, la variation augmente progressivement d'intensité; elle commence par être nulle, puis faible, puis forte, puis très forte. Dans la seconde moitié de la phase, la variation se ralentit; d'une valeur maximale elle passe successivement à une valeur nulle.

Une période se compose donc des temps suivants:

état de minimum,

phase de crue, s'accélérant d'abord, puis se ralentissant,

état de maximum,

phase de décrue, s'accélérant d'abord, puis se ralentissant,

enfin, retour à l'état de minimum.

Il a été décidé que la Commission publierait chaque année un rapport général dans une revue scientifique, très ancienne et très répandue, les Archives des Sciences physiques et naturelles de Genève. Les rapports en tirage à part et les diverses publications de la Commission sont réunis en dépôt à la librairie H. Georg à Genève, Bâle et Lyon.

Les publications suivantes ont été faites, grâce à la munificence de notre bailleur de fonds Monsieur le Prince Roland Bonaparte:

1. Les variations périodiques des glaciers. Discours préliminaire par F. A. Forel. Archives de Genève XXXIV 209. 1895.

2. — 1-er rapport, rédigé par F. A. Forel et L. Du Pasquier. Ibid. II 129. 1896.

3. — 2-e rapport, par les mêmes. Ibid. IV. 1897.

4. Les variations en longueur des glaciers dans les régions arctiques et boréales par M. Ch. Rabor à Paris. Ibid. III, 163, 301. 1897.

Dans sa séance du 20 août (1 septembre) 1897, tenue à St. Pétersbourg dans les salons de la Société Impériale de Géographie, après avoir approuvé la gestion de son bureau, la Commission a procédé au renouvellement de ce comité. Elle a nommé à cet effet:

Président—M. le professeur D-r. Ed. Richter.

Secrétaire—M. le professeur D-r. S. Finsterwalder.

En terminant, la Commission des glaciers a l'honneur de demander au Congrès:

1. D'approuver la gestion de la Commission dans les trois dernières années.

2. De continuer à accorder à la Commission les pouvoirs pour remplir la mission dont elle est chargée.

St. Pétersbourg, 22 août (3 septembre) 1897,

au nom de la Commission Internationale des Glaciers,

F. A. Forel, président.

D. APERÇU DES OBJETS EXPOSÉS

PENDANT LE CONGRÈS.

Les objets exposés ont été rangés dans la salle du Musée zoologique de l'Académie des Sciences par les soins de M. le Prof. A. Inostranzew secondé par MM. A. Bichner, B. Popow, B. Semenow et P. Wénukow.

Direction de la carte géologique internationale de l'Europe. — Carte géologique de l'Europe, 24 feuilles, imprimées (11) et manuscrites.

Commission géologique de la Grande-Bretagne. — Carte géologique générale (Index map) au $^1/_{253.440}$, feuilles 6, 9, 12, 15. — Carte géol. au $^1/_{63.360}$, feuilles 232, 249, 329, 330, 331, 342, 343 (Angleterre et Pays de Galles) et 101, 107, 113, 114 (Ecosse). — Carte géol. au $^1/_{10.560}$, feuille 71 (Sutherland). — Profils horizontaux, feuilles 146, 147, 148; profils verticaux, feuilles 80, 81, 82.

Service de la carte géologique d'Italie. — 13 feuilles au $^1/_{100.000}$ de la Calabre, avec 2 planches de coupes géologiques. — Carte géol. des Alpes apuennes au $^1/_{50.000}$, 4 feuilles séparées et 3 planches de coupes géologiques. — Bul. du Comité géol. (dernier volume et dernière livraison). — Mém. du Comité géol. vol I—IV. — Mém. descriptifs de la Carte géol.

vol. I—IX. — Tableau d'assemblage de la Carte géol. de l'Italie.—Quatre feuilles au $^1/_{100.000}$ de la Carte géol. des Alpes occidentales. — Une feuille de campagne des Alpes au $^1/_{50.000}$ et une feuille au $^1/_{25.000}$.—Une feuille de l'Italie centrale au $^1/_{100.000}$ préparée pour la publication. — Feuilles de campagne de l'Italie centrale et des Alpes apuennes.—Echantillon de la Carte au $^1/_{500.000}$ tenue au courant par le Bureau géologique.

Académie des Sciences de l'Empereur François Joseph I à Prague. — Editions.

Académie des sciences de Cracovie. — Atlas géologique de Galicie, livr. I—VII.

Comité géologique de Russie. — Mémoires du Com. géol.: I, II, III $_{1-4}$, IV, V, VI, VII $_{1, 2}$, VIII $_{1-3}$, IX $_{1-4}$, X, XI $_{1, 2}$, XII $_{2}$, XIII $_{1, 2}$, XIV, XV $_{2}$. Bull. du Com. géol., vol. I—XV. — Bibliothèque géol. de la Russie, 11 vol.—Carte géol. de la Russie d'Europe à l'échelle de 60 verstes dans le pouce anglais.—Carte géol. de la Russie d'Europe à l'échelle de 150 verstes dans le pouce anglais.—12 cartes des systèmes géologiques de la Russie d'Europe à la même échelle.—Explorations géologiques et minières le long du Chemin de fer de Sibérie, vol. I—VI.

Cabinet de Sa Majesté Impériale. — Travaux de la section géologique et autres éditions du Cabinet.—Carte géologique de la partie septentrionale du district de l'Altaï. — Reliefs (2) des districts de l'Altaï et de Nertchinsk.

Commission pour l'étude des sources des rivières de la Russie d'Europe. Travaux, 6 vol.

Musée Zoologique de l'Académie Impériale des Sciences de St. Pétersbourg. — Ossements fossiles: Elephas primigenius: Squelette recueilli par Adams; une paire de défenses; deux extrémités couvertes de peau; collection de dents de lait et de téguments. Rhinoceros tichorhinus: quelques crânes et cornes, entre autres le crâne décrit par Pallas.

Elasmotherium Fischeri: crâne complet avec mâchoire inférieure. Bos priscus: quelques crânes. Cervus alces: une paire de cornes. Mostodon: mâchoire inférieure et quelques dents. Rhytina Stelleri: deux crânes.

Commission géologique de la Finlande. — Carte géologique de la Finlande à l'échelle de $^1/_{2.500.000}$. — Carte de la répartition des dépôts quaternaires en Finlande, échelle de $^1/_{2.000.000}$. — Collections pétrographiques.

Commission géologique Impériale du Japon. — 1) Editions: 5 feuilles de la carte topographique au $^1/_{400.000}$; 48 feuilles de la carte topogr. au $^1/_{200.000}$; carte géol. de l'Empire à l'échelle de $^1/_{1.000.000}$; 5 feuilles de la carte géol. au $^1/_{400.000}$; 44 feuilles de la carte géol. au $^1/_{200.000}$, avec texte explicatif en japonais; carte agronomique de l'Empire à l'échelle de $^1/_{1.000.000}$; cartes agronomiques de 27 préfectures au $^1/_{100.000}$, avec texte explicatif en japonais. Bulletins (18 vol) et autres éditions. — 2) Collections: échantillons de tous les minéraux trouvés au Japon; collection de roches métamorphiques, sédimentaires et éruptives; collection paléontologique; collection de sols et de produits de leurs analyses mécaniques, tableaux de leur constitution chimique.

Commission géologique des Etats-Unis. - Atlas géologique des Etats-Unis.

Commission géologique du Maryland. — Mémoires, vol. I, 1897.

Amalitzky, W. — Echantillons de la flore à *Glossopteris* (*Gl. communis*, *Gl. indica* et *Gl. angustifolia*) et restes de *Pareiosauria* (ossements et mâchoires) du Permien de la Russie, découverts par M. Amalitzky en 1896/7 dans le district de Veliky Oustioug (rive droite de la Dvina du Nord).

Androussow, N. — Carte géologique de la presqu'île de Kertch au $^1/_{126.000}$.

Armachevsky, P. — Ossements de mammifères quaternaires et restes de la culture humaine préhistorique des environs de Kiew.

Baltzer, A.—Photographies des différents modes d'érosion glaciale, de la structure du granit etc.

Blümcke, Finsterwalder, Hess et Kerschensteiner.—Carte du glacier Vernagt Ferner en 1889.

de Botella, F.—Espana e suos antiguos mares, 1 vol.

Brussina, S.—Matériaux pour la faune malacologique néogène de la Dalmatie, de la Croatie etc. Agram 1897, avec atlas de 21 planches.

Canavari, M.—Palaeontographia Italica, vol. I—II, 1895—1996.

Chemin de fer de Wladikavkaz.—Relief des sources de la Kodore, de la Tchkhalta et de la Teberda dans la chaîne principale du Caucase (projet de la ligne du chemin de fer Newinnomysskaïa—Soukhoum).

Dean, B.—Moulages d'ossements de poissons fossiles dévoniens.

Dorlodot, H., de.—Carte géologique du sous-sol primaire entre Loveral et Floreffe au $^1/_{40.000}$.

Draghicénu, M.—Carte géologique de la Roumanie.

Duparc, L. et Mrazic, L.—Carte géologique manuscrite du massif du Mont-Blanc à l'échelle de $^1/_{50.000}$.

Ebeling, M.—Relief du Vésuve à l'échelle vert. et horiz. de $^1/_{10.000}$.

Gaudry, A.—Essai de Paléontologie philosophique. Paris, 1896, 1 vol. 8^0.

De-Geer, G., Baron.—Cartes de l'évolution géographique de la Scandinavie à l'époque postglaciaire.

Gesellschaft für Erdkunde à Berlin.—Oeuvres du D-r A. Philippson édites par la Société: 1) Der Peloponnes, avec cartes topogr., hypsom. et géologiques, 2) Thessalien und Epirus, avec cartes topogr. et géologiques.

Goode, G. B.—The genesis of the U. S. National Museum. Washington, 1893.

Gürich, G. — Diagrammes des changements de faciès dans les couches paléozoïques de la Pologne.

Helmhacker, W.—Carte géologique du bassin de la Mrassa et de la Kondoma dans le district de l'Altaï.

Jaczewsky, L.—Echantillons de nephrite recueillis dans la vallée de l'Onot en Sibérie.

Kayser, E.—Collection de bombes volcaniques de Nassau.

Krichtafovitsch, A.—Annuaire géologique et minéralogique de la Russie. Vol. I et II.

Lebedintzew, A.—Expédition du vapeur „Krasnovodsk" dans le golfe de Karabougas: 1) Carte de la distribution des sédiments de mirabilite (sel de Glauber) dans le golfe de Karabougas; 2) Diagramme de la teneur des sels dans l'eau de la mer Caspienne et de la mer Noire; 3) Courbes des changements avec la profondeur a) du poids spécifique, b) de la teneur en haloïdes, c) de la température de l'eau de Karabougas; 4) Photographies des environs du golfe.

Listow, J.—1) Études photo-géologiques dans les montagnes et sur le plateau de la Crimée. 2) Cyclographe de Damoizeau (perfectionné).

Loczy, L. de.—Résultats géologiques et paléontologiques du voyage scientifique du Comte Bèla Szèchenyi en Chine en 1877—1880. 2 vol. texte, 1 v. cartes. Budapest 1890, 1897.

Loewinson-Lessing, F.—1) Diagrammes de la composition chimique des roches éruptives; 2) Tableau synoptique des roches.

Makowsky, A.—Deux crânes humains et os de mammouth avec traces d'usure.

Martin, K.—Die Fossilien von Java, Taf. XXI—XXV. Leiden, 1897.

Mayer-Eymar, Ch.—Carte géologique manuscrite d'une partie de la Ligurie, du Tortonais et du Haut Monferrat.

Mercklin, C. K. — Palaeodendrologicon Rossicum, avec Atlas, 1855.

Meunier, St.—Météorites. Paris, 1884 (in Fremy, Encyclopédie Chimique). — Géologie régionale de la France. Paris, 1889.—Les méthodes de synthèse en minéralogie, Paris, 1891.—Notice sur les météorites Chiliennes. Santiago, 1894.—Revision des pierres météoriques. Autun, 1897.—Notice sur l'oeuvre scientifique de M. A. Daubrée, Paris. 1897.

Moeller, R. de.—Tête de Sphynx (tableau démontrant le phénomène d'érosion).

Moroséwicz, J.—Roches et minéraux artificiels.

Niedzwiedzki, J.—Collection de blocs erratiques de Pikulice en Galicie.

Perthes, J. (à Gotha).—Carte géologique de l'Allemagne dressée par R. Lepsius (27 feuilles à l'échelle de $^1/_{500\,000}$).

Rédaction du „Messager de l'industrie de l'or" (Wéstnik Zolotopromyschlennosti). — Carte géologique de la partie nord-est du district minier de Tomsk (région aurifère) dressée par Réoutovsky, Zaïtzew et Derjawine.

Renevier, E.—Chronographe géologique (Tableau des terrains sédimentaires). Lausanne 1896.

Rossikow, C.—Relief du glacier Tsiti au Caucase.

Sacco, F.—Carte géologique du bassin tertiaire du Piémont à l'échelle de $^1/_{100\,000}$.—Carte orogénique de l'Europe au $^1/_{25.000.000}$.—Schème orogénique de la terre.—Sur la classification des terrains tertiaires. Zurich, 1894.

Schmidt, C.—Profils géologiques du Jura oriental et des Alpes suisses.

Schulk, A.—Echantillons des roches fournis par un sondage à Hanovre.

Simonelli, V. et Vinassa, P.—Rivista italiana di paleontologia, année III, 1897.

Société Impériale Géographique Russe.—Relief de la chaîne principale du Caucase.

Stahl, A.—Carte géologique de la Perse septentrionale à l'échelle de $^1/_{840.000}$. Gotha 1895.

Stephanescu, S.—Etudes sur les terrains tertiaires de la Roumanie, 2 vol. 1896—1897.

Stübel, A. — Die Vulkanberge von Ecuador, Berlin 1897.—Carte de l'Ecuador à l'échelle de $^1/_{250.000}$.

Tellini, A.—Carta geologica dei dintorni di Roma, au $^1/_{15.000}$, 1893.

Tillo, A.—Carte hypsométrique de la partie occidentale de la Russie d'Europe à l'échelle de 40 verstes dans le pouce anglais.—Carte hydrologique de la Russie d'Europe à l'échelle de 60 verstes dans le pouce anglais.

Zuber, A.—Carte de la région naphtifère en Galicie, au $^1/_{75.0000}$. Lemberg, 1897.

Fuess, R., opticien et mécanicien à Berlin. — Microscopes et autres appareils optiques. Collection de plaques minces de roches.

Krantz, F., comptoir minéralogique à Bonn.—Collections géologiques, paléontologiques, pétrographiques et cristallographiques.

Stuer, A., comptoir géologique et minéralogique à Paris.—Catalogues de la maison.

Zeiss, C., opticien à Iéna.—Microscopes et autres appareils optiques.

E. EXCURSIONS.

Vu la grandeur des excursions et la multiplicité des impressions que les congressistes en ont emportées, nous croyons qu'une courte relation de nos voyages géologiques à travers la Russie offrira de l'intérêt non seulement aux personnes qui y ont pris part, mais aussi à ceux d'entre les géologues qui n'ont pas pu visiter notre pays. Les uns se souviendront, en lisant nos esquisses, des détails de leurs voyages souvent pénibles et sans comfort, les autres, comparant nos petits comptes-rendus avec le „Guide des excursions", verront en quelle mesure le programme projeté a été réalisé et pourront juger de la vive sympathie pour le Congrès de la part des représentants éclairés de la société russe, sympathie sans laquelle tous les efforts des organisateurs du Congrès auraient été vains. En même temps nous ne saurions mieux témoigner notre reconnaissance à ces amis du Congrès qu'en rappelant au souvenir des congressistes l'hospitalité cordiale qu'ils leur ont partout offerte et la façon distinguée avec laquelle ils ont facilité la tâche du Comité d'organisation.

Les comptes-rendus sont rédigés par les conducteurs des diverses parties des voyages. L'ordre dans lequel ils se suivent est celui des excursions annoncées dans les circulaires et décrites dans le „Guide". Renvoyant pour les questions purement géologiques au „Guide des excursions", nous ne ferons ici mention que des explications données en route ou sur place.

EXCURSIONS AVANT L'OUVERTURE DU CONGRÈS.

Excursion de l'Oural.

Près de 400 personnes avaient annoncé leur participation à l'excursion de l'Oural. Le Comité d'organisation, hors d'état d'arranger ce voyage pour un nombre de participants aussi considérable, se vit forcé d'adresser à tous ceux qui s'en étaient fait inscrire membres, la prière de lui déclarer définitivement s'ils en feraient partie ou non. Cela était d'autant plus nécessaire qu'il avait été décidé de n'admettre à l'excursion que les 200 premiers inscrits et que ceux d'entre eux qui nous auraient envoyé leur refus au dernier moment, auraient par cela même privé le Comité de la possibilité de donner à temps une réponse favorable aux géologues dont l'annonce de participation nous était parvenue plus tard. De cette manière il se trouva bientôt que le nombre des participants effectifs ne dépasserait pas 154. En voici la liste:

Liste des membres du Congrès participant à l'excursion de l'Oural.

d'Abartiague, W. Th. L., Ing. civil, Ossés (Basses Pyrénées).
d'Achiardi, G., Dr. sc. nat., Assist. de minéralogie à l'Université de Pise.
Aguilera, J. G., Directeur de l'Institut géologique du Mexique.
Ambrosioni, M., Dr. sc. nat., Bergamo.
v. Arthaber, G., Dr. phil., Assist. am palaeontolog. Institut der Universität, Wien.
Arzruni, Prof. an der Technischen Hochschule, Aachen.

Baldacci, L., Ing. en chef des mines, Rome.
Bauermann, H., Ing. des mines, Prof de métallurgie, Londres.
Baum, G. F., Bergreferendar, Grube Heinitz, Bez. Trier.
Beck, Dr., Prof. der Geologie, Freiberg.
Behme, Fr., Dr., Goslar.
Belinfante, L. L., Assist. secretary Geolog. Soc. of London.
Bergeat, A., Dr., Privatdocent an der Universität in München.
Bergier, R. A., Ing. des mines, Lausanne.
Bertrand, M., Membre de l'Institut, Paris.
Beyer, S. W., Assiciate Prof. of Geology, Iowa State Agricultural College, Ames.
Bishop, Mrs., San-Francisco, California.
Bishop, Th., San-Francisco, California.
Bishop, S., San-Francisco, California.
Boehm, G., Dr., Prof. an der Universität, Freiburg im Breisgau.
Brooks, A. H., Assistant Geologist U. S. G. S., Washington.
Canavari, M., Prof. de géologie et de paléontologie à l'Université de Pise.
Cathrein, A., Dr., Prof. an der Universität zu Innsbruck.
Cermenati, M., Dr., Prof., Rome.
Codd, R., M., President Buffalo Agassiz Association, Ithaca.
Cooke, L., Assoc. Royal School of mines, F. G. S. L., F. G. S. Gl., London.
Credner, H., Dr., Prof., Geh. Bergrath, Leipzig.
Crook, A. R., Dr. ph., Prof. of Mineralogy Northwestern University, Evanston, Illinois.
Dannenberg, A., Dr., Aachen.
Dean, B., Adj. Prof. in Columbia University, New-York.
Dean, Mrs., New-York.
Diener, C., Prof. d. Geologie an der Universität zu Wien.
Doelter, C., Dr., Prof. an der Universität zu Graz.
de Dorlodot, H., Prof. à l'Université, Louvain.
Doss, B., Dr., Docent au Polytechnikum de Riga.

Draper, Th., Johannesburg, South Africa.
Drouet, P., Prés. de la Soc. Linnéenne de Normandie, Caen.
Duparc, L., Dr. sc., Prof. de minéralogie et géologie à l'Université de Genève.
Dyes, W., Dr. phil., Hildesheim i. H.
Emary, P., F. G. S., London.
Erdmann, H., Prof. an der Universität zu Halle a/S.
Erdmann, Marie, Halle a/S.
Fegreus, Th., Dr., Bakou.
Fischer, E., Miss, Instructor in Geology and Mineralogy Wellesley College, Wellesley U. S.
Fleming, M. A., Miss, Secr. and Ex-president of the Field Club of the Soc. of natur. sc., Buffalo.
Frazer, P., Dr. sc. nat., Prof., Philadelphia.
Friedrichsen, M., Cand. rer. nat., Berlin.
Franzenau, A., Conservateur du Musée National, Budapest.
Joukowsky, E., Ing. civil des mines, Genève.
Jenjourist, Th., Membre d. l. Soc. des Naturalistes à Kharkow, Piétrokowo.
Gallinek, E., Dr. Phil., Breslau.
Geinitz, E., Dr., Prof., Rostock.
Genthe, W., Dr. phil., Leipzig.
Glinka, K. D., Prof. de minéralogie à l'Institut agricole et forestier, Nowo-Alexandria.
Götz, W., Dr., Prof., München.
Green, Upf., F. G. S., London.
Groth, P., Prof. an der Universität, München.
Gulliver, Fr., Dr. phil. in geology Norwich. U. S.
Gürich, G., Dr., Privatdocent, Breslau.
Hackmann, V., Dr., Helsingfors.
Hall, J., State Geologist and Palaeontologist of New-York. Albany, New-York.
Hamilton, J., Gérant des mines de Nijni-Taguilsk.

Heine, A., Direct. des chem. de fer, Berlin.
Helmhacker, Prof., Ing. des mines, Prague.
Hobson, B. M. Sc., F. G. S., Manchester.
Högbom, A. G., Prof. de minéralogie et géologie, Upsala.
Holzapfel, E., Prof., Aachen.
Hovey, E. O., D., F. G. S. A., Ass't Curator, Geol. Dep't, Am. Mus. Nat Hist., New-York.
Hovey, E. O., Mrs., New-York.
Hovey, H., D. D., F. G. S. A., Newburyport, U. S.
Hüser, G., Bergreferendar, Berlin.
Ives, Fr., Judge of Distr. Court, Geologist, Crookston, Minn.
Jannettaz, P., Ing., Paris.
Johnson, J. L., Miss., Boston.
Kalkowsky, E., Dr., Prof., Dresden.
Karnojitzky, A. N., Privatdocent à l'Université de St.-Pétersbourg.
Karpinsky, A. P., Directeur du Comité géologique, St.-Pétersbourg.
Kayser, E., Dr., Prof. d. Geologie an der Universität, Marburg.
Kleiber, W. H., Ing. des ponts et des chaussées, Kazan.
Klossowsky, Kgl. Bergmeister, Clausthal.
Kochibe, T., Dir. of the Imp. Geolog. Survey of Japan, Tokio.
Koken, E., Dr., Prof. d. Geologie u. Mineralogie, Tübingen.
Kouznetzow, S., Ing. des mines, Usines Omoutninsky, gouv. de Viatka.
Kozlow, B. B., Dr. médic., St. Pétersbourg.
Lawson, A. C., Dr. ph., Associate Prof. of geology i. University of California, Berkeley.
Lepsius, R., Dr., Prof., Director der geolog. Landesanstalt, Darmstadt.
Linck, G., Dr., Prof, Iena.
Lorin, H., Dr., Prof. agrégé d'histoire et de géographie, Tunis.

Louis, D. A., Mining Engineer, London.

Louis, H., Prof., A. R. S. M., F. G. S., M. A. etc., Mining Engineer, Newcastle upon Type.

Macco, Alb., Bergreferendar, Siegen.

Makerow, J. A., Assit. au laboratoire du Cabinet géol. de l'Université, St. Pétersbourg.

de Margerie, E., Membre du Conseil de la Soc. géologique de France, Paris.

Marsden Manson, C. E., Chairmann Bureau of Highways, Sacramento, California.

Mendes Guerreiro, J. V., Ing. en chef de 1-re classe, Lisbonne.

Merrill, G. P., Curator Departement of Geology U. S. National Museum, Washington.

Miller, A. M., Prof. of Geology, State College of Kentucky, Lexington.

Moroséwicz, J., A., Géologue du Comité géologique, St. Pétersbourg.

Moser, M., Maître au 7-me Gymnase, St. Pétersbourg.

Newman, G., Colonel, Aspen, Colorado.

Nikitin, S. N., Géologue en chef du Comité géol., St. Pétersbourg.

Nitze, H., Bachelor Science, Mining Engineer, Baltimore, U. S.

Oebbeke, K., Dr., Prof. d. Geologie und Mineralogie an d. Techn. Hochschule, München.

Offret, A., Prof. de minéralogie à l'Université de Lyon.

Ordonez, D., Géologue del Instituto Geologico de Mexico.

Osann, A., Dr., Prof., Heidelberg.

Palache, Ch., Dr. phil., Instructor of Mineralogy, Harvard University, Cambridge, U. S.

Pavlow, A. W., Candidat d. sc. nat., Moscou.

Perner, J., Dr., Ass. au Musée de Bohême, Prague.

Philippi. E., Dr., Assist. am Museum für Naturkunde, Berlin.

Philippson, A., Dr., Privatdocent an der Universität, Bonn.
Piatnizky, P., Privatdocent à l'Université de Kharkow.
Plagemann, C., Dr phil., Hamburg.
Plieninger, F., Dr., Assist. an der Palaeontol. Sammlung, München.
Prinz, W., Prof. de minéralogie et de géologie à l'Université, Bruxelles.
Purington, C. W., Assist. Geologist. U. S. G. S., Washington, D. C.
Read, M., Houston, U. S.
Reid, H. F., Dr. phil., Associate Prof. Johns Hopkins University, Baltimore.
von Reinach, A., Freiw. Mitarbeiter d. K. Preuss. geolog. Landesanstalt, Frankfurt a/M.
Reymond, F., Membre de la Soc. géol. de France, Veyrins (Isère).
v. Richthofen, Freiherr, Geheimer Regierungsrath, Prof. an der Universität, Berlin.
v. Richthofen, Freifrau, Berlin.
Ridley, J. C., Mining Engineer, Newcastle upon Tyne.
Rinne, F., Dr. phil., Prof. an der Techn. Hochschule, Hannover.
Riva, C., Assist. au Cabinet minéralogique de l'Université de Pavia, Milan.
Romberg, J., Dr., Berlin.
Rüst, Ch., Dr. sc., Privatdocent, Genève.
Scheibe, R., Dr. phil., Prof., Berlin.
Schenck, A., Dr., Privatdocent an der Universität, Halle.
Schlippe, Th., Candidat des sc. nat., Moscou.
Schmidt, C., Dr. phil., Professor an der Universität, Basel.
de Schulten, A., Docent à l'Université de Helsingfors.
Sella, A., Dr., Rome.
Semper, M.. Dr. phil., München.

Sibirtzew, N. M., Professeur à l'Institut agricole et forestier, Nowo-Alexandria.

Spendiarow, L., Candidat des sc. nat., St. Pétersbourg.

Spurr, J. E., A. M., F. G. S. A., Washington, D. C.

Stefanescu, Gr., Prof. de Géologie à l'Université, Bucarest.

Steinmann, G. Dr., Prof., Freiburg in Baden.

Stonier, G. A., Victoria, Australia.

von-Streeruwitz, W. H., St. Geologist for West-Texas.

Svenonius, F. V., Dr. phil., Statsgeolog, Stockholm.

Talmage, J. E., Dr., Pres. and Prof. of geology, University of Utah, Salt Lake City.

Tietze, E., Dr., Conseiller supérieur des mines et géologue en chef, Vienne.

Tolmatchow, J. P., Candidat des sc. nat., St. Pétersbourg.

Tschernychew, Th. N., Géologue en chef du Comité géol., St. Pétersbourg.

Tsuneto, N., Chief agronomist, Tokio.

Tzwétaïew, M., M-lle, Moscou.

Ulrich, A., Dr. Phil., Leipzig.

Vinassa de Regny, P. E., Dr., Assist. de géologie et minéralogie à l'Université de Parme.

Walther, J., Dr., Prof. der Geologie und Palaeontologie, Jena.

Weigand, Br., D., Prof., Strassburg.

White, Y. C., Dr. phil., Treasurer of the Geolog. Soc. of America, Morgantown.

Źujović, J. M., Prof. de géologie, Recteur de l'Université, Belgrade.

Conformément à deuxième circulaire, les participants à l'excursion de l'Oural arrivèrent à Moscou le 14/26 et le 15/27 juillet. Un bureau spécial de renseignements était ouvert à l'Université; il se composait du professeur A. Pavlow, m-me A. Pavlow et de 16 jeunes gens parlant français ou allemand, chargés de se rendre utiles aux géologues venant de l'étranger ou de St. Pétersbourg, et de servir de guides aux excursionnistes désireux de visiter les curiosités de l'ancienne capitale. A. P. Karpinsky, président du Comité d'organisation, Th. Tschernyschew, secrétaire du Comité, S. N. Nikitin, M. Moser et I. Tolmatchow étaient arrivés de Pétersbourg le 13 juillet. Th. Tschernyschew avait à organiser définitivement les trains qui devaient conduire la société à l'Oural; I. Tolmatchow et M. Moser étaient des journées entières occupés au bureau à donner les renseignements désirés et à recevoir les cotisations; S. Nikitin avec ses assistants, m-lle Tzwétaïew et N. Spijarny, préparaient les excursions aux environs de Moscou et organisaient les détails des excursions sur la Volga.

Les excursionnistes furent logés dans les meilleurs hôtels au centre de la ville, à proximité du Kremlin et de l'Université. Pour lier connaissance, on se réunissait le soir à l'hôtel Continental. Un „Guide de Moscou" en langue française, distribué par le bureau, facilitait l'orientation dans la ville.

La majeure partie des participants à l'excursion de l'Oural arrivèrent le 14/26 juillet et presque tous désirèrent prendre part aux courses, sous la direction de S. Nikitin, aux environs de Moscou.

I. *Excursions aux environs de Moscou.*

Le 16/28 juillet on visita le Kremlin et les Worobiowy-gory.

Plus de 100 personnes s'assemblèrent sur le bateau à vapeur. Le temps était des plus favorables pour jouir de la célèbre vue panoramique qui s'ouvre du haut de la colline du Kremlin et des Worobiowy-gory sur la ville de Moscou. Pendant le trajet, S. Nikitin démontra, d'après l'exposé du „Guide“ et les résultats obtenus par les forages, la structure géologique de Moscou. La constitution des Worobiowy-gory ne put malheureusement être montrée avec assez de netteté, les horizons les plus intéressants et les plus fossilifères des dépôts volgiens étant en été couverts d'eau, et les excursionnistes ne virent que le grès néocomien où d'ailleurs l'un d'eux eut la chance de trouver des fossiles très rares en ce lieu. L'ancienne moraine de l'immense glacier scandinavo-russe qui couvre le sommet de la Montagne des Moineaux en reposant sur les sables crétacés, et que la plupart des géologues présents voyaient pour la première fois, attirait surtout l'attention.

Les excursions („Guide“, I 1—12; II 1—8), annoncées dans les circulaires pour le 17 et le 18 juillet, purent être considérablement modifiées et élargies grâce à l'amabilité de m-r Bromley dont les bateaux à vapeur descendent, depuis l'été 1897, la Moskwa jusqu'au monastère de Nicolas-Ougrechy, et qui avait mis à notre disposition un bateau suffisamment spacieux pour nous porter à Miatchkowo, lieu de grande attraction pour les géologues. Au lieu d'avoir à faire un trajet peu intéressant en chemin de fer et à parcourir dix verstes dans des voitures primitives, chose peu commode et plus que difficile à arranger pour un nombre aussi considérable d'excursionnistes, il fut dès lors possible d'observer à la fois les deux rives de la rivière, de s'arrêter aux points les plus intéressants et de montrer pendant cette course l'ensemble presque complet des dépôts géologiques des environs de Moscou. De plus, les géologues avaient l'avantage de trouver sur le bateau un buffet pour se restaurer et de la place pour se reposer.—On partit le 17, de grand matin, au nombre d'environ 70 personnes. Devant les yeux s'ouvrait peu à peu le pittoresque panorama de la vallée de la Moskwa avec ses terrasses formées de différents dépôts posttertiaires, et ses escarpements, composés, outre les couches posttertiaires, de divers horizons volgiens et jurassiques. Une des coupes typiques qui s'étend sur plusieurs verstes depuis le village Kolomensky jusqu'à la ligne du chemin de fer Moscou-Koursk fut traversée à pied, circonstance qui permit de recueillir de riches collections de fossiles, entre autres de magnifiques Ammonites du volgien inférieur. Près de Kolomensky, S. Nikitin attira l'attention des excursionnistes sur un développement lœssiforme, très rare aux environs de Moscou, adossé contre l'escarpement de l'argile morainique à blocaux.

Tout cela était pour ainsi dire un cadeau imprévu, auquel on ne pouvait aucunement s'attendre lors de la rédaction du „Guide".

Vers quatre heures du soir on arriva à l'écluse qui ferme la Moskwa en amont de Miatchkowo. De là on se dirigea à pied, d'abord à la carrière où l'on taille le grès meulier de l'étage volgien supérieur contenant des Ammonites et des Inocerames, fossiles typiques de cet étage, puis aux carrières des marnes et des calcaires carbonifères de Miatchkowo. Là les géologues ne savaient littéralement pas à quoi s'arrêter tout d'abord: d'une part le désir les tentait de faire plus vite une récolte bien riche des abondants fossiles originaux, d'autre part ils étaient attirés par les coupes artificielles tout à fait nettes qui permettaient d'étudier le phénomène si rare du contact immédiat des roches jurassiques argileuses friables reposant sur le calcaire carbonifère plus ou moins métamorphisé à la ligne du contact; enfin la structure du calcaire, inconnu dans l'Europe occidentale, invitait à être examinée. Mais il fallait se dépêcher: il y avait encore trois groupes d'écluses à traverser et 60 verstes à faire pour revenir à Moscou. Malheureusement la machine du bateau se gâta et, au lieu d'arriver à minuit, comme on s'y était attendu, on ne rentra qu'à 6 heures du matin. Ce retard imprévu et la nécessité absolue de devoir faire dans la journée les derniers préparatifs du voyage à l'Oural — le départ était fixé pour 7 h. du soir — obligèrent le directeur de l'excursion d'ajourner la course projetée à Dorogomilowo et Mniovniki à la fin du mois d'août.

II. *De Moscou à Oufa.*

Le 18/30 juillet au soir, on s'installa, chacun à sa place réservée, dans les wagons destinés à servir de logement jusqu'au 10/22 août. Caser avec plus ou moins de comfort 154 personnes dans un train que l'on doit habiter pendant 23 jours est, on le comprend aisément, chose difficile et épineuse, et si ce problème délicat a pu se résoudre à la satisfaction générale, nous en sommes uniquement redevables à l'extrême prévenance de M. Nolltein, gérant du chemin de fer Moscou-Kazan, et de son aide M. Parfénow. Le train se composait de 12 wagons occupés par les géologues, d'un wagon réservé à l'administration de l'excursion, de deux voitures à bagage et d'un wagon-infirmerie. Comme il eût été impossible, dans la région à parcourir, de nourrir tant de personnes aux stations de chemin de fer, un second train avait dû être préparé, celui-ci composé de trois voitures-cuisines, de deux voitures-glacières, de deux wagons pour le personnel du service et de treize voitures à marchandise faisant office de salles à manger.

De Moscou à Oufa, la direction générale était confiée à S. Nikitin, conducteur de la première partie de l'excursion. Les détails administratifs étaient partagés, pour toute la durée du voyage, entre MM. Moser, Tolmatchow et Schlippe qui se montrèrent dès le premier jour à la hauteur de leur tâche. Afin de faciliter des modifications éventuelles de l'horaire fixé pour le mouvement des deux trains express, chaque train était accompagné d'un employé supérieur de l'administration des chemins de fer, muni du plein pouvoir de satisfaire, dans les mesures du possible, les désirs des conducteurs de l'excursion. S. Nikitin s'était adjoint, pour l'aider dans les explications scientifiques, M-lle Tzwétaïew, géologue connaissant à perfection la contrée. M. Spijarny, auquel est en grande partie dû le succès des excursions aux environs de Moscou et plus encore de celles sur la Volga, était parti en avant pour Samara, afin de préparer le bateau à vapeur qui devait conduire les excursionnistes à Samarskaïa-Louka.

La distance de Moscou à Batraki sur la Volga fut traversée en un jour et demi, sans autres arrêts que le temps nécessaire pour dîner. Le train parcourait les gouvernements de Moscou, Riazan, Tambow, Penza et Simbirsk. Au dire des géologues, ce long et ennuyeux trajet passa inaperçu. A trois reprises, de wagon en wagon, le directeur de l'excursion exposa en français et en allemand, carte en main, la structure géologique et physico-géographique du pays que l'on traversait. Les excursionnistes s'intéressaient surtout à observer, par les fenêtres des wagons, la succession des sols et de la végétation, les puissants développements du tchernozom et l'influence sur celui-ci de la végétation forestière et de steppe. A la station Morchansk, l'administration locale du chemin de fer offrit un excellent déjeûner, après lequel on examina, mettant à profit des tas de pierres accumulées à côté du perron, la composition des roches cénomaniennes de la contrée qui furent trouvées semblables aux roches cénomaniennes de Saxe. En montant le flanc droit de la vallée de la Tzna, on apercevait les pittoresques dunes fluviales qui s'étendent là sur une grande distance, montrant à la base l'argile morainique du nord à blocaux cristallins. A la station Woéikowo, après le dîner offert par l'administration du chemin de fer dans un bâtiment orné pour l'occasion, on fit une petite excursion aux dépôts crétacés du turonien inférieur à *Inocerames* et autres fossiles.

Dans la matinée du 20 juillet, le train traversa l'ancienne baie caspienne de Syzran, couverte de dunes, gravit la pente jusqu'aux hauteurs de la ville de Syzran et descendit lentement à Batraki. Devant les yeux se découvrait le beau panorama de la Volga moyenne, les immenses steppes de Samara sur la rive opposée, la vallée boisée, les nombreuses branches et anciens lits du fleuve, à droite le demi-cercle des hauteurs de Kachpour, à gauche la Samarskaïa-Louka. Une fine poussière planant dans l'atmosphère de la steppe, chose habituelle dans cette saison de l'année, voilait l'horizon. Ce phénomène ne manqua pas de provoquer un vif échange d'idées sur les tempêtes de poussière dans la Russie de l'est et en Asie, sur la formation du loess etc.

Après l'arrivée à Batraki, disposé au bord même de la Volga, et une conférence de N. Nikitin, faite en plein air sur la structure générale de Samarskaïa-Louka, on se rendit en bateau à vapeur, affrété pour deux jours, à Kachpour.

La première moitié de la journée fut toute entière consacrée à l'étude de la coupe classique des couches volgiennes, néocomiennes et cénomaniennes à proximité de Kachpour. Grande fut la surprise des géologues à la vue de la profusion de fossiles parfaitement conservés qu'ils trouvaient à chaque pas, particulièrement dans l'étage volgien supérieur. On vit aussi les horizons les plus élevés du volgien, horizons tant discutés dans ces derniers temps et dont des couches analogues ont été trouvées dans le néocomien inférieur du Hils de l'Allemagne du nord et dans le Speeton anglais. Au sommet des hauteurs de Kachpour, on observa les dépôts de l'ancienne mer Caspienne présentant de puissantes couches de galets roulés, interstratifiées de quelques lits d'argile. Un des excursionnistes y trouva, chose rare en ce lieu, un fragment de *Cardium* caspien.

La seconde moitié de la journée fut consacrée à la visite du calcaire carbonifère supérieur entre Batraki et Petchersky. Ce calcaire qui est, on le sait, pénétré de filons d'asphalte, montre deux horizons très nets, tous les deux caractérisés par d'abondantes et grosses Fusulines bien conservées, l'inférieur par *Fusulina Verneuili*, le supérieur par *Schwagerina princeps*. Les géologues ne tardèrent pas à faire une riche récolte de cette faune, inconnue à la plupart d'entre eux.

Après le dîner qui fut servi tard ce jour-là et pour la première fois dans les wagons appropriés à cet effet du train-cuisine, la plupart des congressistes allèrent se coucher à leurs places habituelles pour se réveiller le jour suivant à Samara. Comme le bateau à vapeur qui avait servi aux excursions de la journée avait consigne d'être à Samara le lendemain matin à 9 heures, S. Nikitin invita quelques-uns des excursionnistes—le nombre en dut forcément être limité, vu l'absence de tout comfort sur le vapeur—à faire avec lui le voyage à Samara par eau. La nuit fut passée à causer, mais dès le lever du soleil—la matinée était claire et chaude—on ne fit plus qu'admirer le merveilleux tableau qui se déroulait devant les yeux, le large fleuve serpentant capricieusement entre les îlots boisés, les rochers de calcaire permien bordant la rive droite... Le bateau arriva à Samara presqu'en même temps que le train des géologues.

Le 21 juillet, on fit, conformément au programme, une course par eau en remontant la Volga. A Barbachina-poliana on fit une halte. Après avoir examiné les calcaires permiens, les excursionnistes trouvèrent une courte, mais cordiale hospitalité improvisée chez les officiers envoyés par le gouvernement à cette station de „koumys“ pour rétablir leur santé. Malgré la provision très limitée de koumys qui se prépare chaque soir et en quantité strictement nécessaire, les officiers se privèrent avec l'amabilité la plus touchante de leur portion du jour, pour donner à tout le monde la possibilité de goûter cette boisson délicieuse et raffraîchissante. Le second arrêt fut fait à l'embouchure de la Sok, d'où l'on se rendit à pied à la colline légendaire du Tzarew-kourgan avec ses carrières de calcaire carbonifère supérieur („Guide", II, p. 19). Le temps clair permettait de jouir du sommet de la colline d'une large vue, d'un côté sur Samarskaïa-Louka et les montagnes pittoresques de Jégouli. de l'autre sur la vallée de la Sok, rivière de steppe, parsemée de taches dénudées de marne rouge et accidentée d'anciennes terrasses. Les excursionnistes ne pouvaient se lasser d'exprimer leur contentement de ce qu'ils avaient vu jusqu'ici, aux environs de Moscou et sur la Volga.

La nuit, le train mena les géologues dans l'intérieur des steppes de Samara et d'Oufa, de sorte que le remplacement des calcaires permiens par les deux séries successives des couches de l'étage tartarien ne put être observée (on les vit plus tard, sur le chemin de retour, en descendant la Volga, entre l'embouchure de la Kama et la ville de Kozmodémiansk).

Le matin du 22 juillet, on s'éveilla dans la région des steppes d'Oufa, au milieu du paysage caractéristique du permien, où chaque ravin, chaque vallée montre la triple division du permien recouvert par les restes du groupe rose de l'étage tartarien. A peine S. Nikitin eut-il fini sa conférence habituelle du matin dans les wagons que l'on arriva à la station Chafranowo. Là, sur une assez haute colline d'où la vue s'étend librement de tous côtés, entre autres sur la vallée de la Dioma, S. Nikitin attira l'attention sur les particularités physico-géographiques de la région, les élévations et les terrasses d'érosion, les pentes dénudées des vallées (rappelant quelques parties désertes au centre des Etats-Unis de l'Amérique du nord et, plus encore, de l'Asie centrale dont cette contrée forme pour ainsi dire la première étape), et expliqua l'invasion, à notre époque, de la steppe par les forêts de chêne, invasion à laquelle l'agriculture des colons russes a enfin mis des bornes.

Entre Chafranowo et Oufa, sur la pente de la vallée de la Dioma, on s'arrêta une dernière fois pour faire à pied une petite course aux affleurements de la marne et des grès permiens, riches en plusieurs points en minerai de cuivre.

Le train arriva à Oufa pour le dîner. N. Nikitin transmit la direction de l'excursion au secrétaire du Congrès, Th. Tschernyschew, et prit congé de ses confrères en science, épuisé par l'extrême tension d'esprit durant dix jours, mais heureux du succès de l'entreprise et vivement touché des marques d'amitié et de satisfaction que les excursionnistes n'avaient cessé de lui témoigner.

III. *D'Oufa au faîte de l'Oural.*

A la gare s'étaient assemblés plusieurs délégués de l'administration municipale d'Oufa et un grand nombre d'habitants. M. Berg souhaita, au nom de la ville, la bienvenue aux excursionnistes et distribua des bouquets de fleurs aux dames qui prenaient part à l'excursion. Des voitures offertes par les habitants d'Oufa conduisirent les géologues, à travers la ville, au cimetière tartare situé au bord d'un profond escarpement. Du haut de cette paroi qui descend presque verticalement dans la vallée de la Biélaïa, l'œil embrasse une vaste étendue panoramique. En comparant le paysage que l'on avait devant soi avec la carte topographique détaillée, on put nettement distinguer la disposition dans la vallée des terrasses fluviales anciennes et récentes. Quant à l'escarpement du cimetière tartare, il offre la meilleure coupe des dépôts permiens qui entrent dans la composition du plateau sur lequel est située la ville d'Oufa.

15*

Du cimetière tartare les voitures conduisirent la société au Musée gouvernemental, à la porte duquel de nombreux membres du comité du Musée, le vice-président du comité M. Gourwitch en tête, firent aux géologues l'accueil le plus aimable. M. Gourwitch exposa dans son discours de bienvenue que le Musée avait été créé sur l'initiative de quelques particuliers, afin de faciliter l'étude de tout ce que l'histoire naturelle, l'ethnographie et l'anthropologie des pays occidentaux de la Russie d'Europe offrent de remarquable. Un accent chaleureux et cordial perçait dans la voix de M. Gourwitch quand il remercia, au nom de la ville, les géologues d'avoir visité Oufa et son modeste Musée. En réponse de la part des excursionnistes, le professeur Hall prononça quelques mots bien sentis. Le thé du soir fut pris à l'air frais, au petit square de la gare. Les conversations sur l'Oural que l'on allait atteindre le lendemain, 23 juillet (4 août), se prolongèrent jusqu'à la nuit avancée.

Prévenus dès le soir par Th. Tschernyschew que le matin on aurait à se lever tôt, tout le monde fut prêt de bonne heure. Le train avançait entre d'épaisses forêts que, il y a dix ans, on ne pouvait traverser qu'à cheval, par des sentiers à peine praticables. Quelques rares villages bachkirs s'apercevaient dans la vallée de la Sim. A l'approche de la station Ourman, à gauche de la rivière, commençaient à se dessiner nettement les avant-monts occidentaux de l'Oural, les montagnes Baka, dominées de derrière par les monts Bérézowyia, Sarnagazou et Zméinaïa qui remplissent tout l'espace entre les rivières Kourïak, Ouk et Léméza, afffuents de la Sim. A la descente du Kyssy-taou apparurent les profils de l'Ajigardak et des montagnes Worobiinyia qui s'étendent, de part et d'autre de la Sim, depuis Miniar jusqu'à Acha, en se terminant par l'escarpement sud-occidental près de la station d'Acha. A cette station, on quitta le train pour suivre à pied la voie du chemin de fer qui longe en cet endroit la Sim. L'examen de la belle coupe mise à découvert dans la vallée de la rivière commença au rocher pittoresque, connu sous le nom de „Kazarmensky-Kamen", formé de calcaires à *Schwagerina* et contenant une abondante faune très variée. Plus loin, on vit la direction de la faille qui termine l'extrémité sud-occidentale de l'Ajigardak, des montagnes Worobiinyia et de la chaîne du Kara-taou. A mi-chemin environ entre Acha et Miniar, quelques-uns des géologues ramassèrent dans les calcaires argileux D_2^2 de nombreux fossiles caractéristiques de la partie supérieure du dévonien moyen de l'Oural (horizon à *Spirifer Anossofi*). Dans les coupes suivantes, plus en amont, les excursionnistes constatèrent la structure originale à lames rebondies, à la façon de feuilles de chou, des dolomies D_2^2, décrite en détail dans le „Guide" et le Mémoire de Th. Tschernyschew sur l'Oural du sud.

Après la marche par un soleil brûlant, on fut très agréablement surpris de trouver tout d'un coup au bord de la Sim un buffet avec boissons rafraîchissantes, que l'administration des usines de Simsk avait eu l'heureuse idée d'improviser.

Après un court repos, on se remit en route, admirant les rochers pittoresques constitués par les horizons inférieurs du dévonien D_2^1, parfaitement visibles dans cette partie de la vallée.

Le dîner fut servi à Miniar, dans le train de cuisine. Aussitôt après, on fit une course à l'usine de Miniar. On se dirigea, le long de la voie ferrée, vers les hauteurs qui s'abaissent brusquement au bord oriental de l'étang de l'usine. Tout le monde n'eut pas le courage de gravir l'escarpement, mais ceux qui y montèrent purent jouir de la belle vue panoramique qui s'ouvre sur la vallée de la Sim que l'on avait parcourue avant le dîner, sur les chaînes, parallèles au cours de la rivière, de l'Ajigardak et des montagnes Worobiinyia, et sur le confluent de la Miniar et de la Sim. A ce point dominant la contrée, Th. Tschernyschew montra à ceux qui l'avaient suivi la disposition des dépôts dévoniens et carbonifères dans la région du cours de la Sim et des montagnes voisines.

La nuit fut passée à la station Miniar.

A l'aube du 24 juillet (5 août), le train conduisit les excursionnistes à la station Simskaïa. De là on se rendit à pied, en descendant la Sim sur sa rive droite, aux affleurements des roches d'Artinsk, où furent montrés les grès et les marnes compactes alternant avec des calcaires à Fusulines. Des Ammonées ne furent trouvées qu'en mauvaises empreintes. De retour à la station, on partit, les uns en voitures, les autres sur des plates-formes du tramway nouvellement établi, à l'usine de Simsk, propriété de mm. Balachew. La famille de m. Oumow, ingénieur en chef des usines de Simsk, et les ingénieurs des mines en service dans le canton firent aux géologues l'accueil le plus aimable. Un vaste pavillon construit pour la circonstance dans le parc de l'usine était orné des drapeaux de tous les pays dont les représentants étaient présents.

On commença la visite des alentours de l'usine („Guide des excursions", III, 20—24) par l'inspection générale de la coupe qui s'étend, vers l'amont de la Sim, depuis la digue jusqu'aux affleurements des couches dévoniennes non loin du confluent de la Kouriak. Le directeur de l'excursion expliqua la tectonique fort compliquée de la localité et montra sur place les plis complexes des dépôts d'Artinsk pincés entre les calcaires carbonifères. Aussitôt qu'on fut revenu à l'usine, on alla voir la belle coupe des roches d'Artinsk sur la rive droite de la Sim, en aval de la digue, où on fit une riche récolte de débris de céphalopodes, fossiles donnant à la faune d'Artinsk un caractère tout particulier. De là, on se dirigea le long du bord oriental de l'étang pour faire connaissance avec le caractère des calcaires carbonifères des sections moyenne et inférieure (C_2 et C_1) du système. On monta ensuite sur les hauteurs qui bordent l'étang du côté sud et on admira le panorama qu'on avait devant soi, l'un des plus pittoresques dans l'Oural du sud: le vif contraste entre le paysage montagneux à proximité de l'usine et la large vallée de la Sim dans la région des dépôts d'Artinsk qui forment des élévations arrondies, aux pentes douces, dans cette portion de la vallée. A l'horizon on apercevait les contours nets d'une chaîne s'étendant E-W, constituée par les arkoses du dévonien inférieur. Par le beau temps qu'il faisait ce jour-là, les montagnes lointaines se dessinaient avec une précision que l'on n'observe que rarement dans l'Oural.

Un dîner offert par mm. Balachew attendait les géologues dans le pavillon décoré de l'usine. La cordialité engageante des hôtes fit passer à la société quelques heures des plus agréables. Ce ne fut qu'à l'entrée de la nuit que le conducteur de l'excursion rappela qu'il était temps de retourner au train. Avant de prendre congé de la famille hospitalière de m. Oumow et des ingénieurs, les géologues exprimèrent, par télégraphe, à mm. Balachew leurs sentiments de reconnaissance pour la belle réception qui leur avait été faite à l'usine de Simsk.

Le 25 juillet (6 août), de grand matin, le train avança, en passant par la station Karpatchéwo, à Oust-Kataw. Sur le parcours entre les stations Simskaïa et Karpatchéwo, on apercevait des dépôts caractéristiques d'Artinsk semblables à ceux que l'on avait examinés en détail la veille. Le temps avait changé, il pleuvait et il faisait froid. Malgré cette circonstance défavorable, la grande majorité des excursionnistes eut le courage de quitter le train près du village bachkir Yakhia et d'aller à pied à l'usine d'Oust-Kataw. Le chemin suivait d'abord la vallée de la Berdiach, ensuite il longeait la pittoresque Yourézan. En route on put prendre connaissance de la belle coupe continue du calcaire carbonifère moyen et inférieur (C_2 et C_1), et recueillir d'abondants spécimens de gros *Productus striatus* et *P. giganteus*. Dans les tranchées près du confluent de la Berdiach, on vit distinctement la superposition des calcaires carbonifères sur les calcaires agglomérés dolomisés du dévonien supérieur, qui recouvrent les calcaires bitumineux à *Sp. Anossofi* puissamment développés dans la vallée de la Yourézan. A l'arrivée à la station Oust-Kataw élégamment décorée de guirlandes et de drapeaux, les excursionnistes furent accueillis par les représentants des usines du prince Biélosselsky-Biélozersky et invités, comme dit l'expression russe, „à goûter le pain et le sel". Après le dîner on fit une promenade aux calcaires classiques par l'abondance de *Spirifer Anossofi* qu'ils renferment, mis à découvert à l'usine d'Oust-Kataw. La pluie battante empêcha de faire une bonne récolte de fossiles, mais ce malheur fut compensé par l'amabilité du gérant de l'usine m. Joukovsky, qui distribua parmi les amateurs la riche collection qu'il avait faite lui-même dans ces calcaires. Des calcaires dévoniens on se rendit aux dépôts inférieurs D_2^1 et, après avoir gravi le Chikhan, on aperçut distinctement, des deux côtés de la Yourézan, la grande faille qui se montre à un point nu de la montagne Medvéjaïa. Comme il était déjà tard, il fut impossible de pousser jusqu'aux grès du dévonien inférieur des montagnes Vichnovaïa et l'on retourna à la station d'Oust-Kataw.

Le lendemain matin, de bonne heure, le train parcourut le trajet jusqu'à la station Wiazowaïa. Profitant du temps relativement favorable, Th. Tschernyschew proposa de remonter la Yourézan jusqu'à l'extrémité sud de l'arête Youkola. En chemin les géologues purent constater que les montagnes Kamennaïa et Youkola offrent exactement les mêmes dépôts dévoniens (D_2^2, D_2^1 et D_1^1g), déchirés par une faille. De la pente du Youkola on vit se dessiner les chaînes les plus élevées de l'Oural du sud — le Zigalga, le Nourgouch et le Yaman-taou—formées de grès quartziteux du dévonien inférieur avec schistes subordonnés. A l'aide d'une carte, Th. Tschernyschew donna aux excursionnistes une démonstration sur les rapports mutuels entre les chaînes de cette portion de l'Oural, toutes parties d'un seul et même pli ou d'un seul rejet, divisées par des vallées transversales en arêtes distinctes. La série d'élévations que les géologues avaient devant les yeux porte dans sa partie sud le nom de chaîne Nary; vers le nord la chaîne Nary se continue sous le nom de chaîne Zigalga et celle-ci, interrompue par la profonde vallée transversale de la Yourézan, va se continuer, géologiquement, sous les appellations successives de chaînes Ouvan, Matkal et Zurat-koul, jusque dans les limites de l'arrondissement de Zlatooust. Des rapports identiques ont pu être constatés pour les chaînes du Bakty, du Nourgouch et de l'Ourenga qui se termine à la rivière Aï près de Zlatooust.

De retour à la station, les géologues abandonnèrent le train pour deux jours et se rendirent, en voitures préparées par les soins des usines de Simsk et de Kataw, aux mines de Bakal. Le mauvais état du chemin, abimé par les pluies, et le vent froid qui soufflait furent cause que le voyage parut fatiguant. Lorsqu'on eut atteint le sommet de la montagne Vichnovaïa, à 7 verstes environ des mines, le temps s'éclaircit quelque peu et on vit encore une fois apparaître l'amphilade des montagnes de l'Oural de Zlatooust. Le Souka et le Nourgouch se montraient dans toute leur beauté; seule la cime de l'Irémel, ce géant de l'Oural du sud, était voilée par les nuages.

On arriva aux mines le soir. MM. Oumow, ingénieur en chef des usines de Simsk, m. Pissarew, chef du district minier de Zlatooust (propriété de la couronne) et m. Tentchinsky, représentant des usines de Kataw, firent le plus aimable accueil aux excursionnistes. Pour la nuit on fut logé dans les maisons de mm. Balachew et du prince Biélosselsky. Le matin du 27 juillet (7 août), par un temps pluvieux et froid, on se dirigea en voiture vers l'extrémité sud du Boulandikha, où il est possible de voir distinctement le rejet qui a déchiré l'épaisseur des dépôts du dévonien inférieur, de manière qu'une lèvre de la faille se trouve transportée au flanc est de la montagne. Par un chemin très mauvais, longeant de pittoresques crêtes quartziteuses, l'excursion gagna la mine de Bacal, ouverte dans le versant nord-occidental du Boulandikha. De là on alla à pied examiner la coupe transversale du Boulandikha que l'on traversa, à partir des quartzites du toit, sur l'assise schisteuse à laquelle sont subordonnés les minerais de fer et les calcaires. Ce passage permettait aux géologues de voir de près la liaison intime qui existe entre les masses minérales et les calcaires dolomitiques. Les mêmes roches, mais avec plongement inverse, furent montrées dans la mine Boulandinsky, propriété de mm. Balachew. Après avoir traversé la vallée de la Boulanka, on observa l'anticlinal compliqué de l'Irkouskan, sur la pente duquel se trouvent les mines de mm. Balachew et du prince Biélosselsky. Si les excursionnistes avaient encore des doutes sur le rapport intime entre les calcaires et les masses du minerai de fer, et sur la formation de celles-ci aux dépens des calcaires, les coupes de la mine Tiajoly ne manquèrent pas d'élucider définitivement la question. Dans cette dernière mine on put nettement voir des dykes mis à découvert par l'exploitation, ainsi que des masses intrusives de diabases considérablement altérés par l'influence des agents hydro-chimiques et dynamiques. Les calcaires interstratifiés dans les schistes métallifères correspondent, cela n'admet aucun doute, aux calcaires marbreux que l'on trouve, dans les mêmes conditions batriologiques, dans les parties plus méridionales de l'Oural, et qui contiennent une abondante faune hercynienne. L'excursion se termina par la visite de la mine Okhriany sur le flanc oriental de l'Irkouskan. Malheureusement la pluie et un épais brouillard cachaient à la vue l'instructif panorama du groupement pittoresque des montagnes à l'aspect sauvage que le conducteur de l'excursion avait espéré pouvoir montrer du haut du pavillon construit au sommet de l'Irkouskan.

Ce fut avec un bien grand plaisir que les excursionnistes, trempés par la pluie et transis de froid, rentrèrent dans les maisons hospitalières de mm. Balachew et du prince Biélosselsky où les attendait une collation. Vu le long trajet de quarante verstes qu'il y avait à faire jusqu'à l'usine de Satkinsk, on ne s'arrêta point en route. A l'usine on examina la superbe coupe, devenue classique pour sa netteté, des calcaires dolomitiques dévoniens, injectés de nappes et de filons de diabase. Le contact des calcaires et des diabases qui permet d'examiner sur un petit espace toutes les modifications de structure, depuis la masse vitreuse jusqu'à la roche grenue normale, était du plus grand intérêt pour les géologues.

Vers le soir on fut de retour au train qui attendait à la station Souléia. Malgré les fatigues de la journée, quelques-uns repartirent aussitôt, avec Th. Tchernyschew, visiter les coupes de la rivière Aï près du débarcadère de Satkinsk. Par malheur la soirée était déjà trop avancée pour suivre les coupes dans toute leur longueur, et il fallut se borner à l'examen des calcaires à *Pentamerus baschkiricus*. Plusieurs eurent la chance de trouver de beaux exemplaires de ce fossile.

Le lendemain, le jour commençait à peine à pointer, le train se mit en mouvement pour Zlatooust. A Berdiaouch on fit une halte, afin d'examiner les filons de granite porphyroïde de l'apparence du rappakiwi, traversant près de la station les calcaires dolomitiques dévoniens. La grande majorité des géologues s'y approvisionnèrent d'échantillons frais de granit pur et de morceaux de granite en contact avec le calcaire. Le trajet de Berdiaouch à Zlatooust se fit sans arrêt.

A la station Zlatooust les excursionnistes étaient attendus par les ingénieurs des mines du district, m. Pissarew en tête.

L'excursion aux alentours de Zlatooust avait pour but de montrer dans les coupes du Kossotour et de l'Ourenga les grès, les quartzites et les conglomérats reposant sur une puissante assise de schiste avec calcaires hercyniens subordonnés qui, modifiés continuent les couches dévoniennes de l'Elaoudy et des monts Yagodny. L'examen de ces coupes et la visite des Taganaï, situés au nord et à l'est de l'Oural central (Oural-taou), devait faire voir à l'excursion les transformations des roches du dévonien inférieur, notamment le changement des grès et des conglomérats D_1^1g en quartzites et conglomérats micacés, et des schistes sous-jacents en roches offrant tous les caractères de vraies roches cristallines stratifiées. Ce fait — reconnu par tous les explorateurs de l'Oural, à commencer par Murchison—n'ayant pu être suffisamment mis en évidence au cours d'une excursion rapide qui n'embrassait que des espaces forcément restreints, les explications de Th. Tschernyschew que les quartzites de l'Ourenga sur l'assise schisteuse cristalline ne sont que la continuation des quartzites que les géologues avaient vus dans la coupe très complète et très nette de la mine de Bakal, furent disputées par plusieurs excursionnistes. Ces derniers tâchaient de prouver que les quartzites de l'Ourenga et de Bakal sont d'âge différent et que la coupe de Zlatooust présente une série de dépôts d'âge archéen. Le seul moyen de convaincre les incrédules que ces roches schisteuses cristallines sont d'âge dévonien inférieur eût été de les mener, le long de l'Ourenga et de l'arête qui en forme le prolongement sud, aux sources de la Biélaïa dans les montagnes Bakty, Avaliak et Yablony, où les rapports mutuels de ces roches et des calcaires paléontologiquement caractérisés sont parfaitement concluants. Mais ce voyage par des chemins presque impraticables aurait exigé plusieurs jours et n'aurait, de plus, intéressé que ceux des géologues que la question de l'âge des schistes cristallins de l'Oural occupe spécialement.

De la station on se rendit d'abord, sur la pente du versant oriental du Kossotour, à la descente à l'Aï près de la colonie inférieure de l'usine, où on examina les roches du mur de la coupe générale. On remonta ensuite sur le Kossotour et on en suivit la crête jusqu'à la descente à la digue de l'usine. La digue traversée, on gravit l'Ourenga qui montra la coupe des roches cristallines schisteuses à diabases et amphibolites subordonnés, jusqu'aux quartzites recouvrant la série des roches du Kossotour et de l'Ourenga.

A la ville on alla visiter l'arsenal de l'usine de Zlatoust renommée dans toute la Russie par les armes blanches et les instruments d'excellente qualité qu'elle fabrique.

Le matin du 29 juillet (10 août) le temps avait changé et un épais brouillard était tombé sur les hauteurs voisines. Il eût été chose risquée dans ces conditions de s'aventurer dans les montagnes. Au lieu de l'exsursion projeté au Taganaï, il fut résolu de visiter les fouilles Akhmatovsky. Le prof. Arzruni, le directeur officiel de cette excursion, étant tombé gravement malade, MM. Panzerjinsky et Karnojitzky le remplacèrent. Ce fut sous leur conduite que l'on visita Akhmatovskaïa-kop (kop = fouille, Grube) et Nikolaïé-Maximilianovskaïa-kop avec les fouilles voisines. Les divers minéraux que l'on y trouve — apatite, vésuvienne, ilménite, spinelle, kalcite, leuchtenbergite etc. — sont associés à l'épidosite, au contact d'un schiste talqueux et chloriteux avec un diabase (Nazïamskaïa-gora).

Malheureusement la plus ancienne, la plus considérable et la mieux étudiée des fouilles, Akhmatovskaïa-kop, n'avait pu être mise en état, pour l'arrivée de l'excursion, de permettre l'observation nette des conditions de gisement des minéraux. Malgré cet inconvénient désavantageux, plusieurs membres de l'excursion furent assez heureux de trouver du grenat, de l'épidote et de la vésuvienne.

A la Nikolaïé-Maximilianovskaïa-kop quelques-uns trouvèrent d'excellents exemplaires de pérovskite.

Le soir un petit groupe de dix personnes, la plupart minéralogistes, visita avec M. Karnojitzky un nouveau gisement d'aigue-marine qu'il avait découvert, une dizaine de jours avant l'arrivée du Congrès, au bord d'un petit cours d'eau nommé Tchernaïa-retchka, à 6 verstes de Zlatooust, sur la route de Miass. Ce gisement, qui est enclavé dans une pegmatite, fut reconnu assez riche et appelé „Tschernyschewskaïa-kop“, en l'honneur du secrétaire du Congrès Th. Tschernyschew. On alla ensuite voir, à 150 m. environ de ce gisement, une profonde tranchée, ouverte pour le chemin de fer à travers la calotte granitique. Un filon vertical de granite recoupé par la tranchée se montre dans les deux parois entre les couches presque verticalement redressées d'un schiste chloritique grenato-micacé. Du côté sud, où le manteau granitique vu bientôt se terminer, l'affleurement du filon dans la coupe ne présente qu'une largeur d'environ un mètre, alors que dans la paroi tournée vers le nord, où le granite se continue sur plus de 5 klm., la largeur du filon est d'environ deux mètres.

Quelques-uns cependant restèrent à la gare, séduits par le vague espoir que la pluie cesserait peut-être. En effet, vers midi le ciel s'éclaircit. Sans perdre de temps, ils se mirent avec Th. Tschernyschew en marche pour le Taganaï. Grâce à une route nouvellement établie, ils purent en peu de temps atteindre la rivière Tessma, au delà de laquelle commence la montée. Laissant les voitures près du „Niémetskoïé Stanowichtché“, ils continuèrent le chemin à pied. L'ascension de la crête Otkliknoï se fit sans accidents vers les trois heures de l'après-midi. Le ciel était couvert de nuages, mais l'air était transparent. Le directeur de l'excursion put faire observer les particularités orographiques de l'Oural du sud et les relations mutuelles des chaînes que l'on voyait autour de soi. Les formes fantasques des crêtes et les immenses champs rocheux qui descendaient des arêtes à l'instar de gigantesques torrents de pierres, harmonisaient singulièrement avec les forêts sauvages du versant occidental, tout en faisant contraste avec le versant oriental doucement incliné, prenant plus loin le caractère d'une plaine parsemée de lacs. On en vit plusieurs du haut de la crête de l'Otkliknoï. Vivement intéressés par le tableau qu'ils avaient vu et qui restera pour toujours gravé dans leur mémoire, le petit groupe d'excursionnistes retourna par la même route à Zlatooust.

Le programme du jour suivant portait une excursion aux fouilles minérales de Chichi et une autre à l'usine de Koussinsk. Le train transporta les excursionnistes à la „plate-forme de Koussinsk". De là on se rendit en voiture aux fouilles de Chichi. Grâce à l'amabilité prévenante du chef du district minier de Zlatooust, l'ingénieur des mines m. Pissarew, des échantillons avaient été pris de tous les minéraux typiques que l'on trouve dans ces fouilles. Ces échantillons furent distribués parmi les excursionnistes s'intéressant à la minéralogie. Quelques-uns des géologues furent d'ailleurs assez heureux de trouver eux-mêmes des exemplaires caractéristiques des minéraux de Chichi.

La coupe parfaitement raffraîchie de la Chichkinskaïa-kop montra nettement des amas de l'épidosite, renfermant les minéraux, sur la limite entre des schistes chlorito-talqueux et une diorite. Des fragments avec grenats, épidote, apatite, talcapatite, xanthophyllite, leuchtenbergite etc., détachés sur place, furent distribués aux amateurs. De retour à la plate-forme de

Koussinsk, il fallait se remettre en route, après le déjeuner, à l'usine de Koussinsk. Longue fut la file des voitures qui traversaient la steppe Tchouwachskaïa et la montagne Lipowaïa. Outre les coupes du dévonien moyen avec des nappes subordonnées de diabases, on examina les berges de l'Aï en aval de l'usine. L'attention des géologues était surtout attiré par la structure „feuilles de chou" des calcaires, parfaitement observable dans les coupes nettes de la rivière. L'heure avancée ne permettait malheureusement pas de pousser jusqu'au Batyrsky-myss, remarquable par l'abondante faune de l'horizon à *Stringocephalus* qu'il renferme. Le chemin de retour parut atroce aux géologues de l'étranger, pas encore habitués aux voyages par les routes carrossables de l'Oural, et la plupart ressentirent un sincère plaisir de se trouver de nouveau dans les wagons.

Le 31 juillet (11 août) le train avança à la station Ourjoum, distante de trois verstes de l'Alexandrovskaïa-sopka qui se dresse au faîte de l'Oural. Du train, qui gravit en grand zigzags la pente occidentale de l'Oural-taou, s'ouvre une charmante vue panoramique sur le Taganaï et la ville de Zlatooust. Mais le tableau du paysage fut bien plus intéressant encore vu du haut de la crête rocheuse de l'Alexandrovskaïa-sopka. Le temps était merveilleux, l'air d'une pureté et d'une transparence rares dans l'Oural. On pouvait voir tout le système des chaînes profilant dans la partie sud du district de Zlatooust jusqu'au point où le Nourgouch s'approche de l'Yourézan, le panorama pittoresque des trois Taganaï avec la vallée de la Kiolim coupant l'Oural-taou, au nord la montagne Yourma. Au sommet de l'Alexandrovskaïa-sopka, de même structure que les Taganaï, Th. Tschernyschew résuma une dernière fois l'orographie et la constitution de l'Oural du sud et attira l'attention sur le brusque contraste du modelé des deux versants. Sur la frontière de l'Europe et de l'Asie, voyant d'un côté l'immense étendue montagneuse des crêtes aux contours prononcés du versant occidental, de l'autre des collines arrondies qui vont se confondre peu à peu avec la vaste pleine sibérienne, les géologues pouvaient se dire qu'ils avaient devant lés yeux un des plus remarquables et des plus pittoresques paysages du monde. „La nature elle-même vous salue au moment où vous allez toucher le versant oriental de l'Oural", dit Th. Tschernyschew en prenant congé de ses confrères jusqu'à nouvelle rencontre dans l'Oural moyen, „elle vous promet en Asie hospitalité aussi large, récolte d'impressions aussi riche qu'en Europe, durant les neuf jours que vous avez été les hôtes bien venus du versant occidental de l'Oural".

Descendus de l'Alexandrovskaïa-sopka, les excursionnistes prirent aussi congé de M. Pissarew, à l'hospitalité et au concours duquel était en grande partie dû le succès des excursions dans les limites du district minier de Zlatooust.

IV. *Du faîte de l'Oural à Ekathérinebourg.*

La distance qui sépare l'Alexandrovskaïa Sopka (station Ourjoum) de la station Miass dut être franchie sans arrêt. En descendant le versant oriental de la chaîne principale jusqu'au pied des monts Ilmen, le chemin de fer fait plusieurs grandes mailles. Malheureusement, sur ce parcours, les géologues ne pouvaient observer que par les fenêtres des wagons le caractère général de la région et des affleurements, intéressants pour les études de détail, de marbres dolomitiques fétides (renfermant de nombreux cristaux de disthène et des traces, en apparence du moins, de restes organiques), de diverses syénites (partiellement augitiques, à la structure parfaitement exprimée du schlier) et de „grünschiefer" décrits par Gustave Rose (presque toujours des porphyrites et des tufs dynamométamorphisés).

Au débarcadère de Miass la société fut très aimablement reçue par les représentants de l'administration des exploitations de Miass, l'ingénieur des mines M. Zakher et l'inspecteur de l'industrie minière de l'or dans l'Oural du sud, M. Davy, en tête. Des voitures préparées par la direction conduisirent les excursionnistes au placer voisin „Ilmensky" dont le caractère géologique est décrit dans le „Guide", V, 18—20.

Après l'examen des alluvions aurifères, on se dirigea à l'usine de lavage qui est reliée à la partie en exploitation par une voie ferrée portative, sur laquelle une petite locomotive remorque des trains de wagonnets chargés de sable aurifère. Le directeur de l'usine montra, en donnant les explications nécessaires, le mécanisme, généralement employé dans l'Oural, du lavage des sables, de l'enrichissement graduel et de la séparation définitive de l'or.

De là on se rendit en voiture à Miass où attendait un dîner gracieusement offert par l'administration des placers de Miass dans les salles décorées de son local. Après quelques heures des plus animées, pendant lesquelles de nombreux toasts et voeux furent portés de part et d'autre, l'excursion regagna son hôtel ambulant. Il faisait déjà nuit lorsqu'on arriva au train.

La matinée du lendemain (1/13 août) fut consacrée à l'étude de la partie voisine des monts Ilmen, où l'on observe un développement considérable de syénite néphélinique ou miaskite. Les géologues purent ainsi voir sur place la structure gneissique de cette roche, grenue et pégmatoïde dans les filons, avec d'énormes individus d'orthose (microcline), de néphéline et de biotite, renfermant de l'ilménite, de la sodalite etc. Parmi les filons pégmatoïdes fut montré un filon qui offre une roche à laquelle peut être appliqué, d'après la terminologie de Brögger, le nom de foyaïte. C'est une roche formée de gros cristaux aplatis d'orthose, séparés par de la néphéline (éléolite); la néphéline n'est idiomorphe qu'en un seul point.

Miaskite schisteuse.
Orthose, microcline, néphéline, biotite, sphène. Gross. = 10 diam. Monts Ilmen.

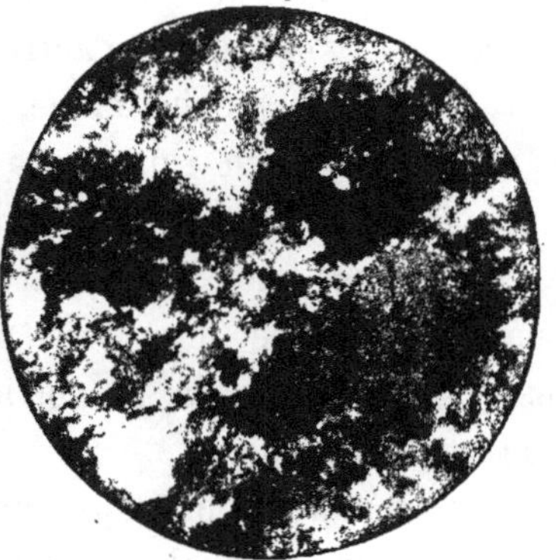

Miaskite schisteuse cataclastique.
Orthose, néphéline. Nicols croisés. Gross = 10. Mont Sobatchia.

Syénite à pyroxène.
Microperthite, aegirine-augite. Nicols croisés. Gross. = 50. Mont Potanina.

Au cours de l'excursion furent démontrées, à l'aide d'un microscope, les plaques minces des roches de la localité et en général des monts Ilmen: miaskite grenue, miaskite de struc-

16*

ture primaire schisteuse et secondaire cataclastique, syénites accompagnant la miaskite et renfermant tantôt de l'amphibole, tantôt de l'augite (aegirine-augite).

De même que dans d'autres régions où il y a développement de syénite néphélinique, cette roche se présente dans les monts Ilmen en relation avec des roches riches en éléments alcalins et pauvres en calcium. Les minéraux colorés de ces roches sont également plus ou moins alcalins. Ainsi l'analyse chimique des pyroxènes des monts Ilmen a révélé plusieurs mélanges en proportions diverses de matières augitique et d'aegirine.

Nous compléterons ici les analyses insérées dans le „Guide" (V, p. 22) par les analyses suivantes, faites sur des pyroxènes provenant de syénites de différentes parties des monts Ilmen, et par une analyse générale de la syénite augitique du mont Firsova qui s'élève non loin de la localité étudiée par les excursionnistes:

	I.	II.	III.	IV.
SiO_2 . . .	60,09	51,76	50,11	50,58
TiO_2 . . .	—	—	0,54	traces
Al_2O_3 . . .	11,02	0,57	3,56	5,47
Fe_2O_3 . . .	6,10	13,08	4,71	3,92
FeO . . .	4,45	9,80	11,29	23,18
MnO . . .	0,45	1,25	0,60	traces
CaO . . .	5,62	13,39	17,57	3,85
MgO . . .	2,45	5,40	7,98	2,19
K_2O . . .	2,53	0,14	0,26	—
Na_2O . . .	7,12	5,43	3,05	8,17
H_2O . . .	0,48	—	—	0,54
	100,48	100,32	99,67	97,90

I. Syénite augitique du mont Firsova.—Analyse faite par Moroséwicz.

II. Pyroxène de la roche I.—Analyse faite par Moroséwicz.

III. Pyroxène de la syénite du mont Sobatchia. — Analyse faite par Bourdakow.

IV. Pyroxène près de la station Miass. — Analyse exécutée par Antipow.

Après un court repos et un lunch à la station, et après avoir examiné la collection de minéraux du collectionneur local M. Chichkovsky qui avait fait nettoyer et rafraîchir pour l'excursion les fouilles près de Miass, on se dirigea le long du chemin de fer aux gisements de minéraux, filons de „granite vert" traversant le gneiss. Le premier filon que l'on étudia est coupé par une tranchée du chemin de fer. Les géologues y trouvèrent de la columbite et de très belle orthose verte (microcline) ou amazonite. Tout à côté, on examina un gîte d'helvine, le seul point incontestable dans l'Oural où ce minéral a été trouvé. Les échantillons de ce minéral, déjà très rare aujourd'hui, que M. Chichkovsky avait extraits pour l'arrivée du congrès, témoignent de la présence de l'helvine dans le granite amazonitique sous forme de gros fragments. L'analyse microscopique a confirmé cette conjecture.

Granite pegmatoïde à helvine.

Teinte plus foncée—helvine. Teinte claire—microcline (amazonite) et quartz. Gross. = 10. Ilmen.

On visita ensuite les anciennes exploitations de mica noir et les fouilles de topazes, de béryl, de phénacite etc., situées à côté de la voie ferrée, à 4 klm. de la station Miass.

En suivant la ligne du chemin de fer, on observa de nombreux filons de différente nature de granite et de syénite, affleurant au milieu des gneiss. L'attention des géologues se porta entre autres sur un petit filon recoupant le gneiss près du gîte de columbite et qui n'est pas indiqué dans le „Guide". Du filon partent des veines injectées dans le gneiss suivant sa schistosité.

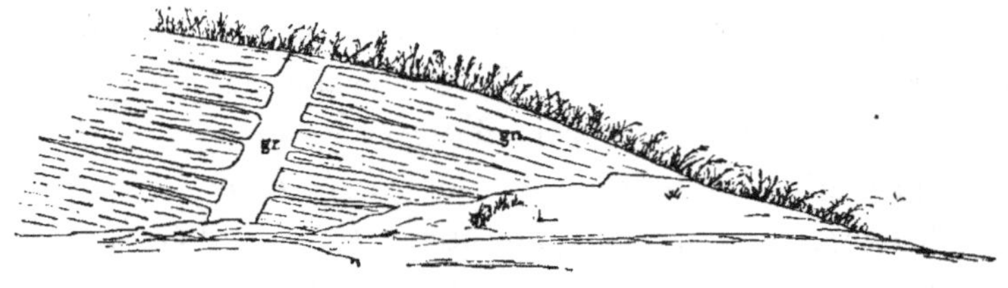

gr — granite, *gn.* — gneiss (dessin d'après mémoire).

Les gneiss et les granites se continuent jusqu'au charmant lac de Tchébarkoul au-delà duquel commence la steppe.

A la station Bichkil, une partie des géologues se sépara du gros de l'excursion pour aller visiter, sous la conduite de l'ing. des mines Vyssotsky, les gisements aurifères du système dit de Kotchkar, distant de 60 verstes au sud du chemin de fer [1]).

Les autres continuèrent le voyage jusqu'à Tchéliabinsk, station initiale du Transsibérien. Il y a quelques années, cette

[1]) Malgré l'heure avancée de la nuit, l'excursion fut reçue de la manière la plus hospitalière par M. E. Zélenkow, propriétaire des mines et par le directeur de la „Société anonyme des gîtes aurifères de Kotchkar". La matinée du lendemain fut consacrée à la visite du gîte Ouspensky, de l'usine pour le lavage de l'or et des usines chimiques de M. Zélenkow. Après le déjeuner, pendant lequel M. Pribylew montra aux géologues une collection des pierres précieuses caractéristiques de la contrée, on visita le groupe des gîtes qui sont la propriété de la „Société anonyme des gîtes aurifères de Kotchkar". Le soir on repartit pour Bichkil.

ville n'était qu'un centre administratif de troisième ordre, avec une population moins nombreuse que celle de beaucoup de villages miniers des environs. Depuis le commencement de la construction du Transsibérien, elle a rapidement grandi et le nombre de ses habitants s'élève déjà au chiffre de 20,000. Tchéliabinsk aura certainement un avenir brillant.

A la gare, où se pressait une foule qui encombrait tout le débarcadère, l'excursion fut reçue par les représentants de la municipalité, le maire et plusieurs membres du conseil de la ville, et par une députation de la „Section de Tobolsk de la Société Impériale d'agriculture de Moscou". La députation, le président de la Section M-r Balakchin en tête, était venue à la rencontre des géologues de Kourgan, la plus proche des villes situées sur le Transsibérien, pour leur souhaiter la bienvenue en Sibérie et leur présenter un album de vues bien choisies des paysages caractéristiques de la plaine sibérienne occidentale, avec un herbier de la flore locale. Le président lut en russe et en français, devant les géologues assemblés, une adresse conçue en ces termes:

Messieurs,

Animés d'un sentiment de profond respect pour les représentants de la science qui réunit sous son noble drapeau tous les peuples, toutes les nations dans un commun travail pour le bonheur de l'humanité, les membres de la Section de Tobolsk, première section sibérienne de la „Société Impériale d'agriculture de Moscou", ont résolu, en leur séance du 13 juin 1897, tenue dans la ville de Kourgan, de vous souhaiter, en votre qualité de membres du VII Congrès géologique international, la bienvenue au seuil de la Sibérie et de vous offrir, en souvenir de votre visite aux localités limitrophes de la grande plaine sibérienne occidentale, une collection de plantes caractérisant les trois formations végétales typiques au sud du gouvernement de Tobolsk, ainsi qu'un album de vues photographiques des paysages typiques de cette région.

Le président de la section: *A. Balakchin.*

Le secrétaire: *D. Tchoukmassow.*

Le lendemain matin, le 2/14 août, les excursionnistes se rendirent en voiture à la mine d'or Mikhaïlo-Arkhanguelsky, propriété de M. Wonliarliarsky et C-ie. La direction de l'exploitation avait eu l'extrême amabilité de charger le gérant de faire les honneurs de la mine, et de faire venir de Moscou l'ancien directeur de l'entreprise, l'ingénieur Pavlow, pour donner les explications qui seraient désirées. Dans ce même but elle s'était assurée du concours du jeune ingénieur Rogojnikow, alors de passage à Tchéliabinsk.

La mine est très bien organisée. Elle est éclairée à l'électricité et l'air y est très pur. L'accès de la mine est si commode que des dames même peuvent y descendre. Le grand nombre des coupes que l'on voit dans les galeries donne une idée assez complète de la composition et de la structure du gîte, tel qu'il est décrit dans le „Guide".

On descendit dans la mine par petits groupes. A. Karpinsky y donna les explications. Remontés au jour, on visita la fabrique où les ingénieurs Pavlow et Rogojnikow expliquèrent les différentes opérations du lavage. Ceux qui avaient tout vu allèrent ensuite se délecter à un déjeuner à la fourchette, offert par l'administration de la mine.

La relation évidente entre le granite, les filons aurifères et le produit cataclastique encaissant fut constatée par tous les géologues qui descendaient dans la mine et parmi lesquels il y avait bon nombre de spécialistes. C'était avec un intérêt marqué que les ingénieurs de l'exploitation et le conducteur de l'excursion écoutaient les remarques de ces derniers.

Granite.
Orthose, plagioclase, quartz, micropégmatite. Nicols croisés. Gross. = 50.

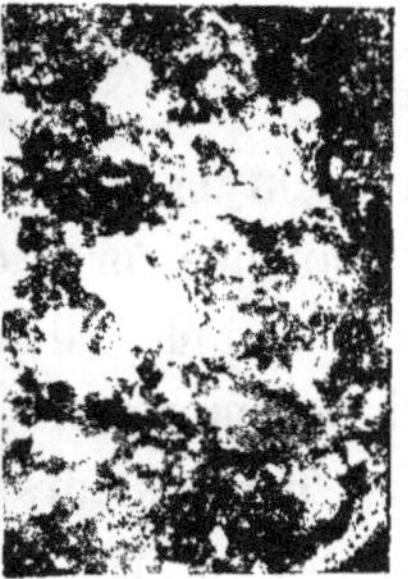

Produit cataclastique de la même roche.

Le retour à Tchéliabinsk et la continuation du voyage à Kichtym remplirent le reste de la journée. Il était par malheur impossible de faire des haltes en route; on dut se contenter des indications du „Guide“ et d'un coup d'oeil général sur la région.

Le conducteur de l'excursion regrette infiniment que certains obstacles n'aient pas permis d'organiser, en dehors de la visite à la mine Mikhaïlo-Arkhanguelsky, une course spéciale aux dépôts tertiaires du versant oriental de l'Oural, dont la limite du développement continu passe non loin de Tchéliabinsk. La route postale qui se dirige vers l'est traverse l'argile siliceuse éocène déjà à la distance de 7 à 8 kilom. de cette ville. Des dépôts tertiaires, au milieu desquels émergent un calcaire carbonifère et quelques autres roches, se montrent près du lac salé de Smolino, à 8 klm. au sud de Tchéliabinsk. Une station balnéaire y est établie. Près de Tchoumliak, station du Transsibérien à 80 kilom. de Tchéliabinsk, la rive élevée de la rivière Miass est également formée de couches tertiaires. Des îlots isolés de sédiments tertiaires, échappés à l'érosion, se rencontrent aussi le long du chemin de fer entre Tchéliabinsk et Kichtym („Guide", V, p. 23).

On arriva à Kichtym assez tôt pour visiter encore avant la nuit, dans une tranchée près de la gare, le bel affleurement de gneiss dont le „Guide" donne un croquis assez exact. Le photographe qui accompagnait l'excursion en a pris une vue bien réussie. Les connaisseurs de la structure géologique de la Saxe trouvèrent de la ressemblance entre quelques-unes des roches de l'affleurement et les granulites de ce pays (la leptinite des géologues français). Gustave Rose avait désigné des roches analogues, affleurant dans le prolongement sud de la bande granito-gneissique dont nous parlons, par le nom de Weisstein, synonyme de granulite (G. Rose, Reise nach dem Ural, dem Altaï etc., II, 67).

Le lendemain matin, par un temps qui promettait peu, des voitures, mises à la disposition de l'excursion par la direction des mines, conduisirent les congressistes au mont Sougomak.

Une première halte fut faite au bord nord du lac Sougomak. à un endroit où les gneiss se montrent recoupés par des péridotites tantôt fraîches, parfois plus ou moins serpentinisées, et par des roches syénitiques. Une discussion animée s'engagea entre les géologues au sujet du caractère de ces roches dont des plaques minces furent étudiées au microscope sur l'affleurement même. Pour rappeler au souvenir ce que l'on a vu sur place, nous ajoutons ici le croquis de l'affleurement et quelques microphotographies des roches.

Un peu plus loin vers l'ouest, au commencement de la montée, on quitta les voitures pour faire l'ascension à pied. A mi-côte, à un point d'où l'on jouit d'une charmante vue sur Kichtym, on se reposa quelques instants. Le photographe profita de l'occasion pour prendre un groupe. Malheureusement la plaque s'est gâtée dans la suite.

g, a — gneiss amphibolique, *p* — péridotite, *s* — serpentine, *o* — roche cataclastique à orthose.

Péridotite.
Olivine, chromite, serpentine.
Gross. = 35 diam.

Roche à orthose, cataclastique:
ne contient que de l'orthose. Nicols
croisés. Gross. = 10 diam.

La seule roche qui affleure sur le flanc et au sommet du Sougomak est une serpentine très tenace, consistant presque entièrement en antigorite.

Malgré le mauvais temps, et quoique l'atmosphère chargée de vapeurs voilât la partie montagneuse vers l'ouest et presque tout le paysage, la vue sur la plaine sibérienne ne manqua pas de frapper l'esprit des excursionnistes par son aspect étrange. Par un temps clair, dit-on, on y aurait pu di-

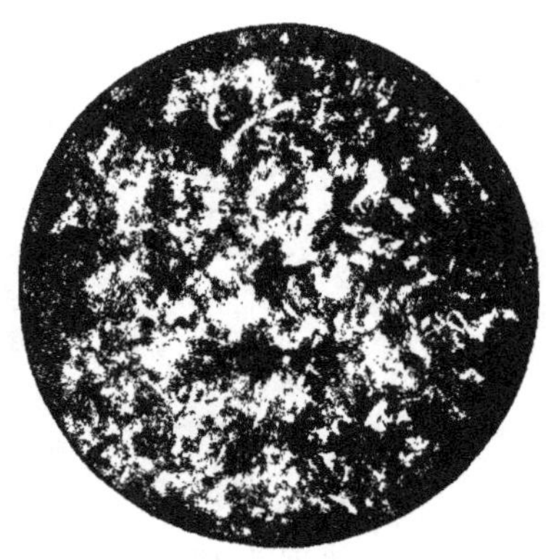

Serpentine du Sougomak. Nicols croisés. gross. — 35 diam.

stinguer jusqu'à 70 lacs. Ces lacs qui se suivent sans interruption sur le parallèle de Kichtym, à partir du pied des montagnes (Sougomak et autres) jusqu'à une grande distance dans l'intérieur de la Sibérie, offrent une modification tout à fait graduelle dans leurs caractères à mesure que l'on s'éloigne de l'Oural (voir le „Guide").

L'origine problématique de ces lacs provoqua de vives discussions. Plusieurs des excursionnistes attribuèrent au paysage une origine glaciaire, opinion qui ne peut être acceptée, malgré la grande ressemblance que la région semble offrir, au premier coup d'oeil, avec des contrées indubitablement glaciaires dans d'autres pays. D'abord, le paysage d'aspect glaciaire qu'on avait sous les yeux se borne uniquement à la région devant les monts Ilmen et leur prolongement nord; puis, ni dans ce rayon-ci, ni en aucun point de l'Oural jusqu'au 61-e parallèle, on n'a trouvé d'indices de phénomènes glaciaires. De plus, vu la connaissance relativement approfondie que l'on a actuellement de cette région qui, grâce à l'exploitations des placers, abonde en affleurements artificiels, on peut affirmer avec assez de certitude que dans l'avenir non plus on ne trouvera des documents incontestables de l'origine glaciaire de la région. La seule conséquence que l'on eût pu tirer de cette ressemblance, aurait été d'admettre qu'il pût exister de pareilles paysages dans des régions où il n'y a jamais eu de glaciers.

D'autres expliquèrent la présence des lacs par un soulèvement ou un affaissement d'une partie de l'avant-pays: les eaux barrées dans leur descente se seraient plus tard creusé, à travers la digue, des déversoirs en forme de cañons, forme propre à une certaine partie du cours des rivières du versant oriental de l'Oural. Cette opinion n'est non plus justifiée, et cela pour la simple raison que nulle part dans la région on n'a pu constater de vestiges d'une dislocation récente.

Les restes des dépôts tertiaires, échappés à l'érosion en plusieurs points au voisinage de la partie montueuse du versant oriental de l'Oural, témoignent que cette partie avait formé la rive de la mer éocène. Après la retraite de la mer, d'énormes changements sont survenus dans la région. L'érosion des couches éocéniques sur un grand espace devant l'Oural a, entre autres, fourni les matériaux aux puissants dépôts oligocènes qui commencent à une distance de 130 à 160 klm. vers l'est des avant-monts de l'Oural.

A mesure que la mer reculait, les inégalités du terrain se sont remplies d'eau douce, formant ainsi des lacs dont la superficie dépassait de beaucoup celle des lacs actuels. A 8 klm. vers le sud-est de Kichtym, en un endroit plus élevé que la région environnante, on trouve d'assez puissants dépôts de sables lacustres qui occupent une étendue considérable et que recouvrent çà et là des sédiments argileux avec restes végétaux [1]). Plus tard, les sables lacustres ont été à leur tour soumis à une forte érosion. L'approfondissement graduel des vallées fluviales dans la zone des cañons a puissamment favo-

[1]) Ce sont ces sables qui ont été employés pour le ballastage du chemin de fer en deçà et au-delà de la station Kichtym.

risé la diminution des bassins lacustres. Mais ce n'est pas là le seul agent qui a opéré l'enlèvement des matières et le creusement à la surface d'excavations et de bassins, ainsi que leur dessèchement. Les phénomènes du Karst qui, dans l'Oural, s'observent presque partout où il y a affleurement de calcaire, sont fréquents dans le district de Kichtym. Des effondrements, des cavités, des „dolinas", des ruisseaux disparaissant dans quelque gouffre et reparaissant au jour après un parcours souterrain plus ou moins long, se rencontrent souvent dans cette région, entre autres au pied du Sougomak.

Presque tous les nombreux gisements de limonite au district de Kichtym sont en rapport intime avec la dissolution des calcaires et la formation de cavités à la surface de ces derniers. L'altération du calcaire et sa transformation en limonite et autres produits qui l'accompagnent ordinairement et qui occupent un volume moindre relativement à celui du calcaire, produisent des cavités et des poches, tantôt remplies d'eau, tantôt d'alluvions. Souvent les matières détritiques de la surface sont entraînées dans les cavités souterraines où, après avoir subi un remaniement énergique et prolongé, elles forment finalement ces dépôts caractéristiques que l'on observe parfois dans les exploitations des minerais de fer (limonite) et dans des cavernes [1]).

Il est tout à fait hors de doute que les agents dont nous venons de parler ont pris une part active à la formation des bassins lacustres. Les rives d'un grand nombre de lacs montrent des saillies de calcaires plus ou moins entamés par les

[1]) Les contours irréguliers des dépôts composés de galets de quartz parfaitement roulés, de forme ellipsoïde et ronde, sont surtout curieux: seuls les galets de quartz filonnaire non altéré ont résisté au frottement; les fragments provenant d'autres roches ont tous été réduits en poudre et emportés. C'est une matière tendre, fine comme de la poussière, restée après la dissolution du calcaire plus ou moins argileux qui a rempli dans la suite les intervalles entre les galets.

eaux, tels les lacs Nanoga, Irtiach, Berdéouch, Kassli, Soungoul, Kojakoul etc. Plus loin vers le nord, par exemple au NE du district de Kichtym, on trouve, dans les limites de la zone des cañons, des groupes et des séries de lacs qui sont tous en rapport avec l'extension des calcaires. Telle l'enfilade de grands lacs disposés suivant la direction du méridien: le Kouyach, le Chablich, le Tchévianoïé et le Soungoul; tels aussi les lacs Kournych, Youlach etc.

Ce sont les mêmes causes principales qui ont donné naissance à ces lacs, tant à ceux des avant-monts qu'à ceux de la steppe qui se suivent sans interruption depuis les avant-monts de l'Oural jusque dans l'intérieur de la Sibérie, et dont le caractère se modifie successivement. Les lacs des avant-monts, plus anciens que ceux de la steppe, se distinguent nettement de ces derniers par l'érosion des couches tertiaires jusqu'aux roches cristallines et autres qui en forment le lit, et par la circulation, à travers leurs bassins, d'eau douce, celle-ci étant relativement abondante sur la partie montagneuse du versant, tandis qu'elle fait défaut dans la plaine.

On voit par ce qui précède que le conducteur de l'excursion trouve l'explication de l'origine des lacs du versant oriental de l'Oural dans l'action combinée de l'érosion, de la dissolution et de l'altération superficielle des roches.

Dans le schéma ci-contre *a a a* montre la superficie d'abrasion attaquée par la mer éocène; *b b b* indique le profil de la superficie actuelle; *c c* — champs des couches éocènes ménagées par l'érosion; *d d* — cañons; I — roches prétertiaires; II — éocène, III — oligocène, IV — dépôts néogènes d'eau douce en Sibérie occidentale.

Après un léger déjeuner offert par la direction du district sur le versant du Sougomak, et après avoir vu, un peu plus loin, un affleurement de calcaire avec une caverne, on reprit les voitures qui conduisirent la société d'abord à la maison de campagne de M-rs Droujinin, deux des propriétaires de l'immense district minier de Kichtym, puis à Kichtym.

A Kichtym on vit avec plaisir une collection des charmants objets d'art en fonte que fabrique l'usine de Kaslinsk et une collection de minéraux et de roches locales, exposées dans les salles de la belle maison de l'administration. La kichtymite, roche à anortite et corindon, attirait particulièrement l'attention des géologues.

Dans d'autres salles attendait un copieux dîner, gracieusement offert par la direction. Grâce à la cordiale amabilité de M-me P. Karpinsky (le directeur en chef des usines, P. Karpinsky, alors indisposé, avait dû se refuser le plaisir de recevoir les géologues) et des frères Droujinin, les heures passées à table furent des plus gaies. La série de toasts et de discours se termina par un concert improvisé, le chant en chœur des mélodies favorites des diverses nations. Après avoir pris congé de leurs aimables hôtes, les excursionnistes regagnèrent leurs quartiers de nuit au train, sauf quelques-uns auxquels on avait pu offrir des lits dans la maison de la direction.

Le lendemain matin, le thé fut offert à la gare par l'administration du district. Aussitôt après, le train partit dans la direction d'Ekathérinebourg, franchissant deux fois, sur ce parcours, le partage des eaux de l'Oural. Au nord des sources de la Tchoussovaïa, l'élévation du terrain qui conditionne le partage est à peine sensible.

L'initiative de la chaleureuse réception des géologues à Ekathérinebourg [1]) avait été prise par la „Société ouralienne des sciences naturelles", en la personne de son président M-r Boklevsky, directeur en chef des usines de l'Oural, et du secrétaire O. Clerc. Les administrations gouvernementale et municipale, le zemstvo et de nombreux particuliers avaient à leur tour préparé des logements pour y donner quartier aux géologues, et des voitures pour les promener dans la ville et les conduire le lendemain à Bérézovsk.

Au débarcadère, M. Boklevsky adressa aux géologues un discours de bienvenue en les invitant d'honorer de leur présence une séance solennelle de la Société au Musée, et un banquet au Club. O. Clerc accueillit l'excursion par quelques paroles bien senties, prononcées en langue française.

Aussitôt après le déjeuner dans les wagons du train-restaurant, on se rendit en voiture au Musée. L'exposé éloquent que M. Clerc fit de l'historique et de l'activité de la „Société ouralienne d'amateurs des sciences naturelles" fut écouté par l'auditoire avec attention et un vif intérêt. Chacun des assistants reçut un catalogue du Musée publié pour cette occasion. Après la séance on examina les collections instructives du Musée.

On fit ensuite une visite à l'exposition, préparée en l'hon-

[1]) D'après le récensement de 1897, Ekathérinebourg compte 55,000 habitants.

neur des géologues, d'objets en pierres précieuses et en roches ouraliennes, fabriqués par la petite industrie locale.

Le banquet eut lieu à 5 heures de l'après-midi. Presque tous les intelligents de la ville étant membres de la Société des sciences naturelles, le nombre des convives s'élevait à plusieurs centaines. Le premier toast fut porté à la santé de Sa Majesté l'Empereur Nicolas II. Les participants à l'excursion envoyèrent à l'Auguste Protecteur du Congrès un télégramme avec l'expression de leur profonde gratitude, signé des noms du baron de Richthofen et de Marcel Bertrand et conçu en ces termes:

„Les 150 membres du Congrès Géologique International réunis à Ekathérinebourg adressent à Votre „Majesté Impériale l'expression de leurs sentiments „de très respectueuse et profonde gratitude pour l'Au„guste protection qu'elle a daigné leur accorder et qui „seule a pu rendre possible leur voyage scientifi„que dans l'Oural".

Les représentants des divers pays prononcèrent des discours, chacun en sa langue. Les Russes furent agréablement surpris en entendant le prof. Lorin de Tunis faire un speech en langue russe. Deux orchestres jouaient à tour de rôle. L'un d'eux exécuta entre autres un pot pourri beaucoup applaudi, composé par le chef d'orchesre local, M. Krongold, sur les chansons nationales des pays qui avaient des représentants parmi les géologues.

Le jour suivant il y eut deux excursions. Les uns allèrent en „troïka", sous la conduite de A. Karpinsky, à Bérézovsk, les autres se rendirent en bâteau à vapeur, avec O. Clerc et M. Karnojitsky, au village Palkina.

En route l'excursion de Bérézovsk [1]) visita, près du lac

[1]) En passant, M. J. Redikorzen, ing. d. mines, donna aux excursionistes quelques renseignements sur les filons aurifères près de l'église de l'Ascension.

Chartach, les rochers typiques de granite dites „tentes de pierre“ qui montrent au sommet et aux flancs des excavations caractéristiques („Guide“, VII, 4). Ces creux sont produits par les effets combinés des eaux atmosphériques et des variations de température. La surface peu à peu désagrégée du granite tombe en grains que le vent emporte facilement.

Au bord du Chartach on examina les traînées ou „moraines“ de blocs de granite transportés et déposés par les glaces du lac.

On se dirigea ensuite au placer disposé à une faible distance du lac. Le placer n'ayant été ouvert que deux mois auparavant, la description de sa structure géologique n'avait plus pu être insérée dans le „Guide“. La couche aurifère qui repose sur le schiste chloriteux altéré se compose d'argile mêlée de petits fragments de schiste argileux et chloriteux, de serpentine et de quartz. Le tout est recouvert d'une couche de tourbe.

Après avoir visité encore, au voisinage du placer, le fossé que l'on avait creusé à la recherche du quartz aurifère le long d'un filon de bérézite, on se remit en route pour Bérézovsk. L'ingénieur des mines et directeur des placers, A. Sokolow, fit le plus aimable accueil aux géologues abîmés par le mauvais temps, et leur offrit une collation vraiment bienvenue.

Puis, restaurés et de bonne humeur, on fit avec M. Sokolow et son aide, l'ingénieur Kobyliansky, une visite aux filons aurifères de Bérézovsk, le mieux observables dans le puits pour l'épuisement des eaux et dans les galeries qui y aboutissent. Les affleurements que l'on y observe n'avaient pu être décrits dans le „Guide“, car le puits, depuis longtemps inaccessible, avait été mis à sec spécialement pour l'arrivée des géologues. Le caractère des filons de bérézite et des croiseurs de quartz aurifère correspond d'ailleurs assez exactement à ce qui en est dit dans le „Guide“. Dans une des galeries, le prof. C. Schmidt (Bâle) constata la présence d'une roche granitoïde que l'analyse microscopique a depuis reconnue comme étant du porphyre (microgranite) contenant d'abondants cristaux de minéraux de première génération (consolidation).

Microgranite. Nicols croisés. Gross. 35 diam. I. Orthose, plagioclase. II. Orthose, plagioclase, quartz.

De retour à Bérézovsk, on visita l'usine pour l'extraction chimique de l'or.

A l'aide du microscope et de plaques minces, A. Karpinsky fit connaître ensuite aux pétrographes les roches développées aux environs de Bérézovsk, notamment la listvénite, les porphyres (gisement de Pychminsk) et la bérézite. Cette dernière se compose, dans sa forme typique, de muscovite et de quartz avec mélange de pyrite; c'est une roche d'origine secondaire, formée par la transformation du microgranite et du granite.

Après un copieux dîner offert par l'hospitalier directeur A. Sokolow, on regagna Ekathérinebourg où on arriva vers 11 heures du soir.

Le 5 (17) août, vers 8 h. du matin, une trentaine de membres du Congrès, dont quelques dames, accompagnés par

M. l'ingénieur A. J. Fadéeff, gérant des usines de Verkh-Issetsk, et une société peu nombreuse mais choisie, montèrent sur deux jolis vapeurs pavoisés, gracieusement mis à leur disposition par le propriétaire des mines M. le comte Stenbock-Fermor. Il soufflait une violente tempête du NW et le thermomètre n'indiquait que 4^0 R, ce qui obligea quelques congressistes, en particulier le D-r James Hall, à reprendre le chemin de la ville. La traversée de 12 verstes s'effectua sans accident, mais non sans inconvénient: les vagues furieuses déferlaient jusque dans le bateau, et le bruit du vent et des flots ne permit pas à G. O. Clerc, chargé de diriger cette excursion, d'employer ce temps à présenter aux assistants un rapport succinct sur l'état actuel de l'archéologie préhistorique dans les monts Ourals. A moitié chemin, on aperçut dans le lointain, luttant contre les vagues, un esquif d'où l'on faisait des signaux de détresse; notre vapeur se dirige vers l'objet en perdition, on prépare les appareils de sauvetage, et l'on finit par distinguer, debout dans cette coquille de noix, un personnage brandissant un drapeau: c'était l'intrépide M. Karnojitsky, chef de l'excursion minéralogique, qui venait à la rencontre des congressistes; bientôt il nous accosta et s'élança sur le pont, ainsi que le pêcheur qui l'avait amené, tous deux trempés de pied en cap. Cet épisode, qui aurait aisément pu tourner au tragique, fit diversion à la monotonie du trajet.

Malgré les lourds et sombres nuages qui, courant presque à ras de terre, cachaient l'horizon de montagnes, le petit village de Palkino avait un air de fête, le vaste pont de bois, réunissant les deux rives de l'Isset et l'embarcadère improvisé étant décorés de guirlandes et de drapeaux et fourmillant d'une foule bigarrée de paysannes et d'enfants.

Arrivés au sommet de la colline du signal dominant tous les environs, les excursionnistes écoutèrent les explications de

M. Clerc sur les nombreux gisements d'antiquités préhistoriques, qui prouvent que vers la fin de l'époque néolithique et au moment de l'introduction des métaux (le cuivre était coulé sur place), une nombreuse population, certainement finnoise (probablement vogoule), avait encore ici même un centre d'une importance très considérable.

En repassant près de l'embarcadère pour se rendre au Gorodistché, on fit une courte halte pour prendre un verre de thé. Dans l'intervalle la pluie avait commencé. On visita cependant, après le Gorodistché, la montagne voisine, où M. Sigow et le prêtre Hyppolyte Smychliaew avaient découvert les premières idoles en cuivre sous de grandes dalles de gneiss, puis on fit des fouilles au pied N de cette montagne, au bord de la rivière, lieu qui a déjà fourni beaucoup de fragments de poterie et d'outils en pierre soit éclatée, soit polie. On aurait dû ensuite se transporter à deux verstes plus loin pour visiter des „Kamennya palatki", mais la pluie allant toujours croissant, toute la compagnie fut heureuse de retourner à l'embarcadère, où M. Fadéew avait fait servir un excellent déjeuner. De brillantes improvisations en diverses langues vinrent ajouter un nouveau charme à cette réunion trop courte. Comme supplément à la collation, une certaine quantité d'objets préhistoriques, recueillis par les paysans du lieu en labourant, furent mis à la disposition des congressistes.

Enfin, voyant que le temps, au lieu de se remettre, ne faisait qu'empirer, force fut de remonter en bateau et de reprendre le chemin de la ville.

Le chef de l'excursion archéologique ne peut se consoler d'avoir été ainsi empêché de faire constater aux savants rassemblés certains faits d'archéologie ouralienne qu'il comptait leur soumettre.

Le 5/17 août une partie des excursionnistes visita, sous la conduite de A. Karnojitzky, les gisements de minéraux d'Eugénie-Maximilianovna, situés à l'ouest et au nord-ouest du village Palkina, à une vingtaine de verstes vers l'ouest d'Ekathérinebourg, découverts et étudiés de 1894 à 1896 par le conducteur de l'excursion.

Quelques jours auparavant, on avait réussi à percer, pour l'excursion, une voie carrossable à travers la forêt vierge et les marais impraticables des collines „Eugénie-Maximilianovskia", et grâce à cela on put visiter en un seul jour les nombreux gisements disséminés sur une étendue de plus de 25 verstes carrées.

A $10^1/_2$ h. du matin, les géologues arrivèrent d'Ekathérinebourg en bateau à vapeur à la bouche de la petite rivière Romanovka qui se déverse dans l'Isset en amont du village Palkino. Là on prit des voitures pour se rendre à la montagne Poup, où l'on visita Iwano-Rédivortsevskaïa-kop (kop= fouille, Grube). De là, on alla à cheval à Séwernaïa-Yérémeïevskaïa-kop et on y étudia les trois filons remarquables du gisement. Après avoir ensuite examiné la grande fouille Yevguénié-Maximilianovskaïa (axinite, pouchkinite) sur la montagne Yélowaïa, les excursionnistes continuèrent leur route jusqu'à la Romanovka. Là les équipages les reprirent pour les conduire à la montagne Medwejka, où attendait un déjeuner gracieusement offert par le gérant des usines d'Issetsk, A. I. Fadéew. Sous les yeux des géologues, des ouvriers exécutèrent des travaux dans la carrière ouverte dans un granite jaune grisâtre; on fit éclater des mines dans l'arrière-paroi et on détacha de la roche de magnifiques morceaux d'essonite jaune rosâtre qui furent aussitôt distribués aux membres de l'excursion. En général, toutes les coupes avaient été soigneusement rafraîchies et chacun des géologues put se procurer de beaux spécimens d'essonite, d'épidote, de titanite, de microcline, ainsi que des cristaux séparés d'axinite, de pouchkinite, d'almandine etc.

En dehors de quelques rares minéraux difficiles à déterminer, voici ceux qui sont les plus fréquents dans les fouilles d'Eugénie-Maximilianovna: essonite, almandine, pistacite, pouchkinite, vésuvienne, axinite, titanite, aiguemarine, rubis, disthène etc. Les géologues purent se convaincre que, quoique les minéraux accompagnant l'épidote et l'épidosite se trouvent au contact de roches feldspathiques (granite, syénite) avec des roches amphiboliques (gneiss amphibolique, amphibolite) ou de la dolomie, ce contact pourrait bien ne pas être l'unique cause de la formation de ces minéraux.

Le professeur Lepsius constata une grande similitude entre les fouilles d'Eugénie-Maximilianovna et les gisements de minéraux d'Odenwald dans les environs de Darmstadt.

Vers les 8 heures du soir on était de retour à Ekathérinebourg.

De Ekathérinebourg à Perm.

Le lendemain matin, 6/18 août, le train transporta les congressistes à Nijni-Taguil, où ils furent reçus par Th. Tschernyschew, le conducteur de la première moitié de l'excursion dans l'Oural. A. Karpinsky, qui dut retourner à St. Pétersbourg, prit congé de ses confrères de l'étranger à la station Anatolskaïa, emportant le souvenir le plus cordial et le plus reconnaissant des six jours passés au milieu d'eux.

Après un court arrêt à Taguil, le train des géologues avança par un embranchement jusqu'au pied du mont Wyssokaïa; il y resta garé jusqu'au soir du jour suivant. Aussitôt après l'arrivée on alla visiter, sous la conduite de Th. Tschernyschew, la montagne Wyssokaïa. On commença par l'examen de la mine Revdinsky („Guide", IX, pp. 9—10) où les roches qui constituent le massif sont relativement fraîches: plusieurs d'entre les excursionnistes purent s'y procurer de bons morceaux d'aimant naturel. Après avoir traversé la coupe jusqu'aux brèches et tufs affleurant sur la crête, on descendit au domaine de Nijné-Taguilsk dont les terrasses montrent toute la série des roches citées dans le „Guide" (IX, pp. 7,9). Sur la limite des exploitations de Nijné-Taguilsk et de Néviansk, de même que dans les coupes de cette dernière, on put nettement voir les „schlieren" et l'enrichissement graduel de la roche éruptive en fer magnétique, à commencer par des cristaux isolés et de petites masses jusqu'aux puissants gisements de minerais. En traversant ensuite l'exploitation Alapaïevsky, on retourna à celle de Nijné-Taguilsk, dans la partie sud de laquelle on observa le phénomène de la désagrégation des roches à orthose, et leur passage à une masse blanchâtre ou rosâtre renfermant de grands amas irréguliers de fer magnétique et de martite. Après avoir étudié encore les calcaires affleurant au sud de l'exploitation de Taguilsk, on retourna au train. Des plate-formes ornées de drapeaux et munies de sièges improvisés conduisirent ensuite la société au bâtiment du théâtre, où attendait un splendide banquet offert par l'administration de l'usine. La soirée était bien avancée quand on regagna le train pour dormir.

Le lendemain matin les géologues furent honorés de la réponse suivante à leur télégramme, que Sa Majeste l'Empereur avait daigné leur envoyer par l'intermédiaire de Son Altesse Impériale, Monseigneur le Grand-Duc Constantin:

„L'Empereur me charge de transmettre Ses remerciements sincères aux 150 membres du Congrès Géologique International réunis à Ekathérinebourg et d'exprimer la satisfaction que leur télégramme à causé à Sa Majesté.

Constantin".

Ce jour-là on se divisa en deux groupes: la majeure partie resta à Nijné-Taguilsk, afin de visiter Médnoroudiansk et la mine de manganèse; les autres, au nombre de 40 personnes environ, se rendirent, sous la conduite de m. **Hamilton**, aux gisements platinifères.

Avant d'aller à Médnoroudiansk, les excursionnistes se dirigèrent vers le mont Lyssaïa, visitant en route les calcaires et les brèches affleurant dans les berges du ruisseau Roudianka et plus loin vers le sud („Guide", IX, p. 11). Sur la montagne on examina les porphyrites qui la constituent. Le vaste panorama qui s'offre au regard au sommet de la Lyssaïa-gora permit de s'orienter facilement dans la structure géologique des alentours de l'usine de Taguilsk.

On visita ensuite les affleurements des roches à la surface de la mine et les déblais extraits des profondeurs (calcaires dévoniens inférieurs à *Pentamerus vogulicus*, schistes verts et tufs, lamprophyres, formant un filon qui traverse la mine de l'est à l'ouest etc.).

Après le dîner on visita, conformément au programme, le musée et la mine de manganèse. Un train composé de plateformes transporta la société au village Wyissk où se trouve le musée. Ce furent surtout les très belles collections de minéraux de Médnoroudiansk et d'échantillons des roches-mères du platina (péridotites et gabbros) qui attirèrent l'attention générale. La partie technique du musée offrait une exposition d'objets fabriqués dans le district de Taguil, témoignant une haute perpection et une grande variété dans la production d'objets de qualité supérieure.

Du musée on se dirigea à pied vers le nord de Taguil, à la mine de fer magnétique Lébiajaïa et à la mine de manganèse. En suivant les calcaires dévoniens inférieurs affleurant dans le village Wyissk, les géologues virent encore une fois le rapport entre les tufs et les brèches qui se montrent à gauche du chemin. A la mine Lébiajaïa, surtout dans la fosse septentrionale, on eut l'occasion de voir le même type de gisement du fer magnétique qu'on avait déjà observé à la montagne Wyssokaïa.

A la mine de manganèse les excursionnistes purent observer les affleurements considérables des calcaires dévoniens auxquels sont liés tous les gisements de manganèse qui se trouvent au versant oriental de l'Oural. Quelques membres de la société eurent la chance d'y trouver des morceaux de calcaire criblé de fossiles.

Pendant le retour à Lébiajaïa on trouva le train qui était venu à la rencontre des excursionnistes pour les ramener au pied de la montagne Wyssokaïa. Le même soir on fit le trajet à la station Taguil, où arrivèrent également, dans la nuit, les 40 géologues qui avaient fait en voiture une course de 80 verstes aux gisements platinifères, situés déjà dans le système des rivières d'Europe. Malgré le peu de temps que le directeur de cette excursion, m. Hamilton, avait eu à sa disposition, on avait visité non seulement les gisements in situ. mais aussi les placers platinifères. Ce fut avec beaucoup de cordialité que les géologues prirent congé des représentants de l'administration du district minier de Taguil, et surtout de m. Hamilton qui n'avait épargné aucune peine pour rendre le séjour de l'excursion dans le district aussi utile et aussi agréable que possible.

A la pointe du lendemain (8/20 août), le train se mit en mouvement pour la station Barantcha où il arriva vers les 9 heures de matin. Les ingénieurs du district minier de Barantchinsk firent aux géologues une réception solenelle. Ce jour-là l'usine de Barantchinsk fêtait le 150-me anniversaire de sa fondation. Les ouvriers et les paysans des environs, en costume de fête, accueillirent l'excursion de la manière la plus cordiale. Un orchestre composé d'amateurs recrutés parmi les ouvriers de l'usine jouait une marche de bienvenue. Mais il n'y avait pas de temps à perdre. On prit place dans les voitures qui attendaient à la station et on partit pour l'usine et ensuite pour la montagne Siniaïa. Des deux côtés de la route, ornée de guirlandes et de drapeaux, se tenait une foule de peuple qui acclama et suivit le cortège. L'excellent état de la route recemment réparée permit d'atteindre en voiture les carrières où se montrent à découvert les gabbros et les roches à diallage formant de beaux „schlieren". Cet intéressant affleurement souleva de nombreuses discussions: les uns étaient d'accord avec les explications que donnait le directeur de l'excursion, les autres soutenaient l'opinion qu'ils avaient devant eux une série d'injections consécutives de magmas différemment composés.

En quittant les carrières, on fit l'ascension du mont Siniaïa pour y visiter les roches à diallage affleurant au sommet et pour admirer la vaste vue qui s'ouvre de ce point dominant la région. C'était d'autant plus facile que l'administration de l'usine avait fait construire pour l'arrivée des géologues un belvédère en bois, du haut duquel rien n'empêchait de contempler le superbe panorama des montagnes environnantes. Cette tour d'Eifel en miniature permettait aussi au directeur de l'excursion d'expliquer avec beaucoup de commodité à son auditoire attentif l'orographie et les principaux traits de la structure géologique de la partie de l'Oural qui se déployait au loin.

Au retour de la montagne, on s'arrêta à l'usine de Barantchinsk dont l'aimable directeur, l'ingénieur des mines m. Kouznetzow offrit aux excursionnistes, selon la coutume russe, le pain et le sel. En souvenir de leur passage, l'administration de l'usine eut l'amabilité d'offrir à chacun des membres de l'excursion une breloque en forme de grenade. Un photographe venu de Taguil fit de la société un groupe qui se trouva être le mieux réussi de tous ceux qui avaient été faits jusque là pendant le voyage.

A une heure de l'après-midi on retourna à la station Barantcha et le train partit pour Kouchwa aux acclamations de bon voyage des habitants de Barantchinsk.

Aussitôt descendus au débarcadère, les excursionnistes prirent les voitures qui les attendaient pour les conduire au mont Blagodat. Au sommet de la montagne, devant la chapelle et le monument élevé en l'honneur du vogoul Tchoumpin, Th. Tschernyschew expliqua aux géologues réunis, à l'aide d'une carte dressée sur grande échelle par le gérant des mines, l'ingénieur des mines Apykhtin, les principaux traits de la structure et de la tectonique du Blagodat. On visita ensuite les plus intéressants gradins en voie d'exploitation. A la prière des géologues on mit le feu aux mèches des mines de dynamite qui produisirent des explosions d'un grand effet. Puis, par une galerie souteraine, on se rendit au versant sud du Blagodat. Malheureusement le temps magnifique changea tout à coup: une forte pluie surprit la société à la sortie de la galerie. Grâce à cette averse il n'y eut qu'un petit nombre qui se décidèrent à continuer la visite des exploitations au nord de la montagne, où les failles apparaissent avec une grande netteté. La plupart se dirigèrent du versant sud de la montagne vers une table improvisée où les excursionnistes affamés trouvèrent de quoi rétablir leurs forces. Le temps s'étant un peu éclairci, ceux qui s'interessaient à la pétrographie visitèrent, avec Th. Tschernyschew, la colline Blagodatka, composée de porphyrites à augite et ouralite (décrits par G. Rose).

La brume arrivait lorsqu'on fut de retour à la station. Pendant la nuit, Th. Tschernyschew dut quitter à regret ses confrères, dans l'agréable société desquels il avait passé tant de beaux jours, pour retourner directement à Pétersbourg. Les adieux furent chaleureux, ils partaient du coeur; on échangea de part et d'autre des souhaits de se revoir bientôt à la session du Congrès. La même nuit arriva d'Ekathérinebourg l'ingénieur des mines Mickwitz, qui accompagna les excursionnistes jusqu'à Perm.

Le départ de Kouchwa pour Perm eut lieu dans la matinée du 9/21 août.

On s'arrêta une première fois sur la frontière conventionelle qui, depuis la construction du chemin de fer, est marquée par une pyramide en fer portant d'un côté l'inscription „Europe“, de l'autre „Asie“. Une photographie y fut prise de la société; malheureusement elle a moins bien réussi que celle qui avait été faite à l'usine de Barantchinsk.

Comme il avait fallu se décider à parcourir le trajet jusqu'à Perm dans une seule journée, le nombre des haltes dut être diminué au possible. On ne put consacrer que très peu de temps à l'examen des dolomites, quartzites et schistes affleurant à la 243-me verste („Guide“, X, 2), et des calcaires du dévonien supérieur visibles à la 173-me verste („Guide“, X, 3). Un arrêt plus prolongé fut fait à la station Tchoussowaïa, afin d'y visiter les calcaires carbonifères et les dépôts d'Artinsk riches en restes organiques dont les plus remarquables sont des Ammonées en excellent état de conservation. Vu l'absence d'une route carrossable le long de la rivière Tchoussowaïa, les géologues durent se placer dans deux barques que des chevaux traînèrent jusqu'au point, entre Arkhipovka et Wachkour, où ces intéressantes roches viennent se prêter à l'étude. L'examen des relations que présentent les dépôts d'Artinsk et les dépôts carbonifères vers l'amont et l'aval de la rivière permit aux excursionnistes de constater que l'ensemble des couches disposées en concordance forme un pli isoclinal nettement accusé.

Le soir, les excursionnistes prirent leur dernier repas au train-restaurant qui dut repartir quelques heures plus tard pour Moscou. Jusqu'à une heure avancée de la nuit M. Moser eut à débrouiller le bagage et à numéroter les innombrables caisses remplies des richesses que les géologues avaient collectionnées pendant leur voyage et qu'il importait de transporter en bon ordre dans le train qui emporta le lendemain matin la société à Perm.

Par la Kama et la Volga.

Le train des géologues arriva à Perm le 10 août.

Aussitôt arrivés, les congressistes s'empressèrent d'envoyer à l'Auguste Président du Congrès le Grand-Duc Constantin Constantinowitch le télégramme suivant:

„Parvenus au terme de notre voyage dans l'Oural, permettez-nous d'en annoncer à l'Auguste Protecteur du 7-e Congrès Géologique International l'éclatant succès, en exprimant à Votre Altesse Impériale notre profonde gratitude pour le puissant concours qu'elle a daigné apporter à nos travaux. Partout nous avons trouvé l'accueil le plus empressé, et c'est avec admiration que nous avons pris connaissance sur le terrain des résultats auxquels sont parvenus les Géologues Russes. et en particulier nos guides éminents.

Les participants à l'excursion de l'Oural".

Ils exprimèrent aussi, par dépêche télégraphique. leur profonde reconnaissance à M. Nolltein, ingénieur en chef du chemin de fer Moscou—Kazan, dont l'extrême prévenance avait aplani bien des difficultés dans l'organisation des trains.

Au débarcadère les membres du Congrès furent reçus par le directeur de l'excursion sur la Kama et la Volga, le prof. Stuckenberg, son aide le docteur V. Netchaïew, et les représentants de la ville et de l'administration locale. Le maire souhaita la bienvenue aux arrivants; le baron Richthofen répondit par quelques paroles bien senties. Le séjour à Perm ne dura pas longtemps. On n'eut que le temps de parcourir la ville et de voir le musée nouvellement fondé par une société d'amateurs d'antiquités et d'histoire naturelle.

Un bâteau à vapeur spécialement affecté pour l'excursion emmena les géologues de Perm, par la Kama et la Volga, à Nijni-Novgorod. L'examen projeté des affleurements du système permien aux rives de ces rivières dut être abrégé par le conducteur de l'excursion, vu le manque de temps pour arriver aux jours fixés à Kazan, Nijni-Novgorod et Pétersbourg. Cette raison ne permit d'examiner jusqu'à Kazan que trois points: sur la rive droite de la Kama, vis-à-vis d'Ossa et de Tikhia-gory; sur la rive droite de la Volga, près du confluent de la Kama; en aval du village Bogorodskoïé. Au premier de ces points on observa la section sablo-argileuse inférieure de l'assise permienne; au second on étudia le zechstein superposé, assez riche en restes organiques; au troisième on examina, près de Bogorodskoïé, la coupe classique du zechstein et de l'étage à marnes bigarrées ou étage tartarien qui le surmonte. Le zechstein de Bogorodsk, abondant en restes organiques, fournit l'occasion de récolter un assez grand nombre de représentants de la faune permienne. Les géologues eurent ainsi, entre Perm et Kazan, la possibilité de prendre connaissance des coupes les plus typiques du système permien.

Pendant le voyage sur la Kama, les géologues furent honoré de la réponse à leur télégramme que le Grand-Duc Constantin Constantinowitch leur avait envoyé à la suite:

„C'est avec grand plaisir que j'ai reçu l'aimable télégramme des illustres membres du Congrès Géologique International réunis à Perm et en exprime ma gratitude la plus sincère. Serai heureux de faire connaissance des représentants de la science à leur arrivée à Pétersbourg et espère que le séjour en Russie leur laissera un bon souvenir.

Constantin".

Le 12 août, à 1 heure de l'après-midi, on arriva à Kazan où l'on fut reçu, au débarcadère, par le maire S. V. Diatchenko, l'adjoint du curateur de l'arrondissement scolaire de Kazan, S. Th. Spechkow, le recteur de l'université K. B. Vorochilow, et par un grand nombre de personnages distingués. Le maire adressa aux géologues un discours de bienvenue et les invita à visiter la ville. Des voitures de tramway conduisirent les membres de l'excursion au centre même de la ville. On se rendit aussitôt à l'Université Impériale. Les professeurs et un public d'élite accueillirent les excursionnistes. S. Th. Spechkow et K. V. Vorochilow prirent la parole en l'honneur des géologues et leur proposèrent de visiter la bibliothèque et le musée de l'Université. Les musées géologique et minéralogique avaient été spécialement disposés à cet effet. Le prof. Stuckenberg avait eu, en outre, la prévenance d'exposer sur des tables, dans la grande salle, un grand nombre de collections pétrographiques et paléontologiques vraiment dignes d'intérêt et qui méritaient d'attirer l'attention des connaisseurs. Grâce à cette mesure, il fut possible d'étudier en très peu de temps la très riche faune des dépôts permiens à l'est de la Russie, collectionnée pendant une longue suite d'années par le professeur Stuckenberg et ses élèves. Les géologues restèrent jusqu'à 3 h. à l'université où un excellent déjeuner leur fut servi.

On visita ensuite la ville. La plupart se rendirent au Musée de la ville qui renferme, entre autres, une collection des sols du gouvernement de Kazan et de quelques autres localités.

Pour les 6 heures, sur l'invitation du maire S. B. Diatchenko, on se réunit à l'hôtel de ville, à un banquet offert par la municipalité, auquel assistèrent des délégués de l'administration de la ville, du zemstvo et de l'Université. Le premier toast fut porté à la santé de Sa Majesté l'Empereur. Le maire souhaita la bienvenue au nom de la ville de Kazan et porta un toast à la prospérité de la science qui unifie toutes les nations. De la part des géologues des toasts furent portés, avec des paroles de remerciement, par MM. de Richthofen, Bertrand, Hall, Steinmann, Cermenati, Stefanescu.

Vers les 9 heures du soir on retourna au bateau, emportant les meilleurs souvenirs de la métropole de la Russie orientale et en exprimant la plus vive reconnaissance au prof. Stuckenberg, conducteur de l'excursion de Perm à Kazan, et à son aide le docteur Netchaïew, pour toute l'amabilité dont ils avaient fait preuve.

A 11 heures du soir le „Ekathérinebourg" quittait le débarcadère pour continuer sa route vers Nijni-Novgorod.

Le 12 août, après trois semaines de séparation, S. Nikitin reprit à Kazan la direction de l'excursion revenant de l'Oural. Contre toute attente il retrouva les excursionnistes nullement fatigués de leur long voyage, mais aussi frais qu'auparavant, s'intéressant tout aussi vivement à la nature et aux populations qu'à leur départ de Moscou.

Sur le bateau à vapeur régnait cet ordre parfait qui avait régné sur tout le parcours en chemin de fer, ordre qui doit être naturellement attribué à l'heureux ensemble des membres qui composaient l'administration, à son chef M. Moser, ainsi qu'à ses deux adjoints M-rs Tolmatchew et Schlippe. Quiconque a dirigé ne fût-ce qu'une simple petite excursion, sait combien il est difficile d'y maintenir l'ordre et d'en assurer le succès, et à quels tristes résultats peut conduire le désaccord entre les administrateurs. L'excursion de l'Oural n'a rien connu de tout cela. Aussi la satisfaction générale de la société s'est-elle exprimée en remerciements et en souvenirs de reconnaissance adressés aux administrateurs à la rentrée à Pétersbourg.

Le départ de Kazan eut lieu dans la nuit du 12 au 13

août. Le Comité d'organisation avait exprimé le désir que l'on hâtât le retour à St. Pétersbourg de manière à y arriver le 15, mais après pourparlers avec le capitaine, il se trouva que cela était irréalisable Il eût été difficile de le faire pendant les hautes eaux, à plus forte raison n'était-il pas possible de parcourir la distance avec une vitesse considérable dans cette saison où les eaux de la Volga sont toujours si basses qu'il est nécessaire pendant la nuit de n'avancer que prudemment, en sondant continuellement la profondeur. La nécessité dans laquelle on se trouvait de stationner, vu l'impossibilité d'arriver à Nijny-Novgorod avant le 14, rendit possible de faire une première petite excursion à Tchéboksary — on y observa les conglomérats de l'étage tartarien qui renferment des ossements de sauriens—et une seconde à Kozmodémiansk, où on examina quelques coupes des plus typiques de l'étage tartarien et les anciens dépôts des terrasses. Ce fut avec le même intérêt soutenu que les géologues écoutèrent les explications qui leur furent données par S. Nikitin sur la constitution de la contrée que traverse cette partie de la Volga. Les questions soulevées donnèrent lieu à un vif échange d'opinions qui se prolongea bien avant dans la nuit.

La journée du lendemain fut toute entièrement consacrée, selon le désir des excursionnistes, à visiter Nijny-Novgorod, son grandiose panorama et sa célèbre foire.

Le 14 août, au soir, les géologues prirent place dans le train express qui se trouvait à leur disposition. Après de courts arrêts pour les repas à Moscou, Tver et Bologoïé, on arriva à St. Pétersbourg le 16 au matin. Pendant ce trajet aussi, les conversations géologiques des infatigables excursionnistes de l'Oural ne tarirent pas un moment; mais aussi il faut reconnaître, et cela sans flatterie aucune, que l'élite, la fleur de la science parmi les géologues du monde entier était réunie dans le train.

Excursion en Esthonie.

Déjà au Congrès international de Zurich on avait exprimé le désir qu'une excursion fût faite en Esthonie lors du Congrès qui aurait lieu en Russie. Nos confrères voyaient dans cette excursion un double attrait, les uns dans notre silurien d'un développement si riche qu'après les publications détaillées à ce sujet il est devenu classique pour l'étude du système, les autres dans les formations quaternaires si variées de notre pays. Notre territoire silurien devait offrir un intérêt particulier aux géologues qui s'occupent spécialement de l'étude des roches erratiques siluriens de l'Allemagne du nord, roches qu'ils regardent en grande partie comme provenant de la Russie.

Ont put donc s'attendre à trouver parmi les membres de l'excursion des géologues désireux d'étudier la géologie générale du pays, et d'autres qui tourneraient avant tout leur attention sur nos couches siluriennes et leur faune. Le directeur de l'excursion ne voulant pas se borner uniquement à l'étude du terrain le long de la voie ferrée ou aux environs des villes, et un voyage en diverses directions à travers l'Esthonie ne pouvant se faire sans recourir à l'hospitalité des grands propriétaires, le nombre des participants à l'excursion devait nécessairement être restreint. Il s'était d'abord arrêté à 15 excursionnistes, mais finalement il dut aller jusqu'à 25. Les entrevues avec les propriétaires montrèrent bientôt que l'excursion pouvait se faire en Esthonie, mais que dans l'île d'Oesel, qu'il eût été très intéressant de visiter, elle était impossible: la propriété y étant très divisée, il aurait fallu se diviser en trop petits groupes.

L'académicien Schmidt, le conducteur de l'excursion, avait principalement compté sur des représentants de contrées siluriennes et cambriennes, et sur les géologues de l'Allemagne du nord. En effet, la plupart des membres de l'excursion sont venus de l'Allemagne. Mm. Deeke, Gagel, Gottsche, Remelé, Stolley, Wysogorsky, les prof. Felix, Rothpletz, André, Rein (Allemagne) s'interessaient pricipalement à la question de l'origine des blocs erratiques de l'Allemagne. Le professeur Hughes et sa femme, le professeur Seeley, m-r Bather (Angleterre) et le professeur Malaise (Belgique) s'intéressaient à notre système silurien en général. Malheureusement la petite troupe ne comptait aucun Français ni Américain, les géologues de ces deux pays ayant préféré d'autres excursions qui leur offraient plus d'intérêt. Vu les nombreux points de ressemblance entre l'Esthonie et la Scandinavie, les géologues scandinaves auraient pu être plus nombreux. D'ailleurs il est vrai de dire que des études avaient déjà été faites antérieurement sur notre terrain par des géologues suédois et norvégiens, de sorte que le prof. Törnquist de Lund et M. Ravn de Copenhague s'étaient seuls rendus à notre invitation. De plus le doct. Holm, qui connaît parfaitement l'Esthonie par ses voyages précédents, a bien voulu s'adjoindre à l'excursion en qualité d'aide du conducteur. L'ingénieur Mickwitz de Réval a eu l'amabilité de se charger à la fois de diriger l'excursion à travers le cambrien qu'il a particulièrement étudié et de servir de caissier.

Le programme que l'on s'était proposé de suivre dans l'excursion est exposé dans le „Guide". On avait surtout en vue d'étudier le silurien inférieur et le cambrien, tandis que pour le silurien supérieur on devait se borner à visiter les étages les plus bas, l'étage du Jörden (G_1) et le banc à *Pentamerus borealis* (G_2). Malheureusement le temps a manqué pour aller visiter l'assise de Raikull (G_3) et l'étage à *Pent. estonus* (H) développé déjà sur le continent. Quant au cambrien (A) et à tous les étages du silurien inférieur, on a eu l'occasion d'en voir tous les horizons et d'y faire de riches collections. En outre, on a eu plusieurs fois l'occasion d'étudier le quaternaire. Il faut cependant dire que les circonstances n'ont pas toujours permis de montrer tout ce que l'on s'était promis de mettre sous les yeux des excursionnistes. Un autre défaut, provenant, il est vrai, de l'impossibilité de calculer d'avance exactement le temps que nécessitaient les différentes courses, est en ceci que l'excursion est plusieurs fois arrivé en retard dans les endroits qu'elle devait visiter. D'un autre côté, M. Schmidt se fait un vrai plaisir de noter ici le bel accord qui a régné parmi les excursionnistes pendant tout le cours du voyage. Les uns aidaient les autres. Ceux qui s'intéressaient à des spécialités pouvaient toujours être sûrs à se voir apporter de tous les côtés des matériaux d'étude, de même que les spécialistes étaient toujours prêts à instruire leurs collègues. Ainsi le Dr. Stolley a démontré à plusieurs reprises les *Palaeoporellae*, reconnues comme algues fossiles, à tous ceux qui ne les avaient jamais vues en nature, et l'ingénieur Gebauer de Wilna, très habile collectionneur, distribuait les belles trouvailles qu'il faisait à tous ceux qui désiraient les posséder. Le Dr. Holm recueillait et étudiait spécialement les *Conularia* (avec les *Hyolithes*) et les *Graptolithes* sur lesquels il va prochainement publier un travail; le Dr. Vyssogorsky collectionnait des *Orthis*, le baron Huene des *Crania*, le Dr. Bather des *Crinoïdae* et des *Cystideae;* le conducteur de l'excursion s'intéressait surtout aux *Tribolites* qui, en dehors de la famille des *Asaphidae*, devront compléter les autres groupes de ce genre de fossiles dans la dernière livraison de sa revue des Tribolites de l'est des provinces baltiques.

Un plaisir particulier du voyage a été la présence de trois photographes, m-rs Hughes, le prof. Remelé et l'ing. Gebauer, qui prenaient les vues des endroits géologiques les plus intéressants, faisaient des groupes de la société et photographiaient le différent genre de vie qu'elle menait. Les tableaux distribués plus tard aux membres de l'excursion et à leurs hôtes restent certainement comme un des plus agréables souvenirs du temps qu'ils ont passé ensemble.

Avant de passer en revue la marche de l'excursion, M. Schmidt se fait un devoir de dire que les excursionnistes ont exprimé bien des fois leur vive gratitude de l'aimable et généreuse hospitalité qu'ils ont trouvée partout dans l'Esthonie, et qu'il est sûr de ne pas se tromper en disant que, de leur côté, nos hôtes garderont aussi un excellent souvenir de notre passage qui était plusieurs fois qualifié comme „le grand événement“ de l'été passé.

L'excursion en Esthonie avait été fixée comme devant avoir lieu du 1 au 15 août (vieux style). Plusieurs des membres arrivèrent quelques jours plus tôt. Le premier arrivé fut m-r Bather qui eut ainsi l'occasion d'aller visiter, avec l'ardent collectionneur, le colonel Schewyrew, les environs riches en fossiles de Pavlovsk et de Tzarskoïe-Sélo. Le 1-er août tous les participants étaient réunis sauf le prof. Hughes avec sa femme et le prof. Malaise, qui ne rejoignirent l'excursion qu'à Wesenberg.

L'administration du chemin de fer baltique avait mis à la disposition des excursionnistes deux grands wagons de I classe avec lits et tout le comfort, de sorte que l'on put très commodément dormir dans les coupés, ayant encore assez de place pour le bagage.

Le 1 août, à 7 h. du soir, la société quitta St. Pétersbourg avec le train de vitesse de Riga qui, en moins de quatre heures, la conduisit à Narva, première étape du voyage. La nuit étant bientôt survenue, il ne fut guère possible de faire des observations durant le parcours. Seuls le monticule de Duderhof près de Krassnoïé-Sélo et les collines près de Elisavétino attirèrent quelques instants l'attention.

A Narva les excursionnistes furent reçus par m. André, directeur de fabrique, qui leur fit faire une belle promenade, au clair de la lune, dans l'intérieur du domaine de la manufacture de Krähnholm, jusqu'à un point d'où on put contempler la magnifique cascade de Narva, le petit Niagara russe. Un dîner charmant attendait la société chez m. André.

Le lendemain, de bonne heure, on fit une course aux rives de la Narva, où l'on étudia les couches à partir du sable à *Ungulites* jusqu'au calcaire à *Echinosphaerites*. Quoique les calcaires y soient en grande partie dolomisés et renferment le plus souvent des fossiles mal conservés, il n'a certainement jamais été recueilli tant de pétréfactions dans les couches supérieures de Narva (C_1) que ce jour-là. Le dîner fut encore une fois servi dans la maison hospitalière de m. André.

A trois heures on partit pour Waïwara, où plusieurs heures furent consacrées à l'étude du „glint" de Peuthoff dont le profil est déjà signalé comme „Cliffs near Waïwara" dans l'ouvrage de Murchison, Verneuil et Keyserling sur la géologie de la Russie. De là le dessin de la coupe a passé dans la Siluria de Murchison et dans un grand nombre de manuels.

Des voitures, que l'on avait fait venir de la station balnéaire de Sillamäggi, conduisirent ensuite la société au „glint" de Peuthoff, distant de 7 verstes, qui s'y étend le long de la grand' route. Les carrières plates de calcaire à *Echinosphaerites* permirent de faire une riche collection de beaux *Echinosphaerites* et de plusieurs variétés de Tribolites, surtout d'*Asaphides*. L'escarpement du glint offrit le premier affleurement de l'argile bleue cambrienne dont la belle coupe atteint en cet endroit près de 50 m. de hauteur (de l'argile bleue jusqu'au calcaire à *Echinosphaerites*). Malheureusement une averse qui survint empêcha d'étudier en détail l'escarpement du „glint“ et l'on dut se refugier à l'hôtel de Sillamäggi. Après le souper on regagna le train à Waïwara.

A deux heures de la nuit les wagons des excursionnistes furent ralliés au train de Pétersbourg-Riga. Le lendemain, à 10 heures, on arriva à Youriew (Dorpat). Après une réception solennelle de la part de l'administration de la ville, à la tête de laquelle se trouvait le maire, M. von Bock, accompagné des professeurs de la faculté, on alla voir au „dôme“ le monument du vieux Baer, l'Anatomicum et l'observatoire avec son pendule horizontal établi par le prof. Lewitzky. Le déjeuner fut offert à l'Hôtel de ville. On visita ensuite l'université où on examina sans se presser les belles collections du musée géologique. Outre la collection silurienne, ce fut surtout celle des restes de poissons dévoniens, recueillis par l'ancien professeur Assmus dans les environs de la ville, qui attira notre attention. De l'université on se dirigea sur la pente gauche de la vallée, nommée „Jägerscher Berg“, à une coupe dévonienne qui avait été réouverte entre les constructions. C'est là que le prof. Assmus a fait la plupart de ses belles trouvailles et que l'acad. Schmidt a recueilli des dents, des écailles et de beaux échantillons de *Osteolepis* et de *Lingula bicarinata*. On alla ensuite voir, près du cimetière, une coupe de dépôts quaternaires qui sert au-jourd'hui de sablière. L'attrait de cette coupe, étudiée dans le temps par le prof. Grewingk, se trouve dans sa composition complexe de dépôts glaciaires stratifiés et non stratifiés. Le temps qui resta de l'après-midi fut employé par les uns à se reposer, par d'autres à examiner les collections que l'on n'avait pas vues dans la matinée, entre autres la riche collection ostéologique du prof. Rosenberg; ceux qui avaient des connaissances dans la ville profitèrent de l'occasion pour leur rendre visite. Le soir, un banquet offert par l'université réunit les excursionnistes et leurs aimables hôtes dans la salle du Handwerkerverein.

Le lendemain, de bonne heure, la société était déjà à Wesenberg. Par la variété et la multiplicité des impressions, la journée du 4 août était certainement la mieux réussie de tout le voyage. Par un temps splendide on fut en haleine du matin au soir.

Dans la matinée arrivèrent le prof. Hughes de Cambridge, m-me Hughes, depuis le charme de notre société, et le prof. Malaise qui n'étaient venus à Pétersbourg qu'après le départ de l'excursion et auxquels le baron Toll avait bien voulu servir de conducteur jusqu'à Wesenberg. C'est là aussi que m-me Missuna se joignit à l'excursion.

A 8 heures du matin, des voitures mises à la disposition des géologues par la chevalerie esthonienne et par les propriétaires voisins, le baron Ungern-Sternberg-Jess et le baron Stael-Samm, conduisirent la société d'abord à la grande carrière près de l'auberge de Raggafer, où l'assise de Wesenberg (E) montre une très belle coupe qui fournit une riche moisson de fossiles, et de là, par la chaussée, à Kunda. En chemin on s'arrêta à la station Pöddrus (assise de Jewe), puis au delà de Jess, près d'un fossé creusé dans l'assise de Kuckers (C_2) riche en fossiles, enfin au-delà d'Addinal, où les dalles du calcaire à *Echinosphaerites* (C_1) qui y monte presque jusqu'au niveau du sol, sont extraites dans les carrières du village Ojaküll. Des *Orthoceras* du groupe de *O. regularis* furent presque les seuls fossiles que l'on y trouva. Comme le prof. Nathorst l'a justement fait remarquer, la contrée rappelle beaucoup le Laaksberg près de Réval et le plateau de l'Alvar dans l'île d'Oeland.

Avant d'arriver à Kunda, une tranchée ouverte pour le nouveau chemin de fer Kunda-Wesenberg dans le calcaire à *Orthoceras vaginatum* (B_3) offrit l'occasion de recueillir quelques fossiles. Le déjeuner attendait les géologues dans la propriété Kunda, où ils furent reçus par M. la baronne Girarde Soucanton. Après un court repos, l'ingénieur Mickwitz conduisit l'excursion au cambrien inférieur dont les coupes classiques de l'Esthonie, qu'il a particulièrement étudiées, s'étendent le long du ruisseau Kunda. Une fosse creusée dans l'argile bleue cambrienne laissait très bien voir les couches de la base de l'étage inférieur, tout en permettant de recueillir de beaux spécimens, d'un pouce de long et même davantage, de *Platysolenites*, de même que des *Hyolithes*, fossiles récemment découverts dans cet étage par l'ing. Mickwitz. Pour donner l'occasion d'observer *Olenellus Mikwitzi* dans les coupes du ruisseau, le D-r Bührig, directeur de fabrique, avait fait construire au-dessus de l'eau une espèce de plate-forme, grâce à laquelle on pouvait s'approcher de la falaise qui contient la couche à *Olenellus*. Des travailleurs détachèrent des dalles de grès couvertes de fragments d'*Olenellus*, de sorte que tous les excursionnistes purent sans trop de peine se procurer des exemplaires de ce fossile pour leurs collections. Il est à regretter que jusqu'ici on n'ait trouvé aucun échantillon entier de ce fossile, l'unique Tribolite cambrien de l'Esthonie.

Sur la rive droite, une grande carrière ouverte dans le vraie calcaire à *Orthoc. vaginatum*, très puissant en ce lieu, permit de recueillir bon nombre de beaux fossiles. Les dernières heures du jour furent consacrées à une visite au marais de Kunda (voir le „Guide") dont les couches supérieures, du „Wiesenkalk" (sous la tourbe), abondent en coquilles d'eau douce et renferment, à côté d'ossements d'animaux fossiles, d'intéressants outils en os. Dans les couches inférieures argilo-sableuses le prof. Nathorst avait constaté, il y a quelques années, une flore subarctique. Malheureusement les fosses qu'il avait creusées étaient maintenant remplies d'eau et on dut se borner à l'inspection générale de la localité. La société passa la soirée dans la maison hospitalière du directeur de fabrique M. Bührig. Chaque excursionniste reçut une petite brochure avec des vues photographiques de la vallée de la Kunda. Une conversation animée, interrompue par de nombreux toasts et discours, termina cette journée bien employée. On se sépara tard; les uns passèrent la nuit dans la maison du propriétaire, les autres à la fabrique.

Le lendemain il fallait retourner de bonne heure à Wesenberg, par Selgs et Itfer, mais une forte pluie retarda le départ de quelques heures. Arrivés sur la hauteur qui domine la branche gauche de la Kunda, on vit apparaître le véritable grès à *Ungulites*. La route d'Itfer monte de la couche de Kuckers à celle d'Itfer. Au pied de la petite terrasse près du cimetière de Haljal, la société visita le cordon littoral (250 pieds au-dessus du niveau de la mer), étudié déjà par De-Geer qui l'a déterminé comme la plus ancienne limite de la mer dans la région. Après un déjeuner gracieusement offert à Itfer par le baron et la baronne Wrangell, on consacra quelque temps, dans une carrière voisine, à la couche typique d'Itfer (C_3). Entre Itfer et Wesenberg, le D-r Holm montra l'ås bien développé de Pachnimäggi. La ville de Wesenberg offrit un dîner solennel, auquel présidait le conseiller d'état, membre de la municipalité, M. Dehio. Après le dîner on put encore faire une petite promenade à l'ås de Wesenberg avec ses pittoresques ruines, dont M. Dehio distribua des vues photographiques bien réussies.

De Wesenberg on se rendit en voiture aux propriétés voisines de Kono et de Borkholm où on devait passer la nuit. Il faisait déjà si sombre, lorsqu'on y arriva, que l'ås typique de Karitz ne put plus être visité et que les géologiques gagnèrent directement leurs gîtes.

Le lendemain, 6 août, la société se réunit à Borkholm,

propriété joliment située et intéressante au point de vue géologique. Ceux qui avaient passé la nuit à Borkholm se rendirent de bonne heure à l'ancienne carrière du parc, point typique des horizons les plus élevés du silurien inférieur (F_2). Ceux qui étaient restés à Kono vinrent bientôt y rejoindre leurs camarades. Le haut de la coupe est formée par un calcaire corallien cristallin blanc; en dessous vient un calcaire dur finement stratifié, partiellement siliceux, de couleur grise et brune, renfermant en profusion de beaux fossiles. La base de la coupe est formée par une dolomie exploitée comme pierre à construire. Les collectionneurs étaient surtout attirés par la seconde couche très fossilifère. Les plus belles formes qu'on y trouve sont *Orthoceras fenestratum* Eichw. et *Pleurohynchus cf. dipterus* Salt. Le D-r Gagel réussit à dégager jusqu'à trente exemplaires de ce coquillage. On visita en outre l'intéressante vallée de la Walgejöggi (avec formations de tufs) et le beau âs de Borkholm. La situation si pittoresque du château au bord du lac d'où sort la Walgejöggi, engagea M-rs Hughes de faire une série de photographies dont les copies sont aujourd'hui entre les mains de beaucoup de personnes. Après le dîner bienveillamment offert par M. et M-me de Rennenkampf, on gagna la station Tamsal, située déjà dans la région du calcaire à *Pentamerus*, d'où on partit à 4 heures pour Réval. Pendant le trajet de Tamsal à Taps M. Schmidt fit remarquer aux géologues une tranchée, aujourd'hui couverte de végétation, dans laquelle il avait autrefois parfaitement pu observer la succession des couches de Borkholm du Jörden (G_1) et du banc à *Pentamerus borealis*. Après une halte d'une heure à Taps, on continua le voyage vers Réval, où on arriva à 11 h. du soir. Le maire de la ville, M. de Hueck attendait à la gare avec plusieurs personnes qui offraient aux excursionnistes le logis pour les trois jours qu'ils devaient passer à Réval.

Le lendemain, 7 août, tous se réunirent au Musée provincial qui possède une riche collection du silurien. Le déjeuner eut lieu dans la salle de l'ancien Hôtel de ville. L'après-midi fut consacrée principalement à l'étude du cambrien, sous la conduite de M. Mickwitz. On visita d'abord, près de Marienberg ou Strietberg, l'étage inférieur formé de calcaire dont un horizon déterminé abonde en *Mickwitzia monilifera* et *Scenella discenoides*. Des blocs épars au niveau de la mer laissent apercevoir des traces d'*Olenellus:* plus loin, sur le fond plat de la mer, ce fossile se trouve souvent sur de minces dalles de grès, en compagnie de *Platysolenites* et *Volborthella*. M. Mickwitz attira ensuite l'attention de l'excursion sur l'étage supérieur du calcaire renfermant, à partir du schiste à *Dictyonema* vers le haut, tous les horizons jusqn'au calcaire à *Echinosphaerites* inclusivement. Dans ce dernier on constata l'original *Asaphus devexus*. Pendant ce temps, M. Schmidt faisait en compagnie de M-r Hughes, du dir. Petersen et de M-me Mickwitz, une petite course au bord de l'escarpement calcaire, pour leur y montrer une relique botanique de l'époque glaciaire, notamment *Cerastium alpinum*, qu'après le Congrès de Zürich M-rs Hughes et M. Schmidt avaient constatée comme plante dominante sur le Gornegrat, à une altitude de 10.000 pieds.

De là, la société réunie alla visiter un affleurement cambrien près de Likkat, au bord du ruisseau Kosch. Au pied d'une paroi de grès, élevée de 40 pieds, qui n'atteint pas encore le véritable niveau d'*Ungulites*, les *Vorborthella* sont si nombreuses par places qu'ils y forment des minces couches. Il va sans dire que chacun des géologues s'empressa de recueillir des exemplaires de ce fossile.

Un copieux dîner, offert par la municipalité à Katharinenthal, termina la journée.

Le lendemain matin à 8 heures, des voitures transportèrent les excursionnistes à 23 verstes de la ville, à la cascade de Jaggowal, localité connue par ses belles coupes géologiques et l'abondance d'*Obolus* que l'on trouve au pied de la chute. C'est de là que provient la majeure partie des matériaux dont M. Mickwitz s'est servi pour sa monographie. En chemin on examina la tranchée creusée pour la route de Pétersbourg dans le Laaksberg, qui fait voir toutes les couches depuis le grès à *Ungulites* à la base jusqu'au calcaire glauconieux au sommet. Quelques verstes plus loin, ont visita un ancien cordon littoral partiellement composé de galets calcaires aplatis (pour la plupart du calcaire glauconieux). Au ruisseau Kosch, près de Hirro, une belle coupe montra à la base un grès cambrien sans fossiles, recouvert par de l'argile glaciale à blocs erratiques et du sable que surmonte une couche de galets avec coquillages d'eau douce témoignant du niveau anciennement plus élevé du cours d'eau. Après avoir visité encore les carrières plates ouvertes dans le calcaire à *Echinosphaerites* près de Nehhat sur le Laaksberg, qui rappellent beaucoup les carrières de Kunda, et le profond écoulement du lac de Mart, creusé dans les couches de sable et de gravier, on gagna la cataracte près de Joa. La plupart des excursionnistes se dirigèrent ensuite, vers l'aval, au gisement d'*Obolus*; les autres préférèrent examiner avec M-r Schmidt la cataracte et les couches qu'elle a mis à découvert. La berge au bas de la chute permettait d'observer la série des couches depuis le schiste à *Dictyonema* jusqu'au calcaire à *Orth. vaginatum*. Le lit de la rivière laissait voir, grâce à la basse eau, une vaste surface de calcaire nu qui permettait d'étudier les fossiles caractéristiques du calcaire à *Orth. vaginatum* et, vers l'amont, de la couche à lentilles (1*a*) supérieure

Mais le jour déclinait et il fallait se hâter d'arriver à la propriété Kostifer où le baron R. Rosen avait invité la société à dîner. Pendant le trajet, quelques instants furent consacrés à l'examen du cours souterrain du ruisseau Jegelecht, marqué à la surface par des rochers isolés et de nombreux effondrements des couches supérieures de calcaire rappelant le „Karst“ d'Istrie. Ce fut à regret que l'on quitta la maison hospitalière du baron Rosen. Il était fort tard dans la nuit lorsqu'on était de retour à Réval.

Le programme de la troisième journée de Réval portait une visite à Sack, propriété de M. de Baggehufwudt. On ne partit qu'à midi et en moins grand nombre que les jours précédents, dont on ressentait encore la fatigue. M. Mickwitz montra d'abord les champs de cailloux du „Sand“, devant le chemin de fer de Baltischport en deçà de Nömme. Le Sand offre d'abondants exemplaires de ces cailloux, auxquels le sable chassé par les vents a donné une forme prismatique (Dreikanter). Après avoir collectionné quelque temps dans la couche de Kegel, le long du chemin de fer, près de Paesküll, on gagna Sack. A une verste environ de cette propriété, les couches supérieures de Kegel (D_2) et de Wassalem (D_3) fournirent une riche récolte. M. de Baggo vint lui-même y chercher la société pour la conduire chez lui, où attendait un excellent dîner. Des chants et une superbe illumination du parc terminèrent cette belle soirée et en même temps le séjour de l'excursion à Réval. La nuit fut passée dans les wagons.

Le 10 août, à 7 h. du matin, on partit par le chemin de fer de Baltischport pour Kegel (25 verstes). Des voitures que l'on avait fait venir de Hapsal, distant de 70 verstes, attendaient à la station. Après le premier déjeuner, on exploita d'abord la couche de Kegel (D_2) dans les tranchées voisines de la station. De là on se dirigea, par la route postale de Hapsal, à la station Liwa. Arrivés à la hauteur de la vallée du ruisseau Kegel près de la propriété Thula, on alla visiter un ancien cordon littoral qui renferme des coquillages d'eau douce de l'époque des *Ancylus*. A cette époque la mer Baltique formait un bassin d'eau douce sans communication avec la mer du Nord à laquelle elle avait été jointe antérieurement, lorsque la mer postglaciaire eut atteint son niveau le plus élevé. Plus loin, à peu de distance de Liwa, on examina la riche carrière d'Oddalem, creusée dans le calcaire inférieur partiellement siliceux de la couche de Lykholm (f. 1*a*). Après une légère collation à la station, l'excursion traversa, jusqu'à la station Risti, un terrain purement quaternaire. Plusieurs verstes durant, la route suit une ancienne moraine qu'une série de collines hérissées de blocs dessine parfaitement.

De la station Risti la société se dirigea, en quittant la grand'route, vers Piersal, propriété du conseiller de district A. de zur Mühlen, où elle était attendue depuis longtemps. Une collection des fossiles que renferme dans cette localité la partie supérieure très corallifère de la couche de Lyckholm avait été préparée pour être montrée aussitôt après l'arrivée des géologues, qui cependant préférèrent se rendre immédiatement à la carrière, afin d'y chercher des fossiles pendant qu'il faisait encore clair. Les dames de la maison eurent l'amabilité d'aider les collectionneurs dans leurs recherches. La soirée fut consacrée au repos et à la conversation en société des aimables hôtes qui laissèrent à tous un souvenir des plus agréables.

Le lendemain on dut partir tôt, afin de pouvoir atteindre le même jour Hapsal et Dago. Aux environs de Hapsal il y avait peu à faire cette fois. Avant d'arriver à Risti, une carrière taillée dans le banc à *Pentamerus borealis* fournit aux amateurs quelques pétréfactions. Au delà de la station, la route se continua sur la moraine qu'on avait suivie la veille. A 17 verstes de Hapsal, au village Wenküll, M-r Schmidt fit remarquer des coquilles de la mer Baltique que l'on trouve ici jusqu'à 50 pieds au-dessus du niveau actuel de la mer. La distance qui restait jusqu'à Hapsal fut franchie sans arrêt.

Le dîner y attendait dans la maison hospitalière de M-me de Siemens et de son beau-frère M. R. de Gernet, qui avaient aussi invité plusieurs personnes des environs de la ville, désireuses de faire la connaissance des membres de l'excursion.

Après le dîner, le vapeur „Progress" transporta la société à Dago, où elle était attendue dans la propriété du comte E. de Ungern-Sternberg. La soirée fut encore consacrée aux plaisirs de la conversation. On passa la nuit dans les superbes appartements du château. Le matin on se rendit en voiture aux couches de la base du silurien supérieur (G_1 — G_3), très bien développées dans les environs de la propriété et à la plage, entre Kallasto et Helterma. Au bord même de la mer on voit la couche de Jörden (G_1) avec sa coquille caractéristique *Leptocoelia Duboisi*. Vers le haut, la couche passe insensiblement à un banc, ici très puissant, à *Pentamerus borealis* (G_2), suivi à l'escarpement de Kallasto par un calcaire à coraux et *Encrinites*, intercalé de marnes. Plusieurs formes, telles que *Orthis Davidsoni*, *O. Bouchardi*, *Pentamerus rotundus* Lindstr. etc. rattachent cette localité aux couches de Wisby, situées plus bas, fait constaté entre autres par M. Bather. Malheureusement M-r Schmidt ne put montrer à ses compagnons le banc à *Pentamerus* qui se trouve entre le calcaire corallien (correspondant à G_3) et la couche de Jörden. Il l'avait autrefois observé à la base de la coupe, mais comme on était arrivé à la falaise plus au sud, on ne rencontra la couche à *Pentamerus* que plus loin vers le sud-est, près de Helterma. La petite île de Wohhi, séparée de l'île principale par un détroit plat, montre déjà des affleurements infrasiluriens appartenant à la couche de Borkholm. Le temps manqua d'aller les visiter. Après le dîner, vivement touchée de l'aimable reception à Dago, la société se dépêcha de regagner le débarcadère d'Helterma, afin d'arriver à Hapsal avant la nuit.

Le lendemain, 13 août, à sept heures de matin, les excursionnistes reprirent les mêmes voitures qui les avaient amenés de Kegel, pour faire un grand tour à travers pays jusqu'à Baltischport.

Pendant une première halte à Rannaküll, dépendance de Neuhof, à 10 verstes de Hapsal, on visita une carrière abandonnée où on avait jadis fait de belles trouvailles dans la couche de Lyckholm. Le propriétaire de Neuenhof, M. de Wilken, un des hôtes de la veille, avait fait rafraîchir la coupe de la carrière, de sorte que tous firent bonne récolte malgré le peu de temps dont on disposait. De là on se rendit aux grandes carrières de Nömmküll. La couche de Lyckholm que l'on y exploite fournit l'occasion de collectionner de nombreux et gros céphalopodes.

Au déjeuner à Rickholz, chez le baron Taube, les géologues retrouvèrent leurs compagnons de voyage, le D-r Holm et le baron Huene, qui avaient quitté l'excursion à Piersal dans l'intention de visiter quelques carrières creusées dans la couche de Lyckholm (p. ex. Pattako Mäggi) et dans celle de Jewe, qu'autrement ils n'auraient pas eu le temps de voir. Une surprise des plus touchantes était réservée aux excursionnistes à Richholz. Chacun trouva, à la place qui lui était assignée à table, une enveloppe remplie de fossiles que M-lle Maillard, ancienne gouvernante de la maison, avait rassemblés dans les environs pendant plusieurs années. Le D-r Holm qui avait présidé à la distribution des fossiles dans les différents paquets, avait très aimablement prévenu les désirs des chaque membre de l'excursion.

Comme il restait encore plus de 90 verstes à franchir ce jour-là, il fallut partir aussitôt après le déjeuner. En route on s'arrêta quelques instants près de Newe, et à une carrière près de Williwalla, non loin de l'église Kreuz. Il fut 9 heures du soir quand on arriva enfin à l'intéressant cloître Padis. où on aurait déjà dû être dans l'après-midi. Après avoir pris le thé chez m. de Ramm, on passa devant les coupes de St. Mathias dont l'examen fut remis au lendemain. A Baltischport que l'on n'atteignit qu'après minuit, le maire, m. Demin, offrit à la société, malgré l'heure avancée, un souper bienvenu qui se prolongea jusqu'à 3 heures du matin.

Le 14 août fut consacré à l'étude de la péninsule de Baltischport. Comme la veille on s'était couché tard, on ne put se mettre en route qu'à 10 h. du matin. Sous la conduite de m. Mickwitz, une partie de la société se dirigea aux escarpements bordant la mer, qui montrent nettement la succession des couches depuis le grès sans fossiles (Fucoïdes) à la base, par l'intermédiaire du sable à *Ungulites*, de schistes bien développés à *Dictyonema* et de sables verts, jusqu'au calcaire le plus élevé (C_1). Les autres retournèrent avec M. Schmidt à St. Mathias, où la couche de Jewe (D_1) montre un beau développement. Tous y firent une riche récolte. Un déjeuner bienvenu fut offert par le pasteur Hirsch. Sur le chemin de retour, on visita, à proximité de Kosse, une carrière où on exploite la couche très fossilifère de Kuckers (C_2). De Baltischport on fit encore une petite course au calcaire de la pointe N qui montre nettement, comme d'ailleurs toute la plage, l'inclinaison des couches vers le S, tandis que vers le nord on voit successivement apparaître les couches inférieures. A 4 heures on fut de retour à la gare pour rentrer à Réval, où on arriva à 6 heures. Le départ étant fixé à 11 heures, les géologues purent encore passer quelque temps dans l'agréable société de leurs connaissances.

Le 15 août, dernier jour de l'excursion, on arriva à Jewe à 4 h. du matin. A 7 h. on prit les voitures que le directeur de l'excursion avait fait venir de Kuckers, distant de sept verstes, et qui conduisirent la société à la propriété du baron H. de Toll. Après une petite collation, on alla visiter le célèbre fossé creusé dans la couche de Kuckers (C_2). Des calcaires bitumineux y alternent avec des schistes combustibles. Par la richesse des formes parfaitement conservées, surtout de menus fossiles, cette localité est une des plus connues en Esthonie au point de vue géologique. Pour faciliter la peine des collectionneurs, le baron Toll avait fait creuser à la charrue le vieux déblai déjà recouvert de végétation, et ouvrir dans la paroi du fossé, jusqu'à sa base, une nouvelle coupe, haute de 8 pieds, qui permit d'observer l'alternance des couches dans toute sa netteté. On avait en outre préparé un amas de schiste combustible dont la flamme d'un rouge foncé répandit une odeur pénétrante. Après plusieurs heures consacrées à la récolte de fossiles, on se dirigea à une carrière située à une verste au sud du fossé. On y exploite un étage plus élevé, celui de Jewe (D_1), dont la roche marneuse renferme de nombreuses pétréfactions. A une heure on était de retour à la propriété du baron Toll. Le dernier dîner du voyage y attendait les excursionnistes. Les discours furent très nombreux. Le D-r Gotsche lut une relation humoristique de l'excursion avec une courte caractéristique de chaque participant, qu'il avait composée en vers avec le prof. Deecke et qui fut vivement applaudie. Ce petit compte-rendu poétique a depuis été distribué à tous les membres de l'excursion.

On arriva à Pétersbourg à 11 heures du soir.

Excursion en Finlande.

Liste des participants à l'excursion.

Abelianz, H., Prof. à l'Université, Zürich.

Albert, H., Bergreferendar, Mitgl. d. d. geol. Ges., Berlin.

Alfthan, M., Lieutenant-Colonel de l'Etat-Major, Helsingfors.

Andreae, Ph., Frankfurt a. M.

Bäckström, H., Dr., Chargé de cours en minéralogie et petrographie à l'Université de Stockholm.

Baltzer, A., Prof. de géologie à l'Université, Berne.
Barrois, Ch., Président de la Soc. géologique de France, Lille.
Barrois, C., Lille.
Bascom, F., Miss., Assist. Geologist U. S. Geological Survey, Washington.
Berghell, N., Géologue, Helsingfors.
Bewsher, S., F. G. S. L., London.
Bock, J., Conseiller d'Etat actuel, St. Pétersbourg.
Boule, M., Assist. au Muséum d'Histoire naturelle, Paris.
Bütow, H., Geheimer Rechnungsrath, Vorstandsmitglied der Gesellschaft für Erdkunde, Berlin.
Bütow, M., Frau, Berlin.
Brögger, W., Prof. à Université, Christiania.
Churchill, W., Esq., London.
Cocchi, J., Prof. de géologie à l'Institut des hautes études, Membre du Comité géologique d'Italie, Florence.
Cohen, E., Prof. an der Universität, Greifswald.
Cohen, E., Frau, Greifswald.
Corsi, A., Ing., Florence.
Credner, R., Dr., Prof. der Geographie an der Universität, Greifswald.
Costin-Vellen, G., Prof. de géographie au Lycée National, Yassi.
von Calker, F., Prof. à l'Université, Groningue.
Daly, R., Dr. phil., Cambridge, U. S. A.
Ducamp, G., Inspecteur Adjoint des forêts, Nimes.
Frosterus, B., Dr. geolog., Helsingfors.
Dunikowski, E. H., Dr., Prof. à l'Université, Lemberg.
Dziedzicki, H., Dr., Membre de la Soc. Entomologique, Membre de l'Académie de Cracovie, Varsovie.
Emerson, B. K., Prof. of Geology in Amherst College, Vice-pres. of the Geol Soc. of America, Amherst.

Fabre, G., Inspecteur des forêts, Directeur de l'Observatoire du Mont Aigoual, Nimes.

Fletcher, L., F. R. S., F. G. S., Keeper of Minerals in the British Museum, London.

Forel, F., Dr., Prof. à l'Université de Lausanne, Morges.

Futterer, K., Dr., Prof., Karlsruhe.

Gäbert, C., ordentl. Mitglied des geogr. Instituts d. Universität, Leipzig.

de Geer, G., baron, Dr. phil., Prof., Stockholm.

Gurney., H., Principal of Durham College of science, F. G. S., Newcastle upon Tyne.

Gutzwiller, A., Dr. phil., Lehrer an der Ober-Realschule, Basel.

Haeckel, E., Dr., Professor an der Universität, Jena.

Harris, G., Treasurer of the Malacological Society of London, London.

Harris, M., Mrs., London.

Heim, A., Dr., Prof. de géologie, Zürich.

Hilber, V., Prof. an der Universität, Gratz.

Hlawatsch, C., Dr., Wien.

Harlin, R., Forstm., Helsingfors.

Hobbs, W. H., Dr. phil., F. G. S. A., Ass. Prof. of mineralogy and petrology, University of Wisconsin, Asst. U. S. Geologist, Madison, Wisconsin.

Hödl, R., Dr., k. k. Supplent für Geographie an der k. k. Staats-Gewerbeschule, Wien.

Iddings, J., Prof. of petrology, University of Chicago, Chicago, Illinois.

de Yarza, R. A., Ing. en chef du district minier de Vizcaya, Lequeitio.

Janet, A., Ing., Toulon.

Keilhack, K., Kgl. Landesgeologe, Berlin.

Koch, M., Dr., kgl. Bezirksgeologe, Berlin.

Koeppen, Th., Conseiller d'Etat actuel, St. Pétersbourg.

Koeppen, W., Prof., Hamburg.

Korthals, W. C., Heidelberg.

Kossmat, F., Dr., Assist. am geologischen Institut der Universität, Wien.

Krafft v. Dellmensingen, A., Cand. phil., Wien.

Kühn, B., Dr. phil., Geologe, Berlin.

Kupffer, A., Assist. de minéralogie à l'Institut agricole, Moscou.

Lindvall, C., Ing., Stockholm.

Lenk, H., Dr., Prof. an der Universität, Erlangen.

Leonhard, R., Dr. phil., Breslau.

Leverkühn, P., Dr., Directeur des Institutions scientifiques de S. A. R. le Prince de Bulgarie, Sophia.

Lindberg, Phil mag., Helsingfors.

Maas, G., Dr. phil., Geologe, Berlin.

Makowsky, A., o. ö. Prof. der Geologie an der k. k. technischen Hochschule, Brünn.

Mallet, R. T., Civil Engineer, London.

Marchi, P., Prof., Président de l'Institut Royal technique à Florence.

de Mazarredo, C., Ing. des mines, Madrid.

Mattirolo, E., Ing., Roma.

Milch, L., Dr. phil., Privatdocent an der Universität, Breslau.

Mouchketow, J., Prof. de géologie à l'Institut des mines, St. Pétersbourg.

Mueller, W., Dr. phil., Privatdocent an der kgl. technischen Hochschule, Charlottenburg bei Berlin.

Neal, W. Dalton, M. Sc., Instructor in Geology and Mineralogy, Univ. of Utah.

Nathorst, A., Dr., Prof., Stockholm.

Ossoskow, P., Membre de la Soc. Impériale de Minéralogie, St. Pétersbourg.

Otto, C. M., Consul, Helsingfors.

Penfield, S., Prof. of mineralogy, Yale University, New Haven.

Pirsson, L., Prof. of physical geology, Yale University, New Haven.

Prendel, R., Prof. à l'Université, Odessa.

Panotowitch, J., Dr., Dresden.

Ramsay, W., Dr. phil., Docent à l'Université, Helsingfors.

Rzehak, A., Prof., Brünn.

Ronbay, J. E., Dr., Uleoborg, Ekonom.

Sabatini, V., Ing. au Corps Royal des mines, Rome.

Schklarevsky, A., Assist. au Cabinet minéralogique de l'Université, Moscou.

Schnabl, J., Dr., Membre de la Soc. des Naturalistes de Varsovie, Varsovie.

Schulmann, L., Membre de la Soc. Vaudoise des Sciences naturelles, Lausanne.

Sederholm, J., Directeur de la Commission géologique de Finlande, Helsingfors.

Sollmann, B., Ing. au Corps Royal des mines, Prof. à l'Ecole Polytechnique, Milan.

Stadnicki, G., Membre de la Soc. des Naturalistes à Lemberg.

Stenstrup, K., Dr., Copenhague.

Solitander, C. P., Intendant, Helsingfors.

Stübel, A., Dr. phil., Dresden.

Stirrup, M., Président of Manchester Geological Society, F. G. S. L., High Thorn, Bowdon, near Manchester.

Suess, Fr., Dr., Sectionsgeologe der k. k. geologischen Reichsanstalt, Wien.

Supan, A., Dr., Prof., Gotha.

de Szádeczky, J., Dr., Prof. à l'Université, Kolosvár, Hongrie.

Thiéry, A., Paris.

Trystedt, O., Ing. des mines, Pitkaranta.

Uhlig, C., Mitgl. der Naturforsch. Gesellsch., Freiburg i. B.

Ussing, N., Dr. phil., Prof. de minéralogie à l'Université, Copenhague.

Vélain, Ch., Prof. à la Sorbonne, Paris.

Vernadsky, W., Prof. de minéralogie à l'Université de Moscou.

Vorwerg, O., Dr., Hauptmann, Herischdorf im Riesengebirge.

Wahnschaffe, F., Dr., Prof. kgl. Landesgeologe, Charlottenburg, bei Berlin.

Wersilow, N., Ing, des mines, St. Pétersbourg.

Wichmann, A., Dr., Prof. à l'Université, Utrecht.

Wolff, W., Dr. phil., Assist. an der kgl. preussischen geologischen Landesanstalt, Berlin.

Zeise, O., Dr., Geologe der kgl. preussischen geologischen Landesanstalt, Berlin.

Zickendrath, E., Dr., Moscou.

Zimmermann, E., Dr., kgl. preussischer Bezirksgeologe, Berlin.

Zlatarski, G., Prof. de géologie et Recteur à l'Ecole des Hautes Etudes à Sophia.

Les participants à l'excursion de Finlande s'assemblèrent à Helsingfors le 8/20 et le 9/21 août. Ils y visitèrent les collections provisoirement exposées au nouveau local de la Commission Géologique et celles du cabinet minéralogique de l'Université. Plusieurs petites courses furent faites aux environs de la ville.

Samedi, 9/21 août, les habitants de Helsingfors donnèrent aux géologues un banquet au restaurant du „Brunnspark". Le sénateur L. Mechelin, président des délégués de la ville, le vice-recteur de l'Université, le prof. E. Hjelt, et plusieurs autres personnes adressèrent aux excursionnistes de chaleureux discours de bienvenue.

Le lendemain, 10/22 août, on partit de bonne heure pour Tammerfors, où l'on trouva l'accueil le plus aimable. La plupart des excursionnistes furent logés dans des maisons particulières. Un comité local qui avait à la tête le propriétaire de fabrique, W. de Nottbeck, et le maître de police, le capitaine A. de Kraemer, avait tout arrangé d'avance. Pendant trois jours on fit, sous la conduite de M. J. Sederholm, plusieurs excursions aux environs de la ville.

L'après-midi du 10/21 août fut consacrée à une excursion vers l'ouest, par le chemin de fer de Björneborg. Deux haltes permirent d'examiner le micaschiste très cristallin de la vallée de la Koumo, auquel l'injection de veines de granite a fait prendre par places, par exemple dans les îles du lac Koulowesi, une structure gneissoïde prononcée. Près de la station Siuro on vit des rochers de granite porphyroïde intensivement métamorphisé. Le même soir on eut l'occasion de constater, dans un rocher au nord de Koulowesi, qu'au contact avec le micaschiste le granite pénètre celui-ci en nombreuses veines, preuve évidente de son âge plus récent. Au NW de Koulowesi, près de Mauri, on étudia la „leptite", roche à l'aspect du grès, mais cristalline schisteuse, qui appartient à la formation des schistes de Tammerfors. La leptite était la plus jeune des roches examinées dans l'après-midi.

La majeure partie des géologues partageaient l'opinion de J. Sederholm qui envisage la leptite comme un grès métamorphisé ayant conservé la stratification croisée, tout en contenant en un endroit des galets. D'autres objectaient que la roche peut être considérée comme formée par injection, lit par lit, d'un magma granitique dans le micaschiste.

M. Wegelius, propriétaire de Mauri, offrit aux excursionnistes des rafraîchissements.

Dimanche, 11/23 août, des prames très commodément apprêtées par M. de Nottbeck, remorquées par des vapeurs, conduisirent les géologues en excursion sur le lac Näsijärvi. On descendit à terre à l'est du lac, où s'élèvent des rochers phyllitiques qui renferment des sacs formés d'une matière charbonneuse et remplis de la même phyllite qui les encaisse, mais semblables par leur forme à des fossiles. Beaucoup d'entre les excursionnistes attribuèrent, quoique non sans hésitation, à ces singulières formations une origine organique. Au même point on constata le caractère faiblement métamorphique de ces schistes, comparativement à la nature franchement métamorphique des micaschistes partiellement gneissoïdes qui s'observent, avec un plissement prononcé, au sud du lac, de même que près de Siuro et de Nokia.

De là on se dirigea vers l'île Vähä-Lima et la baie Hormistonlahti, afin d'y examiner les conglomérats cristallins du terrain primitif L'explication du conducteur de l'excursion que ces formations doivent être considérées comme véritables conglomérats composés de cailloux roulés très variés, ne souleva point d'objections. Dans le voisinage on examina des tufs archéens métamorphisés.

On visita ensuite, près du pont Anneensilta, le contact des schistes „bothnéens" avec le granite qui se continue en masses énormes vers le nord. Tous les membres de l'excursion partagèrent l'opinion que le granite est venu s'injecter dans le schiste dont il renferme de nombreuses enclaves plus ou moins métamorphisées. Mais quant à l'intimité du mélange, les pétrographes des diverses écoles divergeaient dans leurs points de vue. Les uns étaient de l'avis de M. Sederholm que la pénétration des deux roches a été si intime par places qu'il en est résulté une roche distincte. D'autres prétendaient au contraire que partout dans la roche il est possible de distinguer les deux roches constitutives.

Enfin, près de Teiskola, on put étudier la nature du granite postbothnéen à une certaine distance du contact avec le schiste.

Au cours de l'excursion on avait en outre observé, dans une entaille près d'Auneensilta, un cailloutis morainique typique (Krosstensgrus) et, sur plusieurs points, des roches striées et moutonnées par le mouvement des glaces.

Le soir, les excursionnistes furent très aimablement invités au dîner par M-me Tammelander, propriétaire de Teiskola.

L'excursion de Näsijärvi, où les sédiments bothnéens se montrent dans leur meilleur état de conservation, aurait dû être suivie, d'après le programme primitif, d'une visite à Lavia. Mais le nombre, dépassant celui auquel on s'était attendu, des participants à l'excursion de Finlande et la présence parmi eux de plusieurs glaciairistes avaient fait préférer à la course de Lavia une excursion vers l'est, à Orivesi et Kangasala. D'une part cette excursion offrait plus d'attrait aux glaciairistes, d'autre part le voyage en chemin de fer présentait plus d'agrément, au point de vue du comfort, que la longue et ennuyeuse course en voiture à Lavia, où on n'aurait vu que de rares, quoique très intéressants affleurements de roches cristallines. L'étude des formations bothnéennes, principal but des excursions aux environs de Tammerfors, souffrait, il est vrai, de cette modification du programme, et cela d'autant plus qu'à Lavia on avait voulu montrer les mêmes dépôts sédimentaires dont, au lac de Näsijärvi, on avait étudié un faciès relativement peu métamorphisé, mais dans un développement cristallin beaucoup plus prononcé, manifestant çà et là l'habitus gneissoïde. A Lavia on aurait pu se convaincre à quel point ces roches correspondent par leur nature aux autres roches archéennes de la Finlande, et qu'elles ne peuvent nullement être considérées comme roches intermédiaires d'âge considérablement plus récent. Lavia aussi était le seul endroit où on aurait pu facilement constater la discordance, visible ailleurs en très peu de points, entre les formations bothnéennes et leur mur (Liegendes) aux endroits où des roches similaires à des conglomérats de terrain primitif viennent se montrer au contact du schiste et du granite plus ancien.

Sous ce rapport, le contact que l'on observa dans la matinée du 12/24 août à Orihvesi était peu concluant et ne pouvait fournir que des preuves peu certaines de discordance, comme du reste le conducteur de l'excursion l'a fait remarquer dans ses publications précédentes.

Suivant J. Sederholm, la roche que l'on vit à Orihvesi dans les tranchées du chemin de fer est essentiellement le produit d'un mélange mécanique du schiste bothnéen et du granite porphyroïde prébothnéen, mélange qui a dû s'effectuer à un niveau très profond et en présence d'un magma granitique moins âgé. Cette interprétation ne fut approuvée que par la grande minorité des excursionnistes. La plupart considérèrent la roche comme elle se présente au premier abord, c'est-à-dire comme schiste, injecté postérieurement d'un granite à l'état de magma et offrant deux structures, l'une porphyroïde, l'autre grenue. Parmi les géologues finlandais, le prof. Wiik est partisan de cette interprétation. Il était malheureusement impossible de conduire l'excursion plus loin dans la forêt où le granite porphyroïde très comprimé apparaît en plusieurs points, en contact avec le schiste, comme soubassement assez incontestable de la roche litigieuse, un granite grenu beaucoup moins métamorphisé traversant nettement leur limite commune. Quoi qu'il en soit, l'endroit visité offre un exemple caractéristique des difficultés que l'interprétation de la stratigraphie du terrain primitif rencontre en Finlande.

Au sud de ce point, on examina des spécimens typiques

de gneiss veineux (Adergneiss), c'est-à-dire de schistes plus anciens, prébothnéens, intimement pénétrés de veinules granitiques.

Enfin, près de Kangasala on visita un très beau ås typique, le plus élevé de ceux que l'on connaît jusqu'ici, haut jusqu'à 80 mètres. Au sommet, d'où l'on jouit d'une large vue sur le pays environnant, le professeur baron Gerard de Geer expliqua par démonstration le mode probable de la formation des åsar.

Une réception solennelle, préparée par un comité local, attendait les excursionnistes à Kangasala. Le gouverneur du gouv. de Tavastehus, le conseiller d'état M. Boehm, souhaita aux géologues la bienvenue. Le soir on repartit pour Tammerfors.

Le lendemain matin, 13/25 août, on partit en excursion pour Lielaks, où le baron de Geer et m. de Nottbeck montrèrent quelques belles entailles dans l'ås de Tammerfors. Ensuite les excursionnistes trouvèrent l'accueil le plus hospitalier dans la propriété voisine de M. de Nottbeck.

Le soir on se rendit à Lahtis. Ici aussi un comité local avait préparé une réception cordiale.

Dans la matinée du 14/26 août on fit le voyage au village Messilä. M. de Geer et le D-r H. Berghell y montrèrent les traces du littoral de l'ancienne mer à Yoldia lors de son niveau le plus élevé. Puis on visita successivement la basse terrasse qui, d'après le D-r Berghell, marque la limite qu'aurait atteint le lac à Ancylus, le mont Tiirismäki, d'où se découvre une belle vue sur le pays et la crevasse Pirunpesä, ouverte dans un rocher de quartzite cristallin. Les sillons à la surface du quartzite, que quelques-uns regardent comme creusés par le battement des vagues, furent reconnus par la majorité des géologues comme produits par le plissement

De retour à Lahtis, on prit le train pour Kotka où attendaient trois vapeurs: „Aavasaksa" (affrété), „Eläköön" et „Willmanstrand", les deux derniers des vapeurs pilotes, mis à la disposition de l'excursion par le capitaine N. Sjöman, chef du service de pilotage.

A l'aube du 15/27 août, par un temps délicieux, on fit la traversée à l'île de Hogland. Aussitôt après l'arrivée, à 6 heures du matin, on s'assembla au promontoire Kappelmiemi et l'on visita, sous la conduite du D-r Ramsay, les porphyres à quartz (Quartzporphyr) et les brèches de friction qui s'y montrent sur la pointe du cap. En se dirigeant ensuite le long de la mer, depuis le village Suurikylä jusqu'à Pohjoisrivi, la pointe nord de l'île, on observa principalement les formations modernes de la côte.

De Pohjoisrivi on s'éleva, en traversant plusieurs anciennes lignes de rivage, et après avoir visité une caverne qui se trouve sur le chemin, sur le mont Pohjoiskorkia, formé de porphyre quartzeux. Sur la cime on resta quelque temps à admirer le splendide panorama qui se déroulait sous les yeux. Puis M. Ramsay fit une conférence, en langue allemande, sur la géologie de l'île, que le prof. Hilber de Graz résuma aussitôt d'une manière très claire et habile en français.

La descente se fit par le flanc sud du Pohjoiskorkia. On traversa plusieurs beaux remparts littoraux de galets roulés qui s'étendent tout près de la limite marine. Le D-r Berghell et m. de Geer donnèrent les explications géologiques nécessaires.

Après le déjeuner que l'on prit sur les bateaux à vapeur, on alla visiter les monts Majakallio, Pyttykallio et Purjekallio. Au Majakallio on put voir la superposition du porphyre à quartz à la porphyrite à labrador qui repose sur le quartzite dit récent. Le Pyttykallio permit d'observer des enclaves de granite et de quartzite dans le tuf de la porphyrite à labrador (Labradorporphyrittuff). Au mont Purjekallio on étudia le conglomérat récent de galets de quartzite; au bord occidental du lac on examina les gneiss et le schiste archéen pénétrés de filons et de veines de granite.

Les vapeurs qui s'étaient tenus à l'ancre en face de Suurikylä transportèrent ensuite les excursionnistes au village Kiiskinkylä, dans les environs duquel on visita quelques montagnes de „Dioritgabbro" traversé de filons de granite. A l'extrémité sud du lac Liivalahdenjärvi on examina le tuf du porphyre à quartz. Malheureusement le temps ne permit pas de pousser jusqu'au mont Lounatkorkia pour y étudier les enclaves, dans le porphyre à quartz, de roches étrangères.

Dans la nuit du 15/27 au 16/28 août les excursionnistes firent le voyage à St. Pétersbourg, où ils furent reçus par le baron E. de Toll, membre du bureau du Congrès.

EXCURSION FAITES PENDANT LE CONGRÈS.

Le 19/31 août, environ 400 congressistes visitèrent Péterhof (voir plus haut, p. XXXVII).

Le 22 août (3 sept.) et le jour suivant, plusieurs groupes se rendirent à Pavlovsk, afin d'y étudier le caractère des dépôts cambriens et siluriens visibles le long de la petite rivière Popovka.

Excursion à la cascade d'Imatra.

Le dimanche, 20 août (1 sept.), les membres du Congrès étaient invités par le Sénat de la Finlande à faire une excursion à la cascade d'Imatra. On partit à 7 h. du matin par train express. Le trajet ne dura que cinq heures.

A Imatra le gouvernement finlandais offrit un splendide dîner, pendant lequel M. Sanmark, intendant en chef de l'Administration des Industries et organisateur de l'excursion, prononça le discours suivant:

Mesdames et Messieurs,

„On peut affirmer avec assurance que la place où nous sommes rassemblés aujourd'hui a été le théâtre des plus grandes révolutions géologiques. Ces roches de granite que vous voyez là bas et qu'on se plaît ordinairement à regarder comme des symboles de stabilité éternelle, ont été percées par la toute-puissance de l'eau qui s'est frayé ici un chemin vers la mer infinie, en laissant à sec son ancien lit que vous allez tout à l'heure soumettre à vos recherches pour y découvrir peut-être, selon l'expression de Buffon, quelque page perdue de l'histoire de notre planète.

Jamais on n'a vu réunis dans ces parages tant d'hommes illustres, tant de savants éminents.

Des personnalités scientifiquement plus qualifiées que moi ne manqueront pas de faire ressortir l'importance de vos travaux pour le savoir humain. Moi, je dois me borner à vous avertir qu'en fouillant ce sol vous n'y trouverez point d'or. Notre pays est pauvre et le sera toujours pour ceux qui en demandent de l'or, comme dit Runeberg, notre grand poète national. Mais si vous fouillez les profondeurs de nos cœurs, vous y trouverez de vives sympathies pour vos nobles travaux et non seulement pour vos travaux, mais aussi pour vos personnes.

La Finlande ne peut et ne veut jouer aucun rôle politique, mais elle aspire à prendre part—dans la mesure de ses forces, bien entendu — aux travaux civilisateurs des autres peuples. C'est pour elle un devoir en même temps qu'un droit; à ses yeux c'est le seul moyen à la portée des petites nations pour mériter une place d'honneur à côté de leurs sœurs plus grandes, plus puissantes, mieux dotées par la fortune.

Qu'il me soit permis de rappeler que les congrès périodiques d'hommes d'élite ont, en dehors de leur importance scientifique, une signification sociale, car ils contribuent puissamment à dissiper des préjugés, à éclaircir des malentendus, à créer des relations amicales, des sentiments de solidarité et de fraternité entre les différentes nations.

Poussé par ces sentiments et convaincu que les travaux du 7 Congrès géologique international seront féconds non seulement pour la science, mais aussi pour le progrès des idées humanitaires, le sénat de Finlande m'a chargé de vous transmettre ses salutations de bienvenue et d'exprimer l'espoir que vous emporterez un agréable souvenir du trop court séjour sur son territoire".

Aussitôt sortie de la banlieue de St. Pétersbourg, la voie ferrée s'engage dans les champs de sable tout à fait plats de l'„Isthmus Karelicus". A la fin de l'époque glaciaire et durant l'époque postglaciaire, les moraines qui surmontent ici les roches cristallines avaient été inondées par la mer, profondément érodées et recouvertes de sables et de galets. En plusieurs points, par ex. près de la station Pargala, les excursionnistes purent voir les terrasses et les pentes abruptes qui sont restées comme traces des rives et du séjour de la mer à *Yoldia*. Les terrasses de la mer postglaciaire (mer à *Littorina*) qui se trouvent plus près de la mer actuelle n'étaient pas observables du train.

Aux approches de Wybourg on vit peu à peu apparaître les roches cristallines. Plus loin, entre Wybourg et Imatra, la voie traverse une région de moraines, d'argiles marines (glaciaires et postglaciaires), d'argile à *Ancylus* (au voisinage de Wybourg), hérissée de montagnes et de roches isolées (Rundhöcker). A l'ouest de la rivière Wuoksa, sur laquelle s'ouvre une vue admirale près de la station Antrea, les roches sont formés de rappakiwi, à l'est—de gneiss primitifs et d'anciens granites.

A Imatra on examina les effets que l'action érosive de la cascade a produits à l'époque quaternaire et qu'elle continue à produire de nos jours („Guide", XIII. pp. 15—17).

On repartit pour Pétersbourg à 7 heures du soir.

EXCURSIONS APRÈS LE CONGRÈS.

Excursions aux environs de Moscou.

Pendant la session du Congrès à St. Pétersbourg, un grand nombre des géologues avaient exprimé à S. Nikitin, conducteur de l'excursion aux environs de Moscou, le désir de consacrer à la visite de la vieille capitale autant de temps que possible et d'y faire absolument toutes les trois excursions projetées. Comme la plupart d'entre eux participaient à l'excursion de la Volga qui devait partir le 26 août, ce désir ne put être mis à exécution qu'en sacrifiant le jour de la clôture du Congrès. 126 personnes souscrivirent à ces conditions. Grâce aux démarches qui furent faites, un train spécial put être mis à leur disposition le 23 au soir. Au départ de ce train il survint quelques petits désagréments qu'il n'était pas possible au conducteur de l'excursion d'éviter. Ce sont de ces petits désagréments auxquels nous autres Russes nous sommes assez habitués dans nos voyages de Pétersbourg à Moscou en nous y résignant de bonne grâce (on les rencontre d'ailleurs non moins souvent sur les chemins de fer de l'étranger où on est parfaitement obligé de les supporter); mais quelques-uns de nos excursionnistes, déjà gâtés par les mesures expresses qui avaient été prises pour eux sur les chemins de fer russes, ne parurent guère y prendre goût. Le train était composé de deux wagons de première et de trois wagons de deuxième classe, pouvant ensemble recevoir 150 personnes, mais sans lits pour la nuit. Autrement dit, c'était un des trains ordinaires avec ses commodités et inconvénients habituels, qui font le service entre Pétersbourg et Moscou. L'administration du chemin de fer s'empressa de s'excuser de n'avoir pu fournir un autre train plus comfortable, vu la grande quantité de monde qui voyageait en cette saison. Un certain nombre des congressistes ayant préféré, dans ces conditions, rester un jour de plus à St. Pétersbourg, les autres eurent plus de place à leur disposition et chacun eut une banquette entière pour y dormir à son aise pendant la nuit.

A la gare de Moscou on fut reçu par des membres du bureau qui avait déjà été en fonction un mois auparavant, lors de l'arrivée des participants à l'excursion de l'Oural, et qui avait été renouvelé pour continuer ses services. Le bureau était composé du prof. Pavlow, de M me M. Pavlow, Th. Schlippe, A. Pavlow, K. Viskont, N. Bogolioubow, V. Chtchirovsky, J. Tolmatchow, M. Moser et de quelques étudiants parlant plusieurs langues

Le même jour les congressistes se réunirent au Grand Hôtel de Moscou dans un déjeuner offert par la ville. Le prince V. Golitzyn, maire de Moscou, accueillit gracieusement la société par un discours de bienvenue en lui souhaitant aux excursions tous les succès possibles. Plusieurs géologues répondirent par de chaleureux remerciements, en exprimant tout le plaisir qu'ils avaient éprouvé dans les excursions déjà faites et l'espoir qu'ils avaient de voir des choses non moins intéressantes à Moscou et dans la suite de leur voyage en Russie. Avant de quitter la table, le prof. Pavlow annonça qu'à la prière du bureau, S. Govorow, remarquable connaisseur de la peinture russe, s'offrait comme guide dans la visite à la célèbre galerie de Trétiakow, et que l'illustre archéologue V. Sizow montrerait volontiers aux excursionnistes toutes les curiosités du Kremlin.

Ce jour-là et les jours suivants, on employait le temps libre à voir la ville et les musées. L'administration des palais et les diverses directions des musées firent la meilleure réception à leurs hôtes et s'empressèrent à leur montrer à toute heure et à leur expliquer ce qui pouvait les intéresser. Il va sans dire que pendant tout le séjour des géologues à Moscou les musées géologique, minéralogique et zoologique de l'université étaient ouverts du matin au soir.

Le 24 et le 25 août, sous la direction de M. Nikitin, on refit de nouveau au Kremlin, aux Worobiowy gory, à Kolomenskoïé et à Miatchkowo, les excursions que nous avons décrites plus haut. Elles réussirent toutes les trois mieux encore que la première fois: à Miatchkowo on put rester plus de temps et visiter plus en détail les coupes classiques du carbonifère et du jurassique. Plusieurs géologues achetèrent des collections paléontologiques précieuses. Le capitaine, mieux au courant de la route à suivre, put donner au bateau une marche plus rapide et les voyageurs rentrèrent déjà à leurs hôtels à une heure de la nuit.

Le 26 août, l'excursion en voiture à Miovniki et Dorogomilowo n'eut pas moins de succès. A Miovniki on étudia en détail les coupes décrites dans le „Guide", à Dorogomilowo on observa le contact des couches jurassiques avec les dépôts carbonifères; les géologues furent frappés de la similitude que les couches de calcaire carbonifère qu'ils avaient devant les yeux présentent avec les roches de la craie blanche de l'Europe occidentale.

En dehors des excursions officiellement réglées aux environs de Moscou, le prof. Pavlow, à la demande des géologues s'intéressant aux dépôts mésozoïques et posttertiaires, en organisa le 26 août une autre d'après l'itinéraire suivant:

Rovin Stoudeny, Miovniki, Khorochéwo, Troïtskoïe, Tatarowo, Dorogomilowo (carrières de calcaire). A cette excursion prirent part:

MM.: A. Andreae,
Ch. Barrois,
C. Barrois,
J. Blake,
De Geer,
Ch. Depéret,
De Dorlodot,
E. Fallot,
De Grossouvre,
A. Gutzwiller,
A. Heim,
J. Horne.

MM.: K. Keilhack,
A. v. Koenen,
P. Jory,
E. Renevier,
F. Roman,
J. Siémiradzky,
G. Steinmann,
L. Swerinzew,
W. Vernadsky,
F. Wahnschaffe,
G. Zlatarsky,

Cette excursion permit d'étudier le calcaire carbonifère recouvert d'argiles jurassiques à *Cardioceras cordatum* et *alternans*, les couches portlandiennes et aquiloniennes, le grès brun néocomien supérieur, les moraines et les sables glaciaires avec enclaves de dépôts lacustres. Ce qui causa surtout l'étonnement, ce fut la profusion de fossiles que présentent les couches portlandiennes et aquiloniennes près des villages Khorochéwo et Tatarowo. Un des membres de l'excursion trouva dans la zone supérieure de l'étage aquilonien à *Hoplites rjazanensis* un os qui avait dû appartenir à un grand reptile, mais qu'il fut impossible d'extraire en entier.

Excursion au bassin du Donetz (groupe A).

A l'excursion participaient:

Andreae, A., Prof., Direct. des Museums, Hildesheim.
Andreae, Ph., Frankfurt a. M.

Antonovitch, M., membre d. l. Soc. Impériale de Minéralogie, St. Pétersbourg.

Aguilera, J. G., Directeur de l'Institut géologique du Mexique.

v. Arthaber, G., Dr. phil , Assist. am palaeontolog. Institut der Universität, Wien.

Abelianz, H., Prof. an der Universität, Zürich.

Barrois, Ch., Prof., Lille.

Barrois, C., Lille.

Bertrand, M , Membre de l'Institut, Paris.

Berens, K., General-Director, kgl. Bergrath, Herne, Westphalen.

Beyschlag, F., Dr., Prof., kgl. Landesgeologe, Berlin.

Broili, F., Cand. geol., München.

Brooks, A. H., Assistant Geologist U. S. G. S., Washington.

Bücking, H., Prof. der Mineralogie an der Universität, Strassburg.

Crook, A. R., Dr. phil., Prof. of Mineralogy, Evanston, Illinois.

de Dorlodot, H., Prof. à l'Université, Liège.

Doss, B., Dr., Docent am Polytechnicum zu Riga.

Draghicénu, M., Directeur des mines, Bucarest.

Dannenberg, A., Dr., Aachen.

Dziedzicki, H., Dr., Membre de l'Académie de Cracovie, Varsovie.

Dyes, W., Dr. Phil., Hildesheim i. H.

Duparc, L., Prof. de minéralogie et géologie à l'Université de Genève.

Ebeling, M., Dr., Oberlehrer, Berlin.

Emmons, S. F., U. S. Geologist, Washington.

Frech, Fr., Prof. der Geologie an der Universität, Breslau.

Frech, V., Frau, Breslau.

Friedrichsen, M., Cand. der. Nat., Berlin.

Groth, P., Prof. an der Universität, München.

Gürich, G., Dr., Privatdocent, Breslau.
Hackmann, V., Dr., Helsingfors.
Hobson, B., M. Sc., F. G. S., Manchester.
Holzapfel, E., Prof. a. d. Technischen Hochschule, Aachen.
Höfer, H., o. ö. Prof. der Geologie und Lagerstättenlehre an der Hochschule für Berg- und Hüttenwesen in Leoben.
Hovey, E. O., Dr., Ass't Curator, Am. Mus. Nat. Hist., New-York.
Hovey, E. O., Mrs., New-York.
Hume, W. F., F. G. S., London.
Iddings, I. P., Prof. of Petrology, University of Chicago.
Karakasch, N., Conservateur du Musée géologique de l'Université, St. Pétersbourg.
Kayser, E., Prof. der Geologie an der Universität, Marburg.
Kochibe, T., Directeur du Service Géologique Impérial du Japon, Tokio.
Lawson, A. C., Prof. of Geology and Mineralogy, University of California.
Lepsius, R., Director der geolog. Landesanstalt, Darmstadt.
Link, G., Dr., Prof., Jena.
Louis, H., Prof., Mining Engineer, Newcastle upon Tyne.
Macco, A., Bergreferendar, Siegen.
de Margerie, E., Membre du Conseil d. l. Soc. géol. de France, Paris.
Maillard, Prés. d. la Société des sciences et des arts, Douai.
Milch, L., Dr., Privatdocent an der Universität, Breslau.
Moser, M., Maître au 7-me Gymnase, St. Pétersbourg.
Niedzwiedzki, J., Prof. de l'Ecole polytechnique, Lemberg.
Oebbeke, K., Prof. d. Geologie und Mineralogie an d. Techn. Hochschule, München.
Offret, A., Prof. de minéralogie à l'Université de Lyon.
Ordoñez, E., Géologue de l'Institut géologique du Mexique.
Oswald, A., Dr., Bâle.

Philippson, A., Privatdocent a. d. Universität, Bonn.
Reymond, F., Membre d. l. Soc. géol. de France, Veyrins (Isère).
Redlich, K. A., Privatdocent für Palaeontologie an der Hochschule für Berg- und Hüttenwesen, Leoben.
Reid, H. F., Associate Prof. Johns Hopkins University, Baltimore.
v. Richthofen, Freiherr, Geheimer Regierungsrath, Prof. an der Universität, Berlin.
v. Richthofen, Freifrau, Berlin.
Riva, C., Assist. au Cabinet minéralogique de l'Université de Pavia.
Romberg, J., Dr., Berlin.
Rothpeltz, A., Dr., Prof., München.
Rüst, Ch., Dr. sc., Privatdocent, Genève.
Schmitz, Th., Ingénieur civil des mines, Louvain.
Schnabl, J., Membre de la Soc. des Naturalistes de Varsovie, Varsovie.
Schenk, A., Privatdocent an der Universität, Halle a. S.
Semper, M., Dr. Phil., München.
Simpson, T. J., Edinburgh.
Schmidt, C., Professor an der Universität, Basel.
Stolley, E., Dr., Privatdocent, Kiel.
Syroczynski, L., Prof. agregé de l'Ecole polytechnique, Lemberg.
Traube, H., Dr., Prof., Berlin.
Treptow, E., Prof. an der Bergakademie, Freiberg in Sachsen.
Tsuneto, N., Agronome en chef du Service Géologique Imp. du Japon, Tokio.
Tschernyschew, Th., Membre de l'Académie des Sciences, St. Pétersbourg.
Weissleder, E., Oberbergrath, Stassfurt.
Wille, N., Prof. à l'Université, Christiania.

Wyssogorski, J., Cand. geol., Breslau.
v. Zittel, K., Dr., Prof., München.
Zuber, R., Prof. de géologie à l'Université, Lemberg.
Źujović, J. M., Prof. de géologie, Recteur de l'Université, Belgrade.

De Moscou à Koursk.

Les participants à l'excursion du Donetz se réunirent à la gare de Koursk le 27 août, à minuit.

La tournée du Donetz fut en tout semblable à celle de l'Oural, tant par la composition des membres de l'excursion et de l'administration (S. Nikitin, M. Moser, I. Tolmatchow) que par le comfort que l'on trouva dans le train. Beaucoup des excursionnistes ne cessaient de répéter que c'était pour eux comme une répétition du voyage si agréable qu'ils avaient fait dans l'Oural et qui leur avait laissé un inoubliable souvenir.

Le 28 août, de très bonne heure, on s'arrêta à la plateforme de la „Société moscovienne de la fabrique de ciment", où l'on fut reçu avec beaucoup d'amabilité par le directeur et l'administration de l'usine. On se mit aussitôt à visiter la belle coupe de la carrière, ouverte dans les calcaires de l'étage moscovien (voir le „Guide"). Puis on se rendit à l'invitation à déjeuner, faite par l'administration de la fabrique; les dames de la maison firent les honneurs.

Le train avança ensuite à la station de Podolsk où il dut stationner pendant une heure. Ici, par un heureux hasard, les géologues purent prendre connaissance des calcaires de la section inférieure du carbonifère. Il y avait là des tas de ce calcaire destiné à des bâtisses dans la ville, et que l'on venait de décharger des wagons qui avaient amené les pierres de la station Baranowo près de Toula, lieu du principal développement des calcaires de la section inférieure du système carbonifère. Ces calcaires fournirent aux amateurs une riche récolte paléontologique, entre autres de grosses coquilles de *Productus giganteus* et *Siderospongia sirensis*, éponge assez rare.

Vers midi on arriva à Toula où l'on fut reçu par le gouverneur de Toula qui proposa de profiter de l'arrêt d'une heure pour aller visiter, grâce aux voitures déjà préparées, l'exposition de la petite industrie locale. Les géologues purent y voir une collection des minerais de fer des environs, ainsi qu'une collection de charbons ligniteux et de bog-head carbonifère du gouvernement de Toula. L'âge de ces charbons intéressa vivement les spécialistes.

Le train avança ensuite par la ligne d'Alexine à Pétrovskoïé où, sur les pittoresques rives de l'Oka, se trouvent les mines de bog-head (aujourd'hui propriété d'une grande verrerie nouvellement construite), qui permirent d'examiner la base du système carbonifère du centre de la Russie. Ce qui causa surtout l'étonnement des géologues, c'était de voir des coupes dans lesquelles des calcaires carbonifères à *Productus giganteus* du type Mountain-limestone recouvrent des sables meubles et une argile avec lits intermédiaires de charbon fossile que la constitution et le composé chimique rapprochent des lignites tertiaires.

La soirée se termina par une gracieuse réception chez le propriétaire de Pétrovskoïé, le général Gourko, qui eut l'extrême amabilité de sacrifier sa riche collection de fossiles recueillis dans les environs. Aussi les amateurs profitèrent-ils pour la faire disparaître en un rien de temps.

Pétrovskoïé fut le dernier endroit que l'on visita dans le grand bassin carbonifère de Moscou. De retour à Toula, le conducteur de l'excursion S. Nikitin prit cordialement congé de ses savants confrères et transmit la direction à Th. Tschernyschew.

Au bassin du Donetz.

La nuit, le train traversa Koursk, le matin, de bonne heure, Bielgorod et vers les 11 heures du 29 août (10 sept.) il était à Kharkow. Au débarcadère les géologues furent reçus par le maire de la ville, les membres de la municipalité et une députation des ingénieurs des mines de la Russie méridionale, leur doyen d'âge, M. Mevius en tête. Le maire invita les membres du Congrès à l'hôtel de ville. où ils se rendirent en voitures mises à la disposition par la municipalité.

Dès leur entrée dans le vestibule, les excursionnistes furent salués aux sons d'une marche jouée par un excellent orchestre et ils entrèrent ainsi dans la vaste salle où les attendait un repas magnifique offert par la ville. Les magistrats se montrèrent pleins de prévenance. Leurs conversations animées avec les géologues eussent pu durer longtemps, s'il n'avait pas fallu se rendre à l'université où les professeurs attendaient solennellement la société dans la grande salle de conférences. Le recteur, le prof. Alexéenko, s'adressant en français aux géologues, les remercia de l'honneur que leur visite faisait à l'université, retraça en peu de mots l'histoire de l'établissement supérieur et rappela le rôle qu'il avait rempli dans le développement intellectuel de la Russie du sud. Il invita alors la société à visiter les cabinets géologique et minéralogique, placés sous la direction des professeurs Brio et Gourow. L'intérêt tout particulier se porta sur le tableau, exposé dans le cabinet géologique, de la coupe du plus profond forage que l'on ait fait à Kharkow, coupe qui démontre avec beaucoup de clarté et, pour ainsi dire, d'un seul coup d'oeil la structure du terrain sur lequel la ville est bâtie.

On fit ensuite, sous la conduite du prof. Gourow, une excursion hors de la ville, dans le but de prendre connaissance des dépôts tertiaires et posttertiaires de Kharkow. Après l'excursion, le temps qui restait libre avant le dîner fut consacré à la visite de la ville et du jardin botanique.

Un splendide banquet offert par les ingénieurs des mines à l'Assemblée de la Noblesse fournit aux excursionnistes l'occasion de faire connaissance avec les représentants de l'industrie minière de la Russie du sud et avec la haute administration du pays. Les paroles chaleureuses et cordiales ne cessèrent pas un seul instant de la part des organisateurs du repas. On ne se sépara que sur le signal donnée par le conducteur de l'excursion qu'il était temps de retourner à la gare. Au débarcadère, les habitants de Kharkow vinrent adresser un dernier salut aux géologues que le train emportait à 9 heures du soir vers le bassin du Donetz.

Le lendemain à 5 heures du matin, le train s'arrêta, conformément au programme, à la station Wolyntséwo (embranchement de la Société russo-belge). Après une collation offerte par le directeur de l'usine, M. Kovanko, les géologues longèrent à pied, sous la conduite de MM. Tschernyschew et Loutouguin, la rivière Boulavin où ils virent tous les horizons de la coupe décrite dans le „Guide" (XVI, pp. 32—33). Le profil fut suivi pas à pas jusqu'à l'anticlinale. Au delà de ce pli les géologues eurent la possibilité de voir une partie de la coupe inclinée inversement vers le nord.

A 2 heures de l'après-midi, le train vint prendre les excursionnistes pour les conduire à la station Nikitovka, où ils étaient attendus avec impatience par MM. Auerbach et Minenkow, représentants de l'administration de la mine de mercure. La distance qui sépare la gare de la mine fut rapidement traversée en voiture. Un dîner splendide attendait les géologues affamés et fatigués. Aussitôt levés de table, quelques-uns descendirent avec M. Chepelew dans le puits; les autres, de beaucoup la majeure partie, allèrent examiner, sous la conduite de Th. Tschernyschew, la disposition générale des plis-coupoles composant l'espace en exploitation, et se rendre compte du rapport des fentes de dislocation avec la répartition du minerai. Après avoir pris connaissance à la surface des principaux traits tectoniques du terrain, ils descendirent à leur tour dans la mine, où dès lors ils n'eurent plus aucune difficulté à comprendre la structure du croiseur („Guide", XVI, pp. 37—38) et des fentes transversales minéralifères. M. Chepelew eut l'amabilité d'offrir à chacun des spécimens des minerais de mercure et des roches qui les renferment.

Il faisait déjà sombre lorsqu'on se retrouva en haut de la mine. Néanmoins il fallut encore, d'après le programme, visiter la mine de la Société de l'industrie houillère de la Russie du sud. La plupart descendirent avec l'ingénieur en chef, M. Knotte, dans les galeries souterraines et réussirent ainsi à voir le caractère des dépôts houillifères les plus productifs du bassin du Donetz („Guide", XVI, p. 45).

Ce ne fut qu'à 11 heures du soir que tout le monde se trouva réuni hors du puits. Les excursions prolongées et fatigantes de la journée se terminèrent par un délicieux souper gracieusement offert par M. Yankovsky, un des directeurs de la Société. Une belle nuit éclairée par la lune, l'aspect enchanteur de la steppe de la Russie méridionale inconnue jusqu'alors à la majeure partie des membres de l'excursion, produisirent sur eux une impression indicible. Malgré la fatigue de la journée, les conversations sur la région nouvellement découverte pour eux se prolongèrent encore longtemps dans la nuit.

Tout le monde dormait lorsque le train se remit en mouvement pour gagner, en passant par Débaltséwo, la station Almaznaïa, où il arriva vers les 5 heures du matin. Tous les ingénieurs des mines disposées aux environs d'Almaznaïa (MM. Rabinovitch, Yantchevsky, Arétinsky, Zavadsky, Krzivitsky, comte Sangaïlo et Bortnovsky) se trouvaient déjà rassemblés au perron de la gare. C'étaient eux qui, ce jour-là, tenaient à recevoir les membres du Congrès.

Le train fut aussitôt dirigé sur l'embranchement latéral qui conduit à la mine de la Société de Briansk. Les géologues, se réveillant à grand'peine, aperçurent un élégant pavillon construit d'après le dessin de l'ingénieur Zavadsky, destiné à les recevoir. Un riche déjeuner fut aussitôt servi. Puis, vers les 7 heures du matin, on se mit en route. Traversant la tranchée du chemin de fer près de la mine de Briansk, on alla à pied au „tombeau Ostraïa", au sommet duquel MM. Tschernyschew et Loutouguin, en main la planchette correspondante de la nouvelle carte géologique du bassin du Donetz, expliquèrent à leurs compagnons les principaux traits de la tectonique complexe de la région et les rapports qu'elle présente avec la nature orographique du terrain.

De là on se dirigea vers la mine de la Société d'Almaznaïa. En route on eut l'occasion de constater, dans les tranchées du chemin de fer, la même succession et le même caractère paléontologique des calcaires que l'on avait déjà vus la veille à proximité de la station Wolyntséwo. Par là les géologues présents purent se convaincre de la permanence du schème des dépôts houillifères du bassin du Donetz que les récents travaux géologiques détaillés ont permis d'établir. Après avoir suivi la coupe dans toute son étendue et fait une abondante récolte de fossiles, on fit en train le trajet jusqu'aux mines des frères Maximow, où on examina les horizons inférieurs de la suite houillifère et le caractère de la faille qui s'étend de l'ouest à l'est sur une longueur de près de 70 verstes.

La distance qui sépare les exploitations Maximow des mines de la Société Goloubovskoïé fut également parcourue en train. L'accueil le plus cordial y attendait les excursionnistes. Toute la route entre le point d'arrêt et l'école, où un dîner succulent était préparé par les soins de M. Krzivitsky, était pavoisée des drapeaux des différentes nations représentées par les géologues. Les ouvriers, exemptés ce jour-là du travail quotidien, faisaient la haie des deux côtés de la route pour acclamer les arrivants. A l'entrée de l'école une députation ouvrière offrit, selon la coutume russe, le pain et le sel, et un des mineurs pria les conducteurs de l'excursion d'exprimer la joie que tous éprouvaient de la visite dont les savants étrangers honoraient les mines de Goloubovskoïé. Un orchestre composé d'ouvriers accueillit les géologues par une fanfare et exécuta pendant tout le dîner les différents morceaux de son répertoire. Dès les premiers plats, le caractère officiel de ces sortes de banquets fit place à un entrain tout familier. Les toasts se succédaient les uns les autres, les Russes comme les étrangers exprimant les voeux les plus chaleureux pour le succès du Congrès et la prospérité de l'industrie minière du bassin du Donetz.

A 6 heures du soir on partit, en passant par la station Almaznaïa, pour la station Dékonskaïa, où se trouvent les mines de sel de la Société française. Pendant le trajet on s'arrêta près de la station Warwaropolié afin d'y visiter la tranchée du chemin de fer („Guide", XVI, pp. 50—51). A 8 heures du soir on était déjà à la station Dékonskaïa et le train fut dirigé sur l'embranchement menant à la mine de Briantzevka. On y fut reçu par l'administration minière ayant en tête l'ingénieur des mines M. Manziarli. La descente dans la mine prit environ 20 minutes. L'ingénieur des mines M. Liamin eut l'amabilité de guider les excursionnistes dans leur marche à travers les majestueuses galeries souterraines et de leur montrer les conditions de gisement du sel et les différents procédés d'exploitation. On mit le feu aux mèches préparées d'avance. L'effet des explosions fut d'autant plus féerique que des feux de Bengale illuminaient les chutes du sel.

21

Il était minuit quand on se trouva réuni hors de la mine. Un souper copieux, servi dans un pavillon construit tout exprès, fut gracieusement offert par les propriétaires de la mine. Pendant le repas les géologues prirent cordialement congé des ingénieurs qui leur avaient préparé une excursion si brillante à travers le bassin du Donetz. Les ingénieurs de leur côté exprimèrent tous les souhaits qu'ils formaient pour la réussite des excursions qu'il restait à faire en Russie.

A 2 heures de la nuit, le train quitta la station Dékonskaïa dans la direction de Wladikavkaz. Les excursionnistes excédés de fatigue furent heureux de se coucher et de dormir la grosse matinée jusque près de Rostow. Tout ce trajet, comme celui jusqu'à la station Minéralnya-Wody, fut fait presque sans arrêts.

Dans la matinée du 2/14 septembre on arriva à Minéralnya-Wody, où attendaient l'ingénieur en chef des eaux minérales, K. Th. Rouguévitch et M. Karakasch, pour conduire l'excursion jusqu'à Kislowodsk. Quelques-uns se détachèrent à la station Minéralnya-Wody, afin de se rendre avec L. Loutouguin à Grosny. Les autres partirent pour Jéliéznowodsk.

Excursion par la Volga (groupe B).

Les participants à l'excursion étaient:

Albert, H., Bergreferendar, Mitglied d. d. geologischen Gesellschaft, Berlin.

Alftan, M., Lieutenant-Colonel de l'Etat Major, Helsingfors.

Amalitzky, Wl., Prof. de géologie à l'Université, Warsovie.

Amalitzky, A., M-me, Warsovie.

Andersson, G., Dr., Stockholm.

Arthaber, G., Dr. Phil., Assist. am palaeontolog. Institut der Universität, Wien.

Baltzer, A., Prof. de géologie à l'Université, Berne.

Bäckström, H., Dr., Chargé des cours en minéralogie et pétrographie à l'Université de Stockholm.

Bather, F. A., Assist. at the Britisch Museum, London.

Belinfante, L., Assist. secretary Geol. Soc. of London.

Blake, J. F., Reverend., F. G. S. London.

Biederman, R., Dr., Prof. an der Universität, Berlin.

Böckh, J., Directeur de l'Institut Géologique Royal de la Hongrie, Budapest.

Bogoloubow, N., Candidat, Sc. nat., Moscou.

Boule, M., Assist. au Museum d'Histoire naturelle, Paris.

Bottea, C., Ing. des mines, Prof. à l'Ecole des ponts et chaussées, Bucarest.

Bütow, H., Geheimer Rechnungsrath, Vorstandsmitglied der Gesellschaft für Erdkunde, Berlin.

Bütow, M., Frau, Berlin.

Brunhes, J., Prof. de géographie à l'Université de Fribourg.

Brunhes, M-me, Fribourg.

Cadell, H., M. F. G. S. lately member of H. M. Geological Survey, Grange Bo'ness.

Churchill, W., Esq., London.

Clark, W., Prof. of Geology, Johns Hopkins University, Baltimore.

Cohen, E., Prof. an der Universität, Greifswald.

Cohen, E., Frau, Greifswald.

Costin-Vellea, G., Prof. de géographie au Lycée National, Jassi.

Credner, H., Dr., Prof., Geh. Bergrath, Leipzig.

Credner, R., Dr., Prof. der Geographie an der Universität, Greifswald.

Daly, R., Dr. phil., Cambridge. U. S. A.

Deecke, W., Prof. an der Universität, Greifswald.

Depéret, Ch., Prof. de géologie, Doyen de la Faculté des sciences, Lyon.

Diener, C., Prof. d. Geologie an der Universität zu Wien.
Diener, M., Frau, Wien.
Ducamp, G., Inspecteur, Adjoint des forêts, Nimes.
Dunikowski, E. H., Dr., Prof. à l'Université, Lemberg.
Dziuk, A., Bergingenieur, Hannover.
Eysséric, J., Explorateur, Chargé de mission par le Ministère de l'Instruction publique, Carpentras (Vaucluse).
Fabre, G., Inspecteur des forêts, Directeur de l'Observatoire du Mont Aigoual, Nimes.
Fisher, E., Miss, Instructor in Geology and Mineralogy Wellesley College, Wellesley, Mass.
Förster, B., Dr., Prof., Mühlhausen i. Els.
Franke, G., Prof. der Bergbaukunde an der kgl. Bergakademie, Berlin.
Frosterus, B., Dr., Géologue de la Commission géologique de Finlande, Helsingfors.
Frye, A., Boston.
Gallinek, E., Dr. Phil., Breslau.
Geikie, A., Sir, Director General of the Geolog. Surveys of the United Kingdom, London.
Geell, H., Membre de la Soc. Géol. Suisse, Lausanne.
Greim, G., Dr., Privatdocent der Mineralogie und physischen Geographie, Darmstadt.
de Grossouvre, A., Ing. en chef des mines. Attaché au Service Central de la Carte géolog. de France, Bourges (Cher).
Grzybowski, J., Dr. phil., Assist. de géologie à l'Université, Cracovie.
Gutzwiller, A., Dr. Phil., Lehrer an der Realschule, Basel.
Harris, G., Treasurer of the Malacological Society of London.
Harris, M., Mrs., London.
Heim, A., Dr., Prof. de géologie, Zürich.
Hettner, A., Dr., Prof. an der Universität, Leipzig.
Hind, Wh., M. D. B. S. F. R. C. S. F. G. S., Stoke-on-Trent.

Horne, J., F. R. S. E., F. G. S., H. M., Geolog. Survey, Edinburg.
Howe, J., Lecturer in geolog. and Assist. Mining Lecturer, Newcastle.
Hughes, Prof., Cambridge.
Hughes, Mrs, Cambridge.
Jentzsch, A., Dr., Prof. an der Universität, Königsberg.
Keilhack, K, Kgl. Landesgeologe, Berlin.
v. Kerner, F., Dr., Sectionsgeologe d. k. k. geolog. Reichsanstalt, Wien.
Keyes, Ch., Dr., State Geologist of Missouri, Jefferson City.
Kleiber, W. H., Ing. des voies de communication, Kazan.
v. Koenen. A., Dr.. Prof., Göttingen.
Korthals, W. C., Heidelberg.
Kuhnert, B., Dr., Berlin.
Lenk, H., Dr., Prof. an der Universität, Erlangen.
Leonhard, R., Dr. Phil., Breslau.
Leverkühn, P., Dr., Directeur des Institutions Scientifiques de S. A. R. le Prince de Bulgarie, Sophia.
Lory, P., Préparateur à la Faculté des Sciences, Grénoble.
Lugeon, M., Dr., Prof. à l'Université de Lausanne.
Makowsky, A., o. ö. Prof. der Geologie an der k. k. technischen Hochschule, Brünn.
Mamontow, W., Candidat des sc. nat., St. Pétersbourg.
Marsden Manson, Chairmann Bureau of Highwags, Sacramento, California.
Mendes Guerreiro, J. V., Ing. en chef de 1-ère classe, Lisbonne.
Merrill, G. P., Curator Departement of Geology U. S. National Museum, Washington D. C.
Meunier, St., Prof. de géologie au Muséum d'Histoire Naturelle, Paris.
Meunier, M-me, Paris.
Meunier, A., M-elle, Paris.

Mueller, W., Dr. Phil., Privatdoc. an der kgl. technisch. Hochschule, Charlottenburg bei Berlin.

Muret, E., Secrétaire de la Commission Intern. des glaciers, Morges.

Murray, J., Direct. of Challenger Expedition Reports, Edinburgh.

Neumann, L., Dr., Prof. der Geographie an der Universität, Freiburg i. B.

Panaotović, J., Dr., Chemiker, Dresden.

Pavlow, A., Prof. de géologie à l'Université de Moscou.

Pavlow, M., M-me, Membre de la Soc. des Naturalistes de Moscou, Moscou

Pavlow, A. W., Assist. de géologie à l'Université de Moscou.

Peach, B. N., Member of the geol. Survey of Scotland, Edinburgh.

Philippi, E., Dr., Assist. am Museum für Naturkunde, Berlin.

Pirrson, L., Prof. of physical. geol., Yale University, New-Haven.

Prendel, R., Prof. de minéralogie à l'Université, Odessa.

Rachmanoff, P., Etudiant Sc. nat., Moscou.

Radkevitch, G. A., Assist. au Musée minéralog. à l'Université de Kiew.

Ramsay, W., Dr. Phil., Docent à l'Université, Helsingfors.

Read, M., Houston, U. S.

Remelé, A., D. Phil., Geheimrath, Prof., Eberswald.

Renevier, E., Prof. à l'Université de Lausanne.

Richard, J., Dr. Phil., Lehigh University, Bethlehem, Pennsylvania.

Richter, E., Dr., Prof., Mitglied d. internat. Gletscher-Commission, Graz.

Roman, Fr., Préparat. de géologie à la Faculté des Sciences, Lyon.

Schibbye, W., Membre de la Soc. géol., Copenhague.

Schlippé, Th., Candid. de l'Université de Moscou, Toula.

Schulmann, S., Membre de la Soc. Vaudoise des sc. nat., Lausanne.

Sederholm, J., Direct. de la Commission géolog. de Finlande, Helsingfors.

Steenstrup, Dr., Copenhague.

Stephan, R., Dr., Berlin.

Stefanescu, G., Prof. de géologie à l'Université, Bucarest.

Stefanescu, M., M-me, Bucarest.

Stefanescu, Fl., M-elle, Bucarest.

Stschepetilow, W., Dr. med.

Szajnocha, L., Prof. de géol. et de paléontol. à l'Université de Cracovie.

Teirich, E., Dr., Wien.

Thiéry, A., Paris.

Thomas, H., Chef des travaux graphiques de la Carte géologique, Paris.

Torell, O., Direct. du Service de la Carte géolog. de la Suède, Stockholm.

Toubeau, J., Dr., Prof. Suppléant à l'Université, Bruxelles.

Uhlig, V., Dr., Prof. à l'Ecole polytechnique, Prague.

Uhlig, C., Mitgl. der Naturf. Gesellsch., Freiburg i. B.

Ussing, N., Dr. Phil., Prof. de minér. à l'Université, Copenhague.

Vélain, Ch., Prof. à la Sorbonne, Paris.

Vitalini, Fr., Prof., Membre de la Soc. géol. d'Italie, Rome.

Vorwerg, O., Dr., Mitglied d. d. geol. Gesellsch., Herischdorf im Riesengebirge.

Wahnschaffe, F., Dr., Prof., kgl. Landesgeologe, Charlottenburg bei Berlin.

White, J. C., Dr. Phil., Treasurer of the geolog. soc. of America, Morgantown.

Wichmann, A., Dr., Prof. à l'Université, Utrecht.

Wiskont, C., Candidat Sc. nat., Moscou.

Woeikow, A., Dr., Prof. de géographie à l'Université, St. Pétersbourg.

Woodrow, J., Dr. Phil., Prof. of biology, geology and mineralogy, Columbia.

Zirkel, F., Dr., Prof. an der Universität, Leipzig.

Zlatarski, G., Prof. de géol. et Recteur à l'Ecole des Hautes Etudes à Sophia.

De Moscou par Nijni-Novgorod à Tsaritzyn.

Le 26 août on partit de Moscou par train express pour Nijni-Novgorod, point de départ de l'excursion sur la Volga. Les places que l'on devait occuper dans le train avaient été numérotées. Chacun avait reçu son numéro avant même de quitter l'hôtel. A l'arrivée à Nijni-Novgorod, les effets sur lesquels étaient consignés les mêmes numéros furent transportés sur le bateau, sans que les voyageurs eussent à s'en occuper.

La Société „Caucase et Mercure" eut l'amabilité de mettre à la disposition des congressistes un de ses plus grands vapeurs, le „Xénia". Neanmoins, vu le nombre des participants à l'excursion, l'emplacement des I et II classes se trouvait insuffisant et il fallut disposer aussi la troisième classe pour que tout le monde se trouvât commodément établi. Le pavillon du tillac, assez spacieux pour contenir toute la société, fut couverti en salle à manger.

Le „Xénia" n'ayant pu être offert qu'à la condition d'arriver à Tsaritzyn le 2/14 septembre au matin, et non le soir comme on le pensait lors de la composition du „Guide", il devint nécessaire d'apporter quelques changements au plan du voyage et de diminuer le nombre des arrêts.

Le prof. Amalitzky dirigea l'excursion à Nijni-Novgorod et donna les explications relatives aux coupes devant lesquelles on passa jusqu'à Kazan.

Le soir du 28 août, le vapeur quitta Kazan dans la direction des Zolny-gory (Montagnes de Cendre), qui forment sur la limite des gouvernements de Kazan et de Simbirsk la rive droite de la Volga. Le prof. Pavlow, directeur de l'excursion à partir de Kazan, donna ce soir, et chaque soir pendant tout le cours du voyage, des explications sur ce qu'on allait voir le jour suivant. Ces explications étaient données dans le grand salon du bateau, et souvent par groupes, parce qu'il ne pouvait contenir toute la société.

Arrivé le 29 août en face des monts Zolny-gory, le „Xénia" 'dut s'arrêter au milieu du fleuve par suite des bas-fonds qui empêchaient d'aborder à la rive droite. Une flotille d'embarcations transporta les excursionnistes à une demi-verste environ des affleurements que l'on voulait visiter et qui permettaient d'observer la démarcation entre les systèmes permien et jurassique. Chemin faisant, on rassembla des fossiles dégagés par les eaux dans différents horizons du système jurassique constituant les hauteurs voisines. Après avoir examiné l'affleurement des couches calloviennes et oxfordiennes, on recueillit dans les marnes rouges permiennes une riche collection d'*Anthracosiidae*. L'impossibilité d'approcher de très près avec le bateau, la hauteur et les dimensions des affleurements, ainsi que les éboulis qui faisaient obstacle à l'observation, amenèrent un retard assez long.

Le soir on s'arrêta une seconde fois près du village Polyvna. La descente put se faire très vite, grâce à une immense barque dont on put profiter. Cette halte permit d'examiner le très bel affleurement du néocomien supérieur à *Simbirskites versicolor* et des couches très fossilifères aquiloniennes et portlandiennes qu'il supporte. Les géologues furent surtout charmés de voir d'énormes exemplaires d'*Ammonites giganteus* et d'espèces voisines, gisant en grand nombre sur les dalles nues des grès portlandiens. Malheureusement les dimensions collossales des fossiles et la difficulté de les dégager empêchèrent de les emporter en souvenir de l'excursion.

En examinant l'affleurement, on ne manqua pas de constater l'absence en cette localité des horizons inférieurs du néocomien et de la zone supérieure de l'étage aquilonien. On remarqua aussi la brusque transition. paléontologique et pétrographique, du système jurassique au système crétacé.

Le 30 août, le bateau s'arrêta de grand matin au débarcadère des carrières près du village Chiriaïew, en face de Samarskaïa-Louka. On escalada les roches du calcaire à Fusulines entamé par la carrière. Au sommet, on admira le vaste panorama s'ouvrant sur les environs et le Tzarew-Kourgan qui, formé du même calcaire à Fusulines, s'élève isolé sur la rive opposée dans un terrain de dépôts récents.

Après cette halte qui dut être de courte durée, le „Xénia“ reprit sa course en aval jusqu'à Samara, où il dut s'approvisionner de naphte et de victuailles. Les excursionnistes profitèrent de l'arrêt que l'on devait faire pour visiter les principales rues de la ville et le monument élevé en l'honneur de l'empereur Alexandre II. Presque tous voulurent emporter quelques objets de l'industrie locale.

L'arrêt suivant eut lieu au sud de Samarskaïa-Louka, près de la mine de la Société de Sysran-Petchersk „Nadiéjda“ (Espérance). On fut reçu par le directeur de l'usine d'asphalte, Mr. J. Lipinsky, et par les membres de la Société. Des embarcations et un petit vapeur que Mr. Lipinsky avait eu l'amabilité de préparer devaient conduire les géologues à un débarcadère construit tout exprès, pavoisé de drapeaux. Malheureusement il s'éleva un vent violent qui empêcha la descente, au grand regret de la foule accourue sur la rive pour fêter l'arrivée des savants étrangers. Après plusieurs tentatives, mais sans succès, de s'approcher du bord et de trouver un endroit plus favorable à la descente, les excursionnistes durent renoncer à leur projet et le „Xénia“ reprit sa marche vers Kachpour, où Mr. Lipinsky avait eu l'obligeance de faire construire un débarcadère et de préparer des bateaux.

La foule immense rassemblée sur la rive donna à la descente une grande animation. La belle coupe des couches du jurassique supérieur et du crétacé inférieur est en cet endroit plus complète que celle que l'on avait observée près du village Polyvna, grâce à la présence de l'horizon aquilonien supérieur à *Craspedites kaschpuricus* et des zones néocomiennes inférieures à *Aucella volgensis* et *Polyptychites*.

Dans la matinée du 3-me jour on s'arrêta en amont de Baronsk où on examina les couches de l'âge paléocène. Dans l'après-midi on arriva à Saratow. Les géologues y étaient attendus par les représentants de l'administration municipale qui avaient eu l'amabilité de préparer des voitures pour aller visiter les alentours de la ville. Après avoir fait l'ascension du mont Lyssaïa, on se partagea en deux groupes pour se rendre, le premier, au crétacé inférieur du mont Sokolowa et au remarquable éboulement de 1884, le second, au Musée Radichtchew, où tout le monde se réunit ensuite. La visite au Musée se termina par un magnifique souper, pendant lequel furent prononcés plusieurs discours et toasts, tant de la part des représentants de la société locale et de l'administration du Musée, que de la part des géologues. Parmi ces derniers prirent la parole MM. Archibald Geikie, Credner, Murray et quelques autres.

Les étudiants en vacance à Saratow invitèrent les excursionnistes à les honorer de leur présence à une soirée dansante. Les géologues, dans l'impossibilité où ils se trouvaient de prolonger leur séjour à Saratow, se virent à leur grand regret obligés de renoncer à cette aimable invitation

Le 1/13 septembre, on s'arrêta près du village Troubino afin d'y examiner les affleurements de l'étage cénomanien, très fossilifère, de la craie turonienne à *Inoceramus* et des puissantes couches éluviales développées en ce lieu. Une halte que l'on fit le soir à la stanitza cosaque Alexandrovskaïa permit d'observer la remarquable dislocation qui s'y est conservée sous forme d'un affaissement des marnes oligocènes et des schistes à *Meletta*. Quand on fut de retour au bateau, les cosaques, dans les embarcations qui avaient amené les excursionnistes jusqu'au „Xénia", entonnèrent un de leurs chants nationaux, et bientôt ce fut un véritable concert qui se faisait entendre au loin sur le fleuve, ajoutant un nouvel éclat à cette ravissante soirée et produisant sur les auditeurs une impression inoubliable.

Le 2/14 septembre on arriva de bonne heure à Tsaritzyn. Là, un petit groupe d'excursionnistes se détacha des autres pour continuer, sous la direction de A. V. Pavlow, le voyage par la Volga jusqu'à Astrakhan, gagner par mer Pétrovsk et arriver par le chemin de fer à Wladikavkaz.

Après avoir pris congé de l'aimable et obligeant capitaine du „Xénia", M. Stépanow, et de son aide, M. Lengold, qui s'étaient vraiment ingéniés à faciliter les haltes et les descentes, les autres se rendirent à la gare, où ils trouvèrent dans un train spécial leurs places déjà numérotées et leur bagage déjà en place. Grâce à la présence dans le train de quelques agents, délégués par les administrations des chemins de fer Voronej-Rostow et Rostow-Wladikavkaz, le voyage jusqu'à Wladikavkaz se fit avec tout le comfort possible. Les mesures avaient été si bien prises qu'on n'éprouva aucune des difficultés auxquelles on pouvait s'attendre.

Un groupe de 17 personnes s'etait séparé à la station Darg-Koch. pour visiter sous la direction de M. Rossikow la vallée d'Ardon et le glacier Tzeisky

De Tsaritzyn à Astrakhan, Pétrovsk, Wladikavkaz.

Le groupe qui s'était séparé à Tsaritzyn pour descendre la Volga jusqu'à Astrakhan, et de là gagner Pétrovsk et Wladikavkaz. se composait de:

John Murrey
F. A. Bather
J. V. Mendes Guerreiro
R. A. Daly
L. L. Belliefante
W. S. Schibbye
J. W. Richards
M. A. Read
Fr. Vitalini

Après avoir pris congé de leurs confrères qui continuaient de Tsaritzyn le voyage par le chemin de fer, ils allèrent visiter la „ville de naphte" (nephtianoï-gorodok). Un des propriétaires des usines de naphte eut l'amabilité de leur servir de guide.

Le voyage à Astrakhan se fit avec un bateau appartenant à la Société „Caucase et Mercure", mais beaucoup plus petit que le „Xénia".

Dans la matinée du 3/15 septembre, on arriva à Wladimirovka et de là à Tcherny-Yar. Sur ce trajet, les excursionnistes eurent l'occasion de voir les falaises des dépôts argileux et argilo-sableux caspiens, ainsi que les argiles foncées tertiaires qui viennent par places se montrer de-dessous ces couches. Plus loin, les mêmes dépôts caspiens furent examinés près du village Nikolsky. En aval de ce village, et près de Enotaïevsk, l'attention des géologues fut attirée sur un puissant développement de collines de sables (barkhany).

Le bateau arriva à Astrakhan dans la nuit. A la prière du conducteur de l'excursion, A. Pavlow, l'administration de „Caucase et Mercure" s'empressa de mettre comme logement à la disposition des géologues le vaste et beau salon de 1-ère classe et les cabines du vapeur „Nicolas II", en attendant l'arrivée du bâtiment qui devait faire le trajet jusqu'à Pétrovsk.

La matinée du 4/16 septembre fut consacrée à la visite de la ville et de ses curiosités. Un petit bateau conduisit ensuite la société au delta du fleuve, où l'on visita les pêcheries de Stréletsky-batog et le khouroul (temple d'idoles) au

„Kalmytsky-bazar“. Rentrés en ville, les excursionnistes visitèrent, avec l'aimable concours de M. Patsoukévitch, le Musée dont l'administration leur fit les honneurs en leur expliquant les collections et en leur offrant à chacun un exemplaire du „Recueil des travaux de la Société d'explorateurs du pays d'Astrakhan“.

Dans la matinée du 5/17 septembre, on fit sur un petit bateau à vapeur une excursion jusqu'aux „Douze-pieds“ et, après avoir visité le delta, on monta sur le vapeur où se trouvait Son Excellence A. S. Ermolow, Ministre des Domaines et de l'Agriculture. A l'arrivée, le 6 septembre, à Pétrovsk, Son Excellence eut l'extrême amabilité d'offrir aux géologues son wagon ministériel pour faire avec lui une excursion aux alentours de la ville. En route, le Ministre leur donna quelques précieux renseignements sur le pays et ne cessa de se montrer plein de prévenance envers les étrangers.

Les excursionnistes trouvèrent la même amabilité auprès du chef de gare de Pétrovsk, qui mit à leur disposition un wagon de 1-ère classe pour les conduire à Wladikavkaz, où ils arrivèrent le 7/19 septembre au matin. Sur la route, entre Pétrovsk et Grozny, A. V. Pavlow et A. M. Konchin donnèrent des explications relatives à la structure géologique de la région.

Excursion du Dniepr (Groupe C).

Les membres du Congrès composant le groupe *C* (C. Alimanestiano, chef du service des mines; M-me Alimanestiano; M-lle Flemming; E. Geinitz, prof.; C. Hlawatsch, Dr.; R. Hoernes, prof.; N. Jakovlew, Ing.; J. Kobetsky, Ing.; C. Lindvall; R. Mallet, Civ.-Ing.; Ch. Mayer-Eymar, prof.; R. de Moeller; P. Oppenheim, Dr.; P. Ossoskow; A. Plagemann, Dr.; E. Richter, prof.; N. Wersilow, Ing.)

partirent de Moscou avec le rapide de Kiew dans la matinée du 27 août (8 septembre). A la gare de Kiew ils furent reçus par le maire de la ville et le professeur Armachevsky. Les heures qui restaient jusqu'à la nuit furent consacrées à visiter les musées minéralogique et géologique de l'Université de St. Wladimir. Le musée géologique attira l'attention par ses riches collections de fossiles du crétacé et du tertiaire inférieur, surtout par la collection de fossiles provenant de la marne bleue de Kiew. Après avoir visité, à la dernière clarté du soleil, les curiosités de la ville et particulièrement la cathédrale de St. Wladimir avec ses originales peintures en style byzantin, les excursionnistes se rendirent le même soir à l'exposition agricole et industrielle, pittoresquement disposée sur les hauteurs dominant le fleuve, d'où se découvrait une vue splendide sur la ville étincelante de lumières, sur le Dniepr et les immenses steppes qui se perdaient dans le crépuscule d'une de ces nuits enchanteresses des pays du sud.

La journée du lendemain fut toute entière consacrée à la visite, sous la conduite du professeur Armachevsky, des localités les plus intéressantes, au point de vue géologique, dans la ville et les environs. On se rendit d'abord aux briqueteries de MM. Soubbotin et Berner, où l'on examina les coupes fraîches de la marne bleue paléogène, exploitée pour la fabrication de briques, ainsi que les dépôts superposés sablo-argileux lignitifères et les sables bruns ambrifères („Guide“, XXI, pg. 22, 23, pl. *B* et *C*). Plusieurs eurent la chance de trouver dans la marne bleue des coquillages de mollusques et des dents de requins. A la fabrique même, on fit l'acquisition d'un gros morceau d'ambre récemment extrait des sables. De là on se rendit au Jardin Impérial disposé au haut de la rive escarpée du Dniepr. Pendant la descente au fleuve on examina les instructives coupes des dépôts posttertiaires (loess, dépôts glaciaires et préglaciaires („Guide“ p. 25, 26, fig. 3) et de toute la série des dépôts paléogènes de Kiew, depuis les argiles bigarrées et les sables blancs quartzeux au sommet jusqu'à la marne à *Spondylus* de la base (pg. 26, pl. *D*). Les excursions à Kiew se terminèrent par une promenade aux propriétés de MM. Zivola et Bagréew, où la base des dépôts posttertiaires montre la couche de „culture humaine“ qui renferme des objets de l'âge de pierre à côté d'ossements de mammouth (p. 28—31, pl. *E*).

Le soir, l'administration municipale donna aux membres du Congrès un banquet que le Ministre des voies de communication, le prince Khilkow, alors de passage à Kiew, voulut bien honorer de sa présence. Son Excellence le Ministre et le maire de la ville adressèrent aux congressistes des discours, auxquels répondirent M-me Alimanestiano, MM. les prof. Hoernes, Richter et M-lle Flemming.

Pendant la nuit du 29 au 30 août, conformément au programme, le bateau à vapeur, spécialement préparé pour recevoir les excursionnistes, quitta Kiew pour descendre le Dniepr. Le matin, de bonne heure, on arriva au débarcadère de Rjichtchew, d'où l'on se rendit à pied au monastère de Préobrajénie (Transfiguration) qui se trouve un peu plus loin en aval. Dans le cours de cette excursion on examina les affleurements de marne bleue à *Spondylus*, superposée à des sables grisâtres à apatite (pg. 32).

En s'approchant de Kanew, les excursionnistes purent remarquer des affleurements de roches jurassiques et crétacées, très disloquées (p. 5—7, 32—33) que malheureusement le manque de temps ne permit pas de visiter, vu la lenteur occasionnée dans la marche du bateau par le niveau alors excessivement bas du fleuve.

La nuit du 30 au 31 août fut passée en chemin de fer pour faire le trajet de Tcherkassy, situé au cours moyen du Dniepr, à Nikolaïew qui se trouve au liman du

Boug. A Nikolaïew on remonta en bateau pour aller à Kherson, en traversant d'abord le liman du Boug, puis celui du Dniepr. Avant d'arriver à Kherson, à l'embouchure du fleuve, la plupart des excursionnistes montèrent sur le vapeur de l'ingénieur Nadporojsky, directeur en chef des travaux de construction du port de Kherson. Après avoir examiné les travaux d'approfondissement du chenal et du bassin de l'embouchure, on fit une excursion dans la région des dunes qui porte le nom de „sables d'Alechki" (Alechkinskié peski). Le soir on se réunit au banquet offert par la mairie de la ville.

Parti de Kherson dans la nuit du 1/13 septembre, le bateau arriva le matin aux escarpements de la rive droite du Dniepr près du village Kazatskaïa. Ce point offre à l'étude un des affleurements les plus intéressants des couches néogènes au cours inférieur du fleuve et montre avec une netteté parfaite les relations entre les dépôts sarmatiques, maeotiques et pontiques, séparés par des lits intermédiaires d'eau douce et des traces d'interruption dans la stratification (XXI, p. 37, fig. 8). Grâce à l'extrême amabilité du président de l'ouprava du district de Kherson, et du prince Troubetzkoï, propriétaire de Kazatskaïa, qui avaient fait construire un débarcadère provisoire, on put débarquer à l'escarpement même. Après l'examen des affleurements, un déjeuner fut offert aux excursionnistes à la métairie du prince Troubetzkoï, où on eut aussi l'occasion de prendre connaissance des particularités qu'offre l'agriculture dans les steppes du sud extrême de la Russie.

Continuant ensuite à remonter le Dniepr, on observa, sur des dizaines de verstes, la série des beaux affleurements dans les rives abruptes du fleuve. Les couches sont les mêmes que l'on avait examinées à Kazatskaïa, mais l'épaisseur visible du sarmatique va en augmentant à mesure qu'on avance au nord (p. 36). Afin d'étudier de près ces dépôts sarmatiques, on fit

22

une petite excursion à pied dans les environs de Katchkarovka.

Vers le soir le bateau arriva à Nikopol où les escarpements du fleuve ne montrent qu'une puissante assise de loess gris jaunâtre.

Le trajet de Nikopol à Alexandrovsk dut être fait dans la nuit. D'ailleurs l'intérêt du voyage n'en souffrit pas, les affleurements que l'on rencontre sur cette distance étant peu importants et présentant toujours les mêmes couches néogènes et du loess. Ce n'est qu'à proximité d'Alexandrovsk, où le vapeur arriva à 9 heures du matin (2/14 septembre), que commencent à apparaître au-dessus de l'eau des rochers isolés d'anciennes roches cristallines.

A Alexandrovsk on fit deux excursions en voiture; l'une vers le sud, au village Kochéoumovka, où viennent se montrer des argiles gris foncé finement stratifiées et des sables vaseux gris de l'étage sarmatique; l'autre, à l'étroit passage du Dniepr entre de hauts rochers gneisso-granitiques et autres roches cristallines, près du village Kitchkas. A cette seconde excursion ne participa qu'un petit nombre de géologues, les autres ayant préféré rester à Kochéoumovka pour faire récolte des fossiles sarmatiques que l'on y trouve en abondance et très bien conservés.

Le soir on prit le train postal de Wladikavkaz, où on arriva, conformément au programme, le 4/16 septembre au soir.

Un temps superbe, toujours clair, pas trop chaud et sans vent, avait favorisé l'excursion depuis le jour de l'arrivée à Kiew jusqu'au départ d'Alexandrovsk, et puissamment contribué au plein succès du voyage.

Caucase.

Eaux minérales du Caucase et environs de Kislowodsk.

Arrivé à la station Minéralnya-wody le 2/14 septembre, le groupe *A* (venant du bassin du Donetz) continua son voyage par le chemin de fer, sous la direction de K. Rougué-vitch et N. Karakasch, à Jéliéznowodsk, situé dans une vallée boisée, très pittoresque, entre les monts Bechtaou et Jéliéznaïa. Malheureusement le temps était si nébuleux et le brouillard qui couvrait la terre était si intense que du versant du mont Jéliéznaïa les excursionnistes ne purent jouir de la belle vue que l'on aurait eue sur le Bechtaou. Si l'on avait suivi le programme, on devait visiter plusieurs des sources minérales de Jéliéznowodsk, mais pour gagner du temps et vu l'identité presque entière des sources, on se décida à n'en étudier que deux, la source № 1 du groupe occidental et la source Marie du groupe oriental. Les deux groupes se trouvent sur le versant du mont Jéliéznaïa, séparés l'un de l'autre par un espace sur lequel il n'existe aucune autre source.

La source № 1 offrait cet intérêt que l'on pouvait parvenir par une galerie jusqu'à la fente principale dans le trachite d'où jaillissent les eaux minérales. Au trachite quartzeux qui constitue le noyau de la montagne sous forme de laccolithe, viennent s'appuyer des couches soulevées de marnes tertiaires, recouvertes de dépôts récents d'argiles avec fragments de trachite et de marne. L'argile est couverte par places de travertin ferrugino-calcaire déposé par les eaux minérales.

A la source Marie la fente principale n'est pas visible. L'eau y arrive par de petites fissures traversant partie les marnes tertiaires, partie la brèche argileuse.

De Jéliéznowodsk le train conduisit la société à Piatigorsk. Les directeurs de l'excursion attirèrent en route l'attention de leurs confrères sur les monts laccolithiques qui se voyaient au loin, le Machouk, le Youdza, le Zméinaïa, le Razwalka etc.

A Piatigorsk, ce que l'on vit de plus remarquable en dehors des différents établissements balnéaires, situés tous dans l'étroite vallée entre le versant sud du Machouk et le Goriatchaïa-gora (Montagne chaude), ce fut la caverne du Bolchoï-Prowal qui s'ouvre en forme d'entonnoir, profond d'environ 35 mètres, dans le calcaire sénonien. La galerie qui conduit au bassin de la source sulfureuse dans la caverne traverse à l'entrée des marnes éocènes; les parois de l'entonnoir lui-même sont en calcaire sénonien („Guide“, XVII, p. 7). La large fissure, dirigée NE 36^0, que les excursionnistes purent apercevoir dans le calcaire de la caverne, paraît former le canal principal alimentant les sources minérales de Piatigorsk. Un peu plus loin, au sud-ouest du Bolchoï-Prowal, près de la galerie Elisabeth, on vit la prolongation de cette fissure.

Le temps qui s'était éclairci permit d'admirer le beau panorama que l'on a sur la ville, la vallée de la Podkoumok et les montagnes. Pendant le trajet du Bolchoï-Prowal au Goriatchaïa-gora, des explications furent données sur la structure géologique des environs de Piatigorsk. Sur la Montagne Chaude on vit en plusieurs points, dans les travertines, une large fissure également en communication avec celle du Prowal. Les sources Alexandro-Nikolaïevsko-Sabanéïevsky et Alexandro-Yermolovsky que la société visita reçoivent leur eau de cette crevasse.

Après un déjeuner au restaurant du parc, on reprit le train pour se rendre à Essentouki, où l'on fut solennellement reçu, aux sons d'une musique militaire. par une députation de la direction des bains.

On alla aussitôt visiter dans le parc les célèbres sources alcalines №№ 17, 18, 6, 4. Quand on se trouva réuni au pavillon, l'orchestre continua à jouer différents morceaux. La direction distribua gracieusement aux excursionnistes des flacons de sel d'Essentouki et des boîtes de pastilles. Après des remerciements adressés aux organisateurs de ce charmant accueil, on reprit le train pour gagner Kislowodsk par la pittoresque vallée de la Podkoumok.

A Kislowodsk les excursionnistes se portèrent aussitôt vers le Narzan, l'unique mais célèbre source minérale de cette localité. L'aimable proposition faite par la direction de la station balnéaire de prendre des bains chauds dans l'eau acidulée du Narzan fut accueillie avec transport. La grande majorité des géologues qui avaient voyagé tant de jours sans avoir eu le plaisir de se baigner, profita de l'occasion pour aller immédiatement se rafraîchir le corps Les autres se rendirent à travers le magnifique parc aux bords de la rivière Olkhovka, où viennent se montrer les calcaires à Nerinea et les marnes néocomiennes qui les recouvrent („Guide", XIX). Plusieurs firent de riches collections des abondants fossiles que ces roches renferment; on en fit de même en visitant la coupe géologique près de la gare, où se montrent également les coupes supérieures néocomiennes. De ce point, on voyait parfaitement les hauteurs environnantes, formées de dépôts aptiens et de gault.

Le prof. Bertrand exprima le désir d'aller aux montagnes pour prendre plus ample connaissance des dépôts crétacés. Mais le temps n'étant pas favorable et l'éloignement paraissant à la plupart trop considérable, il ne se trouva pour accompagner MM. Karakasch et Bertrand que les professeurs Rothpletz et C. Schmidt. Ce petit groupe se dirigea vers les ravins Chirokaïa et Gloukhaïa, en s'arrêtant de temps à autre pour examiner les différents affleurements. Malheureusement, après deux heures de marche, la pluie vint les surprendre et il fallut rebrousser chemin. Arrivés fort tard à Kislowodsk, ils trouvèrent les camarades installés devant un bon souper dont la direction des bains honorait les congressistes. Une conversation des plus animées et la danse nationale (lesghinka) des cosaques retinrent longtemps les convives.

Dans la matinée du 3/15 septembre, le groupe *A* partit de Kislowodsk pour Wladikavkaz, à l'exception des 25 congressistes qui voulaient aller à l'Elbrous. Cette excursion ne devant commencer que le lendemain, on avait par là toute une journée devant soi. N. Karakasch proposa de l'employer à visiter les laccolithes trachitiques sous le calcaire sénonien du Djoudza [1]), situé à 17 verstes à l'est de Kislowodsk. On partit à cheval au nombre de 20 personnes. Comme cette excursion se faisait à l'improviste, en dehors du programme, et que N. Karakasch n'avait pu faire auparavant l'étude détaillée de cette montagne, il proposa, lorsqu'on était arrivé au pied du versant ouest, de prendre différentes directions pour reconnaître au plus vite les affleurements du trachite. En effet, le prof. C. Schmidt réussit bientôt à trouver, au tiers inférieur du versant sud, un affleurement de laccolithe. Tous les excursionnistes s'empressèrent de prendre des échantillons de cette roche. Ceux qui montèrent jusqu'au sommet purent constater de là l'inclinaison des calcaires sénoniens. Malgré la fatigue ressentie pendant cette excursion par suite des nombreux ravins qu'il fallait descendre et remonter dans les affluents de la Djoudza et de la Youdza, le vif intérêt qu'offrait la rareté de voir sur place du laccolithe fit oublier tout ce qu'on avait à supporter et le retour à Essentouki parut moins pénible. Il était bien tard quand le train ramena les géologues fatigués à Kislowodsk.

Dans la nuit, les 25 participants à l'excursion de l'Elbrous (MM. *Andreae, A., Andreae, Ph., Antonovitch, Abe-

[1]) Les personnes qui ont pris part aux excursions au Djoudza sont désignées par un astérisque.

lianz, * Brooks, * Crook, * Dannenberg, * Duparc, Ebeling, * Emmons, * Friedrichsen, * Hackmann, * Hobson, * Hume, Lawson, Maillard, * Milch, * Offert, * Oswald, * Redlich, * Reid, * Riva, * Rüst, Simpson, * Smidt, C.) se mirent en route sous la direction de K. Rouguévitch. Il était convenu, d'après le programme, que N. Karakasch les accompagnerait, mais il fut dans l'impossibilité de le faire, obligé qu'il était de recevoir à la station Minéralnya-wody, et de conduire à Kislowodsk, une partie des excursionnistes arrivant de la Volga (groupe B). Le programme primitif ne disait rien de cette modification imprévue. Mais, dans l'impossibilité de faire passer la route militaire de Géorgie par tous les excursionnistes à la fois, vu le petit nombre de voitures et de chevaux dont dispose la direction postale, et l'exéguité des stations où l'on devait passer la nuit entre Wladikavkaz et Tiflis, le Comité d'organisation avait dû se résoudre, pour ne pas trop entraver le service public, à ne faire avancer pendant 5 jours que des groupes de 60 personnes. C'est pour cette raison qu'il fallait retenir à Mineralnya-wody la moitié des membres de l'excursion de la Volga (MM. * Amalitzky, * Amalitzky M-me, * Baltzer, * Beck, Bäkström, * Brunhes, * Brunhes M-me, * Bütow, * Bütow M-me, * Cadell, * Cohen, * Cohen M-me, * Deecke, * Depéret, Ducamp, * Dziuk, Eysseric, * Fabre, Fischer M-lle, * Foerster, * Forwerk, Frye, Gaell, * Grjigorski, * Heim, * Hettner, * Horne, Kleiber, * Lory, * Lugeon, * Makowsky, * Mamontow, * Marsden-Manson, * Mueller, * Neumann, * Panaotović, * Peach, * Pirsson, Remelé, Renevier, * Roman, * Schulmann, Stenstrup, * Stephanescu, Stephanescu M-me, Stephanescu M-lle, * Szajnocha, * Torell, Ussing, * Wichmann, * White, Woodrow).

Cinquante-deux géologues du groupe *B* partirent ainsi, sans aller à Jéliéznowodsk, pour Piatigorsk, où ils visitèrent, comme le groupe *A* l'avait fait, la caverne du Bolchoï-Prowal, le Goriatchaïa-gora et plusieurs galeries. A Essentouki on alla voir quelques-unes des sources minérales; de là on se rendit à Kislowodsk, où l'on visita le Narzan et les coupes des dépôts crétacés.

N. Karakasch proposa de consacrer la journée du lendemain à l'examen du laccolithe de la montagne Djoudza, ce qui fut accueilli avec enthousiasme [1]. On partit d'Essentouki en voiture.

Impossible de passer ici sous silence la rapidité et le savoir faire avec lesquels M. Moser, chargé de la partie économique très compliquée du voyage, put, malgré le peu de temps qu'il avait à sa disposition, fournir les voitures et tous les moyens d'approvisionnement que nécessitait cette excursion improvisée.

Longue était la file des équipages. En deux heures de temps tous arrivaient au Djoudza. On s'arrêta cette fois tout près de l'affleurement du trachyte. Après l'avoir examiné, la plupart gravirent la montagne, mais il n'y eut que N. Karakasch, les prof. Baltzer et Heim qui purent arriver au sommet, tandis que les plus jeunes durent s'arrêter à mi-chemin. Le déjeuner réunit tout le monde au pied de la montagne. Assis sur des „bourka" étendues sur l'herbe, on mangea avec délice le met favori du pays, le „chachlyk", rôti tout à côté sur des braises ardentes.

De retour à Essentouki, où arrivèrent aussi ceux qui étaient allés à l'Elbrous, on partit tous ensemble pour Wladikavkaz.

A Wladikavkaz il se trouva que les équipages qui avaient mené le groupe précédent par la Route militaire de Géorgie, n'étaient pas encore arrivés. Le prof. Loewinson-Lessing,

---

[1] Les 38 personnes qui prirent part à cette excursion sont indiquées dans la liste par un astérisque.

directeur de l'excursion entre Wladikavkaz et Tiflis, n'était pas non plus de retour. On profita de la journée pour visiter la ville et les environs.

M. Loewinson-Lessing arriva dans l'après-midi. N. Karakasch, accompagné de huit géologues, partit le soir pour Tiflis, en s'arrêtant pendant le trajet aux points les plus intéressants de la Route militaire.

De Wladikavkaz à Tiflis par la Route Militaire de Géorgie.

L'excursion au travers de la chaîne principale du Caucase a eu un caractère particulier, vu le trop grand nombre de participants et l'impossibilité de leur faire faire tous ensemble le trajet de la Route Militaire de Géorgie. Les excursionnistes durent former quatre groupes, chacun ne dépassant pas 60 personnes. Les divers groupes firent successivement le trajet jusqu'à Tiflis, au fur et à mesure qu'ils arrivaient à Wladikavkaz.

Le directeur général de l'excursion était le professeur Löwinson-Lessing; mais comme il devait recevoir chacun des groupes à Wladikavkaz, pour les accompagner au moins jusqu'à la station Kasbek, il dut se faire aider par plusieurs personnes, chargées de guider les excursionnistes et de pourvoir à leurs besoins. Ces aides étaient: 1) à Wladikavkaz: I. Tolmatchow et E. Stöber (au lieu du prince A. Prosorovsky-Golitzyn que des affaires de famille avaient empêché au dernier moment de prendre part à l'excursion); 2) à la station Goudaour: A. Schkliarevsky (remplaçant L. A. Spendiarow, mort subitement à Pétersbourg pendant la session du Congrès); 3) à la station Ananour et à Jinvani: P. Souchtchinsky et D. Koroviakow; 4) à la station Tsilkany: V. Vorobiow.—M. Schlippe, qui avait fait le voyage avec le second groupe, fut envoyé comme aide à Tiflis. — A Tiflis les excursionnistes furent reçus par des délegués du gouverneur général et de la douma. Enfin, à Wladikavkaz, le préfet de police, N. Kotliarevsky, rendait de grands services à l'excursion.

L'excursion s'exécuta en général comme elle avait été projetée:

Premier jour. Entre Wladikavkaz et Lars on faisait plusieurs haltes: aux calcaires crétacés et jurassiques, en face du pli de Djérakhow, aux vallées longitudinales, aux terrasses morainiques. Après le déjeuner à la station Lars, on entrait dans la gorge du Darial. Le reste de la journée était consacré à l'étude assez approfondie de la structure du tronçon entre Lars et Kasbek, la partie sans contredit la plus intéressante, sous tous les rapports, du trajet. Une attention particulière était surtout donnée aux filons de „grünstein“ traversant le granite, aux coulées d'andésites et à leurs rapports avec les anciens schistes, les divers filons et les dépôts morainiques. Comme il était impossible de faire passer la nuit à tout le monde à la station postale de Kasbek, une partie des excursionnistes devait occuper la maison du général Kasbek.

La seconde journée se passait à étudier la structure de la partie la plus élevée de la route et de ses deux versants. Vu le rôle important que jouent en cet endroit les roches volcaniques récentes et les volcans disposés aux points culminants des arêtes schisteuses, on ne pouvait se passer d'en visiter au moins un. Une excursion à cheval était par conséquent organisée pour ceux qui désiraient se rendre au petit volcan Sakahi, d'un accès facile, se dressant non loin de la station Goudaour, où on prenait le déjeuner. — Il avait été décidé que l'on passerait la nuit à la station Mléty, mais comme là aussi la maison postale se trouvait trop petite pour loger tout le monde, des tentes [1]) avaient été préparées pour une partie des excursionnistes.

La troisième journée comprenait le trajet le plus considérable, de Mléty à Tsilkany. L'intérêt de la journée résidait surtout en l'étude, dans la gorge de Jinvani, de la bande („griada") de calcaire jurassique supérieur du type dit „Klippen". Après le déjeuner, pendant lequel on eut l'occasion de voir de près des représentants de l'intéressante tribu des Khevsour, on continua chemin jusqu'à Tsilkany. Les uns y passaient la nuit dans la maison postale, les autres dans des tentes. La dernière étape jusqu'à Tiflis avait à traverser la région des dépôts tertiaires du miocène et de l'éocène (ou oligocène) qui y forment plusieurs plis. En route on visita l'ancienne église de Mtskhet.

Le premier groupe quitta Wladikavkaz le 3/15 sept. et arriva à Tiflis le 6/18 septembre. M. Loewinson-Lessing l'accompagna jusqu'à Mlety.

Quelques-uns des membres du premier groupe ayant exprimé le désir de voir le glacier du Devdorok, une excursion secondaire fut organisée sous la direction de E. Stöber. Ceux qui y prirent part se séparèrent de leurs compagnons au poste de Gvilet; le lendemain ils rejoignirent leur groupe à la station Kazbek. — Comme les dernières 5 ou 6 verstes avant d'arriver à la station Kazbek avaient dû se faire pendant la nuit, une partie des excursionnistes refirent le lendemain, avec M. Loewinson-Lessing, la route à pied, afin d'étudier, avant l'heure fixée pour le départ, les rapports mutuels des coulées de lave avec les dépôts morainiques et les anciens filons.

Le reste du voyage se fit conformément au programme. Malheureusement l'excursion à cheval que l'on fit au petit

[1]) Les tentes étaient généreusement mises à la disposition de l'excursion par le lieutenant-général Taranovsky, intendant en chef de la circonscription militaire du Caucase.

volcan Sakahi n'eut pas de succès à cause du brouillard et du chasse-neige qui survinrent pendant le trajet et qui ne permirent pas de faire l'ascension du volcan. On finit même par s'égarer. On dut se contenter d'examiner les scories que l'on rencontrait.

A la station Tsilkany les excursionnistes furent reçus par M. Simonovitch qui les accompagna jusqu'à Tiflis. Un peu avant d'arriver à Mtskhet, on examina les affleurements de loess argiliforme qui se montrent près de Samtavrak. Le baron de Richthofen et M. Bertrand donnèrent à ce sujet des explications très intéressantes. Des fossiles que l'on avait apportés à Mtskhet de Tsitsamoura, de l'autre côté de l'Aragva, furent reconnus comme appartenant au sarmatique, conformément à ce qui en a été dit dans le „Guide". Le trajet qui restait à faire jusqu'à Tiflis fut parcouru sans arrêts.

Dans la nuit du 4 au 5 sept., M. Loewinson-Lessing retourna à Wladikavkaz pour y recevoir le second groupe.

Le second groupe fit le trajet en voitures d'occasion (départ de Wladikavkaz le 5/17), le troisième, comme le premier, en voitures de poste (départ de Wladikavkaz le 6/18). M. Loewinson-Lessing ne put accompagner ces deux groupes que jusqu'à la station Kasbek, obligé qu'il était d'être de retour à Wladikavkaz pour y recevoir les nouveaux arrivés. Un certain nombre des membres du second groupe visita le glacier du Devdorok. Le second, de même que le troisième groupe réussirent dans l'excursion qu'ils firent au volcan Sakahi.

Le quatrième et dernier groupe se composait des géologues qui avaient visité l'Elbrous et le glacier du Tséi. Les excursionnistes de l'Elbrous arrivèrent à Wladikavkaz le matin du 7/19, ceux du glacier du Tséi le soir. Les premiers, vu l'impossibilité, faute de voitures, de continuer la route, durent passer la journée à Wladikavkaz et se contenter de faire hors de la ville une petite excursion que le préfet de police avait eu l'obligeance d'organiser. M. Loewinson-Lessing, rentré vers le soir, réussit toutefois à rendre le départ possible à ceux qui avaient hâte d'arriver à Tiflis pour se reposer.

Le quatrième groupe ne pouvant disposer que de deux journées pour faire le trajet de la Route Militaire de Géorgie, il fallut raccourcir l'excursion, sans nuire cependant à l'étude générale de la chaîne. Le premier jour, la structure entre Wladikavkaz et Kasbek fut examinée avec le même soin qu'elle l'avait été par les groupes précédents. Le second jour on alla jusqu'à Tsilkany. Un des excursionnistes resta passer la nuit à Ananour pour visiter la gorge de Jinvani que le gros du groupe n'avait pas le temps de voir. Le troisième jour on arriva à Tiflis.

Sans entrer ici dans les détails scientifiques de l'excursion (M. Loewinson-Lessing se propose d'y revenir ailleurs), il convient cependant de dire quelques mots relativement aux points suivants.

Quoique le Caucase central et la coupe suivie par l'itinéraire de l'excursion soient encore loin d'avoir été étudiés dans toute leur plénitude, le coup d'oeil général que les géologues ont pu jeter sur la nature de la chaîne pendant leur voyage leur a permis de constater la simplicité relative de la structure du versant septentrional, du Col de la Croix et d'une partie du versant méridional, le rôle important que jouent les roches éruptives etc.; de plus, ils ont eu l'occasion d'examiner, bien que sommairement, les filons de Grünstein traversant le granite et les schistes paléozoïques, les relations mutuelles entre les laves, les schistes et les dépôts morainiques; enfin, sans parler d'une foule d'autres observations, ils ont pu constater la présence, au versant sud, de bandes de calcaires s'étendant à la façon des „Klippen".

Les rapports de l'excursion publiés à l'étranger par quelques-uns des géologues, pourraient faire croire que la présence de „Klippen“ n'a été constatée que dans le courant de l'excursion. Le terme „Klippen“, il est vrai, ne se trouve pas dans la description de la région qui est donnée dans le „Guide“, mais M. Loewinson-Lessing l'y a fait assez entendre en comparant la bande en question aux bandes analogues des Alpes, dont il connaît personnellement les Mythen. On peut s'en convaincre, du reste, par les deux citations suivantes de l'ouvrage intitulé: „Au travers de la chaîne principale du Caucase“, publié sous la rédaction du prof. A. Inostrantzew. On y trouve à la page 67: „A ce qu'il paraît, on peut considérer cette bande („griada“) comme un récif du genre des récifs suisses, qui trouble complètement l'harmonie de la stratification des autres sédiments. Le caractère lithologique des roches de la gorge de Jinvany, que je rapporte à l'éocène, parle en faveur d'un dépôt littoral qui se serait formé au pied de ce récif composé de roches plus anciennes ....“. A la page 83: „Comme cela a déjà été indiqué dans la partie descriptive, cette bande („griada“) paraît être un récif complètement en discordance avec la série des roches au milieu desquelles il apparaît subitement, elle rappelle sous ce rapport les soi-disant („sogenannte“) récifs dans les Alpes de la Suisse“.

Après la fin de l'excursion, les roches éruptives de la région ont été étudiées en détail par le prof. Loewinson-Lessing et les résultats obtenus ont ensuite été exposés par lui dans un ouvrage intitulé: „Études de pétrographie générale avec un mémoire sur les roches éruptives d'une partie du Caucase Central (Trav. Soc. Natur. St. Ptbg., 1898, XXVI, livr. 5, Section de Géologie et de Minéralogie).

Quant aux matériaux paléontologiques qu'il a collectionnés avant l'excursion, et que quelques-uns des excursionnistes ont recueillis dans le cours du trajet, le temps a fait défaut jusqu'ici pour s'en occuper avec toute la précision voulue et pour visiter encore une fois les localités en question. Laissant donc cette question de côté, qu'il suffise de dire ici qu'une partie des calcaires développés entre Redant et Djérakhow, notamment la bande Redant-Balta, doivent probablement être ramenés au crétacé inférieur, comme l'ont supposé d'ailleurs quelques-uns des membres de l'excursion. M. Loewinson-Lessing se propose de visiter ces localités au cours de l'été prochain; il espère réussir à diviser d'une manière plus détaillée la série des dépôts jurassiques et à compléter les connaissances actuelles sur le sarmatique du versant méridional.

Pour ce qui est du galet à Nummulites, trouvé dans la nouvelle tranchée de la route (entre Ananour et Jinvany) qui n'existait pas quand on composait le „Guide", il ne peut encore en être question ici, le directeur de l'excursion n'ayant pas pu revoir la localité depuis le Congrès.

Une dernière observation à faire, c'est que les doutes émis par plusieurs géologues concernant l'appartenance des schistes de la chaîne principale au paléozoïque, semblent être disparus depuis les trouvailles que le prof. Steinmann a faites sur la Route militaire d'Ossétie.

Tiflis. Borjom, Koutaïs.

Le séjour à Tiflis fut employé à visiter les curiosités de la ville. Le „Musée du Caucase" avec ses riches collections du Caucase et du Transcaucase attirait surtout l'attention. Quelques-uns des géologues profitèrent du temps pour aller voir, sous la conduite de M. Simonovitch, les sources de naphte de Naftlougue, situées à 7—8 verstes de Tiflis.

Un petit groupe de 18 personnes partit par train express pour Borjom, dans l'intention d'aller de là à Abas-touman et de gagner ensuite par le col de Dzékar la route du Transcaucase. Malheureusement le temps devint mauvais pendant qu'on était à Borjom et il fallut renoncer à la continuation de l'excursion qui aurait dû se faire en voiture. Il fut alors décidé qu'on se réunirait à la station Mikhaïlowo aux géologues qui devaient aller à Koutaïs

A Borjom les excursionnistes furent invités au palais de Likansk, où ils reçurent un bienveillant accueil de la part de Son Altesse Impériale Monseigneur le Grand-Duc Nikolas-Mikhaïlovitch.

Outre les établissements d'eaux minérales, on visita les affleurements des dépôts du tertiaire inférieur à Fucoïdes qui apparaissent le long de la Koura et de la Borjomka. On monta aussi au plateau de Worontzow; les versants montrent des andésites et des laves recouvrant les dépôts tertiaires.

Après avoir passé la nuit à Borjom, on partit le matin par train express pour la station Mikhaïlowo. On arriva encore assez tôt dans la journée pour faire une excursion à pied au petit village de Souram, où les ruines d'une ancienne forteresse se dressent sur une hauteur de grès crétacé.

Le soir arrivèrent à Mikhaïlowo les géologues qui étaient partis de Tiflis un jour plus tard, et on fit route ensemble jusqu'à Koutaïs, où l'on arriva le 9/21 septembre.

A Koutaïs, la société fut reçue par l'inspecteur de l'arrondissement M. Zeitlin, et par les membres de l'administration. Après le dîner qui fut offert par le gouverneur de Koutaïs, un train express emporta les excursionnistes à Tkwiboul. M. Roussian et plusieurs ingénieurs qui les attendaient à la gare, les conduisirent aux mines de Tkwiboul, à la briqueterie et aux affleurements du voisinage (voir „Guide", XXV *a*, pp. 3—4). Un déjeuner gracieusement offert par l'administration des mines termina la visite à Tkwiboul.

Un petit arrêt que l'on fit aux carrières de téchénite pendant le retour à Koutaïs, permit de recueillir des spécimens de cette roche.

A Koutaïs on examina les coupes classiques des couches à *Ancyloceras Mathoronianus* et des calcaires à Caprotines. Comme le fit justement remarquer le prof. Zittel, la présence simultanée de ces deux formations se rencontre rarement dans la nature.

Sur ces entrefaites arrivèrent du col du Mamisson MM. Steinmann, Weigand et Ulrich, chargés de rares trouvailles qu'ils avaient recueillies dans la région des anciens schistes (paléozoïques) du Caucase.

Un groupe de géologues se sépara du gros de l'excursion pour aller examiner, avec M. Zeitlin, les gisements de manganèse à Tchiatoury. Les autres retournèrent le 10 septembre à Tiflis.

Le 11/23 sept., les excursionnistes réunis (environ 160 personnes) prirent part au banquet offert par la Douma. Le soir on partit par express pour Bakou.

Excursion à Bakou.

On arriva à Bakou le lendemain matin. De la gare on se dirigea en voiture vers la „Ville Noire" (Tchorny gorod) où se trouvent les raffineries de pétrole. Divisés en petits groupes, chacun conduit par un ingénieur, on alla aussitôt visiter les principales exploitations et usines de naphte, les fontaines en jeu, les affleurements visibles aux alentours, entre autres les coupes des dépôts aralo-caspiens dans les tranchées du chemin de fer. Le déjeuner, offert par les propriétaires des exploitations, réunit les excursionnistes à la „Villa Petrolea".

Après déjeuner, on fit sur deux vapeurs une promenade par mer à Bibi-Eïbat. En route on eut le spectacle intéressant des „feux de mer". A Bibi-Eïbat, au groupe XX, propriété de M. Zoubalow, on vit une fontaine de naphte en action.

Le soir, l'administration de la ville donna aux géologues un banquet splendide dans la grande salle de l'Assemblée.

Le lendemain, 13/25 septembre, le train conduisit l'excursion à Balakhany où, divisés en groupes, on visita d'abord les exploitations, puis les volcans de boue (Bog-Bog) et les affleurements des dépôts aralo-caspiens et pliocènes. Après le déjeuner, offert par les industriels de naphte de Bakou, on se rendit par chemin de fer à Sourakhany pour y visiter les restes du temple des adorateurs du feu, et les points de sortie de gaz inflammable.

De retour à Bakou, on trouva à l'hôtel Métropole un charmant dîner offert par les industriels de naphte.

Le soir du 13/25 sept. on reprit le train pour faire, avec une halte de quelques heures à Tiflis, le trajet jusqu'à Batoum. Ceux qui allaient à l'Ararat quittèrent la société à la station Akstafa. Le 15/27 sept. on s'installa sur le vapeur „Xénia".

Excursion à l'Ararat.

Les participants à l'excursion sur le plateau arménien et à l'Ararat étaient:

D-r A. Dannenberg,	Mrs. Hughes, *
D-r M. Ebeling,	D-r A. Ulrich,
Prof. K. Oebbeke,	Prof. E. Dunikowsky,
Prof. F. v. Richthofen, *	D-r F. v. Kerner,
Freifrau v. Richthofen, *	D-r O. Hovey,
Prof. F. Rinne,	M-me O. Hovey,
M-me F. Rinne,	Prof. J. Iddings,
Prof. M-c Kenny Hughes, *	D-r G. Merrill,

* Les personnes marquées par un astérisque n'ont suivi l'excursion que pendant les trois premiers jours.

Prof. Stan. Meunier,	Prof. H. Abelianz,
M-me Meunier,	D-r A. Oswald,
M-lle Meunier,	D-r Ch. Rüst,
D-r F. Bather,	Prof. C. Schmidt,
T. Simpson,	M. Read,
D-r C. Riva,	Prof. H. Reid,
A. Schklarevsky,	M. E. Stoeber,
P. Shoschine,	M. Belinfante.

M. M. Friedrichsen.

Le prof. Frech, M-me Frech, M. Arthaber suivirent l'excursion jusqu'à Erivan, d'où ils partirent pour Djoulfa.

Ceux des participants à l'excursion qui étaient restés à Tiflis arrivèrent avec le prof. Loewinson-Lessing, le soir du 13/25 septembre, à la station Akstafa, où ils passèrent la nuit dans un wagon. Ceux qui étaient allés à Bakou arrivèrent à Akstafa le lendemain matin.

L'excursion se fit d'après le programme, à l'exception toutefois du trajet d'Erivan à Alexandropol qui ne dura qu'un jour au lieu de deux, parce que, revenus fatigués de l'Ararat, on voulait avoir une journée de repos à Erivan.

Partis le 14 au matin d'Akstafa en voitures de poste, on arriva le soir à Délijan. En route on avait eu le temps d'examiner les porphyres quartzeux et tufs au delà du Tarsatchaï, et de faire des haltes à tous les points intéressants. Le déjeuner avait été servi à la station Karavansaraï dans le bâtiment de l'école.

Le 15 septembre, le long trajet qu'on eut à parcourir jusqu'à Erivan ne fut interrompu que par le dîner à la station Elénovka et les haltes aux points intéressants.

La troisième journée du voyage fut consacrée à une course à Etchmiadzin. Après avoir visité le monastère, la société fut gracieusement reçue par le catholicos qui eut l'amabilité de présider au dîner. Le départ d'Erivan ne put ainsi avoir lieu que le soir. Il restait plus de 40 verstes à faire. Sur ce parcours il fallut traverser l'Araxe et faire passer les onze voitures en bac à travers la rivière. Il était déjà nuit quand on arriva à Aralykh, où on se logea dans la maison communale.

Quelques-unes des dames participant à l'excursion étaient restées à Erivan; les autres, voyant l'impossibilité de monter des chevaux sellés à la cosaque, y retournèrent d'Aralykh.

Le 18 septembre on fit l'ascension du Col de Sardar-Boulakh, en contournant le pied de la montagne Takiyaltou. Le bagage fut chargé sur des chameaux. Les excursionnistes étaient à cheval, accompagnés par l'aide du chef du district, M. Pavlow, et par quelques „tchapar". La troupe était protégée par dix dragons de la garde frontière, commandés par un capitaine de cavalerie. Au Sardar-Boulakh on trouva des tentes que l'administration de l'intendance avait eu soin d'y faire dresser. En été un bataillon de „plastouni" stationne sur la montagne, mais dans cette saison de l'année il n'y restait qu'une centaine d'hommes qui suffisaient parfaitement pour assurer la sécurité des excursions.

Malgré l'inconvénient qu'offrait l'ascension du Grand-Ararat dans cette saison avancée, quelques-uns des géologues, à qui il ne suffisait pas de monter le lendemain sur le Petit-Ararat, préférèrent se séparer de leurs camarades. Sur les instances de ces personnes qui désiraient, malgré l'avis des officiers, quitter le camp sans tarder et aller aussi loin que possible avant la nuit tombante, on leur donna un guide, une escorte et des provisions. Deux groupes se formèrent, l'un composé de M-rs Oswald, Ebeling, Stoeber, du guide Makar, d'un officier et de quelques cosaques, l'autre—des prof. Schmidt et Abelianz, de M-rs Riva, Reid, Rüst et de plusieurs cosaques. Le prof. Abelianz, qui avait déjà visité l'Ararat, se chargea de guider ce second groupe. Afin de parvenir le soir même à la plus grande hauteur possible, le premier groupe se mit en route bientôt après l'arrivée au Sardar-Boulakh. Le second groupe partit plus tard; il passa la nuit à une distance relativement peu éloignée du camp général, à l'endroit où se tenait le piquet secret.

Le 18 septembre eut lieu l'ascension du Petit-Ararat. A partir du camp on fit $1^1/_2$ verste à cheval jusqu'au point où, en compagnie de quelques cosaques et de plusieurs porteurs Kourdes, on commença à gravir le versant par lequel M. Loewinson-Lessing avait fait l'ascension quelques mois auparavant. Le temps était des plus favorables. On put rester assez longtemps au sommet et rassembler de beaux échantillons d'andésite à fulgurites. La descente se fit heureusement. Le soir on était de retour au camp.

L'ascension du Grand-Ararat ne fut pas aussi heureuse. Le second groupe renonça à l'idée de monter et quelques-uns rentrèrent déjà dans la nuit au camp. Du premier groupe il n'y eut que l'officier, tombé malade, qui revint avec deux cosaques. Les autres avaient résolu de faire l'ascension coûte que coûte. Comme ils avaient prévenu le directeur de l'excursion qu'on ne les attendît pas pour aller à Alexandrapol, la société quitta le camp du Sardar-Boulakh le lendemain, sans les attendre, mais en leur laissant des chevaux et des guides.

Le 19 septembre on descendit jusqu'à Akhoury et de là à Aralykh. Le soir on arriva à Erivan.

M. Loewinson-Lessing avait dû rester à Aralykh, avec le lieutenant Pavlow, pour régler les comptes avec les guides et les maîtres des chevaux et des chameaux, et pour expédier le bagage à Erivan. Il ne put partir que le soir. Le bagage était chargé sur un fourgon attelé de quatre jeunes chevaux très vifs, amenés de Kamarliou. Bientôt après le départ — M. Loewinson-Lessing était à cheval accompagné de trois

„tchapar“ et des cuisiniers — les chevaux du fourgon s'emportèrent, effrayés on ne sait trop pourquoi, et prirent une course effrénée vers l'Araxe. S'ils avaient couru jusqu'à la rivière, ils se seraient noyés et le bagage eût été perdu. Heureusement le fourgon se renversa à une verste environ de la rivière et les chevaux s'arrêtèrent. Il fallut beaucoup de peine et de temps pour réunir le bagage dans l'obscurité de la nuit, à la lumière de deux lanternes, et atteindre Kamarlu. Pendant qu'on attelait les chevaux, un tchapar arriva au grand galop d'Aralykh; il était porteur d'une lettre de M-rs Ebeling et Oswald qui demandaient de leur envoyer un phaéton. On apprit par le tchapar que M. Stoeber n'était pas revenu de l'Ararat. Dans le pressentiment d'un accident et dans la crainte que M. Stoeber ne se fût égaré, M. Loewinson-Lessing chargea le lieutenant Pavlow d'envoyer à sa recherche, tout en espérant avoir de ses nouvelles par M-rs Ebeling et Oswald.

M. Loewinson-Lessing arriva à Erivan le matin de bonne heure. La société désirant avoir une journée de repos, le départ pour Bach-Abaran fut remis au lendemain. M-rs Ebeling et Oswald arrivèrent dans la journée. On sut aussitôt par eux que M. Stoeber les avait devancés en allant d'un pas trop rapide et en montant dans une autre direction que celle qu'ils avaient choisie comme la plus commode, que depuis lors ils l'avaient perdu de vue et ignoraient ce qui avait pu lui arriver. M. Loewinson-Lessing télégraphia alors immédiatement à Igdyr au chef du district de prendre ses dispositions pour venir à l'aide à M. Stoeber dans le cas où il serait descendu du côté de la Turquie. Il télégraphia en même temps à Wladikavkaz au sous-colonel Strakhow, ami de M. Stoeber, en le priant de préparer la famille à de mauvaises nouvelles. Comme on était toujours sans renseignements sur le sort de M. Stoeber et qu'interrompre l'excursion eût été chose impossible, M-rs Ebeling et Oswald retournèrent le 21 septembre à l'Ararat, accompagnés d'un officier de police parlant français.

Ce ne fut qu'à Délijan que l'excursion reçut la triste nouvelle que M. Stoeber était mort. Les cosaques l'avaient trouvé gelé et la jambe cassée. Il avait sans doute glissé, s'était cassé la jambe dans la chute, avait perdu connaissance et avait gelé sans revenir à lui.

Les détails ayant déjà été publiés par les compagnons du défunt, il serait inutile de s'étendre ici sur ce triste sujet. Bornons-nous à dire que M. Stoeber était un ami passionné des montagnes, très vigoureux de corps, capable de supporter les plus grandes fatigues, mais qu'il s'aventurait parfois avec trop de témérité, ce qui peut seul expliquer qu'il ait pu quitter ses camarades pour prendre les devants. On ne peut que déplorer la mort prématurée de cet intrépide montagnard qui avait mis tant de désintéressement à aider M. Loewinson-Lessing dans l'organisation des excursions à partir de Wladikavkaz et au glacier du Devdorok. Il nous reste la consolation de savoir qu'il a trouvé la mort que, selon les paroles de son frère, il avait toujours rêvée.

Le lendemain du retour de l'Ararat on aurait dû partir, d'après le programme, pour Bach-Abaran, y passer une nuit dans des tentes déjà préparées et continuer le jour suivant le voyage jusqu'à Alexandrapol. Mais comme les excursionnistes venant de l'Ararat voulurent se reposer un jour à Erivan, M. Loewinson-Lessing organisa une petite excursion aux environs de la ville pour ceux qui n'étaient pas allés à l'Ararat.

Il fallut cependant rattraper le temps perdu et faire le trajet d'Erivan à Alexandrapol en un jour au lieu de deux. Vu l'impossibilité de parcourir avec les mêmes chevaux cette distance de plus de 100 verstes en 24 heures, on dut se résoudre, afin de trouver des chevaux frais à mi-chemin, à envoyer des voitures en avant à Bach-Abaran. Cette modification imprévue du programme renchérissait assez considérablement les frais du voyage, mais il n'y avait pas d'autre choix. On arriva à Alexándrapol à la nuit tombante.

Conformément au programme, on fit le lendemain une excursion à Ani. En route on rencontra des dépôts à *Dreissensia Diluvii* Abich, qui supportent, de même que les tufs d'Ani, les roches volcaniques récentes. La halte suffisamment longue que l'on fit à Ani permit de bien étudier les diverses roches dues aux éruptions successives, et de visiter les anciennes ruines.

Les deux jours suivants furent consacrés au voyage, par la vallée de la Pambak et par Délijan, jusqu'à Akstafa. M. Karakasch, qui s'était joint à l'excursion à Alexandrapol, eut l'amabilité de conduire la société à la localité où il avait découvert un gisement de restes de mammouth, puis au tunnel du Djadjour. A Karaklissa, le doyen Aboïew offrit aux géologues un dîner. La nuit fut passée à Délijan.

Le 23 septembre on était de retour à Akstafa. A 4 heures de l'après-midi, le train emporta les excursionnistes vers Batoum, M. Loewinson-Lessing à Tiflis.

Excursion en Crimée.

Le 14/26 septembre, les participants de l'excursion, au nombre de 165 personnes, arrivèrent par train à Batoum et s'embarquèrent sur le vapeur „Grande Duchesse Xénia", affrété par le Comité d'organisation pour faire le trajet de Batoum à Odessa en s'arrêtant aux endroits de la côte intéressantes sous le rapport géologique.

Pendant le trajet de Batoum à Kertch, on exécuta une suite d'études sur les grands fonds de la Mer Noire. Ces études n'étaient pas indiquées dans le programme publié avant le Congrès. A la session du Congrès à St. Pétersbourg, M. Lébédinzew, chimiste au laboratoire de l'Université d'Odessa, avait proposé au Comité d'organisation de faire les préparations nécessaires pour ces études. Le Comité avait accepté la proposition de M. Lébédinzew avec la plus vive reconnaissance et, grâce à ses soins, un laboratoire et plusieurs instruments pour l'étude des grandes profondeurs avaient été installés à bord du „Xénia".

Le 15/27 septembre, la sonde, descendue à une profondeur de plus de mille brasses, rapporta la vase typique de la Mer Noire avec son odeur d'acide sulfhydrique. La température de l'eau à une profondeur de 600 brasses était de + 9° C.; l'eau prise à ce niveau répandait la même odeur que la vase.

Des dragages ont été faits pendant les stationnements du vapeur près de Kara-Dagh et Soudak.

(Pour les détails sur les propriétés chimiques, physiques et biologiques de la Mer Noire, voir le „Guide", № XXIX).

Environs de Kertch.

Dans la nuit du 16 au 17 septembre, le „Xénia" mouilla l'ancre dans la rade de Kertch. Le matin, de bonne heure, le vapeur „Viéstnik", sur lequel se trouvaient le prof. A. Androussow [1]), directeur de l'excursion aux environs de Kertch, et plusieurs géologues russes (A. Inostrantzew, A. Lagorio, B. Polénow, Th. Köppen, W. Köppen, M. Borissiak) arrivés la veille de la Crimée, vint prendre les excursionnistes pour les conduire au rivage.

Grâce à un débarcadère construit depuis peu au pied de la falaise *G* („Guide" XXX, fig. 7) par la Société de Briansk qui avait commencé, après que le „Guide" eut paru, l'exploitation des minerais de fer de la péninsule, on put di-

[1]) N. Androussow considère les calcaires à Bryozoaires de Kertch comme appartenant au type des récifs saumâtres.

rectement aborder à la falaise, sans devoir faire en voiture la course de Kertch à Novy-Karantine. Comme les vastes coupes ouvertes dans la falaise *G* montraient avec une netteté parfaite les rapports entre le calcaire à Bryozoaires et les argiles dont les couches offrent un passage graduel aux roches stratifiées maeotiques superposées, on n'eut besoin de visiter ni les affleurements P_2 ni le rocher *B* (fig. 8).

Les géologues purent constater que le calcaire à Bryozoaires présente tous les caractères d'un récif massif. Du côté est du rocher, on vit, appuyées contre la surface très inclinée et irrégulièrement ondulée du calcaire à Bryozoaires, les couches faiblement inclinées des argiles quartzeuses brun clair qui, en s'approchant du calcaire, se plient d'après ses sinuosités. Entre les argiles quartzeuses, on apercevait de minces intercalations de tripoli blanc à Diatomées. Au nord du rocher, les entailles laissaient voir des couches de marne molle et de calcaire friable maeotique (*MP*) qui montraient plusieurs phases d'altération par les eaux atmosphériques, entre autres de nombreuses petites failles intérieures.

De là on se dirigea en voiture au Tsarsky-Kourgan et aux carrières d'Adjimouchkoï. Dans une des carrières (récemment ouverte, et que A. Androussow ne connaissait pas à l'époque de la composition du „Guide") les couches à minerai (P_2) se présentaient immédiatement superposées à la section inférieure du calcaire maeotique. Ce fait intéressant semble parler en faveur de la stratification discordante de l'horizon à minerai sur les dépôts plus anciens.

Conformément au programme, les excursionnistes visitèrent ensuite la gorge de Boulganak, les volcans de boue (Boulganakskia-sopki) et le cap Tarkhan („Guide", XXX, pp. 9—11) [1].

[1]) Prévoyant l'impossibilité de rassembler au moment voulu les nombreux excursionnistes aux points où des explications allaient être données, N. An-

Puis les voitures conduisirent la société au jardin public de Kertch, où attendait un excellent déjeuner-dîner, offert par la municipalité.

Après le déjeuner, on suivit l'itinéraire exposé dans le „Guide" (XXX, pp. 12—15). Il fit déjà sombre lorsque, de retour à Kertch, on s'embarqua, au débarcadère de la „Société russe de Navigation et de Commerce", sur le „Viéstnik" pour regagner le „Xénia".

Le succès de l'excursion aux environs de Kertch était en grande partie dû au gouverneur de la ville, l'amiral Klokatchew, et à la municipalité, qui avaient eu l'extrême amabilité de mettre des voitures à la disposition des congressistes. Le maire, M. A. Koumpane, et plusieurs membres de l'administration municipale (J. L. Sušak, A. W. Novikow, le Dr. Wassiliew, M. Schiller) accompagnèrent l'excursion pendant toute la journée.

Dans la nuit, le „Xénia" leva l'ancre et le matin du 18/30 septembre il était dans la baie de Koktébel.

Soudak.

Le 18/30 septembre, à 8 heures du soir, le vapeur „Xénia" entra dans la baie de Soudak. Un orchestre de musiciens, installé sur une barque, rencontra les arrivés en exécutant des airs tatares. En même temps de grands feux, allumés sur le rocher qui supporte les ruines de la forteresse génoise, éclairaient la baie et donnaient aux environs un aspect fantastique.

Ce soir, le professeur N. Androussow fit dans la salle du vapeur une conférence sur l'origine, les propriétés et la faune de la Mer Noire.

droussow avait muni tous les affleurements de planchettes en bois qui portaient à la fois les lettres correspondant aux dépôts et le numéro de la figure insérée dans le „Guide". De cette manière il était facile à chacun de s'orienter.

Le lendemain on quitta le bateau à 9 heures du matin. Quand tout le monde eut été transporté sur la rive, on gravit le rocher de la forteresse et on se mit à examiner les ruines sous la direction de M. Romanovsky, propriétaire à Soudak et membre de la Société archéologique d'Odessa.

La forteresse fut construite par les Gênois qui, en 1365, s'emparèrent de Soudak (jusqu'alors colonie grecque). Quatorze tours unies par des murs couronnent les falaises abruptes et entourent un plateau où se trouvent des ruines de citernes et une chapelle qui produit, d'après son style, l'aspect d'une mosquée musulmane. Mais une inscription qui couronne le sanctuaire, nous apprend qu'elle avait été construite en 1423 par Dominus Catalanus. Dubois de Montpéreux prétend que ce fut d'abord une mosquée tatare, ensuite une église grecque, une église catholique (gênoise), une mosquée turque (depuis 1475), et enfin une église russe. En 1883 elle fut transformée en chapelle catholique.

Quand les participants de l'excursion eurent parcouru les ruines et se furent rassemblés près de la chapelle, le doyen des églises catholiques de la Crimée, spécialement venu de Théodosia, célébra la messe et souhaita aux géologues plein succès dans leurs travaux.

Pendant le déjeuner qui fut servi dans la forteresse même, on fit une quête au profit d'une colonie [1]) qui se trouve près de Soudak, et dont les vignes avaient été détruites quelque temps auparavant par des averses.

Après le déjeuner, on se mit en marche sous la direction de M. C. de Vogdt, en prenant le chemin qui mène à Nowy-Swet, propriété du prince Golitzyn.

Dès les premiers pas, on eut sous les yeux les principaux phénomènes géologiques de la contrée: des plis déjetés vers le sud et la transition des schistes en calcaires stratifiés

[1]) Fondée en 1805 par des émigrés de Bade, de Wurtemberg et de Zürich.

et massifs. Quand on arriva au point où la chaussée atteint la crête du Pertchem, on remarqua au loin le Nowy-Swet, où devaient se réunir tous les géologues. Alors on se partagea en deux groupes: la plupart suivirent la chaussée; une trentaine se dirigèrent au nord, vers le sommet du Petchem, pour visiter les couches fossilifères du callovien, où ils firent une bonne récolte de fossiles (Voir les détails sur les couches jurassiques de cette région, dans le „Guide“, № XXXII).

A Nowy-Swet, les géologues trouvèrent la plus cordiale réception de la part de la princesse Golitzyn. Un repas fut servi en plein air aux voyageurs fatigués. Ensuite on visita les environs très pittoresques et les grandes caves creusées dans le schiste. On y eut l'occasion de voir comment on prépare le champagne. A cinq heures du soir les géologues prirent congé de leurs hôtes hospitaliers, s'embarquèrent sur le vapeur qui était venu à leur rencontre dans la baie du Nowy-Swet, et retournèrent à Soudak où l'on stationna jusqu'à minuit.

Alouchta. Yalta, Sébastopol.

Le 20 septembre (2 octobre), à 6 heures du matin, les personnes qui voulaient prendre part à l'excursion en équipage au travers de la chaîne Taurique, sous la direction de M. Lagorio, descendirent du vapeur à Alouchta. Le reste des excursionnistes arriva à 10 h. du matin à Yalta. Des équipages préparés par les soins du D-r Weber, président de la section Yalta du Club Alpin de la Crimée, attendaient les géologues sur le quai. On passa la journée à visiter, sous la direction du professeur A. Inostrantzew, les environs de la ville: Livadia, Massandra etc. Un petit groupe profita de cette journée pour monter, en équipages, au sommet du Jaïla (Aï-Petri).

Le 21 septembre (3 octobre), à 3 h. de l'après-midi, le

vapeur entra dans la baie de Sébastopol. On se mit tout de suite dans les petits vapeurs gracieusement mis à la disposition du congrès par le gouverneur de la ville, et l'on arriva au fond de la baie, à l'embouchure de la rivière Tchernaïa. Là on se partagea en deux groupes: l'un se mit à l'étude des couches crétacées, l'autre à celle des couches de l'éocène, spécialement du bartonien.

A $6^1/_2$ h. on retourna à Sébastopol.

Le 22 septembre (4 octobre) on se rendit par chemin de fer à Bakhtchissaraï. Après avoir déjeuné dans le palais des Khans, on partit en équipage dans la direction des ruines de Tchoufout-Kalé. Là, une partie des participants se mit à l'étude des couches de la craie supérieure et de l'étage nummulitique, tandis que d'autres visitèrent les ruines de la forteresse, les cryptes et le monastère Ouspensky (fondé au XV siècle). Rentrés à Sébastopol assez tôt, on passa la soirée au théâtre; des places avaient été mises par la ville à la disposition du Congrès.

Le lendemain, jusqu'à midi, on visita la ville et les environs, intéressants au point de vue historique. A midi on partit dans des équipages, offerts par la ville, pour Khersonèse et le monastère de St. George. A Khersonèse (ruines d'une ville byzantine du X—XV siècle, et monastère construit à la place où fut baptisé, au IX-e siècle, le prince russe Wladimir), on visita le musée d'antiquités. M. Kostiouchko, directeur du musée, donna des explications sur les objets recueillis dans les fouilles archéologiques faites en cet endroit. Au monastère de St. George, les géologues se partagèrent: un groupe, sous la direction du professeur Lagorio, descendit la falaise abrupte jusqu'à la roche éruptive qui en forme la base; un autre groupe, avec M. C. de Vogdt, étudia les couches jurassiques et tertiaires.

Odessa.

Le vapeur quitta Sébastopol le même soir, et le 24 septembre (6 octobre), après midi, on était dans le port d'Odessa. Le gouverneur d'Odessa, le général Zélénoï; le maire, M. Krijanovsky, les professeurs de l'Université, plusieurs membres de l'administration de la ville, beaucoup d'étudiants et une foule de monde étaient arrivés à la rencontre. Après les saluts mutuels, on partit par train spécial, sous la direction du Prof. R. Prendel, pour le liman de Kouialnik, où on étudia la formation et l'extraction du sel. Chacun des excursionnistes reçut une brochure qui avait été preparée par la municipalité et qui contenait, outre des renseignements sur Odessa, l'ordre de succession des dépôts géologiques d'Odessa, dressé par M. Sinzow.

Au banquet que la municipalité offrit aux géologues, le maire et les représentants de l'université exprimèrent les voeux les plus chaleureux à leurs hôtes qui allaient quitter Odessa pour retourner dans leurs patries.

Le soir, après s'être réunis pour la dernière fois au théâtre, à une représentation donnée en l'honneur des Congrès, les uns partirent pour Kiew, les autres regagnèrent directement leurs domiciles.

Le Congrès était arrivé à sa fin.

TROISIÈME PARTIE.

I

VORSCHLÄGE
FÜR EINE NORMIRUNG DER REGELN
der stratigraphischen Nomenclatur

VON

Dr. **Alexander Bittner**

Geologe der k. k. geologischen Reichsanstalt.

Das Organisationscomité des VII Geologen-Congresses, der im Jahre 1897 zu St.-Petersburg tagen soll, lenkt in einem vor Kurzem versendeten Rundschreiben die Aufmerksamkeit der Fachgenossen auf die seit geraumer Zeit zum Stillstande gekommenen Verhandlungen über die Fragen der Nomenclatur und erachtet es für zeitgemäss, dass der Congress von 1897 auch auf diese Angelegenheiten, insbesondere nach deren stratigraphischer Seite hin, wieder zurückkomme, wobei die Feststellungen der Commissionen von Genf und von Manchester — an welche man einige allgemeine Thesen anschliessen könne — den Ausgangspunkt der Discussion abzugeben bestimmt sein würden.

Ausser der Entscheidung über die Frage, ob die stratigraphische Nomenclatur eine künstliche oder ob dieselbe eine natürliche sein solle, hält es das Organisationscomité des St. Petersburger Congresses für besonders wünschenswerth, dass eine zweite principielle Frage entschieden werde, jene der

Regeln für die Einführung neuer Termini in die stratigraphische Nomenclatur. Das Organisationscomité weist mit Recht darauf hin, dass die Autoren der vielen neuauftauchenden stratigraphischen Namen dieselben oft ohne jegliche Begründung einführen, ja, dass sie oft selbst nur sehr vage Vorstellungen über die Schichtgruppe haben, die durch ihren neuen Namen bezeichnet werden soll. Da nun derartig entstehende neue Namen sicherlich nur ein unnützer Ballast für die Wissenschaft sind, so wird es nach der offen ausgesprochenen Ueberzeugung des Organisationscomités im äussersten Grade erwünscht sein, wenn der Congress, der bereits die für die palaeontologische Nomenclatur geltenden Regeln festgestellt hat, sich nunmehr auch der stratigraphischen Nomenclatur annimmt und die Grundsätze feststellt, welche dazu ermächtigen können, neue Namen stratigraphischer Natur vorzuschlagen resp. einzuführen.

Das Organisationscomité des St. Petersburger Geologen-Congresses fügt seinem Rundschreiben den Wunsch bei, die Meinungen und Vorschläge der Fachgenossen zu erfahren.

Die hier wiedergegebenen Anschauungen des Organisationscomités stimmen so vollkommen überein mit den Ansichten, die sich der Unterzeichnete seit jeher über die Aufgaben und Obliegenheiten geologischer Congresse hinsichtlich solcher allgemeiner Fragen gebildet hat, und mit den Erfahrungen, die er während vielfacher eigener Beschäftigung mit derartigen Fragen zu gewinnen im Stande war, dass es wohl begreiflich gefunden werden dürfte, wenn derselbe sich hiermit erlaubt, dem Organisationscomité, beziehungsweise dem Congresse selbst einige Beiträge zur anzuhoffenden Lösung dieser Fragen zu unterbreiten und zur Verfügung zu stellen.

Es ist vielleicht nicht überflüssig, zuvor darauf hinzuweisen, dass der Unterzeichnete bereits im Jahre 1882, in den Verhandlungen der k. k. geolog. R.-Anst. pag. 146, bei Gelegenheit einer Besprechung der bekannten nomenclatorischen Neuerung J. Barrande's, welche dieser geradezu als einen Protest gegen die vom Congresse zu Bologna codificirten Regeln palaeontologischer Nomenclatur betrachtet haben wollte, sich gegenüber dem Standpunkte Barrande's ausdrücklich auf jene Regeln bezogen und gestützt hat, ein Verfahren, das seines Wissens von keiner anderen Seite in diesem Falle beobachtet worden ist.

Ferner hat der Unterzeichnete in den Verhandlungen der geologischen Reichsanstalt, 1893, pag. 228, durchdrungen von der Nothwendigkeit, jene für die palaeontologische Nomenclatur aufgestellten Normen des Congresses von Bologna, so weit das möglich ist, auch auf die stratigraphische Nomenclatur zu übertragen, in einem bestimmten Falle den Versuch gemacht, dieses wirklich auszuführen, und es dürfte diese Uebertragung keineswegs als eine unglückliche zu bezeichnen sein, wie daraus geschlossen werden kann, dass derselben von keiner Seite direkt entgegengetreten wurde.

Es soll hier auf eine Erörterung über den Gegensatz der sog. künstlichen und der sog. natürlichen Nomenclatur nicht eingegangen werden. Ob man sich nun für die eine oder für die andere dieser beiden Richtungen einsetzen mag, so wird man doch in jedem Falle gewisse allgemeine Principien gelten lassen, deren Fixirung jedem definitiven nomenclatorischen Unternehmen vorausgehen wird, resp. die sich aus den bisher gewonnenen Erfahrungen in diesem Gegenstande ableiten und verwerthen lassen werden. Und nur um solche Principien soll es sich hier handeln.

Unsere wissenschaftliche Nomenclatur ist ja in erster Linie ein Verständigungsmittel und muss als solches eine relative Beständigkeit beanspruchen, fortdauernden Wechsel aber nach Möglichkeit ausschliessen. Conservative Grundsätze dürfen daher in derselben mit Recht aufrechterhalten werden.

Aber gerade dagegen wird am meisten gesündigt. Es wird gewiss von Niemand bestritten, dass es jedem Fachgenossen freistehen müsse, für von ihm studirte Schichtcomplexe ihm geeignet scheinende Namen in Gebrauch zu nehmen und dieselben durch das Mittel einer entsprechenden Begründung auch Anderen annehmbar zu gestalten. Aber so wie derartige stratigraphische Namen einmal in Umlauf gesetzt und in den Schriften Anderer oder in Lehrbüchern verwendet und eingebürgert worden sind, fällt deren weitere beliebige Deutung durchaus nicht mehr dem persönlichen Wirkungskreise ihres Urhebers zu, sondern diese Namen sind Gemeingut der Wissenschaft geworden, und ihre Weiterverwendung muss nach allgemein gültigen Normen geregelt werden. Zur Feststellung solcher allgemein gültiger Normen für die stratigraphische Nomenclatur soll der nachstehende Entwurf einen kleinen Beitrag bilden, der indessen weit davon entfernt ist, nach irgend einer Richtung hin für erschöpfend gelten zu wollen.

1. Die Neuaufstellung stratigraphischer Namen erfordert eine ausführliche und eingehende Begründung der dafür vorliegenden Nothwendigkeit und sollte da, wo eine solche nicht unbedingt vorliegt, überhaupt unterlassen werden. Es sollten insbesondere nicht fortwährend unnöthigerweise neue Namen geschaffen und in Umlauf gesetzt werden für Schichtcomplexe, die bereits (oft sogar zahlreiche) wohlbekannte und allgemein verwendete Namen führen.

2. Seit jeher gebrauchte und allgemein verwendete Namen sind jederzeit in ihrer eingebürgerten Bedeutung, so weit das möglich ist, beizubehalten. In zweifelhaften Fällen sollte jener Name gewählt werden, mit welchem die zu bezeichnende Schicht oder Schichtgruppe zuerst in klarer und genügender Weise benannt worden ist. Die genauere Definirung der typischen Schichtgruppe, resp. genügende Characterisirung und Umgränzung derselben sind wesentliche Vorbedingungen für eine

wirklich stattgefundene Begründung und somit Gültigkeit stratigraphischer Namen.

3. Die Parallelisirungen, welche eine mit einem bestimmten stratigraphischen Namen in genügender Weise bezeichnete Schicht oder Schichtgruppe von fixer Begränzung, die Erweiterungen und Uebertragungen, die fast jeder stratigraphische Name im Laufe der Zeit erfahren hat, sind in Anbetracht der Gültigkeit des jener Schichtgruppe beigelegten ursprünglichen Namens, resp. seiner Verwendung von ganz nebensächlicher und untergeordneter Bedeutung.

4. Die Anciennität eines stratigraphischen Namens, resp. der Benennung einer bestimmten Schicht oder Schichtgruppe ist in zweifelhaften Fällen nach dem Datum der Publication zu bemessen.

5. Es ist weder nothwendig, noch wünschenswerth, aus Gefallen an einschlägigen historischen Untersuchungen, auf obsolet gewordene stratigraphische Namen zurückzugreifen und solche aus der Literatur auszugraben, besonders da, wo es sich um Termini handelt, auf deren Aufrechterhaltung von ihren eigenen Urhebern nur geringer oder gar kein Werth gelegt worden sein muss, da sie ohne Einspruch derselben durch andere, jetzt allgemein gebräuchliche Namen verdrängt und ersetzt worden sind.

6. Es ist nicht zulässig, dass derselbe Terminus von zwei verschiedenen Autoren in verschiedenem Sinne, resp. für verschiedene stratigraphische Niveaux in Anwendung genommen werde. Es ist aber andererseits auch kein Grund vorhanden, einen stratigraphischen Namen gänzlich zu verwerfen, wenn derselbe (oder ein ähnlich klingender) zwei-oder mehrmal in verschiedenem Sinne verwendet wurde. Die richtige ursprüngliche Verwendung oder die Priorität der Aufstellung ist in solchen Fällen ausschlaggebend.

7. Ethymologisch falsch gebildete oder auf Grund einer

unhaltbaren und nachweislich falschen Voraussetzung gebildete Namen sollten unbedingt ausgemerzt, resp. durch richtig gebildete ersetzt werden.

8. Ein nach den oben festgestellten Grundsätzen eingeführter stratigraphischer Name kann, sobald er in die Literatur übergegangen, von anderen Autoren übernommen und verwendet worden ist, nicht mehr nach dem persönlichen Gutdünken irgend eines Autors, selbst nicht seines Urhebers, ohne die eingehendste Motivirung, in seiner Bedeutung geändert, restringirt oder erweitert, übertragen oder anders gefasst werden, ja er kann selbst von seinem eigenen Urheber nicht mehr einfach ohne Motivirung verworfen werden. Für jede Aenderung der Bedeutung eines solchen Namens ist die gründlichste Motivirung unbedingt erforderlich. Nur die eingehendste Begründung des Umstandes, dass ein noch allgemein gebräuchlicher stratigraphischer Name im Laufe der Zeit seine Bedeutung und Haltbarkeit gänzlich verloren hat, vermag dessen Nichtverwendung seitens eines Autors, resp. dessen vollkommene Ausmerzung zu rechtfertigen.

9. Ein wohlbegründeter, einer bestimmten, wohlumgränzten Schichtgruppe beigelegter, in seiner ursprünglichen Bedeutung völlig sicherzustellender, in der Literatur eingebürgerter stratigraphischer Name kann insbesondere nicht unter dem Vorwande, er sei im Laufe der Zeit auch mitunter irrthümlich und missbräuchlich verwendet worden, gänzlich verworfen werden; seine Anwendung muss in solchen Fällen, die bekanntlich überaus häufig sind, nach den Principien der Logik und Priorität neugeregelt werden.

10. Ein bereits aus einem stichhaltigen Grunde verworfener oder verlassener stratigraphischer Name soll unter keiner Bedingung ein zweites Mal in die Literatur eingeführt werden. Selbst wenn die Verwerfung eines solchen Namens ohne jede sachliche Begründung stattgefunden hat, sollte, vorausgesetzt,

dass diese Verwerfung allgemein acceptirt worden ist, ein derartiger Name von keiner Seite wieder aufgenommen werden.

Ebenso sollten, um Verwirrungen zu verhüten, für andere als streng stratigraphische Begriffe (z. B. also als facielle oder als provincielle Bezeichnungen) verwendete und in der Literatur gebrauchte Ausdrücke nicht ohne äusserste Noth — und eine solche wird kaum jemals vorliegen — entweder gleichzeitig oder zu veschiedenen Zeiten auch als stratigraphische Namen in Verwendung genommen werden.

11. Wird eine stratigraphische Gruppe, in der unter einem Namen eine grössere Anzahl verschiedener Bildungen vereinigt war, unterabgetheilt, so muss der Name dieser Gruppe, soferne er überhaupt erhalten werden kann, was allerdings in allen möglichen Fällen geschehen sollte, unbedingt für jene Unterabtheilung erhalten bleiben, die jenen Schichtcomplex umfasst, resp. in sich einschliesst, für welchen jener Name ursprünglich aufgestellt wurde. Dasselbe Princip gilt da, wo es sich um eine nothwendig gewordene Restringirung der Bedeutung eines stratigraphischen Namens handelt. Immer muss der Name jener der zu trennenden Niveaux oder Complexe bleiben, welchem er seinem ursprünglichen Sinne nach zukommt, ganz besonders aber dann, wenn dieser Name einer geographischen Position entnommen ist, auf welche jene durch ihn bezeichneten Ablagerungen beschränkt sind.

Nur in Fällen, in denen nicht mehr entschieden werden kann, was ursprünglich als klar definirter Typus für eine Namengebung gedient hat, kann bei einer nothwendigen Neuregelung im Gebrauche eines Namen von dem strengen Prioritätsstandpunkte abgegangen werden, und diese Neuregelung würde dann für die Zukunft die Priorität für sich haben.

12. Sowie der Nachweis erbracht wurde, dass eine Veränderung in der Nomenclatur, welcher Art dieselbe auch sein

möge, ohne die genügende wissenschaftliche Begründung oder gar, dass dieselbe aus rein persönlichen Motiven als ohne wissenschaftliche Nöthigung überhaupt, vorgenommen worden ist, so ist diese Veränderung an sich null und nichtig, worüber in speciellen Fällen eventuell das Urtheil künftiger geologischer Congresse einzuholen sein wird.

Ueberhaupt wäre es wünschenswerth, dass von Seiten des geologischen Congresses in entschiedenster Weise das Princip ausgesprochen würde, dass Streitfragen und Differenzen stratigraphischer Natur, auch Fragen der Nomenclatur inbegriffen, genau so wie alle übrigen wissenschaftlichen Fragen, durchaus nur nach den Regeln der Logik und Priorität entschieden werden können, durch deren endgültige Normirung und Codifizirung seitens des Congresses jeder zukünftigen Verwirrung nomenclatorischer Richtung weit erfolgreicher entgegengetreten werden wird, als durch weitgehendes Gewährenlassen persönlich-willkürlicher und opportunistischer Bestrebungen jeder Art!

Wien, im April 1897.

Errata remarqués par M. Johannes Walther dans son étude: *Versuch einer Classification der Gesteine auf Grund der vergleichenden Lithogenie.*

p.	*ligne*	*au lieu de*	*lire*
12	2	Coocilia	Coecilia
14	24	Fragmente wenig angewittert regellos	Fragmente wenig angewittert, regellos
16	4	Durch Metamorphose entstehen aus Conglomeraten:	Durch Metamorphose entstehen aus Conglomeraten z. B.:
—	7	Quarzglimmerfels.	Quarzglimmerfels u. s. w.
17	1	Durch Diagenese entstehen daraus:	Durch Diagenese entstehen daraus z. B.:
—	5	Durch Metamorphose bilden sich daraus:	Durch Metamorphose bilden sich daraus z. B.:
—	18	Sillimanitglimmerquarzit.	Sillimanitglimmerquarzit u. s. w.
—	31	Durch Metamorphose entsteht: Porphyroid.	Durch Metamorphose entsteht: Porphyroid u. a.
19	11	Turmalinthonfels.	Turmalinthonfels u. s. w.
—	19	Kieselschiefer.	Kieselschiefer u. s. w.
20	32	Kicocrit,	Kieserit,
21	3	Geyocrit.	Geyserit.
22	15	= Torf Regur,	= Torf, Regur,
—	31	b) Geschichtet, gebankt, in langen Strömen oder breiten Decken, halbkrystallinisch,...	b) Geschichtet, gebankt, in langen Strömen oder breiten Decken, glasig, halbkrystallinisch,...
23	26	= Sedimenttuffe, die von festländischen Vulkaneruptionen ins Meer gelangten. Von einer systematischen...	= Sedimenttuffe, die von festländischen Vulkaneruptionen ins Meer gelangten. e) Gangförmig: Tuffröhren der Schwäbischen Alp u. a. Von einer systematischen...
24	6	Diorit in: Amphibolit, Chloritschiefer, Labradorit u. a.	Diorit in: Amphibolit, Chloritschiefer u. a.

II

VERSUCH EINER CLASSIFICATION DER GESTEINE

auf Grund der vergleichenden Lithogenie

von

Prof. Dr. **Johannes Walther** in Jena.

Während die Eruptivgesteine im Laufe der letzten Jahrzehnte überaus sorgfältig untersucht und in natürlicher Weise gruppirt worden sind, hat das Studium und die Classification der Sedimentgesteine damit nicht gleichen Schritt gehalten; und obwohl durch die methodische Untersuchung vieler Contacthöfe und Faltenkerne eine grosse Zahl von krystallinischen Schiefern als metamorphische Umwandlungen wohlbekannter Gesteine erkannt worden sind, werden sie doch noch immer als eine einheitliche Gruppe behandelt, welche den sedimentären und eruptiven Gesteinen gegenüber steht.

Aus allem dem ergiebt sich, dass die Grundsätze der lithologischen Systematik nicht gleichwerthig behandelt und consequent durchgeführt werden, und es erscheint nothwendig die Maximen einer lithologischen Systematik klar zu formuliren, ehe wir die Eintheilung der Gesteine selbst behandeln.

Seit den Tagen von Werner, der zum erstenmal den Versuch einer methodischen Classification der Gesteine unternahm, bis zum heutigen Tage, haben sich nicht allein die Methoden, sondern auch die Ziele der Gesteinskunde wesentlich geändert.

Die alten „Oryktognosten“ und „Lithographen“ wollten jedes Gestein ihrer Sammlung noch im Handstück bestimmen und benennen, und die „mineralogisch illuminirten“ Karten, welche sie veröffentlichten, gaben die Fundpunkte der Gesteine und Mineralien ohne Rücksicht auf Tektonik und Lagerung in einer sehr naiven Weise wieder.

Daher konnten die „äusseren Kennzeichen der Fossilien“ in den Vordergrund des Systems gestellt werden. Die augenfälligen und leicht erkennbaren Charaktere nannte man wesentlich, die weniger deutlich sichtbaren Eigenschaften wurden accessorisch, und nach dem Grade ihrer Häufigkeit und Erkennbarkeit rangirten diese Merkmale im petrographischen System.

Inzwischen hat die beobachtende und vergleichende Geologie staunenswerthe Fortschritte gemacht, und während die in den Gesteinen eingeschlossenen Fossilien zum Gegenstand palaeontologischer, die Gesteine aber zum Object petrographischer Untersuchung wurden, und eine kaum übersehbare Fülle ausgezeichneter Beobachtungen sich ansammelte, haben sich auch die theoretischen Anschauungen vollkommen umgestaltet. Die Versteinerungen werden betrachtet als die Ueberreste von Pflanzen und Thieren, die genetisch verwandt und aus einander hervorgegangen sind, die vulkanischen Gesteine erscheinen als Erstarrungs- und Lagerungsfacien bestimmter Magmatypen — aber die Sedimente finden vielfach noch eine stiefmütterliche Behandlung, und die krystallinischen Schiefer erscheinen durch das geologische Alter so geheiligt, dass man nur schüchtern wagt, ihre lithologische Einheit anzutasten.

So ist die lithologische Systematik eine seltsame Mischung moderner kritischer Arbeit und aus früherer Zeit überkommener Grundsätze, welche noch immer eine gewisse Geltung besitzen, obwohl ihre wissenschaftliche Begründung Schwierigkeiten bereiten dürfte.

Ein Blick auf die Entwicklung der Palaeontologie ist am geeignetsten, um zu erläutern, wo die Mängel der lithologischen Systematik zu finden sind: solange man die äusseren, leicht in die Augen fallenden Merkmale der Fossilien in den Vordergrund stellte, durfte man die

Ammoniten	mit	den	gekammerten Foraminiferen
Calceola	„	„	Brachiopoden
Richthofenia	„	„	Rugosen
Rudisten	„	„	Korallen
Bryozoen	„	„	Korallen
Ichthyosauren	„	„	Fischen
Pterodactylen	„	„	Vögeln im System vereinigen.

Durch das Studium der vergleichenden Anatomie und der Entwicklungsgeschichte lernte man einsehen, dass diese Gruppirung unnatürlich war, obwohl sie auf wesentliche Uebereinstimmungen gegründet wurde. Man erkannte, dass „wesentliche“ Eigenschaften secundär erworben sein können, und dass uralte, primäre Charaktere in versteckter Weise als „accessorische“ Merkmale vorhanden sein können. Man gelangte zu dem folgeschweren Grundsatz, dass bei einer natürlichen Systematik die grossen Gruppen nach historisch alten, und nicht nach secundär erworbenen Eigenschaften begrenzt werden dürfen.

In der lithologischen Systematik erkennen wir nun einerseits das Resultat zielbewusster kritischer Arbeit, dem auf der anderen Seite eine Reihe unhaltbarer, veralteter Gruppen eingefügt sind. Wenn man: Steinsalz, Korallenkalk, Quarzit, Serpentin und Feuerstein als einfache Gesteine in eine Gruppe stellen wollte, während man auf der anderen Seite Diabas und Epidiorit, Melaphyr und Basalt noch unterscheidet, so handelt man nicht anders, als wenn ein Palaeontologe die Gattungen: Petromyzon, Anguilla, Dolichosoma, Coocilia und Coluber, als „fusslose Wirbelthiere“ in eine gemeinsame Classe zusammenfassen wollte, denen die Gattungen: Chirotes, Python, die Flugsaurier und Vögel als „zweifüssige“, die übrigen aber als „vierfüssige“ Wirbelthiere gegenüberstehn. Man könnte die Frage allerdings aufwerfen, ob eine natürliche Systematik der Sedimentgesteine und der krystallinischen Schiefer schon jetzt angebracht sei, und ob nicht die Unsicherheit der Bestimmung vieler Gesteine, die sich dabei ergeben dürfte, für Beibehaltung der bisherigen, leicht zu handhabenden Grundsätze spricht. Diese Frage wollen wir beantworten, nachdem wir die Maximen eines natürlichen Systems der Gesteine und die Aufzählung der hauptsächlichsten Gruppen beendet haben.

Ich muss im Folgenden alles das voraussetzen, was ich in meiner „Lithogenesis der Gegenwart“ [1]) ausgeführt habe; und der Charakter dieses Entwurfes wird es wohl auch erklären, warum ich keine ausführlichen Literaturangaben mache. Ich verweise auf die Monographien von: Barrois, Brögger, Credner, Dalmer, van Hise, Karpinsky, Klemm, Liebe, Lossen, Michel-Levy, Reusch, Rosenbusch, Salomon, Sauer, Schmidt u. A., sowie auf die Lehrbücher von Rosenbusch, Roth und Zirkel.

Wie bei der Palaeontologie die vergleichende Anatomie und die Entwicklung der lebenden Thiere von grundlegender Bedeutung für die systematische Anordnung auch der fossilen Gruppen geworden ist, so muss für die Classification der Gesteine das Studium der recenten Ablagerungen und ihrer Bildung der Leitfaden werden.

Demgemäss stellen wir folgende Grundsätze für die Anordnung des Systems in den Vordergrund:

---

[1]) J. Walther. Einleitung in die Geologie als historische Wissenschaft. III Theil. Jena, 1893–94.

I. Die lithogenetische Entstehung recenter Ablagerungen und die directe Beobachtung actueller Vorgänge ist das grundlegende Princip der Classification.

II. Jedes ältere Gestein hat primäre bei seiner Bildung entstandene, und secundäre, durch Diagenese und Metamorphose erworbene Eigenschaften.

III. Diese zu verschiedenen Zeiten entstandenen Charaktere können den Typus eines Gesteines so verändern, dass die secundären Eigenschaften „wesentlich“, die primären Eigenschaften aber „accessorisch“ erscheinen.

IV. Trotzdem bestimmen nur die primären Eigenschaften die Hauptgruppen des lithologischen Systems.

V. Neben den primären lithologischen Eigenschaften haben die primären Lagerungsverhältnisse einen entscheidenden Werth bei der Bestimmung. Wir unterscheiden demgemäss: ungeschichtete, geschichtete und gangförmig auftretende Gesteine.

VI. Die durch chemische Diagenese, oder durch Contact und Druckmetamorphose erworbenen Charaktere dienen in zweiter Linie zur Unterscheidung kleinerer Gruppen.

VII. Die umgewandelten Gesteine finden ihre Stellung bei den Ursprungstypen.

Man kann die lithogenetischen Vorgänge der Gegenwart mit Rücksicht auf die Anhäufung grösserer Mineralmassen in 4 grosse Gruppen theilen, und darnach 4 Typen von recenten Ablagerungen und fossilen Gesteinen unterscheiden

I. Mechanische Gesteine.
II. Chemische Gesteine.
III. Organische Gesteine.
IV. Vulkanische Gesteine.

Die wir in ihren wesentlichen Unterabtheilungen folgendermassen anordnen:

I. **Mechanische Gesteine**, entstehen durch Zerkleinerung der früher vorhandenen festländischen oder litoralen Gesteins-Arten und Wiedervereinigung der grösseren oder kleineren Bruchstücke durch ein thonig-klastisches oder chemisches Cement. Durch Metamorphose kann die klastische Struktur vollkommen verschwinden. Die Lagerungsform ist ungeschichtet, geschichtet oder gangförmig. Nach der Grösse und Form der Bruchstücke unterscheiden wir 5 Abtheilungen:

1) Breccien.
2) Conglomerate.
3) Moränen.
4) Psammite.
5) Pelite.

1) *Breccien*, Fragmente eckig, Bindemittel klastisch oder chemisch. Lagerung ungeschichtet, geschichtet, gangförmig.

a) Ungeschichtet, Fragmente halbverwittert und vorwiegend aus dem darunter und daneben anstehenden Gestein bestehend, Bindemittel weiss, gelb, häufig roth, eisenschüssig.

= cumulativer Verwitterungsschutt eines regenreichen, warmen Klimas.

Fragmente wenig angewittert regellos vertheilt, oft mit Schlagnarben und entkantet.

= Bergsturz.

Fragmente nach der Grösse sortirt, die schwereren Bruchstücke unten; undeutliche Schichtung, die der darunterliegenden Denudationsfläche des anstehenden Gesteins angeschmiegt ist.

= Gehängeschutt eines trockenen oder regenreichen Klimas.

b) Geschichtet ohne Zusammenhang mit Vulkanen und vulkanischen Gesteinen, wechsellagernd mit Conglomeraten, Psammiten oder Peliten.

= Schuttausfüllung einer Thalmulde in einem regenarmen Klima.

Unter oder zwischen vulkanischen Laven und Tuffen, oft mit vulkanischem Material gemischt.

= Explosionsbreccie eines vulkanischen Ausbruchs.

c) Gangförmig, die Fragmente meist durch ein chemisches, oft metallisches Cement verkittet.

= Reibungsbreccie.
Gangthonschiefer.
Ringelerz.

2) *Conglomerate.* Bruchstücke älterer Gesteine durch Transport gerundet und dabei mit charakteristischen Merkmalen der Corrosion durch Wasser, Wind und Eis versehen, meist geschichtet oder gebankt. Cement meist klastisch. Die Geröllgesteine bildeten die Oberfläche des damaligen Festlandes und des küstennahen Meeresbodens; während des Transportes erfolgt eine Auslese, so dass die härteren Felsarten überwiegen. Nur vereinzelte Gerölle gelangen ins Meer, sofern nicht eine polare Küste Eisberge hinaustreibt.

a) Conglomerate in linear ausgedehnten Lagern, oft wechsellagernd mit Psammit und Pelit.

= Flussschotter.

b) Conglomerate mit lokal grosser Mächtigkeit, mit einseitiger Uebergussschichtung, die nach unten in Psammit übergeht.

= Deltaschotter an einer Flussmündung ins Meer oder in einen Binnensee.

c) Conglomerate an der Basis transgredirender mariner Schichten.

= Strandbildung.

Durch Metamorphose entstehen aus Conglomeraten:

Gneiss.

Glimmerschiefer.

Quarzglimmerfels.

3) *Moränen.* Bruchstücke eckig und gerundet, regellos, einem meist ungeschichteten Pelit oder Psammit eingefügt, mit Kritzen und Schrammen. Mit dem weiteren Transport mehren sich die runden Geschiebe, an der äusseren Gränze werden die Schrammen wieder seltener, und Schichtung tritt auf. Vereinzelte gekritzte Geschiebe in marinen Sedimenten sprechen für Eisdrift vom Polarkreis bis zu den Wendekreisen.

4) *Psammite.* Bruchstücke sandig, durch Auslese während des Transportes meist aus einem vorwiegenden Mineral bestehend, wechsellagernd mit Schichten, welche die anderen Mineralien der Ursprungsgesteine enthalten.

a) Quarzpsammit, Sandstein.

1) Körner eckig oder gerundet, mit wenig klastischem Bindemittel, aber thonigen Zwischenschichten; einzelne Bänke diagonal geschichtet, von rother, gelber, weisser Farbe. Oberfläche mit Rippelmarken, Regentropfen, Trockenrissen und Fährten festländischer Thiere.

= festländisch an der Küste, oder in der Wüste entstanden.

2) Körner eckig oder gerundet, mit klastischem Cement, vorwiegend grau, grün, blau, bituminös gefärbt, mit marinen Fossilien.

= marin, im flachen Wasser nahe der Küste enstanden.

Durch Diagenese entstehen daraus:

Quarzit,
eisenschüssiger Sandstein,
Glaukonitsandstein u. a.

Durch Metamorphose bilden sich daraus:

Andalusitmuscovitgestein.
Biotitquarzit.
Dioritähnliche Gesteine.
Feldspathglimmerquarzit.
Glimmerquarzit.
Glimmerschiefer.
Granulit.
Hälleflinta.
Hornfels.
Jaspis.
Quarzitschiefer.
Quarzglimmerschiefer.
Sillimanitglimmerquarzit.

b) Feldspathpsammit, Arkose.

1) Feldspathkörner gemischt mit den Bestandtheilen und Fragmenten krystallinischer Gesteine, wenig zersetzt, ohne marine Fossilien.

= festländisch durch physikalische Verwitterung eines regenarmen Klimas entstanden.

2) Feldspathschichten, wechsellagernd mit Eisenpsammit oder mit vulkanischem Tuff, mit marinen Resten.

= marin, an vulkanischen Küsten im flachen Wasser entstanden.

Durch Metamorphose entsteht: Porphyroid.

c) Olivinpsammit entsteht bei Torre del Greco durch marine Verwitterung einer olivinhaltigen Lava; er zersetzt sich am Meeresgrund zu braunen Eisenschichten.

d) Eisenpsammit entsteht an vulkanischen Küsten durch Schlämmung eisenhaltiger Tuffe. Dünne Schichten wechsellagern an der Sarnomündung mit Sanidinsanden und Tuffschichten.

Vermuthlich entstehen auf ähnliche Weise auch Augitpsammite und Hornblendepsammite.

5) *Pelite.* Fragmente, feinkörnig bis staubförmig.

a) Ungeschichtet, vertical zerklüftet, von feinen Röhrchen durchzogen, mit Landschnecken; kalkarm, wenn der Kalkgehalt zu Concretionen vereinigt wurde; gelb, braun oder roth gefärbt.

= äolischer Löss gebildet in einem regenarmen Klima.

b) Geschichtet, bisweilen wechsellagernd mit Psammit oder kohligen Schichten, mit Sand- und Süsswasserfossilien.

= Flusslehm, Seeschlamm. Deltaschlamm.

c) geschichtet mit marinen benthonischen Fossilien.

= Meeresschlamm.

Durch Diagenese wird der Schlamm kalkhaltig, und dadurch zu:

Mergel, Mergelschiefer und thonigem Kalk.

Durch weitere Diagenese können daraus:

Dolomite entstehen.

Durch Abscheidung von Glaukonit entstehen:

Glaukonitmergel.

Durch Diagenese sind ältere Pelite gewöhnlich in Schieferthon und Thonschiefer verwandelt, die bei gröberem Korn in Grauwackenschiefer und Grauwacke übergehen.

Durch Metamorphose entstehen daraus;

Adinole.	Gneiss.
Andalusithornfels.	Granatthonfels.
Chiastolithschiefer.	Halbphyllit.
Cornulianit.	Hornfels.
Desmosit.	Knotenglimmerschiefer.
Feldspathhornfels.	Knotenthonschiefer.
Fleckschiefer.	Phyllit.
Glimmerschiefer.	Sericitschiefer.
Glimmerthonfels.	Spilosit.
Glimmerthonschiefer.	Turmalinthonfels.

Durch starke Beimengung von kohligen und schwefelhaltigen Theilen entstehen:

Russchiefer,
Kohlenschiefer,
Alaunschiefer,
welche durch Metamorphose verwandelt werden in

Chiastolithschiefer,	Graphitquarzit,
Graphitschiefer,	Kieselschiefer.

II. **Chemische Gesteine** entstehen durch chemischen Absatz aus wässeriger Lösung oder aus sublimirten Gasen; sind dicht oder krystallinisch, ungeschichtet, geschichtet oder gangförmig. Neben zahlreichen chemisch abgeschiedenen Mineralmassen von geringer Verbreitung sind geologisch wichtig:

1) Kalkcarbonat,
2) Kalksulphat,
3) Chlornatrium,
4) Abraumsalze,
5) Kieselsäure,
6) Kohlenstoff,
7) Erzgesteine.

1) *Kalkcarbonat.* Dichte oder krystallinische festländische, oder oolithische marine Absätze von kohlensaurem Kalk.

a) Ungeschichtet als Absatz am Boden eindampfender Seen:

= Lithoid-, Dendritik-, Thinolit-Kalk.

b) Krustenbildend, geschichtet oder gebankt, selten mit oolithischer Struktur, ohne marine Fossilien:

= Travertin, Kalksinter, Pisolith, Erbsenstein, Rogenstein.

c) Geschichtet oder gebankt aus kleinen concentrisch gebauten Oolithkörnern bestehend, mit marinen Fossilien:

= marine Oolithe, gebildet im flachen warmen Wasser.

Durch Diagenese entstehen daraus Eisenoolithe, Chamosit, Thuringit.

d) Gangförmig:

= Kalkspath.

2) *Kalksulphat.* Anhydrit oder Gyps dicht oder krystallinisch.

a) Ungeschichtet oder geschichtet, mehr oder minder vermengt mit pelitischem Material:

= Anhydrit, Gyps, Gypsthon.

Durch Diagenese verändert zu Porphyrgyps, Alabaster, Gypsspath.

b) Gangförmig:

= Fasergyps.

3) *Chlornatrium,* ungeschichtet oder geschichtet, selten gangförmig, mehr oder minder gemengt mit pelitischem Material oder wechsellagernd mit Kalksulphat.

= Steinsalz, Salzthon.

4) *Abraumsalze.* In Verbindung mit dem Steinsalz kommen vor:

= Carnallit, Kainit, Kicocrit, Polyhalit.

5) *Kieselsäure.*

a) Geschichtet oder gebankt:
= Süsswasserquarz, Kieselsinter, Geyocrit.

b) Gangförmig:
= Quarzfels.

6) *Kohlenstoff,* gangförmig:
= Asphalt, Graphit.

7) *Erzgesteine,* gangförmig.

III. **Organische Gesteine** bestehen ursprünglich aus den unverweslichen Resten fossiler Pflanzen und Thiere, deren innere Struktur, selbst wenn die äussere Form zerstört ist, deutlich mit dem Mikroskop erkannt werden kann. Durch Diagenese wird jedoch auch diese organische Struktur in der Regel sehr rasch zerstört. Die wichtigsten Gesteine sind: 1) Kalk, 2) Kieselsäure und 3) Kohle.

1) *Kalkcarbonat.*

a) Ungeschichtet, isolirte inselartige Massen mit Uebergussschichtung, von ursprünglichen Lücken (Höhlen) durchzogen, marine Fossilien vorwiegend in den randlichen Theilen.
= Riffkalk.

b) Geschichtet oder gebankt mit pflanzlicher Struktur und aus Knollen mit warziger Oberfläche bestehend.
= Algenkalk (phytogen).

Durch Diagenese geht die phytogene Struktur rasch verloren, und es bilden sich strukturlose Kalke u. bituminöse schwarze Kalke.

c) Geschichtet, mit thierischer Struktur, oder aus marinen Thierpanzern aufgehäuft.
= Zoogene Kalksande u. Kalke.

Durch Diagenese werden alle diese Kalke leicht verwandelt in: Dolomit, Rauchwacke, Spatheisenstein,

Phosphorit, Kreide, Kieselkalk, Gyps; durch Metamorphose entstehen daraus:

Granatfels, Kalkhornfels,
Granataugitfels, Kalksilicathornfels,
Kalkglimmerschiefer, Marmor.

2. *Kieselsäure,* ungeschichtet oder geschichtet.
   a) Mit Resten von Diatomeen und festländischen Pflanzen = Tripel, Bergmehl, Kieselguhr.
   b) Mit Resten von Diatomeen, mit marinen Fossilien, ohne festländische Pflanzen
      = mariner Diatomeenschlick.
   c) Mit Resten von Radiolarien.
      = mariner Radiolarienschlick.

3) *Kohlenstoff,* geschichtet, mit oder ohne Pflanzenstrucktur.
   = Torf - Regur, Tschernosjem, Braunkohle, Steinkohle.

   Durch Diagenese und Metamorphose verwandelt in:
   Anthrazit, Graphitschiefer, Graphit.

IV. **Vulkanische Gesteine** sind erstarrtes Magma und die vulkanischen Gläser zeigen die ursprüngliche Beschaffenheit am deutlichsten, während die körnig-krystallinischen Gesteine bis zu der Erstarrung am meisten verändert wurden. Compacte Magmamassen nennen wir = Lavagesteine, die in kleinen Fragmenten erstarrten = Tuffgesteine.

1) *Lavagesteine* ungeschichtet, geschichtet oder gangförmig erstarrt.
   a) Ungeschichtet, mit Apophysen, mit energischer Contactwirkung auf das Nebengestein, vollkrystallinisch erstarrt.
      = Tiefengesteine.
   b) Geschichtet, gebankt, in langen Strömen oder breiten Decken, halbkrystallinisch, selten vollkrystalli-

nisch erstarrt, durch Gänge mit dem verwandten tiefen Gestein verbunden

= Ergussgesteine.

c) Gangförmig

= Ganggesteine.

2) *Tuffgesteine.* Nach der Grösse der erstarrten Magmatheile unterscheiden wir: Bomben, Lapilli, vulkanischen Sand, vulkanische Asche, die durch einander gemischt oder sortirt und geschichtet abgelagert werden. Tuffe entstehen nur an der Erdoberfläche.

a) Ungeschichtet, in stromähnlichen Decken, Material nicht sortirt:

= Schlammströme, Peperino.

b) Ungeschichtet, oder gebankt, in ausgedehnten Mulden abgesetzt, mit oder ohne Fossilien, oft von Gängen durchsetzt

= unter Wasser nahe dem Eruptivkanal abgelagerte Tuffe Wassertuffe.

c) Geschichtet, nach der Schwere des Materials sortirt, Schichten meist ursprünglich geneigt, von Gängen durchsetzt

= Tuffe von den Abhängen eines festländischen Vulkans. Trockentuffe.

d) Geschichtet, wechsellagernd mit marinen Schichten, ohne vulkanische Gänge

= Sedimenttuffe, die von festländischen Vulkaneruptionen ins Meer gelangten.

Von einer systematischen Eintheilung der zahlreichen Lavagesteine nach mikroscopischer Struktur und Vorkommen, konnte hier abgesehn werden, weil von sachkundigster Seite diese Probleme in Angriff genommen sind.

Mit Rücksicht auf das Problem der „krystallinischen Schiefer“ sollen daher nur die nachgewiesenen Umwandlungen der Tiefengesteine in krystallinisch-schieferige Felsarten aufgezählt werden:

Durch Metamorphose werden verwandelt;

Granit in: Augengneiss, Gneiss, Greisen, Turmalinfels, Turmalinquarzfels u. a.

Diorit in: Amphibolit, Chloritschiefer, Labradorit u. a.

Diabas in: Amphibolit, Augitschiefer, grüne Bündener Schiefer, Chloritschiefer, Diabashornfels, Diabasschiefer, Diorit (Epidiorit), Flaserdiabas, Grünschiefer, Hornblendeschiefer, Hornblendesericitschiefer, Plagioklashornblendegestein, Porphyroid, Sericitkalkphyllit, Strahlsteinschiefer u. a.

Gabbro in: Actinolithschiefer, Amphibolschiefer, Amphibolit, Dioritschiefer, Flasergabbro, Gabbrodiorit, Gabbroschiefer, Hyperitdiorit, Saussuritgabbro, Scapolitdiorit, Serpentin u. a.

Indem wir zum Schluss einen Rückblick auf die hier vorgeschlagene Classification werfen, ergeben sich eine Anzahl Nachtheile, welche in folgenden Sätzen formulirt werden können:

1) Es ist unmöglich jedes Gestein nach dem Handstück, oder gar nach dem mikroskopischen Schliff zu bestimmen.

2) Die Bestimmung verlangt ein genaues Studium der geologischen Lagerung, und des Verbandes mit anderen Gesteinen.

3) Die bisher als eine petrographische Einheit betrachteten sogenannten „krystallinischen Schiefer“, müssen verschiedenartigen Typen zugetheilt werden, und diese Entscheidung dürfte in manchen Fällen überaus schwierig, ja unmöglich werden.

Ich habe darauf zu erwidern, dass auch die Bestimmung der vulkanischen Gesteine in vielen Fällen nur durch das Studium der Lagerungsweise möglich wird, dass Melaphyr und Basalt nur geologisch zu unterscheiden sind. Und was das viel umstrittene Problem der krystallinischen Schiefer anlangt, so zeigen meine Zusammenstellungen, dass nur vereinzelte Typen noch nicht als Produkte der Metamorphose nachgewiesen worden sind, während die überwiegende Mehrzahl mit aller Sicherheit als Wirkungen der Metamorphose erkannt werden konnten. Für diese ist es meines Erachtens künftighin ungerechtfertigt, den Sammelnamen: krystallinische Schiefer, im Sinne einer historischen Formation aufrecht zu erhalten.

Den genannten Nachtheilen steht aber ein Vortheil gegenüber, dessen weittragende Bedeutung jene verschmerzen lässt. Jedes Gestein wird zu einem historischen Dokument, die Petrographie der Felsarten wird zur Lithologie der Erdrinde und muss von nachhaltigem Einfluss werden auf den weiteren Entwicklungsgang der Geologie als historischer Wissenschaft.

III

UEBER
ABGRENZUNG UND BENENNUNG
DER
geologischen Schichtengruppen

VON

Dr. **Fritz Frech**

ord. Professor d. Geologie und Palaeontologie a. d. Universität Breslau.

I. Ueber Abgrenzung und Benennung der geologischen Systeme.

Die wissenschaftliche Stratologie gipfelt in dem Bestreben, aus den Fossilienlisten und Profilbeschreibungen Schlüsse allgemeinerer Art über die Entwickelungsgeschichte der Erde und ihrer Bewohner zu ziehen, insbesondere die Umsetzungen der Meere, die Bewegungen der Continente, Gebirgsbildung und Masseneruptionen an sich und in ihren gegenseitigen Beziehungen zu erforschen.

Neuerdings haben sich verschiedene Forscher dafür ausgesprochen, die physikalischen Ereignisse und zwar in erster Linie die Transgressionen auch formell für die Abgrenzung der Systeme zu verwenden und die Versteinerungen mehr in die zweite Linie zu stellen.

Wohl mit Unrecht.—So bedeutsam die physikalischen Vorgänge für die Kennzeichnung der einzelnen Epochen sind, so fraglich ist der Werth, den dieselben für die genauere geologische Grenzbestimmung besitzen. Während die Veränderungen der pelagischen Thierwelt sich in staunenswerther Gleichartigkeit auf dem ganzen Erdball vollziehen, sind die vier ausgedehntesten bisher in wissenschaftlicher Weise erforschten Transgressionen [1]—Cenoman, oberer Jura, oberes Devon und Obersilur—nur in der Nordhemisphäre als solche nachgewiesen. Jedoch wurde, gleichzeitig mit der Transgression der Kreide das nördliche Russland und ganz Nordasien dem Meere entrückt.

Wesentlich beschränkter ist die Verbreitung der Trangressionen des Ober-Cambrium (Nordamerika), Unterdevon (Rheinland), Obercarbon (Timan und Mediterrangebiet), Trias (Rhaet und Bajuvarische Abtheilung) und der unteren Kreide.

Dass Transgressionen an sich keine exacten Merkmale für die Abgrenzung von Schichtgruppen darbieten, ergiebt sich von selbst, sobald man das Wesen dieser geologischen Erscheinung in Betracht zieht. Eine Transgression ergiesst sich nicht sintfluthartig und plötzlich über ein grosses Gebiet, sondern dringt allmälig und unregelmässig vor, so dass in der Hauptrichtung der Transgression vorschreitend, immer jüngere Schichtenglieder auf dem älteren Gebirge lagern. Am eingehendsten ist diese Eigenthümlichkeit von Neumayr in der Schilderung der oberjurassischen Transgression nachgewiesen worden; ganz übereinstimmende Merkmale zeigt die gewaltige Transgression des Mittel- und Oberdevon [2]).

[1]) Unter Transgression verstehe ich, wohl mit der ganz überwiegenden Mehrzahl der Geologen, eine geologische Erscheinung, die durch Discordanz (oder Erosionsdiscordanz) und das Fehlen mindestens eines Schichtengliedes gekennzeichnet ist. Die von Herrn M. Vaček (in Wien) als Transgressionen bezeichneten Lagerungsformen sind zum grössten Theile Brüche oder Ueberschiebungen; die Discussion von derartigen Irthümern erscheint in einer wissenschaftlichen Arbeit ausgeschlossen.

[2]) Lethaea palaeozoica. II (1897), p. 240—256).

Dem allmäligen Vorschreiten der Transgressionen entsprechend muss auch die Verbreitung der litoralen Faunen unregelmässig vor sich gehen, während die Entwickelung derselben in dem offenen Weltmeer in viel gleichmässigerer Weise erfolgt. Es wäre wenigstens sonst unerklärlich, dass Graptolithen, Trilobiten und Brachiopoden des Palaeozoicum, Ammoniten und Zweischaler der mesozoischen Formationen überall auf der Erde in denselben Gattungen und in derselben Reihenfolge erscheinen.

Wesentlich beschränkter als die Verbreitung der Transgressionen ist die Ausdehnung von Gebirgsfaltungen und Masseneruptionen wie die folgende kurze Uebersicht zeigt.

Praedevonische Faltungen und Dislocationen sind in Europa bisher nur in Nordschottland und Skandinavien mit Sicherheit nachgewiesen, wo der rothe Sandstein des Devon discordant ältere Bildungen überdeckt [1]).

Das für Mitteleuropa [2]) wichtigste tektonische Ereigniss der palaeozoischen Aera, die grosse mittelcarbonische Faltung, hat weder in Russland, noch in Nordamerika wahrnehmbare Spuren hinterlassen.

Räumlich noch beschränkter ist die jungpalaeozoische, erste Faltung der Westalpen, die in der Dyaszeit beginnende Aufrichtung des Ural und die mittelcretaceische Faltung des nordalpinen und karpathischen Gebietes. Jede topographische Karte lässt die Ausdehnung der in der Tertiärzeit entstandenen Hochgebirge erkennen, die wohl nicht nur damit zu erklären ist, dass mit der Annäherung an die Jetztzeit die Sicherheit der geologischen Beobachtungen wächst. Man wird

---

[1]) Ob die local noch beschränktere Discordanz inmitten des englischen Silur mit dieser Gebirgsbildung zusammenhängt, steht dahin.

[2]) Ostalpen und Deutschland (vielleicht mit Ausnahme der norddeutschen Ebene, Belgien südliche und westliches England, Südirland, Frankreich und der grösste Theil der iberischen Halbinsel.

somit stets die Verbreitung und Stärke der mitteltertiären Faltungen, als ein Kennzeichen dieser Perioden im Gegensatz zu Pliocän, Eocän und Kreide hervorheben müssen, gleichzeitig aber nie vergessen dürfen, dass dies Unterscheidungsmerkmal uns trotzdem in der grossen Mehrzahl der Tertiärgebiete im Stiche lassen würde.

Noch geringfügiger als die Ausdehnung der Faltungen ist die räumliche Bedeutung von Masseneruptionen trotz der enormen Mengen der in Bewegung gesetzten Laven (Keweenaw Formation des Praecambrium, tertiäre Decken des Snake River und von Dekhan).

Erstaunlich unbedeutend scheint die Einwirkung gewesen zu sein, welche die dyadischen Masseneruptionen Europas auf die Entwickelung der Landflora und Binnen (Süsswasser-)-Fauna ausgeübt hat: das oberste Carbon Schlesiens, das untere und mittlere Rothliegende der Hallenser- und Saargegend ist gleichzeitig durch energische Deckenergüsse und reiche Entwickelung des organischen Lebens ausgezeichnet. Das sogenannte Oberrothliegende enthält keine eruptiven Decken und nur verschwindend seltene Andeutungen von Versteinerungen.

Eine Zeit allgemeiner Vereisung ist für die in erster Linie zur Discussion stehende palaeozoische und mesozoische Aera nicht nachgewiesen. Die dyadische Kälteperiode der Südhemisphaere hat man auf der Nordhalbkugel nur in England bisher nachzuweisen versucht; das Fehlen aller Glacialspuren in gleichalten Bildungen der Alpen und des europäischen Continents überhaupt fordert jedenfalls zur Zurückhaltung auf. Ueber die geologische Bedeutung der pleistocänen Kältezeit braucht kein Wort verloren zu werden.

Wichtiger als die Transgression und Gebirgsfaltung ist für die Abgrenzung geologischer Epochen der Rückzug des Meeres, der eine Unterbrechung der faunistischen Folge bildet.

Hierbei vereinigen sich faunistische, tektonische (Discordanzen) und geographische Momente. Besonders deutlich prägen sich diese Lücken dann aus, wenn nicht eine vollständige Unterbrechung des Absatzes, sondern eine Einschiebung von Süsswasser- (Prod. Carbon, Keuper) oder Binnensee-Faunen (Zechstein, germanische Trias) die Reihe mariner Ablagerungen unterbricht. Allerdings lässt uns dieses wichtige Merkmal für die älteren Systeme (Cambrium, Silur) gänzlich im Stich, tritt aber dafür an den Grenzen der jüngeren Formationen um so deutlicher hervor: Wealden, Laramie, Potomac Formation, Come-Schichten Grönlands, Bahia Schichten, Garumnische Stufe, aquitanische Braunkohle.

Aus dem Studium der Transgressionen und der Rückzugsbewegungen des Weltmeeres ergeben sich einige Schlüsse von allgemeinerer Tragweite für die Kennzeichnung der Systeme oder Formationen. Man kann unterscheiden:

1) Epochen, in denen auf derselben Hemisphäre eine Reihe von kleineren, sich gegenseitig compensirenden Transgressionen und Rückzugsbewegungen des Meeres stattfinden. Man darf diese Erscheinungen als Oscillationen im weitesten Sinne bezeichnen, insofern z. B. der Transgression des nordamerikanischen Obercambrium eine Rückzugsbewegung im mittleren Europa und im Mediterrangebiete entgegensteht. Schärfer als im Cambrium werden diese Oscillationsbewegungen während der Zeit des Carbon, der Dyas und Trias ausgeprägt. In ähnlicher Weise steht der norddeutschen Transgression des Oligocän ein Rückzug des Meeres in Südeuropa und England (aquitanische Braunkohlen und Süsswassermollasse), entgegen.

2) Eine ganz andere Entwickelung besitzen diejenigen Formationen, bei welchen ein allgemeines Zurückfluthen und Ansteigen der Meere innerhall einer Hemisphäre zu beobachten ist: Silur, Devon, Jura und Kreide. Die untere und

obere Grenze dieser Systeme ist in der Nordhemisphäre durch einen allgemeinen Rückzug, die Mitte durch eine allmählig vorschreitende Transgression gekennzeichnet.

Anderseits liegen Andeutungen vor, dass in der weniger gut bekannten Südhemisphäre gleichzeitig mit der nördlichen Transgression ein Flacherwerden des Meeres oder ein Rückzug desselben eintrat: In Australien (einschliesslich Neuseeland) lagern über den allgemein verbreiteten Graptolitenschiefern (Tiefsee) des Untersilur die Brachiopoden- und Korallenbildungen des Obersilur (Flachsee). Andererseits ist aus ganz Südamerika, Südafrika und Indien südlich des Himalaya nicht eine Spur von marinem Oberdevon bekannt, während weiter nördlich gerade diese Abtheilung die weiteste Verbreitung besitzt. Auch marine obere Kreide fehlt in vielen Gebieten, wo die untere nachgewiesen oder wahrscheinlich vorhanden gewesen ist: westliches Südamerika, Afrika, Australien, nördlisches Russland und Nordasien.

Überall wo ein Meeresrückzug von allgemeinerer Ausdehnung in wohldurchforschten Gebieten nachweisbar ist, entspricht demselben die Hauptgrenze zweier Systeme: 1) Cambrium-Silur, 2) Silur-Devon, 3) Devon-Carbon, 4) Dyas-Trias- (rothe fossilleere Sandsteine, 5) Trias-Jura (geringe Verbreitung des marinen Lias), 6) Jura-Kreide (Wealden, Potomac-Schichten, Atlantosaurus beds etc., 7) Kreide-Tertiär (Garumnische Stufe, Braunkohlen Istriens, Laramie).

Ebensowenig ist es ein Zufall, dass der Höhepunkt der grossen, bisher beobachteten Transgressionen stets in das obere Drittel der betreffenden Epoche fällt: 1) Wenlock-Niagara, 2) unteres Oberdevon, 3) Kimmeridge, 4) obere Kreide.

Es ergiebt sich somit ein ungefähres Zusammenfallen der historisch gewordenen und der natürlichen Formationsgrenze für das Bereich der am besten durchforschten Nordhemisphaere.

Ein Grund zur Aenderung des historisch gewordenen Schemas zu Gunsten der weniger bekannten und zumeist vom Meere bedeckten Südhemisphaere liegt nicht vor und zwar um so weniger als auch die marine Thierwelt in ihrer Entwickelung in erster Linie den negativen Meeresbewegungen folgen muss.

Transgressionen werden stets eine allgemeinere Verbreitung der Meeresfauna bedingen—mögen sie mehr oscillatorisch oder mit einer einheitlichen für ein grosses Gebiet giltigen Gesammttendenz auftreten.

Meeresbewegungen und tektonische Ereignisse sind also wohl zur Charakterisirung der geologischen Epochen geeignet, aber wegen ihrer geringeren räumlichen Ausdehnung nicht zu genaueren Grenzbestimmungen verwendbar. Für letztere sind physikalisch-geographische Ereignisse nur insofern von Wichtigkeit, als sie eine Unterbrechung der Schichtenfolge und somit auch der marinen Faunenentwickelung bedingen.

Als Kriterium ersten Grades wird stets die pelagische, planktonisch lebende Fauna für die Unterscheidung der geologischen Systeme übrig bleiben.

Eine Schwierigkeit scheint die geographisch-faunistische Differenzirung der Meeresräume, oder mit anderen Worten das Fehlen allgemein verbreiteter Zeitformen zu bieten. Doch vermindern sich diese Schwierigkeiten, sobald man die Frage im Lichte der neueren oceanischen Forschungen betrachtet. Nach C. Chun (Das arktische und antarktische Plankton, Stuttgart 1897) sind in der Jetztzeit nur 4 faunistische Hauptreiche des offenen Oceans zu unterscheiden: die ungeheueren Warmwassergebiete des pacifisch-indischen und atlantischen Planktons, sodann das arktische und das antarktische kalte Gebiet. Die allgemeine Verbreitung der Physophoren und anderer Siphonophoren bleibt innerhalb der einzelnen Gebiete nicht hinter derjenigen der Graptolithen und Ammoneen zurück. Geographische Unterschiede in der Verbreitung der letzteren sind zu bekannt, um hier besonders erwähnt zu werden. Aber auch die ausserordentlich weit verbreiteten Graptolithengruppen lassen eine geographische Differenzirung erkennen. Der in Nord-Amerika und Nord-Europa allgemein verbreitete Phyllograptus fehlt in Frankreich und dem Mediterrangebiet vollkommen. Die weltweite Verbreitung der lebenden planktonischen Organismen wird dadurch begünstigt, dass einmal die Gebiete der kalten und warmen Strömungen sich mit dem Wechsel der Jahreszeiten um erhebliche Beträge horizontal verschieben. Andrerseits treten die arktischen und antarktischen Kaltwasserformen in der Tiefsee der Aequatorialgegenden, — wie man es schon theoretisch erwarten sollte [1]) mit einander in Verbindung: Sagitta hamata Moebius ist in arktischen und antarktischen Meeren, sowie in der Tiefsee der Sargasso-See und des Florida-Stroms gefunden worden.

In der geologischen Vorzeit sind nun zonare klimatische Differenzirungen erst seit der Jurazeit nachgewiesen und zeigten schon damals wie jetzt die durch Strömungen bedingten Unregelmässigkeiten [2]). Ob vor dieser Zeit ein vollkommen gleichmässiges oder nur ein weniger differenzirtes Klima auf der Erde bestanden hat, erscheint für die vorliegende Frage gleichgiltig. Jedenfalls hat seit der altcambrischen Zeit niemals eine allgemeine Fauna gelebt. Die provincielle Gliederung der hoch marinen Thierwelt ist stets erkennbar, während andererseits der pacifische Ocean in einer

[1]) Frech. N-Jahrbuch, 1892, II, p. 324.

[2]) Der Einwand, der aus dem Vorkommen mediterraner Ammonitenformen in südlichen Breiten Süd-Amerikas gegen diese Klimazonen abgeleitet wird, ist hinfällig. Jede Strömungskarte der Jetztwelt zeigt, das antarktisches Kaltwasser mit den ihm eigentümlichen Thierformen längs den Küsten der beiden grossen Südcontinente bis an die Galapagos-Inseln und bis in die Breite des Guineagolfes geführt wird. Das Vorkommen pelagischer Warmwasserthiere an den norwegischen Küsten ist schon seit längerer Zeit bekannt.

die heutige übertreffenden Ausdehnung [1]) die Verbreitung der planktonischen Organismen begünstigte. Nimmt man für die geologische Vorzeit eine klimatische Differenzirung an, so konnte—via Tiefsee—die Verbreitung der polaren Thierformen ähnlich wie heute erfolgen. Waren die klimatischen Zonen schwächer oder gar nicht ausgeprägt, so erfolgte die Ausbreitung wesentlich ungehinderter.

Jedenfalls aber wurden die verschiedenen Tiefenstufen und der Boden des offenen Oceans ähnlich wie heute von verschiedenen Thiergesellschaften bevölkert, deren erhaltungsfähige Theile in den geologischen Schichten, wie auf einer einheitlichen Projectionsebene niedergeschlagen wurden.

Es ergiebt sich aus diesen Erwägungen, dass die Verbreitung der geologischen Reste planktonischer Thiere wesentlich gleichförmiger ist, als diejenige einer einzigen heute in bestimmter Tiefenstufe lebenden Thiergesellschaft; somit kann—auch aus theoretischen Gründen—der Werth der Fossilien für eine allgemeingiltige Eintheilung der Erdgeschichte nicht hoch genug angeschlagen werden.

II. Ueber Abgrenzung und Benennung der palaeozoischen Epochen.

Als Beispiel dafür, wie sich nach den vorangegangenen Darlegungen die Einteilung eines grösseren Abschnittes der Erdgeschichte gestalten würde, möge auf Grund eingehender vergleichender Studien [2]) eine kurze Uebersicht des Palaeozoicum folgen. dem sich später eine eingehendere Darstellung des Cambrium anschliesst.

Die im wesentlichen auf Lyell zurückgehende, von den

[1]) Frech, Lethaea, palaeozoica II, p. 57, 58.

[2]) F. Frech Lethaea palaeozoica II Bd. Stuttgart 1897. (Der I von F. Roemer, 1880—1883 herausgegebene Band wurde ebenfalls 1897 vom Verf. zum Abschluss gebracht.)

meisten Lehrbüchern, geologischen Landesuntersuchungen und der internationalen Karte von Europa angewandte Fünftheilung der palaeozoischen Formationen wird auch im Nachfolgenden zu Grunde gelegt.

Ueber die Zusammenziehung von Carbon und Perm sowie über die von einigen Forschern vorgeschlagene Theilung des Silur in zwei Systeme ist das Folgende zu bemerken.

Die Hauptabtheilungen der Silurformation sind, entsprechend dem allgemeinen Gebrauch am besten als Ober- und Untersilur zu bezeichnen. Betreffs der Anwendbarkeit des von Lapworth vorgeschlagenen Namens Ordovician haben auf dem Londoner Geologen-Congress längere ergebnisslose Verhandlungen stattgefunden. Thatsächlich ist diese Bezeichnung nur in England bei einer Anzahl von Specialforschern zur Annahme gelangt, wird jedoch auf dem europaeischen Continent garnicht und in Nord-Amerika nur in beschränktem Maase angewandt.

Die Ansichten der verschiedenen Geologen [1]) über die Benennung der älteren palaoezoischen Formationen lassen sich tabellarisch, wie folgt, veranschaulichen.

[1]) In England herrscht noch jetzt eine allerdings mit verminderter Heftigkeit geführte Discussion über die Benennung der ältesten Formationen, die jedoch mehr formeller, als materieller Art ist. Die einen betrachten nur die *Paradoxides*-Schichten („Menevian") als Cambrian (Murchison, Geological Survey); die anderen (Sedgwick, Salter, Schule von Cambridge) dehnen die Bezeichnung Cambrian auf die meist als Untersilur bezeichnete Abtheilung einschliesslich aus. Angesichts dieses Wirrwarrs machte Lapworth den Vermittelungsvorschlag: 1. Cambrian, 2. Ordovician (= Untersilur auct.) und 3. Silurian (= Obersilur auct.) zu unterscheiden. Diese Nomenclatur beruhte also nicht auf neugefundenen palaeontologischen Thatsachen, sondern war bestimmt, einer in England herrschenden Verwirrung durch einen Compromiss ein Ende zu machen. Da dieselbe anderwärts kaum besteht, ist auch der Compromissvorschlag gegenstandslos. Allerdings hat J. D. Dana angeregt, das Untersilur (Ordovician) als Silurian s. str., das Obersilur als Niagarian zu bezeichnen—ein Vorschlag, der auch in manchen Survey-Reports (z. B. dem von Texas) befolgt wird.

Lethaea 1897	Sedgwick	Murchison	Lapworth	Dana	de Lapparent
V. Obersilur	II. Silurian	II. Silurian	Silurian	= Niagarian	Silurien = Cothlandien (Bohémien I. Aufl.)
IV. Untersilur. . . .	I. Cambrian		Ordovician	= Silurian	= Ordovicien (Armoricain)
III. Obercambrium .			Cambrian	Cambrian	Cambrien
II. Mittelcambrium.	Fossilien erst nach Murchison's Zeit gefunden	I. Cambrian			
I. Untercambrium .					
Liegendes. . . .	Präcambrische oder archaische Formationen				

(Die Klammer steht links von dem Namen des Autors, dessen Ansichten sie ausdrückt.).

Sieht man von den englischen Verhältnissen ab, so bleibt die allgemeine geologisch-stratigraphische Frage zu beantworten: ist die Verschiedenheit zwischen den Faunen des Obersilur und Ordovician ebenso bedeutsam, wie diejenige zwischen Silur (Obersilur + Ordovician) und Cambrium oder Devon?

Ein Zweifel über die Beantwortung ist kaum möglich. Im Silur und Cambrium kommen die Trilobiten in erster Linie als Leitfossilien in Betracht, und die neueren Forschungen gestatten innerhalb dieser beiden ältesten Formationen die Unterscheidung von 5 Trilobitenfaunen, die sich, wie folgt, übersichtlieh kennzeichnen lassen. (Die für die Unterscheidungen im Silur wichtigen Cephalopoden und Brachiopoden sind in Klammern beigefügt).

5. Obersilur: Phacopiden, Proëtiden (Gomphoceras, Cyrtoceras, Ascoceras, Spirifer). An der oberen Silurgrenze auftretende Fische: Tremataspis, Thyestes, Onchus

4. Untersilur (= Ordovician): Asaphiden, Illaeniden, Trinucleiden. An der Basis die letzten Oleniden. (Endoceras, Lituites, Discoceras, Porambonites, erstes Auftreten von Rhynchonella, der echten Tabulaten und von Pterocoralliern).

3. Obercambrium: Olenus, Peltura. Beginn der Abzweigung von Asaphiden und Calymeniden

2. Mittelcambrium: Paradoxides, Sao.

1. Untercambrium: Olenellus, Olenoides, Protypus, Crepicephalus, Protolenus.

Ein Blick auf diese Zusammenstellung lehrt, dass das Ordovician nicht dem ganzen Cambrium, sondern nur einem Drittel desselben gleichwerthig ist und dass die Einführung dieses neuen Namens auch die Schaffung von je drei neuen Bezeichnungen für das Cambrium und Devon bezw. die Unterscheidung von 8 statt 3 palaeozoischen Systemen nöthig machen würde. Man könnte andrerseits sich auf die Nomenclatur des Jura berufen und die amerikanischen Bezeichnungen Georgian, Acadian und Potsdam — analog mit Lias, Dogger, Malm — zur allgemeinen Einführung vorschlagen. Aber gerade in der vielfach überlasteten stratigraphischen Nomenclatur ist jeder nicht unbedingt nothwendige Name vom Uebel [1]).

Im oberen Palaeozoicum legen die Transgressionen und Gebirgsbildungen sowie das Auftreten von Binnenfaunen (Old red, Rothliegendes) ein Hineinziehen des physikalischen Moments nahe, aber für eine durchgreifende Gliederung können nur die marinen Faunen Verwendung finden. Gerade im Palaezoicum ist der Nachweis nicht schwer, dass einzelne Familien, wie die Paradoxiden oder Trinucleiden, die primordialen Goniatiten oder Medlicottien in allen Theilen der Erde einen grösseren Abschnitt der marinen Schichtengruppe durch ihr ausschliessliches oder vorwiegendes Auftreten scharf kennzeichnen.

In den jüngeren palaeozoischen Formationen ist die Unterscheidung etwas schwieriger als in den älteren. Die palaeontologisch am schärfsten charakterisirte Fauna ist diejenige des Oberdevon; das allmählige Aussterben fast aller Trilobiten und das Auftreten reich differenzirter und weit verbreiteter Ammonitiden kennzeichnen diesen Abschnitt der Erdgeschichte ausserordentlich scharf. Weniger einfach ist die Entscheidung über die Fragen, ob man im Devon, sowie im Carbon Perm je zwei oder je drei wesentlich verschiedene Faunen anzunehmen habe.

Die den geologischen Abtheilungen (wie Unterdevon, Mitteldevon, Oberdevon etc.) entsprechenden Faunen werden im

[1]) Zudem gestattet die deutsche Sprache die bequeme Bildung von Worten, wie Untersilur, Obersilur ohne weiteres: für das Englische und Französische etc. hat H. S. Williams den beherzigenswerthen Vorschlag gemacht, analoge Wortbildungen Eo-, Meso- Neodevonian einzuführen. Für Eo ist wohl besser Palaeo zu setzen.

allgemeinen auf Grund der Verschiedenheit von Familien und Gattungen getrennt, während für die stratigraphischen Eintheilungen niederen Grades die Verschiedenheit der Arten bezeichnend ist. In der europäischen Normalentwicklung des Devon, also am Rhein und in Belgien, beruht der Unterschied der unter- und mitteldevonischen Fauna wesentlich auf der Verschiedenheit der Faciesentwicklung. Vergleicht man hingegen das kalkige Unterdevon, wie es in Böhmen und in den Ostalpen entwickelt ist, mit dem rheinischen Mitteldevon, so fällt bei aller Verschiedenheit der Species die Uebereinstimmung vieler Gattungen auf. Diese Thatsache tritt bei sämmtlichen wichtigen Gruppen, bei den Trilobiten, Cephalopoden, Brachiopoden, Gastropoden und Korallen klar hervor; wo sich eigenthümliche Genera finden (z. B. bei Brachiopoden Karpinskia, Bifida u. Kayseria) handelt es sich um wenig verbreitete, seltene Formen.

Anders liegen die Verhältnisse im nordamerikanischen Devon, wo die faunistischen Unterschiede von Unter- und Mitteldevon bei den Trilobiten, Brachiopoden und Cephalopoden recht erheblich sind (Vergl. unten). Die Helderbergschichten bis etwa zur unteren Grenze des oberen Helderbergkalkes aufwärts bilden das Aequivalent des europaeischen Unterdevon, und es bedarf nur eines Blickes in die Hall'schen Monographien, um die Verschiedenheit dieser älteren Faunen von denen der Hamilton und Portage-Schichten darzuthun. Geographische Verschiebungen der alten Meeresfaunen bilden den Grund dieser Erscheinung.

Die Kenntniss der marinen Carbon- und Dyas-Schichten hat in neuerer Zeit sehr erhebliche Erweiterungen erfahren aber trotz der mannigfachen Local-Gliederungen der „Permo-Carbon“ und Dyas-Schichten (vergl. unten) wird man doch nur zwei, vielleicht drei, marine Faunen von allgemeiner Verbreitung zu unterscheiden imstande sein. Die Fauna des sogenannten oberen Kohlen- (Fusulinen)-Kalkes schliesst sich an diejenige des eigentlichen Kohlenkalkes unmittelbar an; denn abgesehen von einer Anzahl neuer Arten treten bei einer der wichtigsten Abtheilungen, bei den Brachiopoden nur zwei Gattungen (Enteles und Meekella) neu hinzu. Zwar sind bei den Goniatiten die Unterschiede etwas bedeutsamer (s. u.), entsprechen aber noch keineswegs den Verschiedenheiten, welche allein die oberdevonische Abtheilung umschliesst.

Die Fauna des sogenannten Permo-Carbon (Artinsk-Salt Range) enthält eine Menge neuartiger Cephalopoden und Brachiopoden (Lyttonia, Oldhamina, Richthofenia, Xenodiscus, Medlicottia, Popanoceras) und verdient eine selbständige Stellung; die Fauna des eigentlichen Zechsteins ist in vieler Hinsicht wesentlich verschieden, verhält sich aber zu der des Permo-Carbon, wie die sarmatische Fauna des Wiener Beckens zu der mediterranen: Sie ist ein verarmter, durch Individuenreichthum und Artenarmuth ausgezeichneter Ueberrest der ersteren.

Die Ammonitenfaunen, welche den Uebergang zwischen dem Palaeozoicum und Mesozoicum vermitteln, sind neuerdings in grösserer Vollständigkeit in Armenien (Djulfa), in der indischen Salzkette und vor allem im Himalaya gefunden, aber noch nicht genauer bearbeitet worden. Trotzdem lässt sich aus den bereits veröffentlichten vorläufigen Mittheilungen ersehen, dass die Otoceras-beds des Himalaya (Otoceras Woodwardi) zur unteren Trias gehören, so dass eine wesentliche Bereicherung und Erweiterung der palaeozoischen Fauna nach oben zu nicht mehr stattfinden wird. Der Gesammtbetrag der Veränderung innerhalb des Carbon und des Dyas kommt somit kaum demjenigen gleich, welchen die marinen Faunen während der Zeit des Cambrium oder Devon allein durchlaufen haben.

Man wird somit innerhalb des jüngeren Palaeozoicum ebenfalls nur fünf, vielleicht 6 [1]) selbständige pelagische Faunen unterscheiden können:

Trias	Arcestiden	Phylloceratiden	Ceratiten und Ptychiten	Sageceras, Norites ?Pinacoceras	In den Trias ausgestorben.
Bellerophonkalk der Ostalpen			Paraleca-nites		
Kalk v. *Djulfa* (Z. d. Otoc.-trochoides)			Otoceras Hungarites		Gastrioceras (? zusammen mit Otoceras)
Ob. Productuskalk m. *Xenodiscus* u. *Cyclolobus* (Wichita-beds, Texas Timor)	Popanoceras	Cyclolobus (Timor und Texas)	Xenodiscus-Xenaspis		
Kalk (?) des *Sosio* in Sicilien	Agathiceras Popanoceras (+ Adiranites („Hyattoc., Waagenoc." etc.)	Cyclolobus (+ Waagenoceras)		Medlicottia (+ Sicanites) Propinacoceras Parapronorites	Gastrioceras (Glyphioceras und Branococeras)
Sandstein von *Artinsk* (*Darwas*) oder Stufe der Medlicottia artiensis Karp.	Agathiceras Popanoceras	Thalassoceras		Medlicottia, Propinacoceras, Parapronorites	Gastrioceras
Obercarbon		Thalassoceras (Dimorphoceras mit Th. Looneyi Phill. und Th. atratum Gf.)		Pronorites	Glyphioceras (und Pericyclus)

[1]) Wesentlich mit Zugrundelegung der wichtigen Forschungen Karpinsky's lässt sich folgende Uebersicht der dyadischen Ammonitenfaunen geben, in der jedoch besonders die Stellung der Sosiokalke als unsicher bezeichnet werden muss. Die fünf genetisch zusammenhängenden Hauptgruppen der jungpalaeozoischen Ammoneen sind in der äussern Anordnung als zusammengehörend kenntlich gemacht und der Uebersichtlichkeit halber die von ihnen abzuleitenden Triasfamilien oben hinzugefügt.

11? Otoceras Schichten von Djulfa (mit Hungarites und ? dem letzen Gastrioceras); deutscher und russischer Zechstein; Bellerophonkalk mit Paralecanites (Vielleicht besser nur als obere Stufe von 10 zu betrachten).

10) Aeltere Dyas (Artinskische Stufe, mittlerer und oberer Productuskalk, K. von Sosio, Wichita beds, Timor). Differenzirung ceratitischer (Xenodiscus, Xenaspis) und phylloider Ammonitiden (Cyclolobus, Popanoceras, Agathiceras), Stammformen der Ceratiten, Ptychiten, Phylloceren, Cladisciten, Arcesten. Besonders bezeichnend ist das gleichzeitige Auftreten von Medlicottia (nebst Parapronorites etc.) und Glyphioceratiden (Gastrioceras). Neben obercarbonischen Brachiopoden die eigenthümlichen Gattungen Lyttonia, Oldhamina, Richthofenia.

Die ältesten Reptilien (Kadaliosaurus, Palaeohatteria).

9) Carbon. Glyphioceras (nebst Pericyclus) häufigste Leitform; Pronorites; ausserdem im Kohlenkalk: Brancoceras, Prolecanites, Nomismoceras; im Obercarbon Thalassoceras.

Die ältesten Amphibien (Anthracosaurus); Blüthe der Productiden und Axophylliden.

8) Oberdevon. Clymenien, Cheiloceratiden (Cheiloceras, Sporadoceras, Brancoceras), die Vorfahren der Glyphioceratiden oben; Primordiale Goniatiten, Beloceras, und Tornoceras unten.

7) Mitteldevon. Subnautiline Goniatiten (Aphyllites, Anarcestes), Tornoceras, Prolecanites (Stringocephalus, Uncites, Calceola).

6) Unterdevon. Auftreten der Goniatiten, Aussterben der Graptolithen.

Für die jüngste palaeozoische Formation wurde der Name Dyas gebraucht. Derselbe ist zwar für eine hochmarine Formation ebenso unglücklich gewählt wie die Bezeichnung Trias, da beide ausschliesslich auf die Verhältnisse der deutschen

Binnenentwickelung Bezug nehmen. Doch liegt dem Namen wenigstens keine stratigraphisch unrichtige Anschauung zu Grunde, was bei der Benennung Perm (Murchison) zweifellos der Fall ist. Die bunten Mergel des gleichnamigen Gouvernements sind ebenso eine locale Bildung wie die deutsche Dyas, bilden aber, abweichend von diesen, eine Uebergangsbildung zur Trias und sind als typisch um so weniger zu bezeichnen, als die hochmarine, normale Entwickelung des russischen „Perm", der Artinskische Sandstein von demselben Forscher als Millstone grit gedeutet wurde.

Wird der Name Perm beseitigt, so entfällt hiermit auch die vieldeutige Bezeichnung Permo-Carbon, mit der man dreierlei, einmal Uebergangsbildungen von Dyas und Carbon, zweitens, marine Aequivalente der Dyas und drittens die Gesammtheit der beiden Formationen Dyas+Carbon (Permo-Carbonifère Lapparent) bezeichnet hat.

Trotzdem die palaeozoischen Systeme, an dem Massstabe der Veränderung der pelagischen Faunen gemessen, ungleichwerthig sind, dürfte doch eine Veränderung, etwa durch Zusammenziehung von Dyas und Carbon nicht empfehlenswerth sein. Die Kenntniss der pelagischen Dyas-Faunen ist trotz der Fortschritte der letzen Jahre noch weit von einer auch nur einigermassen befriedigender Vollständigkeit entfernt (s. o.), und bei jeder Erweiterung des Beobachtungsmaterials würden hier sicher Veränderungen stattfinden müssen. Fortwährende Umstellungen in der stratigraphischen Registratur wirken aber nur verwirrend, ohne die Erkenntniss und die Uebersicht zu fördern. Auch kleinere Grenzberichtigungen sind nur dann zu rechtfertigen, wenn thatsächliche Unrichtigkeiten in der Parallelisirung nachgewiesen werden.

III. Ueber die Benennung der Abtheilungen, Stufen und Zonen.

Entsprechend dem Gange der Forschung ist die Nomenclatur der mesozoischen Schichtengruppen wesentlich mannigfacher ausgebildet als diejenige des Palaeozoicum. Es sind augenblicklich im Gebrauch:

1) Für die Abtheilungen geographische, petrographische oder näher bestimmte Systemnamen; z. B. Malm-, Oberer = Weisser-Jura; Buntsandstein = untere Trias = Skythische Abtheilung. Zum Theil haben diese verschiedenen Namen verschiedene Bedeutung, so bezeichnet der Name Buntsandstein die Binnenseeentwickelung, Skythisch die pelagische Ausbildung. Zum Theil sind dieselben einfache Synonyma.

2) und 3) Für die Stufen und Unterstufen (Vesullian) sind im Gebrauch: geographische (Karnisch, Kelloway, Barrême) und näher bestimmte Abtheilungsnamen (oberer Dogger), seltener palaeontologische Bezeichnungen; wie Ornaten oder Amaltheenschichten.

4) Für Zonen werden vorwiegend palaeontologische Bezeichnungen angewandt.

5) Dazu kommen noch Faciesbezeichnungen für Schichtencomplexe, welche eine oder mehrere Zonen, Stufen, ja ganze Abtheilungen umfassen können (Korallenoolith, Quadersandstein, Schlerndolomit).

Dass diese fünfgliedrige Nomenclatur nicht nur dem Anfänger, sondern auch jedem Nichtspecialisten eine fast unlösbare Gedächtnissaufgabe stellt, ist ohne weiteres klar.

Die im Palaeozoicum gebräuchlichen Bezeichnungen sind im allgemeinen wesentlich übersichtlicher.

1) Für die Abtheilungen sind fast durchgängig die näher begrenzten Formationsnamen üblich: Mittelcambrium, Oberdevon, Untercarbon. Besondere Bezeichnungen sind zwar vor-

geschlagen (Ordovician = Untersilur, Georgian = Mittelcambrium), aber niemals zu allgemeinerer Annahme gelangt (s. o.)

2) und 3) Unterstufen sind im allgemeinen nicht ausgeschieden, für Stufen sind genauer begrenzte Abtheilungsnamen (oberes Mitteldevon, Mesodevonian—s. o.,—oberes Untersilur) oder palaeontologische Bezeichnungen (Stringocephalus-Stufe, Trinucleus-Schiefer) im Gebrauch. Ortsnamen sind zwar vorgeschlagen worden (Givetien, Couvinien, Moscovien, Caradoc = Bala = untere Hartfell), aber schon wegen der sich häufig wiederholenden Namensstreitigkeiten niemals zu allgemeiner Anwendung gelangt.

4) und 5) In Bezug auf die Zonenbezeichnungen (z. B. Zone des Spirifer cultrijugatus) oder Localnamen (Massenkalk, Spiriferensandstein, Old Red, Mauthener Schichten) bestehen kaum nomenclatorische Verschiedenheiten; nur sind Localnamen (Lyckholmsche Schicht, Lower Ludlow) oder Buchstaben (D_3 $D_{1\alpha}$) für Zonen häufiger gebräuchlich als im Mesozoicum (Lias), und schon wegen der zahlreichen, häufig versteinerungsleeren oder versteinerungsarmen Localbildungen nicht zu entbehren.

Es ergiebt sich aus dieser Uebersicht der thatsächlichen Verhältnisse zunächst der Schluss, dass die palaeozoische Stratigraphie ihre Schichtengruppen mit einem schon viel geringeren Aufwande an Namen zu bezeichnen vermag als diejenige des Mesozoicum.

Es fehlen im Palaeozoicum die besonderen Abtheilungsnamen, sowie die geographischen Bezeichnungen für Stufen und Unterstufen.

Dass dieser Unterschied nicht etwa auf einer ärmlicheren Entwickelung palaeozoischer Faunen beruht, ergiebt sich von selbst, wenn man die subtile Gliederung des schwedischen Cambrium, des baltischen Silur oder des rheinischen Devon mit einen beliebigen mesozoischen Schema vergleicht.

Es folgt hieraus der weitere Schluss, dass auch im Mesozoicum, jedenfalls in der überladenen Nomenclatur der Jura- und Triasgruppen besondere geographische Stufennamen entbehrlich sind. Da überall besondere Abtheilungsbezeichnungen [1]) vorliegen, können dieselben zunächst und am einfachsten durch ein zugesetztes Ober- Mittel- oder Unter- in jeder Sprache als Stufennamen verwandt werden.

Wo infolge der Nothwendigkeit weiterer Gliederung eine besondere Stufenbezeichnung erforderlich ist, prägt sich ein palaeontologischer Stufenname wesentlich leichter dem Gedächtniss ein, als ein geographischer. Unbedingt nothwendig sind diese palaeontologischen Namen nur dort, wo eine Abtheilung aus mehr als 3 Stufen besteht, so im Untersilur: Stufe mit 1) Ceratopyge (oder Symphysurus) — 2) Vaginaten — 3) Chasmops—und 4) Trinucleus. Aehnlich liegt das Verhältniss im rheinischen Unterdevon: Stufen des 1) Spirifer Mercuri; 2) Sp. primaevus; 3) Sp. Hercyniae und 4) Sp. paradoxus. Dieselbe Nothwendigkeit einer besonderen Bezeichnung liegt auch dann vor, wenn über eine Grenzstufe (z. B. diejenige mit Ceratopyge und Symphysurus [2]) keine vollkommene Einigkeit unter den nächstbetheiligten Forschern besteht.

Eine Schwierigkeit wird bei palaeontologischen Bezeichnungen stets dadurch entstehen, dass die Benennung je nach faciellen oder geographischen Unterschieden mehrtheilig sein muss. Doch liegt genau dieselbe Schwierigkeit bei geographischen

[1]) Buntsandstein (pelag. Scythisch), Muschelkalk (pel. Dinarisch), Keuper (Pelag. Tirolisch und Bajuvarisch), Lias, Dogger, Malm. In dem Kreidesystem ist der Sprachgebrauch insofern abweichend, als die beiden Hauptabtheilungen als Ober- und Unterkreide, die Stufen aber mit besonderen Namen (Neocom, Aptien, Gault etc.) bezeichnet werden.

[2]) Während die Bezeichnung Ceratopyge-Stufe für die skandinavische Eintheilung bestehen bleiben kann, müsste für eine allgemeinere Uebersicht der Name Symphysurus-Stufe eingeführt werden; die letztere Gattung, welche als eine der ältesten Asaphidenformen besonders wichtig sei, kommt im Fichtelgebirge, in England und Nevada vor, wo Ceratopyge durchweg fehlt.

Namen vor: Man wird, um bei dem Beispiel des Unterdevon zu bleiben, weder die rheinischen Spiriferensandsteine, noch die osteuropaeischen Riffkalke als „Helderberg" bezeichnen können, sondern unter allen Umständen für jede dieser drei Entwickelungsformen eine besondere geographische oder palaeontologische Bezeichnung wählen. Hierbei empfiehlt es sich, palaeontologische Namen nur für diejenigen Schichtencomplexe einzuführen, welche in organischer Hinsicht gut charakterisirt sind. In anderen Fällen (bei versteinerungsleeren und versteinerungsarmen Schichten), sind geographische Namen gewissermassen als provisorische Bezeichnung besser verwerthbar.

Wo Faciesverschiedenheiten innerhalb desselben wohl durchforschten Gebietes (skandinavisches Untersilur) vorliegen, sind ebenfalls häufig zwei Bezeichnungsgruppen unumgänglich:

Facies mit Trilobiten (Vorwiegend Kalk).	Facies mit Graptolithen (Schiefer).
4) Trinucleus-Schichten.	Mittlere Graptholiten oder
3) Chasmops-Schichten.	(Dicellograptus)-Schiefer.
2) Vaginaten-Kalk	2) Untere Graptholiten
	(Phyllograptus)-Schiefer.
1) Ceratopyge (Symphysurus) Stufe.	

Dass gerade in diesem Falle die palaeontologische Benennung der Schichten sich durch Einfachkeit und Uebersichtlichkeit empfiehlt, ergiebt der Vergleich der skandinavischen Bezeichnungen mit den gleichwerthigen, ausschliesslich geographischen Namen der Schichtengruppen des englischen Untersilur. Die Unübersichtlichkeit und Complicirtheit der letzteren ist nicht nur durch die tektonisch verwickelteren Verhältnisse bedingt.

Eine internationale Vereinigung von Geologen wird zwar, wie es schon früher geschehen ist, Grundsätze für die Namengebung aufstellen, bei den Einzelfragen der Nomenclatur jedoch nur aus der, fast stets vorhandenen Ueberfülle die passendsten, verständlichsten und das Gedächtniss am wenigsten belastenden Namen auswählen. Hierbei ist vor allem schematische Einseitigkeit zu vermeiden und den eingebürgerten Namen der Vorzug vor neu vorgeschlagenen oder strittigen Bezeichnungen zu geben.

Es wird z. B. Niemand die längst im Gebrauch befindlichen Stufennamen des oberen Jura ausser Gebrauch setzen wollen, um so weniger, als dieselben z. Th. verschiedene Entwickelungsformen (Tithon = Portland = untere Wolgastufe), z. Th. strittige oder strittig gewesene Grenzbildungen (Kelloway-, Oxford, Rhaet) bezeichnen. Im Lias, dessen Abgrenzung und Gliederung im wesentlichen als feststehend anzunehmen ist, werden die Stufennamen Toarcien oder Sinemurien nicht mehr angewandt. Ebenso wenig entsprechen die verschiedenen Stufennamen der pelagischen Trias einem unbedingten Bedürfniss, da z. B. die Norische Stufe als untere, die Karnische Stufe als obere Tirolische, die Juvavische als untere Bajuvarische in ihrer Stellung viel klarer und einfacher bezeichnet werden, als es jetzt in den Lehrbüchern geschehen muss [1]).

Ganz abgesehen von den allgemeinen Einwendungen gegen die geographischen Stufen- und Abtheilungsnamen entsprechen dieselben dem thatsächlichen Vorkommen oft sehr wenig, sondern wirken infolge neuer Entdeckungen oft geradezu irreführend. Einige Beispiele mögen diese Angabe belegen:

1) Die **Karnische Stufe** kommt allerdings in der italienischen Carnia vor; aber die Karnische Hauptkette, an die man in erster Linie denkt, ist gerade durch das gänzliche,

[1]) Credner, Elemente d. Geologie VIII Aufl. p. 555 und 558 schreibt „Norische Stufe (Ladinische St. Bittner)" und „Juvavische Stufe (Norische St. Bittner)" und übereinstimmend führt Uhlig, Erdgeschichte II Aufl. p. 201 beide Namen an. Auf die Discussion dieser durchaus entbehrlichen Bezeichnungen braucht hier um so weniger eingegangen zu werden, als über die von der einen Seite beliebte Form der Polemik das Urtheil der Fachgenossen feststeht.

höchst wahrscheinlich ursprüngliche, Fehlen der Raibler und Cassianer Mergelschichten ausgezeichnet. Ob von dem, fälschlich zur Dyas gerechneten Karnischen Schlerndolomit der oberste Theil der Cassianer Stufe aequivalent sei, erscheint jedenfalls nicht erwiesen.

2) Die rothen „Perm“-Mergel (Tatarien) des gleichnamigen Gouvernements bilden nach neueren Feststellungen den Uebergang zur Trias und gehören derselben wahrscheinlich theilweise an. Die Bezeichnung eines Systems nach dieser Uebergangsbildung ist zum mindesten wenig glücklich.

3) Das entgegengesetzte Schicksal hat das Rothliegende der Mansfelder Gegend, das „rothe todt Liegende“ des Kupferschiefers in demjenigen Gebiete ereilt, das für die Namengebung typisch gewesen ist: Der bei weitem überwiegende, flötz- und versteinerungsführende Theil dieses „historischen Rothliegenden“ gehört unzweifelhaft zum Obercarbon. Nur die obersten versteinerungsleeren Schiefer und Porphyrconglomerate sind dem Oberrothliegenden, einer auch sonst fast versteinerungsleeren Localbildung, zuzurechnen.

4) Das schlagendste Beispiel für die Verwerflichkeit allgemein giltiger Localnamen ist die Coblenzstufe des rheinischen Gebirges in ihrer Anwendung auf die französisch-belgische Schichtenreihe. Hier entspricht das Coblentzien supérieur der Franzosen im wesentlichen dem Untercoblenz der deutschen Geologen.

Alle geschilderten Schwierigkeiten hängen hauptsächlich mit der Verwendung von nichtpalaeontologischen Localnamen [1]) für Stufen von allgemeiner Giltigkeit zusammen.

---

[1]) Es soll übrigens nicht verschwiegen werden, dass die Verwendung palaeontologischer Bezeichnungen bei nachfolgenden Aenderungen der Nomenclatur auch nicht ganz einwandfrei ist. Das bekannteste Beispiel ist der „Cypridinenschiefer“ mit Entomis (Cypridina prius) serratostriata. Aber selbst in diesem,

Die erstrebenswerthen Normen der vereinfachten stratigraphischen Nomenclatur lassen sich nach dem Vorstehenden kurz zusammenfassen.

IV. Zusammenfassung.

1) Aeren.

Die praecambrische Aera, d. h. die Zeit, während deren die gesammten Kreise der wirbellosen Thiere bis in den Crustaceen einschliesslich sich differenzirt haben, entspricht an Dauer etwa dem Palaeozoicum. Die einzelnen localen, durch Discordanzen getrennten Formationen (Keweenaw, Grand Canyon, Wisingsö) sind an Mächtigkeit und den Zeitwerth den jüngeren Systemen gleichwerthig, aber wegen Mangels an Versteinerungen nicht unter einander vergleichbar [1]).

2) Systeme.

Ein zwingender Grund für grundsätzliche Aenderungen der Abgrenzung und Benennung [2]) der geologischen Systeme liegt zur Zeit nicht vor. Für Abgrenzung und Kennzeichnung der palaeozoischen und mesozoischen Systeme kommen in erster Linie die allgemein verbreiteten pelagischen Faunen in Betracht. Physikalische Ereignisse sind stets geographisch beschränkt und können zur Charakterisirung, nicht aber zur Abgrenzung der Systeme verwandt werden. Nur die auf einer

---

wie in allen analogen Fällen, wo eine weitere Zerspaltung älterer systematischen Einheiten erfolgt, besagt der ältere Name kaum je etwas Irreführendes oder Falsches: die Gattung Entomis gehört zu der ohnehin bekannteren Familie der Cypridinen. Ein den obigen Beispielen entsprechender Fall, in dem ein zu stratigraphischen Bezeichnungen verwandtes Fossil wegen vollkommen irrthümlicher Bestimmung einen ganz anderen Namen erhielt, ist meines Wissens noch nicht vorgekommen.

[1]) Für ausführlichere Begründung dieser These sei auf F. Frech, Lethaea palaeozoica II p. 1—9 verwiesen.

[2]) Etwa mit Ausnahme der Dyas-Perm.

ganzen Hemisphaere nachweisbaren Rückzugsbewegungen des Oceans sind auch für die Abgrenzung wesentlich.

3) Die Abtheilungen (series, série) der Systeme sind in der Regel als untere, mittlere oder obere (palaeo-meso-neo-) Gruppe des Systems nomenclatorisch zu bezeichnen (Untercambrium, Palaeo-Cambriam, Mitteldevon, Mesodevonien etc.). Eine Ausnahme bildet, der Viertheilung entsprechend, die pelagische Trias (Skythisch, Dinarisch, Tirolisch, Bajuvarisch).

4) Die Stufen werden durch nähere Begrenzung der Abtheilungsnamen (oberes Mitteldevon, upper Mesodevonian) oder durch palaeontologische (Gattungs-bezw. Familien-) Namen bezeichnet (Stringocephaius-Stufe oder Stufe des Stringocephalus Burtini). Geographische, allgemein giltige Namen sind für Stufen nur ausnahmsweise angebracht (zur Bezeichnung strittiger Grenzgruppen oder verschiedenartigen gleichwertigen Bildungen untere Wolgastufe = Tithon).

5) Für Zonen sind ausschliesslich palaeontologische Artnamen anzuwenden.

6) Localnamen von geographischer (Sinische Formation), petrographischer (Old Red sandstone, Quadersandstein) oder geographisch-petrographischer (Schlerndolomit) Zusammensetzung sind häufig für versteinerungsleere oder versteinerungsarme, mehrere stratigraphische Einheiten umfassende Schichtencomplexe nothwendig. Diese geographischen oder petrographischen Namen sollten vorzugsweise für die palaeontologisch ungenügend gekennzeichneten Schichtengruppen verwandt werden.

IV

NOTE
SUR LA CLASSIFICATION
ET
LA NOMENCLATURE
des roches éruptives.

PAR

F. Loewinson-Lessing.

Classification.

1.

La révolution produite dans la pétrographie des roches éruptives par l'introduction du microscope, après avoir complétement bouleversé l'étude des roches et lui avoir donné le soufle de la vie, faillit lui devenir néfaste en détournant l'attention des pétrographes des questions fondamentales de la pétrographie, autres que la structure et la composition minéralogique des roches éruptives. Peu à peu la composition chimique, la genèse et les rapports dits de consanguinité, enfin la notion du mode de gisement ont acquis la signification et la position qu'ils méritaient depuis longtemps. Les notions de composition minéralogique, structure, composition chimique, mode de gisement, consanguinité, genèse se disputent à présent le rôle prépondérant, tout en démontrant par le fait même de leur concurrence la raison d'être et l'importance de chacune d'elles et la nécessité de leur concours mutuel pour le développement de la pétrographie des roches éruptives.

En abordant la question de classification, c'est avant tout cette autre question qui s'impose: laquelle des notions susindiquées doit être considérée comme fondamentale, laquelle d'entre elles peut être prise pour base de classification?

C'est à cette question que je tâcherai de répondre, ou du moins je m'efforcerai de l'élucider et de l'éclairer selon mes forces.

I. Composition minéralogique. La plupart des classifications les plus usitées sont fondées sur la composition minéralogique (et la structure). Pourtant on ne saurait nier que la composition minéralogique n'est pas une cause première, qu'elle est elle-même réglée par d'autres causes, enfin qu'elle est insuffisante par elle-même pour servir de base à une classification rationnelle et conséquente.

1) En effet, le principe de la composition minéralogique ne saurait par lui-même ni tenir ni rendre compte des quantités relatives des principaux éléments de la roche. Les gabbrosyénites et les shonkinites, les sölvsbergites et les lindöites et nombre d'autres types qui ne se distinguent entre eux, au point de vue de la composition minéralogique, que par les quantités relatives des éléments feldspathiques et ferromagnésiens, ne sont point distingués et séparées dans les classifications essentiellement minéralogiques et structurelles.

2) La composition minéralogique est une fonction de la composition chimique.

3) La notion de la composition minéralogique strictement observée doit mener à des inconséquences et des contradictions. Ainsi, en groupant les roches éruptives en roches feld-

spathiques et afeldspathiques (sans élément feldspathique, c. à d. sans feldspath ou feldspathide), on est obligé de réunir les pyroxénites et les amphibolites avec les périodites, et même on devrait y joindre le greisen. Le groupe des roches sans feldspath devrait renfermer les limburgites, les augitporphyrites sans feldspath etc., ce qui serait évidemment une grande erreur: le groupe des roches sans feldspath comprend non pas les roches où la formation de l'élément feldspathique a été empêché ou entravé par les conditions de cristallisation, mais celles où la formation de cet élément est impossible grâce à certaines particularités de la composition chimique.

Un autre exemple de l'insuffisance de la composition minéralogique est donné part les groupes de roches avec et sans quartz. Il n'est pas rare de trouver des porphyres (orthophyres) sans quartz avec une teneur en SiO^2 voisine de 70%, des andésites avec environ 64 — 66% de silice; l'absence de quartz dans ces roches leur assigne une place parmi les orthophyres et les andésites, c. à d. dans le groupe des roches sans quartz, tandis que ce sont réellement des quartzporphyres et des dacites. Cette confusion est causée par le fait regrettable que l'on substitue la notion de composition minéralogique (absence ou présence de quartz) à la notion plus sûre de composition chimique (excès de silice à l'état libre). Les roches acides ou quartzifères, sont celles qui renferment un excès de silice, celles où la formation du quartz primaire est possible: si le quartz ne s'y est pas formé grâce à des causes extérieures ce n'est pas une raison pour transférer la roche en question dans le groupe des roches neutres, sans quartz. La composition chimique seule, et non la composition minéralogique, peut nous aider à délimiter les roches acides et les roches neutres; en tenant compte d'elle nous serons garantis contre des paradoxes tels qu'un orthophyre à 70% ou une andésite à 64—66% de silice.

Les mêmes difficultés se retrouvent à la limite des roches neutres et basiques.

Un autre exemple frappant de l'insuffisance de la composition minéralogique comme base de classification est donné par les basaltes sans olivine—type paradoxal pour les classifications purement minéralogiques et complétement justifié au point de vue de la composition chimique.

II. Structure. La notion de la microstructure joue un double rôle dans nos classifications: 1) elle sert de base aux deux groupes fondamentaux de roches granitoïdes et trachytoïdes et 2) elle permet des distinctions et des subdivisions minutieuses presque dans tous les types de roches fondés sur la composition minéralogique. En envisageant de plus près ces deux fonctions de la structure dans la classification des roches on arrive au résultat inattendu que c'est la seconde application de la notion de structure qui est la mieux fondée, tandis que la première exige certaines modifications.

1) En quoi consiste la différence des types granitoïde et trachytoïde? „En ce que dans le dernier il y a deux temps de consolidation distincts, qu'il est en général porphyrique", dirait-on. Pour tenir compte des deux temps de consolidation des roches granitoïdes admits par les pétrographes français, on dira plutôt que dans les roches trachytoïdes il y a récurrence de formation de certains éléments de la roche, il y a ou il peut y avoir deux générations d'un même élément. Pourtant cette distinction n'est pas rigoureuse et elle perd surtout de sa rigueur dès que l'on substitue la notion de la structure à celle du mode de formation, en admettant, comme on le fait souvent, que l'une est l'équivalent de l'autre. En effet, les roches intrusives ne sont pas toujours grenues, les structures porphyriques se rencontrent chez les roches intrusives, enfin il y des roches (p. e. la famille des diabases) où les types intrusifs ne se dis-

tinguent point par leur structure des types effusifs. Les rappakiwi, différents granitphorphyres holocristallins, les diabases en filons-lits sont des exemples bien connus de roches intrusives non grenues, non granitoïdes. La structure porphyrique des roches de laccolithes et de certaines roches en nappes filonnaires est un fait non moins connu. D'un autre côté la récurrence de formation de certains éléments qui apparaissent en deux générations n'est nullement un trait caractéristique qui ne manquerait jamais aux roches effusives. Il suffit de se souvenir du type des spilites, qui se retrouve dans certaines autres familles de roches éruptives, pour en être dissuadé. L'existence de roches intrusives porphyriques et de roches effusives holocristallines, le manque de structure porphyrique (dans le sens strict) dans certains types de roches effusives démontrent avec évidence que la notion de structure ne saurait être substituée à celle du mode de formation et que la ligne de démarcation entre les types granitoïde et trachytoïde n'est pas facile à tracer. En face de ces difficultés on est involontairement porté à poser cette question: y a-t-il des particularités de structure caractéristiques du mode de formation effusif et étrangères aux roches intrusives? La réponse est affirmative, mais je ne vois ces traits distinctifs que dans la présence d'une pâte vitreuse, d'inclusions vitreuses, et de microlithes allongés: la présence de l'un de ces traits structurels est une preuve incontestable d'une origine effusive et de l'impossibilité d'une origine intrusive, tandis que la structure holocristalline grenue est essentiellement caractéristique des roches intrusives. En dehors de ces quelques traits distinctifs il n'y a pas de particularités structurelles caractéristiques du mode de formation d'une roche éruptive.

2) La notion de la microstructure est utile pour des distinctions plus minutieuses dont ne sauraient rendre compte ni la composition minéralogique, ni la composition chimique

III. Mode de formation et forme de gisement. Nous venons de voir que les notions de structure ou de mode de formation et de gisement ne sont pas équivalentes. Il suffit d'ajouter que nous ne savons encore que très peu des particularités qui caractérisent le mode de formation de certains groupes de roches éruptives, que nous ne savons pas encore apprécier le degré d'importance de certaines formes de gisement. Il suffit de lire les pages qui suivent pour être persuadé que ce n'est pas la notion du mode de formation ou de la forme de gisement qui est de nature à servir de point de départ à la classification des roches éruptives.

IV. Composition chimique. Ce n'est que tout récemment que les pétrographes se sont remis à étudier la composition chimique des roches éruptives dans le but de découvrir des relations de parenté entre elles et afin de s'en servir pour la classification des roches. Néanmoins on est déjà parvenu à y découvrir des relations qui me semblent parler avec évidence en faveur du rôle important de la composition chimique. La composition chimique est indépendante du mode de formation et de gisement, elle est indépendante de la structure et c'est d'elle que dépend en première ligne la composition minéralogique. La composition chimique d'une roche éruptive est donc en réalité la variable indépendante, la cause première qui doit servir de base à toute classification rationnelle. Je crois devoir insister sur cette conclusion que la classification des roches éruptives doit se baser en première ligne sur la composition chimique. Si réellement il en est ainsi, il est indispensable de s'instruire tout d'abord sur les deux points suivants: 1) comment peut-on utiliser la composition chimique pour la classification des roches éruptives et 2) quelles subdivisions peuvent être déduites et fondées sur la composition chimique? L'étude de cette question fait l'objet d'un mémoire spécial qui est sous presse; je ne me bornerai donc ici qu'à des indications sommaires.

Pour caractériser une roche au point de vue de sa composition chimique je propose de faire usage des données suivantes, qui sont toutes tirés des proportions molculaires.

1. Degré ou coefficient d'acidité (Aciditätscoefficient, Silicatstufe). En divisant le nombre d'atomes d'oxygène retenus par la silice par le nombre de ceux qui sont contenus dans les autres oxydes on obtient un chiffre caractéristique. En moyenne chaque famille a son coefficient à elle.

2. Formule de la composition chimique; les oxydes sont réunis en deux groupes: RO [1]) et R^2O^3; en prenant pour unité la quantité du groupe dont la teneur est plus petite, on reçoit une formule du type: $mRO\ R^2O^3n\ SiO^2$. En moyenne chaque famille et chaque type ont une formule caractéristique.

3. La relation $R^2O : RO$ en proportions moléculaires.

4. La relation $Na^2O : K^2O$ pour les roches alcalines.

Toute somme faite il résulte de ce que j'ai dit que la classification des roches éruptives doit se baser en première ligne sur la composition chimique et en seconde ligne sur la structure. la composition minéralogique et le mode de formation. Quant à la forme de gisement elle ne doit pas être prise en considération.

Voici la classification des roches éruptives en groupes, classes et familles, fondée sur le principe susindiqué; je ne donne que le tableau de classification, sans m'arrêter sur les conclusions qui peuvent en être déduites. (Voir la table ci-jointe.)

2.

Jusqu'à présent toutes nos classifications des roches sont artificielles et plus ou moins exclusives. Il faut espérer pour-

[1]) La somme de K^2O. Na^2O. CaO. MgO. FeO.

tant qu'avec le temps on aura trouvé une classification naturelle basée sur le principe génétique et la composition chimique en première ligne et seulement en seconde ligne sur la composition minéralogique et la structure. Or, pour être en état de trouver une application rationelle de l'élément génétique il est nécessaire d'élucider certaines questions plus ou moind fondamentales. Voici en quelques mots une esquisse sommaire de ces points intéressants à étudier.

A. Une question de haute importance est présentée par les „roches filonnaires". Chaque classification future des roches éruptives sera plus ou moins profondément influencée par le point de vue du pétrographe par rapport à ces roches. La séparation des roches filonnaires en un groupe à part est-elle justifiée par des particularités de composition, de structure, de rapports mutuels avec les roches encaissantes? Je crois que non.

1. Comme je l'ai indiqué plus haut, au point de vue de la structure on peut trouver une certaine transition, des points communs, même entre les roches intrusives et effusives. Cette transition est d'autant plus manifeste dans les roches filonnaires qui se rapprochent par leur structure tantôt des roches intrusives, tantôt des roches effusives selon les dimensions du filon. Je ne connais pas un type de structure qui serait propre exclusivement aux roches filonnaires; par contre un grand nombre de structures caractéristiques des roches intrusives ou effusives se retrouvent chez les roches filonnaires. On pourrait peut-être me citer la structure grenue panidiomorphe (panidiomorph-körnig); mais elle n'est pas étrangère aux roches non filonnaires, et je l'ai indiquée sous le nom de „prismatischkörnig" dans une diabase d'Olonetz même avant la publication de la seconde édition du livre classique de M. Rosenbusch.

2. Au point de vue de la forme de gisement je ne saurais trouver les roches filonnaires suffisamment bien caracté-

risées. Qui saurait trouver la ligne de démarcation entre les filons, les filons-lits (ou nappes filonnaires), les laccolithes, les lentilles etc. et surtout préciser les particularités de formation des roches caractéristiques de chacune de ces formes de gisement? Il n'y a qu'un seul point commun à toutes ces formes de gisement: l'absence de tufs, de structures amygdalaires, la solidification plus ou moins lente au dessous de la surface terrestre. Mais cette caractéristique n'est autre que celle des roches intrusives en général; il n'y a donc pas lieu d'en séparer les roches filonnaires, à moins qu'on ne classe les roches intrusives en roches batholithiques, laccolithiques, lentillaires, filonnaires, filonnaires en nappes etc. Par la forme de gisement et par leur mode de formation les roches filonnaires appartiennent donc au type intrusif, infratellurique et ne sauraient en être séparées. Quant aux dimensions des filons elles jouent un rôle dans la formation de structures grenues ou porphyriques et souvent plus ou moins vitrophyriques, ainsi que par rapport à l'assimilation plus ou moins grande des salbandes et à l'influence des roches encaissantes sur la composition de la roche filonnaire. C'est ce dernier point qui mérite surtout une attention toute particulière.

3. La composition minéralogique des roches filonnaires n'offre nonplus de documents en faveur de l'indépendance des roches filonnaires. Pour prouver le contraire il serait nécessaire de démontrer: a) qu'il y a dans les roches filonnaires des minéraux primaires qui ne se rencontrent point dans les autres types de roches; b) qu'il existe dans les roches filonnaires des combinaisons, des associations minérales qui ne se retrouvent pas dans les autres roches intrusives ou chez les roches effusives.

4. La composition chimique n'est pas plus heureuse que la précédente. Il n'existe pas de types chimiques propres exclusivement aux roches filonnaires. Des roches de même

composition que les roches filonnaires se retrouvent dans les groupes de roches abyssales et effusives et réciproquement. Les pétrographes qui favorisent les roches filonnaires insistent sur le fait que de coutume les roches filonnaires sont plus différenciées, pour ainsi dire plus individualisées au point de vue de la composition chimique que les roches correspondantes de grande profondeur. Mais les mêmes relations, et même parfois plus intenses, se retrouvent chez les roches effusives par rapport aux roches intrusives.

Peut-être serait-il possible dans l'avenir de fonder suffisamment la subdivision des roches éruptives en trois groupes: 1) roches de grande profondeur ou abyssales, qui ne sont point ou ne sont que peu monté à l'état liquide; 2) les roches hypabyssales, dont l'ascension à l'état liquide est manifeste et plus ou moins considérable (filons, nappes filonnaires, laccolithes etc.), 3) roches effusives ou laves. Pour le moment la séparation des deux premiers groupes entre eux n'est qu'aprioristique.

Tout en me prononçant contre l'individualité des roches filonnaires, je me garde de nier l'utilité d'une étude détaillée de ces roches dans les régions instructives où l'on peut retracer la marche de la différentiation et de l'individualisation depuis les batholithes jusqu'aux laccolithes, filons, filons-lits, nappes effusives etc., comme p. e. dans la région classique de Kristiania, qui fournit tant de précieux documents grâce aux études magistrales de M. Brögger.

B. La seconde question qui a pour moi un intérêt tout particulier est celle des „taxites". Il y a bien des auteurs qui retrouvent les types que j'ai décrits sous le nom de taxites et quelquefois se servent même de ce nom (voir les mémoires de Barrois. Bascom, Graeff, Nordenskjöld etc.) Pourtant l'importance de ce type n'a pas encore été suffisamment appréciée par tous les pétrographes, et même les grands ouvrages de Zirkel et Rosenbusch n'en tiennent pas compte. La question des taxites ou laves bisomatiques s'impose néanmoins; les Eutaxites de Fritsch et Reiss, la „Tuflava" d'Abich, les Pipernos, les types décrits par moi-même et retrouvés par d'autres parlent suffisamment en faveur des taxites, et depuis plusieurs années je divise dans mes leçons de pétrographie les roches éruptives protogènes ou massives en roches monosomatiques (intrusives et effusives) et en roches bisomatiques ou taxites.

Les taxites ne sont pas identiques aux „Schlieren" de M. Reyer: les Schlieren sont des diversités de composition ou de structure dues à une inhomogénéité primaire du magma; les taxites sont des roches à composition complexe causée par la différentiation du magma. C'est justement au point de vue de la différentiation que les taxites méritent un intérêt tout particulier, comme je tâche de le démontrer ailleurs; ils ne sont pas moins intéressants que les roches sphérolithiques avec lesquelles ils offrent certaines analogies de genèse. Je reviendrai ailleurs sur la question des taxites.

C. Une troisième question importante se rapporte aux roches effusives: c'est la question des éruptions par bouches volcaniques et en masses par fissures. Y a-t-il des différences entre les coulées de laves vomies par les volcans du type vésuvien et les nappes de laves qui se sont épanchées par des fissures? Cette distinction est-elle hypothétique, y a-t-il eu épanchement par fissures et dans ce dernier cas existe-t-il des différences de structure ou de composition dues à ces particularités de genèse? Les nappes volcaniques de l'Arménie sont intéressantes à étudier sous ce point de vue, ainsi que les eruptions en masse du Dekkan, de la Sibérie orientale etc.

D. Enfin une question magistrale c'est la genèse des anciens schistes cristallins. Le Congrès de Londres s'en est occupé sans trancher la question; il serait nécessaire de la reprendre à la lumière des nouveaux documents rassemblés depuis.

Nomenclature.

1. *Généralités.*

La pétrographie des roches éruptives est déjà suffisamment encombrée de noms plus ou moins difficiles à retenir. Le nombre de ces dénominations s'accroît avec une rapidité étonnante et de nature à suggérer la question, si réellement tous ces nouveaux noms sont indispensables. Au risque de blesser les auteurs de ces noms, j'ose affirmer qu'un grand nombre de ces noms n'est pas indispensable et que la nomenclature des roches éruptives exige une amélioration et une simplification.

Il serait inutile et injuste de nier qu'il y a des cas où un nouveau nom est le bienvenu; mais ces cas sont beaucoup moins nombreux que les nouveaux noms eux-mêmes. Un nouveau nom me semble justifié et même nécessaire dans les cas suivants:

1) Pour désigner un nouveau type de structure ou pour un groupe formée de plusieurs structures réunis à un certain point de vue en une unité de certaine valeur. Ainsi des noms tels que structure gloméroporphyrique, structure symplectique, structure taxitique etc. sont de nature à simplifier la nomenclature: ils substituent un seul nom à un nombre plus ou moins considérable de nouveaux noms qui ne manqueraient pas d'être créés pour telle ou telle roche à structure symplectique, taxitique etc., si ces dénominations de structures n'existaient pas.

2) Pour désigner une nouvelle famille ou un nouveau type de roche se distinguant essentiellement par sa composition chimique ou minéralogique des roches connues.

Je ne considère l'individualité chimique d'une roche comme bien établie que lorsque le coefficient d'acidité α, la formule générale, les relations $R^2O : RO$ ou $Na^2O : K^2O$ se distinguent des roches connues.

L'individualité au point de vue de la composition minéralogique n'est justifiée que lorsque la roche présente une nouvelle association de minéraux, se distingue des autres roches par un élément essentiel.

Par contre, il faut éviter la formation de nouvelles dénominations dans les cas suivants:

1) Chaque fois qu'on peut se passer d'un nouveau mot en combinant les noms préexistants de manière à former une nouvelle dénomination.

2) Quand il s'agit d'une variété qui ne se distingue des roches connues que par des particularités de peu d'importance, p. e. par un élément accessoire, une différence insignifiante de structure etc.

3) Quand le nouveau nom implique une hypothèse ou un ordre d'idées qui ne sont acceptées que par une seule école pétrographique et non par toutes. Ainsi p. e., on ne devrait point désigner par de nouveaux noms les roches filonnaires identiques par leur structure et leur composition avec certaines roches intrusives ou effusives connues, vu que l'individualité des roches filonnaires n'est pas admise par tous les pétrographes.

Je suis d'avis qu'en créant de nouvelles dénominations dans les cas susindiqués où il y a lieu de le faire, on devrait éviter autant que possible de recourir à des noms empruntés aux localités et difficiles à retenir par cela-même qu'ils ne rappellent rien de connu. Il est préférable d'utiliser les noms préexistants en leur ajoutant un adjectif, un préfixe, une terminaison, de manière à indiquer le groupe ou type le plus proche, le type parent, et en même temps la particularité distinctive. „Granite à oegyrine, albitophyre, porphyre sodique à leucite, leucogabbro, porphyrite à diallage, gabbrosyénite". etc.—tout çà ce sont des noms qui évoquent des rapprochements et qui sont de nature à nous aider à retenir le nouveau nom, tout en donnant une idée plus ou moins précise de la nouvelle roche. D'un autre côté: Beerbachite, Malchite, Estérellite, Lindöite, Taurite etc. sont des noms qui ne nous disent rien, sont difficiles à retenir et encombrent la mémoire.

Une question d'une haute importance pour la nomenclature se rapporte aux feldspaths. Grâce aux nouvelles méthodes de détermination et aux belles études de Fouqué, Michel-Lévy, Fedorow, Becke, nous sommes en état de déterminer avec précision les feldspaths des roches. On pourrait donc exiger, paraît-il, de tenir compte dans la nomenclature de la nature du feldspath. On aurait alors des diabases à anorthite, à labrador, à andésine, à oligoclase etc. Malheureusement dans la plupart des cas ce n'est pas un feldspath déterminé qui constitue l'élément principal de la roche, mais toute une série de feldspaths souvent très variés. Les distinctions de roches à labrador, andésine, oligoclase etc. ne sont donc pas toujours rigoureuses. Quant au caractère général de la masse de l'élément feldspathique d'une roche, il est toujours facile à définir et caractéristique: roche à feldspaths calcosodiques acides (de $Ab_x\ An_y$ à $Ab_z\ An_t$) ou basiques, à feldspats sodiques, potassiques ou sodopotassiques.

Toute somme faite, on arrive aux conclusions suivantes:

1) Un nouveau nom ne devrait être créé que dans un des cas précités, quand il est indispensable.

2) Ce nouveau nom ne devra être un nouveau mot emprunté à une localité, à un nom propre etc., que dans les cas où la formation de ce nouveau nom avec ceux qui existent déjà ne serait pas possible ou mènerait à des expressions trop compliquées.

3) Il faut éviter autant que possible d'employer des noms

ou des termes déjà usités en leur attribuant un nouveau sens ou une nouvelle portée.

4) Un nouveau nom ne devrait être donné à une roche que lorsque l'on en donne une description complète et surtout l'analyse chimique.

5) Dans les cas où il s'agit d'une structure, elle devra être figurée.

6) Le droit de priorité sera réglé non seulement par l'élément chronologique, mais surtout par les conditions formulées en 4 et 5.

2. *Nomenclature des éléments microscopiques des roches éruptives.*

La nomenclature des éléments microscopiques des roches éruptives pourrait être simplifiée et uniformisée très facilement. Je proposerais p. ex. la nomenclature suivante qui utilise autant que possible les noms déjà usités.

Je désignerais par Micrites tous les éléments microscopiques d'une roche, c. à d. tous les éléments qui ne sont visibles qu'à la loupe et au microscope, ceux qui entrent dans la composition de la pâte (Grundmasse) des roches porphyriques. Les micrites seraient subdivisés en:

I. Microcristaux—qui comprendraient tous les éléments microscopiques cristallisés.

II. Cristallites — comprenant toutes les formes naissantes, arborescentes, incomplètes, toutes les formes morphologiquement individualisées, mais qui ne sont point des cristaux:

III. Pâte amorphe (Basis).

Les microcristaux seraient subdivisés en:

1) Microlithes—micrites allongés dans une direction, à la façon des microlithes de feldspath.

2) Microplakites—micrites tabulaires, lamellaires.

3) Microspiculites — micrites en forme d'aiguilles ou fibreux.

4) Microckkites — micrites granuleux.

On pourrait joindre à ces quatres types les Microsomatites pour désigner, sans différence de forme, tous les micrites menus qui apparaissent dans les plaques minces à l'état de corps et non de sections; ce sont les microlithes de M. Cohen.

Pour les cristallites on pourrait se contenter des subdivisions sommaires de Vogelsang et Zirkel, ou bien leur substituer en cas de besoin la classification élaborée par M. Rutley.

3. *Morphologie des parties constituantes des roches.*

Grâce à Ms. Rohrbach, Rosenbusch, Milch, nous possédons déjà un certain nombre de dénominations pour les particularités morphologiques des parties constituantes des roches. Au point de vue de l'uniformité, il ne serait peut-être pas inutile de se servir des dénominations suivantes:

I. Formes protomorphes — celles qui sont contemporaines de la formation du minéral.

II. Formes deutéromorphes (ou tératomorphes)—secondaires, acquises par le minéral postérieurement à sa formation.

Le groupe I comprendrait:

1) Les minéraux automorphes (idiomorphes).

2) Les minéraux xénomorphes (allotriomorphes).

Le groupe II pourrait être divisé en:

1) F. lytomorphes — modifiées sedondairement par l'action de solutions aqueuses.

2) F. tectomorphes (ou corrodomorphes) — corrodées par voie de fusion.

3) F. clastomorphes ou clastiques qui se subdivisent en formes clastiques roulées et anguleuses.

4) F. schizomorphes ou cataclastiques — modifiées secondairement par actions mécaniques dans la roche même.

5) F. néomorphes — régénérées par voie aqueuse ou d'une autre manière, avec des zones d'accroissement secondaires.

4. *Structures porphyriques.*

Comme je l'ai indiqué plus haut, il n'est pas toujours facile de trouver un diagnostic et une caractéristique des structures porphyriques. La conception de M. Rosenbusch ne saurait être appliquée sans restreinte. Les roches porphyriques holocristallines, l'absence de cristaux porphyriques de formation intratellurique, enfin la circonstance que les cristaux porphyriques ne sont pas toujours d'origine intratellurique (voir les indications de Zirkel, Weed et Pirsson, Lawson et d'autres) présentent autant de difficultés à cette conception simplifiée. La caractéristique des structures porphyriques est plus complexe. Je laisserais le nom de „porphyriques" à toutes les roches éruptives dont la structure possède une ou plusieurs des particularités suivantes:

1) Présence d'une pâte amorphe.

2) Présence de microlithes.

3) Pâte cristalline à grain fin et cristaux porphyriques de plus grandes dimensions.

4) Structure holocristalline grenue aphanitique, visible seulement à la loupe et au microscope.

Cette caractéristique quelque peu complexe des structures porphyriques donne lieu de subdiviser toutes les roches porphyriques en plusieurs types, chacun susceptible d'un nombre plus ou moins considérable de subdivisions.

I. Roches microgranitiques, comprenant les microgranites, microdiorites, microdiabases etc.

II. Euporphyres et euporphyrites — toutes les roches

(holocristallines ou sémicristallines) avec un contraste marqué de pâte (Grundmasse) et de cristaux porphyriques (Einsprenglinge).

III. Spilites et aplites — roches porphyriques basiques ou acides sans cristaux porphyriques (Einsprenglinge).

IV. Microporphyres et microporphyrites—les cristaux porphyriques („Einsprenglinge") ne sont pas visibles à l'oeil nu.

V. Ovoïdophyres—roches euporphyriques avec de grands cristaux de première consolidation corrodés par voie de fusion en formes ovoïdales, sphéroïdales etc. (souvent avec des zones d'accroissement secondaires comme dans les rappakiwi); j'ai trouvé ce type dans des granitporphyres finlandais. Les ovoïdophyres à ovoïdes complexes peuvent être considérés comme un type de transition entre les euporphyres et les taxites.

5. *De la définition du mot „roche".*

La nomenclature et la classification des roches éruptives dépendent à un certain degré du sens et de la portée que l'on attribue à la dénomination de „roche". Les définitions usitées sont insuffisantes. On insiste souvent sur l'étendue plus ou moins considérable d'une association minérale, sur son existence en différents endroits de l'écorce terrestre, nécessaires pour lui mériter le nom de roche. A ce point de vue, certaines roches filonnaires ne mériteraient pas le nom de roche, pas plus que les variétés de roches qui n'ont été trouvées qu'une fois ou rarement. Je suis d'avis qu'il faut envisager la roche comme un corps naturel caractérisé par sa composition chimique et minéralogique, par sa structure, son mode de gisement; la fréquence et l'étendue de la roche, c'est-à-dire son rôle de corps géologique, ne doit pas être pris en considération. Il faut distinguer la roche (rock, Gestein) et la masse ou le corps de roche (rock-body, Gesteins-Körper); la première est une unité pétrographique — et chaque modification structurelle, chaque association minérale éruptive quelque peu différente des types connus, mérite le nom de roche; la seconde est une unité géologique; chaque corps ou masse de roche peut contenir plusieurs „roches“ dont chacune n'occupe qu'une étendue insignifiante et ne se retrouve pas ailleurs.

En terminant ces considérations incohérentes, émises à la hâte, je crois devoir insister sur l'utilité des méthodes graphiques et des formules. Je ne donne ici ni exemples, ni la critique des procédés, ni mes propres essais, et cela pour la même raison qui m'a retenu d'offrir ici une classification élaborée des roches éruptives: il y a encore trop de controverses, trop d'indécisions, trop de questions à résoudre pour arriver à un résultat satisfaisant. Et ce n'est que par le travail en commun, dans une commission internationale, que l'on pourrait réussir. Il faut des formules pour exprimer la composition chimique, et d'autres pour la composition minéralogique et la structure; ces dernières ne pourront être admises de tous que quand elles seront simples, faciles à lire et n'impliqueront pas de conceptions qui ne sont pas admises de toutes les écoles pétrographiques. Les représentations graphiques doivent servir à nous fixer sans ambiguïté sur les principaux traits de la composition chimique et sur les quantités relatives des éléments feldspathiques et ferromagnésiens de la roche. Quand chaque roche sera désignée par une lettre ou un complexe de lettres grecques, quand sa composition chimique et minéralogique, ainsi que sa structure, seront représentées par des formules et des procédés graphiques, la pétrographie aura sa langue internationale qui lui épargnera quantité de descriptions plus ou moins indispensables aujourd'hui. Je ne saurais trop insister sur l'importance de la composition chimique et sur l'utilité des formules et des procédés graphiques. Le Congrès ferait bien de s'en occuper.

ves.

Gro	$R^2O:RO$.	Subdivisions dans quelques familles.
	—	
A. I		
ques	1:5.6	
(Ma	1:4.1	
	1:3.6	
	1:4.6	
	—	
	1:1.5	Calcaires (Gabbro ordin.) Magnésiens (Hypersthénite, Norite).
	1:8.2	Alcalino-magnésiens (Shonkinite, Missourite).
	1:6.2	
B. R(		
(Mag	1:7.8	Alcalins (Leucitites, Néphélinites). Alcalinoterreux.
	1:3.6	
	1:4	
	1:3.9	
	1:1.1	
	1:1	
	3.2:1	
	4.5:1	
	1:2.8	Alcalins. Alcalinoterreux (= Téphrites).
	1:2.1	Alcalins { Potassiques. Sodiques.
C. R	1:2.2	
(M	1.5:1	Alcalinoterreux.
	1:1.4	Potassiques. Sodiques.
	1.1:1	Alcalins { Potassiques. Sodiques. Alcalinoterreux.
	1:2.8	
	1:2.4	
	1:1.2	
	1:1.5	
D. R		
(Ma	1:1.5	
	1.6:1	
	4.5:1	
	1.7:1	Alcalins { Potassiques. Sodiques. Alcalinoterreux.
	2.5:1	Potassiques. Sodiques (Kératophyres).
	6.4:1	Potassiques. Sodiques.

Essai d'une classification chimique des roches éruptives.

Groupes fondamentaux.	Sousgroupes.	Familles.	Formules.	Coefficient d'acidité (α).	R^2O:RO.	Subdivisions dans quelques familles.
A. Roches ultrabasiques ou Hypobasites. (Magma monosilicaté). $\alpha < 1.4$	I. Magma totalement ou presque entièrement exempt d'alumine (M. purement alcalinoterreux).	1. Péridotites	12.1 RO R^2O^3 8 SiO^2	1.17	—	
	II. Magmas plus ou moins riches en alumine (M. alcalin.).	2. Limbourgites. Augitites	2.2 RO R^2O^3 8 SiO^2	1.14	1:5.6	
		3. Camptonites	1.5 RO R^2O^3 2.8 SiO^2	1.25	1:4.1	
		4. Basaltes et basanites à néphéline; Néphélinites	2.5 RO R^2O^3 3.5 SiO^2	1.20	1:3.6	
		5. Basaltes et basanites à leucite	1.9 RO R^2O^3 3 SiO^2	1.21	1:4.6	
	III. Magmas pauvres ou dépourvus d'alumine.	6. Pyroxénites, amphibolites	29.6 RO R^2O^3 29.6 SiO^2	1.83	—	
B. Roches basiques ou Basites. (Magma monobisilicaté). $2.2 > \alpha > 1.4$	IV. Magmas alcalinoterreux.	7. Gabbros (Gruensteins)	3 RO R^2O^3 4.5 SiO^2	1.45	1:1.5	Calcaires (Gabbro ordin.) Magnésiens (Hypersthénite, Norite).
		8. Norites (Gruensteins)	2 RO R^2O^3 4.5 SiO^2	1.71	1:8.2	Alcalino-magnésiens (Shonkinite, Missourite).
		9. Diabases (Gruensteins)	2.5 RO R^2O^3 4.5 SiO^2	1.62	1:6.2	
		10. Basaltes	2.6 RO R^2O^3 4.6 SiO^2	1.63	1:7.8	Alcalins (Leucitites, Néphélinites). Alcalinoterreux.
		11. Mélaphyres	2.3 RO R^2O^3 5.1 SiO^2	1.9	1:3.6	
		12. Diorites	1.5 RO R^2O^3 4 SiO^2	1.77	1:4	
	V. Magmas intermédiaires.	13. Gabbro-syénites	3 RO R^2O^3 6 SiO^2	2.0	1:3.9	
		14. Tinguaïtes	2.1 RO R^2O^3 4.5 SiO^2	1.75	1:1.1	
		15. Trachytites	1.25 RO R^2O^3 3.8 SiO^2	1.79	1:1	
	VI. Magmas alcalins.	16. Elaeolithsyénites	1.1 RO R^2O^3 4 SiO^2	1.92	3.2:1	
		17. Phonolites	RO R^2O^3 4 SiO^2	2.0	4.5:1	
C. Roches neutres ou Mésites. (Magma bisilicaté). $2.5 > \alpha > 2$	VII. Magmas alcalinoterreux.	18. Andésites	1.7 RO R^2O^3 5.2 SiO^2	2.20	1:2.8	Alcalins. Alcalinoterreux (= Téphrites).
		19. Porphyrites	1.4 RO R^2O^3 5.4 SiO^2	2.4	1:2.1	
		20. Syénites	1.8 RO R^2O^3 5.6 SiO^2	2.34	1:2.2	Alcalins { Potassiques. Sodiques. } Alcalinoterreux.
	VIII. Magmas alcalins.	21. Téphrites	1.4 RO R^2O^3 4.8 SiO^2	2.2	1.5:1	
		22. Orthophyres	1.7 RO R^2O^3 5.3 SiO^2	2.21	1:1.4	Potassiques. Sodiques.
		23. Trachytes	1.25 RO R^2O^3 5.2 SiO^2	2.42	1.1:1	Alcalins { Potassiques. Sodiques. } Alcalinoterreux.
D. Roches acides ou Acidites. (Magma polysilicaté). $\alpha > 2.4$	IX. Magmas alcalinoterreux.	24. Trappes quartzifères	1.7 RO R^2O^3 5.8 SiO^2	2.40	1:2.8	
		25. Diorites quartzifères	1.5 RO R^2O^3 6.4 SiO^2	2.8	1:2.4	
	X. Magmas intermédiaires (ou de transition).	26. Porphyrites quartzifères	1.25 RO R^2O^3 6.33 SiO^2	3.0	1:1.2	
		27. Dacites	1.25 RO R^2O^3 6.33 SiO^2	3.02	1:1.5	
		28. Granites à plagioclase (= Adamellites)	1.25 RO R^2O^3 6.9 SiO^2	2.68	1:1.5	
	XI. Magmas alcalins.	29. Pantéllerites	1.8 RO R^2O^3 8.8 SiO^2	3.51	1.6:1	
		30. Nordmarkites	1.1 RO R^2O^3 5.6 SiO^2	3.36	4.6:1	
		31. Granites	RO R^2O^3 7.7 SiO^2	3.91	1.7:1	Alcalins { Potassiques. Sodiques. } Alcalinoterreux.
		32. Quarzporphyres	RO R^2O^3 9 SiO^2	4.55	2.5:1	Potassiques. Sodiques (Kératophyres).
		33. Liparites	RO R^2O^3 9 SiO^2	4.5	6.4:1	Potassiques. Sodiques.

V.

ÉTUDE DES SOLS DE LA RUSSIE

PAR

N. Sibirtzew,

prof. à l'Institut agronomique et forestier de Novaïa-Alexandria.

La surface plane de l'Europe orientale est formée en majeure partie de dépôts posttertiaires tendres ou friables: argiles sableuses morainiques, sables, loess, sédiments caspiens argilo-arénacés et salifères etc. Les tableaux de paysages montagneux—hauteurs s'étendant en chaînes constituées par des roches compactes, sédimentaires et massives, pentes rocheuses ou couvertes de rocailles, rochers, buttes, gorges creusées par des torrents impétueux—sont étrangers au 9/10 au moins de la Russie européenne et à une bonne moitié de la Russie asiatique. Les formations géologiques superficielles — ces produits meubles de la fracturation, du métamorphisme et du transfert mécanique des roches originaires — aujourd'hui entrecoupées d'un réseau de ravins et de lits de rivières, n'ont cessé, depuis l'époque de leur dépôt, de subir l'influence de la désagrégation et de la décomposition atmosphérique et hydrochimique et se sont depuis longtemps revêtus d'un manteau végétal, presque ininterrompu, de forêts et d'herbages. Les horizons superficiels désagrégés et fortement lessivés de ces formations ont comme emmagasiné l'humus, ce qui les fait distinguer encore davantage des roches-mères sous-jacentes.

Les sols de la Russie sont par excellence des sols de genèse végétale, plus ou moins pulvérulents, à humus fin; c'est là leur trait essentiel. Néanmoins ce serait une erreur d'avancer que tous les sols des plaines de la Russie soient de la même nature. Il serait bien difficile, au contraire, de trouver un autre pays formant un tout compact aussi immense que celui de la Russie, où les sols se divisent en un plus grand nombre de types naturels, différents les uns des autres. Qu'il nous suffise de citer ici le loess du Turkestan, le tchernozom, les salants, les sols des forêts septentrionales, les marais, les „podzols" et les terres des toundras arctiques, pour que l'on se convainque de la diversité et de la variété des panoramas qu'offre le territoire de l'Empire. La distinction entre les différents sols naturels de la Russie se fait d'autant mieux remarquer que l'on y rencontre encore d'immenses espaces restés jusqu'ici sans culture (forêts, steppes peu peuplées etc.). L'agriculture en Russie peut, en général, être considérée comme extensive, subordonnant moins les conditions du sol et du climat, qu'elle n'y est elle-même soumise. Les sols de la Russie nous apparaissent comme des sols mi-sauvages dont les qualités naturelles—qualités données par la nature même—dominent absolument celles qu'ils reçoivent de la culture.

Toutes ces circonstances réunies ont porté les géologues et les agronomes russes à étudier tout particulièrement les sols naturels. La pédologie russe qui a attiré à son étude, dans ces 20 ou 30 dernières années, beaucoup de travailleurs infatigables et énergiques, parmi lesquels nous devons nommer le professeur B. Dokoutchaïew (géologue) et P. Kostytchew (agronome), s'est basée sur ce point de vue que le sol est un corps naturel occupant une place indépendante dans la série des formations de la surface de l'écorce terrestre.

Qu'est-ce donc en réalité que le sol naturel?

D'après la définition qu'en a donné le prof. Dokoutchaïew, sous la dénomination de „sol" il faut entendre les horizons superficiels des roches, plus ou moins altérés sous l'influence simultanée de l'eau, de l'air et de différents organismes, tant morts que vivants. Autrement dit: le sol n'est autre chose que l'horizon superficiel des roches dans lequel les influences et les phénomènes ectodynamiques (désagrégation, déplacement des éléments) se joignent aux influences et phénomènes biologiques ou à ceux provenant des éléments de la biosphère (plantes, animaux, micro-organismes). La désagrégation qui s'est opérée indépendamment de l'action des organismes réunis sur les roches, a donné des produits qui méritent également le nom de roches et dont l'étude rentre dans la pétrographie; ces produits remplacent les sols et peuvent être convertis, à l'aide de la culture et du fumage, en sols artificiels, mais ils doivent être soigneusement distingués des sols dits naturels. D'ailleurs la non-participation d'organismes à la désagrégation superficielle des roches est un cas non seulement peu ordinaire, mais même assez rare. Personne n'ignore que les organismes, tels que les bactères nitrifiants, les lichens, les plantes alpines etc., jouent un rôle important même dans les stades primordiaux de l'altération des roches massives et sédimentaires. D'un autre côté, il faut bien se garder de confondre les sols naturels avec les dépôts mécaniques formés d'organismes morts ou de leurs excrétions (couches de tourbe, de guano etc.) et appartenant au groupe des roches organogènes.

Comme formation géo-biologique, superficielle, de terre ferme, le sol se distingue de la roche-mère dont il provient par sa composition, la complexité des facteurs dynamiques qui l'ont produit, et par les particularités morphologiques extérieures. La variété des sols naturels dépend tout à la fois:

a) du type pétrographique de la roche-mère;

b) des divers caractères et de la puissance des agents désagrégeants, d'accord avec les conditions climatériques locales;

c) de la quantité et de la qualité de l'ensemble des organismes qui contribuent à la formation du sol et lui abandonnent leurs restes;

d) du caractère des changements que subissent ces restes dans le sol, changements qui dépendent également des conditions climatériques locales et des propriétés physico-chimiques du milieu dans lequel s'opèrent ces transformations;

e) du déplacement local des éléments du sol, à moins que ces déplacements n'annulent les qualités primitives du sol, son caractère géo-biologique, et ne l'arrachent par là aux liens qui le rattachent à la roche-mère [1]);

f) de la durée de l'influence des agents contribuant à la formation du sol.

Toutes ces conditions, on pourrait les appeler les moments génétiques ou les facteurs de la naissance et de la vie des sols. Chacun des types des sols naturels répond à une certaine combinaison déterminée de ses agents de formation. Les roches-mères, les organismes (avec leurs transformations ultérieures) et les conditions physico-géographiques du pays: le climat (humidité, température) qui occupe la première place, l'histoire géographique moderne de la localité donnée et son relief—voilà les principaux agents de la formation des sols. La corrélation entre ces différents facteurs—ayant tous, ou seulement quelques-uns d'entre eux, une certaine liaison ou parallélisme—peut prendre des formes diverses. Ainsi, par exemple, il va sans dire que la composition et la

[1]) En cas contraire le sol se transforme en alluvion, déluvium etc., ou, en général, en dépôt mécanique de formation secondaire.

corrélation des anciennes roches sédimentaires et cristallines ne dépendent pas par elles-mêmes des conditions du pays — fût-ce même des conditions climatériques — auxquelles est soumise la formation des sols actuels. Toutefois la désagrégation de ces roches et, en général, toutes les transformations physico-chimiques se produisant dans la matière du sol, sont en liaison avec les influences du climat. Un climat chaud et humide produit des latérites comme roches d'éluvion, et le même climat chaud et humide régit les facteurs biologiques de la formation des terres latéritiques Le loess atmosphérique et les roches pulvérulentes qui lui ressemblent, sont propres aux régions continentales à climat sec; il en est de même des sols provenant de ces roches: elles sont aussi soumises à l'influence d'un climat sec et se forment également grâce à la participation des dépôts poussiéreux pellitiques. A ce point de vue la nature d'un type de sol donné présente en certaine mesure l'action du climat comme dépendant des conditions géologiques dans lesquelles il fonctionne. Les organismes—sans parler des produits de décomposition de leurs parties mortes—sont également en liaison, dans leur composition et leur répartition, avec les conditions générales physico-géographiques et géologiques de tel ou tel terrain; les sols eux-mêmes, comme corps, influent finalement sur le développement, la vitalité et la décomposition des organismes après leur mort. D'un autre côté, par exemple, la nature du manteau végétal (forêts, prairies etc.), joue dans la formation du sol un rôle non seulement direct, mais aussi intermédiaire, comme facteur physico-géographique, comme élément du type physico-géographique du pays. L'importance du relief s'apprécie principalement par ce fait que la plastique de la surface reproduit, pour ainsi dire, la somme variable, mais cependant déterminée, des agents ectodynamiques, renforçant les uns, affaiblissant les autres (découlement de l'eau des talus, son accumulation dans les cuvettes et les bas-fonds, échauffement divers des pentes etc.) Et enfin, la durée relative de la formation du sol—comme par exemple à partir de l'époque où le terrain s'est dégagé de son manteau glacial ou du bassin des eaux; les changements successifs qui se sont produits dans le climat; l'empiètement des forêts sur les prairies. l'envahissement des marais, le dessèchement etc.—ont dû influer de leur côté sur la nature antérieure et actuelle des sols. La connaissance des lois et des normes de ces diverses influences nous donne la possibilité de trouver dans l'étude du sol des matériaux pour en tirer des conclusions inverses, pour reconstituer le passé récent du pays et pour en esquisser l'histoire physico-géographique moderne.

Dans la caractéristique des sols naturels doivent entrer les parties suivantes:

1) Conditions et facteurs de la formation du type de sol donné (matériels et dynamiques).
2) Qualités morphologiques du sol: sa puissance, sa constitution [1], sa structure, le caractère de son passage à la roche-mère etc.
3) Propriétés physiques, chimiques et chimico-biologiques.
4) Modifications dans l'intérieur du type.
5) Extension géographique et topographique.

---

[1]) La coupe verticale du sol permet toujours d'y distinguer 2 ou 3 horizons et même davantage; la description détaillée en a été faite dans les ouvrages pédologiques de la Russie. Parmi ces horizons les plus remarquables sont:

A. L'horizon supérieur, de la teinte la plus uniforme et forte, et le plus chargé d'humus.

B. L'horizon inférieur, se distinguant du supérieur par sa structure et sa couleur, et se confondant insensiblement avec le sous-sol.

C. Le sous-sol ou la roche-mère conservant ses traits pétrographiques primitifs.

L'ensemble des horizons A et B constitue ce que l'on appelle la puissance du sol. Dans ces horizons on distingue parfois des sous-horizons *A'*, *A''*, B', B'' etc. se diversifiant par leur composition, leur structure et leur couleur (terres salantes, „terres de forêt" etc.)

La claccification naturelle des sols peut être basée sur le principe génétique, si l'on prend en considération leur mode de formation et les combinaisons homogènes des agents producteurs tels que le climat, les roches-mères, la totalité de la vie organique, le relief du pays etc. Comme on le voit, la seule désagrégation des roches, une fois qu'elle s'opère dans des conditions physico-géographiques semblables, peut, à un certain point, effacer la différence qui existe entre ces roches et donner des produits de terre fine d'éluvion plus rapprochés les uns des autres que ne le sont les roches primitives; cette ressemblance doit encore plus se manifester, lorsque les agents biologiques agissent dans le même sens et selon des normes identiques. Nous pouvons par conséquent établir l'ensemble des conditions naturelles donnant comme résultat, supposons-le, des sols du groupe du tchernozom. Un trait caractéristique de ces sols, c'est l'accumulation particulière—tant quantitative que qualitative—d'humus sous les planes steppes herbeuses et les prairies dans les climats tempérés. Partout, les conditions étant les mêmes, nous voyons se produire des sols du type tchernozom. On connaît également certaines conditions climatériques qui favorisent le phénomène de la désagrégation atmosphéro-éolienne et de la transformation en poussière des roches; là où ces conditions se rencontrent, on obtient des sols éoliens, poussiéreux. Les sols de ces groupes répondent, dans les principaux traits de leur nature, au type physico-géographique de la région continentale donnée, c'est-à-dire à celui de la zone. Dans les zones: chaude et humide,—continentale sèche,—steppe à climat tempéré,—forestière etc., différents sols doivent se développer, mais dans chacune de ces zones les sols forment des groupes bien homogènes se ressemblant plus ou moins selon que la partie de terre fine et d'humus reflète l'influence d'une combinaison déterminée et constante des facteurs géo physiques.

C'est ainsi que se détermine la I-re classe des sols zonaux. Les phénomènes généraux ectodynamiques et les phénomènes spéciaux biologiques qui participent à leur formation, s'établissent d'accord avec les types physico-géographiques des zones continentales. Tels sont les types des sols que nous allons citér [1]):

1) Sols latéritiques. Ce sont les sols des pays tropiques ou sous-tropiques à climat chaud et humide.
2) Sols atmosphéro-poussiéreux. Ils se forment de roches pellitiques dans des régions centrales et fermées, à climat très sec, des différents continents.
3) Sols des steppes sèches (à absinthe, cactus etc.) ou des steppes-déserts. Formés, comme ils sont, de roches-mères argileuses, sous-argileuses et sous-arénacées, ils sont d'une couleur gris châtain et roussâtre.
4) Tchernozoms. Ces sols se rencontrent en liaison avec les steppes herbeuses et les prairies des pays à climat tempéré ou chaud tempéré. Ils se forment surtout de roches loessiformes, sous-argileuses et marneuses.
5) Sols des zones de steppes silvestres et des forêts à feuilles caduques (sols gris). Ils ressemblent aux sols à tchernozom, mais ils s'en distinguent par les conditions de leur genèse, par les qualités morphologiques et autres.
6) Les sols gazonneux et podzols sont propres aux zones à froid tempéré. Ils sont typiquement développés sous les forêts mélangées, tant conifères qu'aux feuilles caduques, les bruyères etc. et sont ordinairement accompagnés d'ortstein (alios).

[1]) Nous ne donnons ici que les types les plus connus, en profitant du résultat des études faites sur les sols naturels de la Russie, de l'Europe occidentale, de quelques régions de l'Asie centrale et méridionale, de l'Amérique et, en partie, de l'Australie et de l'Afrique.

7) Sols des toundras. Ils se forment des argiles et des sables argileux de la toundra, dans les climats froids aux hivers d'une longue durée. Ils ont en propre d'être pour ainsi dire éternellement gelés.

Sur la surface des continents, ces groupes de sols (la caractéristique détaillée en sera donnée plus bas) présentent, en schème idéal, une répartition en zones ou bandes. Les sols latéritiques correspondant à la zone, interrompue et découpée par des mers, des territoires continentaux tropiques et sous—tropiques, occupent la position équatoriale. Derrière eux, vers le nord et vers le sud, viennent, dans l'ordre que nous venons d'énumérer, les territoires occupés par les autres types. Dans la zone des plateux continentaux et des plaines fermées ou à demi fermées de l'hémisphère septentrional— dans les parties centrales et au sud-ouest de l'Asie (Chine, Perse, Arabie, Turkestan), dans la région Caspienne, dans l'Afrique du nord, dans les Etats occidentaux et sud-occidentaux de l'Amérique du Nord—s'étendent les sols atmosphéro-poussiéreux et ceux des steppes-déserts. Dans l'hémisphère méridional y correspondent les sols de l'Australie centrale, les parties fermées de l'Afrique du sud (pays des Hottentots et des Betchouins, région au sud des sources du Zambèze) et de l'Argentine centrale. Dans les plaines herbeuses ouvertes, comme celles de la Hongrie, de la Russie et de la Sibérie, dans les prairies de l'Amérique de l'hémisphère septentrional, dans les provinces orientales de l'Argentine (Entrerios, Buenos-Ayres) dans l'hémisphère méridional, — s'étendent les sols du groupe de tchernozom. En Europe, en Asie et dans l'Amérique du Nord, entre les tchernozoms et les toundras, s'étendent les sols des 5-me et 6-me groupes. Dans l'hémisphère du sud pareille plénitude de sols n'existe pas, grâce à la configuration différente des continents méridionaux. Répétons encore que la division en zones des types énumérés plus haut n'est qu'un schème idéal, un tableau général des sols qu'offre la face de la terre, se rapportant par excellence aux territoires plats et demi-plats. En réalité aucun de ces types de terrain n'embrasse la surface continentale du globe en bande continue. Ils s'allongent tous en rubans et en taches, s'étalant tantôt sur une largeur immense, tantôt se rétrécissant, tantôt s'entremêlant à leurs limites, tantôt enfin formant des îles plus ou moins éloignées des zones principales. La plénitude et la rigoureuse succession géographique de ces dernières est souvent violée par l'intervention de différentes particularités locales orographiques, géologiques et climatériques, qui viennent empêcher le développement de certains sols ou en reculer et entremêler les surfaces territoriales [1]).

Les types à répartition zonale ou rubanée sont cependant loin d'épuiser toute la variété des types de sols naturels. Comme nous l'avons dit plus haut, parmi les facteurs contribuant à la formation du sol il y en a qui s'individualisent en se diversifiant des autres agents. Ainsi par exemple, la composition propre à la roche-mère peut garder son influence sur le sol et lui communiquer des traits spéciaux qui ne sont pas conformes au type dominant de la zone; pareil effet peut avoir la saturation locale des sols par l'humidité, saturation conditionnée par exemple par la configuration du terrain, c'est-à-dire par la disposition des sols dans les bas-fonds et les vallées etc. Les sols de cette II-me classe pourraient être

[1]) En Russie, par exemple, les sols des steppes-déserts s'étendent au sud et sud-est du tchernozom et, dans l'Amérique septentrionale, à l'ouest et au sud-ouest (conformément à l'élévation de la sécheresse du climat).

Il ne sera pas hors de propos d'ajouter ici que, outre les zones horizontales, on en observe des verticales sur les versants des montagnes et les plateaux.

appelés intrazonaux ou mi-zonaux. Ils sont dispersés entre les zones principales en îles ou lambeaux et présentent avant tout, mais pas toujours, les qualités de quelques-unes de ces zones. Leurs types déterminants se rencontrent le plus souvent dans les zones dont les conditions générales favorisent le plus ou empêchent le moins la conservation de la valeur indépendante des divers facteurs de formation.

Il existe indubitablement un assez grand nombre de ces types intrazonaux. Nous en citerons comme exemples les suivants:

1) Terres salantes ou les salants. Ils se forment lorsque la roche-mère contient du sel et que le drainage y est faible. Comme la teneur en sel peut dépendre de causes purement géologiques n'ayant aucun rapport direct avec les autres facteurs de la formation du sol, on ne remarque, généralement parlant, aucune zonalité régulière dans la répartition des terres salifères. Tout ce que l'on peut dire, c'est qu'elles appartiennent le plus souvent aux régions sèches de l'Europe, de l'Asie, de l'Amérique, de l'Afrique et de l'Australie, c'est-à-dire anx zones 2 et 3 et, partiellement, à la 4-me zone.

2) Sols calcarifères à humus. Ils se forment de roches carbonatées (calcaires, craie etc.) et peuvent accumuler une grande quantité d'humus par suite de la lente décomposition des restes organiques dans un milieu faiblement alcalin et du lessivage de $CaCO_3$ et $MgCO_3$.

3) Terres marécageuses. Sous ce nom nous comprenons les sols se formant grâce à la stagnation des eaux (saturation du sol par l'humidité) sous un manteau herbeux. Epars sur la surface des continents, dépendant du relief et de causes hydro-géologiques, ces terrains sont surtout propres aux zones tempérées et froides, en se trouvant cependant aussi dans la zone torride. Ils se forment:

a) dans un milieu d'eau douce (prairies acides, marécages des bas-fonds);

b) dans des régions sujettes aux inondations par la mer ou par des eaux mélangées (marais marins, marais dans les confins des deltas etc.). Les différents degrés dans la formation des marécages, la diversité des organismes, le caractère du milieu aqueux, le dessèchement de la cuvette marécageuse dû à telle ou telle autre raison, donnent aux sols de ce type une grande variété.

Enfin, nous connaissons encore beaucoup de sols naturels, dans lesquels le terreau peut être presque annihilé par une roche-mère inaltérable (lors de sa formation in situ), ou qui se forment par un procédé mixte:

a) par le dépôt mécanique des éléments, tant minéraux qu'organiques (alluvions);

b) par l'action périodique sur le dépôt alluvional des facteurs spéciaux formant les sols à humus.

Les terres de cette nature occupent, pour ainsi dire, le milieu entre les sols proprement dits et les roches, tantôt se confondant avec ceux-là, tantôt se rapprochant de celles-ci. Elles forment la III classe de sols, auxquels nous donnerons le nom d'incomplets ou d'azonaux. Ils se rencontrent partout. Lorsqu'ils se forment in situ, hors des dépressions et des vallées alluviales, ils se divisent en deux grands groupes:

A. Sols grossiers.

B. Sols squelettes.

Nous appelons sols grossiers ou sols crus (Rohbodenarten) ceux, dans lesquels se trouve une quantité considérable d'éléments argileux ou vaseux et dans lesquels se montre faiblement et peu clairement l'horizon à humus végétal. Chaque sol à humus devient „grossier“ vers le bas, mais ici le sol reste entièrement ou presque entièrement grossier.

Le nom de sols-squelettes désigne les sols ou prédominent entièrement les éléments granulo-sableux, caillouteux, rocailleux, en général les éléments squelettes mécaniques qui prennent la place des éléments vaseux et de l'humus [1]).

Les conditions concourant à la formation des sols grossiers et des sols-squelettes sont les suivantes:

1) L'immuabilité ou l'altériation difficile de la roche-mère ou des parties rocheuses qu'elle renferme (sables, galets, rocailles, roches sédimentaires compactes etc.).

2) L'entraînement de l'horizon à humus par les eaux de neige et de pluie (sols grossiers sur les collines et les pentes).

3) La courte durée de la formation du sol (sols peu développés sur les affleurements relativement récents des roches).

4) L'obstacle opposé à la formation du sol par des influences défavorables du climat (les décombres des déserts, sols grossiers des régions arctiques etc.).

Le trait fondamental des sols alluviaux consiste en ce que ces sols se forment à l'aide du transport mécanique des élements dans des bassins aquatiques changeant de place. Tels sont, par exemple, les sols des vallées fluviales. Il faut se garder de confondre les alluvions proprement dites avec les sols alluviaux: les premières sont des dépôts purement mécaniques d'une puissance très variable; leur formation est géologique; le sol alluvial n'est qu'un horizon de ce dépôt, qui a subi l'action des agents dynamiques généraux de la désagrégation et l'influence des divers organismes.

En résumé nous pouvons établir les classes et types génétiques suivants:

---

[1]) Les terres de nombreuses localités de l'Europe occidentale (Allemagne méridionale et centrale, Autriche, Suisse, France, Norvège etc.), appartiennent par excellence aux sols grossiers et aux sols-squelettes.

Classe I. Sols zonaux, complets.

Types: 1) Sols latéritiques.
2) Sols atmosphéro-poussiéreux, éoliens.
3) Sols des steppes-déserts ou des steppes sèches.
4) Tchernozoms (terres noires).
5) Sols des steppes silvestres et sols gris forestiers.
6) Sols gazonneux et podzols.
7) Sols de toundras.

Classe II. Sols intrazonaux.

Types: 1) Sols salants (les salants).
2) Sols calcarifères à humus.
3) Sols marécageux—
etc.

Classe III. Sols incomplets ou azonaux.

Sous-classe. Sols formés in situ:
A) Sols grossiers de différents types.
B) Sols-squelettes "
Sous-classe: Sols alluviaux (de types divers).

Dans la nature, tout comme dans les systèmes des autres corps et phénomènes, il existe parmi les sols des divers groupes génétiques une transition plus ou moins complète. Les passages entre les différents types s'établissent: 1) par le fait que les facteurs de formation des sols (comme par exemple les conditions climatériques) ne changent pas brusquement, mais plus ou moins graduellement et peuvent donner par là des résultats intermédiaires ou moyens; 2) l'existence des types de transition peut être conditionnée par les changements qui s'opèrent dans les sols eux-mêmes dans le cours de leur formation ou de leur vie. Les sols peuvent traverser différentes phases et formes de développement, conformément aux influences extérieures qui agissent sur eux. Ainsi, par exemple, certaines terres salantes, en perdant peu à peu de leur sel par le lessivage, se changent en sols de steppe sèche et même en tchernozom; les sols alluviaux, sortis de la sphère des débordements de rivière, se rapprochent des types zonaux locaux. Si une localité, pour une raison quelconque, perd le drainage, les sols peuvent se transformer en marais, et vice-versa, les sols marécageux, par le desséchement et le drainage, perdent leurs propriétés caractéristiques et se rapprochent également des autres types locaux. Lorsqu'il y a empiètement des forêts sur la steppe ou la prairie durant la période de formation du tchernozom, ces forêts modifient la structure et la composition du sol dans le sens des sols des steppes silvestres et des terrains forestiers etc.

Les types génétiques des sols forment de grands groupes renfermant en eux de nombreux sous-types et espèces, des séries génétiques de sols tout entières. On peut en faire la classification détaillée en la basant sur deux catégories de faits:

a) sur le degré ou la force, et sur les oscillations des agents dynamiques qui communiquent au sol les traits fondamentaux d'un type génétique donné. Ainsi, par exemple, il existe des conditions concourant à la formation des sols à tchernozom; mais ces conditions peuvent varier, peuvent s'éloigner de la moyenne et, à la suite de ces oscillations, une seule et même roche-mère peut produire des tchernozoms dissemblables, différant entre eux par la teneur en humus et ses qualités.

b) sur des changements dans la **composition** et la **structure** des sols en liaison avec la composition et la structure des roches-mères. Les subdivisions de cette catégorie renferment:

1) les facteurs des propriétés physiques des terres, c'est-à-dire ses parties aréno-squelettes et finement terreuses (argileuses dans le sens physique) et les corrélations entre elles;
2) les particularités chimiques et chimico-pétrographiques.

Le tchernozom, par exemple, peut être argileux, sablo-argileux et argilo-sableux, marneux, phosphatique etc.

C'est là, au fond, le principe généralement accepté de la classification des sols, élaboré d'une manière plus ou moins détaillée et plus ou moins de suite par un grand nombre de savants, comme **Falloux, Mayer, Schübler, Dettmer, Knop, Delesse, Orth, Senft, Fesca, Wollny, Kostytchew** et autres.

Sans descendre dans les détails, nous nous bornerons à dire ici que nous regardons comme plus **générales** les subdivisions basées sur la teneur **quantitative** dans le sol de **squelette et de terre fine**, et sur le caractère **partial** de leurs éléments constituants. Après ces divisions ou même **en elles** doivent venir les subdivisions **chimico-pétrographiques**, en considérant:

a) les matières siliceuses de terre fine (riche en zéolithes, terre kaolinique, quartzeuse etc.);

b) les oxydes et les sels, ne contenant point de SiO_2, tels que les carbonates de *Ca* et de *Mg*, les oxydes de *Fe*, les phosphates, les sulfates et les sels se dissolvant facilement dans l'eau;

c) la composition pétrographique du sol-squelette, là où elle a une importance réelle.

La classification des sols de la Russie est représentée, à titre d'essai, sur le tableau ci-joint. Les colonnes verticales comprennent les types et sous-types génétiques des sols avec indication de leur teneur en humus et de sa qualité (solubilité). Les rangées horizontales indiquent les principales subdivisions physico- et chimico-pétrographiques des mêmes types et sous-types avec la dénomination des roches-mères correspondantes ou des sous-sols. On obtient ainsi un tableau quadrillé, où chaque sol trouve sa place. Nous avons surtout porté notre attention sur les types zonaux et intrazonaux, comme étant ceux qui se présentent le plus fréquemment en Russie, tandis que les types grossiers et les types-squelettes n'ont été mentionnés, pour ainsi dire, qu'en passant.

Esquisse sommaire des principaux types de sols de la Russie.

A. Sols zonaux.

1) *Sols latéritiques.*

En Russie, pays au climat modéré et froid, les sols latéritiques typiques sont inconnus. Quelques terres rougeâtres — produit de la désagrégation des roches-mères locales — que l'on trouve en certains endroits du Transcaucase, s'en rapprochent peut-être [1]).

[1]) Les sols à terre fine des pays tropicaux et sous-tropicaux se forment de diverses variétés de latérite avec la participation de la riche végétation de ces contrées et de la faune du sol (p. ex. des vers). Les conditions les plus propices de température et d'humidité y favorisent l'énergique action vitale des bactéries, la décomposition rapide des restes organiques, la nitrification etc. Les sols y prennent une teinte orange, rougeâtre et chocolat. La teneur en humus est de 1 à 8—9% et même parfois, dit-on, davantage. Les régions équatoriales de l'Afrique, de l'Asie méridionale et sud-orientale, de l'Amérique tropicale et les îles des latitudes correspondantes offrent un vaste champ à l'étude de ces sols. A ces régions se rapportent, entre autres, quelques espèces du regoor indien; nous disons quelques-

2) *Sols atmosphéro-poussiéreux ou éoliens.*

Le principal représentant des sols de ce type en Russie, c'est le sol loessique du Turkestan et du territoire transcaspien. Le climat se distingue ici par son extrême sécheresse. Les pluies tombent au commencement du printemps et de l'automne, mais en été il n'en tombe presque pas. La chaleur s'y élève jusqu'à 50° C. et même plus haut. L'atmosphère se remplit souvent d'un brouillard jaunâtre poussièreux se déposant peu à peu sous forme de loess. La végétation y est presque exclusivement herbeuse, se dessèche rapidement et est bientôt recouverte de la même poussière. De cette manière l'accroissement de l'horizon à humus s'y produit avec la participation de dépôts atmosphériques. Les sols loessigènes alternent dans ces pays sans pluie et sans cours d'eau avec des déserts sableux et salifères, ou sont parfois entourés de hauteurs au pied desquelles s'accumulent des galets.

La couleur du sol loessigène, jaunâtre, orange clair ou jaune paille („Kvang-toú" des Sartes = terre jaune) passe au gris clair avec l'accumulation de matières organiques. La teneur maximale de ces derniers éléments ne dépasse pas, du moins autant qu'on peut l'assurer, 2 à 3°/₀; ordinairement la quantité d'humus varie entre 1°/₀ et moins. L'horizon à humus passe graduellement au sous-sol — loess atmosphérique criblé de pores tubuleuses, vestiges d'anciennes racines. Plus de la moitié des éléments mécaniques sont d'un diamètre qui

---

uns, car les termes de regoor, regada, black cotton soil ont indubitablement une signification mixte. Ces termes désignent tant les sols latéritiques de couleur plus ou moins foncée gisant in situ, que partiellement les sols d'origine alluviale, marécageuse, ou ceux des limans.

Au nombre des savants russes qui ont voyagé dans les contrées équatoriales, les sols latéritiques ont particulièrement intéressé le professeur A. Woéïkow et A. Krasnow.

ne dépasse pas la grandeur de 0,01 à 0,05 mm. La composition chimique de la partie minérale de l'horizon cultivé se rapproche beaucoup de la composition de la roche-mère. Ainsi dans le sol loessigène grisâtre des environs de Tachkent on a trouvé: sable fin — 65%, Al_2O_3 — 10%, $CaCO_3$ — de 7 à 15%, K_2O — 2,8%, P_2O_5 — 0,28%, Fe_2O_3 — 3,6%; la teneur de la partie à zéolithes [1]) est de 15 à 20% et même davantage. En général, la composition du sol est favorable, mais l'absence d'humidité dans l'atmosphère oblige à recourir à l'irrigation artificielle. Dans le Turkestan on se sert dans ce but de canaux ou de rigoles, dits „aryk". amenant l'eau des rivières et des ruisseaux (Amou, Mourgab, Oche etc.) sur les vastes terrains loessiques de districts entiers ou de oasis. Chaque cours d'eau sortant des montagnes sur la plaine loessique est aussitôt captivé par un réseau compliqué d'„aryk" et de petits canaux, à l'usage desquels les indigènes sont depuis longtemps habitués. Dans le Turkestan on rencontre au reste des champs non irrigués (surtout dans le voisinage des montagnes, où il y a plus d'humidité); ces champs, pour les distinguer des terrains irrigués, sont appelés „obi".

A la zone des sols éoliens de l'hémisphère septentrional appartient, outre le bassin aralo-caspien, une grande partie de l'Asie centrale et même plus loin, c'est-à-dire les régions loessiques de la Chine, du nord-ouest des Indes, de l'Iran et de l'Arabie; la même zone s'étend dans une partie de l'Afrique septentrionale. L'action de la poussière sur la formation des sols s'observe surtout dans les contrées les plus sèches de l'Amérique du nord.

---

[1]) Par le nom „partie à zéolithes" nous comprenons ici la somme des matières minérales pouvant se dissoudre, dans l'espace de 10 heures, dans une solution 10% de HCl, chauffée à 100° (les carbonates exceptés).

Sur les continents de l'hémisphère sud, comme représentant des sols éoliens peut être considérée la terre rouge soulevée et déposée par les vents dans l'Afrique méridionale, le pays des Hottentots et des Betchouans (Karoo).

Il va sans dire que les territoires centraux et fermés des continents ne sont pas couverts partout d'une manière ininterrompue de sols atmosphériques à éléments fins.

Les mêmes conditions physico-géographiques contribuent à la formation des sols-squelettes (sols rocailleux, sables meubles) et des terres salantes (intrazonales).

3) *Sols de steppes sèches ou de steppes-déserts.*

Entre les territoires des sols éoliens et la large bande du tchernozom s'étendent, dans la Russie d'Europe et la Russie d'Asie, des terres particulières, appelées par le prof. Dokoutchaïew: brunes et châtaines; ces dernières, s'approchant du tchernozom, se confondent peu à peu avec lui. La bande de ces terrains — terrains des steppes sèches—occupent dans la Russie européenne un vaste espace entre le fleuve Oural et la Volga inférieure (non compris les bandes des sables meubles) et aussi entre la Volga inférieure et la Manytch, s'étendant en outre dans la partie à steppes de la Crimée et sur les confins de la mer Noire. Dans la Russie asiatique se rapportent ici des parties des régions de l'Ouralsk, de Tourgaïsk, d'Akmolinsk et de Sémipalatinsk.

Le volume moyen annuel des pluies varie dans cette zone entre 30 et 40 ctm., dont plus du tiers retombe sur les trois mois chauds de l'été, soumis à une grande évaporation. Les chaleurs de l'été, accompagnés de vents brûlants, sont suivis d'hivers assez froids, pendant que dans la steppe se promènent des chasses-neige. Les sols restent longtemps secs; la pénétration de l'humidité dans les profondeurs, le lessivage et la désagrégation hydro-chimique s'opèrent lentement. La végétation qui se développe est surtout xérophylle, composée d'herbes propres à supporter la chaleur, croissant en brousailles séparées par de fréquents intervalles [1]. Brûlées par un soleil ardent, ces herbes se transforment en restes secs et tombent en parcelles, chassées et dispersées par le vent sur la steppe.

Les roches-mères dominantes sont des argiles brunâtres, gris verdâtre et rougeâtre posttertiaires (caspiennes, de la Sibérie occidentale etc.), tantôt compactes, tantôt marneuses, avec gypse et sels solubles; on rencontre aussi des roches-squelettes, caillouteuses ou rocailleuses.

D'après le degré de la désagrégation et de l'accumulation de l'humus, les sols des steppes sèches se divisent en deux sous-types:

a) sols d'un brun clair ou d'un gris brun occupant la partie moins humide et plus déserte (sud) de la zone;

b) sols de couleur châtaine, plus au nord, dans le voisinage du tchernozom.

Si du territoire du tchernozom transvolgien du gouvernement de Samara nous nous rendons dans les districts méridionaux de ce gouvernement et dans les steppes des Kirghiz et des Kalmouks, nous rencontrerons d'abord le tchernozom en îles sur les élévations, mais dans les endroits bas et plats nous trouvons les terres châtaines; plus loin les élévations seront couvertes d'un sol châtain et les terrains bas d'un

[1]) Ce n'est qu'au printemps que la steppe sèche se couvre pendant un temps très court d'un manteau d'herbage vert (*Liliaceae*, *Papaveraceae*, *Cruciferae*, *Ranunculaceae* etc.). En été la teinte en est grise; il y croît différentes *Artemisia*, *Kochia*, *Xanthium*, *Ceratocarpus*, *Festuca*, *Stipa*, plantes salines et autres herbes peu élévées, chauves, velues ou épineuses, à feuilles étroites et finement découpées, souvent riches en huiles éthérées. Çà et là se rencontrent des buissons, également xérophylles.

sol brun clair qui, plus près de la mer Caspienne, s'étendent en bandes continues [1]).

L'horizon supérieur (A) des sols brun clair et gris brunâtre n'atteint le plus souvent qu'un pied d'épaisseur; la transition au sous-sol est graduelle. La moyenne de l'humus est d'environ 2°/₀ en balançant d'un côté ou de l'autre. La solubilité de l'humus, comme nous devions nous y attendre, est peu importante, d'environ $^1/_{200}$; mais elle s'élève dans les échantillons retenant les sels alcalins. La richesse en azote est caractéristique: dans un sol ne contenant en tout qu'1°/₀ d'humus, la quantité d'azote atteint jusqu'à 0,12°/₀, c'est-à-dire que sur 100 parties d'humus il entre 12 parties d'azote (ce qui a aussi été remarqué par Hilgard dans les sols secs de certaines localités de l'Amérique septentrionale). La teneur des matières minérales zéolithes est de 8, 10, 12°/₀; la quantité générale des matières solubles dans 1°/₀ de *HCl* froid (carbonates non compris) s'élève de $1^1/_2$ à 2°/₀.

La couleur des terres châtaines est plus foncée. La puissance de l'horizon *A* varie de 1 pied à $1^1/_2$ pied; son passage au sous-sol est graduel. La moyenne de l'humus est de 3 à 4°/₀ (pouvant monter à 5°/₀). On peut juger du caractère de la partie minérale (des sols argilo-sableux) d'après les chiffres suivants:

Matières solubles dans 10°/o de *HCl* chaud .	environ 15°/o
„ „ „ 1°/o de *HCl* froid .	2 à 3°/o
Al_2O_3 soluble dans H_2SO_4	8 à 9°/o
P_2O_5.	environ 1,5°/o

[1]) Dans la dépression caspienne ce phénomène est en relation partielle avec l'âge de la contrée. Les sols d'un brun clair qui sont les plus rapprochés de la mer sont plus jeunes que les châtains et ceux à tchernozom. Par là s'explique le fait qu'à l'ouest de la Volga inférieure la limite du tchernozom s'étend à peu près le long des hauteurs Jerguenis et de Stavropol, avec interruption, dans les dépressions de Manytch.

Citons encore l'analyse sommaire du sous-sol des alentours du village Wladimirovka sur la basse Volga:

SiO_2 — 68,2; Al_2O_3 — 11,56%; Fe_2O_3 — 3,56%; CaO — 4,63%; MgO—1,92; K_2O—1,98%; Na_2O—1,36%; CO_2— 3,74%; $CaCO_3$—8,3%.

Les sols châtains, de même que ceux de couleur brun clair, peuvent être sous-argileux et mi-squelettes. Les sables et les salants sont les compagnons habituels des sols de ce type, surtout des sols brun clair. La culture est rendue assez difficile par le défaut d'humidité [1]); d'ailleurs les sols châtains donnent dans les années favorables de magnifiques récoltes en froment et en autres grains. Quant aux steppes-déserts se rapportant aux territoires des sols brun clair et habités principalement par des peuples nomades, c'est le bétail qui y prédomine.

La zone des steppes sèches est représentée, dans l'Europe occidentale, par les desjertos de l'Espagne centrale. Dans les Etats occidentaux de l'Amérique du nord, comme la Californie, le Colorado, le Nouveau-Mexique, il s'y trouve aussi des sols analogues. Les conditions de la température de ces contrées sont, il est vrai, un peu autres que dans la Russie sud-orientale, mais le peu d'humidité y est le même, ainsi que le type général de la végétation: herbes pulvérines, épineuses et rampantes, couvrant par places le sol; cactus; buissons bas repliés vers la terre. Les sols gris jaunâtre ou gris chocolat, tantôt argileux, tantôt à gravier ou à galets, ayant besoin d'une irrigation, qui a été organisée avec un si brillant succès aux Etats-Unis. Dans l'hémisphère sud se rapportent ici, comme nous l'avons déjà fait remarquer, les sols de l'Australie centrale et quelques localités de l'Amérique méridionale.

---

[1]) Les sols argileux et sous-argileux se dessèchent, durcissent et deviennent compacts.

4) *Tchernozom (terre noire).*

Le tiers sud de la Russie européenne est par excellence un territoire à tchernozom. La superficie qu'il occupe s'élève approximativement à 900,000 kilomètres carrés. La zone du tchernozom s'étend, tantôt en s'élargissant, tantôt en se rétrécissant, à partir des confins occidentaux de la Russie, à travers le bassin du Dniepr, du Don et de la partie correspondante de la Volga, jusqu'à la moitié sud de la chaîne de l'Oural. La direction générale de cette bande s'oriente du WSW vers l'ENE; sa largeur varie de la manière suivante: sur le méridien de Kichinew elle est de 350 verstes; sur celui de Kharkow de 600 verstes; sur le méridien de Tambow de 700 à 800 verstes, et, si l'on joint à cela les steppes de Stavropol et de Koubane, elle va jusqu'à 1,000 verstes; au-delà de la Volga elle a plus de 400 verstes. L'Oural coupe la bande à tchernozom; nous en voyons la prolongation du côté oriental de la chaîne, dans les districts méridionaux transouraliens du gouv. de Perm et dans la Russie asiatique, notamment dans la partie à steppes des gouvernements de Tobolsk et de Tomsk et, en partie, dans le territoire d'Akmolinsk et de Sémipalatinsk. Dans la Sibérie orientale, dans sa partie montagneuse surtout, le tchernozom ne peut avoir une extension continue et ne se présente que par taches, dans les localités plates ou ondulées, comme par exemple dans la partie sud des gouvernements d'Enisséï et d'Irkoutsk, dans le Transbaïkal et le bassin de l'Amour, surtout entre les affluents de ce dernier fleuve, la Zéïa et la Bouréïa. Toutes les bandes et taches de la zone à tchernozom se trouvent en Russie entre les 44-me et 57-me degrés de latitude.

Particularités physico-géographiques et géologiques du territoire russe à tchernozom. Le relief de ce territoire est celui d'une plaine ou d'une plaine ondulée, par endroits avec de larges montées allant vers les chaînes montagneuses (p. ex. au Caucase). Actuellement la surface est sillonnée par des ravins, des vallons et des vallées fluviales, mais il est hors de doute qu'auparavant, à l'époque préhistorique, elle était encore plus plate et plus uniforme. Les horizons ouverts, infiniment larges, de la plaine à tchernozom étonnent encore aujourd'hui le regard du voyageur. Çà et là, la surface plane entre les rivières est interrompue par des dépressions peu sensibles, faiblement marquées, ordinairement oblongues, s'étendant sur des dizaines de verstes et renfermant en elles des enfoncements plus distincts et mieux dessinés, dans lesquels l'eau séjourne de temps en temps. Ce sont les restes de dépressions primitives dans les steppes, en partie détruites ou masquées par les érosions subséquentes. De petites cavités, appelées „soucoupes" ou „entonnoirs" des steppes, ayant de 20 à 70 mètres de diamètre et (au centre) environ un mètre de profondeur, sont irrégulièrement éparses sur la steppe comme des marques de petite vérole sur la peau.

Le climat est par excellence continental, mais avec des traits moins prononcés que dans la zone des steppes sèches. Le volume moyen annuel des pluies varie ordinairement entre 40 et 50 ctm.; en outre, dans la période de la végétation, il arrive en moyenne à 30 ctm. [1]). En vérité, ici aussi, l'économie rurale souffre de temps à autre des sécheresses: ici soufflent des vents violents tantôt froids, tantôt brûlants et secs; ici s'amoncellent les neiges hivernales et le sol y est plus souvent sec qu'humide. Mais on ne peut guère douter qu'à l'époque reculée, où la steppe était encore vierge, c'est-à-dire moins sillonnée de ravins et conservant pendant l'hiver son manteau végétal mort, le sol ne fût plus garanti

[1]) Le territoire de l'Amour, dont il sera question plus bas, fait exception.

sous le rapport de l'humidité. On ne peut pas croire cependant que même alors il ait existé un superflu d'eau; seulement elle se repartissait plus également dans le sol, se dépensant durant la période de végétation en un herbage partout compact et ininterrumpu.

La bande à tchernozom de la Russie méridionale n'a jamais été un marais continu, comme l'ont pensé à tort quelques savants, entre autres Eichwald. Elle formait une steppe luxuriante d'herbages ou de prairies. Son manteau végétal naturel, dont le type apparaît encore bien clairement aujourd'hui dans les parties restées incultes des terres à tchernozom (surtout en Sibérie), consistait en un haut herbage épais, dont les racines molles et les radicules, durant des centaines et des milliers d'années, s'enfonçaient dans le sol. Les recherches de Ruprecht, Middendorf, Krasnow, Tanfiliew, Korjinsky et autres géo-botanistes nous ont eclairci la complexité des formes caractéristiques de la „steppe-prairie“ [1]. Il ne s'y trouvait pas de forêts, à l'exception des bandes sablonneuses et des vallées fluviales, ou elles ont commencé à pénétrer plus tard dans le territoire des prairies (voir plus loin ce qui concerne les sols forestiers), mais cette mer de plantes était parsemée de buissons et de broussailles, comme *Amygdalus nana*, *Rosa cinamomea*, *Prunus chamoecerasus*, *Caragana frutescens* etc.

La roche-mère typique est le loess ou une argile marneuse et sableuse à éléments très fins, de couleur jaune ou d'un brun clair, reposant tantôt sur un dépôt morainique, tantôt

---

[1]) *Adonis vernalis* et *volgensis*, *Paeonia tenuifolia*, *Lavathera thuringiaca*, *Linum perenne* et *flavum*, *Medicago falcata*, *Asteramellus*, divers *Trifolium*. *Oxytropis pilosa*. *Onobrychis sativa*, *Vicia tenuifolia* (et autres), *Centaurea marschalliana* et *ruthenica*, *Scorzonera purpurea*, *Hieracium virosum*, *Campanula sibirica*, *Echium rubrum*, *Lichnis chalcedonica*, *Thymus marschallianus*, *Salvia pratensis*, *nutans* etc., *Nepeta nuda*, *Phlomis tuberosa*, *Ajuga genevensis*, *Euphorbia procera*, *Asparagus officinalis*, *Poa pratensis*, *Festuca ovina*. *Stipa pennata* et *capillata* etc.

sur une argile plus compacte, rougeâtre ou bigarrée, souvent gypsifère ou salifère, tantôt sur d'anciennes roches sédimentaires ou cristallines. La composition du loess de la Russie méridionale est voisine de celle du loess de l'Allemagne, mais il renferme quelquefois, outre $CaCO_3$, un mélange de gypse et d'autres sels solubles. L'horizon supérieur du loess, pénétré de matières organiques putréfiées, est ce que le tchernozom présente le plus souvent. Cependant le tchernozom se développe aussi sur d'autres roches, sur les produits de la désagrégation des argiles brunes posttertiaires, la craie, les calcaires, les argiles marneuses jurassiques, les marnes rougeâtres etc. Tout ce que l'on peut dire de certain, c'est que les roches à terre fine et les marnes, abondant en éléments mécaniques fins et calcarifères, favorisent plus que les autres la formation du tchernozom. La combinaison particulière du relief, de la végétation, des roches-mères et des facteurs climatériques, voilà les conditions de l'abondante accumulation de l'humus qui s'y produit.

Les propriétés morphologiques du tchernozom. La couleur du tchernozom est noire, mais d'une intensité inégale et de diverses teintes (passant à la couleur chocolat ou au brun). Sa puissance moyenne est d'environ 1 mètre, mais aussi avec des oscillations. Le tchernozom à teneur considérable de sable est en général d'épaisseur plus forte que celui qui est argileux. La structure du sol non labouré est granuleuse, c'est-à-dire que le terreau est formé d'éléments globuleux ou de forme irrégulière, d'un diamètre de 2 à 4 mm. L'horizon de passage au sous-sol perd cette structure et devient plus compact et teint irrégulièrement; de plus en plus brun, il se confond avec la roche-mère. Dans la coupe verticale du sol et du sous-sol se montrent des taches rondes, ovales et oblongues, foncées sur le loess jaune, d'un jaune sale sur le sol noir. Ce sont des terriers creusés par des animaux rongeurs de steppe, remplis de sol ou d'un mélange de sol et de sous-sol.

Variétés du tchernozom et sa classification. Le tchernozom le plus riche en humus et à teinte la plus intensive se trouve, dans la Russie d'Europe, dans la partie centrale de la zone, en partie à l'est de la Volga, en partie entre la Volga, le Don et le Dniepr, où les roches-mères sont plus argileuses ou calcarifères et où l'humidité n'est pas si grande que dans les bassins du Dniepr et du Dniestr. A mesure que l'on s'éloigne de cet „axe", la teneur en humus diminue partout. Au sud et au sud-est, le tchernozom se rapproche de plus en plus des sols châtains; au nord, il se confond avec les sols gris forestiers (voir plus bas) et se développe en petites bandes et en îlots accompagnant le loess. Se basant là-dessus, le professeur Dokoutchaïew a établi des „bandes isohumales" de tchernozom:

a) une bande centro-orientale avec teneur maximale d'humus entre 13 et 16%;
b) deux bandes circonscrivantes (se réunissant à l'ouest) avec 10 à 13% d'humus;
c) deux bandes contenant de 7 à 8% d'humus;
d) deux bandes-confins, l'une au sud, l'autre au nord, ayant 4 à 7% d'humus.

Ces bandes ne peuvent être entendues que comme schème. En réalité, dans chacune des bandes le tchernozom varie, selon la teneur de l'humus, sous l'influence des conditions locales du relief et de la composition des roches-mères. Mais si l'on a en vue les facteurs plus généraux et plus constants de la formation du tchernozom, on peut le diviser en 4 sous-types génétiques:

1) Le tchernozom humeux et gras de la bande centro-orientale, renfermant plus de 10% d'humus.
2) Le tchernozom moyen ou ordinaire, occupant une grande partie du territoire, avec 6 à 10% d'humus.
3) Le tchernozom méridional, couleur chocolat, passant au sol châtain des steppes sèches. Humus: 4 à 6%.
4) Le tchernozom septentrional ou de la Russie centrale, brun, se confondant avec les sols sous argileux forestiers; il s'étend en rubans et en taches, tantôt dans les vallées, tantôt sur les terrasses élevées à loess. Humus: 4 à 6%.

D'après la composition de la partie minérale et des roches-mères, le tchernozom peut être argileux, sous-argileux, sous-sableux, calcareux, salifère etc.

Propriétés chimiques et physiques du tchernozom. Comme nous l'avons vu dans les pages précédentes, la teneur moyenne de l'humus dans le tchernozom est égale à 6 — 8 — 10%; elle peut tomber à 4% ou s'élever à 16% La solubilité de l'humus dans l'eau est faible, de $^1/_{200}$ à $^1/_{150}$, c'est-à-dire il contient peu de matières du type de l'acide crénique et apocrénique. C'est un humus neutre, qui s'est accumulé dans le terreau à condition d'humidité modérée et faible, et d'une aération limitée. La solubilité de l'humus n'atteint $^1/_{120}$ que dans le tchernozom de la Russie centrale. La teneur en azote varie de 0,2 à 0,7% ce qui équivaut, relativement à l'humus, de 5 à 8%.

La teneur de toute l'argile varie dans la plupart des cas de 20 à 40% [1]); celle des matières zéolithiques est élevée de

[1]) Détermination faite d'après la quantité de Al_2O_3 dissoute en H_2SO_4 en multipliant par le coefficient 4.

15 à 35%. La teneur de matières se dissolvant dans une solution de 1% de HCl est relativement considérable—de 3 à 5%, les carbonates non compris. La force d'absorption (d'après Wolff) varie entre 20 et 43%. Les silicates du tchernozom sont considérablement altérés et décomposés. Ainsi, par exemple, sur une teneur générale en K_2O de 2 à 2,4%, une proportion de $^1/_5$ à $^1/_2$ se dissout dans 10% HCl; la teneur en Al_2O_3 étant de 8 à 10%, le même réactif est capable de dissoudre de $^1/_2$ à $^4/_5$. La teneur moyenne en P_2O_5 est de 0,2%, avec variation entre 0,12% et 0,3%. La quantité des carbonates, surtout $CaCO_3$, ne dépasse pas ordinairement, dans l'horizon supérieur du sol, 1—3%, mais dans les tchernozoms provenant de calcaires, elle monte quelquefois jusqu'à 10—15%. Le sable du tchernozom est le plus souvent très fin, consistant en quartz mélangé de mica, de feldspath et d'autres silicates. D'après les calculs de Kostytchew, la partie minérale du tchernozom se rapproche beaucoup, dans sa composition brute, du loess ou, en général, du sous-sol; quelquefois on remarque une augmentation de P_2O_5.

Dans les tchernozoms sous-sableux il y a moins d'humus, d'argile, de zéolithes etc., mais plus de sable. Parmi les tchernozoms des avant-monts de l'Oural du sud a été décrit celui à phosphorite, qui renferme jusqu'à 2% et même davantage de P_2O_5. Les tchernozoms salants se distinguent par une teneur considérable de sels solubles dans l'eau (Na_2SO_4, Na_2CO_3 etc.) et de densité; ils se rencontrent de préférence dans les parties plus basses de la steppe. Soumis à l'action mécanique des vents, le tchernozom forme quelquefois des accumulations éoliennes consistant en grains fins et poussiéreux.

Les qualités physiques du tchernozom sont moins favorables que les chimiques. Le sol est composé d'éléments trop fins. La quantité des particules d'un diamètre inférieur à

0,05 mm. oscille ordinairement entre 61 et 80%, celle de la „vase“ (particules inférieures à 0,01 mm.) atteint parfois 58%. Les parcelles mécaniques à diamètre au-dessus de 0,5 mm. ou font défaut, ou sont très rares. Aussi longtemps que le tchernozom conserve sa structure granuleuse naturelle, sa teneur en vase influe relativement peu sur le rapport du sol avec l'eau. Mais sous les labourages, dans les conditions du climat continental des steppes de la Russie méridionale, le tchernozom se transforme plus ou moins en poussière. Ses propriétés sont: une porosité fine, une grande capacité de retenir l'eau ou celle de l'absorber, une grande imperméabilité. Avec les pluies sporadiques, suivies de sécheresses, l'humidité de l'horizon arable varie, d'après les observations faites dans le gouvernement de Poltawa, entre 30 et 6%, en suite de quoi le tchernozom desséché durcit et devient compact. C'est dans cette inégalité de climat, dans le manque fréquent d'humidité et dans les conditions physiques du sol, empirées encore par le labourage, qu'il faut chercher la cause principale des grandes oscillations qui surviennent dans les récoltes. Dans les années 1891 et 1892, restées mémorables en Russie, le tchernozom a donné par endroits une récolte en grains 8 fois moindre que la moyenne. A cela il faut ajouter encore l'épuisement du tchernozom en matières nutritives [1]) facilement assimilables par les plantes, épuisement qui se fait remarquer là où le sol est peu fumé ou ne l'est pas du tout.

Le tchernozom en Sibérie. Les renseignements que nous possédons sur le tchernozom en Sibérie sont encore loin d'être complets. Dans les plaines des gouvernements de Tomsk et de Tobolsk il reste encore beaucoup de petits lacs en train

[1]) Nous entendons ici les matières solubles dans des réactifs très faibles, tel que 1% d'acide citrique. Malheureusement on n'a fait jusqu'ici que fort peu d'expériences avec ce dissolvant.

de se dessécher, tantôt à eau douce, tantôt à eau croupie ou saumâtre, et de dépressions, à demi desséchées, à boues salines. Le tchernozom occupe les élévations plates se confondant dans les enfoncements et les larges dépressions plates avec les terres salantes et les „béliak“ (sol à podzol). Il est souvent impossible de tirer une ligne de démarcation entre le tchernozom typique de steppe et le sol vaseux, de couleur foncée, non encore dégagé de l'humidité qui s'y est accumulée. Cependant les conditions du climat, du relief, les propriétés des roches-mères dominantes (loessiformes, argiles brunâtres et rougeâtres) prennent peu à peu le dessus, étendant la steppe herbeuse et le tchernozom partout où des causes locales ne s'opposent pas à leur développement.

Les tchernozoms de la Sibérie occidentale contiennent au moins de 5 à 11% d'humus et de 0,28 à 0,6% d'azote. De même que dans la Russie européenne, ils se subdivisent en argileux, sous-argileux, sous-sableux, salants etc.; dans les deux premiers sous-groupes sont contenus: de 15 à 25% de matières zéolithiques; de 7—10½% de Al_2O_3, solubles dans l'acide sulfurique; de 0,16 à 0, 28% de P_2O_5.

En Sibérie orientale, par exemple dans les gouvernements d'Enisséï et d'Irkoutsk, dans la Transbaïkalie, le tchernozom se rencontre par taches, reposant tant sur les argiles loessiformes que sur les produits de la désagrégation des calcaires. D'après les analyses que l'on en a faites jusqu'ici, il contient jusqu'à 6 ou 7% d'humus.

Les sols des prairies de l'Amour se distinguent par quelques particularités. Là les hivers sont secs et les étés, au contraire, sont très riches en pluies. Les prairies, occupant les larges vallées fluviales, bordées de hauteurs montagneuses couvertes de forêts, se rapprochent du type des prairies humides. Les sols sont de couleur sombre ou noire et relativement peu profonds (2 à 6 dem.). Vers le centre des vallées, où en été les eaux jaillissent, pour ainsi dire, sous les pas, ils ressemblent aux terres argileuses humifères des marais herbeux. Mais aussitôt que le terrain s'élève tant soit peu, la végétation commence à rappeler de plus en plus celle des steppes et le sol ne se distingue pas du tchernozom.

Le tchernozom en dehors des confins de la Russie. Dans l'Europe occidentale, les sols du type à tchernozom, alternant avec des terres salantes et des sables, se retrouvent, séparés par les Carpathes des steppes de la Russie méridionale, dans le Banat et dans les plaines (pouczta) de la Hongrie. Au-delà de l'océan Atlantique, la même zone occupe une partie considérable du territoire des Etats-Unis. Les sols des prairies humides orientales et nord-orientales du Wisconsin, du Minesota, de l'Iowa, du Missouri, du Kentoucky etc. ressemblent plutôt au tchernozom de la région de l'Amour. Dans les Etats du centre, comme le Dacota, le Montana, le Nébraska, le Kanzas, l'Arkanzas, le Texas septentrional, où l'humidité est moins grande, ils ressemblent au tchernozom ordinaire et à celui de couleur chocolat des steppes de la Russie. Et enfin, dans les Etats secs occidentaux, comme l'Arizona, la Californie etc., nous rencontrons des terres analogues aux sols des steppes désertes de la Russie sud-orientale.

Un fait très intéressant, c'est l'existence d'une zone sud à tchernozom, représentée par une grande tache dans les plaines herbeuses de l'Argentine. Comme ayant le meilleur tchernozom, atteignant jusqu'à 1 mètre de puissance, se distingue la province Entre-Rios, entre les rivières Parana et Uruguay. Les spécimens (envoyés par le commissaire E. Lapine) que nous avons vus de cette terre, étaient de couleur noire, avaient une structure granuleuse et contenaient plus de 8% d'humus. Il était impossible de les distinguer des tchernozoms des gouvernements de Poltawa, Tambow et Woronej. Dans les territoires plus occidentaux et plus sud-occidentaux, les

„Pampas“ (provinces Buenos-Ayres, Cordoba etc.), le tchernozom est plus clair, souvent salant, compact, et passe à des terres salines poussiéreuses et visqueuses, couvertes d'une écorce de sel. Les „barrancas“ et „canadas“ des pampas sont analogues aux „entonnoirs“ et enfoncements oblongs des steppes de la Russie méridionale et de la Sibérie.

6) *Sols forestiers gris* (*sols des forêts à feuillage caduc*).

Sous la dénomination de sols forestiers gris on comprend, dans la littérature russe, les sols des avant-steppes ou de la zone des steppes silvestres, attenants au tchernozom ou même pénétrant au loin dans le territoire du tchernozom, mais après avoir éprouvé l'influence d'un manteau végétal forestier. Le contraste que ces sols offrent avec le tchernozom voisin leur a fait donner le nom de „forestiers“.

Là, où le tchernozom ne cesse pas brusquement au nord, au contact de plaines sableuses, les terres grises apparaissent comme une transition naturelle du tchernozom aux sols gazonneux gris clair ou à podzol. Leur bande assez régulière, mais peu large et sinueuse, tantôt ininterrompue, tantôt se partageant en îles et en taches, s'étend dans une direction latitudinale à travers la Russie centrale, à partir des gouvernements de Loublin et de Wolynie, pour finir à l'est dans le bassin de la Kama et de la Wiatka. Dans les limites de la zone à tchernozom, les sols forestiers apparaissent dans des contrées plus montueuses et ravinées, le long des rivières et des vallées, sur les terrasses fluviatiles etc., en général dans la steppe bien drainée, ou sur des roches non salifères, plus fortement lessivées et moins fines que le loess typique. Il est indubitable que dans ces conditions la forêt empiète plus facilement sur la région de la steppe herbeuse. La corrélation topographique entre la végétation forestière et celle des steppes se base, dans la Russie centrale et méridionale, non seulement sur les conditions de climat (quantité générale et répartition des eaux atmosphériques, variations de température, vents, gelées etc.), mais aussi sur le caractère du sol ou des roches-mères. Les propriétés chimiques et physiques du sol — qualité, degré de la circulation et composition de l'humidité du sol—ont dans ce cas une grande importance. Les observations des géologues et des géo-botanistes s'accordent à nous montrer que les roches à éléments fins, qui possèdent une grande capacité de retenir l'eau et une grande imperméabilité, ne sont pas favorables aux forêts, du moins lorsque le sol reçoit peu d'humidité; également défavorables aux forêts sont les roches contenant beaucoup de matières salifères, solubles dans l'eau ou dans le suc des plantes [1]). Mais du moment que s'affaiblissent les causes faisant obstacle, dès que la végétation forestière s'est conquis le versant de quelque ravin de la steppe, elle se trouve en état de se défendre elle-même des désavantages climatériques (elle accumule la neige, affaiblit les vents, baisse l'amplitude de la température), se prépare elle-même le sol nécessaire à son accroisement, et s'avance peu à peu dans la steppe voisine.

Si l'empiètement de la forêt sur la steppe a eu lieu dans un temps relativement peu reculé, le tchernozom se dégrade [2]) alors en une terre sous-argileuse dite „sol des steppes silvestres". Si la forêt couvre depuis longtemps la steppe y attenante ou

---

[1]) Les espaces de salants, conquis par la forêt, forment en elle des clairières.

[2]) La dégradation du tchernozom, c'est le changement et la diminution de l'humus sous le manteau silvestre soumis à l'humidité forestière. Le prof. Kostytchew a rempli de tchernozom (du gouvernement d'Ekathérinoslaw) un vase cylindrique qu'il a recouvert d'une couche de feuilles et conservé dans un état constant d'humidité; au bout de 3 ans le tchernozom s'est transformé en terre grise contenant $2^{1}/_{2}\%$ d'humus.

même l'espace qu'elle entoure, il se forme, en ce cas, un sol gris typique. Il est très probable que la bande de ces sols a aussi été steppe à une époque préhistorique, mais qu'elle s'est bientôt transformée en forêt. Dans la majeure partie de la steppe, les agents de la formation du sol ont changé la roche-mère en tchernozom; mais là ils ont pris une autre tournure et ont formé des terres forestières. La diversité des conditions de la formation du terrain, voilà la cause qui a amené une distinction entre ces terres et le tchernozom.

Les propriétés morphologiques des sols forestiers sous-argileux gris sont caractéristiques:

A) L'horizon supérieur, un peu tendre (couvert, si le sol n'est pas encore labouré, d'une litière silvestre), d'une puissance de $1^1/_2$ a 3 décimètres, est gris ou brun grisâtre.

B) L'horizon inférieur atteignant 3—4 décimètres et même davantage, est d'un gris de cendre, parfois friable, plus souvent à structure „nuciforme“ (à noisettes). Il consiste en morceaux arrondis ou à plusieurs facettes, entremêlés de quartz fin et d'une farine siliceuse; l'humus donne à cette poudre une couleur gris de cendre. Vers le bas les morceaux deviennent plus grands, la quantité de poudre gris-cendre diminue, et l'horizon *B*, brunissant peu à peu, se confond avec le sous-sol.

C) Les roches-mères (sous-sols) des terres forestières sont ordinairement: des argiles morainiques, des argiles déluviales (souvent loessiformes), du loess lessivé et d'anciennes roches sédimentaires, également altérées et lessivées.

La teneur en humus varie dans l'horizon supérieur entre 3 et 5—6%; à l'horizon *B* elle baisse rapidement jusqu'à

2—1%. La solubilité des matières d'humus dans l'eau est plus forte que dans le tchernozom: dans l'horizon $A = \frac{1}{50}-\frac{1}{70}$; dans l'horizon $B = \frac{1}{20}-\frac{1}{40}$. La teneur générale de l'azote varie entre 0,1 à 0,16%, ce qui forme, relativement à l'humus, environ 4%. La teneur de la partie zéolithique n'est pas élevée, dans les échantillons analysés, au-dessus de 2%, baissant souvent jusqu'à 16 et 12%. La quantité générale des matières minérales, dissoutes à froid dans une solution de 1% d'acide muriatique, est ordinairement deux fois moindre que dans le tchernozom. La teneur brute de K_2O, CaO et P_2O_5 est à peu près rendue par les chiffres suivants: K_2O=1—2,4%; CaO=0,4—1%; P_2O_5=0,1—0,14%. Les analyses, faites sur les sols forestiers sous-argileux du gouv. de Kazan reposant sur des marnes rougeâtres, ont constaté de 0,14 à 0,28% de $CaCO_3$. Quant à la solubilité des alcalins et de Al_2O_3 dans des réactifs tels qu'une solution chaude de 10%, ou une solution froide de 1% de HCl, les sols gris cèdent le pas au tchernozom.

La poudre siliceuse blanchâtre de l'horizon B est le produit de la décomposition des silicates par les acides crénique et apocrénique.

L'analyse mécanique donne des chiffres différents, selon que nous avons affaire à des sols sous-argileux lourds ou légers, ou à des sols sous-sableux. Dans les sols forestiers des gouvernements de Nijny-Novgorod, Orel et Poltawa, la quantité des particules inférieures à 0,01 mm. (20—25—32%) se rapporte à la quantité des parcelles plus grosses (80—75—68%) comme 1:4, 1:3, 1:2. L'absence habituelle de la structure granuleuse dans l'horizon A contribue à la pulvérisation dans les terrains de labour, ce qui entraîne l'augmentation de sa capacité de retenir l'eau et la diminution de la perméabilité.

Les sols sous-argileux des steppes silvestres occupent sous tous les rapports le milieu entre le tchernozom et les sols „forestiers“ proprement dits, se rapprochant tantôt des premiers, tantôt des seconds. D’après la qualité du tchernozom dégradé et d’après le degré ou le stade de dégradation, ils renferment une quantité d’humus différant entre 5 et 8%. Lors des études qu’il a faites sur les sols dans le gouvernement de Poltawa, le prof. Dokoutchaïew a profité de la répartition des sols forestiers et steppe-silvestres dans le territoire à tchernozom pour déterminer les espaces quî étaient autrefois occupés par des forêts et qui, pour la plupart, sont aujourd’hui remplacés par des champs. Ce mode d’étude sur les sols pour reconstruire le passé géobotanique du pays a été appliqué aussi aux gouvernements de l’est de la Russie, au cours supérieur de l’Oka, et dans d’autres rayons des steppes ou des avant-steppes. S’appuyant sur des bases semblables, corroborées souvent encore par des données botaniques (et parfois par des données zoologiques), Mr. Tanfiliew a dernièrement dressé une carte des steppes préhistoriques de la Russie européenne, répondant approximativement à la carte des terres forestières qui se trouvent le long des confins nord du tchernozom.

En dehors de la Russie d’Europe, des terres „forestières“ et des „steppes silvestres“ ont été indubitablement constatées en Sibérie occidentale, par exemple dans la moitié sud du gouvernement de Tomsk. Il serait vivement à désirer que l’on vérifiât l’existence supposée de ce type de terrains dans l’Europe occidentale, notamment en Galicie, en Hongrie et dans l’Allemagne centrale et méridionale. Il est fort probable même que ce type existe aussi sur le continent américain, dans les Etats-Unis de l’Amérique septentrionale, où les prairies commencent à se transformer en forêts.

6) *Les sols gazonneux et les sols à podzol.*

Le terme russe de „podzol“ a à peu près son équivalent dans l'allemand „Bleisand“, avec la différence toutefois, que par „podzol“ on entend en Russie non seulement les sols sableux, mais encore des sols plus visqueux, sous-argileux et argileux, alors qu'ils ont subi l'atteinte bien prononcée du lessivage chimique, caractéristique du „Bleisand“. Comme on le sait, ce sont les acides crénique et apocrénique qui jouent le rôle principal dans ce genre de transformation du sol. Plusieurs apocrénates et crénates sont plus ou moins soumis à l'action dissolvante de l'eau. Les sels de l'acide crénique sont surtout sensibles; les acides libres se dissolvent encore plus facilement dans l'eau. Par leur action sur les zéolithes et autres silicates du sol, ils les décomposent en formant des sels solubles avec leurs bases et en dégageant les hydrates SiO_2 pulvérulents. Les sols gazonneux, broussailleux, marécageux, ou bien couverts de forêts mélangées ou d'arbres conifères, de la Russie du nord, subissent souvent l'action de ces influences chimiques. A condition d'une humidité suffisante des sols de la Russie du nord (neiges abondantes, faible évaporation, vents retenus par les forêts etc.), l'accumulation et le mouvement en eux des acides crénique et apocrénique proviennent aussi facilement et sont tout aussi naturels qu'ils ont lieu dans les terrains à bruyères de l'Europe nord-occidentale. La décomposition des sels minéraux moins stables que les silicates se produit encore plus rapidement. En outre le lessivage est secondé par le passage de l'oxyde de fer en protoxyde et par l'action de l'eau contenant de l'acide carbonique.

L'énergie et le dégré de la transformation du sol en podzol peuvent être très divers; ils dépendent des conditions de gisement du sol et de la composition de la roche-mère. La structure du sol à podzol est comme suit:

A) L'horizon supérieur est gris clair, souvent avec une teinte d'un brun clair, d'une épaisseur d'environ 1—1½ décimètres. Il n'a pas de structure marquée, mais possède une compacité différente selon la teneur dans le sol de l'argile, du sable ou de l'humus.

B) L'horizon sous-jacent est d'une couleur beaucoup plus claire, quelquefois blanche, quelquefois avec une teinte jaunâtre ou d'un bleu pâle. C'est là proprement le podzol. Il présente ordinairement une substance pulvérulente, farineuse à l'état sec, composée d'éléments fins, très riche en silice. La puissance du podzol peut varier de quelques centimètres jusqu'à 3—4 décimètres et même davantage.

C) Sous-sol ou roche-mère: C'est le plus souvent une argile morainique à blocaux, sableuse, d'un rouge brun, à taches et inclusions de podzol, ou un sable argileux. Mais les sous-sols peuvent aussi être des sables meubles ou quelque peu liés, et même des dépôts loessoïdes (par exemple sur les bords de la Kliasma, de l'Uka, de la Volga moyenne et dans le bassin de la Vistule.

Lorsque l'horison *B* est rapproché de la surface, tout le sol reçoit le nom de podzol; lorsqu'il n'est pas net, peu marqué ou absent, le sol s'appelle „gazonneux". Entre les premiers et les seconds il existe dans la nature des passages graduels, comme on peut en voir, dans la Russie du nord, dans chaque champ labouré et sous chaque forêt.

L'ortstein (alios), compagnon ordinaire des sols à podzol, apparaît sous forme de grains, de boulettes, de pastilles ou de lit continu dans la partie inférieure de l'horizon *B* ou sur la limite entre ce dernier et le sous-sol. Là où la roche-mère est sableuse, se forment parfois les bancs compacts d'alios.

Les sols de ce groupe génétique occupent pour le moins les $^2/_5$ de la Russie d'Europe, y compris une grande partie du royaume de Pologne. Au nord ils s'étendent jusqu'à Arkhanguelsk et pénètrent sous forme de bandes et d'îlots dans le territoire limitrophe de la toundra. Leur extension vers le sud comprend les parties plus ou moins considérables des gouvernements de Perm, Kazan, Nijny-Novgorod, Wladimir, Riazan, Kalouga, Orel, Tchernigow, Wolynie et Lublin, où ces sols se mélangent avec les sols sous-argileux „forestiers" et les premiers lambeaux de tchernozom. Comme terrains riches en podzol typique sont surtout remarquables les gouvernements de Mohilew, Smolensk, Witebsk, Twer, Novgorod, Pskow et St-Pétersbourg. Du reste le type topographique des terres arables de la Russie du nord est très varié: paysage morainique, alternance d'élévations argileuses avec les plaines sableuses et dépressions marécageuses, plates-bandes, oesars, forêts immenses, terrains couverts de bruyères, prés humides— tout cela donne un tableau de sols très complexe. Néanmoins nous retrouvons partout les traces du podzol, partout ses modifications forment le trait caractéristique des terrains arables et partout l'agriculteur a à compter avec elles.

Propriétés chimiques et physiques des sols à podzol. Dans les terres occupées auparavant par des forêts et transformées en terres arables, la teneur en humus n'est pas considérable, variant à partir de quelques dixièmes pour cent jusqu'à 2 — 3%, rarement davantage [1]). Dans l'horizon *B* la quantité d'humus baisse rapidement jusqu'à 0,1 –

[1]) Lorsque l'horizon supérieur est tourbeux, il contient parfois jusqu'à 15% et davantage de restes organiques imparfaitement décomposés (passage aux terres marécageuses).

0,3%. La teneur générale en azote varie entre 0,1—0,15% (dans l'horizon *A*). La solubilité dans l'eau de l'humus des sols à podzol est remarquablement forte: dans l'horizon *A* l'eau dissout de $^1/_{48}$ à $^1/_{20}$ de tout l'humus et, dans l'horizon *B*, de $^1/_{27}$ à $^1/_{10}$. Dans ces solutions il n'est pas rare de remarquer la présence de nitrites.

La partie minérale, en moyenne, est d'environ 95—98%, 80% et plus encore étant de la silice. La teneur en matières zéolithiques ne va pas ordinairement au-delà de 10—12%, descendant même souvent plus bas (jusqu'à 7—5%); la quantité des matières solubles dans 1% *HCl*, à froid, s'élève rarement au-dessus de 2%. La quantité générale de P_2O_5 varie en moyenne de 0,05 à 0,08%. Ce n'est que dans les sols gazonneux à forte teneur en restes organiques que la quantité de phosphore paraît plus ou moins considérable et, comme l'ont démontré les recherches du professeur Kostytchew, le phosphore se trouve surtout dans l'humus. La capacité absorbante ne s'élève pas, en général, au-delà de 12 à 13%.

Voici quelques tableaux servant à comparer l'horizon supérieur des sols argilo-sableux à podzol avec le tchernozom:

Composition générale.

		Humus.	SiO_2	Al_2O_3	K_2O	CaO	P_2O_5
Gouvernement de Nijny-Novgorod.	1) Sol sous-argileux à podzol.	2,2	80,2	9,98	2,24	0,4	0,081
	2) Tchernozom. . . .	10	66,8	15,2	2,01	0,4	0,257

Soluble en H_2SO_4 fort

	Al_2O_3	
1)	3,3	($^1/_3$).
2)	10,8	($^2/_3$).

		Al_2O_3	K_2O	P_2O_5	Totalité des matières minérales.
Solubles en 10% HCl à 100° C.	1) . . .	2,06 (1/5)	0,24 (1/9)	0,05 (5/8)	9,2
	2) . . .	6,58 (2/5)	1,01 (1/2)	0,24 (8/9)	32

Solubles à froid à 1% de HCl { Totalité des matières minérales.
1) 2,3.
2) 5,87.

	SiO_2	CaO	K_2O	Totalité des matières minérales.
	Action	de 30%	HCl:	
Terres sous-argileuses à podzol du gouv. de Smolensk . .	3,5—4,8	0,11—0,33	0,11—0,22	7—12
Tchernozom du gouv. de Toula.	12	1,125	0,425	23

Comme l'indiquent ces chiffres, les sols à podzol, provenant de l'argile morainique sableuse, contiennent beaucoup de silicates indécomposés et relativement peu de matières cédant à l'action de l'acide chlorhydrique.

Mais, dépendamment du caractère pétrographique de la roche-mère et du sol même, la composition de l'horizon A ou le rapport quantitatif entre les différentes catégories de matières minérales qu'il renferme, varie considérablement:

	K_2O	CaO	P_2O_5	Al_2O_3	Sable.	Argile.	10% HCl totalité.	1% HCl totalité.	Capacité absorbante.
Terre sous-argileuse sur un limon loessiforme.	2	0,8	0,09	8—10	75	20	14	[1] 3—2,5	14
Terre sous-argileuse sur l'argile morainique . .	2,2	0,4	0,08	10	82	12—15	11	2—2,3	12
Terre sous-sableuse . .	1,5	0,2	0,07	4—6	87	8	7—5	1,5	8
Sable peu argileux . .	0,8	0,17	0,05	3	92	5	4—3	1,1	5

[1]) Sans $CaCO_3$.

Ajoutons encore ici les chiffres relatifs aux horizons *A*, *B*, *C* de la terre à podzol du gouvernement de Novgorod:

	Humus.	CaO	MgO	Al_2O_3	Fe_2O_3	P_2O_5	SiO_2
Horizon A.	2,8	1,172	0,378	7,032	1,84	0,085	81,02
„ B.	0,3	0,79	0,24	4,79	0,67	0,05	90,7
„ C.	—	1,03	0,34	7,21	1,62	indéterminé.	84,5

Lorsque l'horizon *B* se rapproche de la surface ou que tout le sol change en podzol, la terre est, naturellement, très pauvre. Il se comprend de soi-même que dans les sols sableux l'horizon *B* contient encore beaucoup moins de CaO, MgO, Al_2O_3, Fe_2O_3 et P_2O_5 que ne l'indiquent les chiffres se rapportant aux terres sous-argileuses.

La composition des ortsteins russes ressemble beaucoup à celle des ortsteins allemands et danois.

Les propriétés physiques des sols à podzol sont conditionnées par leur teneur en éléments-squelettes et éléments fins et par le rapport entre les premiers et les seconds. Dans l'horizon *A* des sols sous-argileux morainiques, le sable se rapporte à l'argile dans la proportion de 5 à 1, et dans les terres sous-sableuses, dans celle de 7 : 1,10 : 1. La capacité absorbante de ces sols est de $1^1/_2$ à 2 fois moindre que celle du tchernozom et la perméabilité est de 2—4—6 fois plus grande. En pareils sols, à condition d'un bon fumage et d'une humidité suffisante et constante, les récoltes, si elles ne sont pas très abondantes, sont du moins plus constantes que sur le tchernozom. Mais les sols septentrionaux vaseux et le podzol proprement dit possèdent d'autres qualités. Le podzol contient souvent plus de 70% d'éléments fins sous forme de poussière siliceuse; il absorbe avidement l'humidité, la garde longtemps et se transforme en pâte plastique et visqueuse („terres blanches froides"). Lorsqu'il sèche, au contraire, il tombe en poussière ou durcit en formant des croûtes. C'est une des terres les plus mauvaises et les moins fertiles, tant par la pauvreté de sa composition chimique que par ses propriétés physiques.

Extension des sols de ce type génétique hors de la Russie d'Europe. Ici se rapportent sans aucun doute les sols du territoire forestier nord de la Sibérie, mais ils sont encore fort peu étudiés. Dans l'Europe occidentale, des sols analogues s'étendent en larges bandes dans l'Allemagne du nord et le Danemark (Senft, Müller, Touxen etc.), ainsi que dans la Scandinavie et partiellement en Hollande et en France (Landes). Dans l'Amérique du nord ils doivent s'étendre dans la même proportion qu'en Europe.

7) *Sols des toundras.*

La toundra arctique de la Russie d'Europe et de la Sibérie peut être divisée, sous le rapport du sol, en toundra pierreuse, tourbeuse, argileuse et sableuse. La surface plane du terrain et l'absence de forêts donne à la toundra, dans les bassins des rivières Petchora, Ob et Iénisséï, quelque ressemblance avec la steppe. Mais la couverture végétale du sol consiste en lichens, mousses, *Arctostaphilos, Andromeda, Empetrum, Rubus chamaemorus, Vaccinium, Carex* etc. *Betula nana* et les saules nains polaires sont à peu près les seuls représentants des arbustes. L'humus est cru, peu décomposé, et ne s'y accumule que dans l'horizon extérieur du sol argileux et sableux, jusqu'à une profondeur de 3 à 5 cm.; partout on voit des places nues, entourées de mousses ou de lichens [1]). La température y varie fortement. L'été y est très court; même au mois de juillet le thermomètre y descend quelquefois jusqu'à + 3° et, à la fin du même mois, jusqu'à — 2°. Au mois d'août la neige tombe déjà et bientôt après commence le long hiver avec ses vents glaciaux. La couche éternellement gelée commence dans la toundra argileuse à une profondeur de 0,7—1 m. et, dans la sableuse, à peu près de 1½ m. La toundra tourbeuse se caractérise par des buttes de tourbe, gelées à l'intérieur, atteignant jusqu'à 15—20 m. de longueur et 4 m. de hauteur. La forêt pénètre dans la toundra du côté sud, le long des rivières, recouvrant surtout les talus des rives où l'horizon gelé est plus bas qu'ailleurs.

B. Sols intrazonaux.

1) *Sols salants.*

Les terres salantes [2]) se rencontrent fréquemment dans la partie sud de la Russie d'Europe, au sud-ouest de la Sibérie, dans le territoire transcaspien et au Turkestan. Dans la région du tchernozom elles forment des taches et des îlots, ordinairement épars, sur les pentes sud peu inclinées et dans les légères dépressions de la steppe. Parfois ces taches occupent des dizaines de kilomètres carrés et sont accompagnées de lacs salins, rangés comme les grains d'un rosaire; mais plus souvent elles sont dispersées sur la steppe en petits lambeaux. La coupe verticale du sol salant montre:

A. L'horizon supérieur, noir, gris foncé ou gris, tantôt homogène, tantôt légèrement pénétré d'une poussière blanchâtre, de 1 à 3 dcm.

---

[1]) Les toundras peuvent donc être avec raison classées dans le groupe des sols grossiers et sols-squelettes.

[2]) En russe „solonetz", plur. „solontzy".

B. L'horizon gris clair ou blanchâtre, épais de 1 à 3 dcm. (souvent peu net).

C. Sous-sol, l'argile brunâtre ou rougeâtre, compacte et visqueuse.

La surface des sols salants, après la pluie surtout, se couvre d'un enduit ou d'une croûte consistant en une farine siliceuse de couleur blanche et en petits cristaux de sel. La quantité d'humus qu'ils renferment (horizon *A*) est généralement beaucoup moindre que dans le tchernozom voisin, pouvant cependant monter quelquefois à 8% et davantage. L'eau dissolvante prend une couleur brune par suite de la présence d'humates d'alcalis. La solubilité de l'humus atteint à $^1/_{70}$ dans l'horizon *A*, et à $^1/_{25}$ dans l'horizon *B*, c'est-à-dire qu'elle est 2 ou 3 fois plus grande que dans les tchernozoms. Cette circonstance qui a sa raison d'être dans l'état d'humidité plus fréquent et plus prolongé des terres salantes, les rapproche des sols du type à podzol; cela explique aussi la couleur blanchâtre de l'horizon inférieur et la présence de la farine siliceuse des enduits et des croûtes. Parmi les sels minéraux solubles dans l'eau sont propres aux sols salants de la région à tchernozom: Na_2Co_3, Na_2SO_4, $NaCl$, $CaSO_4$, $MgSO_4$ et la bicarbonate de chaux; beaucoup de ces sols sont marneux. La quantité générale des sels extraits par l'eau atteint, d'après Kostytchow et autres, de 0,5% à 3—5% et davantage. Sous le rapport physique, les terres salantes, entourées de tchernozom, ont la propriété de se condenser et de durcir en se desséchant.

Les terrains salants de la steppe sèche et du Turkestan sont le plus souvent de teintes jaunâtres ou brunâtres comme les zones qui les entourent; mais il s'en trouve aussi de couleur foncée. Les croûtes blanches brillant au soleil consistent en Na_2SO_4, $NaCl$, $MgSO_4$, $CaSO_4$ et carbonates. Il se rencontre même des déserts salins tout entiers, complètement privés de culture. Les boues et les limons salins portent le nom de „khaki“, „takhyry“. Dans la steppe plane près de la mer Caspienne sont dispersés, entre autres, des monceaux d'argile salifère, creusés par des marmottes, qui se distinguent par une végétation spéciale (plantes salines, Camphorosma etc.).

En général les sols salants de la Russie d'Europe et d'Asie offrent une grande ressemblance avec ceux de la Hongrie, de l'Inde, de l'Arabie, des Etats occidentaux de l'Amérique du nord, de l'Australie et des autres pays plats et secs.

2) *Sols calcarifères à humus.*

Les sols formés de calcaires et de marnes sont souvent des sols-squelettes et contiennent peu d'humus. C'est surtout le cas lorsqu'ils se trouvent sur les pentes escarpées des rivières et des ravins dans des régions ondulées, parsemées de collines. Mais des mêmes roches-mères—calcaires tendres, craie et marne crayeuse—il se forme aussi des sols à couleur noirâtre, assez riches en humus. Dans la partie sud du royaume de Pologne (système crétacé des gouv. de Loublin et Radom), ils attirent sur eux une attention particulière en ce qu'ils se distinguent fortement des sols gris clair à podzol qui les entourent. On les appelle „rędzina“ ou „borowina“. L'horizon supérieur de la rędzina est gris foncé ou même presque noir et souvent criblé de points blancs de craie non désagrégée; en bas la teinte devient plus claire et le sol se confond peu à peu avec une argile marneuse et visqueuse, mêlée de rocaille crayeuse. Plus loin, vers le bas, vient une roche-mère blanche, de la craie ou du calcaire. La teneur en humus varie entre 3 et 10%; sa solubilité est de $^1/_{100}$ à $^1/_{130}$. La quantité de $CaCO_3$ n'est pas partout la même, variant de 3 à 17% et davantage. La composition argileuse de la masse minérale fait que par un temps humide le sol devient visqueux et qu'il durcit au soleil. On rencontre d'ailleurs çà et là des rędzinas sableuses plus légères.

Des sols semblables à humus, formés de calcaires et de marnes, sont connus dans les gouvernements de Kalouga, Nijny-Novgorod, Kazan, Pskow, Perm etc. (en dehors de la zone à tchernozom), où du reste ils n'occupent pas d'espaces considérables.

3) *Sols marécageux (saturés d'eau).*

Nous ne nous arrêterons pas sur les sols marécageux à eau douce de la Russie, car ils ressemblent complètement à ceux de l'Allemagne, de la Suède et des autres pays à climat tempéré ou froid de l'Europe. Laissant de côté les terres tourbeuses, nous nous contenterons de dire quelques mots sur les sols humifères vaseux et ceux des marais herbeux (Wiesen-Moore, Grünlands-Moore).

Les sols de ces types sont très étendus dans toute la moitié nord de la Russie. En la seule région de Polessié (bassin de la rivière Pripiate) ils occupent plus de 3000 klm. carrés. Les sols à podzol saturés d'eau passent continuellement aux sols des marais herbeux qui forment au milieu d'eux des îlots, des taches et des lambeaux. La couverture végétale consiste en différentes *Carex*, *Scirpus*, *Phragmites*, *Acorus*, *Menyanthes*, *Parnassia*, *Nasturtium*, *Ranunculus*, *Butomus*, *Sagittaria* etc. Les racines et les radicules de ces plantes pénétrant dans la roche minérale vaseuse, saturée d'eau, donnent de l'humus décomposant lentement et atteignant une accumulation très élevée, c'est à dire de 6 à 30%. Les bords des marais vaseux et des prés acides sont souvent labourés; le contraste que ces terrains noirs offrent avec les sols voisins gazonneux ou à podzol gris clair, les a fait appeler „tchernozom des marais“.

La puissance de l'horizon foncé varie de 2 à 8 décimètres et davantage. La solubilité de l'humus n'est pas grande ($^1/_{200}$ — $^1/_{270}$); mais comme la teneur générale de l'humus est assez importante et que l'humidité pénètre continuellement le sol, il se remarque dans l'horizon sous-jacent une augmentation rapide en $^0/_0$ des substances solubles. Ainsi, par exemple, la solubilité de l'humus était:

près de la surface (teinte noire) . . . . . $^1/_{268}$
à une profondeur de 6 dcm. (teinte grise) . $^1/_{93}$
à une profondeur de 1 m. (teinte blanchâtre). $^1/_{10}$

L'abondance de l'humidité dissolvant l'acide crénique et apocréuique contribue à l'altération et au lessivage des bas horizons du sol en les rapprochant des podzols. Sous les marais on remarque souvent une vase blanche, gris clair, blanc bleuâtre ou verdâtre, tantôt sableuse. La quantité générale d'azote (dans l'horizon *A*) varie, proportionnellement à la teneur de l'humus, entre 0,3 et $4^0/_0$.

Dans la partie minérale du sol, le rapport entre l'argile et le sable n'est pas constant; on trouve tous les passages des sols vaseux à terre fine aux sols sablo-argileux et sableux. Des veines et des concrétions brunes de limonite, l'ortstein, le vivianite, le fer sulfureux sont les compagnons habituels de ces sols. Une teneur considérable en carbonate et sulfate de chaux est souvent propre aux terres marécageuses contenant des restes organiques (coquillages de mollusques etc.).

Les sols du type des „Marches" ne jouent point de rôle important en Russie. Aux „Marches" lacustres ressemblent les sols de couleur foncée des confins nord-ouest du gouv. de Warsowie, sur la frontière prussienne; ils sont connus sous la dénomination de „terre noire Kouïawa".

C. Sols incomplets ou azonaux.

A. Sols grossiers-crus et sols-squelettes.

A ce groupe se rapportent en Russie les sols provenant de roches compactes, pierreuses, rocailleuses, caillouteuses. Tels sont, par exemple, les sols des parties montagneuses de la Crimée [1]), du Caucase, de l'Oural, de la Sibérie sud-orientale etc.; leur composition pétrographique est très variée. Dans les plaines de la Russie des espaces immenses sont occupés par des sols formés de sables meubles.

Ce qui attire une attention particulière, ce sont les sables mobiles de steppes arides (déserts sablonneux, barkhany) et les longues bandes de sables, recouvertes ordinairement de forêts de pins, dans la Russie moyenne, le long des rives plates de la Volga, de l'Oka, de la Kliazma, de la Tzna, de la Jisdra, de la Desna, du Dniepr supérieur, de la Pripiate et de la Vistule, où ils forment la limite schématique entre le territoire des dépôts morainiques du nord et celui du loess du sud.

Ici aussi nous ne devons pas oublier de faire mention des sols morainiques rocailleux et des sols caillouteux des „oesars". Les collines du paysage morainique et les pentes raides des rivières et des ravins sont ordinairement accompagnées de sols grossiers, peu développés et caillouteux, offrant tous les passages aux types zonaux locaux.

Dans la région des sols à podzol frappent souvent le regard, par leur couleur brune rougeâtre, des „places chauves", formées d'argile sableuse à blocaux. Dans la bande de tchernozom apparaissent çà et là des affleurements de loess lessivé, de craie lavée (Don) etc.

[1]) Les pentes de la rive sud, les sols des vignobles et des forêts.

B. Sols alluviaux.

Les rivières de la Russie, à l'exception des quelques-unes qui sont en minorité, ont au printemps des crues régulières. Les alluvions qu'elles déposent se composent de sables, d'argiles, d'argiles sableuses et marneuses, avec des assises de limonite et de tourbe, des inclusions de vivianite etc. Se recouvrant après la retraite des eaux d'une végétation prairiale, des quantités plus ou moins grandes d'humus s'accumulent dans l'horizon supérieur (le sol proprement dit). Par la composition de leur partie minérale ces sols répondent au type pétrographique des alluvions. Par places ces terres sont occupées par des potagers ou par des champs; parfois, par exemple sur les bords de la Vistule, ces terrains sont protégés par des digues contre les inondations.

Les sols alluviaux, sortis de la sphère des eaux, se rapprochent des sols zonaux correspondants: dans la Russie du nord—des sols à podzol, dans la Russie du sud—du tchernozom.

Les recherches concernant les sols de la Russie n'ont reçu un caractère systématique que dans ces trente dernières années; elles ont été faites et le sont encore, en partie par les établissements de la Couronne (Ministères des Finances, de l'Agriculture, des Apanages), en partie par les zemstwos, les sociétés savantes et les investigateurs particuliers. Il faut citer par excellence les travaux exécutés sur les ressources des zemstwos des gouvernements de Nijny-Novgorod et de Poltawa. A la Société économique libre de St. Pétersbourg, qui prend depuis longtemps un vif intérêt à la connaissance approfondie des sols de la Russie, a été adjointe une Commission spéciale pour l'étude des sols. Différentes expéditions, comme, par exemple, les expéditions géologiques qui se font en Sibérie, les expéditions hydro-géologiques pour l'étude des steppes du sud, les expéditions statistiques et autres, ont fait jusqu'ici et continuent encore des recherches sur le sol. A côté d'un but purement scientifique, les travaux tendent encore à satisfaire les besoins agronomiques (champs et stations d'essai) et ceux du cadastre (réforme des impôts fonciers).

Le territoire de la Russie d'Europe, quoiqu'il n'ait pas été jusqu'ici étudié également partout, l'a été cependant assez pour que les types de sol et, en partie, les schèmes de leur répartition puissent être régardés comme connus dans leurs traits généraux.

Quant au vaste territoire de la Russie asiatique, il n'a été soumis aux études concernant le sol qu'en certains endroits, et principalement dans sa moitié méridionale.

La carte des sols de la Russie européenne dressée, en 1879, par W. Tchaslavsky, à l'échelle de 60 verstes par pouce, a beaucoup vieilli. Depuis lors il a paru un bon nombre de cartes pédologiques de régions entières et de diverses localités, ainsi que des cartogrammes à l'échelle de 10, 3 et 1 verstes par pouce. En ce moment on prépare, sur l'initiative du Ministère de l'Agriculture, une édition nouvelle complètement remaniée de la carte des sols de la Russie d'Europe (à l'échelle de 60 verstes par pouce). Cette carte répondra au niveau actuel de nos connaissances sur les sols du pays.

Classification générale des sols relativement à la Russie.

TYPES GÉNÉTIQUES.	SOLS POUSSIÉREUX OU ÉOLIENS.	SOLS DES STEPPES SÈCHES OU DES STEPPES-DÉSERTS.		TCHERNOZEMS				SOLS DES STEPPES SILVESTRES ET SOLS FORESTIERS GRIS.		SOLS GAZONNEUX À PODZOL.			SOLS DES TOUNDRAS.
COUPES SCHÉMATIQUES DES SOLS.								Brun.					
PRINCIPALES ROCHES-MÈRES.	Loess éolien.	Dépôts posttertiaires superficiels (argiles, [illegible] etc.) avec les produits de leur altération.		Loess et roches loessiformes [illegible]				Produits de l'altération des dépôts posttertiaires et des anciennes roches; loess lessivé.		Dépôts morainiques. Produits d'altération de diverses roches de la moitié septentrionale de la Russie.			
SOLS-TYPES.	Sols loessigènes.	Sols d'un brun clair.	Sols châtains.	Tchernozem de couleur chocolat.	Tchernozem ordinaire.	Tchernozem gras	Tchernozem brun foncé de la Russie centrale.	Sols gris foncé.	Sols gris.	Sols gazonneux.	Sols à podzol.	Podzols.	Sols de la toundra arctique.
HUMUS ET SA SOLUBILITÉ [illegible]	H jusqu'à 2 [illegible]	H 1–3 [illegible] S [illegible]	H 3–5 [illegible] S [illegible]	H 4–6 [illegible] S [illegible]	H 6–10 [illegible] S [illegible]	H [illegible] 10 [illegible] S [illegible]	H 6–4 [illegible] S [illegible]	H 5–1 [illegible] S [illegible]	H 4–3 [illegible] S A. [illegible] B. [illegible]	H 1–3 [illegible] S [illegible]	H 1–3 [illegible] S A. [illegible] B. [illegible]	H 0,2–1 [illegible] S [illegible]	
SOLS ARGILEUX.		Sols argileux d'un brun clair des steppes sud-orientales. C. Argiles.			Tchernozem argileux. C.—Produits argileux et loessiformes de l'altération d'argiles lourdes, bitumineuses, marneuses, etc., de calcaires argileux, de roches cristallines etc. Argile loessiforme.	Tchernozem argileux gras.							Toundra argileuse.
SOLS SOUS-ARGILEUX LOURDS ET MOYENS.		Sols sous-argileux lourds et moyens d'un brun clair. C.—Argiles.	Sols sous-argileux lourds et moyens châtains des steppes sud-orientales et méridionales.	Sols sous-argileux lourds et moyens de couleur chocolat. C.—Argiles lourdes loessiformes et produits argileux de l'altération des roches.	Tchernozem lourd et moyen. C. Loess argileux; produits argilo-loessiformes de l'altération des roches.	Tchernozem lourd et moyen gras.		Sols sous-argileux des steppes silvestres, lourds, moyens et légers; sols ressemblant au tchernozem: tchernozem dégradé; sols sous-argileux gris foncé.	Sols sous-argileux gris brunâtres („gris"), lourds, moyens et légers, faisant transition aux sols à podzol.	Sols sous-argileux gazonneux lourds et moyens: 1) [illegible]; 2) sur les anciennes argiles alluviales; 3) sur les produits argileux de l'altération des roches.	Sols sous-argileux à podzol lourds et moyens. 1, 2, 4 } sur les mêmes roches.	Podzols humides [illegible]	Toundra sous-argileuse.
SOLS SOUS-ARGILEUX LÉGERS.	Sols grisâtres et jaunâtres sous-argileux, loessiformes.	Sols sous-argileux légers d'un brun clair. C.—Argile sableuse se transformant par désagrégation en roche loessiforme.	Sols sous-argileux légers châtains.	Sols sous-argileux légers de couleur chocolat. C.—Limon loessiforme.	Tchernozem sous-argileux léger. C.—Loess de la Russie méridionale.	Tchernozem sous-argileux gras léger.	Tchernozem sous-argileux de la Russie centrale 1) des terrasses. C.—Loess des terrasses. 2) des vallées. C. Loess des vallées.	C. Loess lessivé; roches loessiformes argileuses et sous-argileuses; produits de l'altération de diverses roches (p. ex. des marnes permiennes rouges).	C.—Argiles morainiques altérées; produits sous-argileux de l'altération des roches.	Sols sous-argileux gazonneux légers: 1) [illegible]; 2) sur le limon morainique; 3) sur les anciennes alluvions; 4) sur les produits sous-argileux de l'altération des roches.	Sols sous-argileux légers à podzol. 1) sur le limon morainique; 2) sur l'ancien loess alluvial; 3) sur les produits sous-argileux de l'altération des roches.	Podzols sous-argileux.	
SOLS SOUS-SABLEUX.		Sols sous-sableux brun clair.	Sols sous-sableux châtains.	Sols sous-sableux de couleur chocolat.	Tchernozem sous-sableux. C.—Loess sous-sableux; produits sous-sableux de l'altération des roches.			Sols sous-sableux („terres grises") des steppes silvestres et des forêts à feuilles caduques.		Sols sous-sableux gazonneux. C.—Dépôts sous-argileux et sous-sableux morainiques et d'anciennes alluvions. Produits sous-sableux de l'altération des roches.	Sols sous-sableux à podzol.	Podzols sous-sableux.	Toundra arénacée.
SABLES ARGILEUX.		Sables argileux d'un brun clair. C.—Dépôts arénacés.			Sable argileux à tchernozem. C.—Argiles chargées de sable et sables argileux d'origine diverse.						Sables argileux à podzol.	Podzols arénacés.	

C indique les [illegible]

B. **Transitions des sols zonaux et intrazonaux en sols crus-grossiers (Rohboden) et sols-squelettes.**

C.

ar suite d'un change-men mécanique des ls, délavage, érosion.	Par suite de l'action peu intensive des agents de la formation des sols. Sols faiblement développés.	Par suite d'un mélange de blocailles dans la roche-mère.

C. Dépôts éoliens: sables mouvants des dunes etc.

B. Sols intrazonaux.

TERRES SALANTES (SALANTS).		SOLS CALCARIFÈRES A HUMUS.	SOLS MARÉCAGEUX.
Terres salantes de la zone sèche.	**Terres salantes dans la region à tchernozom.**	**Sols accumulant l'humus à condition de la présence d'un surplus de chaux.**	**Sols de marais herbeux à eau douce.**
H. 0,1—2% [NaCl, Na_2SO_4, $CaSO_4$ etc.].	H. 1—10% S. A. [illegible] B [illegible] [Na_2CO_3, Na_2SO_4, $CaSO_4$, $CaCO_3$ etc].	H. 4—10 et >. S. $^1/_{100}$. [$CaCo_3$, $MgCO_3$].	H. 5—15% et >. S. A. [illegible] B. [illegible]
Terres salantes brun clair, rousses et gris clair: 1) Argileuses. 2) Sous-argileuses. 3) Sableuses. Terres salantes des steppes sèches.	Terres de couleur foncée. 1) Argileuses. 2) Sous-argileuses et sous-sableuses. Tchernozoms salants.	„Rendzinas".	Sols de couleur foncée saturés d'eau, argileux, sous-argileux, sous-sableux etc.

$\frac{A\ B.}{C.}$ Transitions des sols zonaux et intrazonaux en sols crus-grossiers (Rohboden) et sols-squelettes.

Par suite d'un changemen mécanique des sols, délavage, érosion.	Par suite de l'action peu intensive des agents de la formation des sols. Sols faiblement développés.	Par suite d'un mélange de blocailles dans la roche-mère.

Transitions aux sols rocailleux.

Tchernozoms, terres sous-argileuses et sous-sableuses (différents types) mêlés de rocaille. „Rendzinas" rocailleuses.

Sols à blocaux de différents types.

Transitions aux sols granuleux.

Sables peu argileux, tchernozoms caillouteux, terres sous-argileuses et sous-sableuses à gravier et galets.

Transitions aux terres schisteuses et compactes.

Sols schisto-argileux et sols peu épais et compacts, argileux et sous-argileux, dans les diverses régions zonales („Places chauves" sur les protubérances, pentes raides, collines ets.).

C. Sols incomplets ou azonaux.

ALLUVIAUX.	SOLS CRUS-GROSSIERS ET SOLS-SQUELETTES ÉLUVIAUX.		
Sols des vallées fluviales et lacustres.	**Rocailleux.**	**Granuleux.**	**Schisteux et compacts**
A. 1) A éléments fins. 2) A éléments fins et à humus. B. 1) Granulo-sableux. 2) Arénacés caillouteux	Rocailleux provenant de roches siliceuses. Rocailleux provenant de calcaires, de craies et de dolomies.	Sols sableux (sables meubles et sables de forêts de pins). Sols caillouteux et à gravier.	Argileux et marno-schisteux. Argiles et terres sous-argileuses de composition et d'origine diverses.

D. Formations géologiques superficielles.

ORGANOGÈNES.	DÉPOTS MINÉRAUX MÉCANIQUES.
Marais tourbeux; tourbières, toundras tourbeuses.	**A.** Dépôts marins et lacustres: 1) salifères: boues salines; 2) à galets, granuleux, limoneux. **B.** Alluvions fluviatiles et de ravins: sables, argiles, galets. **C.** Dépôts éoliens: sables mouvants des dunes etc.

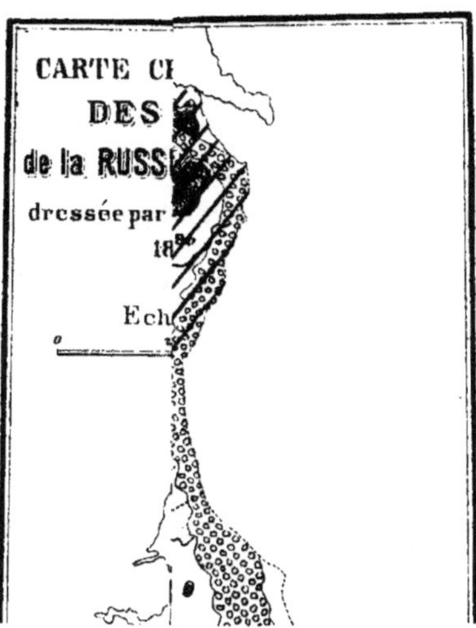
CARTE C
DES
de la RUSS
dressée par
18
Ech
0

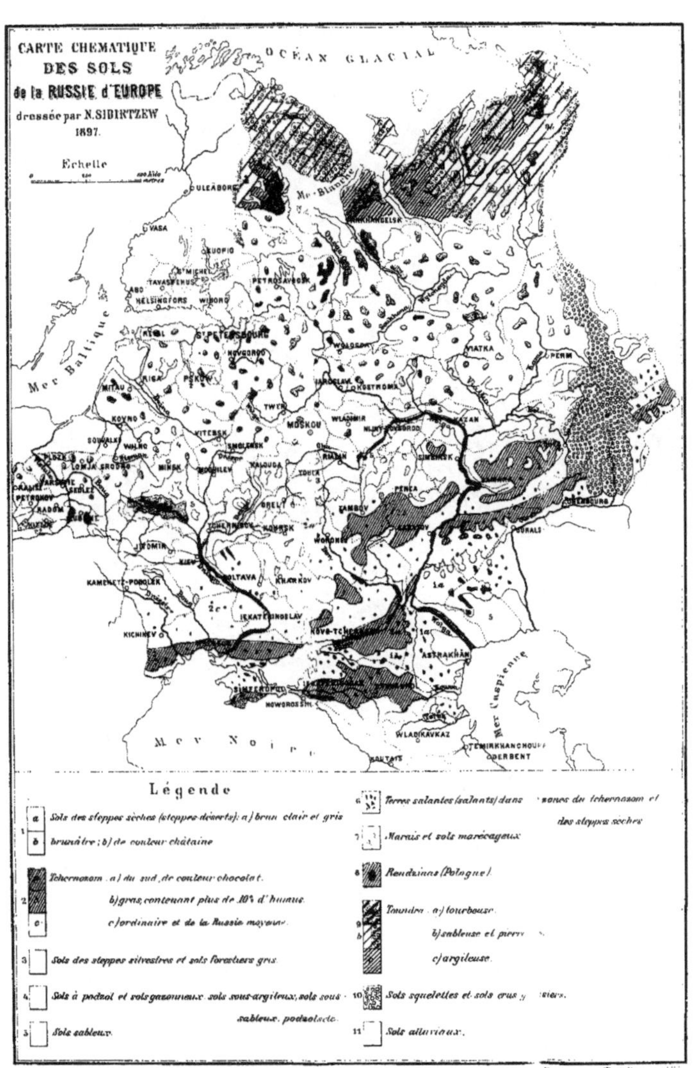
CARTE CHEMATIQUE
DES SOLS
de la RUSSIE d'EUROPE
dressée par N. SIBIRTZEW
1897.
Echelle
OCÉAN GLACIAL
Mer Blanche
Mer Baltique
Mer Caspienne
Mev Noire
ULEÅBORG
ARKHANGELSK
VASA
KUOPIO
St MICHEL
TAVASTEHUS
ABO
HELSINGFORS
WIBORG
PETROZAVODSK
REVEL
St PETERSBOURG
NOVGOROD
WOLOGDA
VIATKA
PERM
MITAU
RIGA
PSKOW
JAROSLAV
KOSTROMA
TWER
KOVNO
MOSKOU
WLADIMIR
NIJNI-NOVGOROD
KAZAN
SOUWALKI
WILNO
VITEBSK
SMOLENSK
RIAZAN
SIMBIRSK
LOMJA
GRODNO
MINSK
MOGILEV
KALOUGA
TOULA
PENZA
VARSOVIE
SEDLEC
KALISZ
PETROKOV
RADOM
LUBLIN
ORELL
TAMBOV
SARATOV
TCHERNIGOV
KOURSK
WORONEJ
JITOMIR
KIEW
POLTAVA
KHARKOV
KAMENETZ-PODOLSK
IEKATERINOSLAV
KICHINEV
NOVO-TCHERKASSK
ASTRAKHAN
SIMFEROPOL
NOWOROSSIISK
WLADIKAVKAZ
KOUTAIS
TEMIRKHANCHOURA
DERBENT
ORENBOURG
OURALSK
Légende
1 a, b. Sols des steppes sèches (steppes-désertes): a) brun clair et gris brunâtre; b) de couleur châtaine
2 a, b, c. Tchernozom: a) du sud, de couleur chocolat. b) gras, contenant plus de 10% d'humus. c) ordinaire et de la Russie moyenne.
3. Sols des steppes silvestres et sols forestiers gris.
4. Sols à podzol et sols gazonneux, sols sous-argileux, sols sous-sableux, podzols etc.
5. Sols sableux.
6. Terres salantes (salants) dans zones du tchernozom et des steppes sèches
7. Marais et sols marécageux
8. Rendzinas (Pologne).
9 a, b, c. Toundra: a) tourbeuse. b) sableuse et pierr… c) argileuse.
10. Sols squelettes et sols crus …siers.
11. Sols alluviaux.

VI.

DIE GEOGRAPHISCHE VERBREITUNG UND ENTWICKELUNG DES CAMBRIUM.

VON

Fritz Frech, Breslau.

Allgemeines.

Den mühevollen Einzeluntersuchungen über Gliederung und Vergleichung der Schichtgruppen verschiedener Gebiete schwebt als letztes Ziel eine Reconstruction des Zustandes der Erdoberfläche in den verschiedenen geologischen Perioden vor. Neumayrs Studien über die Juraformation haben auch auf dem Gebiete anderer Formationen mannigfache Nachahmung in kleinerem Maasstabe gefunden; für die palaeozoische Aera soll das in den letzten Jahrzehnten aufgestapelte Beobachtungsmaterial in den neu erscheinenden Lethaea palaeozoica (Stuttgart 1897) einer gründlichen Durcharbeitung unterzogen werden. Die folgenden Zeilen sind, abgesehen von einigen die Gesammtauffassung nicht berührenden Ergänzungen — die Wiedergabe des allgemeinen das Cambrium behandlenden Abschnitts.

Bevor wir dem schwierigen Reconstructionsversuch näher

treten, ist es nöthig die Grenzlinien zu bestimmen, welche von der Natur selbst der Forschung gesteckt sind. Gewaltige Gebiete sind vom Ocean bedeckt und von den Festlandsmassen ist kaum ein Drittel geologisch durchforscht. Aber auch abgesehen hiervon sind die Aufschlüsse der palaeozoischen Formationen an sich räumlich beschränkter, als die der mesozoischen Bildungen. Die wichtigen Hinweise, welche die physische und zoologische Geographie der Jetztwelt für die Enträthselung der Tertiärzeit giebt, fehlen in den Uranfängen der geologischen Zeitrechnung so gut wie ganz. Ein gewaltiger Continent, Afrika, enthält nur im äussersten Süden und Norden Reste palaeozoischer Bildungen, und die bisher bekannten, in unsere Aera zu stellenden Ablagerungen der Südhemisphäre gestatten nur in Bezug auf Theile des Obersilur, des jüngeren Devon und der Dyas Folgerungen weitergehender Art. Cambrium ist z. B. nur in vereinzelten z. Th. zweifelhaften Vorkommen aus Süd-Australien und Argentinien bekannt. Trotzdem bei geologisch-geographischen Vergleichungen die auf weite Strecken gleich bleibende Beschaffenheit aequivalenter Bildungen zuweilen das Verhandensein von Lücken weniger empfindlich macht, sind wir doch bei den meisten Erörterungen allgemeinerer Art fast immer auf die Nordhemisphäre mit Ausschluss von Afrika — beschränkt.

Trotz dieser räumlichen Beschränkungen liegt eine Antwort auf die Grundfrage der geologisch-geographischen Forschung nicht ausserhalb des Bereiches der Möglichkeit: Haben gewaltige auf kosmische oder allgemeine terrestrische Ursachen zurückzuführende Transgressionen den Erdball betroffen, oder haben weniger ausgedehnte, gleichzeitig negativ und positiv wirkende Meeresschwankungen sich gegenseitig compensirt? Die Antwort hierauf ist in der kleinen, vom Verf. dem Congress unterbreiteten Schrift über Abgrenzung und Benennung der geologischen Schichtengruppen theilweise gegeben. Die folgenden Ausführungen bilden die Erläuterung derselben an einem bestimmten Beispiel.

Für die älteren palaeozoischen Formationen, insbesondere für das Cambrium sind bereits einige palaeo-geographische Versuche gemacht worden. Schon Barrande wies darauf hin, dass die primordialen Ablagerungen Böhmens ihrer Gliederung und Versteinerungsführung nach von dem nordischen Cambrium verschieden seien. In Danas Manual of geology wird jeder Epoche eine geographische Uebersicht der alten Meere und Continente beigefügt, ein neuerer Versuch ähnlicher Art (dessen Ergebnisse ich jedoch nur theilweise zu bestätigen vermag), rührt von E. Koken [1]) her. Walcott hat für Amerika sogar eine geographische Nomenclatur für die verschiedenen Entwickelungsgebiete des Cambrium eingeführt. Da jedoch hierbei nicht nur der faunistische Charakter gleichalter und isoper Schichten in Rechnung gezogen, sondern auch die Faciesverschiedenheit und das Fehlen einzelner Stufen mit berücksichtigt wird, so ergiebt sich eine überaus verwickelte Namengebung. Dieselbe entspricht jedenfalls nicht den Grundsätzen, welche bei der Reconstruction der mesozoischen Meere in Anwendung gekommen sind. Wollte man beispielsweise den Jura Deutschlands nach den von Walcott angewandten Grundsätzen eintheilen, so würden sich fünf bis sechs „Provinzen“ [2]) ergeben, während nach Neumayr, welcher nur die unter gleichen physikalischen Bedingungen lebenden („isopen“) Thiere berücksichtigt, diese Provinzen einem einheitlichen Meeresbecken angehören. Es bedarf keines Nachweises, dass die Walcottsche Methode nur für Localzwecke verwendbar ist; für die geographische Uebersicht des Zustandes der Erdoberfläche muss von der localen Faciesbildung abgesehen

[1]) Die Vorwelt, p. 93—96.

[2]) Franken-Schwaben; 2) Westfalen; 3) Harz; 4) Pommern; 5) Oberschlesien etc.

werden. Ebenso wenig ist es möglich, für lange Perioden, wie Cambrium oder Jura, mit einer Nomenclatur auszukommen, da während derselben bedeutsame Veränderungen in der Vertheilung von Festland und Meer eintreten. Beispielsweise umschliesst das obere Cambrium in Nord-Amerika — abgesehen von dem äussersten Nordosten—eine gleichmässig verbreitete Fauna. Trotzdem werden in Walcotts Nomenclatur nicht zwei, sondern vier Provinzen mit einer fast dreifachen Anzahl von „subprovinces" unterschieden.

1) Das Untercambrium [1]).

Die Verbreitung der basalen Conglomerate und Sandsteine.

Das untere Cambrium beginnt überall, wo dasselbe in vollständiger Entwickelung aufgeschlossen ist, mit Conglomeraten und anderen klastischen Gesteinen.

Die Anzeichen einer weitausgreifenden, alte praecambrische Festländer bedeckenden Transgression sind aus ganz Nord-Europa (nördliche und südliche baltische Länder, Skandinavien, Wales, Schottland und Nord-Frankreich), aus Sardinien [2]), aus dem Osten und Westen von Nord-Amerika, New-Foundland, Utah, Nevada, British Columbia [3]), aus China, sowie aus der Indischen Salzkette (Purple sandstone oder Khewra group des Pendschab) bekannt geworden. In China (Sinische Formation von Richthofens) dürften praecambrische Schichten ohne Discordanz und ohne scharfe Trennung in cambrische Bildungen übergehen.

[1]) Die in den nachfolgenden Abschnitten zusammengestellten Betrachtungen stützen sich auf die in den nachstehenden Tabellen vereinigten Thatsachen.

[2]) Wo Bornemann die vorhandenen Sandsteine als Strand- oder Dünenbildung deutet.—cf. die Dreikanter von Lugnäs.

[3]) Bowen River-Quarzit.

Die gleichen geologischen Verhältnisse, wie in China, beobachten wir auf der anderen Seite des Stillen Oceans. In Nevada (Prospect mountain), British Columbia (Bow River) und Utah (Big Cottonwood Cañon) ist die Mächtigkeit der unter dem Olenellus-Niveau liegenden Quarzite und Sandsteine derart, dass man mit grösserer oder geringerer Einstimmigkeit den unteren Theil derselben in das Praecambrium versetzt. Die ausserordentliche Mächtigkeit, welche die sinische Formation im Liegenden des Mittelcambrium besitzt, lässt diese Ansicht naheliegend erscheinen. Allerdings beginnt auch die sinische Formation mit einer Transgression über Gneiss- und Praecambrium (Wutai-Formation); auf die gewaltige Ausdehnung derselben und auf die Bedeutung dieser geologischen Erscheinung hat v. Richthofen aufmerksam gemacht. Aber eben die Mächtigkeit der älteren aus Sandstein, Schiefer und Kalk bestehenden sinischen Bildungen macht die Annahme wahrscheinlich, dass die sinische Transgression zeitlich früher erfolgt ist als die untercambrische. Mag nun die Entscheidung über die Einzelfragen der Stratigraphie ausfallen, wie sie wolle, jedenfalls ergiebt sich für den nördlichen Theil des Pacifischen Weltmeeres ein geologisches Alter, welches dem Beginn der durch bestimmbare Versteinerungen gekennzeichneten Schichtenfolge entspricht, wahrscheinlich aber noch über denselben hinaus reicht. Die Conglomerate und groben Sandsteine sind versteinerungsleer, die in den feineren klastischen Gesteinen vorkommenden organischen Reste bestehen aus häufigen Spuren von Würmern, selteneren Brachiopoden, Hyolithen und Abdrücken von Medusen. Reste von Crustaceen fehlen noch, wenn man nicht einige Kriechspuren auf diese Gruppe beziehen will.

Die faunistische Aehnlichkeit zwischen den untercambrischen Sandsteinen und den praecambrischen Bildungen ist deutlich ausgeprägt und erklärt u. a. die Schwierigkeit einer

Grenzbestimmung in denjenigen Gebieten, in welchen die basale Discordanz fehlt.

Die Olenellus-Stufe.

Die grobklastischen Bildungen gehen nach oben zu in feinere, sandige oder thonige Schichten über, deren Mächtigkeit wenige Dutzende bis Tausende von Fuss [1]) beträgt. Kalke sind äusserst selten. Die bezeichnende Gattung *Olenellus* [2]) ist in allen erwähnten Gebieten — mit Ausnahme von China — sowie ferner in Westaustralien [3]) gefunden worden.

Innerhalb der *Olenellus*-Stufe ist eine Altersverschiedenheit dadurch angedeutet, dass *Olenellus s. str.* (*O. Thompsoni*, *O. Gilberti* und *O. Lapworthi*) mit der Untergattung *Mesonacis* (*M. Mickwitzi* und *M. vermontana*) zusammen mit *Protypus* und einigen seltneren Gattungen [4]) auf die ältere Zone beschränkt ist. Auch die Untergattung *Holmia* (*H. Bröggeri*) ist bereits hier (Schicht № 2, bei Manuels Brook s. v.) vorhanden. Die tiefere Zone ist bisher in Nordschottland, Wales (St. Davids [5]), Estland, Sardinien, ferner in New-Foundland, British Columbia, Utah und Nevada nachgewiesen.

Die höhere Zone ist durch *Ellipsocephalus* und das Fortleben von *Holmia* (*H. Kjerulfi* in Skandinavien und Neu-Braunschweig, *H. Callavei* in Shropshire) ausgezeichnet, scheint jedoch etwas geringere Verbreitung zu besitzen.

Trotzdem wir bezüglich der Kenntniss untercambrischer Faunen erst im Beginn des Erkennens stehen, heben sich

---

[1]) New-Foundland—Prospect Mountain-Quarzit.

[2]) Daneben *Microdiscus*, *Ellipsocephalus*, *Olenoides*, *Ptychoparia*, *Conocephalus*, *Bathynotus*, *Crepicephalus*, *Oryctocephalus* u. a.

[3]) Quarterly Journ. Geol. Society. Mai. 1892, p. 241 erwähnt H. Woodwand ganz kurz das Vorkommen von *Olenellus* (?) und *Salterella* von Kimberley, Westaustralien.

[4]) *Bathynotus*, *Oryctocephalus*, *Crepicephalus*.

[5]) Hicks. Quart. Journ. Mai 1892 p. 241.

doch einige faunistische Verschiedenheiten (bei Trilobiten und Brachiopoden) deutlich hervor und gestatten die Annahme des Vorhandenseins getrennter Meeresbecken:

a) *Meeresbecken der Rocky-Mountains.*

Für die Kenntniss des Untercambrium bildet Nord-Amerika den Ausgangspunkt, sowohl hinsichtlich der Deutlichkeit der Profile, wie des Reichthums der Faunen. In einer überaus lehrreichen und umfassenden Zusammenstellung unterscheidet Walcott [1]) innerhalb der ältesten Ablagerungen drei Provinzen, die sich jedoch bei näherer Betrachtung auf zwei beschränken.

Mag man mehr Werth auf das Vorhandensein allgemein verbreiteter Arten oder auf das Vorkommen eigentümlicher Gattungen legen, jedenfalls ergiebt sich, dass das Meeresbecken der Rocky-Mountains-Provinz [2]) von dem Osten Amerikas faunistisch verschieden und durch breite Landmassen getrennt war. Die im Osten liegende „Atlantic-coast“ und „Champlain-Hudson province“ zeigen hingegen keinerlei durchgreifende Unterschiede, sondern gehören beide dem nord-atlantischen Meeresbecken der unter- und mittelcambrischen Zeit an. Die Zahl der Arten [3]), welche dem

---

[1]) The Fauna of the Lower Cambrian or Olenellus-Zone. 10. Ann. Rep. U. S. Survey. 1890.

[2]) Umfasst British Columbia (Mt. Stephens und Cathedral. Mt. an der Canadischen Pacific Bahn, Utah (Wahsatch und Oquirrh Mts) und Nevada (Silver Peak, Pioche, Highland Range, Eureka). Im Süden (Arizona, Neu-Mexico, Texas) war Festland, das Cambrium beginnt erst mit viel höheren Schichten. S. u. Die einzelnen Durchschnitte sind, soweit sie Bedeutung beanspruchen, der grossen Tabelle einverleibt.

[3]) Gegenüber den generischen Bestimmungen Walcotts sind im Folgenden einige Aenderungen eingeführt: *Zacanthoides* Wal. = *Olenoides* Walc., *Solenopleura* Ang. = *Ptychoparia* Corda; *Acalonia* Walc. = *Conocephalus* Zenk. vergl. oben. Nach eingehender Vergleichung habe ich keine Merkmale entdecken können, auf welche die Selbständigkeit von *Acalonia* und *Zacanthoides* begründet werden könnte.

Osten [1]) und Westen gemeinsam sind, ist sehr geringfügig (7 [2]) von 150). Entsprechend der gründlicheren Ausbeutung der östlichen Fundorte ist die Zahl der für die Rocky-Mountains-Provinz bezeichnenden Gattungen [3]) verhältnissmässig gering. Immerhin befinden sich unter denselben bezeichnende Typen, wie die Gruppe des *Olenellus Gilberti*, *Crepicephalus*, *Oryctocephalus*, *Anomocare*, *Acrotreta*, *Acrothele* und *Ethmophyllum*. Der Zusammenhang des östlichen und westlichen Meeres, auf den das Vorhandensein gemeinsamer Arten hinweist, könnte im Süden, etwa in der Mitte der Britischen Besitzungen gesucht werden. Das Meeresgebiet der heutigen Felsengebirge hing wahrscheinlich mit dem Stillen Ocean zusammen, für dessen Vorhandensein aus dem Untercambrium bestimmte Beweise vorliegen.

b) *Nordatlantisches Meer.*

Unverhältnismässig grösser (18) ist die Zahl der Gattugen, welche bisher nur im Osten gefunden wurden. *Mesonacis* und *Holmia*, *Conocephalus*, *Arionellus* (*Agraulos* Corda auct.), *Agnostus*, *Microdiscus*, *Bathynotus*, *Platyceras*, *Straparollina*, *Raphistoma*, *Helenia*, *Hyolithellus*, *Salterella*, *Camarella*, *Orthisina*, *Paterina* (= *Kutorgina labradorica* Bill.), *Linnarssonia*, *Iphidea*.

Andrerseits ergiebt eine Vergleichung der „Champlain-Hudson province“ mit dem Gebiet der Atlantischen Küste,

---

[1]) Champlain Hudson + Atlantic-coast province (Walcott).

[2]) *Protypus senectus* Bill., *Ptychoparia subcoronata* Walc., *Olenoides levis* Walc. sp., *Spirocyathus atlanticus* Bill. sp., *Hyolithus Billingsi* Walc. und *princeps* Bill., *Stenotheca elongata* Walc. *Kutorgina pannula* White sp. (Nevada) ist im Osten nicht sicher identificirt.

[3]) Bei der Vergleichung der Gattungen wurden nur Trilobiten, Gastropoden, Brachiopoden und Archaeocyathinen, d. h. die allgemeinen verbreiteten Gruppen berücksichtigt.

dass beide eine grosse Zahl identer Arten [1]) und eine kaum in Betracht kommende Zahl (4 bezw. 2 [2]) eigenthümlicher Gattungen besitzen. Es gehört demnach zum Nordatlantischen Becken die langgestreckte Zone von Ablagerungen, welche von Labrador (Belle-Isle-Strasse) durch New-Foundland, Neu-Braunschweig (Acadia), Vermont (Bennington-Quarzit), Massachusetts (N. Attleboro und Braintree), New-Jersey (Reading-Quarzit), New-York (Adirondack und Green Mts), Pennsylvania [3]), Virginia (Chilhowee-Quarzit) bis Ost-Tennessee und Alabama hinabreicht.

Die Bedeutung dieser faunistischen Uebereinstimmung tritt erst in das rechte Licht, wenn wir uns vergegenwärtigen, dass in den gleichalten Ablagerungen des weit entlegenen europaeischen Gebietes, neben zahlreichen amerikanischen Formen, nur eine einzige eigenthümliche Gattung, die Litoralform *Mickwitzia* vorkommt. Hingegen sind grade die wichtigsten, auch in tieferem Wasser heimischen Trilobiten, die Gruppe des *Olenellus Thompsoni* Hall, *Holmia* und *Mesonacis*, *Ellipsocephalus*, *Arionellus* und *Agnostus* auch in Europa durch nah verwandte und idente Arten [4]) vertreten. Auch unter den weniger leicht veränderlichen Brachiopoden finden sich idente Arten wie *Linnarssonia sagittalis* Salt. sp. und

---

[1]) *Protypus senectus*, Bill. und *var. parvula*, Bill., *Arionellus strenuus* Bill., *Olenellus Thompsoni* Hall (?), *Salterella pulchella* Bill., *Hyolithellus micans* Bill., *Hyolithus americanus* Bill., *communis* Bill., *impar* Ford, *princeps* Bill., *Platyceras primaevum* Bill., *Stenotheca rugosa* Hall. sp., *elongata* Walc., *Scenella reticulata* Bill., *Fordilla Troyensis* Barr., *Orthisina* sp. *Paterina labradorica* Bill. sp., *Kutorgina cingulata* Bill., *Iphidea bella* Bill.

[2]) Champlain-Hudson province: *Linnarssonia*, *Orthis*, *Agnostus*, *Bathynotus;* Atlantic-coast province: *Straparollina*, *Raphistoma*.

[3]) Walcott, Notes on the Cambrian rocks of Pennsylvania. American Journal of science, Vol. 47. Jan. 1894, p. 37.

[4]) *Olenellus Lapworthi* Peach et Horne cf. *O. Thompsoni* Hall, *Olenellus* (*Holmia*) *Mickwitzi* Schmidt cf. *O. vermontana* Walc. *Olenellus Kjerulfi* kommt auf beiden Seiten des Oceans vor.

Kutorgina cingulata Bill. Von „Pteropoden" werden *Salterella pulchella, Helenia bella* und *Hyolithellus micans* angeführt, deren Identität mit amerikanischen Formen sicher oder wenigstens höchst wahrscheinlich ist. Dass eine Anzahl amerikanischer Typen in den entsprechenden europaeischen Bildungen noch nicht gefunden sind, erklärt sich aus der Versteinerungsarmuth der letzteren.

Dass auch zur untercambrischen Zeit bedeutende facielle Unterschiede innerhalb desselben Meeresbeckens vorkommen, beweist die Auffindung einer der *Olenellus*-fauna gleichalten Thiergesellschaft in Neu-Braunschweig [1]). Die „Protolenus-Fauna" liegt unter der Zone des *Paradoxides lamellatus (cf. oelandicus)*, entspricht also dem Untercambrium, enthält aber neben zahlreichen bekannten Arten dieser Stufe eine Reihe von neuen Trilobiten-Gattungen, bei denen der grosse Augensockel von der Nackenfurche bis zur Glabella reicht: *Protolenus*, *Protagraulos* (verwandt mit *Arionellus* Barr. = *Agraulos* Corda) und *Micmacca* Matth.; *Ellipsocephalus* und *Avalonia* kommen auch in der *Olenellus*-Facies vor. Bemerkenswerth ist ferner das Vorkommen von Foraminiferen (*Orbulina* und *Globigerina*), kleinen Brachiopoden (*Lingulella, Obolus, Acrotreta, Acrothele*), Gastropoden (*Hyolithus* und *Pelagiella* Matth.) sowie Ostracoden (*Hipponicharion, Beyrichia, Primitia, Leperditia*).

Da die bisher beschriebenen Versteinerungen der ost-amerikanischen *Olenellus*-schichten eben sowenig wie die *Protolenus*-Fauna auf litorale Verhälnisse hinweisen, könnte man daran denken, dass Meeresströmungen oder aber das Vorkommen auf dem Boden des Meeres (*Olenellus*-Fauna) beziehungsweise im pelagischen Plankton (*Protolenus*-Fauna mit Globigerinen) die auffällige Verschiedenheit beider bedingt.

[1]) G. F. Matthew. Protolenus-Fauna (Transact. N.-York. Acad. Sciences. XIV. 1895. 101—153. T. 1—11. Ref. N J. 1897. I, p. 322.

Das Untercambrium von Sardinien bildete jedenfalls nur einen Ausläufer des nordatlantischen Meeres. Wenngleich ein eingehender Vergleich durch die mangelnde Horizontbestimmung und die nicht immer gelungene Beschaffenheit der bisher veröffentlichten Zeichnungen ausgeschlossen ist, so verweist doch das Vorkommen von Archaeocyathinen sowie der mit *Holmia Bröggeri* und *Callavei* nah verwandten Trilobiten auf einen unmittelbaren Zusammenhang mit dem nordatlantischen Ocean.

Aus dem spanischen, räumlich sehr ausgedehnten Cambrium sind bisher abgesehen von *Paradoxides* Schichten—nur Archaeocyathinen [1]) bekannt geworden, so dass eine bestimmte Angabe über die geographische Stellung unthunlich ist. Das häufige Auftreten dieser Gruppe kennzeichnet die kalkigen Ablagerungen des Untercambrium von Sardinien und West-Amerika. In den sandigen oder schiefrigen Bildungen Nord-Europas fehlt *Archaeocyathus* abgesehen von dem Durnesskalk.

c) *Pendschab—Provinz des Untercambrium.*

Die in der indischen Salzkette [2]) bisher gefundenen Trilobitengattungen *Olenellus* sp. und *Ptychoparia* [*Pt. indica* Waag. sp. [3])] gehören nebst *Lingula*, *Orthis* und *Stenotheca*

---

[1]) Vergl. Lethaea paleozoica Bd. I, p. 303. *Ethmophyllum Marianum* F. Roem. sp. aus den Sierra Morena: die andere bisher beschriebene Art von *Ethmophyllum* stammt aus Nevada und wird hier von *Archaeocyathus* s. str. begleitet (Hinde, Quart. Journ. Geol. Society.1889, p. 133, 434).

[2]) Vergl. besonders: Waagen, Salt Range Fossils, IV, p. 94 und Noetling, on the Cambrian Formation of the Eastern Salt Range. Rec. Geolog. Survey of India. Vol. XXVII, Th. 3, 1894. In beiden Arbeiten finden sich die weiteren Litteraturnachweise über die früher zum Silur und dann zum Obercarbon gestellten „Neobolus-Beds". Die Stratigraphie ist in der unten folgenden Tabelle auszugsweise wiedergegeben.

[3]) *Conocephalus Warthi* Waag. ist eine typische *Ptychoparia* mit beweglichen Wangen; zu derselben Gattung dürfte auch *Olenus? indicus* Waag. gehören, sofern man eine Bestimmung der mangelhaft erhaltenen Reste versuchen will.

zu den auch anderwärts das untere Cambrium kennzeichnenden Typen. Die Brachiopoden sind jedoch fast durchweg eigenthümlich, so *Neobolus*, *Lakhmina*, *Schizopholis* und *Discinolepis*. Nimmt man hierzu noch die, abgesehen von dem untersten Sandstein, durchaus eigenartige petrographische Entwickelung, die Häufigkeit der Dolomite und vor allem das Vorkommen einer sonst im Cambrium fehlenden Salzbildung, so erscheint die Annahme einer selbständigen Provinz naturgemäss. Dieselbe entspricht nur der Epoche des Untercambrium; ein wesentlich höheres Alter der Neobolus-Schichten lässt sich nach Noetlings Beobachtungen nicht rechtfertigen. Andrerseits kann die Dolomitgruppe (III siehe Tabelle) noch nicht dem Mittelcambrium zugewiesen werden, da untercambrische Reste in derselben vorkommen.

d) *Continente des Untercambrium* (*Algonkischer*, *Arktischer*, *Mitteleuropäischer Continent*).

Wenn bei der Reconstruction alter Meeresbecken die gleichmässige Vertheilung der fossilen Faunen manche geographische Lücken ausfüllt, so ist der Versuch, die Grenzen der Continente zu bestimmen, mehr von geologischen Beobachtungen abhängig. Selbstverständlich muss die Thatsache des Fehlens von Ablagerungen auf der heutigen Erdoberfläche mit um so grösserer Vorsicht bei der Beurtheilung palaeogeographischer Verhältnisse benutzt werden, je weiter wir in der geologischen Zeitrechnung zurückgehen, je grösser, mit anderen Worten, die Wirkung der denudirenden Kräfte gewesen ist.

Die sichersten Schlüsse gestattet die Beobachtung transgredirender Lagerung, vorausgesetzt, dass die stratigraphische Lücke nicht allzu gross ist. Wenn eine grössere Anzahl von Formationen fehlt (wenn z. B. obere Kreide die Steinkohlenformation überlagert), so ist die Entscheidung über die Frage schwierig, welche älteren Marinbildungen während der, der letzten Meeresbedeckung vorausgehenden Festlandzeit denudirt wurden. Vollkommen sicher gestellt ist nach dem eben erörterten das Vorhandensein des Algonkischen Festlandes im Centrum des heutigen Nord-Amerika.

Bis zu dem Wahsatchgebirge in Utah und dem Eurekagebiet in der Mitte von Nevada reicht von Norden her die selbständige Entwickelung der drei Cambrischen Stufen [1]). Bereits in Arizona (Grand Cañon), in Neu-Mexico und Texas lagern die transgredirenden Schichten des Obercambrium auf schwach aufgewölbten praecambrischen [algonkischen [2])] Schichten. Dieselbe Lagerung wurde, wie die schönen Uebersichtskarten von Walcott zeigen, in Wyoming, Süd-Montana, Dakota (den Black-Hills), Missouri (Ozark Mt.), Wisconsin, Minnesota und in den Adirondack Bergen (New-York) beobachtet. Jedenfalls hat hier während oder nach dem Abschluss der präcambrischen Zeit eine Aufrichtung der Schichten stattgefunden, und dieses ziemlich genau die Mitte des Continentes einnehmende Land wurde erst von der obercambrischen Transgression wieder überflutet. Die nach Osten hin deutenden faunistischen Beziehungen des untercambrischen Westmeeres machen eine Verbindung mit dem nordatlantischen Becken wahrscheinlich. Da sich der Algonkische Continent nach Süden (nach der Grenze von Californien zu) verbreitert, dürfte eine nördliche Verbindung etwa in der westlichen Fortsetzung der heutigen Hudson-Bay bestanden haben.

Weniger sicher begründet ist die Annahme eines arktischen Continentes. Es ist wesentlich der litorale Charakter der unteren und der mittelcambrischen Sedimente, sowie die einheitliche Zusammensetzung der europäi-

---

[1]) 10 Ann. Rep. U. S. Geol. Survey. Taf. 44. Bull. U. S. Survey, № 81 (Cambrian). Taf. III.

[2]) In geringerem Maase kommen archäische Schichten in Frage.

schen und ostamerikanischen Fauna, welche das Vorhandensein einer uralten den Norden des Atlantic in ost-westlicher Richtung durchziehenden Küstenlinie wahrscheinlich macht. Hierzu kommt als Bestätigung das vollkommene Fehlen cambrischer Ablagerungen in den arktischen Gebieten, wo nach den vorliegenden Berichten altsilurische Ablagerungen auf dem Urgebirge lagern. Auch die Mitte von Europa dürfte am Beginn der cambrischen Zeit landfest gewesen sein: Sardinien, Süd-Spanien, Nord-Frankreich, Bornholm, Esthland enthalten altcambrische litorale Bildungen. Das vollkommene Fehlen gleichalter Formationen in der wohl durchforschten Mitte von Europa fällt um so mehr ins Gewicht, als aus Languedoc und Böhmen gleichartig [1]) entwickelte mittelcambrische Transgressionsbildungen [2]) bekannt sind.

Wie weit sich im heutigen Asien der arktische Continent südwärts erstreckt hat, muss unentschieden bleiben. Immerhin macht die discordante Auflagerung von silurischen (?) und devonischen Schichten auf Urgebirge, welche im nördlichen Ural beobachtet wurde, das Vorhandensein von Land in diesem Gebiet nicht ganz unwahrscheinlich. Abgesehen von dem conglomeratischen Charakter des basalen Cambrium ist die Ausdehnung der nachweisbar vorhandenen cambrischen Landmassen so bedeutend, dass eine Besprechung der Mythe von dem uferlosen altpaläozoischen Meere unnöthig erscheint.

2) Das Mittelcambrium.

Während der mittelcambrischen Zeit lässt sich in einigen Gebieten ein Vorrücken, in anderen ein Rückzug des Mee-

[1]) *Paradoxides rugulosus Corda, Conocephalus coronatus.*

[2]) Die Bestimmung der 10 m. mächtigen Conglomerate mit *Orthis Kuthani* Pompecki als Untercambrium kann nicht als erwiesen gelten. Die darüber lagernden böhmischen Paradoxidesschichten entsprechen ausschliesslich der skandinavischen Zone des *Par. Tessini*, die Zone mit *Orthis Kuthani* somit derjenigen des *Parad. oelandicus.*

res nachweisen. Wenngleich die positive Bewegung die negative auf dem unserer Untersuchung zugänglichen Theile der Erdoberfläche vielleicht um ein Geringes überwiegt, so liegt doch keine Veranlassung vor, in mittel- oder obercambrischer Zeit ein allgemeines Vorrücken des Meeres gegen die Festländer anzunehmen [1])

a) Die Ausdehnung des Nordatlandischen Meeres erfährt, wie die Vertheilung der Faunen in Amerika und Europa beweist, einige Veränderungen. Ob das Vorkommen von skandinavischen Paradoxides-Quarziten in der Gegend von Sandomir (Polen) auf ein Vordringen des mittelcambrischen Meeres in dieser Richtung hinweist, ist ungewiss. Da über ältere Bildungen in den zwischen Polen und Schweden liegenden Gebieten überhaupt nichts bekannt ist, so erscheint die Annahme einer entsprechenden Ausdehnung des untercambrischen Meeres ebenfalls denkbar. Andrerseits ist in Nordschottland eine Einengung des cambrischen Meeres nachweisbar. Der Durnesskalk mit *Salterella* und *Archaeocyathus* schliesst sich am nächsten dem Untercambrium [2]) an und könnte nur in sehr geringer Ausdehnung noch dem Mittelcambrium homotax sein. Jedenfalls hat wohl zur Zeit der Paradoxidesschichten in Schottland wie auf der Westseite des Atlantischen Oceans eine negative Bewegung des Meeres stattgefunden. Die Paradoxidesfauna ist in Nord-Amerika nur in den drei am weitesten östlich gelegenen Küstengebieten bekannt: Im östlichen Theile von New-Foundland (Manuels Brook, Halbinsel Avalon), Neu-Braunschweig (St.-John) und Massachusetts (Braintree bei Boston). An dem letztgenannten weit nach Süden vorgeschobenen Punkte sind nur Schichten mit dem böhmischen *Par. spinosus* Boeck und dem

---

[1]) Man vergleiche Koken, Vorwelt, p. 85 und p. 94.

[2]) *Piloceras* ist bisher nur in Schottland vorgekommen, gewährt also keine stratigraphischen Anhaltspunkte.

nahe verwandten *Paradoxides Harlani* Green [1]) gefunden worden, während im östlichen Theile der britischen Besitzungen die europäischen Zonen sämmtlich mit Ausnahme des obersten Horizontes (Andrarumkalk) vertreten sind. Gegenüber der weiten Ausdehnung der Olenellus-Fauna, welche sich bis Süd-Labrador (Anse au Loup), Quebec (in den silurischen Conglomeraten) und Ost-Tenessee verbreitet, bedeutet dies eine wesentliche Einengung [2]) des Meeresgebietes. Indirekt deutet auch die faunistische Selbständigkeit des westlichen Mittelcambrium (s. u.) auf eine Unterbrechung der arktischen Meeresverbindung hin, welche die Olenellusfauna des Felsengebirges mit der des Atlantischen Oceans verband.

b) Die mediterrane mitteleuropäische Transgression.

Der negativen Meeresbewegung im atlantischen Gebiete steht eine Transgression gegenüber, welche zur Zeit des älteren Mittelcambrium den südlichen zwischen Böhmen und Mittelfrankreich gelegenen Theil des europäischen Urcontinentes überflutete und auch in Nordspanien [3]) Reste der Paradoxidesfauna hinterlassen hat. Allerdings liegen nur aus Languedoc [4]), Sardinien (vergl. oben) und Mittelböhmen

---

[1]) Walcott. Fauna of the Braintree Argillites. Bull. U. S. Geol. Survey. № 10 (1884), p. 41 ff.

[2]) Nur in Labrador könnte das Fehlen der Paradoxidesfauna durch spätere Denudation erklärt werden, da hier Olenellusschichten das hangendste Glied der Schichtenfolge bilden. Bei Quebec fehlt die Paradoxidesfauna in den silurischen Conglomeratlagen und bei Rogersville, Ost-Tennessee, ist das Mittelcambrium zwischen den oberen und unteren Gliedern der Formation nicht vertreten. Aus Georgia und Alabama wird nur die Thatsache des Vorkommens einer „middle Cambrian-Fauna" ohne nähere Angaben erwähnt. Bull. U. S. Geol. Survey. 81, p. 304.

[3]) Schiefer von Rivadeo, Verneuil und Barrois.

[4]) Bergeron, Étude géologique du massif ancien situé au sud du Plateau Central. Ann. des sciences geologiques. Bd. 22. 1889, p. 75 ff. Beschreibung der Arten, p. 333—342. Im Liegenden der Paradoxidesschichten treten grobe Sandsteine mit Spuren von Röhrenwürmern auf, welche eine Mächtigkeit von einigen Hundert Metern besitzen und allmählig in Phyllite übergehen sollen.

(vergl. oben) die bezeichnenden Faunen vor; jedoch lässt das Vorkommen der böhmischen Arten *Par. rugulosus* und *Conocephalus coronatus* den Gedanken einer unmittelbaren Verbindung nahe liegend erscheinen; an eine unmittelbare Verbindung mit dem Norden Europas kann um so weniger gedacht werden, als die typische Fauna der Zone des *Par. Tessini* in verhältnissmässig geringer Entfernung in Russisch-Polen vorkommt. Die oben angeführten identen oder vicariirenden Arten treten gegenüber der grossen Zahl verschiedener Arten und Gattungen zurück (*Sao* bezw. *Microdiscus*, *Anomocare* und *Harpides*). Die Ueberflutung der Mitte von Europa ist also von Süden, von dem sardinischen Olenellusmeer ausgegangen und hat nur in mittelbarer Verbindung mit dem nordatlantischen Ocean gestanden. Bemerkenswerth ist die faunistische Verwandtschaft des mediterranen Meeres mit dem Osten Amerikas.

Das Vorkommen des böhmischen *Paradoxides spinosus* in Massachusetts wurde schon erwähnt, und für die mittelcambrische Fauna der Montagne Noire (Languedoc) nennt Matthew eine Anzahl vicariirender Formen aus Neu-Braunschweig [1]).

Wenn man diese Sandstein-Schichten dem Untercambrium zurechnet (wofür kein palaeontologischer Grund spricht), ergiebt sich eine verhältnissmässig geringere Ausdehnung der mittelcambrischen Transgression.

[1]) Canadian Record IV (1890), p. 260.

Languedoc.	Acadia.
Par. rugulosus var.	*cf. Pan. Etiminicus.*
Conocephalus coronatus var.	*cf. Con. Mattheri.*
„ *Lecyi*	*cf.* „ *Baileyi.*
„ *Heberti*	*cf.* „ *Walcotti.*
Ptychoparia Rouayrouxi	*cf. Ptych. Robbi.*
Agnostus Sallesi	*cf. A. cir.*
Trochocystites Barrandei	*cf. Eocystites primaevus.*

Abgesehen von den bei Bergeron (Ann. Sc. géol. t. 22) betonten Aehnlichkeiten mit Böhmen besteht eine gewisse faunistische Uebereinstimmung mit der skandinavischen Zone des *Par. oelandicus*: *Conocephalus marginatus* Linnars. (Geol. För. Förh. III, t. 15 f. 2—4) ist ident mit *Conocoryphe* sp. bei Bergeron (t. 3. f. 2); der schlecht gezeichnete *Con. Heberti* Berg. sp.

c. *Der Pacifische Ocean der Cambrischen Zeit.*

Eduard Suess hat aus der Lage der Gebirgsketten in den grossen Meeresbecken der Nordhemisphäre den Schluss gezogen, dass der Pacifische Ocean ein uraltes Becken darstellt, während das Atlantische Meer jüngeren Ursprungs sei. Die vergleichende Stratologie bestätigt im wesentlichen diese auf Grund tektonischer Erwägungen erwachsene Theorie. Einen arktischen Continent in dem Norden des heutigen Atlantischen Oceans haben wir bereits kennen gelernt; die bemerkenswerthe Uebereinstimmung der mittelcambrischen Versteinerungen in den Felsengebirgen und in China lässt das Vorhandensein eines Pacifischen Beckens in mittelcambrischer Zeit als gesicherte Thatsache erscheinen; für die vorhergehenden Perioden konnte dieselbe Annahme nur auf übereinstimmende stratologische Verhältnisse begründet werden. Während das Leitfossil des Untercambrium eine weltweite Verbreitung besitzt, fehlt die Gattung *Paradoxides*, welche in allen bisher erwähnten mittelcambrischen Schichten am häufigsten und artenreichsten auftritt, in Westamerika, Argentinien und Ostasien vollkommen.

Die Fundorte des Mittelcambrium in den Felsengebirgen sind, abgesehen von den Kalken des Prospect-Berges bei Eureka (Nevada), die Highland Range (Nevada), Antelope Springs und die Oquirrh-Berge in Utah, die Gallatin-Berge in Montana (nördlich des Yellowstone Park), endlich die Schiefer des Mt. Stephens [1]) Territorium Alberta, (an der Canadischen Pa-

---

(t. 3. f. 3) steht *Con. (Solenopleura) cristata* Linn. sp. (Geol. För. Förh. t. 15 f. 5, 6) sehr nahe. Neu für Frankreich ist die im Breslauer Museum befindliche *Acrothele granulata* Linnars. (Ibid. t. 15. f. 15), welche ebenfalls der Zone des *Par. oelandicus* angehört.

[1]) Nach Rominger und Walcott finden sich hier (U. S. Bull., 81, p. 170 und 327, wo auch die Litteratur angegeben ist):

cific-Bahn) welche das Hangende der *Olenellus*-schichten bilden. Mit Ausnahme der Fundorte Antelope Springs und Mt. Stephens herrschen hier wie auf der anderen Seite des Stillen Oceans im Mittelcambrium Kalke vor, eine Thatsache, die auf eine Zunahme der oceanischen Tiefe hinweist.

Die Fauna, welche von Richthofen [1]) in den Kalksteinen der Provinz Liau-Tung nahe der Koreanischen Grenze und Gottsche [2]) später in Korea selbst auffand, entspricht, wie Dames [3]) erkannte, dem Mittelcambrium und ganz besonders der oberen Abtheilung desselben. Auch in Asien werden die mächtigen Quarzite, Sandsteine und Schiefer der untercambrischen (bezw. älteren) Sinischen Formation von Kalken überlagert. Für die Vergleichung erwies sich die dem amerikanischen, sehr bezeichnenden *Olenoides quadriceps* nahestehende, auch in Korea vorkommende Gattung *Dorypyge* als besonders wichtig. Diese durch ein mit Stacheln versehenes Pygidium ausgezeichneten Formen charakterisiren z. B. im Eureka-Profil die *Olenellus*-Schichten und das Mittelcambrium. Allerdings wurden in den bis 1882 erschienenen amerikanischen Arbeiten die Schichten mit *Ole-*

Lingulella Macconelli Walc.
Crania columbiana Walc.
Kutorgina prospectensis Walc.
Acrotreta gemma var. *depressa* Walc.
Linnarssonia sagittalis Bill. sp.
Orthisina Albertae (non—a) Walc.
Platyceras Romingeri Walc.
Hyolithellus micans Bill.
Agnostus interstrictus White.
Olenoides nevadensis Meek sp.
„ *spinosus* Walc. sp.
Ptychoparia Cordillerae Rom. sp.
Dolichometopus [*Bathyuriscus*] *Howelli* Walc.
Bathyuriscus Dawsoni Walc.
Karlia Stephanensis Walc.
Ogygiopsis Klotzi Rom. sp.

[1]) v. Richthofen. China, II, p. 94, p. 101.

[2]) Gottsche, Geologische Skizze von Korea. Sitz. Ber. der Kgl preuss. Akademie 1886 (XXXVI) Sitzung vom 15 Juli. S.-A. p. 2. Gottsche gliedert die cambrische Schichtenreihe in unten 1) Sandstein 2) untere Mergelschiefer mit Wellenfurchen und Trockenrissen 3) Obere Mergelschiefer mit Kalk vom Habitus des Andrarumkalkes, 4) untere Kalke mit Trilobiten. 5) obere Kalke ohne Versteinerungen.

[3]) Dames in v. Richthofen. China IV, p. 33 (1882).

noides quadriceps fälschlich als „Quebec group" (Untersilur) bezeichnet, und Dames war somit vollkommen im Recht, wenn er die Dorypygeschichten mit dem Ceratopygekalk verglich.

Auf Grund der neueren amerikanischen Forschungen sind die Gesteine mit *Dorypyge Richthofeni* von Wu-lo-pu älter als die mittelcambrischen Kalke von Sai-ma-ki und Ta-ling mit *Conocephalus*, *Anomocare* und *Ptychoparia* (*Liostracus*)[1]. In Korea kommen die cambrischen Triboliten, u. a. *Anomocare planum* Dames, *A. majus* Dam. sowie *Lingulella Nathorsti* Linn. nur in einer 30 m. mächtigen Schichtgruppe vor.

Ein bezeichnender Charakterzug der pacifischen Fauna des Mittelcambrium ist neben dem Fehlen von *Paradoxides* das häufigere Auftreten der ältesten Asaphiden *Bathyuriscus*, *Dolichometopus* and *Asaphiscus*; die bedeutende, dem Kopfschilde gleichkommende Grösse des Pygidium und der Verlauf des Gesichtsnaht zeichnet diese Formen aus, deren weitere Verbreitung erst am Beginn der silurischen Zeit erfolgte. Daneben beobachtet man zahlreiche Arten von *Conocephalus*, *Ptychoparia* und *Agnostus* (während *Microdiscus* und *Ellipsocephalus* fehlen). Als eigentümliche neue Formen sind ferner *Karlia*, *Chariocephalus* und *Ptychaspis* zu nennen, während *Olenoides*, *Acrothele* und *Acrotreta* auch das westliche Untercambrium kennzeichnen. *Hyolithellus micans* ist ein Ueberrest aus dem Untercambrium, *Linnarssonia sagittalis* die einzige Art, welche in den älteren und mittleren Schichten allgemeine Verbreitung besitzt.

[1]) Die Annahme eines untercambrischen Alters für die Dorypygeschichten ist discutabel geworden, seit Walcott eine echte *Dorypyge* aus den *Olenellus*-schichten von Vermont beschrieben hat (X. Ann. Rep. U. S. Survey. p. 644, 645); *Dorypyge* unterscheidet sich durch die Körnelung der Oberfläche von *Olenoides*.

3) Das Obercambrium.

Zwei grossartige, sicher nachweisbare geologische Ereignisse kennzeichnen die obercambrische Zeit:

I. Der Rückzug des Meeres aus dem mitteleuropäischen Gebiet.

II. Die Transgression des algonkischen Continentes in Nordamerika.

Gleichzeitig mit der Ueberflutung des Binnenlandes von Nordamerika erfolgte eine vollständige Trennung des Akadischen, durch die nord-atlantische Olenus- Fauna gekennzeichneten Obercambrium von der *Dicellocephalus*-Fauna des den heutigen amerikanischen Continent bedeckenden Meeres. Vielleicht ist das letztere Ereigniss als die erste Aufwölbung im Gebiet der Appalachien zu deuten. Auch im Obercambrium dürften die positiven und negativen Aenderungen des Meeresniveaus ungefähr die gleiche räumliche Ausdehnung besitzen.

I. Der Beweis für den Rückzug des Meeres aus dem Mediterrangebiet bildet das vollkommene Fehlen aller obercambrischen Schichten zwischen dem Paradoxiden-Niveau und dem in Böhmen sowie im Süden von Europa nachgewiesenen Untersilur. Die Schichten, die man bisher in den erwähnten Gegenden als Obercambrium gedeutet hat, sind Aequivalente des Tremadoc. So vor allem die durch *Harpides* und *Amphion* gekennzeichneten Zonen $D^1\alpha$ und β in Böhmen und die Schichten von Leimitz bei Hof. Auch in Languedoc [1]), in Sardinien und Spanien sind nirgends Vertreter des Obercambrium bekannt geworden.

---

[1]) Es liegt keine Veranlassung vor, das von Bergeron (l. c. p. 81) sogenannte „Olénidien" vom Mittelcambrium zu trennen, *Olenus* ist in diesem „Olénidien" nicht gefunden worden.

II. Die Transgression des algonkischen (nordamerikanischen) Continents überflutet das ganze weite Innere des Landes vom Rande der heutigen Rocky-Mountains bis New-York, ohne jedoch den damaligen nordatlantischen Ocean zu erreichen. Auch Theile eines, wie es scheint zur mittelcambrischen Zeit trocken gelegten Gebietes (Ost-Tenessee) werden wieder von dem obercambrischen Ocean bedeckt. Andrerseits verschiebt sich — wahrscheinlich durch eine von der Bewegung des Meeres unabhängige Gebirgsfaltung die Küste des nordatlantischen Oceans weiter nach Nord-Osten. Die europäischen Zonen mit *Parabolina* und *Dictyonema* finden sich nur in Acadia, während die *Paradoxides*-Fauna noch in Massachusetts in typischer Entwickelung vorkommt.

Die eingehende Untersuchung der obercambrischen *Dicellocephalus*- Fauna und ihrer Sedimente in den verschiedenen Theilen der Vereinigten Staaten ist besonders das Werk Hall's und Walcott's. Doch tritt schon bei einer flüchtigen Durchquerung der im Osten und Westen fast unverändert bleibende Charakter des Potsdam-Sandsteins [1]) mit seinen Wellenfurchen und Trockenrissen klar hervor. Das Meer drang über das Land vor und lagerte die klastischen Massen, welche von der Brandung verarbeitet oder von Strömen zugeführt waren, als Sandbänke längs der Küste oder in weiter abliegenden, flach bleibenden Meerestheilen ab. In Arizona und Texas, Missouri, in den Black Hills, (Wyoming-Dacota) am Ost-Abfall der Felsengebirge, dann längs der ganzen Nordgrenze in Minnesota, Wisconsin, Michigan, endlich in Canada und den Adirondack-Bergen im Staate New-York, überall ist das Bild dasselbe: Der Potsdam-Sandstein lagert discordant auf praecambrischen Gesteinen und umschliesst eine, im wesentlichen einheitlich gestaltete, von der atlantischen völlig ver-

[1]) „Potsdam" liegt im Staate New-York. Der untersilurische „Berlin grit" bildet das für deutsche Ohren ebenso heimatlich klingende Gegenstück.

schiedene Fauna. Nur in einigen Gegenden nahm das Meer rascher an Tiefe zu, und dann lagern über den reinen Sandsteinen kalkig-sandige oder reinkalkige Gesteine (Arizona, Texas, Black Hills). Die letzteren enthalten meist eine reichere Fauna, so im Grand-Cañon des Colorado, wo die unteren rothen („Tonto"-) Sandsteine nur Wurmröhren enthalten, während in den oberen, heller gefärbten mergeligen Sandsteinlagern [1]) Brachiopoden und Trilobiten gefunden werden.

Nach dem Vorhergegangenen sind zur obercambrischen Zeit die folgenden Meeresbecken nachweisbar:

a) *Nordatlantisches Meer.*

Nachdem dies uralte Meeresbecken anfänglich in Amerika (Massachusetts) und in Osteuropa (wo in Polen die *Olenus*-schichten fehlen) eine Einengung erfahren zu haben scheint, erfolgte gegen Schluss des cambrischen Zeitalters eine Vertiefung des Oceans. Die Dictyonemaschiefer, eine ausgesprochene Tiefseebildung, finden sich nicht nur über den altcambrischen Schichten von Skandinavien, England und Neu-Braunschweig; sie überlagern auch in den deutschen Ostseeprovinzen die wenig mächtige Küstenbildung des Obolensandsteins und erscheinen in Belgien als einzige versteinerungsführende Schicht des Cambrium. Die im Liegenden auftretenden Phyllite von Salm, Revin und Fumay sind zwar schon seit lange mit den Penrhynschiefern Englands verglichen worden [2]). Doch beruht diese Annahme im Wesentlichen auf der concordanten Ueberlagerung durch Dictyonemaschiefer.

b) Das Pacifisch-amerikanische Meer bedeckt fast die ganze südliche Hälfte von Nordamerika und reicht wahrschein-

[1]) Die Deutung derselben als Silur bei E. Kayser, Geologische Formationskunde ist unrichtig.

[2]) Denen dieselben zum Theil petrographisch sehr ähnlich sind.

lich über den Pacifischen Ocean bis Nord-China. Die Kalke von Liau-Tung bilden jedenfalls noch nicht den hangendsten Theil der sinischen Formation.

Ein von E. Kayser aus Argentinien beschriebener, nicht sonderlich günstig erhaltener *Olenus* schien das obercambrische Alter der betreffenden Ablagerung zu verbürgen [1]; doch ist die Bestimmung neuerdings von demselben Forscher berichtigt worden [2]. Nach den neueren Entdeckungen liegt mittleres Cambrium in pacifischer Entwickelung vor. Der nordwestliche Zipfel des heutigen Argentinien gehörte also zu demselben Meeresgebiet wie die nordamerikanischen Cordilleren.

Die entsprechenden Ablagerungen aus Süd-Ost-Australien und Tasmanien mit *Dicellocephalus tasmanicus* R. Ether. und *Conocephalus? Stephensi* R. Eth. würden ebenfalls auf die amerikanisch-pacifische Fauna verweisen [3]. Die von H. Woodward von der York-Halbinsel, Süd-Australien, beschriebenen *Conocephalus australis* und *Dolichometopus Tatei* [4]) gestatten keine ganz sichere Altersdeutung.

Von den drei grossen Landmassen des Beginnes der cambrischen Zeit ist am Schluss dieses Weltalters der algonkische Continent verschwunden, die beiden anderen haben jedoch allem Anscheine nach eine wesentliche Erweiterung erfahren:

Das arktische Festland dürfte sich in Ost-Amerika weiter nach Süden ausgedehnt haben, da die einschneidende Ver-

---

[1]) In Stelzner, Beiträge zur Geologie und Palaeontologie der Argentinischen Republik. 1876, p. 28.

[2]) E. Kayser. Zeitschr. deutsche geolog. Gesellschaft 1897 p. 278 u. 306. Die früher als *Olenus* beschriebene Form wird jetzt zu *Crepicephalus* gestellt. Für Mittelcambrium sind ausser *Arionellus* besonders zwei neue als „*Liostracus*“ bezeichnete Ptychoparien bedeutsam, welche skandinawischen Arten nahe stehen, wie auch von E. Kayser betont wird.

[3]) Papers and Proceedings of the Royal Soc. of Tasmania. 1882, p. 152, 153 (Teste Walcott Bull. 81, p. 378).

[4]) Geolog. Mag. Dec. III Vol. I, 1884, p. 342—344.

Uebersicht der Hauptabtheilungen des Cambrium in Amerika, Asien und Australien.

	Neu-Braunschweig, New Foundland und Massachusetts (wesentlich nach Matthew)	New-York (J. Hall, Walcott)	Tennessee (Walcott)	Kentucky (Bayley Willis)	Oberes Mississippithal (Wisconsin, Minnesota, Iowa)	Arizona	Texas
Hangendes	Schiefer mit *Tetragraptus* u. *Dichograptus* Versteinerungsleerer Schiefer	Chazy limestone Calciferous sandrock	Untersilur (Knox-Dolomit)	Untersilur (Knox-Dolomit)	St. Peter sandstone Lower magnesian limestone	Untercarbon (Red wall limestone) Lücke	Kreide
Ober-Cambrium	Schiefer mit *Dictyonema flabelliforme* Zonen mit *Peltura* und *Parabolina* Zone mit *Agn. pisiformis, Lingulella radula, Lingulella Starn.*	Kalk der Südseite d. Adirondacks mit *Lingulepis, Ptychoparia, Ptychaspis,* u. *Dicellocephalus* Transgredirender Potsdam-Sandstein der Nord- u. Ostseite der Adirondack Mountains	Knox shale mit *Crepicephalus* und *Agnostus* Knox sandstone	Nolichuky-Schiefer Maryville Kalke Rogersville Schiefer	Potsdam sandstone (Sioux-Quarzite, St. Croix sandstone, Lake Superior sandstone) mit *Dicellocephalus minnesotensis, Dendrograptus, Aglaspis, Ptychaspis, Chariocephalus, Pemphigaspis*	Ohne Discordanz Kalkiger Tonto-Sandstein mit *Obolella, Lingulella* und *Ptychoparia* Rother Tonto-Sandstein mit *Scolithus*	Kalk Sandstein Kalk Sandstein
Mittel-Cambrium	St. John group (Acadia) mit *Paradoxides* N. B. N. F. Braintree Argillites (Mass.) mit *Par. spinosus* und *Harlani*	? Kalk von Stissing mit *Olenoides stissingensis, Leperditia, Kutorgina*	?	Rutledge Kalk (hierher auch der Blue Ridge Sandstein von Virginia)	Fehlt ?	↑ ? Fehlt?	↑ ?
Unter-Cambrium	Protolenus Sch. Südl. N. Braunschweig 5 Zonen: Zone des *Olenellus Kjerulfi* (N. B.) Zone mit *Ol. Bröggeri* (N. F.) Schiefer v. N. Attlebro (Mass.) mit *Ol. Walcotti*; Kalk von Nahant (Mass.) Basale Conglomerate N. F. (Etcheminian series)	↑ ? Schiefer von Troy mit *Olenellus asaphoides, Microdiscus, Fordilla, Archaeocyathus, Scenella* Quarzit des Westabhanges der Green Mts. (Granular Quartz)	Chilhowee sandstone m. *Olenellus* und *Scolithus* Ococe conglomerate	Rome Schiefer	Fehlt	Fehlt	
Liegendes	Präcambrisches (Mass.) oder Archaisches (N. F.) Urgebirge	Archaisch	?		Discordanz Archaisch oder Algonkisch (Keweenaw sandstone am Lake Superior)	Discordanz Präcambrische Grand Cañon series sowie Archaischer Gneiss	Llano-Formation

	Nevada (Eureka und Highland Range) Hague	Utah Big Cottonwood Cañon und Antelope Springs	British Columbia und Mt. Stephens, Alberta	Nordchina (Liau-Tung) und Korea v. Richthofen, Gottsche	Ostindische Salzkette (Salt Range, Pendschab) Noetling	Südaustralien (und Tasmania)	Argentinien
Hangendes	Pogonip limestone mit *Asaphus, Amphion, Ptychoparia* u. *Dicellocephalus*	Untersilur	? Untersilur		Dyas mit Glacialgeröllen	Schiefer mit *Phyllograptus* Unmittelbares Hangendes unbek.	Untersilur
Ober-Cambrium	Hamburg shale mit *Dicellocephalus, Ptychoparia, Ptychaspis* Hamburg limestone (ohne Verst.)	Lücke ohne	? Obercambrium	↑ ?	Lücke	Schichten mit *Dicellocephalus tasmanicus* und *Conocephalus*	
	Secret Cañon shale mit *Ptychoparia* und *Agnostus*	Discordanz					
Mittel-Cambrium	Prospect Mountain-Kalk oben: *Protypus* und *Kutorgina* unten: *Olenoides* und *Scenella*	Kalkiger Schiefer mit *Asaphiscus* und *Olenoides nevadensis* (Antelope Springs)	Castle Mountain group mit *Agnostus, Dolichometopus Howelli, Dorypyge, Olenoides nevadensis* und *Asaphiscus*	— Sinische Formation — transgredirend über Gneiss und präcambrischen Wutai-Schichten Kalke von Liau-Tung und Korea mit *Dorypyge* und *Anomocare*	IV. Gruppe der Salzpseudomorphosen (Bhaganwalla group)	? Parara limestone (York-Halbinsel, Südaustralien) mit *Conocephalus australis* und *Dolichometopus Tatei*	Glimmersandstein v. Salta und Jujuy mit *Ptychoparia, Agnostus* und *Arionellus*
Unter-Cambrium	*Olenellus*-Zone mit *Ol. Gilberti* und *Olenoides* Prospect Mountain-Quarzit ↓ ?	Schiefer mit *Olenellus Gilberti* u. *Dolichometopus productus* (Cottonwood u. Oquirrh) Quarzite und Schiefer von Big Cottonwood Cañon ↓ ? Algonkian	Bow River Series: Oben: Thonschiefer mit *Olenellus Gilberti* im Castle Mountain limestone Unten: Sandsteine, Quarzite und Conglomerate (Bow River-Quarzite) ↓	↓	III. Dolomitgruppe (Magnesian sandstone = Jutana group) mit *Stenotheca rugosa* und *Schizopholis*, 5maliger Wechsel von Dolomitwänden und Schichten von sandigem Dolomit und Thon II. *Neobolus* - Schichten oder Khussak group 5. Z. mit *Olenellus* 4. Z. d. *Neobolus Warthi* Schiefer mit *Lakhmina, Schizopholis, Discinolepis* 3. Ob. Anneliden-Sandstein 2. Z. d. *Hyolithus Wynnei*, Schiefer mit Trilobiten 1. Unt. Anneliden-Sandstein I. Purpur-Sandstein oder Khewra group	Schichten mit *Olenellus?* sp., *Ethmophyllum Hindei* u. *Coscinocyathus* (York-Halbinsel, Ardrassan, Südaustralien)	

schiedenheit der amerikanisch-pacifischen und der atlantischen Fauna eine solche Trennung voraussetzt.

Das europäische Festland entspricht dem heutigen Mittelmeergebiet und wahrscheinlich auch der sarmatischen Ebene. Allerdings beruhen diese Annahmen vor allem auf dem Fehlen der obercambrischen Ablagerungen in den fraglichen Gegenden und sind daher nicht vollkommen einwandfrei.

VII.

ÉTUDE EXPÉRIMENTALE

DE L'OROGRAPHIE GÉNÉRALE DE L'EUROPE.

PAR

le D-r **Stanislas Meunier**.

Professeur de géologie au Muséum d'Histoire naturelle (Paris).

Je ne veux pas aborder cette tribune sans exprimer à mon tour à mes collègues de Russie toute ma reconnaissance pour leur cordial accueil. Je suis sûr d'être l'interprète de tous mes compatriotes en cette circonstance et de n'être désapprouvé par aucun d'eux.

La question sur laquelle je désire appeler votre attention pendant quelques minutes est du domaine de la Géologie expérimentale. La méthode à laquelle elle se rapporte, et qui consiste à tenter l'imitation des phénomènes naturels, a soulevé bien des critiques—mais on ne peut méconnaître qu'elle soit d'une fécondité considérable. Aussi ancienne que la Géologie elle-même, elle a déjà servi à James Hall, au commencement de ce siècle, à contrôler les doctrines de Hutton. Sans méconnaître qu'il peut y avoir une sorte d'outrecuidance. au moins apparente, à rapprocher des gigantesques phénomènes naturels nos minuscules produits de laboratoire, il faut cependant rappeler que l'expérimentation a paru à tout le monde absolument efficace comme explication des questions les plus générales. Et la célèbre expérience de Plateau qui imite la forme du globe terrestre à l'aide d'une goutte d'huile soustraite à l'action de la pesanteur, suffit pour qu'il n'y ait place pour aucune ambiguité à cet égard.

Ceci posé,—et l'introduction ne m'était pas inutile comme précaution oratoire,—je me permets de vous exposer quelques résultats obtenus dans l'étude expérimentale de l'orographie générale de l'Europe.

Il résulte des observations synthétisées d'abord par M-r Suess, que les grands ridements orographiques de l'Europe sont généralement parallèles entre eux, concentriques à un point voisin du pôle et d'autant moins anciens qu'on les considère sous des latitudes moins élevées. Dans la région septentrionale a surgi, tout à fait au début des époques sédimentaires, un continent auquel les géologues donnent le nom de continent archéen; plus au sud, le ridement calédonien est silurien; le ridement hercynien est carbonifère; le ridement alpin est tertiaire; le ridement apennin n'est sans doute pas terminé encore. Cette disposition est si frappante et si régulière qu'il semble évident qu'elle tienne à une condition générale du globe.

Les hypothèses possibles sont nombreuses.

L'une d'entre elles a fixé mon attention parce que la méthode expérimentale semble capable de la contrôler dans une certaine mesure. Elle consiste à supposer que la pellicule rocheuse que nous désignons sous le nom d'écorce terrestre s'est concrétée et s'épaissit progressivement sur un noyau fluide jouissant d'une certaine viscosité et de propriétés rétractiles analogues à celles que possède le caoutchouc distendu.

Si les choses sont ainsi en réalité, la rotation terrestre ayant dans l'origine distendu cette matière extensible avec une intensité strictement réglée sur chaque parallèle par sa distance au pôle, les effets de la contraction consécutive au refroidissement ont dû être le développement d'une composante tangentielle horizontale dirigée vers les pôles.

C'est cette remarque qui m'a conduit à disposer l'appareil que vous avez sous les yeux et par le moyen duquel j'ai obtenu les spécimens que j'ai l'honneur de vous soumettre. La masse interne du globe, essentiellement contractile, est représentée par une épaisse feuille de caoutchouc prise dans un cadre circulaire en fer et fortement distendue à l'aide d'une demi sphère en bois maintenue fixe. Une fois le caoutchouc ainsi amené à la forme d'un demi globe, je dispose à sa surface, à l'aide d'un moule, une couche continue de plâtre à mouler et j'attends qu'elle ait acquis une consistance convenable. A ce moment, et le moule étant alors retiré, je laisse le caoutchouc revenir tout doucement sur lui même, ce qui imite la contraction du noyau fluide terrestre, sous l'influence du refroidissement séculaire. La composante tangentielle dirigée vers le pôle se manifeste alors par un refoulement du plâtre, non contractile vers ce point fixe, et il se fait au pôle une protubérance qu'on peut comparer au continent archéen. La rétraction du caoutchouc se poursuivant uniformément, on voit un bourrelet concentrique au pôle se dessiner, mais en laissant une surface non soulevée autour du premier continent, et ce sera, si l'on veut, la reproduction du ridement calédonien. Plus tard et plus bas se fait un autre bourrelet assimilable au ridement hercynien, et ainsi de suite de plus en plus au sud. Les ridements ainsi produits, séparés malgré la continuité de la contraction par des espaces comparables aux *Vorländer*, présentent des irrégularites de même ordre que les chaînes de l'Europe et parfois elles s'infléchissent dans le sens des méridiens de façon à reproduire la disposition de l'Oural. En somme, l'ensemble des résultats est certainement très frappant au point de vue indiqué tout à l'heure. Si la théorie adoptée par M. Suess est exacte, ces expériences peuvent être considérées comme fournissant une sorte de sanction matérielle.

Un dernier mot est ici nécessaire pour prévenir les malentendus.

Je ne dis pas que l'intérieur du globe soit formé de caoutchouc, ni même d'une matière comparable au caoutchouc, mais je dis que, s'il était ainsi fait, les ridements orographiques se présenteraient comme ils le font en réalité, et je crois cette remarque digne d'attention.

Reste à savoir pourquoi les deux hémisphères ne présentent pas les mêmes particularités. Mais c'est un point que je vous demande la permission de ne pas aborder faute de documents et je termine cette communication en vous remerciant de l'attention dont vous m'avez honoré.

VIII.

ÉTUDE

SUR LA ROCHE-MÈRE

DU PLATINE DE L'OURAL

et sur les roches silicatées magnésiennes primitives

PAR

le D-r **Stanislas Meunier**,

Professeur de géologie au Muséum d'histoire naturelle (Paris).

Le Muséum d'histoire naturelle ayant été, grâce à la générosité de M. le prof. Inostrantzew, mis en possession de spécimens complets de la roche-mère du platine ferrifère de l'Oural, j'ai fait sur cette intéressante substance des études analytiques que j'ai complétées par des essais de synthèse expérimentale.

Je demande la permission de résumer ici très rapidement mes travaux qui me paraissent offrir cet intérêt de justifier quelques considérations générales sur l'origine et le mode de formation des roches primordiales de l'écorce terrestre.

Il se trouve en effet que tous les éléments constitutifs de la roche-mère du platine sont de la catégorie des minéraux dont la synthèse artificielle peut être réalisée par des réactions, développées à haute température entre des substances gazeuses. Or il paraît naturel de concevoir que les premières cristallisations dont l'écorce de notre planète a été le théâtre ont pris naissance précisément dans des conditions de ce genre.

Je demanderai tout d'abord à rappeler quelques notions concernant la composition minéralogique et la structure de la roche platinifère; nous verrons ensuite si d'autres roches n'ont pas des caractères comparables; il ne restera plus ensuite qu'à tirer des conclusions des faits observés et à voir jusqu'à quel point nous sommes à même de reproduire dans le laboratoire les particularités des roches naturelles.

Malgré la présence en petites quantités de quelques minéraux variés, la roche-mère du platine de l'Oural est essentiellement péridotique et quelquefois pyroxénique. L'olivine plus ou moins ferrifère et l'augite, quand il y est, s'y montrent en grains plus ou moins granuleux donnant l'idée de cristaux mal formés ou déformés et qui, dans une portion plus ou moins considérable (parfois très forte de leur masse), sont serpentinisés. Entre eux sont des granules métalliques parmi lesquels trois catégories se signalent d'une façon tout à fait particulière. Ce sont:

1) le platine métallique plus ou moins ferrifère (Eisenplatin).

2) le fer oxydulé (magnétite).

3) le fer chromé (chromite).

Quoique la composition de ces granules soit très éloignée d'être la même, l'allure en est remarquablement analogue et ceci mérite d'être précisé.

M. Inostrantzew a insisté avec beaucoup de raison sur la forme très irrégulière et souvent ramuleuse des grains de platine dont il a publié un certain nombre de figures. Ces particularités se reproduisent très exactement pour la magnétite et pour la chromite, et il en résulte que ces trois minéraux métalliques peuvent être considérés comme constituant un véritable ciment des grains lithoïdes, dont ils ont épousé toutes les irrégularités de forme.

L'étude de la roche en lames minces conduit à supposer que les minéraux métalliques qui nous occupent résultent d'une première consolidation d'un magma fondu primitif et que les silicates magnésiens sont des produits d'un second temps.

Mais cette interprétation est complètement erronée et l'on acquiert aisément la preuve que le péridot et le pyroxène sont antérieurs aux granules qui sont venus se constituer dans leurs intervalles et jusque dans leurs fissures de clivage.

Je sais bien que cette conclusion paraît tout à fait inacceptable aux lithologistes que préoccupent avant tout les degrés de fusion des minéraux, parce que le platine est beaucoup plus réfractaire que le pyroxène; mais c'est la preuve manifeste qu'on a mal compris nombre de questions relatives au mode de formation des roches et qu'il était nécessaire de les étudier de nouveau.

A cet égard, il sera très profitable de montrer que la roche platinifère de l'Oural est bien éloignée de présenter une structure sans analogie dans le domaine de la lithologie.

Au contraire les exemples sont nombreux de roches ayant les mêmes caractères généraux et dont le rapprochement avec elle sera très instructif.

En première ligne sont des variétés très diverses de serpentines métallifères. J'en ai étudié beaucoup et spécialement celle qui sert de gangue au fer oxydulé dans la mine de Servières. Dans cette roche, comme dans ses congénères, les granules métalliques parfois très gros sont essentiellement tuberculeux, parfois très branchus et moulent les éléments lithoïdes exactement comme dans la masse platinifère de Nijné-Taguilsk. La serpentine montre au microscope des grains non hydratés qu'on sépare d'ailleurs aisément par l'analyse chimique et qui représentent certainement des restes de sa constitution primitive. c'est-à-dire antérieurement au développement de la serpentinisation. Ici encore les lithologistes de l'école classique regardent la magnétite comme appartenant au premier stade de la consolidation. Je dirai tout à l'heure les raisons qui me portent à penser que la réalité des choses est précisément inverse de cette supposition.

A côté des serpentines oxydulifères, il y a lieu de mentionner les serpentines contenant du fer chromé, comme on en rencontre par exemple en Nouvelle-Calédonie. Leurs différences avec les roches précédentes se réduisent à très peu de chose et la substitution du fer chromé au fer oxydulé constitue leur trait le plus essentiellement distinctif. Mais ce composé métallique, comme la magnétite de tout à l'heure, se présente en nodules et en granules branchus exactement moulés sur la forme des interstices entre les éléments cristallins et des crevasses ou cavités dont la roche à un certain moment a été traversée. Des fissures de clivage renferment parfois des lamelles extraordinairement fines de fer chromé.

Si on compare à ces serpentines certaines variétés de diorites telles que les ophites des Pyrénées où, si fréquemment, se présentent des granules métalliques et tout spécialement des grains de fer oxydulé, on constate que la principale différence consiste dans l'état anhydre des éléments constitutifs. Si bien que rien n'est plus facile que de comprendre la transformation des ophites en serpentines par hydratation pure et simple de l'amphibole et des éléments feldspathiques. La forme des granules (et pour nous c'est le point essentiel en ce moment) est rigoureusement identique à celle des grains métalliques précédemment énumérés, soit dans la roche platinifère de Nijné-Taguilsk, soit dans les serpentines à magnétite et à chromite. Evidemment la même théorie lithogénique devra s'appliquer aux unes comme aux autres. Et la serpentine pouvant évidemment dériver du pyroxène aussi directement que de l'amphibole et du péridot, on doit s'attendre à trouver ces roches doléritiques reproduire encore les mêmes particularités.

Il se trouve qu'elles les offrent même avec une accentuation qui va les rendre tout spécialement importantes pour la thèse que je me propose de développer devant vous.

Parmi les faits très nombreux qui justifieraient mon opinion j'ai surtout en vue dans ce moment ceux qui concernent des dolérites à fer natif carburé découvert au Groënland à l'île de Disco (Ovifak) et dans le détroit de Waigatt par M. Nordenskjöld d'abord et puis par M. Steenstrupp.

Ces roches si puissamment intéressantes seraient des dolérites tout à fait normales si leurs éléments silicatés (feldspath et pyroxène) n'étaient associés à des granules metalliques consistant en une vraie fonte de fer et qui joue souvent le rôle d'un ciment conjonctif des autres minéraux. La forme des granules est très variée d'un échantillon à l'autre, et la série des spécimens conservée au Muséum d'histoire naturelle est des plus instructives à cet égard. Dans tous les points on voit les grains irréguliers et branchus dont il s'agit coïncider exactement par leur profil avec les granules de platine que M. Inostrantzew a décrits dans la roche de Nijné-Taguilsk.

On verra tout à l'heure que la nature chimique spéciale de ces grains porte avec elle un enseignement précieux, et qu'il est facile, par la synthèse expérimentale comme par l'analyse, de réduire à néant de singulières hypothèses émises pour en expliquer l'origine. Sans nous attarder sur ces masses auxquelles il nous faudra revenir dans un moment, ajoutons comme une remarque qui, elle aussi, sera riche en enseignement, que la structure caractéristique déjà retrouvée, comme on vient de le voir, dans toutes ces roches différentes se présente de nouveau, et d'une façon particulièrement nette, dans la substance d'un très grand nombre de pierres météoritiques.

Cette circonstance va élargir singulièrement notre sujet en nous permettant de rattacher l'origine et le mode de formation de la roche platinifère de l'Oural à un processus qui s'est développé dans des régions très diverses et mutuellement très distantes de l'Univers physique.

Les pierres météoritiques auxquelles je fais allusion, tout en méritant d'être réparties dans des types lythologiques distincts les uns des autres, présentent un certain nombre de caractères communs et, outre des ressemblances de composition, d'intimes analogies de structure.

Ce sont encore des aggrégats confusément cristallins de divers silicates magnésiens, associés et cimentés souvent par des granules et des filaments métalliques.

Ces granules et ces filaments, constitués surtout par divers alliages nettement définis de fer et de nickel (tænite, kamacite, plessite, etc.), mais consistant aussi parfois en fer sulfuré (troïlite), en fer oxydulé (magnétite), en fer chromé (chromite), présentent rigoureusement toutes les particularités de forme des grains de fer carburé des dolérites groenlandaises et par conséquent aussi des grains de platine des roches de Nijné-Taguilsk.

Une fois bien établie cette description très sommaire des roches silicatées magnésiennes à granules métalliques, nous pouvons aller plus loin et rechercher comment elles ont pu acquérir les caractères si spéciaux de composition et de structure qu'elles nous présentent.

Les lithologistes et les chimistes qui ont abordé ce problème se sont d'ordinaire placés à ce point de vue: que la fusion ignée a dû intervenir comme phénomène dominateur et les demi-succès qu'ils ont obtenus les ont, selon moi, engagés à persévérer dans une voie complètement fausse. Il se trouve en effet que les silicates magnésiens peuvent être facilement obtenus par la fusion pure et simple de leurs éléments chimiques mélangés en proportions convenables, et cette reproduction est si facile qu'elle s'est mainte fois réalisée d'elle-même dans les laitiers des usines métallurgiques.

C'est parmi les premiers minéraux accidentels offrant des formes cristallines pareilles à celles des minéraux de la nature qu'il faut citer les péridots (spécialement la fayalite) et le pyroxène rencontrés dans les produits des fours industriels par Mitscherlich, par Berthier et par beaucoup d'autres minéralogistes.

Mais on peut remarquer tout de suite que ces cristaux diffèrent de ceux des roches, non seulement par leur caractère cristallin ordinairement beaucoup plus accusé, mais encore par l'absence d'inclusions liquides et surtout gazeuses qui se retrouvent dans les minéraux naturels et constituent des échantillons du milieu générateur. Cette remarque, à mon avis très importante, s'applique également aux produits d'expériences rationellement instituées et qui ont donné non seulement des péridots et des pyroxènes, mais aussi des feldspaths tricliniques associés avec les silicates magnésiens d'une façon qui, pour un observateur superficiel, rappelle celle qu'ils affectent dans les dolérites, dans les basaltes et dans les autres roches de la même série.

On étendra aussi cette remarque à la comparaison avec les minéraux silicatés des météorites de ceux qu'on obtient si aisément par la fusion et le refroidissement lent de ces roches cosmiques.

Les difficultés d'application à l'histoire des masses naturelles, des produits fournis par les synthèses ignées ordinaires, augmentent du reste encore dans une très large mesure, si l'on se préoccupe de l'association, avec les minéraux silicatés, des granules métalliques variés dont nous avons déjà parlé.

Certes, il est très facile de reproduire la plupart des substances constitutives de ces granules en fondant les corps dont ils sont formés, et on peut à cet égard rappeler quelques résultats fort nets.

C'est ainsi que les variétés de fontes industrielles ont une composition qui se rapproche à certains égards des granules des dolérites d'Ovifak et de Waigatt. On peut allier aisément par fusion le fer au chrome et le fer au nickel pour faire des métaux plus ou moins comparables aux granules des serpentines et des météorites. Le platine de l'Oural lui-même allié de fer comme on sait et, grâce à lui pourvu de magnétisme et parfois même de polarité, a été imité au point de vue purement chimique par l'introduction pure et simple de fer dans du platine fondu. Il va sans dire que le sulfure de fer se prépare aussi sans grande peine.

Mais si la composition élémentaire de ces résultats d'expérience peut se comparer à celle des minéraux naturels, on constate toujours des uns aux autres une distance énorme au point de vue de la structure et, comme nous l'avons déjà dit, on éprouve une difficulté insurmontable à obtenir des associations minéralogiques du genre de celles que nous offrent les roches.

Au premier point de vue on ne saurait trop insister sur le fait que, du moins dans l'immense majorité des cas, la structure des granules métalliques n'est pas homogène. On s'aperçoit que leur composition varie d'un point à l'autre et que les éléments sont distribués dans leur masse suivant une disposition qui a été avant tout déterminée par la forme des intervalles qui devaient préexister à leur formation entre les minéraux lithoïdes encaissants.

Ce fait n'est pas toujours très facilement visible, mais il est tout à fait évident dans deux exemples qu'il suffira ici de citer. L'un d'eux concerne la dolérite à fonte naturelle du Groënland, l'autre la plupart des météorites pierreuses à granules métalliques.

Si, dans ces roches, on choisit des granules relativement gros pour y scier et y polir des surfaces planes, on reconnaît, après une attaque modérée au moyen d'un acide, que la petite masse métallique possède une structure nettement définie.

Pour la fonte groënlandaise, on y voit une association de parties plus ou moins carburées qui se trahissent par la quantité inégale du dépôt noir dont s'accompagne leur dissolution. Pour le métal extra-terrestre, on voit tout de suite que la proportion du nickel varie avec les points et, comme elle est en rapport intime avec la solubilité plus ou moins facile de chaque point il en résulte la production sur la surface d'abord uniforme d'une vraie figure analogue à celle que l'on connaît sous le nom de figures de Widmandstaetten et qui est souvent extrêmement visible, du moins à la loupe.

La conclusion est que les granules métalliques, loin d'être de première formation comme on était porté à le croire tout d'abord, sont des résultats de concrétion plus ou moins filonienne dans les interstices de grains pierreux dont le degré de fusibilité n'a rien à voir avec la structure relative.

Pour ce qui concerne les météorites, on a essayé de résister à cette conséquence des observations et on est allé jusqu'à dire que les grains de fer nickelé devaient résulter d'une réduction subséquente, par des effluves hydrogénés, de granules de magnétite autour desquels les silicates auraient cristallisé par refroidissement. Or tout proteste contre cette interprétation inspirée par le désir de donner aux phénomènes de fusion une importance qu'ils n'ont pas dans la question qui nous occupe. Il nous suffira de constater, comme je l'ai reconnu par l'expérience que, si l'on réduit par l'hydrogène au rouge des granules de fer oxydulé contenus dans une roche, le métal obtenu est très poreux et pourvu d'une densité apparente qui ne dépasse pas 4, au lieu d'atteindre 7 qui est le chiffre relatif aux granules météoritiques.

Cette observation dispense de discuter davantage l'objection, et l'on arrive à admettre que tous les granules que nous avons énumérés représentent des concrétions plus ou moins analogues à celles qui se rencontrent dans les filons métallifères, et on me permettra de citer ici quelques expériences dont plusieurs concernent directement la roche platinifère de l'Oural dont l'histoire est notre principal objet.

Si, après avoir rempli imparfaitement un tube de porcelaine de grains pierreux, infusibles à la température du rouge qui sera celle de l'expérience,—par exemple de grains de péridot ou de pyroxène—on y fait rencontrer un courant de chlorure de fer en vapeur et un courant d'oxyde de carbone, on constate après refroidissement que les interstices entre les particules minérales se sont plus ou moins remplis d'un fer métallique carburé, voisin des fontes industrielles et ressemblant beaucoup au métal des dolérites de Disco et de Waigatt. Le métal a recouvert les pierrailles d'un enduit continu, il les a parfois cimenté entre elles d'une façon intime, il s'est introduit dans leurs fissures sous les formes de lamelles très minces ou de filaments.

En remplaçant, comme corps réducteur, l'oxyde de carbone par l'hydrogène, on détermine la production du fer métallique et, quand la température de l'expérience est convenable, le métal mis en liberté, loin d'être pyrophorique comme on pourrait s'y attendre, est cohérent et susceptible de poli. Bien que nous n'ayons pas rencontré de roches à grenailles de fer pur, cette expérience aura des applications importantes à notre sujet, comme on le verra plus loin.

Mais ce qu'il importe de dire tout de suite, c'est que la substitution au chlorure de fer seul, d'un mélange de ce corps avec le chlorure de nickel en proportion calculée, détermine la production, non pas d'un mélange de fer et de nickel métalliques, mais bien celle d'alliages parfaitement définis entre ces deux métaux et pouvant coïncider par tous les caractères avec les alliages naturels, mentionnés tout à l'heure dans les météorites.

Disons, pour en tirer parti ultérieurement, qu'on réussit à faire des alliages définis de fer et de chrome, quand on traite par l'hydrogène un mélange de chlorure de fer et de chlorure de chrome et que ces alliages se comportent comme les métaux précédents relativement aux matériaux lithoïdes au voisinage desquels ils ont pu se concrétionner.

C'est d'une façon spéciale que je dois ici constater la facilité avec laquelle on donne naissance au platine natif par la réduction de la vapeur du chlorure par l'hydrogène et la ressemblance intime des granules métalliques ainsi obtenus avec les granules naturels en ce qui touche leur moulage sur les grains pierreux et leur forme en lamelles ou en filaments, déterminée par celle des espaces dans lesquelles il leur est loisible de se produire. La ressemblance est si complète et l'assimilation avec le processus naturel si tentant que j'ai consacré des expériences spéciales à imiter toutes les variétés des grains de platine de Nijné-Taguilsk. C'est ainsi que j'ai reconnu que le mélange d'un peu de chlorure de fer au chlorure de platine détermine la production d'un platine allié de fer et retenant ce métal avec assez de force pour ne point l'abandonner à l'acide azotique dans lequel on le fait bouillir.

La proportion de fer ainsi incorporée dans le platine rend celui-ci magnétique comme l'est l'Eisenplatin de l'Oural, et cette ressemblance acquiert une signification nouvelle par l'apparition de la polarité magnétique dans un certain nombre de grains artificiels qui se rapprochent ainsi singulièrement de plusieurs variétés remarquables du minéral naturel.

Je tiens à ajouter que l'aspect du produit de cette expérience varie suivant les conditions de l'opération et que, si on ne chauffe pas assez, il est fragile et revêtu d'un éclat non franchement métallique. Ces circonstances paraissent tenir à la force avec laquelle sont retenues dans les pores de la substance de petites quantités d'un composé encore un peu chloré et qui jouirait d'une inertie chimique tout à fait singulière.

Outre les métaux libres et les alliages, d'autres composés peuvent être obtenus sous les mêmes formes et par des procédés comparables: du nombre est le sulfure de fer qui se dépose en lames et en granules par la réaction mutuelle, à une température bien choisie, du chlorure de fer et de l'acide sulfhydrique. Cette expérience est importante à noter à cause de la présence de sulfure en granules dans les météorites pierreuses. On peut même faire ainsi des sulfures doubles et je citerai spécialement le sulfure double de fer et de chrome que nous aurons à citer tout à l'heure.

En résumé, les différentes catégories de granules métalliques, contenus dans les roches silicatées magnésiennes qui nous occupent, peuvent résulter de réactions gazeuses analogues à celles qui sont intervenues dans la production de divers gîtes métallifères tels que les filons. Cette constatation rend facile de comprendre la forme sous laquelle les granules sont associés aux éléments pierreux qui les accompagnent et dont le degré relatif de fusibilité peut être quelconque.

Mais il faut aller plus loin; l'association de ces granules avec les silicates est en effet beaucoup trop intime pour qu'il ne soit pas évident à priori que le même milieu général a convenu à la constitution des uns et des autres. Nous ne sommes plus ici dans le cas d'un gîte plus ou moins filonien où l'histoire des matériaux concrétionnés est absolument distincte de celle des roches encaissantes. Aussi la question à élucider c'est de savoir si les silicates eux mêmes ne peuvent pas résulter d'un mécanisme de genèse analogue à celui qui vient d'être décrit et éliminant par conséquent toute fusion ignée.

Je me permets d'appeler toute votre attention sur ce point que je considère comme très important, non seulement en ce qui concerne la roche-mère de platine et ses analogues, mais encore au point de vue de la géologie générale et de la physique de l'Univers.

Il résulte d'expériences que j'ai poursuivies en les variant depuis près de trente ans que les silicates fondamentaux des roches silicatées magnésiennes peuvent résulter de réactions développées entre des vapeurs.

Je produis en effet du pyroxène magnésien en faisant mutuellement se rencontrer, dans un tube de porcelaine chauffé au rouge, de la vapeur de magnésium, de la vapeur de chlorure de silicium et de la vapeur d'eau. La température de la réaction étant très notablement inférieure à celle qui serait nécessaire pour en fondre le produit, celui-ci se précipite brusquement, comme un véritable givre, au moment même de la combinaison de ses éléments.

Il résulte de là qu'il est cristallisé d'une manière confuse et que ses cristaux, plus ou moins imparfaits et souvent petits, retiennent, sous la forme d'inclusions, des parties de l'atmosphère génératrice. C'est une série de caractères que l'on retrouve dans le pyroxène comme dans d'autres silicates des roches magnésiennes et sur lesquels, par exemple, on a beaucoup insisté à l'égard des météorites. On les retrouve avec une accentuation plus ou moins grande dans bien des roches terrestres et il se reproduisent pour les cristaux de péridot comme pour ceux de pyroxène.

En variant la proportion des corps réagissants, on obtient en effet, comme résultat de l'expérience, l'olivine au lieu du pyroxène et, dans le cas général, ces deux composés cœxistent dans le même tube et se sont accumulés chacun dans des régions convenablement constituées et chauffées.

Si on substitue la vapeur de l'aluminium à celle du magnésium [1]) et si on a pris soin de mettre dans le tube de la soude ou de la chaux, ou le mélange de ces deux bases, on produit des silicates doubles qui peuvent coïncider avec des feldspaths naturels.

Ces expériences, qui sont susceptibles de beaucoup de variantes, nous permettent dès maintenant de considérer une roche comme la météorite, ou comme la dolérite d'Ovifak, ou comme la péridotite de Nijné-Taguilsk, comme résultant tout entière de phénomènes chimiques développés entre des corps gazéiformes et se traduisant par des précipitations de substances solides.

Dans cette conception, plus de difficulté résultant de la fusibilité relative des substances et rien qui s'oppose à comprendre que les granules métalliques, même les granules pratiquement infusibles du platine, soient moulés sur des grains relativement fusibles de pyroxène ou de feldspath. Et on arrive sans peine à concevoir comment se rattachent à ce mode général de production les roches dont les granules sont oxydés étant de chromite ou de magnétite, ou celles dont les silicates sont hydratés en tout ou en partie comme les serpentines.

Il est vraisemblable en effet qu'il s'agit là de phénomènes secondaires développés après la constitution initiale de la roche et rattachables à l'intervention de l'eau dans des conditions précédemment impossibles.

Il suffit de chauffer une pierre météorique au rouge dans

[1]) Pratiquement on peut mettre le métal, en feuille ou en fil, dans le tube où les autres corps arrivent à l'état gazeux.

la vapeur d'eau pour convertir ses granules de fer métallique en magnétite plus ou moins nickelifère, et par conséquent il est logique de voir dans les granules de magnétite des serpentines et des diorites des granules initialement métalliques et qui ont été ultérieurement oxydés.

Cette remarque jette un jour nouveau sur l'origine du fer chromé et m'a conduit à des expériences de synthèse dont le résultat a été particulièrement net. On a vu que c'est très facilement qu'on détermine la concrétion d'alliages de fer et de chrome par la réduction des chlorures sous l'influence de l'hydrogène au rouge. Un pareil alliage étant obtenu et purifié, il suffit de le soumettre à un courant de vapeur d'eau pour que son oxydation amène la constitution de fer chromé identique à la chromite de la nature. Cette oxydation du fer ou de l'alliage a pu marcher de front avec la transformation des silicates magnésiens en serpentine et cette remarque est de nature à simplifier l'histoire des roches magnésiennes.

En tous cas, il ressort des faits précédemment exposés la notion d'une catégorie de roches résultant d'un autre mode opératoire que la fusion et dont il me reste, pour terminer cette communication sans doute trop longue, à montrer l'importance, particulière dans l'économie générale du globe terrestre et même en dehors de lui.

La conception que nous a procurée Laplace quant à l'origine même de la terre et de ses compagnons planétaires, contrôlée et vérifiée par l'étude chimique des météorites et par l'analyse spectrale, conduit à rattacher les phases successives de l'évolution planétaire aux progrès du refroidissement spontané de la nébuleuse primitive. En outre, l'âge absolu très inégal des divers membres du système solaire nous permet d'espérer de rencontrer sur quelque astre bien choisi des conditions générales, analogues à celles que la terre a traversées depuis longtemps et qui ont présidé à la production des roches initiales.

Or c'est précisément ce qui semble actuellement réalisé dans la masse du soleil, dont l'analyse a dès maintenant été poussée si loin par les astronomes. La photosphère, siège et point de départ de la radiation lumineuse, se présente comme une région où les vapeurs, qui constituent vraisemblablement toute la masse de l'astre, se rencontrent dans des conditions de température et de proportion où la précipitation d'un givre cristallin est possible. C'est à l'état solide de ce givre que se rattache directement le pouvoir irradiant de la zone et c'est à des retours locaux à l'état gazeux que sont dues les taches solaires situées sans doute, comme le veut M. Faye, au centre de tourbillons plongeant vers les régions plus chaudes des profondeurs solaires C'est, pour le dire en passant, cette conception de la photosphère du soleil qui m'a conduit à disposer l'expérience décrite plus haut de synthèse du pyroxène, du péridot et des alliages de fer par condensation brusque de vapeurs [1]).

L'unité de composition et l'unité de phénomènes dans le système solaire, si évidemment démontrées dès à présent, nous permet d'affirmer que dans notre propre globe l'état solide a dû se révéler pour la première fois par une condensation semblable à celle qui procure actuellement son éclat lumineux à la photosphère du soleil et il résulte de cette remarque que les roches silicatées magnésiennes métallifères de condensation brusque représentent les masses vraiment primordiales de l'écorce terrestre.

C'est un titre tout à fait extraordinaire à notre considération et à notre intérêt.

Nous voyons cette coque initiale constituée dans la position d'équilibre et s'accroissant peu à peu jusqu'à résister aux

[1]) Voyez mon volume intitulé: La Géologie comparée.

volatilisations locales, jusqu'à perdre sa luminosité formes une sorte de cloison entre l'atmosphère gigantesque des premiers temps et les masses internes.

Une fois solidifiée, elle devient le point d'appui des dépôts ultérieurs, de sédimentation à l'extérieur et de consolidation ignée en dedans, modifiée en divers points par des rechauffements, par des réactions chimiques très variées qui peuvent la rendre méconnaissable.

Peut-être nous serait-elle d'étude très difficile et de connaissance bien incomplète si les roches éruptives de divers âge, dans leur trajet ascensionnel vers la surface, n'en avait arraché des spéciments qui, à l'état d'enclaves, et parfois peu altérés, au moins relativement, sont parvenus jusqu'à nous.

C'est dans cette catégorie que se placent les peridotites et les dunites apportées par les laves tertiaires de tant de régions; ainsi que les dolérites à fer natif du Groënland enclavées aussi dans des basaltes en blocs plus ou moins volumineux et parfois énormes.

La coque métallifère primitive dont l'origine se rattache bien plus à des réactions chimiques qu'à un simple triage, admis d'habitude, entre des substances supposées inertes les unes par rapport aux autres, s'est trouvée constituée en partie par des éléments qui, à la température externe dont nous jouissons et qui n'est pas intervenue, sont plus denses que certaines substances plus profondes, et on regardera comme confirmant les suppositions précédentes le fait que bien souvent, en effet, la matière des enclaves est plus dense que la roche empâtante. Les dunites sont plus denses que les basaltes et bien plus denses encore sont les dolérites ferrifères de l'île de Disco. On n'a pas jusqu'ici pu préciser les conditions de gisement de la roche platinifère de Nijné-Taguilsk, mais on peut croire qu'elle se rattache aussi, comme tant de roches analogues et comme tant de serpentines, à des portions de la coque primitive que les réactions orogéniques ont transportées vers les régions perisphériques du globe.

C'est par cette dernière remarque que je terminerai l'exposé des faits que je me proposais de résumer devant vous et je dois craindre d'avoir abusé de votre patience. Mon excuse vous apparaîtra peut-être dans la longue durée des études dont je ne vous ai donné qu'un très incomplet aperçu et qui m'ont séduit par leur caractère philosophique. Si vous voulez bien y réfléchir, vous reconnaîtrez peut être en effet que l'histoire des roches magnésiennes de concrétion primitive constitue un des chapitres les plus facilement saisissables de la Géologie comparée et contribuera, — sans compromettre la netteté des caractères distinctifs de la science de la terre et de la science du ciel,—à rapprocher dans une synthèse grandiose l'Astronomie physique et la Géologie.

IX.

SUR

LA DISTRIBUTION DES FOSSILES

non seulement en zones, mais aussi en provinces.

PAR

J. J. Blake de Londres.

C'est un fait bien établi aujourd'hui que les strates de tout âge, dans une seule localité, peuvent être divisées en zones, si elles ne le sont pas encore, chaque zone représentant dans cette localité la durée de l'existence de tel ou tel fossile caractéristique. De plus, on a établi la généralisation que, si dans une localité, un tel fossile caractéristique se trouve dans une zone intermédiaire entre deux autres zones, il se trouve, si toutefois il y existe, entre les mêmes zones dans toute autre localité. Par exemple, dans le Lias, si l'on trouve dans une localité l'Aegoceras capricornus, et plus haut le Harpoceras serpentinum, c'est seulement entre ces deux horizons qu'on peut chercher avec succès l'Amaltheus margaritatus. Cependant nous ne pouvons pas dire d'avance que ce fossile y sera certainement trouvé.

Ce principe posé, peut-on aller plus loin et préciser ainsi les strates du monde entier entre les mêmes zones dans toute autre localité? Il y a, je pense, des géologues qui sont de cet avis et qui croient reconnaître la zone de tel ou tel fossile en Russie et en Sicile, en Angleterre et dans les Indes Orientales; par exemple, on cherche à trouver dans les dépôts du Salt Range les mêmes zones du Trias qui sont établies pour l'Europe.

D'un autre côté, certains géologues, désespérant, semble-t-il, de trouver dans leur pays les zones généralement reconnues, rangent leurs strates dans d'autres zones caractérisées par des fossiles locaux, en tel sorte que leur nomenclature n'indique nullement leurs idées sur le parallélisme de ces zones avec celles d'autres pays. Telle est, par exemple, la méthode adoptée par les géologues russes.

En outre, nous avons des discussions sur le mérite relatif de la méthode nommée historique et de la méthode paléontologique, quoique toutes les deux doivent être considérées comme naturelles.

Cette diversité de vue indique, selon moi, quelque lacune dans les principes sur lesquels nos recherches sont basées.

Qu'est-ce donc qui doit combler cette lacune. La réponse est en ceci que la distribution géographique des fossiles catactéristiques n'a été jusqu'à présent que très peu étudiée.

Il y a, est vrai, cinquante ans depuis que von Buch a distingué les trois grandes provinces de l'ouest de l'Europe, de la Russie et de la Méditerranée, et, beaucoup plus tard, Neumayr a tenté de préciser de plus en plus ces provinces. Mais les idées de tous les deux sont uniquement basées sur les faits les plus frappants, et par conséquence elles peuvent être et elles ont été discutées. D'un autre côté, bien des années se sont écoulées depuis que Slater a introduit le principe de la distribution géographique dans la zoologie, spécialement pour l'étude des oiseaux, en le trouvant très suggestif et instructif. Dans ce cas-ci le principe était basé sur une foule de faits, constatés depuis longtemps, relatifs à distribution géographique des genres particuliers. Et en effet, on peut trouver maintenant, dans les bons musées, de petites cartes coloriées montrant la distribution de chaque genre dont il est question. Il faut donc, pour réaliser tous les bienfaits de ce principe, qu'on entre plus en détail dans nos recherches à ce sujet, et qu'on fasse des cartes paléontologiques pour tous les fossiles d'importance. Pendant ces dernières années nos idées sur l'espèce sont devenues beaucoup plus restreintes, de sorte qu'il serait tout à fait inutile de tracer la distribution d'une espèce moderne, parce qu'elle n'est qu'une variété locale de l'espèce anciennement comprise comme distincte. Mais en même temps nos idées sur le genre sont également devenues plus restreintes. Ce sont ces genres restreints dont il serait, je le crois, très utile de tracer les limites géographiques.

En faisant ces cartes distributives des fossiles, on pourrait y distinguer par des couleurs distinctes, non seulement la distribution générale des fossiles pour tous les âges, mais aussi leur apparition en zones, ce qui indiquerait à la fois l'histoire de l'origine, les migrations et la fin de chaque genre étudié. Quelques-unes de ces provinces seraient un peu plus étendues que les autres, par exemple la province des „Macrocephalites" s'étendrait de la terre de Franz-Joseph jusqu'aux Indes et de l'Espagne jusqu'à la Russie, tandis que la province des „Virgatites" serait limité, je crois, à la Russie.

Il me faudrait trop de temps pour indiquer toutes les choses d'intérêt que de pareilles cartes paléontologiques montreraient d'un coup. Il est d'ailleurs sans cela évident qu'elles seraient d'une grande importance pour la question d'une classification générale: il serait alors défendu de classer les zones paléontologiques particulières d'une province dans les strates d'une autre province et, par conséquence, on aurait pu établir d'autres liens paléontologiques plus généraux entre les provinces distinctes.

Je voudrais donc attirer l'attention de tous les géologues qui s'intéressent à cette question sur le point de vue de la distribution géographique des genres les plus restreints, en les priant de faire des cartes paléontologiques pour les genres dont ils s'occupent spécialement.

X.

ON FOSSIL REPTILES

FROM THE GOVERNMENTS

OF PERM AND VOLOGDA

by

H. G. Seeley,

Fellow of the Royal Society of London.

The fossil Reptiles of Permian age in Russia have become of international interest, because other Reptiles nearly allied to them have been found in South Africa and India, in Scotland and the United States. This interest has been greatly augmented by the discoveries made by Professor Amalitzky of Warsaw of new reptiles in the Government of Vologda and of associated shells and plants in many parts of the Russian Empire.

A fossil terrestrial reptile is good evidence of the existence of a land surface, which interrupted the continuity of marine deposits in the Geological age in which the animal lived. But when the same reptile type becomes associated with the plants like Glossopteris, which Amalitzky has found with the new fossils, there is evidence of a lake or lakes in which the plants and animals were preserved. The Glossopteris is common to New South Wales, the Karroa in Africa, the Gondwana rocks of India, and these Permian rocks of Russia This wide distribution does not prove that the land was continuous; of that there is no evidence: still less does such distribution prove that the lacustrine and fluviatile deposits of Permian age were formed in a fresh water, which was continuous. The fossil Reptilian life of these several regions is distributed over a number of isolated areas, each with its own peculiar fauna. The genera may be grouped under the order Anomodontia, but they vary with geographical distribution, just as the mammalian genera change when followed from one geographical region to another, at the present time. There is at present no proof that there is a genus in common among the Reptilia of any two Permian land areas. In a later time there is similar geographical diversity in the wealden Reptiles, for between the Wealden Reptiles of Sussex and the Isle of Wight, few genera occur in common, while the genera, which differ, are many.

Beside the evidences of ancient areas of land, which are thus of interest to the theory and facts of stratigraphical Geology, there is a zoological or palaeontological interest in the reptiles, which range from the lower Permian and Permo-Carboniferous of France, Texas, Elgin in Scotland, Russia, India, up to the slight indications of Anomodonts in the Rhœtic beds of Linkfield near Lossie mouth on the Murray Firth. The Animals, named collectively Anomodontia, appear on the one side to approach closely to the Labyrinthodontia, and on the other side, the Monotremata. M. Amalitzky's discoveries show that this diversity was nearly as conspicuous in Russia as in South Africa or America.

It has already been shown that types like Denterosaurus and Rhopalodon have many features of the skull in common with the Dicynodonts, yet the dentition is theriodont at least in Denterosaurus, with the incisors, canines, and molars developed as in Theriodontia. But the palate is a simple concave arch, as in Plesiosaurus and Dicynodon, with the palatonares fully exposed and not arched over by bone. There is no approximation of, or even development of palatal plates of the maxillary palatine or pterygoid bones. And for that reason the Denterosauria has been separated from the Theriodontion. M. Amalitzky, by means of the specimens exhibited during the meeting in the temporary museum, recognises the Pareiosauria as probably present in the Permian of Russia; and in that type the palate is covered, much as in Crocodiles and the great Ant-eater, though the palato-nares are not carried so far back.

These new specimens from Vologda comprise a portion of a jaw with indications of 10 or 12 enamelled serrated teeth. The jaw is about half the size of the jaw of Pareiosauria Bacui. The teeth are inflated and smooth over the external surface of the crown. The crown is relatively narrower and deeper than in the African species of that genus. There are five serrations on each side of the similar median denticle. The inner surface of the crown is slightly convex, without the radiating ridges of enamel seen in Pareiosaurus Bainii. The dorsal vertebra of the same animal shows the same strong Plesiosaur-like centrum seen in Pareiosaurus and Dicynodonts. There is a similar transverse expansion of the neural arch with short strong neural spine rounded above and ridged back and front. The zygapophysial facets are large, and the articular facets for the ribs have a corresponding transverse extension beyond the facets. The articular facets for the ribs appear to be divided, as is sometimes seen in Pareiosaurus. When the specimens are farther divested from the matrix it may be possible to speak with more confidence on this affinity. But the small size of what appears to be a humerus may indicate that the fossil indicates a new genus peculiar to Russia.

These Russian fossils show little affinity with the monotremata: their affinity is stronger with the Labyrinthodontia. I have no doubt that the Anomodontia, like the Dinosauria, includes dissimilar types of structure. The Denterosaurian and Dicynodont makes a transition to the Cetiosauria! This is shown in community of form of brain, teeth, pelvis and limb bones, so that it would be more natural to associate those types in one group, than to place the entirely monotreme Theriodonts in the same group with Denterosaurus. These new Russian Pareiosaurian fossils, intermediate in some respects between the two groups, are also strong in their affinity with Cetiosaurus.

XI.

UEBER DIE GLEICHZEITIGKEIT

DES MENSCHEN MIT DEN GROSSEN DILUVIALEN SÄUGETHIEREN

(MAMMUTH UND RHINOCEROS)

im Löss von Brünn

VON

Professor **Alex. Makowsky**, Brünn.

Brünn in Mähren liegt in 215 m. Seehöhe am Nordrande des Wiener Tertiärbeckens, im Norden und Westen eingeschlossen von Syenitbergen, die sich rund bis 600 m. erheben. In den Schluchten und windgeschützten Stellen findet sich der Löss schneewehenartig angehäuft bis zu 30 m. anschwellend. Dieser enthält nur in verschiedenen Tiefen bis zu 12 ja 15 m. die Reste einer grösseren Zahl von diluvialen Säugethieren bald einzeln, zumeist jedoch depôtartig angehäuft und zumeist von Menschen bearbeitet, mit unzweifelhaften Schlagmarken, wobei die Gelenke den Extremitäten abgeschlagen, das spongiöse Mark enthaltende Zellgewebe der Pachydermen, die ja der Röhrenknochen entbehren, ausgekrazt und an dessen Stelle mit Kohlentheilchen erfüllt erscheint. Holzkohlen führende Schichten (bis zu 20 cm. mächtig) in muldenförmiger Einsenkung bis zu 30 m^2 Flächenraum, fälschlich als Präriebrände bezeichnet, müssen als Lagerplätze des paläeolithischen Menschen gedeutet werden, denn wir finden nicht nur die Reste—zumeist Extremitäten von sehr verschiedenen Thieren neben und übereinander, sondern auch wie wohl sehr spärlich, Steinwerkzeuge und verschiedene Artefacte aus Zähnen und Knochen im frischen Zustande hergestellt. Hierbei sind die Knochen zumeist mit Aschenrinden versehen und calcinirt, so dass die menschliche Miteinwirkung unzweifelhaft ist.

Möge es mir gestattet sein einige Beispiele, die durch Einsendungen theilweise belegt sind, kurz hervorzuheben.

Gelegentlich eines Eisenbahnbaues im Jahre 1879, 6 kil. nördlich von Brünn (bei der Wassermühle der Tischnowitzer Bahn) wurde in einer Tiefe von 8—9 m. ein grosses Depôt von Knochen diluvialer Säugethiere in ganz vorzüglicher Erhaltung aufgeschlossen.

Vornehmlich Mammuth in jungen Exemplaren mit vielen Wurzelknochen und Extremitäten, zugleich *Rhinoceros tichorhinus* in vielen Resten, selten *Bison priscus*, *Cervus megaceros* und *Tarandus*—zugleich *Equus fossilis*, *Ursus spelaeus*. (Siehe Abhandl. des naturf. Vereines „Löss von Brünn und seine Einschlüsse von diluvialen Thieren und Menschen" Brünn, 1891).

Unter den Mammuthknochen befinden sich 3 Exemplare von humerus des Mammuths mit abgeschlagenen Gelenken, im oberen Ende mit einer prismatischen Höhlung, von quadratischem Querschnitte, bis zu 25 cm. tief mit scharfen Rändern. Nach Ansicht Virchow's und Prof. Ranke's (München), welche im Mai 1897, gelegentlich der Excursion der Wiener Anthropolog. Gesellschaft nach Brünn, diese Knochen genau untersucht haben, konnte diese Höhlung nur im frischen Knochen hergestellt werden. Offenbar dienten diese massiven Knochen zur Aufnahme von Pfählen einer Hütte auf sumpfigem Boden, der heute noch an dieser Stelle zu finden ist.

Weit zahlreicher als das Mammuth finden sich die Reste seines Zeitgenossen des *Rhinoceros tichorhinus*, von welchen Makowsky ausser losen Zähnen nahe hundert Belegstücke gesammelt und der techn. Hochschule in Brünn einverleibt hat. Auch hier sind es vorzugsweise Extremitäten, die eine unzweifelhafte Bearbeitung aufweisen, so 18 Stück Humerus, 6 St. Cubuideus, 8 St. Radius, 3 St. Femur, 5 St. Tibia, und selbst Metacarpal- und Metatarsalknochen mit Rippen zeigen Schlagmarken und das Knochengewebe ausgekratzt. [Siehe Abhandlung: das *Rhinoceros* der Diluvialzeit Mähren's als Jagdthier des palaeolithischen Menschen (Verhandl. der Wiener anthrop. Gesellschaft, 1897)].

Wohl den sichersten Nachweis der Gleichzeitigkeit des Menschen mit dem Mammuth und Rhinoceros bietet der Lössfund vom Jahre 1891 im Weichbilde der Stadt Brünn selbst, woselbst in einer Tiefe von $4^1/_2$ m. (gelegentlich eines Kanalbaues) Reste vom Mammuth (Zähne und Schulterblatt), *Rhinoceros tichorhinus* (Schädel, Rippen) mit *Tarandus* (bearbeitetes Geweihstück) untermischt mit einem ziemlich gut erhaltenen menschlichen Skelette (von entschieden dolichocephalem Charakter, Index 72) aufgefunden wurden zugleich mit höchst merkwürdigen Artefacten. Ausser zugeschnittenen Stücken des miocänen *Dentalium badense*, das sich noch heute um Brünn vorfindet (circa 600 Stück), die vielleicht als Halsschmuck gedient haben mochten, fanden sich gegen 20 Stücke grössere und kleinere Scheiben von Stein (centrisch durchlocht), aus Rippen vom Rhinoceros, Mahl- und Stosszähnen des Mammuth hergestellt, oft mit einer Randkerbung (Durchmesser von 3—8 cm.). Das merkwürdigste Fundstück wäre eine aus einem Mammuthstosszahn hergestellte menschliche Figur (untere Extremitäten abgeschnitten) von etwa 25 cm. Länge, mit einer der

Zahnaxe (Zahnpulpe) entsprechenden Höhlung, so dass das Idol auf einer Scheibe (Darm) gefusst werden konnte.

Merkwürdig ist die Thatsache, dass sowohl das Menschenskelett, wie die begleitenden Thierknochen und Artefacte von Rotheisenocker intensiv gefärbt waren, eine Färbung, die vielleicht ursprünglich dem eingebetteten Menschen eigenthümlich wäre. Prof. Schaafhausen in Bonn, der das Skelett wie die begleitenden Artefacte genau untersucht hat, bezeichnete dieselben als untrügliche Belege der Gleichzeitigkeit des Menschen mit dem Mammuth. (Siehe Abhandl. der Wiener anthropol. Gesellschaft, 1892).

XII.

EIN WORT UEBER DIE CORRELATION DER TRANGSGRESSIONEN UND UEBER RESTAURIRUNGSKARTEN.

VON

Prof. **F. Loewinson-Lessing**.

Die Frage, die ich hier kurz aufwerfen möchte, mag Einigen als indiscret, unnütz oder unüberlegt erscheinen. Ich kann sie aber nicht anders als sehr wichtig und für die weitere Entwicklung der physikalischen Geographie verflossener Perioden von grosser Bedeutung bezeichnen.

Sind viele Versuche, die die Restaurirung der Vertheilung von Wasser und Land für verschiedene Epochen oder gar Perioden anstreben nicht als von Hause aus als verfehlt zu bezeichnen? Ist eine derartige Karte, wenn sie sich auf eine Periode, eine Epoche bezieht, nicht eine Fiction und kann man überhaupt von der Vertheilung von Wasser und Land in der Trias, im Lias etc. sprechen, anstatt dieselbe nur einzeln für solche Abschnitte wie Kelloway, Oxford oder noch richtiger ihre Unterabtheilung zu entwerfen? Wirft man nicht mehrere sich durchaus nicht deckende Momente der Erdgeschichte zusammen, wenn man von der Vertheilung von Wasser und Land im Devon, im Jura, ja selbst im oberen oder mittleren Jura etc. spricht?

Sind wir im Recht aus einer derartigen Restaurirungskarte von Europa, Asien oder gar der ganzen Erdoberfläche über die wirkliche Vertheilung von Wasser und Land in einer devonischen oder carbonischen Periode, einer Malmepoche, Schlüsse zu ziehen? Entschieden — nein! Das Devon in Russland, in England, in Amerika sind durchaus nicht gleichzeitig, isochron, sondern nur gleichalterig, d. h. homotax. Wenn man also aus dem Vorhandensein von marinen Sedimenten des Devons in England und Russland auf eine gleichzeitige marine Wasserbedeckung beider Länder zur Devonperiode schliesst, so ist es ein Irrthum. Man könnte mir darauf hinweisen, dass wir jetzt bekanntlich nur von Homotaxie und nicht von Isochronismus im eigentlichen Sinne des Wortes sprechen. Ja, dann wollen wir aber solche Karten homotaxische nennen, wollen wir in denselben nur die Vertheilung mariner und anderer Sedimente einer bestimmten Periode suchen, wollen wir daraus herauslesen, dass nach dem oberen Silur in einer Gegend *A* eine marine Transgression eingetreten ist, in einer andern Gegend *B* ebenfalls; wollen wir uns aber hüten diese Transgressionen als gleichzeitig zu bezeichnen, es sei denn, dass wir bestimmte Kennzeichen dafür gefunden haben. Wenn wir auf Grund dieser Karten über die Form der Meere und Festländer, über den Verlauf der Strandlienien, über klimatische Zonen und dergl. urtheilen wollen, so begehen wir einen ungeheuren Fehler. Ich bin der Meinung, dass die Restaurirungskarten von Land- und Wasservertheilung nur als homotaxische Karten, als Karten der Vertheilung gleichalteriger Sedimente zu betrachten sind, dass sie aber für die Geographie der Erdoberfläche in verflossenen

Epochen durchaus nicht zu benutzen sind, besonders wenn diese Karten für zu grosse Zeitabschnitte: Epochen, Perioden oder gar Aera entworfen sind.

Doch giebt es auch Fälle, wo solche Karten, besonders wenn sie für kleinere Zeitabschnitte entworfen sind, von grossem Nutzen und für die wirkliche gleichzeitige Vertheilung von Land und Wasser maassgebend sein können. Dieser Fall tritt nämlich ein, wenn man solche Karten für einen einzigen Continent oder sogar einen Theil dieses Continents entwirft und die Correlation der Facies und der Transgressionen berücksichtigt, die sich dabei herausstellt; wenn man diese Transgressionen für eine Reihe von aufeinanderfolgenden Zeitabschnitten betrachtet (wie Conu, Karpinsky) und dabei im Auge behält, dass die Continente ober doch ein wichtiger Theil derselben wohl durch viele Zeitabschnitte hindurch als mehr oder weniger constant zu betrachten sind.—Als Continentalmasse betrachte ich das Festland mit den Binnenmeeren inclusive der umgebenden Flachsee bis zu den oceanischen Tiefen. — Bei einer derartigen Betrachtungsweise glaube ich für Europa bemerken zu können, dass man hier zwei Axen hat, eine meridionale von Scandinavien nach Süden verlaufende und eine aequatoriale, die über die Alpen, Karpathen, (Balkan?), Südrussland zum Kaukasus verläuft. Um diese Axen scheint eine Schaukelbewegung stattgefunden zu haben: meridionale und aequatoriale Transgressionen scheinen sich abgewechselt zu haben und abwechselnd scheint im Westen Europas — Meeresbedeckung, im Osten Land oder umgekehrt, im Westen Tiefseeablagerung, im Osten Seichtwasserablagerung und umgekehrt gewesen zu sein. Sollte sich solch eine Correlation und Constanz der Transgressionen wirklich bestätigen, dann hätten unsere Restaurirungskarten solcher Erdtheile auch für die Beurtheilung ihrer Oberflächenbeschaffenheit in früheren Zeitabschnitten einen grossen Werth, weil sie sich auf wirklich gleichzeitige Ereignisse von Land- und Wasservertheilung beziehen würden. Ich lasse hier nur einige Beispiele folgen, da die Frage mir erst unlängst aufgetaucht ist und das Material mir noch fehlt. Ich habe mich aber nicht gescheut meine Frage aufzuwerfen, auch wenn sie als verfrüht oder gar unnütz betrachtet werden sollte, da ich sie für zu wichtig halte und Aufklärung darüber erwünscht ist, zumal die vom Organisationscomité aufgeworfene Frage über Classification und Eintheilung der Erdgeschichte und Classification der Zeitabschnitte mit meiner Frage in Zusammenhang steht.

Im oberen Silur haben wir in Russland Kalksteine und in England Sandsteine, Schiefer, Quarzite. Im Devon: in Westeuropa ist das untere Devon durch Schiefer und Sandsteine vertreten, das mittlere und obere durch Kalksteine; in Russland fehlt das untere Devon, während das obere aus Kalksteinen besteht; die Schaukel-Transgressionen scheinen hier meridional gewesen zu sein. Carbon: in Russland das untere productiv, das obere kalkig, in Westeuropa umgekehrt.

Perm: dem Zechstein Westeuropas entsprechen in Russland Süsswasser- und Continentalablagerungen, dem Rothliegenden Westeuropas Kalksteine in Russland. Meridionale Transgressionen.

Trias: Weite Verbreitung in Westeuropa; fehlt in Russland. Eine meridionale Transgression.

Lias: fehlt in Russland; meridionale Transgression.

Oberes Jura: aequatoriale Transgression.

Kreide: aequatoriale Transgression.

Die Existenz solcher correlater halopathetischer Schwankungen der Erdkruste verdient eine nähere Betrachtung. Sollte sie sich bestätigen, dann hätten wir als Grunderscheinung aller Transgressionen eine abwechselnde wellenförmige Schwankung der Erdkruste, die die Gewässer bald nach Ost oder West in aequatorialer Richtung, bald in meridionaler nach Süd oder Nord verschiebt. Niemals ist ein Continent gleichzeitig in seiner ganzen Ausdehnung vom Meere überfluthet worden; die Transgressionen und Trockenlegung (oder Seichtwerden) haben sich abwechselnd ungefähr in denselben Theilen der beständigen Continentalmassen wiederholt; diese Massen ebenso wie die oceanischen Tiefen sind durch viele Perioden hindurch constant gewesen; aus der Correlation der Facies auf solchen Gebieten durch mehrere Zeitabschnitte hindurch kann man Schlüsse über den Gang der Transgressionen, der Erdrindebewegungen, und den Synchronismus von Ablagerungen ziehen.

Vielleicht sind alle meine Betrachtungen verfrüht oder nicht stichhaltig, jedenfalls verdienen sie aber eine Controle und ein Studium in bezeichneter Richtung. Kurz gefasst mache ich folgende zwei Vorschläge:

1) Die Restaurirungskarten sollen nur für kurze Zeitabschnitte und beschränkte Theile der Erdoberffäche (einzelne Continentalmassen) entworfen werden, wenn sie etwas Reelles darstellen und über Synchronismus der Erdoberflächenbeschaffenheit Aufklärung geben sollen.

2) Die Transgressionen und homotaxischen Facies sollen vom Standpunkt periodischer correlater halopathetischer Schwankungen der Erdoberfläche studirt und die Existenz solcher correlater Schwankungen selbst einem Studium unterworfen werden.

XIII.

STUDIEN ÜBER DIE ERUPTIVGESTEINE.

VON

Dr. **F. Loewinson-Lessing**,
Ord. Prof. a. d. Univ. Jurjew (Dorpat).

ERSTES CAPITEL.

Versuch einer chemischen Classification und Charakteristik der Eruptivgesteine.

I. Allgemeine Betrachtungen und Grundlagen der Classification.

Historischer Ueberblick. Grundlagen der chemischen Classification. Umrechnung der Analysen und Berechnungsmethode. Uebersichtstabelle. Die Hauptgruppen und Typen und deren Charakteristik. Classificationstabelle. Wechselbeziehungen zwischen den einzelnen Oxyden und den Oxydgruppen. Charakteristik der wichtigsten Magmatypen. Einige ergänzende Betrachtungen.

Historischer Ueberblick.

Das Bedürfniss nach einer chemischen Classification der Eruptivgesteine und noch mehr das Bestreben in die Classificationsversuche, neben dem geologischen und mineralogischen Momente, auch dem chemischen die ihm gebührende Rolle anzuweisen macht sich schon längst fühlbar. Die ersten Jahrzehnte der mikroskopischen Petrographie waren eine Periode fast exclusiver Herrschaft des Mikroskops, d. h. der mineralogischen Zusammensetzung und der Structurverhältnisse. Nachdem auf diesem Gebiet ein grosses Material zusammengebracht worden war, begann die Ueberzeugung sich Bahn zu brechen, dass die mikroskopische Petrographie an und für sich einseitig ist, dass sie vielmehr erst in Gemeinschaft mit dem geologischen Befunde und mit der chemischen Zusammensetzung fruchtbringend wird.

Die rein mikroskopische Petrographie machte einer allgemeinen Petrographie Platz. Es wäre freilich irrthümlich zu behaupten, dass die Bedeutung der chemischen Zusammensetzung der Gesteine erst in der letzten Zeit sich Bahn gebrochen hat. Im Gegentheil, die ersten Versuche von Verallgemeinerungen auf diesem Gebiet beziehen sich vielmehr sogar zur ersten Hälfte dieses Jahrhunderts und sind der Einführung des Mikroskops in die Petrographie vorangegangen. In diese Periode gehören die Versuche von Scheerer, Sartorius von Waltershausen, Durocher, Bunsen u. and. Ich brauche auf dieselben nicht näher einzugehen, da sie jedem Petrographen bekannt sind und da man in der ersten Auflage der Zirkel'schen [1]) Petrographie eine gute Uebersicht derselben finden kann. In dem frühen Auftreten dieser Arbeiten liegt aber auch der Grund ihrer Unzulänglichkeit. Das damals vorhandene Material war ungenügend, die mineralogischen Bestimmungen ermangeln der Genauigkeit, die nur das Mikroskop mit sich bringen konnte; deshalb sind auch diese Arbeiten, obschon vom historischen Standpunkt sehr interessant, bei dem jetzigen Stand der Petrographie und der jetzigen Fülle des Materials nicht brauchbar.

In der neueren Zeit sind vier Versuche von chemischen Classificationen erschienen; dieselben gehören Schöckenstein, Rosenbusch, Lang und mir. Einen wesentlichen Beitrag zur

[1]) F. Zirkel. Lehrbuch der Petrographie, 1866, I, p. 451.

Entzifferung der Gesetze der chemischen Differentiation von Magmen haben die analytisch-theoretische Arbeit von Lagorio und die analytisch-synthetischen Untersuchungen von Vogt geliefert. Mit der Entdeckung und Klärung der genetischen Beziehungen verschiedener Gesteine und mit dem Mechanismus der Differentiation befassen sich auch die Arbeiten von Judd, Teall, Iddings, Brögger etc.

Keine von den vier oben erwähnten Classificationen hat allgemeine Anerkennung oder auch nur weite Verbreitung erreicht. Ja, will man objectiv bleiben, so muss man zugeben, dass ausser den Autoren selbst Niemand diese Classificationen angewandt oder erweitert hat. Erst in der allerletzten Zeit haben Rosenbusch's Typen eine Berücksichtigung bei Becke [1]) gefunden.

Man könnte daraus vielleicht den Schluss ziehen, dass alle chemischen Classificationen verfrüht oder gar nutzlos sind. Durch meinen neuen Classificationsversuch hoffe ich den Beweis zu liefern, dass dem nicht so ist. Freilich ist auch meine Classification eine künstliche, ebenso wie alle früheren. Doch möchte ich glauben, dass sie weniger künstlich ist, als die anderen, dass sie zu einer weiteren Fortentwicklung geeignet ist. Die im zweiten Capitel gegebene kritische Durchmusterung einiger neuen Typen, die Anwendung meiner Methode beim Studium der kaukasischen Gesteine [2]); die auf die Differenzirung sich beziehenden Schlussfolgerungen, die ich aus meinen classificatorischen Betrachtungen ziehen konnte,—legen, wie es mir scheint, davon Zeugniss ab, dass die mühevolle Arbeit, der ich mich unterzogen habe, nicht umsonst gemacht worden ist.

---

[1]) F. Becke. Gesteine der Columbretes.—T. M. P. M, 1896. XVI. p. 313.

[2]) F. Loewinson-Lessing. Études de pétrographie générale avec un mémoire sur les roches éruptives d'une partie du Caucase Centrale. 1898 (Trav. Soc. Natur. St. Pétersb., XXVI, 5, Section de Géol. et de Minér.).

Ueberblicken wir jetzt in aller Kürze die obengenannten Arbeiten von Schröckenstein, Rosenbusch, Lang und mir selbst.

Schröckenstein [1]) gebraucht bei der Classification der Eruptivgesteine denselben Kunstgriff, welcher bei der Classification der Silicate gebraucht wird, und zwar die Bestimmung der Silicatstufe. Der Verfasser nimmt, sowohl für die Silicate als für die Silicatgesteine, sieben Typen an, nämlich: Singulosilicate, $1^1/_2$-fache Silicate, Bisilicate, $2^1/_2$-fache Silicate, Trisilicate, Tetrasilicate und Pentasilicate, und sucht alle Gesteine unter diese Typen unterzubringen.

In diesem Hineinzwingen der verschiedenen Gesteine in wenige Typen liegt aber auch die schwache Seite der Schröckenstein'schen Classification. Die berechneten Zahlen weichen oft zu sehr von den theoretisch erforderten ab, wie aus folgendem, der ersten Zeile p. 84 der Gruppe der „einfachen Silicate" entnommenen, Beispiel zu ersehen ist Die Molecularproportionen sind folgende:

SiO^2 . . . . 0.730 [2])
Al^2O^3 . . . . 0.140
Fe^2O^3 . . . . 0.011
FeO 0.087

[1]) F. Schröckenstein. Ausflüge auf das Feld der Geologie. Geologisch-chemische Studie der Silicatgesteine. II Aufl. 1886, Wien.

Die Arbeit von Schröckenstein wird nirgends erwähnt, und ich selbst bekam sie zu Gesicht erst nachdem ein grosser Theil meines Materials bereits fertiggestellt war. Lässt man alle dilettantischen Betrachtungen des Verfassers über die Genesis der Gesteine, darüber, dass dieselben ursprünglich aus Anorthit und Olivin bestanden haben sollen und erst nachträglich durch Metamorphose die jetzige Zusammensetzung erlangt haben, unberücksichtigt, so muss man doch bezeugen, dass er als erster die Bedeutung der gegenseitigen quantitativen Verhältnisse der verschiedenen Oxyde hervorgehoben hat und auf die Möglichkeit hingewiesen hat auf diese Weise die verwandtschaftlichen Beziehungen der Gesteine von verschiedener Silicatstufe zu bemerken.

[2]) Um ein Monosilicat zu erhalten, sind aber 0.583 erforderlich.

CaO 0.024
MgO 0.402
K^2O 0.005
Na^2O 0.024

Das giebt die Formel 5.4 RO 1.5 R^2O^3 7.3 SiO^2, und den Aciditätscoefficienten 1.4 (oder 1.3, falls man 2.1% H^2O als Base mitrechnet) und nicht 1, wie es für ein Monosilicat erforderlich ist.

Als irrthümlich muss ich auch die Aeuserung bezeichnen, dass den Unterschieden im relativen Gehalt an K^2O und Na^2O keine classificatorische Bedeutung zukommt. Hingegen ist die Vereinigung von Oxyden eines Types zu einer Gruppe und die Einführung des Begriffs einer Oxydgruppe zweckmässig, obschon der Verfasser daraus nicht die möglichen Schlüsse gezogen hat.

Jede Gesteinsgruppe (nach der Silicatstufe) wird von Schröckenstein in drei Typen eingetheilt, je nachdem

$$RO > R^2O + R^2O^3$$
$$RO + R^2O > R^2O^3$$
$$RO + R^2O < R^2O^3$$

Auf diese Weise wird die Auffindung von verwandtschaftlichen Beziehungen für Gesteine der verschiedenen Silicatstufen ermöglicht. Von den übrigen Wechselbeziehungen, die vom Verfasser hervorgehoben werden, darf nicht unerwähnt bleiben der Hinweis darauf, dass die Thonerde an die Alkalien gebunden ist und dass die Alkalien und alkalischen Erden Antagonisten sind („dass die Alkalien an die Thonerde auffallend sich ketten und von den R-Basen sich stetig fern halten“, p. 87).

Es sei hier noch kurz erwähnt der neuen, nach der Drucklegung meiner russischen Arbeit erschienenen „Petrographischchemischen Studie“ von Schröckenstein [1]). Lassen wir bei Seite die phantastische Vorstellung des Autors und seine Auseinanderlegungen, dass die Erdkruste ursprünglich nur aus Feldspathmineralien bestanden hat, dass *MgO*, *CaO*, *FeO* erst durch Meteoritenfälle dem Urmagma einverleibt worden sind und dass die farbigen Gemengtheile der Gesteine sich aus den Feldspäthen entwickelt haben etc. Die frühere Eintheilung in mehrere Silicatstufen ist auch hier beibehalten, mit denselben Mängeln. Die Berechnung der Analysen ist eigenartig, da das als Magneteisen vorhandene Eisen abgezogen und dann der Rest auf 100 umgerechnet wird. Interessant ist nur die Bemühung eine Classification der Gesteine auf Grund der relativen Verhältnisse der verschiedenen Oxyde durchzuführen. Es werden fünf Klassen aufgestellt, je nachdem die *RO*-Basen $^1/_4$, zwischen $^1/_4$—$^1/_2$, $^3/_4$—$^1/_2$, 1—$^3/_4$, über dem Gehalt an Thonerde sind; jede Klasse wird eingetheilt in zwei Ordnungen, je nachdem ob die Magnesia den Kalk überwiegt, oder umgekehrt der Kalk die Magnesia.

Die Arbeit von Rosenbusch [2]) ist 1890, ganz gleichzeitig mit meinem unten erwähnten russischen Aufsatz, erschienen [3]) und ist wohl allen Petrographen genügend bekannt. Ich verzichte hier auf eine Wiedergabe des Inhalts dieser Arbeit, ebenso wie auch der scharfen Kritik von Roth [4]), der Auseinandersetzungen von Zirkel [5]) und einiger von mir selbst gemachten Bemerkungen [6]).

Mein Classificationsversuch ist ursprünglich gleichzeitig mit

[1]) F. Schröckenstein. Silicat-Gesteine und Meteorite. 1897.

[2]) H. Rosenbusch. Ueber die chemischen Beziehungen der Eruptivgesteine.—T. M. P. M. XI, 18, p. 144.

[3]) Die gegenseitig zugeschickten Separatabzüge erhielten wir gleichzeitig.

[4]) J. Roth. Die Eintheilung und die chemische Beschaffenheit der Eruptivgesteine.— Z. d. g. G. XLIII, 1891, p. 1.

[5]) F. Zirkel. Lehrbuch der Petrographie. II Aufl., Bnd. I.

[6]) Ein Referat in Revue des Sciences Naturelles. I. 1890, № 5. St. Petersburg.

Rosenbusch's Arbeit erschienen [1]) und später mit einigen Zusätzen in französischer Sprache [2]). Obgleich mein Classificationsversuch ein ganz künstlicher und nicht abgeschlossener war, hat er doch auch, wie ich glaube, einige positive Resultate ergeben. Jedenfalls dürfte meine Arbeit es verdient haben in dem ausführlichen Ueberblick in Zirkel's Lehrbuch der Petrographie erwähnt zu werden. In aller Kürze ist der Inhalt meiner Arbeit folgender [3]).

Auf rein empyrischem Wege hatte ich einige Formeln gefunden, welche den gesetzmässigen Zusammenhang zwischen dem Gehalt an Kieselsäure und an verschiedenen Oxyden zum Ausdruck bringen sollten. Für diese Formeln benutzte ich die procentische Zusammensetzung, worin die schwache Seite der Formeln besteht. Auf diese Weise ergaben sich mehrere, mehr oder weniger streng verschiedene mittlere chemische Typen der Eruptivgesteine, wie:

$SiO^2 = 2\,(R^2O + RO) + R^2O^3$
$SiO^2 = 2\,(R^2O + RO) + R^2O^3 + q$ (q ist freie Kieselsäure).
$SiO^2 = R^2O + RO + R^2O^3$
$SiO^2 = {}^3/_2\,(R^2O + RO) + R^2O^3$ u. ein. and. [4]).

Alle Eruptivgesteine wurden von mir nicht in drei Gruppen, wie es üblich ist, sondern in vier eingetheilt, nämlich in saure, neutrale, basische und ultrabasische Gesteine; ferner wurde auf einige scheinbar gesetzmässige Beziehungen zwischen den benachbarten Typen hingewiesen und ein rationelles Kriterium für

---

[1]) F. Loewinson-Lessing. Ueber einige chemische Typen der Eruptivgesteine (russisch).—Revue des Sciences Naturelles, 1890, № 1. St. Petersburg.

[2]) F. Loewinson-Lessing. Étude sur la composition chimique des roches éruptives.—Bull. d. l. Soc. Belge de Géol., 1890, IV, Mém., p. 221.

[3]) A. Arzruni hat ein Referat darüber gegeben in der Chemiker-Zeitung.

[4]) Es sollte eigentlich $\Sigma SiO^2 = \Sigma 2\,(R^2O + RO) + \Sigma R^2O^3$ u. s. w. geschrieben werden; zur Abkürzung ist das Zeichen Σ überall weggelassen.

die Auseinanderhaltung der sauren und der neutralen Gesteine gegeben. Die Bezeichnung neutrale Gesteine beschränkte ich auf solche, welche den grösstmöglichen Gehalt an gebundener Kieselsäure aufweisen. Als saure Gesteine ergaben sich dann natürlicherweise diejenigen, welche einen Ueberschuss von Kieselsäure enthalten, d. h. mehr als nach der Formel für neutrale Gesteine in gebundener Form vorhanden sein kann. Als basische Gesteine erwiesen sich endlich diejenigen, welche einen Mangel an Kieselsäure aufweisen, wo die Basen mit Kieselsäure nicht gesättigt sind und in Form von kieselsäurearmen Silicaten auftreten.

Wenn ich die rationelle Abgrenzung der sauren und neutralen Gesteine und einige andere Betrachtungen als positive Seiten meines damaligen Classificationsversuchs betrachte, so muss ich auch anderseits hervorheben, dass der Gebrauch der procentischen Zusammenzetzung und nicht der Molecularproportionen, sowie der empyrische, nur grob angenäherte Sinn der Formeln zu den negativen Seiten meiner Arbeiten gehören. Diese letzteren Erwägungen bewogen mich jetzt einen andern Weg einzuschlagen. Es sei mir aber gestattet zu der damaligen Arbeit einen kleinen Zusatz hier anzuführen, der bald nach dem Erscheinen derselben gemacht worden ist in der Voraussetzung, dass das Thema von mir auf dem damals angebahnten Wege fortgesetzt werden wird. Es handelte sich nämlich um die Analyse der Formel der neutralen Gesteine: $SiO^2 = 2\ (R^2O + RO) + R^2O^3$. Setzt man x für SiO^2, y für R^2O^3 und z für $R^2O + RO$, so haben wir:

1) $x + y + z = 100$
2) $x = 2z + y$ oder $x - 2z - y = 0$

Daraus ergiebt sich $y = -z + 50 - \frac{z}{2}$ und setzt man $\frac{z}{2} = t, \ldots\ y = 50 - 3t$; da $y > 0$, so haben wir $50 > 3t$ oder $t > 16^2/_3$.

Es kann also t theoretisch alle Werthe von 0 bis $16^2/_3$ haben; da nun aber bekanntlich der R^2O^3-Gehalt in den hierhergehörigen Gesteinen normal kaum unter 16% fällt oder über 24% steigt, so haben wir für t gleich 11, 10, 9, 8:

	($y = 14$	$z = 24$	$x = 62$)
1)	$y = 17$	$z = 22$	$x = 61$
2)	$y = 20$	$z = 20$	$x = 60$
3)	$y = 23$	$z = 18$	$x = 59$
4)	$y = 26$	$z = 16$	$x = 58$
	($y = 29$	$z = 14$	$x = 57$)

Die normalsten neutralen Gesteine entsprechen also einem Kieselsäuregehalt von $58\%-60\%$. Manchmal kommen auch solche mit 61% und 57% Kieselsäure vor; über und unter diesen Werthen hat man schon solche Uebergangsglieder zu den sauren und den basischen Gesteinen, welche in die Formel $SiO^2 = 2\,(R^2O + RO) + R^2O^3$ nicht hineinpassen. (Aus obiger Tabelle kann man ersehen, dass einer Abnahme des Kieselsäuregehalts um 1% eine Verminderung der Alkalien und alkalischen Erden um 2% und ein Zuwachs von Sesquioxyden um 3% entspricht).

Lang [1]) hat bekanntlich zwei Classificationsversuche geliefert. Indem er als den wichtigsten und am meisten charakteristischen Bestandtheil eines Eruptivgesteins dessen Feldspathmineral betrachtet, nimmt er als Grundlage seiner Classification die relativen procentischen Mengen von Kali, Natron und Kalk (in der ersten Abhandlung) oder von Kalium, Natrium und Calcium (in der zweiten Abhandlung). Je nach dem Vorwalten eines dieser Oxyde (oder Metalle) und der quanti-

---

[1]) H. O. Lang. Versuch einer Ordnung der Eruptivgesteine nach ihrem chemischen Bestande.—T. M P. M. XII, 1891, p. 199.

H. O. Lang. Das Mengenverhältniss von Calcium, Natrium und Kalium als Vergleichungspunkt und Ordnungsmittel der Eruptivgesteine.—Bull. Soc. Belge de Géol., 1891, V (Mém.), p. 123.

tativen Beziehungen zwischen ihnen, was er als „Alkalien-Verhältniss“ und „Alkalienmetall-Verhältniss“ bezeichnet, und auch nach dem Kieselsäuregehalt, stellt Lang eine Reihe von chemischen Typen auf. Gesteine mit gleichem oder ähnlichem chemischem Typus werden zu einer Gesteinsgruppe vereinigt; das Mittel aus den Analysen der verschiedenen zu einer Gruppe gehörigen Typen giebt den chemischen Gruppentypus Lang unterscheidet vier Hauptgruppen:

1) Gesteine der Kali (oder Kalium)-Vormacht.
2) Gesteine der Natron (oder Natrium)-Vormacht.
3) Gesteine der Alkalien (oder Alkalimetalle)-Vormacht.
4) Gesteine der Kalk (oder Calcium)-Vormacht.

In jeder dieser Gruppen werden mehr oder weniger zahlreiche Unterabtheilungen (d. h. chemische Typen) unterschieden und mit besonderen Namen bezeichnet.

Lang's Versuch kann nicht anders als einseitigund in mancher Hinsicht misslungen bezeichnet werden. Erstens giebt der procentische Gehalt an Oxyden noch keine genügende und oft keine richtige Vorstellung vom chemischen Typus des Gesteins, und Gesteine mit gleichem Gehalt an den obengenannten Oxyden können sich recht scharf von einander unterscheiden Zweitens ist das Ignoriren der Thonerde und der Magnesia absolut unrichtig, da in vielen Fällen gerade diesen Oxyden die Leitrolle zukommt. Drittens ist der Kalk ein Bestandtheil nicht allein der Feldspäthe, sondern auch der Pyroxene und Amphibole und darf nicht ausschliesslich auf die Feldspäthe bezogen werden. Auch kann man sich nicht mit den relativen Mengen von CaO, K^2O und Na^2O begnügen ohne den absoluten Gehalt zu berücksichtigen; der mineralogischen Zusammensetzung und der Kieselsäure sollte auch mehr Aufmerksamkeit geschenkt werden. Dann würde man nicht so heterogene Dinge vereinigen, wie z. B. den Cornwallgranit mit 72—75% Kieselsäure und den Orthophyr mit 60% SiO^2 die in einen Typus gesetzt sind; in der Gruppe des „Dolerit-Norits" treffen wir den Banatit (65% SiO^2) neben dem Diabas (46% SiO^2) und dem Palaeopikrit (40% SiO^2); der Typus „Normaltrachyt" hat einen Gehalt an Kieselsäure von 72% etc., etc.

Die Classification von Lang ist einseitig und willkürlich und wirft kein Licht auf die verwandtschaftlichen Beziehungen und die chemischen Eigenthümlichkeiten der verschiedenen Eruptivgesteine.

Mit dem chemischen Befunde der Eruptivgesteine, besonders mit der chemischen Verwandtschaft der verschiedenen Eruptivgesteine eines vulkanischen Gebiets, jedoch ohne eine chemische Classification aller Eruptivgesteine anzustreben, haben sich mehr oder weniger eingehend Iddings, Teall, Harker, Becke, Judd, Brögger, Johnston-Lavis u. ein. and. beschäftigt. Ich erinnere an die „consanguinity" von Iddings, an die „Gauverwandtschaft" von Lang, an die „petrographische Provinz" von Judd, an die „Gesteinsserie" von Brögger.

Iddings [1]), und nach ihm Teall [2]) und Harker [3]) haben durch Diagramme die chemische Verwandtschaft der Eruptivgesteine eines und desselben Gebiets, sowie ihre Verschiedenheiten in den Grenzen dieser Verwandtschaft, durch Diagramme veranschaulicht; als Abscissen wurden die aequivalenten Mengen der Kieselsäure (bei Harker die Atomzahl von *Si*), als Ordinaten diejenigen der verschiedenen Oxyde (bei Harker — der Metallatome). Auf demselben Prinzip beruhen auch meine Diagramme.

---

[1]) J. Iddings. The mineral composition and geological occurrence of certain igneous rocks of the Yellowstone National Park. — Bull. Phil. Soc. Washington, XI, p. 191. 1891.

J. Iddings. The origin of volcanic rocks.—Ibid., XII, p. 89.

[2]) J. Dakyns and J. H. Teall. On the plutonic rocks of Garabal Hill and Meall Breac.—Q. J. 1892, XLVIII, p. 104.

[3]) A. Harker. Carrock Fell.—Q. J. 1895, LI, p. 146.

Becke [1]) hat eine andere Darstellungsmethode zur Anwendung gebracht und zwar so, dass in seiner Projection die den chemisch verwandten Gesteinen entsprechenden Ordinaten ungefähr auf einem Horizont, oder richtiger zwischen bestimmten Horizonten, liegen. Es bleibe auch nicht unerwähnt, dass Brögger [2]) die relativen Mengen (in Aequivalenten ausgedrückt) der verschiedenen Oxyde, besonders der Gruppen $(Na^2O + K^2O + CaO)$, $(MgO + FeO)$ und Al^2O^3 benutzt hat, um die verwandtschaftlichen Beziehungen der Eruptivgesteine zum Ausdruck zu bringen.

Als Grundlage für seine geistreiche Projection diente Becke die graphische Methode von Lang [3]), von welcher auch Brögger [4]) und neuerdings Michel-Lévy [5]) Gebrauch machten, nämlich ein Dreieck, an dessen Seiten und Ecken die Gesteine, deren verwandtschaftliche Beziehungen man studiren will, in einer bestimmten Art gruppirt werden. In seinen Diagrammen benutzt Becke als unabhängige Variable die Atommengen von *K*, *Na* und *Ca*, welche auf die Abscissenaxe aufgetragen werden. Dieser Vorgang könnte für kleinere verwandte Gesteinsgruppen gelten; für eine allgemeine Classification der Eruptivgesteine halte ich es für richtiger und anschaulicher alle Oxyde als Functionen der Kieselsäure zu betrachten. Auch ist die Vereinigung von *K*, *Na* und *Ca*

---

[1]) F. Becke. Gesteine der Columbretes. II. — T. M. P. M. 1896, XVI, p. 315.

[2]) W. C. Brögger. Die Eruptivgesteine des Kristianiagebietes. I. Die Gesteine der Grorudit-Tinguaitserie.—1894. Vidensk. Skrift., I Math.-naturv. Kl., Kristiania. 1894, № 4.

[3]) H. O. Lang. Beiträge zur Systematik der Eruptivgesteine. — T. M. P. M. 1892, p. 160.

[4]) W. C. Brögger. Die Eruptivgesteine des Kristianiagebietes, II. Die Eruptionsfolge der triadischen Eruptivgesteine bei Predazzo in Südtirol.— Vidensk. Skrift., I. Mathem.-naturv. Kl. 1895, № 7, p. 55. Kristiania.

[5]) A. Michel-Lévy. Mémoire sur le porphyre bleu de l'Esterel.—Bull. d. serv. d. l. carte géol. d. l. France, 1897, t. IX, № 57.

(oder CaO, Na^2O und K^2O, wie bei Brögger) als „Feldspathbildner" und ihre Entgegenstellung der MgO und FeO nicht einwandsfrei. Bekanntlich dient der Kalk nicht nur zur Feldspathbildung, sondern auch zum Aufbau der Pyroxene und Amphibole, ja manchmal wird er ganz dazu verbraucht. Es ist keine leichte Aufgabe den Antheil des Kalks zu bestimmen, der als Feldspathbildner gilt, und denjenigen, der die andere Rolle spielt; ja, die genannten Autore haben es auch nicht gethan. Andererseits erhellt aus der Gruppirung der Oxyde als R^2O und RO ihr Antagonismus, der für den Mechanismus der Differenzirung von Interesse ist.

Chrustschoff [1]) hat besondere Quotienten zur Charakteristik der Gesteine in chemischer Beziehung benutzt. Der eine Quotient wird so gebildet: aus der Analyse werden die Metallelemente und der Sauerstoff berechnet und die Summe der äquivalenten Mengen aller Metallelemente durch die äquivalente Menge des Sauerstoffs dividirt. Den andern Quotienten erhält man so: der Procentgehalt des Sauerstoffs, welcher in den Oxyden R^2O und RO enthalten ist, wird mit demjenigen des in den Oxyden R^2O^3 enthaltenen multiplicirt und in das auf diese Weise erhaltene Product der Procentgehalt des in SiO^2 enthaltenen Sauerstoffs dividirt. In der zweiten der unten citirten Arbeiten werden die Quotienten noch anders gebildet: der Sauerstoff der Monoxyde wird mit demjenigen der Sesquioxyde addirt und die Summe durch den Sauerstoff der Kieselsäure dividirt.

Der Vollständigkeit wegen sei noch eine Arbeit von Bernard [2]) erwähnt, wo ebenfalls Diagramme vorkommen.

---

[1]) K. v. Chrustschoff. Eine neue Varietät des Basalts. — Arbeiten d. St. Petersb. Naturf.-Ges. 1886, XVII, p. 62,

K. v. Chrustschoff. Ueber holokrystalline makrovariolithische Gesteine. — Mém. Acad. d. Sc. St. Pétersbourg, VII sér., XLII, № 3. 1894.

[2]) A. Bernard. Géologie agricole et cartes agronomiques. — Annales de l'Acad. de Mâcon. 1896.

Ein grosses Interesse bietet die Arbeit von Michel-Lévy [1]) über die chemische Classification der Magmata. Dieselbe zerfällt in drei Abschnitte: In dem ersten giebt Verfasser einen Ueberblick über die Arbeiten der letzten zehn Jahre auf diesem Gebiet; besondere Aufmerksamkeit schenkt er Iddings und Rosenbusch; leider sind bei diesem Rückblick viele Arbeiten, wie z. B. diejenigen von Hague, Lagorio, Vogt, Harker, Bäckström, Johnston-Lavis, Lacroix, Loewinson-Lessing u. ein. and. gar nicht berücksichtigt. Im dritten Theil finden wir theoretische Betrachtungen über die Differentiation; Verfasser bekämpft die Anwendbarkeit der Soret's hen Regel auf die tiefmagmatische Differentiation und führt dieselbe auf die Wirkung der Mineralisatoren zurück. „C'est dans cette circulation des fluides (unter dem Einfluss der Mineralisatoren) sous pression et à haute température que nous voyons l'agent actif de la différentiation des réservoirs de magmas éruptifs“, sagt er p. 371. Das Hauptinteresse bietet der zweite Theil, der speciell der chemischen Classification und graphischen Darstellung gewidmet ist.

Als Haupteintheilungsprincip stellt Michel-Lévy die Magnesia hin. Die Unterabtheilungen werden auf folgende Merkmale basirt:

1) Die Menge des zur Feldspathbildung verbrauchbaren Kalks und der Ueberschuss desselben, der an dem Aufbau der Eisenmagnesiasilicate sich betheiligt; der letztere ist c'. Ersterer wird mit c bezeichnet und durch die Menge des nach

---

[1]) A. Michel-Lévy. Note sur la classification des magmas des roches éruptives.— Bull. Soc. Géol., 1897 (3-e sér.), XXV, № 4, p. 326.

Die auf die Classification und Differenzirung bezüglichen Capitel meiner russischen Arbeit wurden dem Congress bereits gedruckt vorgelegt. Einige Resultate meiner Untersuchungen sind auch in der Note... und in dem auf dem Congress gehaltenen Vortrage niedergelegt. In den Besitz der Michel-Lévy'schen Arbeit bin ich viel später gelangt, so dass sie in meiner russischen Arbeit nicht berücksichtigt werden konnte.

Abzug der Alkalienmengen zurückbleibenden Gehalts an Thonerde bestimmt; bleibt noch Kalk übrig, so ist es c'.

2) Ueberschuss von Thonerde — a, nach Abzug der mit den Alkalien und dem Kalk zur Feldspathbildung erforderlichen.

3) Ueberschuss an Natron — n'.

4) Die relativen Mengen von Kali — k und Natron — n, ebenfalls von c' und n. Dabei wird n als Einheit angenommen und k und c' mit K_o, K_p, K_m, K_g, C'_o, C'_p, C'_m, C'_g bezeichnet je nachdem dieselben unter $^1/_4$ n, zwischen $^1/_4$ und $^3/_4$, zwischen $^3/_4$—$^5/_4$, oder über $^5/_4$ n betragen.

Auf diese Weise entstehen 4 Hauptgruppen:

1. Magma alcalin . . . . $m = o$
2. Magma alcalino-terreux . . . . $m < c$
3. Magma terreux-alcalin . . . . $m = c$
4. Magma ferro-magnésien . . . . $m > c$.

Jede dieser Gruppen wird dann eingetheilt in Unterabtheilungen nach C_o, C_m, C_p, C_g, dieser wieder nach K_o, K_m, K_p, K_g und dann noch nach a; nach $a = o$, $c' = o$; nach n'. Auf diese Weise entstehen in der Classificationstabelle 240 Felder, die freilich nicht alle und nicht alle gleich besetzt sind.

Michel-Lévy nimmt nur zwei reine Magmen an, aus deren Mischung alle übrigen hervorgehen: „De tout ce qui précède, il semble ressortir que deux magmas éruptifs seuls ont une individualité assez tranchée pour permettre une définition exempte d'arbitraire; celui qui est dépourvu d'éléments ferro-magnésiens... et celui qui est presque exclusivement composé d'éléments ferro-magnésiens...“ (p. 341). Diese beiden Magmen entsprechen im Grossen und Ganzen, so zu sagen prinzipiell, dem normaltrachytischen und normalpyroxenischen Magma Bunsen's, dem Feldspath- und Pyroxenmagma Hague's, meinen Feldspath-, Feldspathiden-, Pyroxenit- und Peridotitmagmen.

In dieser prinzipieller Uebereinstimmung verschiedener Forscher, die auf ganz verschiedenem Wege zu demselben Prinzip gelangen, glaube ich einen sicheren Beweis dafür zu finden, dass die Entgegenstellung der alkalischen oder feldspathigen und der alkalischerdigen oder eisenmagnesischen Magmen einer in der Natur bestehenden Beziehung entspricht.

Der Werth der Michel-Lévy'schen Auseinandersetzungen und seiner Classification liegt in der eben hervorgehobenen Entgegenstellung, in dem Bestreben den feldspathbildenden Kalk (chaux feldspathisable) von dem mit den Eisen-Magnesia-Silicaten verbundenen auseinander zu halten, in der Benutzung des Al^2O^3 — oder Na^2O — Ueberschusses (siehe a und a' oben) zu classificatorischen Zwecken etc. Doch ist die Classification von Michel-Lévy durchaus nicht einwandsfrei und kann kaum auf allgemeine Anerkennung rechnen und zwar aus folgenden Gründen.

1. Diese Classification ist einseitig, da sie vor Allem auf die Magnesia sich basirt und auf einige andere Beziehungen, dagegen aber den Kieselsäuregehalt, die quantitativen Verhältnisse von $R^2O : RO$, von $RO : R^2O^3$ etc. nicht berücksichtigt. Eine Classification muss aber alle wichtigen Momente und nicht bloss eins oder einige berücksichtigen. Daher kommt es auch, dass Rhyolite, Dacite, Phonolithe, Leucittephrite, Kersantite und Minetten mit Peridotiten, Malignite zusammen mit Theraliten in einem Magma vorkommen, etc., dass ein und dieselbe Familie unter verschiedene Gruppen vertheilt ist u. dsgl.

2. Michel-Lévy wiedersetzt sich der Vereinigung des ganzen CaO mit den Alkalien, wie es Lang, Brögger und Becke thun. Die Magnesia spielt aber in den Silicaten ebenfalls eine doppelte Rolle, ebenso wie das Kali, denn beide bilden den Biotit; ein strenges Auseinanderhalten und eine Gegenüberstellung des Kali (und Natron) und der Magnesia ist also ebenfalls durchaus nicht einwandsfrei.

3. Ich halte meine Eintheilung in R^2O- und RO-Basen für haltbarer als Grundlage für die grösseren Abtheilungen, da die doppelte Rolle einiger Oxyde dabei in den Hintergrund tritt. Sagt doch Michel-Lévy selbst: „... en gros la chaux totale tend vers 0 avec les autres éléments ferromagnésiens" (p. 342).

In den Andesiten sind auch bei Michel Lévy die Alkalien und CaO Antagonisten.

4. Es ist kaum zulässig alle, nach Abzug der in Albit und Orthoklas vorhandenen, Thonerde auf Anorthit mit CaO zu beziehen; ist doch auch in den meisten Pyroxenen und Amphibolen mehr oder weniger Thonerde enthalten.

5. Michel-Lévy hält, ebenso wie auch Brögger, FeO und Fe^2O^3 nicht auseinander.

6. Michel-Lévy stellt alle seine Vergleiche und Zusammenstellungen direct an den Zahlen der procentischen Zusammensetzung und nicht an den Molecularproportionen an. Das ist wohl einfacher, aber nicht immer richtig. Bei denjenigen Oxydpaaren, die in stöchiometrischem Verhältniss an dem Aufbau der verschiedenen Mineralien sich betheiligen, wie z. B. $CaO . Al^2O^3$, $K^2O . Al^2O^3$, $Na^2O . Al^2O^3$, ist es ziemlich gleichgültig. Dagegen erlangt man andere, oft sogar entgegengesetzte, Beziehungen für $K^2O : Na^2O$ ader $CaO : Na^2O$ je nachdem man die procentischen Zahlen oder die Molecularproportionen berücksichtigt; und bei der Mineral- und Gesteinsbildung sind doch diese letzteren maassgebend. Auch kann man aus den Molecularproportionen directere Schlüsse über die Mineralbildung ziehen.

Sehr ansprechend sind Michel-Lévy's Diagramme, die bereits in der oben citirten Arbeit von ihm in Anwendung gebracht worden sind und den grossen Vorzug haben, dass man aus ihnen direct den relativen Gehalt an feldspathigen Silicaten und Eisenmagnesiasilicaten herauslesen kann.

Grundlagen der neuen Classification. Berechnungsmethode

Die hier vorgeschlagene Classification stützt sich auf folgende Voraussetzungen:

1) dass eine Gesetzmässigkeit in den relativen Mengen und den Wechselbeziehungen der verchiedenen Bestandtheile in den Molecularproportionen und nicht in dem Procentgehalt zu suchen sind;

2) dass man auf die Silicatgesteine dasselbe Prinzip der künstlichen Classificirung anwenden soll, wie auf die Silicate selbst;

3) dass die Eruptivgesteine zwar keine stöchiometrischen chemischen Verbindungen sind, sondern Gemenge, aber durchaus keine willkürlichen;

4) dass man die relativen Mengen aller Oxyde zu einander und zur Kieselsäure in Betracht ziehen und nicht einem Oxyd oder einer Oxydgruppe den Vorzug geben muss;

5) dass, da die Kieselsäure der dominirende Bestandtheil ist, es zweckmässig erscheint als Grundlage der ersten grossen Eintheilungsgruppen den Gehalt an Kieselsäure und die Gesammtsumme der Basen zu nehmen;

6) dass die weitere Theilung dieser Gruppen auf dem Gehalt an verschiedenem Oxydgruppen: Alkalien, alkalischen Erden und Sesquioxyden fussen muss;

7) dass der Gehalt an einzelnen Oxyden zur Charakteristik noch kleinerer Unterabtheilungen dienen kann.

Die theoretische Anschauung über die Silicatgesteine kann eine zweifache sein: entweder kann man sie als Legirungen von verschiedenen Basen und Kieselsäure in verschiedenen Proportionen betrachten oder als Gemenge verschiedener kieselsauren Salze, als welche die gesteinsbildenden Silicate erscheinen, und einiger anderer Verbindungen. Letztere Anschauung ist jedenfalls die richtigere; in jedem Falle aber, bei der ersten, wie bei der zweiten Betrachtungsweise, kommt den relativen Mengen der verschiedenen Oxyde und Oxydgruppen und ihrer Beziehung zur Kieselsäure eine entscheidende Bedeutung zu. Die Constitution der Silicate ist noch eine Aufgabe für die Zukunft. Deshalb wird es erst in mehr oder weniger ferner Zukunft möglich sein sich eine richtige Vorstellung von der chemischen Constitution der Eruptivgesteine zu machen, unsere Kenntnisse von den Flüssigkeitsgemengen und den complexen Salzlösungen auf sie anzuwenden, die Differentiation vom Standpunkt der Phasenregel zu studiren etc. Auch habe ich mir diese zur Zeit unlösbaren Fragen nicht gestellt und bin an das Studium der Gesetzmässigkeiten der chemischen Zusammensetzung mit einem bescheideneren Ziel herangetreten: es lag mir nur daran von einem allgemeinen Gesichtspunkt die Verschiedenheit und die Eigenthümlichkeiten der Eruptivgesteine in Bezug auf ihre chemische Zusammensetzung zu beleuchten und ein Kriterium für die Beurtheilung der Differentiationsprocesse zu finden.

Die Fragen, an deren Beantwortung es mir lag, sind folgende:

1) giebt es bestimmte chemische Typen der Eruptivgesteine oder sind diese letzteren zufällige, willkürliche Gemenge?

2) existirt ein Zusammenhang in der Veränderlichkeit des Gehalts an verschiedenen Basen oder kann der Gehalt eines jeden Oxyds (natürlich in gewissen Grenzen), selbstständig, unabhängig von den andern, oder richtiger, von bestimmten andern, Oxyden variiren?

3) können die verschiedenen Gruppen der Eruptivgesteine auf Grund ihrer chemischen Zusammensetzung eine mehr oder weniger bestimmte Charakteristik erlangen?

4) wäre es nicht möglich in den chemischen Beziehungen der Eruptivgesteine ein Kriterium zum Verständniss der Differentiation und der genetischen Beziehungen der Eruptivgesteine zu finden?

Der Darlegung der von mir auf die obigen Fragen erhaltenen Antworten ist dieses Capitel gewidmet; die Beurtheilung in welchem Maasse diese Antworten befriedigend sind, überlasse ich competenteren Richtern.

Von der Betrachtung ausgehend, dass die Eruptivgesteine in erster Linie silicatische Magmata sind und dass man in diesem Fall die Berechnung der sogenannten Silicatstufe (Verhältniss des Sauerstoffs der Kieselsäure und desjenigen der Basen) mit Erfolg anwenden könnte, führte ich nachstehende Berechnungen aus. Dieselben ergaben einige Resultate, die eine Beachtung verdienen und Hoffnung geben, dass die mühsame Arbeit nicht umsonst gemacht worden ist.

Wie bereits erwähnt, ist derselbe Gedanke bei Schröckenstein [1]) zu finden, dessen nirgends citirte Arbeit mir zufällig zu Gesicht kam, nachdem meine Arbeit schon recht vorgeschritten war. Schröckenstein's Fehler liegt aber darin, dass er nur wenige streng gesonderte Silicatstufen annimmt und sich bemüht die Gesteine in dieselben künstlich hineinzuzwingen. Dabei ist die Differenz zwischen den Analysen und den theoretisch erforderlichen Zahlen eine so grosse, dass dadurch den Zusammenstellungen des Verfassers eine ernste Bedeutung abgeht.

Meine Methode besteht in Folgendem.

Die in $^0/_0$ ausgedrückte Analyse wird auf Molecularproportionen umgerechnet. Letztere ermöglichen folgende Zusammenstellungen:

1) Die Zusammensetzung des Gesteins durch eine summarische empyrische Formel auszudrücken, indem man die Basen vom Typus R^2O und RO zusammenzieht und andererseits die Sesquioxyde vereinigt;

2) die Aufstellung eines von mir mit α bezeichneten Aciditätscoefficienten, den man durch Division der mit Si ver-

[1]) Siehe oben.

bundenen Sauerstoffatome in die Zahl der in den Basen enthaltenen Sauerstoffatome erhält;

3) das Studium der quantitativen Beziehungen der verschiedenen Bestandtheile.

Auf diese Weise erhielt ich für jede Gesteinsfamilie eine Reihe von auf Molecularproportionen umgerechneten Analysen, von Formeln und Aciditätscoefficienten. Die Durchmusterung dieses Materials ergab schon an und für sich einige Data für die chemische Charakteristik der Eruptivgesteine. Allein, daraus erhellte noch keine genügend scharfe Charakteristik einer jeden Familie, da die betreffenden Zahlen in den concreten Fällen mehr oder weniger von dem idealen Mittel nach der einen oder der anderen Seite abweichen. Zieht man in Betracht, dass die Gesteine keine chemischen Verbindungen in festen Verhältnissen, sondern Gemenge in verschiedenen, z. Th. zwischen ziemlich weiten Grenzen schwankenden, Proportionen sind; beachtet man ferner, das manche Gesteine einigermaassen verändert sind oder zufällige Abweichungen aufweisen,—so ist es, glaube ich zulässig in diesem Fall die statistische Methode anzuwenden und charakteristische Mittel zu berechnen. Auf diese Weise erhielt ich Analysenmittel, Formelnmittel und durchschnittliche Aciditätscoefficienten für die verschiedenen Familien. Diese mittleren, so zu sagen idealen Zahlen, denen die einzelnen concreten Fälle sich mehr oder weniger nähern, geben eine genügend scharfe und bestimmte Charakteristik der verschiedenen Familien und gestatten dieselben zu grösseren Gruppen zu vereinigen. Diese Mittel sind bei der Classification und bei verschiedenen Zusammenstellungen benutzt worden.

Lang und einige Andere behaupten, dass mann die Classification nicht in erster Linie auf die Kieselsäure stützen kann, da, in Anbetracht ihres dominirenden Antheils an dem Aufbau der Gesteine, kleine Schwankungen im Gehalt keine

Bedeutung haben. Allein, bei näherer Betrachtung, fällt diese Behauptung von selbst. Ein schönes Beispiel der wichtigen Rolle des Kieselsäuregehalts ist z. B. in Brögger's Groruditserie zu finden: dieselbe enthält eine ganze Reihe von Gesteinen mit dem gleichen Verhältniss von $R^2O : R^2O^3$ und $(R^2O + CaO) : (RO - CaO)$, aber mit verschiedenem Kieselsäuregehalt — und es sind Alles Gesteine, die sich in Bezug auf ihre mineralogische Zusammensetzung scharf von einander unterscheiden. Ein zweites Beispiel liefert folgende Reihe, wo die Zahlen freilich nur einen approximativen und relativen Werth haben, jedoch die Bedeutung der Kieselsäure deutlich illustriren. Im Mittel kann man nämlich folgende Reihe aufstellen.

51% — Basalte.
53% — Pyroxenite.
54% — Norite.
55% — Diorite.
56% — Eläolithsyenite.
57% — Glimmerdiorite.
58% — Phonolithe.
59% — Andesite.
60% — Orthophyre.
61% — Syenite.
62% — Trachyte.

Ferner hängt der Gang der Differenzirung in bedeutendem Maasse von der Affinität der verschiedenen Basen zur Kieselsäure ab, folglich auch von dem Gehalt derselben, durch welchen mehr oder weniger bedeutende Mengen der Basen gebunden werden. Daher habe ich es auch für möglich erachtet als Ausgangspunkt für die erste grobe Gruppirung der Eruptivgesteine in Gruppen und Familien den Gehalt an Kieselsäure und die Gesammtmengen der Basen zu wählen. Das Verhältniss der verschiedenen Oxyde zu einander dient zur genaueren Charakterisirung der Familien, zur Eintheilung in Arten und andere kleinere Unterabtheilungen.

Als Grundlage für alle hier niedergelegten Auseinandersetzungen haben etwa 350 Analysen gedient, welche den Werken von Zirkel, Rosenbusch, Brögger und einigen andern, an gehörigem Orte citirten, Autoren entnommen sind. Ich bemühte mich die typischen Analysen zu wählen, doch mied ich auch die abweichenden, ja manchmal selbst exclusiven Vertreter verschiedener Gruppen nicht. Selbstverständlich suchte ich mich auf Analysen frischer oder wenig veränderter Gesteine zu beschränken oder gab wenigstens ihnen den Vorzug vor den unfrischen; in manchen Fällen musste ich mich unwillkürlich mit weniger befriedigenden Analysen begnügen. Uebrigens beeinflussen bei der Berechnung von Mitteln die normal veränderten Gesteine das Resultat kaum merklich, wie ein Vergleich der Zahlen für Basalte und Diabase, für Dacite und Quarzporphyrite es zeigen. Bei der Auswahl der Analysen war ich einigermaassen dadurch eingeschränkt, dass ich nur solche Analysen benutzen konnte, wo FeO und Fe^2O^3 bestimmt worden sind, was leider nicht immer der Fall ist. Meistens wurden die Analysen auf 100 umgerechnet, mit Ausnahme der Fälle, wo die Summe nur unbedeutend von 100 abwich. Es sei aber darauf hingewiesen, dass die Umrechnung der Analysen auf 100 nur die absoluten Mengen der verschiedenen Bestandtheile ändert, hingegen garnicht oder fast garnicht das Verhältniss der verschiedenen Basen zu einander und den Aciditätscoefficienten beeinflusst, wie es aus den unten angeführten Beispielen leicht zu ersehen ist. Eine Fehlerquelle liegt darin, dass die Moleculargewichte in die procentischen Gehaltszahlen meist nicht ohne Rest aufgehen und dass man genöthigt ist nur mehrere Decimalstellen zu behalten. Ich begnügte mich mit drei Stellen, für den Aciditätscoefficienten meist mit zwei; der dadurch bedingte Fehler ist für meine Zwecke, bei der Verschiedenartigkeit der Analysen selbst, ganz irrelevant. Desgleichen ist bei der Berechnung der Formeln der durch das Beibehalten nur einer Decimalstelle bedingte Fehler unbedeutend. Für den Aciditätscoefficienten beträgt dieser Fehler nicht mehr als 0.1—0.2, wie es z. B. Analyse № 14 zeigt.

Eine ernste Schwierigkeit war durch den Wassergehalt (oder den „Glühverlust") geboten. Es entstand unwillkürlich die Frage: soll das Wasser als Base aufgefasst werden, da es doch in Silicaten oft die Basen vertritt; oder soll es ausser Acht gelassen werden in Anbetracht dessen, dass die Hydratisirung, besonders bei glashaltigen Gesteinen, in einer einfachen Addition von Wasser besteht, ohne dass Basen durch dasselbe ersetzt werden, oder sollte nicht die Analyse auf wasserfreie Substanz umgerechnet werden, da die Anwesenheit von Wasser in der überwiegenden Mehrzahl der Fälle doch ein Zeichen von Veränderung, von einer bestimmten Unfrische ist? Ich blieb bei dieser letzten Annahme stehen und rechnete alle Analysen auf wasserfreie Substanz um. Es versteht sich von selbst, dass die Resultate etwas abweichen, wenn man das Wasser nicht ausschliesst, sondern es als Base vom Typus R^2O auffasst; es wird nämlich dann der Gehalt an R^2O höher und der Aciditätscoefficient sinkt (siehe die Analysen 134 u. 228). Durch die Umrechnung der Analyse auf wasserfreie Substanz wird aber der Aciditätscoefficient nur um 0.1—0.2 gesteigert, oft noch weniger; so hat man beispielsweise in № 143 für den Aciditätscoefficienten 2.4, resp. 2.5, in № 67—2.13 und 2.07, in № 228—1.31 und 1.19, in № 134—1.7 und 1.8. Zudem spielt auch das Wasser (und noch mehr der „Glühverlust") oft eine zweifache oder unbekannte Rolle; es wäre entschieden willkürlicher das Wasser zu den Basen zu rechnen als es durch Umrechnen auf wasserfreie Substanz auszuschliessen.

Welche Bedeutung das Umrechnen der Analysen auf wasserfreie Substanz und auf 100 hat, kann man aus folgenden Beispielen ersehen.

Basalt (№ 134).

	I (Wasserfrei und auf 100 berechnet).			II (Wasser nicht ausgeschlossen).	
SiO^2	0.877			0.867	
Al^2O^3	0.147			0.145	
FeO	0.164	0.515	0.565	0.161	0.625
CaO	0.190			0.188	
MgO	0.161			0.161	
K^2O	0.007	0.050		0.007	
Na^2O	0.043			0.042	
H^2O	—			0.066	

I giebt $5._7\,\overline{R}O\;1._5\,R^2O^3\;8._8\,SiO^2$; Aciditätscoefficient 1.74[1]),
und II „ $6._3\,\overline{R}O\;1._5\,R^2O^3\;8._7\,SiO^2$; „ 1.62.

Nephelinbasanit (№ 228).

	I.			II.		
SiO^2	0.760	7.6		0.746	7.5	
Al^2O^3	0.156	1.7		0.150	1.7	
Fe^2O^3	0.021			0.021		
FeO	0.094	5.9	6.5	0.091	5.8	7.5
CaO	0.176			0.175		
MgO	0.322			0.320		
K^2O	0.018	0.6		0.018	1.7	
Na^2O	0.048			0.048		
H^2O	—			0.116		

Für I hat man $6._5\,\overline{R}O\;1._7\,R^2O^3\;7._6\,SiO^2$ und $\alpha = 1.31$,
„ II „ „ $7._5\,\overline{R}O\;1._7\,R^2O^3\;7._5\,SiO^2$ „ $\alpha = 1.19$.

[1]) $\overline{R}O$ ist hier statt $\overset{I,II}{R}O$ zur Bezeichnung der Summe der Alkalien und alkalischen Erden (also $R^2O + RO$); wenn es sich nur um die alkalischen Erden handelt, wird einfach RO geschrieben. In der russischen Arbeit hatte ich überall einfach RO geschrieben, was vielleicht zu Missverständnissen führen könnte.

Die Umrechnung der Analysen auf 100 ist auch keine Nothwendigkeit: Controllberechnungen ergaben in beiden Fällen identische Resultate; wie gesagt, habe ich doch diese Umrechnung überall vorgenommen. Ebenfalls wurden P^2O^5, SO^3, TiO^2, wo es angegeben ist, ausgeschlossen, und auch CO^2 mit der entsprechenden Menge von CaO (als $CaCO^3$). Um eine reine Silicatmasse zu erhalten, hätte man eigentlich auch den Magnetit, Eisenglanz, Titanit, die Spinelle ausschliessen müssen; doch ist es durchaus nicht immer möglich und auch kaum nöthig, da diese Gemengtheile in kleinen Mengen auftreten und jedenfalls auch integrirende Theile der Magmata sind. Endlich sei noch erwähnt, dass ich MnO mit FeO vereinigte.

Die von mir getroffene Auswahl der Analysen kann einigen einseitig oder ungleichmässig erscheinen. Die Berechnung von Mitteln wird selbstverständlich von der Zahl und der Qualität der Analysen beeinflusst, und wäre es wünschenswerth möglichst viel Analysen und etwa in gleicher Zahl für jede Gesteinsfamilie zu haben. Von dieser letzteren Forderung musste ich leider Abstand nehmen: erstens ist die Umrechnung von 350 Analysen schon eine so grosse Arbeit, dass es kaum wünschenswerth erschien dieselbe noch zu steigern, umsomehr als man sich davon kaum eine wichtige Aenderung der Resultate versprechen konnte; zweitens, begnügte ich mich mit wenigen Analysen in den Fällen, wo dieselben wenig von einander abwichen, und zog mehr Analysen hinzu, wo die Unterschiede bedeutend oder wichtig waren; drittens, musste ich mich in einigen Fällen mit nur einigen Analysen, ja selbst mit einer einzigen, begnügen aus dem einfachen Grunde, dass für die betreffenden Gesteine eine grössere Zahl von Analysen nicht vorlag.

Die Hauptgruppen; die Typen und deren Charakteristik. Classification.

Zu Classificationszwecken habe ich also nur die Mittel benutzt. In beiliegender Uebersichtstabelle sind die Gesteinsfamilien nach zunehmendem Aciditätscoefficienten, den ich mit α bezeichne, geordnet. In der nächsten Colonne befindet sich die von mir als β bezeichnete Zahl: sie zeigt die Zahl der Basenmolekel auf 100 Molekel SiO^2; mit einigen Schwankungen fällt diese Zahl mit dem Steigen von α.

Der Coefficient α steigt allmählig und ziemlich regelmässig von oben nach unten an. Mit Ausnahme von zwei-drei Fällen, wo α für zwei verschiedene Familien übereinstimmt, lässt es sich constatiren, dass jede Familie ihren eigenen charakteristischen Coefficienten hat. Diese Zahl giebt aber an und für sich noch keine genügende Charakteristik einer Familie, da sogar die Durchschnittscoefficienten α bei vielen Familien sich wenig von einander unterscheiden, geschweige denn die wirklichen Schwankungen in verschiedenen concreten Fällen. Hingegen zeigen die Grenzen dieser Schwankungen und der Mittel eine solche Beständigkeit, dass man dem Coefficienten α die Bedeutung eines charakteristischen Merkmals nicht absprechen kann.

Der Coefficient α steigt allmählig, mit einigen Verzögerungen, aber ohne scharfe Sprünge an. Eine scharfe Grenze, eine scharfe Unterbrechung giebt es nirgends in dieser Reihe; daher ist auch die Theilung der ganzen Serie in vier Hauptgruppen freilich einigermassen willkürlich. Immerhin glaube ich die Grenzen richtig gezogen und zu einer Gruppe solche Familien zusammengezogen zu haben, denen gemeinschaftliche Eigenthümlichkeiten der chemischen Zusammensetzung und gewisse genetische Wechselbeziehungen zukommen.

Gewöhnlich unterscheidet man nach dem Grade der Acidität drei Gruppen von Gesteinen: basische, saure und neutrale; einige Autoren, besonders die älteren, unterscheiden sogar nur zwei Gruppen. Von mir [1]) wurde zuerst noch eine vierte Gruppe, nämlich die der ultrabasischen Gesteine aufgestellt und wurde auf eine rationelle Abgrenzung der sauren und neutralen Gesteine hingewiesen. Diese vier Gruppen sind auch hier von mir beibehalten und haben alle nächstfolgenden Erörterungen und Schlussfolgerungen in mir die Ueberzeugung von der Zweckmässigkeit und der Berechtigung dieser vier Gruppen bekräftigt.

Kurz gefasst lassen sich diese vier Gruppen mineralogisch und chemisch folgendermassen charakterisiren.

I Gruppe. Ultrabasische Gesteine (Monosilicatische Magmen): vorherrschende oder jedenfalls bedeutende Rolle der Monosilicate, Abwesenheit oder untergeordnete Stellung der Feldspäthe.

II Gruppe. Basische Gesteine (Mono-bisilicatische, oder anderthalbsaure, Magmen). Charakteristik: wichtige Rolle der Bisilicate, der Feldspäthe, Abwesenheit von Quarz und eventueller mehr oder weniger bedeutender Gehalt an Olivin.

III Gruppe. Neutrale Gesteine (Bisilicatische Magmen). Merkmale: Vorherrschen der feldspathigen Minerale, Abwesenheit von Olivin, eventuell ein geringer Gehalt an Quarz.

IV Gruppe. Saure Gesteine (Polysilicatische Magmen). Charakteristik: ein mehr oder weniger bedeutender Gehalt an freier Kieselsäure.

I Gruppe. Die Grösse des Coefficienten α zeigt, dass in den Familien dieser Gruppe das monosilicatische Magma vorherrscht, begleitet von einem mehr oder weniger grossen Zusatz von bisilicatischem Magma. Als wichtigste Merkmale kann man die Abwesenheit von sauren Feldspäthen, die untergeordnete Rolle der eigentlichen Feldspäthe überhaupt, endlich

[1]) Loc. cit. (siehe oben).

den Mangel an freier überschüssiger Kieselsäure betrachten. Ein Blick auf die Tabelle p. 222—223 zeigt uns, dass einer jeden Familie, innerhalb dieser gemeinschaftlichen Merkmale, besondere Eigenthümlichkeiten und Kennzeichen zukommen. Die ultrabasischen Gesteine haben vieles mit der nächstfolgenden Gruppe gemein, doch unterscheidet sich letztere wesentlich durch einen grösseren Coefficienten α, durch die bedeutende Rolle der Feldspäthe und der Bisilicate.

In genetischer Beziehung lässt sich so mancher Zusammenhang zwischen beiden Gruppen merken. Die Peridotite haben sich sicherlich von einem Grünsteinmagma abgespalten oder stellen nebst letzteren Spaltungsproducte eines besonderen, als selbständiges Gestein nicht bekannten, Magmas dar. Es genügt sich an den engen geologischen Verband der Peridotite mit den Gabbros, den Noriten, Diabasen und Pyroxeniten zu erinnern, um nach einer genetischen Beziehung zwischen ihnen zu suchen. Die ultrabasischen Nephelin- und Leucitgesteine sind gewöhnlich geologisch mit den Basalten eng verknüpft. In chemischer Beziehung besteht aber zwischen ihnen ein wesentlicher Unterschied, nämlich in dem Aciditätscoefficienten und in den relativen Mengen der Alkalien und alkalischen Erden: bei den Basalten ist $R^2O : RO$ im Mittel gleich 1 : 7.8, bei den Leucit- und Nephelingesteinen der ultrabasischen Gruppe — 1 : 3.5.

Man kann die Nephelin- und Leucitbasite als Abspaltungsproducte von einem basaltischen Magma betrachten; vielleicht stammen diese wie jene von einem gemeinschaftlichen basischen alkalireichen Magma. Die gegenseitigen Beziehungen der Limburgite und Basalte, ebenso wie der glasigen Grundmasse der Basalte und Diabase einerseits, der Basalte und Diabase selbst anderseits bestätigen die eben ausgesprochene Vermuthung. Die Stellung der Limburgite und Augitite im System der Eruptivgesteine ist bekanntlich eine nicht ganz festge-

Uebersicht

	Gesteinsnamen.	Aciditätscoefficient.	Zahl der Basenmolekeln auf 100 Molek. SiO^2.	
Ultrabasische Gest. (Hypobasite).	Limburgite und Augitite	1.14	105	Durchschnittlich gegen 120.
	Peridotite	1.17	170	
	Nephelinbasalte, Basanite etc.	1.20	102.6	
	Leucitbasalte, Basanite etc.	1.21	95.7	
	Monchiquit	1.20		
	Camptonit	1.25	88.6	
	Theralith. Typ. I	1.31	97	
	Grundmasse der Variolithe	1.26	104	
Basische Gest. (Basite).	Gabbro	1.45	90	Durchschnittlich gegen 70.
	Norite	1.71	73	
	Diabase	1.62	78	
	Allgemeines Mittel für die Diabase, Gabbros und Norite	1.575	82	
	Basalte	1.63	78.8	
	Basaltgläser	1.57	76	
	Pyroxenite, Hornblendite	1.83	103	
	Melaphyre	1.9	67	
	Wichtisit	1.98	62	
	Variolithe	1.77	70.7	
	Diorite	1.77	61	
	Tinguaite	1.75	69	
	Trachytite	1.79	59.1	
	Glimmerdiorite	2.0	58.7	
	Eläolithsyenite	1.92	54	
	Phonolithe	2.0	49	
	Gabbrosyenite	2.0		
Neutrale Gest. (Mesite).	Variolen	2.18	55	Durchschnittlich gegen 50.
	Andesite	2.20	50.6	
	Orthophyre	2.21	51	
	Syenite	2.34	50	
	Trachyte	2.42	44.4	
	Porphyrite	2.4	46	
Saure Gest. (Acidite).	Quarztrappe	2.48	46	Durchschnittlich gegen 30.
	Quarzdiorite	2.8	39	
	Quarzporphyrite	3.0	36.5	
	Dacite	3.02	35	
	Pantellerite	3.54	32	
	Granite	3.91	25.6	
	Quarzporphyre	4.55	21	
	Liparite	4.76	21	

abelle.

Formel.	Formel in % ausgedrückt.	Annäherndes Mittel für den Aciditätscoefficienten.	Annäherndes Mittel für das Verhältniss der Molekelzahl der SiO^2 zur Molekelzahl der Basen.
5.20 $\bar{R}O$ 2.32 R^2O^3 7.02 SiO^2	5.3 R^2O 30.4 RO 16 R^2O^3 48.3 SiO^2	1.2	46 : 54
10.92 $\bar{R}O$ 0.90 R^2O^3 7.32 SiO^2			
5.4 $\bar{R}O$ 2.1 R^2O^3 7.31 SiO^2	7.8 R^2O 28.5 RO 14.1 R^2O^3 49.5 SiO^2		
4.61 $\bar{R}O$ 2.41 R^2O^3 7.40 SiO^2	6 R^2O 26.7 RO 16.5 R^2O^3 50.8 SiO^2		
4.8 $\bar{R}O$ 2.1 R^2O^3 7.8 SiO^2	8.6 R^2O 24 RO 11.2 R^2O^3 53 SiO^2		
4.1 $\bar{R}O$ 2.7 R^2O^3 7.6 SiO^2	5.5 R^2O 22.8 RO 18.4 R^2O^3 53 SiO^2		
5.3 $\bar{R}O$ 2.1 R^2O^3 7.6 SiO^2	9.3 R^2O 26 RO 14 R^2O^3 50.6 SiO^2		
5.96 $\bar{R}O$ 1.86 R^2O^3 7.60 SiO^2	3.9 R^2O 34.7 RO 11.8 R^2O^3 49.1 SiO^2		
5.57 $\bar{R}O$ 1.81 R^2O^3 8.25 SiO^2	2.2 R^2O 33 RO 11.4 R^2O^3 52.6 SiO^2	1.8	59 : 41
4.4 $\bar{R}O$ 2.08 R^2O^3 8.98 SiO^2	3.1 R^2O 25.3 RO 13.3 R^2O^3 58 SiO^2		
4.75 $\bar{R}O$ 1.87 R^2O^3 8.20 SiO^2	4.2 R^2O 27.8 RO 12.2 R^2O^3 56 SiO^2		
4.99 $\bar{R}O$ 1.90 R^2O^3 8.50 SiO^2	4.3 R^2O 27.5 RO 11.0 R^2O^3 56 SiO^2		
4.86 $\bar{R}O$ 1.84 R^2O^3 8.52 SiO^2	3.6 R^2O 28.3 RO 12 R^2O^3 56 SiO^2		
4.35 $\bar{R}O$ 2.10 R^2O^3 8.42 SiO^2	6.8 R^2O 22.3 RO 14.2 R^2O^3 56.7 SiO^2		
8.90 $\bar{R}O$ 0.3 R^2O^3 8.90 SiO^2	48.1 R^2O 1.6 R^2O^3 48.1 SiO^2		
4.18 $\bar{R}O$ 1.80 R^2O^3 9.23 SiO^2	5.2 R^2O 21.4 RO 11.9 R^2O^3 60.7 SiO^2		
4.7 $\bar{R}O$ 1.5 R^2O^3 9.25 SiO^2	4 R^2O 27.4 RO 9.5 R^2O^3 59.6 SiO^2		
4.70 $\bar{R}O$ 1.72 R^2O^3 8.95 SiO^2	4.6 R^2O 25.7 RO 11.3 R^2O^3 58.3 SiO^2		
3.40 $\bar{R}O$ 2.28 R^2O^3 9.14 SiO^2	4.3 R^2O^3 18.8 RO 15.1 R^2O^3 62 SiO^2		
2.75 $\bar{R}O$ 2.15 R^2O^3 9.5 SiO^2	16.2 R^2O 2.3 RO 15.0 R^2O^3 66.3 SiO^2		
3 $\bar{R}O$ 2.4 R^2O^3 9.1 SiO^2	10.5 R^2O 10.1 RO 16.4 R^2O^3 62.8 SiO^2		
3.82 $\bar{R}O$ 1.87 R^2O^3 9.55 SiO^2	6.7 R^2O 17.3 RO 11.5 R^2O^3 64.2 SiO^2		
2.69 $\bar{R}O$ 2.31 R^2O^3 9.25 SiO^2	14.5 R^2O 4.4 RO 16.1 R^2O^3 61.8 SiO^2		
2.40 $\bar{R}O$ 2.38 R^2O^3 9.62 SiO^2	13.6 R^2O 3 RO 16.5 R^2O^3 66.8 SiO^2		
4.4 $\bar{R}O$ 1.6 R^2O^3 9.25 SiO^2	5.8 R^2O 22.9 SO 10.4 R^2O^3 60.7 SiO^2		
3.56 $\bar{R}O$ 1.86 R^2O^3 9.82 SiO^2	4.4 R^2O 12 RO 18.1 R^2O^3 62.8 SiO^2	2.3	66 : 34
3.21 $\bar{R}O$ 1.81 R^2O^3 9.91 SiO^2	5.3 R^2O 16 RO 12.6 R^2O^3 66 SiO^2		
3.17 $\bar{R}O$ 1.85 R^2O^3 9.85 SiO^2	8.8 R^2O 12.3 RO 12.7 R^2O^3 66.1 SiO^2		
3.24 $\bar{R}O$ 1.76 R^2O^3 9.92 SiO^2	6.7 R^2O 14.8 RO 11.7 R^2O^3 66.8 SiO^2		
2.52 $\bar{R}O$ 1.96 R^2O^3 10.26 SiO^2	9.1 R^2O 8 RO 13.2 R^2O^3 69.6 SiO^2		
2.70 $\bar{R}O$ 1.87 R^2O^3 10.15 SiO^2	6.3 R^2O 12 RO 12.7 R^2O^3 68.9 SiO^2		
3.3 $\bar{R}O$ 1.5 R^2O^3 10.4 SiO^2	4.5 R^2O 17.4 RO 10.7 R^2O^3 67.2 SiO^2	3.6	78 : 22
2.53 $\bar{R}O$ 1.70 R^2O^3 10.93 SiO^2	4.9 R^2O 11.9 RO 11.2 R^2O^3 71.8 SiO^2		
2.20 $\bar{R}O$ 1.75 R^2O^3 11.02 SiO^2	6.6 R^2O^3 7.9 RO 11.5 R^2O^3 73.6 SiO^2		
2.23 $\bar{R}O$ 1.74 R^2O^3 11.24 SiO^2	5.9 R^2O 9.2 RO 11.1 R^2O^3 73.8 SiO^2		
2.34 $\bar{R}O$ 1.4 R^2O^3 11.48 SiO^2	9.5 R^2O 5.7 R^2O 9.1 R^2O^3 76.9 SiO^2		
1.60 $\bar{R}O$ 1.54 R^2O^3 11.96 SiO^2	6.6 R^2O 4 RO 10 R^2O^3 79.1 SiO^2		
1.32 $\bar{R}O$ 1.40 R^2O^3 12.4 SiO^2	6 R^2O 2.4 RO 9.7 R^2O^3 81.7 SiO^2		
1.36 $\bar{R}O$ 1.40 R^2O^3 12.6 SiO^2	10.4 R^2O 1.6 R^2O 8.7 R^2O^3 79.2 SiO^2		

stellte. Von den einen, die sich auf die mineralogische Zusammensetzung stützen und die Abwesenheit von Feldspäthen betonen, werden diese Gesteine als recente Vertreter der älteren Pikritporphyrite betrachtet. Andere Petrographen stützen sich auf den geologischen Befund und vereinigen die Limburgite mit den Basalten. In meinem System befinden sich die Limburgite und Augitite in einer Gruppe mit den Peridotiten einerseits, mit den Nephelin- und Leucitbasiten anderseits; auf diese Weise ist der Gegensatz zwischen den beiden angeführten Ansichten beseitigt, umsomehr als die Limburgite gewöhnlich gerade die Nephelin- und Leucitbasalte und nicht die Feldspathbasalte begleiten. In chemischer Beziehung stehen die Limburgite den Nephelin- und Leucitbasalten sehr nahe, während sie sich von den echten feldspathfreien Gesteinen, den Peridotiten und Pyroxeniten scharf unterscheiden. Die Limburgite sind ein ultrabasisches, an Thonerde reiches, Magma mit einem unbedeutenden Gehalt an Alkalien; das Feldspathmineral hat sich hier nicht ausgeschieden; wäre aber das Magma nicht vor der eventuellen Krystallisation des letzteren erstarrt, so hätte sich wohl jedenfalls nicht ein Feldspath, sondern Nephelin oder Leucit ausgeschieden, allein oder in Begleitung eines basischen Feldspaths. Dass die Limburgite und Augitite keine feldspathfreien Gesteine sind in demselben Sinne, wie die Peridotite und Pyroxenite, beweist unter anderem ein Experiment von Schmutz [1]): beim Umschmelzen eines Augitits erhielt er eine glasige Grundmasse mit Augit- und Feldspath-Ausscheidung.

Die oben geäusserte Vermuthung, dass alle Gesteine der Gruppe I Abspaltungs- oder Differentiationsproducte eines basaltischen Magmas (oder eines Grünsteinmagmas, was dasselbe ist) seien, erlangt eine grosse Wahrscheinlichkeit in Bezug

1) L. Schmutz. Experimentelle Beiträge zur Petrogenie.—N. J. 1897, p. 139.

auf die Limburgite. In der That, die chemische Zusammensetzung des Limburgits zeigt eine grosse Aehnlichkeit mit derjenigen der glasigen Basaltgrundmasse oder der Variolithgrundmasse. Aus der Analyse № 118 und denjenigen der Variolithgrundmassen ist zu ersehen, dass der Krystallisationsrückstand in den Basalten und Diabasgesteinen ein viel basischeres und verhältnissmässig alkalireicheres Magma darstellt als die betreffenden Gesteine selbst. Ebenso wie in dem Basalt von Rowno (siehe Analysentabelle, № 117) die Glasbasis ein monosilicatisches, im Vergleich mit dem Basalt selbst alkalisches, Magma darstellt; ebenso wie in den Variolithen nach Abscheidung der Variolen ein monosilicatisches basisches Magma zurückbleibt; ganz ebenso spaltet sich wohl bei der Differentiation eines basaltischen Magmas ein monosilicatischer, verhältnissmässig alkalischer Rest ab, der als Limburgit oder Augitit erstarrt. Nach diesen Beispielen zu urtheilen, kann man durchaus die Vermuthung aussprechen, dass in den basischen Gesteinen die magmatische Differentiation sowie die Krystallisationsdifferenzirung denselben Verlauf nehmen, wie die Ausscheidung der Mineralien in den Diabasen und Basalten: zuerst spalten sich sauere Gruppen, zuletzt basische ab. Vielleicht liegt hierin ein Unterschied, ein Merkmal, das die basischen Gesteine von den sauren und neutralen unterscheidet, wo der Gang der Abspaltung und Ausscheidung ein anderer ist.

Nach dem Aciditätscoefficienten sind die Nephelin- und Leucit-Basalte, Basanite u. dsgl. identisch; der Unterschied liegt darin, dass die Leucitgesteine etwas weniger RO- und R^2O-Oxyde und etwas mehr R^2O^3-Oxyde (d. h. Al^2O^3) enthalten; ausserdem ist bei den Leucitgesteinen durchschnittlich $K^2O > Na^2O$, während bei den Nephelingesteinen $Na^2O > K^2O$ und zudem das Natron bedeutend das Kali überwiegt. Dieselben Beziehungen bestehen auch in den Einzelfällen; nur ausnahmsweise enthält ein Leucitgestein mehr Natron als Kali.

In den Limburgiten ist die relative Menge der Magnesia bedeutend grösser, als in den zwei anderen Gruppen, so dass man hier $Na^2O << MgO$ hat [1]).

Endlich zeichnen sich die Peridotite durch einen ganz unbedeutenden Gehalt an Alkalien und durch das Vorherrschen der Magnesia aus; sie sind kieselsäurearm, nämlich so dass $[RO + R^2O] > SiO^2$ ist.

II Gruppe. Diese Gruppe enthält recht zahlreiche Gesteinsfamilien, ziemlich verschiedenartig in Bezug auf ihre mineralogische und chemische Zusammensetzung, ebenso wie auch auf den geologischen Befund. Die Grenze zwischen den basischen und neutralen Gesteinen ist hier nicht da gezogen, wo man sie gewöhnlich zieht. Indem ich zu dieser Gruppe alle Gesteine rechne mit dem Aciditätscoefficienten bis 2.0, weiche ich von der üblichen Theilung darin ab, dass ich die Diorite, die Phonolithe und Eläolithsyenite nicht als neutrale, sondern als basische Gesteine betrachte, die in eine Gruppe mit den Grünsteinen und den Basalten gehören. Eine derartige Gruppirung erscheint mir jedoch völlig berechtigt und zweckmässig, wenn man die charakteristischen Merkmale der Gruppe in Betracht zieht. Den gesteinen dieser Gruppe sind nämlich folgende Merkmale eigen: es sind Combinationen von Bisilicaten mit Plagioklasen, Nephelin oder Leucit; Orthoklas und die sauersten Plagioklase treten nur sporadisch ausnahmsweise auf oder spielen eine untergeordnete Rolle; die Abscheidung von überschüssiger freier Kieselsäure, d. h. primärer Quarzgehalt, ist nicht möglich; der Olivin ist in einigen Familien dieser Gruppe eine beständiger wesentlicher, in anderen ein möglicher Bestandtheil. Erst jetzt, nachdem auf Grund des Aciditätscoeffi-

---

[1]) Mit dem Zeichen $<<$ will ich einen sehr bedeutenden Unterschied zwischen den dadurch getrennten Grössen bezeichnen.

cienten die Phonolithe und Nephelinsyenite den Basalten nahe gestellt sind, ist mir der Olivingehalt einiger Nephelinsyenite erklärlich: es ist nämlich derselbe Magmatypus wie derjenige der Basalte mit dem einzigen wesentlichen Unterschied, dass die Nephelinsyenite alkali- und etwas kieselsäurereicher sind, die Basalte hingegen mehr alkalische Erden enthalten.

Ferner zeigt die Durchmusterung der ersten fünf horizontalen Reihen, dass die Basalte nicht den Olivindiabasen, sondern der Diabasfamilie überhaupt (mit den Gabbros und den Noriten) entsprechen. Es giebt keinen merklichen Unterschied zwischen den olivinhaltigen und olivinfreien Diabasen; erstere sind nur eine Abart, ähnlich dem Enstatitdiabas, dem Glimmerdiabas etc. Und in der That, die durchschnittliche Zusammensetzung der Grünsteine (d. h. der Diabase, Gabbros und Norite) ist mit derjenigen der Basalte beinahe identisch.

Nach Abzug der kleinen thonerdefreien Gruppe der Pyroxenite, zerfallen alle basischen Gesteine ziemlich natürlich in alkalische, erdalkalische und intermediäre Gesteine.

Die Familien der Phonolithe, Tinguaite und Nephelinsyenite treten sehr scharf hervor durch das Vorherrschen der Alkalien über die alkalischen Erden. Die Familie der Pyroxenite ist auch scharf charakterisirt durch den unbedeutenden Gehalt an Sesquioxyden und durch das Vorherrschen der alkalischen Erden. Die Trachytite zeichnen sich durch die gleichwerthige Bedeutung der Alkalien und alkalischen Erden aus. Die übrigen Gesteine dieser Gruppe lassen sich nicht so leicht abgrenzen und charakterisiren. Jedenfalls zeichnen sich die Diorite von den übrigen Gesteinen dadurch aus, dass sie etwas mehr SiO^2 und etwas weniger RO-Oxyde enthalten. Das Verhältniss $RO : R^2O^3$ ist nämlich bei den Dioriten gleich 1.5 : 1, während es bei den übrigen Gesteinen 1 : 15; 1 : 8; 1 : 6.5; 1 : 7.8 beträgt. Das basaltische (und Grünstein-) Magma zeichnet sich von demjenigen der Diorite durch die Beimengung des monosilicatischen Magmas aus, wie man es leicht aus der Zusammenstellung der Formeln ersehen kann. Daher der Olivingehalt der ersteren und der Mangel des Olivins in den Dioriten [1]).

III Gruppe. Die Charakteristik dieser Gruppe lässt sich folgendermaassen kurz fassen: neutrale Gesteine sind alle Gesteine mit dem maximalen Gehalt an gebundener Kieselsäure (es sind die mit Kieselsäure gesättigten Magmen). Für den procentischen Kieselsäuregehalt ist von mir schon früher [2]) eine empyrische Formel gegeben worden, die ungefähr die Grenzen der Schwankungen bestimmt. Der Mangel (oder ein zufälliger geringer Gehalt) an Olivin, das Vorherrschen der Bisilicate und sauersten Plagioklase, endlich die Möglichkeit eines kleinem Gehalts an primärer freier Kieselsäure—das sind in mineralogischer Beziehung die allen Familien dieser Gruppe gemeinschaftlichen Kennzeichen.

Es ist nicht leicht die verschiedenen Familien dieser Gruppe abzugrenzen. Es scheint, dass der ganze Unterschied in den relativen Mengen von R^2O und RO, z. Th. auch RO und R^2O^3 liegt. In dieser Hinsicht treten die Trachyte hervor, zu denen auch die Tephrite und Orthophyre sich gesellen; in der anderen Untergruppe bleiben die Syenite, die Andesite und die Porphyrite. Es ist bemerkenswerth, dass den Orthophyren und Andesiten dieselbe durchschnittliche Formel zukommt; der Unterschied zwischen ihnen liegt also nur in dem Verhältniss $R^2O : RO$.

Ebenso wie in der vorigen Gruppe lassen sich auch hier zwei Untergruppen unterscheiden: die eine mit vorherrschendem Alkaligehalt, die andere mit vorwaltenden alkalischen Erden.

---

[1]) Teall und Harker erwähnen olivinhaltige Diorite; leider kann ich mir kein Urtheil über dieselben bilden.

[2]) Loc. cit. (siehe oben).

Beim Vergleich der Formeln in der Tabelle fällt es gleich auf, dass den Andesiten und den Orthophyren derselbe Aciditätscoefficient und dieselbe Bauschformel zukommt; erst bei genauer Durchmusterung des Gesammtgehalts an den Basen R^2O und RO kann man ersehen, dass der einzige Unterschied zwischen den Andesiten und den Orthophyren in dem Verhältniss $R^2O : RO$ liegt. Andererseits lehnen sich die Orthophyre eng den Syeniten an; es liesse sich vielleicht annehmen, dass die Andesite nebst den Orthophyren Spaltungsproducte eines syenitähnlichen Magmas sind. Freilich wird ihre Formel etwas beeinflusst durch ihren Metamorphismus; in den durchschnittlichen Formeln gleich sich aber der dadurch bedingte Unterschied aus. Ausserdem sind bei der Auswahl der Analysen sehr stark veränderte Gesteine weggelassen worden und beim gewöhnlichen Gang der nicht tiefgreifenden Umwandlung beobachtet man meist eine Umwandlung der einzelnen Gemengtheile ohne merkliche Veränderung der Bauschanalyse des ganzen Gesteins. Wendet man sich nach diesen Bemerkungen den Formeln zu, so lässt es sich nicht leugnen, dass das Andesitmagma weder dem dioritischen, noch dem diabasischen entspricht, sondern am meisten demjenigen der Syenite sich nähert.

Das trachytische Magma weist auch Abweichungen von der üblichen Anschauung, nach welcher dieselbe eine Wiederholung des syenitischen Magmas wäre, ab; denn in chemischer Beziehung besteht zwischen den Trachyten und den Syeniten ein ziemlich merklicher Unterschied.

Eine einigermaassen isolirte Stellung nehmen die Quarznorite, Quarzdiabase und Quarzgabbros („Quarztrappe" oder „Quarzbasite") ein. Nach dem Aciditätscoefficient schliessen sie sich der Gruppe der neutralen Gesteine an, nach dem Gehalt an freier Kieselsäure — derjenigen der sauren. In Anbetracht des geringen Quarzgehalts könnte man diese Gesteine bei den neutralen unterbringen; jedoch könnte man die Grenze zwischen den neutralen und den sauren Gesteinen auch oberhalb dieser Familie ziehen.

IV Gruppe. Indem ich als saure alle Gesteine mit primärem Gehalt an freier Kieselsäure betrachte, ziehe ich zwei Gesteinsgruppen zusammen, welche in den auf die mineralogische Zusammensetzung sich stützenden Classificationen, gewöhnlich in zwei verschiedenen Abtheilungen untergebracht werden. In mineralogischer Beziehung zeichnen sich alle diese Gesteine durch einen mehr oder weniger bedeutenden Gehalt an Quarz oder freier Kieselsäure überhaupt, durch das Vorherrschen der sauren Feldspäthe und durch den verhältnissmässig geringen Gehalt an alkalischerdigen Bisilicaten oder Glimmer aus. Die untere Grenze des Aciditätscoefficienten liegt bei 2.5 (oder 2.4), nähert sich jedoch meist 2.8 oder gar 3.0. Um consequent zu sein, müsste man die Grenze zwischen den Trachyten und den Quarzbasiten ziehen. Da aber die Quarzdiabase, Norite und Gabbros nicht absolut, sondern nur relativ sauer sind, so könnte man auch für dieselben eine kleine intermediäre Gruppe halbsaurer Gesteine aufstellen, wohin auch die Quarzsyenite, die Nordmarkite u. drgl. gehören würden. Die maximale Acidität scheint normal 4.5 — 5.0 nicht zu übersteigen. In einigen Quarzkeratophyren kommt ein Aciditätscoefficient von 6, von 7 oder noch mehr vor; in diesen Fällen hat man Grund eine Metamorphosirung, eine secundäre Anreicherung an Kieselsäure anzunehmen. Die Frage nach der maximalen Acidität eines Magmas ist höchst interessant vom Standpunkt der Differentiation und soll an anderer Stelle erörtert werden.

Die Gruppe der sauren Gesteine zerfällt ebenfalls in zwei Untergruppen: alkalische und alkalischerdige Magmen. Wollte man eine detaillirtere Theilung anstreben, so könnte man auch ohne Zwang eine Dreitheilung vornehmen, und zwar: I) alkalischerdige Gesteine (Quarzdiabase, Quarznorite und Quarzgabbro, Quarzdiorite); II) intermediäre Gesteine (Quarzporphyrite und Dacite) und III) alkalische Gesteine (Granite, Quarzporphyre, Liparite, Nordmarkite, Pantellerite).

Bei einer oberflächlichen Betrachtung könnte man saure Magmen ansehen als quarzfreie neutrale oder basische Gesteine von entsprechender mineralogischer Zusammensetzung angereichert durch Kieselsäure. In manchen Fällen ist es auch die Ansicht von Rosenbusch und einigen andern; ich selbst habe früher die Granite als mit Kieselsäure angereicherte Syenite betrachtet [1]). Von diesem Standpunkt wäre der Quarzdiorit ein mit Kieselsäure angereicherter Diorit, der Quarznorit ein kieselsäurereicher Norit, der Granit ein Syenit + mehr oder weniger überschüssige Kieselsäure, der Liparit ein Trachyt mit überschüssiger Kieselsäure; dieselbe Beziehung bestünde auch zwischen den Daciten, Quarzporphyren und Quarzporphyriten einerseits, den Andesiten, Orthophyren und Porphyriten andererseits. Diese Vorstellungen finden ihren Ausdruck in den üblichen Bezeichnungen, wie Quarzporphyr, Quarztrachyt, Quarzandesit etc.; es sind dies Bezeichnungen, die vom Standpunkt der mineralogischen Zusammensetzung ihre völlige Berechtigung haben, sich aber in Bezug auf die chemische Zusammensetzung nicht rechtfertigen lassen. Eine paarweise Zusammenstellung der eben angeführten Magmata zeigt nämlich, dass die betreffenden Gesteine sich von einander nicht nur durch den Kieselsäuregehalt unterscheiden, sondern auch durch die relativen Mengen der Alkalien, alkalischen Erden und den Gesammtgehalt an diesen Basen. So

[1]) Um die Richtigkeit dieser Annahme zu prüfen wurden auf meinen Vorschlag von Herrn St. Zaleski (Ueber den Kieselsäure- und Quarzgehalt mancher Granite. T. M. P. M. 1895, *14*, p. 343) mehrere Granite untersucht und zwar so, dass der gesammte Kieselsäuregehalt und der Quarzgehalt bestimmt wurden. Obgleich das Herrn Zaleski zur Verfügung gestellte Material mangelhaft war, konnte man doch schon aus seiner Arbeit ersehen, dass der Granit nicht aufgefasst werden kann als Syenit + Quarz.

ist z. B. der Granit nicht nur kieselsäurereicher als der Syenit, sondern enthält auch weniger Monoxyde (im Verhältniss zur Thonerde) und das Verhältniss $R^2O : RO$ ist ein anderes. Dieselben Beziehungen bestehen auch zwischen dem Dacit und dem Andesit. Es sei beiläufig bemerkt, dass in beiden Fällen der Alkaliengehalt derselbe ist, es wechselt nur der Gehalt an alkalischen Erden. Bei den Dioriten und Quarzdioriten lässt sich auch dieselbe Beziehung feststellen.

In beifolgender Tabelle, wo alle Gesteinsfamilien systematisch zusammengestellt sind, lassen sich alle Aenlichkeiten und Verschiedenheiten leicht überblicken.

Die Wechselbeziehungen der einzelnen Basen und der Oxydgruppen.

Eine der Eingangs dieser Arbeit gestellten Hauptaufgaben ist die Frage, ob es streng bestimmte chemische Magmentypen giebt. Bekanntlich hat Rosenbusch diese Frage bejaend beantwortet und die Existenz von 5 — 6 mehr oder weniger scharf abgegrenzter Typen oder „Kerne“ angenommen, die einzeln oder gemischt die verschiedenen Gesteine bilden. Das Material, über welches ich verfügen konnte, beweist die Existenz einer ganzen Reihe von Typen, die in Mittelwerthen genügend scharf getrennt sind, in den concreten Einzelfällen aber durch Uebergänge verbunden sind und manchmal in einander verschwimmen. Diese Typen fallen aber mit denjenigen von Rosenbusch nicht zusammen und sind zahlreicher. Bei der Aufstellung dieser Typen, gilt es, abgesehen von der Frage über ihre genügende Abgrenzung und über die zulässige Abstraction von den Uebergängen, erst festzustellen, welche Merkmale als für die Aufstellung eines besonderen Magmentypus genügend betrachtet werden können. Ist es beispielsweise zulässig ganz parallele, einander genau entsprechende Kali- und Natron-Gesteine als selbstständige Typen zu betrachten oder

e.

$R^2O:RO$	Unterabtheilungen einiger Familien [1]).
1:7	
1:12.7	
1:5.6	
1:4.1	
1:3.6	
1:4.6	
1:3.7	

Entwurf zu einer chemischen Classification der Eruptivgesteine.

Hauptgruppen.	Untergruppen.	Familien.	Formeln.	Aciditäts-coefficient α.	$R^2O : RO$	Unterabtheilungen einiger Familien [1].
A. **Ultrabasische Gesteine oder Hypobasite.** (Monosilicatische Magmen). $\alpha < 1.4$	I. Thonerde- (sesquioxydische) Magmen.	1. Kyschtymit	$RO\ 3.5\ R^2O^3\ 2.1\ SiO^2$	0.35	1:7	
	II. Erdalkalische Magmen (ganz oder fast frei von Thonerde).	2. Peridotite	$12.1\ RO\ R^2O^3\ 8\ SiO^2$	1.17		
		3. Melilithbasalte	$6.3\ RO\ R^2O^3\ 1.9\ SiO^2$	1.08	1:12.7	
	III. Intermediäre Magmen (mehr oder weniger thonerdereich).	4. Limburgite (und Augitite)	$2.2\ RO\ R^2O^3\ 3\ SiO^2$	1.14	1:5.6	
		5. Kamptonit	$1.5\ RO\ R^2O^3\ 2.8\ SiO^2$	1.25	1:4.1	
		6. Nephelinbasite (Basanitisches Magma)	$2.5\ RO\ R^2O^3\ 3.5\ SiO^2$	1.20	1:3.6	
		7. Leucitbasite (Basanitisches Magma)	$1.9\ RO\ R^2O^3\ 3\ SiO^2$	1.21	1:4.6	
		8. Monchiquit (Typ. I) (Basanitisches Magma)	$2.3\ RO\ R^2O^3\ 3.2\ SiO^2$	1.20	1:3.7	
	IV. Alkalische Magmen (ebenfalls).	9. Urtit	$1.1\ RO\ R^2O^3\ 2.51\ SiO^2$	1.21	6.9:1	
B. **Basische Gesteine oder Basite.** (Monobisilicat. Magmen). $2.2 > \alpha > 1.4$	V. Fast oder ganz thonerdefreie Magmen.	10. Pyroxenite und Amphibolite	$29.6\ RO\ R^2O^3\ 29.6\ SiO^2$	1.83		Erdalkalische. Alkalische.
	VI. Erdalkalische Magmen.	11. Shonkinite	$5\ RO\ R^2O^3\ 6.4\ SiO^2$	1.60	1:7	Kalkgabbro (eigentl. Gabbro).
		12. Gabbros (Grünstein-Magma)	$3\ RO\ R^2O^3\ 4.2\ SiO^2$	1.45	1:15	Magnesiagabbro (Norit, Hypersthenit).
		12. Norite. Hypersthenite (Grünstein-Magma)	$2\ RO\ R^2O^3\ 4.3\ SiO^2$	1.71	1:8.2	Magnesiaalkali-Gabbro (Missourit, Shonkinit).
		12. Diabase (Grünstein-Magma)	$2.5\ RO\ R^2O^3\ 4.2\ SiO^2$	1.62	1:6.2	Alkaligabbro (Leucitit, Ijolith).
		12a. Basalte	$2.6\ RO\ R^2O^3\ 4.6\ SiO^2$	1.63	1:7.8	Erdalkalische. Alkalisch (Orthoklasbasalt, z. Th. Leucitit u. Nephelinit).
		13. Monchiquit (Typ. II?)	$2.2\ RO\ R^2O^3\ 4\ SiO^2$	1.5	1:2.5	
		14. Melaphyre	$2.3\ RO\ R^2O^3\ 5.1\ SiO^2$	1.9	1:3.6	
		15. Diorite	$1.5\ RO\ R^2O^3\ 4\ SiO^2$	1.77	1:4.3	
		16. Gabbrosyenite	$3\ RO\ R^2O^3\ 6\ SiO^2$	2.0	1:3.9	Melanokrate (Shonkinit). Leukokrate.
	VII. Intermediäre Magmen.	17. Trachytite	$1.25\ RO\ R^2O^3\ 3.8\ SiO^2$	1.79	1:1.1	
		17a. Andesittrachyte (Trachytandesite)	$1.4\ RO\ R^2O^3\ 4.46\ SiO^2$	2.07	1:1	
	VIII. Alkalische Magmen.	18. Eläolithsyenite (Foyaitisches Magma)	$1.1\ RO\ R^2O^3\ 4\ SiO^2$	1.92	3.2:1	
		18a. Phonolithe (Foyaitisches Magma)	$RO\ R^2O^3\ 4\ SiO^2$	2.0	4.5:1	
		19. Tinguaite	$1.27\ RO\ R^2O^3\ 4.47\ SiO^2$	2.0	6:1	
C. **Neutrale Gesteine oder Mesite.** (Bisilicatische Magmen). $2.5 > \alpha > 2.$	IX. Erdalkalische Magmen.	20. Andesite	$1.7\ RO\ R^2O^3\ 5.2\ SiO^2$	2.20	1:2.8	Erdalkalische.
		21. Porphyrite	$1.4\ RO\ R^2O^3\ 5.4\ SiO^2$	2.4		Alkalische (Tephrite).
	X. Intermediäre Magmen.	22. Syenite	$1.8\ RO\ R^2O^3\ 5.6\ SiO^2$	2.34	1:2.2	Alkalische { Kalisyenite. Natronsyenite. Erdalkalische. Quarzsyenite.
	XI. Alkalische Magmen.	23. Tephrite	$1.1\ RO\ R^2O^3\ 4.9\ SiO^2$	2.18	1.5:1	Kalitephrite. Natrontephrite.
		24. Orthophyre	$1.7\ RO\ R^2O^3\ 5.8\ SiO^2$	2.21	1:1.4	Kaliorthophyre. Natronorthophyre.
		25. Trachyte	$1.25\ RO\ R^2O^3\ 5.2\ SiO^2$	2.42	1:1.1	Alkalische { Kalitrachyte. Natrontrachyte. Erdalkalische. Quarztrachyte.
D. **Saure Gesteine oder Acidite.** (Polysilicat. Magmen). $\alpha > 2.4$ (oder 2.3).	XII. Erdalkalische Magmen.	26. Quarzbasite (oder Quarztrappe)	$1.7\ RO\ R^2O^3\ 5.8\ SiO^2$	2.40	1:2.8	
		27. Quarzdiorite (= Granodiorite)	$1.5\ RO\ R^2O^3\ 6.4\ SiO^2$	2.8	1:2.4	
		27a. Andesitdacite	$1.4\ RO\ R^2O^3\ 5.85\ SiO^2$	2.50	1:3	
	XIII. Intermediäre Magmen.	28. Dacite	$1.25\ RO\ R^2O^3\ 6.38\ SiO^2$	3.02	1:1.5	
		28a. Quarzporphyrite	$1.25\ RO\ R^2O^3\ 6.33\ SiO^2$	3.0	1:1.2	
		29. Plagioklasgranite (= Adamellite — Intrusivdacite)	$1.25\ RO\ R^2O^3\ 6.69\ SiO^2$	3.36	1:1.5	
		30. Nordmarkite	$1.1\ RO\ R^2O^3\ 5.6\ SiO^2$	2.68	4.5:1	
		31. Pantellerite	$1.8\ RO\ R^2O^3\ 8.8\ SiO^2$	3.54	1.6:1	
	XIV. Alkalische Magmen.	32. Granite	$RO\ R^2O^3\ 7.7\ SiO^2$	3.91	1.7:1	Erdalkalische. Alkalische { Kaligranite. Natrongranite.
		33. Quarzporphyre	$RO\ R^2O^3\ 9\ SiO^2$	4.55	2.5:1	Kaliporphyre. Natronporphyre. Aegyrinporphyre.
		33a. Liparite	$RO\ R^2O^3\ 9\ SiO^2$	4.70	6.4:1	Kaliliparite. Natronliparite. Eisennatronliparite (Aegyrinliparite).

[1]) Ich habe hier nur bespielsweise einige Unterabtheilungen angeführt; eine detaillirtere Gliederung vieler Familien habe ich vorläufig nicht angestrebt.

ist es richtiger dieselben als Varietäten aufzufassen? Soll man die parallelen magnesiareichen Gesteine von den kalkreichen trennen etc.? Es scheint mir die Annahme rationell zu sein, dass man als wesentliches Unterscheidungsmerkmal, welches zur Aufstellung eines besonderen chemischen Magmentypus berechtigt, nur merkliche Unterschiede in der Zusammensetzung, und zwar selbstständige und nicht conjugirte Unterschiede betrachten darf. Als conjugirte betrachte ich solche Unterschiede in dem Gehalt an zwei oder mehreren Bestandtheilen, die parallel verlaufen, sich gegenseitig bedingen. Ist z. B. ein Gesteinstypus reicher an einem Bestandtheil a als ein anderer, und ist dadurch auch derselbe Unterschied in Bezug auf einen Bestandtheil b bedingt, so können die relativen Mengen von a und b (d. h. das Verhältniss $a : b$) zur Charakteristik von Varietäten und Abarten, aber durchaus nicht von selbstständigen Typen verwerthet werden. Hingegen, sollte mit steigendem Gehalt an a der Gehalt an b fallen und umgekehrt, so würden die relativen Mengen von a und b genügen, um solche zwei Gesteinstypen als selbstständige von einander zu trennen. Bei der Durchmusterung der einzelnen Familien und bei der Analyse der betreffenden Diagramme, sind verschiedene Fälle solcher conjugirter Schwankungen in dem Gehalt an verschiedenen Gemengtheilen angeführt.

Auf Grund solcher Erwägungen habe ich Diagramme aufgezeichnet, in welchen für jede Gesteinsfamilie in Mittelwerthen das Verhältniss des Kieselsäuregehalts und des Gehalts an verschiedenen Basen angeführt ist. Auf der Abscissenaxe ist der Kieselsäuregehalt (in Molecularproportionen) bezeichnet, auf der Ortinatenaxe der Gehalt am verschiedenen Oxyden, einzeln und zu Gruppen vereinigt. Aus diesen Diagrammen lassen sich mehrere mehr oder minder interessante Schlüsse ziehen (siehe die Diagr. I, Tab. II und II auf Tab. I).

1) Eine einfache und directe Bezeichung zwischen dem

Kieselsäurereichthum und dem Gehalt an verschiedenen Oxyden giebt es auf den esrten Blick nicht. Jedenfalls existirt hier keine continuirliche functionelle Beziehung, die Linien haben einen ziczacförmigen Verlauf. Sieht man aber von den einzelnen Ziczacs ab und betrachtet nur die mittlere Richtung der Linien (d. h. der Geraden, welche die Anfangs- und Endpunkte verbinden), so lässt sich folgendes constatiren: beim Uebergang von den kieselsäurearmen zu den kieselsäurereichen Magmen bemerkt man eine Verminderung des allgemeinen Gehalts an der Summe der Monoxyde [$R^2O + RO$], ein besonders starkes Sinken des Gehalts an RO und ein weniger starkes Ansteigen des Alkaliengehalts (die sauren und neutralen Gesteine enthalten nicht nur relativ sondern auch absolut mehr Alkalien als die anderen); die Linie der Sesquioxyde zeigt ein geringes Fallen, sie ist beinahe indifferent. Schon aus diesem idialisirten, mittleren Gang der Linien erhellt der Antagonismus der Alkalien und der alkalischen Erden, folglich auch die Bedeutung dieser zwei Oxydgruppen für die Charakteristik der Magmentypen.

Wendet man sich jetzt dem concreten ziczacförmigen Verlauf der Linien zu, so kann man eine grobe periodische functionelle Beziehung merken zwischen dem Gehalt an Kieselsäure und an verschiedenen Oxyden. Die Ziczacs, welche die relativen, freilich nicht gleich grossen und durch ungleiche Bruchlinien getrennten, Maxima und Minima bezeichnen, wiederholen sich einigermaassen mit einer periodischen Regelmässigkeit: die Ziczacs wiederholen sich für jede 0.100 SiO^2, d. h. für jede 6% SiO^2 (sagen wir besser 5%—10%) und zwar folgen auf einander relative Maxima für RO und für die Summe [$R^2O + RO$] und relative Minima für R^2O und R^2O^3. Dasselbe lässt sich auch im Allgemeinen für die einzelnen Basen constatiren. Bei den saueren Gesteinen hört selbst diese grobe Beziehung auf. In sehr groben Zügen könnte man also den

Satz aufstellen, dass der Gehalt an verschiedenen Oxyden eine periodische Function des Gehalts an Kieselsäure ist, wobei mit steigendem Kieselsäuregehalt der absolute Gehalt an RO fällt und derjenige an R^2O steigt. Mit anderen Worten, in den Gesteinsgruppen mit verschiedenem Kieselsäuregehalt wiederholen sich Gesteinstypen mit denselben relativen, aber andern absoluten, Mengen verschiedener Oxyde. Diese angenäherte schematische Periodicität ist auch aus der Classificationstabelle zu ersehen.

2. Die Basen RO und R^2O sind durchaus Antagonisten; die alkalireichen Magmata sind arm an alkalischen Erden und umgekehrt; ist ein Magma reicher als ein anderes an Alkalien, so ist es auch ärmer an alkalischen Erden (eine völlige in Zahlen ausdrückbare Proportionalität giebt es hier nicht, da die Variabilität des Gehalts an Sesquioxyden dabei auch eine Rolle spielt). Die Ziczacs der RO- und R^2O-Linien sind gerade entgegengesetzt gerichtet mit Ausnahme solcher Gesteine, die bei etwas verschiedenem Kieselsäuregehalt immerhin zu ein und demselben Typus gehören; solcher Abschnitte der betreffenden Linien giebt es vier, und zwar: 1) zwischen den Nephelin- und Leucitbasiten, 2) zwischen den Phonolithen und Nephelinsyeniten, 3) zwischen den Melaphyren und Dioriten, 4) zwischen den Graniten und Quarzporphyren. Abgerechnet die Melaphyre, wo der ursprüngliche Befund möglicherweise durch metamorphe Processe maskirt ist, fallen diese Ausnahmen immer in den Bereich eines und desselben Magmas. So enthalten die Quarzporphyre überhaupt weniger Basen als die Granite, weil sie saurer sind; nach den relativen Oxydmengen gehören aber beide zu einem Gesteinstypus; von den Lipariten weichen die Quarzporphyre dank ihrem Metamorphismus ab. Ebenso sind die Phonolithe und Nephelinsyenite entschieden chemisch identische Gesteine, der grössere Gehalt an RO und R^2O und der kleinere Gehalt an

R^2O^3 in den Phonolithen lässt sich vielleicht durch die Metamorphosirung der Nephelinsyenite erklären. Bei den Nephelin- und Leucitbasiten liegt der Unterschied andererseits, nämlich in dem Verhältniss $Na^2O : K^2O$. Lässt man diese vier Ausnahmen weg und führt man die Linien von den Nephelinbasiten zu den Gabbros, von den Nephelinsyeniten zu den Orthophyren, von den Graniten zu den Lipariten, so bleibt der erwähnte Antagonismus ohne Einschränkung bestehen.

Bei der Abspaltung von Theilmagmen von einem gemengten Muttermagma sind also die Alkalien und die alkalischen Erden Antagonisten; die Unterschiede in ihrem Gehalt können folglich zur chemischen Charakteristik der Magmata verwerthet werden.

3. Die Variabilität des Gesammtgehalts an den Oxyden $[R^2O + RO]$ wird durch RO bedingt: die Ziczacs dieser beiden Linien sind immer gleichsinnig gerichtet, mit Ausnahme des kleinen Abschnitts zwischen den Andesiten und Syeniten, wo der Unterschied in dem Gesammtgehalt an den Oxyden $[R^2O + RO]$ ein sehr geringer ist.

4. Die Linie der Sesquioxyde folgt in ihren Ziczacs öfter der R^2O-Linie (mit Ausnahme der Nephelin- und Leucitbasite, der Abschnitte Melaphyre-Diorite, Nephelinsyenite-Phonolithe, Granite-Liparite). Hingegen sind die Ziczacs der R^2O^3- und RO-Linien überall entgegengesetzt gerichtet (mit Ausnahme der sauren Gesteine und der Gruppe: Orthophyre, Andesite, Syenite). Bei Abspaltungen folgen also die Sesquioxyde (eigentlich die Thonerde) den Alkalien und verhalten sich gegen die alkalischen Erden antagonistisch. An zwei Stellen sinken die Ziczacs von R^2O^3 so niedrig herunter, dass zwei für die betreffenden Magmata charakteristische Minima entstehen.

5. Aus dem Gesagten folgt von selbst der Antagonismus von R^2O^3 und der Gesammtsumme der Basen $[R^2O + RO]$; eine

Ausnahme bilden auch hier die sauren Gesteine, wo der Gehalt an allen Oxyden überhaupt sinkt, und der Abschnitt Orthophyre-Andesite.

Das Diagramm II zeigt also, dass die in der Classificationstabelle angenommene Gruppirung und Theilung nicht willkürlich ist: die Eintheilung der sauren, neutralen und basischen Gesteine in alkalische und alkalischerdische und die Sonderstellung der thonerdefreien Gesteine entsprechen völlig dem Mechanismus der Differentiation, der Gruppirung der Oxyde bei den magmatischen Differentiationen.

Das Diagramm I giebt noch einige ergänzende Winke für die Charakteristik der Typen:

1) Die Schwankungen in dem Gehalt an K^2O und Na^2O sind gleichsinnig (natürlich nur qualitativ, und nicht quantitativ), mit Ausnahme der Granite, Quarzporphyre, Liparite, Andesite, Syenite, Dacite, Nephelin- und Leucitbasite. In diesen Gesteinen kann also das Verhältniss $K^2O : Na^2O$ zur Charakteristik der Typen und Untertypen dienen.

Iddings [1]) hebt bekanntlich hervor, dass in allen Gesteinen eines vulkanischen Herdes das Verhältniss $K^2O : Na^2O$ ein beständiges ist. Dass trifft aber nur für die neutralen Gesteine zu; in den sauren und basischen Endgliedern einer Serie lässt sich im Gegentheil eine grosse Veränderlichkeit dieses Verhältnisses constatiren [2]).

2. Das Kali verhält sich antagonistisch zum Kalk, ebenso wie zur Magnesia. Bei Spaltungsprocessen gehören also das Kali einerseits, der Kalk und die Magnesia andererseits zu verschiedenen Gruppirungen der Oxyde, zu verschiedenen „Kernen" nach Rosenbusch's Terminologie.

3) Das Natron verhält sich ebenso zum Kalk und zur Ma-

---

[1]) J. Iddings. The origin of igneous rocks, p. 138.

[2]) H. Weed and L. Prisson. Geology of the Castle Mountain Mining District.—Bull. U. S. Geol. Surv., № 139. 1896.

gnesia, mit Ausnahme der äussersten sauren Gesteine; für den Kalk giebt es noch zwei oder drei Ausnahmen.

4. Die Thonerde ist ein Gegner des Kalks, ausgenommen die ultrabasischen Gesteine,und meist auch ein Gegner der Magnesia. Bei Spaltungsprocessen folgt also die Thonerde den Alkalien.

5. Die Variationen im Gehalt an Kalk und Magnesia sind öfter gleichsinnig; doch ist auch manchmal ein Antagonismus zwischen ihnen zu merken; in diesen letzteren Fällen könnte man die Untertypen (in den basischen Gesteinen) durch das Verhältniss $CaO : MgO$ charakterisiren.

Das Diagramm III kann als Illustration für das oben über den idealen mittleren Verlauf der Oxydlinien dienen. Mit Ausnahme der zwei scharf ausgeprägten Typen von thonerdefreien Gesteinen kann man in der Richtung von den basischen Gesteinen zu den sauren constatiren ein allmähliges Sinken der Linien $[R^2O+RO]$ und RO, ein allmähliges Ansteigen der Linie R^2O und einen ziemlich indifferenten Verlauf der Linie R^2O^3 (mit Ausnahme der sauren Endglieder). Im Ganzen wiederholen sich hier die an anderen Diagrammen constatirten Beziehungen: die Alkalien und alkalischen Erden sind Antagonisten, die Alkalien und Sesquioxyde zeigen hingegen einen gleichsinnigen Verlauf. Auf dem Diagramm XVII ist die Gleichsinnigkeit der Variationen im Gehalt an Alkalien und Sesquioxyden deutlich zu sehen. Die Uebereinstimmung wäre gewiss noch grösser, wenn man die Thonerde allein und nicht die Gruppe R^2O^3 in Betracht ziehen würde. Die Sesquioxyde und die Monoxyde RO haben einen entgegengesetzten Verlauf bis zum Aciditätscofficienten 2.4; weiter sinken beide Linien, die Oberhand erlangen die Alkalien. Dieser Antagonismus der alkalischen Erden und der Sesquioxyde besteht nicht nur beim Uebergang von einer Familie zur andern, sondern auch im Bereich vieler Familien: der Gabbros, der Andesite, der Basalte u. ein. and. Die Alkalien und alkalischen Erden sind durchaus antagonistisch in den Trachyten, Syeniten, Graniten, Basalten, Phonolithen, meist auch in den Andesiten, zur Hälfte in den Gabbros; in den Daciten und Lipariten haben diese Linien einen gleichsinnigen Verlauf.

Aus diesen Wechselbeziehungen folgt nun, dass bei der Differentiation eines complicirten Magmas das eine Theilmagma sich an Alkalien und Sesquioxyden anreichert, das andere an alkalischen Erden; die Kieselsäure vertheilt sich unter diese Magmata je nach den zur Bildung der betreffenden Silicate erforderlichen Mengen. Zum richtigen Verständniss der Differentiationserscheinungen muss man die Grundregel im Auge behalten, dass bei der Differentiation die Oxyde sich zu Gruppen verbinden und immer in Begleitung der betreffenden Mengen von Kieselsäure sich abspalten. Denn gesetzt den Fall, dass die Anreicherung verschiedener Theile eines Magmas an irgend welchen Oxyden nur durch Temperatur, Diffusion und dergleichen bedingt wäre und nicht einer Regulirung durch die Affinität zur Kieselsäure unterliegen würden, so könnte man Fälle von abnormer Anhäufung mancher Oxyde im Magma erwarten, was jedoch nicht beobachtet worden ist.

Diese Auseinandersetzungen rechtfertigen die Zweckmässigkeit einer Theilung der Gesteine verschiedener Acidität in alkalische und erdalkalische (oder alkalisch-erdige), da hiermit eine Grunderscheinung der Differenzirung zum Ausdruck kommt [1]).

Bei der Differenzirung eines complexen Magmas kommt also vor Allem eine Spaltung in ein saureres alkalisches und

[1]) Denselben Satz über die Bestrebung zur Spaltung eines Magmas in ein alkalisches und ein alkalischerdiges finde ich scharf ausgedrückt bei Weed und Pirsson, Castle Mountain, p. 141.

ein basischeres alkalischerdiges Magma zu Stande. Könnte dieser Process ungehindert zu Ende gehen, so müsste ein jedes Magma in ein peridotitisch-pyroxenitisches, ein feldspathiges und einen Kieselsäureüberschuss zerfallen. Nur vier Magmatypen kann man als reine Magmen, als zur Spaltung nicht fähige „Kerne" betrachten, nämlich: das Feldspathmagma, das Peridotitmagma, das Pyroxenitmagma und das Quarzmagma. Alle übrigen Magmata sind Gemenge dieser in verschiedenen Proportionen, nach den Mischungsgesetzen von Flüssigkeiten. Bekanntlich haben das peridotitische und das pyroxenitische Magma als Gesteine eine recht bedeutende Verbreitung; das Feldspathmagma kommt als Gänge in Graniten, als Labradorite, Anorthosite, Sanidinite etc. vor; das Quarzmagma (mit einer geringen Beimengung von Basen) hat man in dem Greisen. Es unterliegt wohl keinem Zweifel, dass es primäre Greisen giebt, die entweder als ein Spaltungsproduct des Granitmagmas oder als die bei der Krystallisation des Granits ausgepresste Mutterlauge des Granitmagmas aufgefasst werden können. Bekanntlich ist letztere Ansicht von Harker [1]) in Bezug auf den Greisen im Granitit vom Carrock-Fell ausgesprochen. Ebenfalls betrachtet Howitt [2]) manche Quarzgänge als Schlieren.

Was nun die fernere Spaltung der alkalischen und alkalischerdigen Magmata betrifft, so sei beiläufig bemerkt, dass dieselbe in ersteren durch den Antagonismus von Kali und Natron, in letzteren durch denjenigen von Kalk und Magnesia (mit dem Eisenoxydul) geleitet wird.

Charakteristik der wichtigeren Magmen.

In den obigen Erörterungen hat man wohl ein objectives Kriterium für die Charakteristik und Aufstellung der chemi-

[1]) A. Harker. Carrock-Fell.—Q. J. 51, 1895, p. 139.
[2]) Siehe Zirkel's Petrographie, p. 793.

schen Magmatypen, der wir uns jetzt zuwenden können. Ich nehme vorläufig folgende Typen an; einige derselben zerfallen wieder in Untertypen; ausserdem giebt es solche Uebergangsformen, die sich schwer abgrenzen lassen von den benachbarten Typen, mit welchen sie durch Uebergänge verbunden sind.

Diese Haupttypen sind folgende:

I. Das Peridotitische Magma.
II. Das Basanitische Magma.
III. Das Pyroxenitische Magma.
IV. Das Basaltische Magma.
V. Das Dioritische Magma.
VI. Das Tinguaitische Magma.
VII. Das Trachytitische Magma.
VIII. Das Phonolithische Magma.
IX. Das Andesitisch-Syenitische Magma.
X. Das Orthophyrische (?) Magma.
XI. Das Trachytische Magma.
XII. Das Tephritische Magma.
XIII. Das Quarztrapp-Magma.
XIV. Das Quarzdioritische Magma.
XV. Das Nordmarkitische Magma.
XVI. Das Dacitische Magma.
XVII. Das Pantelleritische Magma.
XVIII. Das Granitisch-Liparitische [1]) Magma.
XIX. Das Melilithische Magma.
XX. Das Trachytandesitische Magma (?).
XXI. Das Urtitische Magma.
XXII. Das Shonkinitische Magma.
XXIII. Das Gabbrogranitische Magma.
XXIV. Das Gabbrosyenitische (und Orthoklasbasaltische?) Magma.

[1]) Mit der Zeit wird es vielleicht erforderlich werden das Granitische und das Liparitische Magma in zwei selbständige Typen zu trennen.

XXV. Das Sesquioxydische Magma (Kyshtymit).

Mit der Zeit werden wahrscheinlich noch mehrere hinzukommen.

Wie die Diagramme lehren, stechen am schärfsten aus der Reihe das Peridotitische und das Pyroxenitische Magma hervor. Letzteres ist ein fast reiner Bisilicat mit einer geringen Beimengung von überschüssigen Eisenoxyden, Titansäure u. dsgl. Das Peridotitische Magma ist ein Gemenge des reinen monosilicatischen Magmas (Olivinknollen) mit dem Pyroxenitischen. Zwischen diesen beiden Magmen existirt ein enger Verband in chemischer, wie in geologischer Beziehung; der einzige wesentliche Unterschied liegt in der Acidität; das charakteristische Merkmal liegt in der Abwesenheit oder dem geringen Gehalt an Thonerde, in den meisten Fällen auch an Alkalien [1]).

Das Pyroxenitische Magma und der rein monosilicatische Theil des Peridotitischen (die Olivinknollen) sind echte „Kerne" im Sinne von Rosenbusch und nehmen als Bestandtheile an der Zusammensetzung vieler anderer Magmen theil: das erste—aller ohne Ausnahme, das zweite—der basischen. Die Abspaltung dieser Magmen und zwar beider zugleich, kann man also bei den basischen Gesteinen erwarten.

Das Basanitische oder Basitische Magma zerfällt leicht in drei Untergruppen nach dem Verhältniss $R^2O:RO$ oder noch besser nach dem Vorwalten des Kalks im Limburgitischen, des Natron—im Nephelinbasitischen, des Kali—im Leucitbasitischen. Die detaillirtere Theilung der beiden letzteren lässt sich auf Grund der chemischen Zusammensetzung kaum zweckmässig durchführen, da die Unterschiede zwischen dem Leucitbasalt und Leucitbasanit, dem Nephelinbasalt, Nephelinbasa-

[1]) Es giebt auch alkalische Pyroxenite und Amphibolithe (Jadeit, Tasmanit u. dsgl.).

nit und Nephelinit nur in geringen Variationen des Mischungsverhältnisses der Peridotitischen, Pyroxenitischen und Phonolitischen Kerne liegt, aus deren Combination das Nephelin- und das Leucitbasitische Magma aufgebaut sind. Ueberhaupt kann man auf Grund der mineralogischen Zusammensetzung die Theilung weiter führen, als auf Grund der chemischen, falls man die Bedeutung geringer quantitativer Variationen in den Mischungsverhältnissen der verschiedenen Oxyde nicht übertreiben will.

Das Basaltische Magma verdient als Grünstein-Basaltisches bezeichnet zu werden. In den einzelnen hierher gehörigen Familien findet man zwar geringe Abweichungen von dem normalen Basalttypus in den Formeln und im Aciditätscoefficient. Doch verschwinden diese kleinen, durch geringfügige Schwankungen in den relativen Mengen der Oxyde oder durch späteren Metamorphismus bedingten, Unterschiede, wenn man sich der mittleren, durchschnittlichen Zusammensetzung des Grünsteinmagmas zuwendet: es ist völlig identisch mit dem basaltischen. — Über die Melaphyre fällt es mir schwer definitiv mein Urtheil zu fällen, da ihre ziemlich tiefgreifende Metamorphosirung den ursprünglichen Charakter des Magmas hat maskiren können. — Diese Uebereinstimmung lehrt nun auch, dass die Anwesenheit des Olivins in einem Grünstein oder dessen Mangel in einem Basalt nur unwesentliche Merkmale sind, nur Details der mineralogischen Zusammensetzung, die von kleinen quantitativen Variationen in der Zusammensetzung und nicht von einem Wechsel des ganzen chemischen Typus bedingt sind. Hällt man an dem chemischen Magmentypus fest, so ist es nothwendig die Existenz von olivinfreien Basalten anzuerkennen, — was mir selbst früher, vom exclusiven Standpunkt der mineralogischen Zusammensetzung als ein Absurdum erschien — und nicht diese Gesteine unter die Andesite unterzubringen.

Das Basaltische Magma ist ein Gemenge des Peridotitischen, des Pyroxenitischen und des Feldspathmagmas.

Die Ausscheidung des Dioritischen Magmas in einen selbständigen Typus kann willkürlich erscheinen, um so mehr als primäre reine Hornblendediorite verhältnissmässig sich keiner grossen Verbreitung erfreuen. Jedoch unterscheidet sich dieses Magma von dem Basaltischen nebst seinen Varietäten durch mehrere wesentliche Merkmale, nämlich: durch den Mangel des Peridotitischen Kernes, durch ein anderes Verhältniss $R^2O:RO$ und durch die Fähigkeit unmittelbar Kieselsäure aufzunehmen, zu addiren. Das dioritische Magma kann durch directe Addition von Kieselsäure in den betreffenden sauren Typus, den Quarzdiorit übergehen. Im basaltischen Magma ist eine bestimmte Quantität von Monosilicaten vorhanden; daher ist die durch Addition von Kieselsäure hervorgerufene Veränderung nicht so einfach wie in diesem Fall: erst bilden sich dabei auf Kosten der Monosilicate Bisilicate und erst dann wird ein neuer Zusatz von Kieselsäure als Quarz ausgeschieden. In einigen Fällen lassen sich diese Beziehungen des dioritischen und des basaltischen Magmas sogar durch Zahlen ausdrücken; es geben beispielsweise sechs Theile Dioritmagma und ein Theil Peridotitmagma ungefähr das Gabbromagma.

Das Phonolith- oder Foyaitmagma ist nach dem allgemeinen Formeltypus mit Rosenbusch's Foyaitmagma identisch, nur mit dem Unterschied, dass es ausser Alkalien noch eine kleine Menge alkalische Erden enthält. Dieses Magma besitzt die Fähigkeit eine gewisse Menge Peridotitmagma und Pyroxenitmagma aufzunehmen; andrerseits kann es auch mehr oder weniger Kieselsäure auf lösen.

Das Andesitisch-Syenitische Magma lehnt sich einerseits dem Dioritischen, andrerseits dem Orthophyrischen an. Von dem letzteren zeichnet es sich nur durch das Verhältniss

$R^2O : RO$ aus. Durch directe Addition von Kieselsäure geht es leicht in ein saures Magma über. Man kann sich leicht davon überzeugen, dass das Syenitische und das Andesitische Magma fast identisch sind; der einzige Unterschied liegt im Aciditätscoefficient und im Gehalt an Alkalien. Diese Unterschiede sind aber nur quantitativ und zudem unbedeutend; daher sind diese beiden Magmata isotektisch (siehe weiter). Zwischen den Andesiten und den Syeniten ist der Unterschied in der mineralogischen Zusammensetzung viel schärfer als in der chemischen; hingegen unterscheiden sich die Orthophyre von den Andesiten recht wesentlich durch die relativen Mengen der Alkalien und alkalischen Erden. Es scheint mir, dass die Andesite, die Syenite und die Orthophyre nur durch die Variabilität der relativen Mengen von Alkalien und alkalischen Erden bedingte Varietäten eines und desselben Magmas sind.

Alle sauren Magmen können aufgefasst werden als bestimmte Typen neutraler oder basischer Magmen angereichert durch Kieselsäure. Dabei erhält man aber Wechselbeziehungen, die nicht völlig den üblichen Anschauungen entsprechen, wie es z. B. aus folgenden Zusammenstellungen zu ersehen ist: der Liparit = Phonolith + $nSiO^2$, der Dacit = Trachyt + $nSiO^2$, der Quarzdiorit = Diorit + $nSiO^2$, der Quarznorit = Andesit + $nSiO^2$.

In meiner früheren Arbeit betrachtete ich den Granit (und folglich auch den Liparit) als einen Syenit + Quarz. Aus der Zusammenstellung der Formeln erhellt es jetzt, dass dieser Vergleich nicht richtig ist und verlassen werden muss. Diese Zusammenstellung ist schon früher durch die auf meine Aufforderung und unter meiner Leitung ausgeführte Arbeit von Zaleski [1]) wiederlegt worden.

Ich hatte Zaleski aufgefordert durch Bestimmen des

[1]) Siehe Anmerkung auf p. 231.

Bauschgehalts an Kieselsäure und des Quarzgehalts einiger Granite die Zulässigkeit meiner Auffassung zu prüfen. Obgleich das H. Zaleski zur Verfügung gestellte Material nicht ganz passend war und die Bestimmungsmethoden sich als nicht einwandsfrei erwiesen, konnte doch das von ihm erlangte Resultat als eine negative Antwort betrachtet werden.

Einige ergänzende Betrachtungen.

Beziehung zwischen den Molekelzahlen der Basen und der Kieselsäure.

Obgleich die Eruptivgesteine keine bestimmten chemischen Verbindungen in stöchiometrischen Proportionen sind, so sind sie doch auch nicht zufällige willkürliche Gemenge. Bei der Differentiation des Magmas wird die Vertheilung der Basen regulirt nicht nur durch Temperaturbedingungen, osmotischen Druck, Löslichkeit etc., sondern in bedeutendem Maasse auch durch die Affinität der Basen zur Kieselsäure und theilweise zu einander. Andernfalls könnte es Eruptivgesteine von ganz anormaler willkürlicher und zufälliger Zusammensetzung geben, was jedoch nicht beobachtet worden ist. In dem Capitel über Differentiation hebe ich hervor, dass das krystallisirende Magma solche Mengen verschiedener Basen enthält, welche bestimmten, an der Zusammensetzung des resultirenden Gesteins sich betheiligenden, Silicaten entsprechen. Diese Beziehungen findet ihren Ausdruck in dem Vergleich der Zahl der Basenmolekel mit derjenigen der Kiselsäuremolekel. Für jedes Gestein erhält man im Mittel eine characteristische Zahl; in beiliegender Tabelle sind diese Mittel, ebenso wie die Grenzen der Schwankungen, angeführt. Die Grenzen der einzelnen Familien und Gruppen sind ziemlich bestimmte; nur selten greifen die Grenzen ineinander.

Verhältniss der Molekelzahl der Basen zu derjenigen der Kieselsäure.

Gesteine.	Zahl der Kieselsäure und der Basenmolekel in %.			Zahl der Basenmolekel auf 100 Molekel SiO^2.	
	Grenzen der Schwankungen.		Mittel.	Grenzen der Schwankungen.	Mittel.
Quarzporphyre	80 : 20 (77 : 23)	84 : 16	83 : 17	19—26	21
Liparite	81 : 19 (79 : 21)	89 : 11	83 : 17	20—23 (13—27)	21
Granite	76 : 24	84 : 16	80 : 20	20—32	25
Pantellerite	76 : 24	79 : 21	76 : 24	28—32	32
Dacite	72 : 28	77 : 23	74 : 26	31—41	35
Quarzporphyrite	70 : 30	77 : 23	74 : 26	31—44	36
Trachyte	66 : 34	79 : 21	70 : 30	30—53	44
Syenite	61 : 39	71 : 29	68 : 32	41—54	50
Orthophyre	62 : 38	73 : 27	68 : 32	36—62	51
Andesite	59 : 41	73 : 27	66 : 34	37—68	51
Phonolithe und Nephelinsyenite	69 : 31	65 : 35	66 : 34	45—56	51
Porphyrite	56 : 44 (58 : 42)	72 : 28	65 : 35	40—78	53
Diorite	59 : 41	72 : 28 (67 : 33)	64 : 36	40—71	61
Basalte	51 : 49 (54 : 46)	61 : 39 (65 : 35)	57 : 43	56—82 (97)	79
Gabbros, Norite, Diabase	49 : 51	64 : 36	57 : 43	58—108	76
Leucit- und Nephelinbasite	47 : 53 (41 : 56)	58 : 42	52 : 48	75—112 (127)	99
Limburgite und Augitite	48 : 52	54 : 46	49 : 51	86—110	105
Pyroxenite	50 : 50	48 : 52	50 : 50 (49 : 51)	100—110	103
Peridotite	42 : 58 (37 : 63)	36 : 64	40 : 60	137—180	152

Auf dem Diagramm I ist die Abhängigkeit der Zahl der Basenmolekel (bezeichnet mit $\mathfrak{B}$) von derjenigen der Kieselsäure graphisch dargestellt. Es ist jedenfalls nicht uninteressant, dass von den Orthophyren ab die Punkte β auf einer geraden liegen; β ist also in diesem Fall eine continuliche Function des Kieselsäuregehalts.

Aciditätscoefficient und Kieselsäuregehalt.

Betrachtet man die Beziehung des Aciditätscoefficienten zum Kieselsäuregehalt (in Molecularproportionen), so kann man mehrere, vielleicht nicht uninteressante, Schlüsse ziehen: (siehe Diagr. IV).

1. Der coefficient α steigt nicht gleichmässig an, sondern immer stärker und stärker, wenn man von den basischen zu den neutralen und sauren Gesteinen übergeht.

2. In den einzelnen, den grossen Gruppen der ultrabasischen, basischen, neutralen und sauren Gesteine entsprechenden, Abschnitten ist α eine gerade Linie; im Bereich einer jeden Gruppe ist also α eine continuirliche Function des Kieselsäuregehalts. Die Unterbrechungen und Sprünge rechtfertigen die angenommene Theilung in Gruppen.

3. Ein gleich grosses Ansteigen des Kieselsäuregehalts manifestirt sich in den verschiedenen Gruppen verschieden. In den sauren Gesteinen ist es ein einfacher Ueberschuss, der nichts ausser der Acidität ändert, da alle Basen bereits mit Kieselsäure gesättigt sind. In den basischen Gesteinen führt hingegen eine Steigerung des Kieselsäuregehalts eine Aenderung des Gehalts an Basen und deren relativer Mengen mit sich. Da hierbei der Gehalt an Sesquioxyden sich ändert und auch deren Verhältniss zu den Alkalien und den alkalischen Erden, so wird der Coefficient α von einem verhältnissmässig grossen Zuwachs des Kieselsäuregehalts nur schwach beeinflusst, er steigt viel weniger an, als in den saureren Gesteinen.

II. Charakteristik der einzelnen Familien und Typen.

Trachyte. Andesite. Syenite. Dacite. Liparite. Quarzporphyre. Pantellerite. Granite. Basalte. Gabbros und Norite. Phonolithe und Eläolithsyenite. Quarzdiabase, Gabbros und Norite. Camptonit. Minette. Kersantit. Glimmerdiorit. Tephrite. Leucitite.

Trachyte.

(Diagramme VI u. VII).

Die Linien von R^2O und RO haben einen diametral entgegengesetzten Verlauf (mit Ausnahme von einem oder zwei Abschnitten); die Linien von RO und R^2O^3 sind ebenfalls entgegengesetzt. (Da nun RO und $[R^2O+RO]$ gleich verlaufen, so ist der Antagonismus von R^2O^3 und $[R^2O+RO]$ von selbst verständlich; diese Linien zeigen, mit wenigen Ausnahmen, einen entgegengesetzten Verlauf der Ziczacs).

Die übrigen Linien des Diagramms VII bieten wenig Charakteristisches: die Linien von R^2O und R^2O^3 haben oft gleiche Richtung, doch giebt es auch entgegengesetzte Ziczacs; bei den Linien von R^2O und $[R^2O+RO]$ sind die Richtungen der Ziczacs oft entgegengesetzt; gleichsinnig sind sie da, wo die Linien von R^2O und R^2O^3 divergiren.

Fasst man diese Wechselbeziehungen zusammen, so erhält man Folgendes: 1) Es besteht keine directe Beziehung zwichen dem Kieselsäuregehalt und dem Gehalt an verschiedenen Oxyden; mit zunehmendem Kieselsäuregehalt fällt und steigt abwechselnd der Gehalt an verschiedenen Oxyden. 2) Mit steigendem Gehalt an R^2O^3 fallt der Gesammtgehalt an $[R^2O+RO]$ und umgekehrt. 3) Im ganzen hängt ein Anwachsen von R^2O^3 mit dem Ansteigen von R^2O und dem Fallen von RO zusammen. 4) Daraus ergiebt sich der Antagonismus von R^2O und RO.

In gewissen Grenzen hat also der absolute Gehalt an SiO^2 und an verschiedenen Oxyden keine Bedeutung für die Erhaltung des chemischen Typus des Gesteins; durch den Antagonismus von R^2O^3 und $[R^2O+RO]$ ist die Möglichkeit gegeben denselben Coefficienten bei etwas verschiedener procentischer Zusammensetzung zu erhalten. Bei Spaltungen ist die Vertheilung der verschiedenen Oxyde keine willkürliche, sondern einigermaassen eine gesetzmässige: die Oxyde der Feldspäthe bleiben einerseits, diejenigen der mono- und bisilicatischen Eisenmagnesia-Mineralien andererseits.

Aus der Analyse des Diagramms ergiebt sich die Möglichkeit einer Zweitheilung der Trachyte und zwar in alkalische Trachyte und solche, die einen relativen Reichthum an alkalischen Erden aufweisen. Diese Eintheilung fällt mit derjenigen von **Rosenbusch** in phonolithoide und andesitoide Trachyte zusammen.

Betrachten wir jetzt das Diagramm VI, so ergiebt sich folgendes:

Die Linien von	K^2O	und	Na^2O	. . . .	× [1])
Diejenigen	„ CaO	„	Na^2O	. . . .	×
„	„ CaO	„	Al^2O^3	. . . .	×
„	„ Na^2O	„	Al^2O^3	beinahe	‖
„	„ MgO	„	Na^2O	oft	×
„	„ MgO	„	K^2O	„	‖
„	„ MgO	„	Al^2O^3	öfter	×
„	„ CaO	„	MgO		
„	„ CaO	„	K^2O	bald	×, bald ‖ .
„	„ K^2O	„	Al^2O^3		

Ausser dem bereits erwähnten Antagonismus der Alkalien (besonders Na_2O) und der alkalischen Erden, ist noch von Bedeutung der Antagonismus von Kali und Natron, da er die Möglichkeit bietet Kalitrachyte ($K^2O > Na^2O$) und Natron-

[1]) Mit × ist der entgegengesetzte Verlauf der Zickzacks, mit ‖ der gleichsinnige bezeichnet.

trachyte ($Na^2O > K^2O$), die ziemlich wesentliche Unterschiede in den relativen Mengen von verschiedenen Oxyden aufweisen, auseinanderzuhalten.

In der durchschnittlichen Formel für Trachyte ist $[R^2O + + RO] : R^2O^3 = 1._2 : 1$; das Verhältniss 1 : 1 findet sich als allgemeine Regel in den trachytischen Gläsern und manchmal auch in den krystallinischen Trachyten wieder.

In der allgemeinen Uebersicht wurde bereits auf die Beziehung zwischen Trachyten und Daciten hingewiesen. Die Analyse der Trachytgrundmasse № 171 ist hier von Interesse: die allgemeine Formel nämlich (bis auf einen unbedeutenden Gehalt an RO), sowie der Aciditätscoefficient dieser Grundmasse entsprechen vollständig einem Dacit. Daraus ergiebt sich die Schlussfolgerung, dass das trachytische Magma im Stande ist ein dacitisches Magma abzuspalten, wobei als zweites Spaltungsprodukt ein phonolithisches Magma erscheint: phonolithisches *M.* + dacitisches *M.* = trachytischem Magma.

Die hier angeführten Erwägungen geben eine Stütze für die Existenz von zwei verschiedenen Trachyttypen, die in chemischer Beziehung sich dadurch von einander unterscheiden, dass in dem einen, durch eine Anreicherung an Alkalien und eine relative Armuth an Kieselsäure, eine Annäherung zum Phonolithtypus nicht zu verkennen ist, während bei den andern mit steigendem Kieselsäuregehalt ein Ansteigen des Gehalts an alkalischen Erden verknüpft ist; letzteres bewirkt das Auftreten von sauren Kalknatronfeldspäthen und manchmal eines kleinen Ueberschusses an Kieselsäure (Quarz), wodurch dieser zweite Trachyttypus sich den Daciten, und nicht den Andesiten, wie es von Rosenbusch angenommen wird, nähert.

Aus den neueren Untersuchungen von Becke [1]) ergiebt sich

---

[1]) F. Becke. Gesteine der Columbretes.—T. M. P. M. 1896. XVI, p. 155.

die Existenz noch eines dritten Typus, den er als tephritisch bezeichnet hat. Aus der betreffenden Analyse ist leicht zu ersehen, dass in diesem Gestein die Verhältnisse $R^2O:RO$ und $RO:R^2O^3$ absolut thachytische sind; der Kieselsäuregehalt und der Aciditätscoefficient nähern sich dem foyaitischen Typus, von welchem diese Trachyte sich durch einen Ueberschuss an RO auf Kosten von SiO^2 unterscheiden. In Anbetracht dieser Eigenthümlichkeiten und des vorwaltenden Sanidingehalts (und nicht Kalknatronfeldspäthe) wäre es richtiger diese Gesteine als selbstständigen Trachyttypus, als „Trachytite“ (oder Trachyphonolithe) zu bezeichnen. Diese Gesteine sind noch bei weitem keine Tephrite; eine weitergehende Veränderung ihrer Zusammensetzung in demselben Sinn würde aber zur Bildung eines tephritischen Gestein führen. Diese Auffassung wird bekräftigt durch die Analyse des homöogenen Einschlusses aus einem solchen „tephritischen Trachyt“; diese Analyse erinnert an echte Tephrite. Hält man an den wenigen Kernen von Rosenbusch fest, so findet sich für diesen homöogenen Einschluss kein Platz unter den chemischen Typen der Eruptivgesteine, wie es auch von Becke hervorgehoben wird.

Ich glaube, dass es keine Ueberbürdung der Petrographie mit neuen Namen, sondern zweckmässig sein wird, wenn man die Benennung Trachytit einführt für kieselsäurearme Natrontrachyte, die Anklänge an die Phonolithe zeigen. Die Analyse № 322 zeigt eine grosse Aehnlichkeit mit Phonolithen (№№ 260, 264), von denen sie sich hauptsächlich durch ein anderes Verhältniss von $R^2O:RO$, d. h. durch eine relative Armuth an Alkalien unterscheidet; demnach sind die Trachytite an alkalischen Erden reiche Phonolithe.

Andesite.

(Diagramm VIII).

K^2O	und Na^2O	. . . .	öfter ‖
Na^2O	„ **R^2O**	. . . .	absolut ‖
K^2O	„ Al^2O^3	. . . .	abwechselnd ‖ und ×
K^2O	„ MgO	. . . .	beinahe ×
K^2O	„ CaO	. . . .	am Anfang und am Ende ‖, sonst ×
Na^2O	„ Al^2O^3	. . . .	öfter ×
Na^2O	„ MgO	. . . .	halb ‖, halb ×
Na^2O	„ **CaO**	. . . .	absolut ×
R^2O	„ Al^2O^3	. . . .	öfter ×
R^2O	„ MgO	. . . .	halb ‖, halb ×
R^2O	„ **CaO**	. . . .	absolut ×
Al^2O^3	„ MgO	. . , .	öfter ×
Al^2O^3	„ CaO	. . . .	halb ‖, halb ×
CaO	„ **MgO**	. . . .	öfter ‖
R^2O	„ Al^2O^3	. . . .	öfter ×
R^2O	„ RO	. . . .	gewöhnlich ×
CaO	„ RO	. . . .	ausser 2 — 3 Fällen ‖
MgO	„ RO	. . . .	in der Mitte ×, sonst ‖.

Von diesen Wechselbeziehungen haben nur die jenigen eine gewisse classificatorische Bedeutung, die fett gedruckt sind.

Bei zwei Andesiten mit gleichem Kieselsäuregehalt (№№ 142 und 148) tritt der Antagonismus von R^2O und RO und der Parallelismus von R^2O und Al^2O^3 deutlich hervor: der eine hat mehr Thonerde und Alkalien, der andere mehr RO-Basen.

Wählt man den mehr oder weniger beständigen Antagonismus der R^2O- und RO-Oxyde als Eintheilungsprincip, so kann man die Andesite in folgende zwei Gruppen eintheilen: 1) an Alkalien reiche Andesite, bei welchen $1:1 > R^2O:RO > 1:2$ ist; das sind Glimmer und theilweise Glimmer-Amphibolandesite. 2) an zweiwerthigen Oxyden reiche Andesite; das Verhältniss von $R^2O : RO$ geht von 1 : 2 bis 1 : 4. Das sind die Hypersthen- und theilweise die Hypersthen-Augitandesite. Die reinen Amphibol- und Augitandesite sind Uebergangsglieder, die sich näher der zweiten Gruppe anschliessen.

Syenite [1].

(Diagramm IX).

Unter der allgemeinen Bezeichnung „Syenite" werden recht verschiedenartige Typen zusammengefasst; mein Material genügt nicht um mit der erforderlichen Vollständigkeit alle Wechselbeziehungen der Oxyde und die verschiedenen Unterabtheilungen dieser Familie festzustellen. Auf Grund beiliegender Tabelle und des Diagramms IX lassen sich vorläufig folgende Schlüsse ziehen.

1) Bei verschiedenem Kieselsäuregehalt sind die Variationen im Gehalt an K^2O und Na^2O fast immer parallel, gleich-

K^2O	Na^2O	R^2O	RO	SiO^2
0.018	0.044	0.062	0.342	0.940
0.034	0.048	0.082	0.274	0.986
0.047	0.091	0.138	0.109	0.988
0.071	0.020	0.091	0.146	0.988
0.070	0.038	0.108	0.236	1.000
0.070	0.022	0.092	0.240	1.000
0.070	0.039	0.109	0.242	1.000
0.054	0.089	0.143	0.124	1.019
0.036	0.050	0.086	0.295	1.044

[1]) Ueber die Augitandesite siehe Monzonit.

sinnig; daraus könnte man den Schluss ziehen, dass es keine Natronsyenite, ausser den Nephelinsyeniten, giebt. Die Anwesenheit von Anorthoklas und Perthit in einigen Syeniten erfordert aber eine gewisse Reserve dieser Schlussfolgerung gegenüber (siehe Punkt 2). Dagegen lässt sich zwischen R^2O und RO ein deutlich ausgesprochener Antagonismus feststellen, der bei den Syeniten die Tendenz bekundet sich entweder den Andesiten oder den Trachyten zu nähern.

2) Bei gleichem Kieselsäuregehalt beobachtet man (wenn der Gehalt an Al^2O^3 als Abscissen aufgetragen wird): einen Antagonismus zwischen Na^2O und K^2O, ebenfalls zwischen R^2O und RO, ein Fallen des Aciditätscoefficienten α mit steigendem Thonerdegehalt, mit welchem auch ein Ansteigen von R^2O verbunden ist. Oft scheint der Gehalt an K^2O mit steigendem Kieselsäuregehalt zu steigen.

Dacite.

(Diagramm X).

R^2O und RO — die 3 mittleren Ziczacs $\times$, sonst $\|$
R^2O „ R^2O^3 — öfter $\times$
RO „ R^2O^3 — $\times$ und $\|$
$[R^2O + RO]$ und R^2O^3 — ausser 3 Fällen $\times$.

Aus diesen Angaben und aus dem Diagramm ist keine bestimmte Gesetzmässigkeit zu ersehen. Mann könnte vielleicht nur dem Antagonismus von R^2O^3 und $[R^2O + RO]$ einige Beachtung schenken und daraus den Schluss ziehen, dass bei der Spaltung eines dacitischen Magmas die Oxyde R^2O und RO die Neigung besitzen sich abzuspalten und mit dem Ueberschuss an SiO^2 sich zu vereinigen. Ein Vergleich des dacitischen Magmas mit dem andesitischen bekräftigt diese Behauptung. Es verdient beachtet zu werden, dass das dacitische Magma (mit unbedeutenden Abweichungen) genau ein arithmetisches Mittel zwischen dem andesitischen und granitischen ist; selbst die Beziehung von $R^2O:RO$ stimmt damit überein. Man kann also voraussetzen, dass beim Eintreten von Bedingungen, welche eine Differenzirung des dacitischen Magmas hervorrufen, z. B. Einschmelzen von SiO^2 beim Durchbruch eines neutralen Magmas durch Sandsteine oder andere kieselsäurereiche Gesteine, das dacitische Magma im Stande ist sich in ein granitisches und ein andesitisches zu spalten. Ungefähr dieselben Wechselbeziehungen bestehen auch zwischen dem granitischen, dem syenitischen und dem quarzdioritischen Magma.

Meine Anschauung, dass der Dacit ein Quarztrachyt ist, steht in voller Uebereinstimmung mit dem Ursprung der Bezeichnung „Dacit". Hauer und Stache [1]) haben damit die älteren Quarztrachyte mit vorwaltendem Oligoklas bezeichnet, im Gegensatz zu den Rhyoliten, in welchen der Sanidin vorwaltet.

Liparite, Quarzporphyre, Pantellerite.

(Diagramm XI).

Ungeachtet der geringen Anzahl der Analysen tritt der Antagonismus des Kali und des Natron deutlich hervor. Es ist also durchaus zweckmässig und richtig Kali- und Natronliparite zu unterscheiden.

Derselbe Antagonismus von Kali und Natron besteht auch bei den Quarzporphyren, die ebenfalls in Kali- $(K^2O > Na^2O)$ und Natron- $(Na^2O > K^2O)$ Porphyre zerfallen; zu den letzteren gehören auch die Quarzkeratophyre, die in chemischer Beziehung von den Quarzporphyren sich nur durch den unbedeutenden Gehalt an Kali und den viel grösseren Natrongehalt, durch den unbedeutenden Gehalt an alkalischen Erden, folglich durch ein anderes Verhältniss $R^2O:RO$ und endlich

[1]) F. Hauer u. G. Stache. Geologie Siebenbürgens. 1863, p. 70, 79.

durch einen etwas geringeren Gehalt an R^2O^3 (besonders Fe^2O^3) unterscheiden.

Die Pantellerite nehmen eine etwas gesonderte Stellung ein, und weist Zirkel mit Recht darauf hin, dass ihre Stellung vorläufig eine unbestimmte ist. Um ihren chemischen Charakter festzustellen sind bei mir 4 Analysen und das Mittel nach Brögger angeführt. Nach den bei mir angeführten Brögger $2\,RO\,R^2O^3\,9.6\,SiO^2$ also das Mittel aus beiden Analysen ist die Durchschnittsformel $1.6\,RO\,R^2O^3\,8\,SiO^2$ nach $1.8\,\bar{R}O\,R^2O^3\,8\,SiO^2$. Bereits aus dieser allgemeinen Formel erhellt der Unterschied von den Lipariten, der darin besteht, dass sie mehr R^2O und RO, d. h. weniger R^2O^3 enthalten; der Aciditätscoefficient ist ebenfalls kleiner: 3.6 (nach meinen Analysen 3.7 und nach Brögger's 3.5). Die Liparite schliessen sich jedenfalls eng den Lipariten an, während sie sich von den Trachyten nicht nur durch den Säuregrad, sondern auch durch die Verhältnisse $R^2O:RO$; $K^2O:Na^2O$; $RO:R^2O^3$ wesentlich unterscheiden. Obgleich der Quarz unter den porphyrischen Ausscheidungen fehlt, enthalten die Pantellerite zweifellos einen Kieselsäureüberschuss und sind typische saure Gesteine. In mineralogischer Beziehung sind für diese Gesteine der Anorthoklas, der Aenigmatit (Kossyrit) und der Aegyrin (Aegyrinaugit) bezeichnend, in chemischer das Verwalten von R^2O und RO über R^2O^3 und der verhältnissmässige Reichthum an Eisen.

Granite.

In den Graniten ist einerseits ein vollständiger Antagonismus der Alkalien und der alkalischen Erden, andererseits—des Kali und des Natron zu constatiren. Dadurch ist die Eintheilung der Granite in alkalische und alkalischerdige und der ersteren in Kali- und Natrongranite völlig gerechtfertigt. Zur Illustration dieser Verhältnisse sind in beifolgendem mehrere Analysen zusammengestellt.

Die an alkalischen Erden reichen Granite bilden einen Uebergang zu Orthoklas-Plagioklasgesteinen („Adamelliten" Brögger's). In diesen Graniten ist der Gehalt an den Oxyden R^2O^3 (d. h. besonders Al^2O^3) kleiner als in den Alkaligraniten: in diesen letzteren ist das Verhältniss $RO : R^2O^3$ nahe 1, während die ersteren immer merklich mehr RO als R^2O^3 enthalten, beispielsweise 1.5 : 1; 1.3 : 1 u. s. w.

In den Alkaligraniten herrschen die Alkalien merklich über die alkalischen Erden vor und ist der Aciditätscoefficient grösser bei alkalischerdigen Graniten mit ungefähr demselben Gehalt an R^2O und RO: steigt der Gehalt an alkalischen Erden bedeutend an, so entstehen Uebergangsformen zu den Quarzdioriten. Die alkalischen und zugleich sauersten Granite sind Glimmergranite. Die Hornblende- und besonders die Pyroxengranite sind reicher an alkalischen Erden, weniger sauer und führen neben Orthoklas mehr oder weniger Plagioklas. Diese Granite bilden die saure Gruppe der Orthoklas-Plagioklasgesteine; historisch wäre es richtiger für dieselben die bezeichnung „Granitite" zu behalten, hätte sich nicht der Brauch eingebürgert damit den Biotitgranit zu bezeichnen.

Die Benennung „Adamellit" ist nicht durchaus unentbehrlich, doch könnte sie, der Kürze wegen, für die Gruppe der „Hornblende- und Pyroxengranite" oder der „Plagioklasgranite" beibehalten werden.

№№	R^2O	RO	K^2O	Na^2O
1	0.143	0.025	0.042	0.101
21	0.052	0.152	0.023	0.029
13	0.092	0.069	0.057	0.035
4	0.078	0.133	0.002	0.077
8	0.126	0.020	0.071	0.055
11	0.083	0.134	0.030	0.053
23	0.088	0.108	0.048	0.040
31	0.111	0.079	0.045	0.066
2	0.097	0.021	0.045	0.052

Basalte.

(Siehe Diagr. XII).

In den Basalten sind die Wechselbeziehungen der verschiedenen Oxydlinien recht unbeständig. Als maassgebend für die Differentiation erscheinen hauptsächlich der Antagonismus von R^2O und RO und derjenige von RO und R^2O^3. Bei der Differentiation spaltet sich also ein selbstständiges thonerde- und alkalienfreies Magma, d. h. ein peridotitisches Magma ab.

Fe^2O^3	FeO	CaO	MgO	RO	K^2O	Na^2O	R^2O	α	Al^2O^3	SiO^2
0.044	0.081	0.160	0.163	0.404	0.023	0.067	0.090	1.91	0.100	0.915
0.059	0.058	0.150	0.122	0.330	0.026	0.043	0.069	1.9	0.127	
0.022	0.124	0.166	0.065	0.355	0.005	0.050	0.055	1.5	0.157	0.850
0.056	0.066	0.148	0.182	0.396	0.011	0.037	0.048	1.56	0.202	
—	0.186	0.232	0.172	0.590	0.009	0.040	0.049	1.5	0.147	0.804
—	0.184	0.232	0.172	0.588	0.009	0.040	0.019	1.5	0.148	
—	0.173	0.230	0.100	0.476	0.007	0.054	0.061	1.58	0.176	0.830
0.043	0.077	0.191	0.099	0.376	0.011	0.056	0.067	1.48	0.180	

Einiges Interesse bietet die Zusammenstellung (siehe die Tabelle) mehrerer Basalte mit gleichem Kieselsäuregehalt. Die Linien von CaO und FeO haben eine mit der Al^2O^3 entgegengesetzten Verlauf, während diejenigen von Fe^2O^3 und Al^2O^3 gleichsinnig verlaufen. Ferner sind K^2O und Al^2O^3 parallel, Na^2O und RO in den basischeren parallel, in den saureren entgegengesetzt gerichtet. An den Basalten und Andesiten tritt besonders scharf die Bedeutung der chemischen Zusammensetzung für die Abgrenzung der Charakteristik naher Familien hervor. In vielen Fällen genügen zur Abgrenzung mancher Typen der geologische Befund, die Structur und die mineralogische Zusammensetzung nicht. So wird beispielsweise ein geringer Olivingehalt in Andesiten als maassgebend betrachtet für die Annahme der Existenz von unmerklichen Uebergängen zwischen den Basalten und den Andesiten. Ungeachtet der Unterschiede in der Structur und in den relativen Mengen der Hauptbestandtheile, nehmen viele Autore die Existenz von unmerklichen Uebergängen zwischen den Andesiten und den Basalten an [1]). Indessen sind es nach der Acidität und dem allgemeinen chemischen Typus ganz verschiedene Gesteine, wie man sich davon in den Uebersichtstabellen leicht überzeugen kann. Ein zufälliger Olivingehalt in den Andesiten hat keine Bedeutung und ändert nicht den chemischen Gesteinstypus; ebenso ist von diesem Standpunkt die Gruppe der olivinfreien Basalte völlig berechtigt und von Bücking scharfsinnig als solche erkannt.

Den Basalten schliessen sich in chemischer Beziehung die Leucitite und Nephelinite, die man als Alkalibasalte bezeichnen könnte, eng an. Der einzige Unterschied dieser Gesteine von den gewöhnlichen Basalten liegt in dem Verhältniss $R^2O:RO$ (z. B. in № 319—1 : 2.4). Es ist oben darauf hingewiesen worden, dass in den Basalten die Alkalien und die alkalischen Erden Antagonisten sind. Man muss also erwarten, dass ein basaltisches Magma, welches Alkalien enthält, die Fähigkeit besitzt einerseits ein an Alkalien reicheres Magma, d. h. einen Alkalibasalt, andererseits ein an Alkalien ärmeres Magma, dassjenige der gewöhnlichen Plagioklasbasalte, abzuspalten. In die erstere Gruppe gehören die Orthoklasbasalte, die Leucitite

[1]) So sagt z. B. Hague (Geology of the Eureka District, p. 252.—Monogr. U. S. Geol Surv., XX, 1892): „Between the pyroxene-andesites and basalts there exists the closest possible relationship, so much so that it is by no means an easy matter to establish a sharp line between them, either in mineral composition or field occurrence“. Das trifft für die mineralogische Zusammensetzung und die geologische Erscheinungsweise zu, durchaus aber nicht für die chemische Zusammensetzung.

und die Nephelinite. Wollte man an einer ausschliesslich mineralogischen Classification festhalten, so müsste man die Leucitite und Nephelinite als Feldspathiden-Andesite betrachten, was vom geologischen Standpunkt durchaus nicht zulässig ist. Gewöhnlich werden diese Gesteine in eine Gruppe mit den Leucit- und Nephelinbasalten, Basaniten und Tephriten gestellt. Man muss aber zugeben, dass bei geringem Olivingehalt oder bei dessen völliger Abwesenheit die Leucitite und Nephelinite sich so eng dem chemischen Typus der Basalte anschliessen, dass sie mit ihnen zu einem basaltischen Magmentypus vereinigt werden sollten. Hingegen schliessen sich die echten Leucit- und Nephelinbasalte den Limburgiten an und gehören zu einem andern Magmentypus.

Gabbros, Norite.

(Siehe Diagr. XIII u. XIV).

Mit dem Anwachsen des Kalkgehalts steigt auch der Gehalt an Thonerde und zugleich fällt der Gehalt an Alkalien. Andererseits fällt mit dem Ansteigen des Magnesiagehalts der Thonerdegehalt und steigt der Alkaligehalt. Betrachtet man, dass die Schwankungen in dem Gehalt an Magnesia und an Kalk entgegengesetzt sind, und dass der Gehalt an einigen anderen Bestandtheilen einigermaassen an den Kalk oder an die Magnesia gebunden ist, so könnte man mit der Zeit folgende, freilich durch Uebergänge verbundene, Typen von Gabbros aufstellen:

1) Kalkgabbro.
2) Magnesiagabbro.
3) Magnesia-Alkali-Gabbro
4) Alkalischer Gabbro.

Man könnte noch folgende Beziehungen hervorheben: zwischen Kali und Natron ist kein Antagonismus zu merken; das

Kali ist aber ein Antagonist von RO, das Natron—umgekehrt; R^2O^3 und RO sind Antagonisten, R^2O^3 und R^2O—umgekehrt; FeO ist mit MgO fast ganz gleichsinnig und mit CaO entgegengesetzt gerichtet. Besonders interessant ist einerseits der ausgesprochene Antagonismus der Alkalien und des Kalks, andererseits der Parallelismus im Gehalt an Alkalien und Magnesia. Dadurch wird die Tendenz eines gemischten Gabbromagmas sich in Kalkgabbro, Magnesia- und Alkaligabbro zu spalten zum Ausdruck gebracht. Bekanntlich sind auch Vertreter dieser Typen gefunden, nämlich der „Missourit" und der Orthoklasgabbro.

Ein anderes Beispiel für Magnesia- und Magnesia-Alkali-Gabbro bieten die Shonkinite.

Pirsson und Weed, von welchen dieser Typus aufgestellt worden ist, haben ganz richtig auf dessen Beziehungen zu den Pyroxensyeniten und den Pyroxeniten hingewiesen. Der chemische Typus dieser Gesteine erscheint anfangs unklar zu sein; doch tritt beim Vergleich der Analysen seine Zugehörigkeit zum Gabbrotypus deutlich hervor, und zwar zu den Magnesiagabbros. An den Shokiniten hat sich die von mir oben gemachte Bemerkung, dass der Magnesiagabbro ärmer an Thonerde und reicher an Alkalien als der Kalkgabbro sein muss, bestätigt, (vergl. Analysen 314, 315, 316, 317) und hat sich an ihnen überhaupt die Existenz von Magnesiagabbros bestätigt. Diese Mögligkeit die Existenz bestimmter Typen voraussagen zu können, scheint mir ein guter Beweis dafür zu sein, dass der von mir zur Beurtheilung des Ganges der Differentiation eingeschlagene Weg ein richtiger ist.

An den Noriten wiederholen sich augenscheinlich dieselben Beziehungen, wie an den Gabbros.

Die Bezeichnung „Gabbro" könnte man als generelle Bezeichnung anwenden für alle krystallinischkörnigen, wesentlich aus Plagioklas und Pyroxen bestehenden, Tiefengesteine·

eigentlicher Gabbro, Norit, Hyperstenit, Orthoklasgabbro, Missourit, Shonkinit etc. Dann wäre der Magnesiagabbro nur eine Abart des Gabbro. Wollte man aber die Benennung „Gabbro" nur auf die diallaghaltigen Glieder beschränken, so könnte man die Benennung Shonkinit, als gleichberechtigt mit Norit oder Hypersthenit aufrechterhalten oder noch besser dieselbe durch Orthoklasgabbro ersetzen.

Phonolithe und Eläolithsyenite.

(Siehe Diagr. XV u. XVI).

K^2O und Na^2O		. . . .	×, ausser 2 Fällen
K^2O	„ MgO	. . . .	‖, ausgenommen ein Fall
Na^2O	„ MgO	. . . .	beinahe ‖
Na^2O	„ CaO	. . . .	×
K^2O	„ Al^2O^3	. . . .	beinahe ×
Na^2O	„ Al^2O^3	. . . .	beinahe ‖
R^2O	„ RO	. . . .	diametral ×

Die Beziehungen der übrigen Linien sind nicht so einfach und weniger charakteristisch.

Aus den angeführten Analysen geht hervor (siehe Diagr. XV), dass zwischen den eigentlichen Phonolithen und den Leucitphonolithen auch in der chemischen Zusammensetzung Unterschiede bestehen. Im Gehalt an Kali und Natron ist der Unterschied nur ein quantitativer, und zwar herrscht das Natron immer über das Kali vor. Dafür sind aber mit einer Steigerung des Kaligehalts solche Aenderungen in der chemischen Zusammensetzung verknüpft, welche diametral entgegengesetzt denjenigen sind, die durch eine Steigerung des Natrongehalts bedingt sind.

Als Grundlage für die Classification würde sich wohl der Antagonismus der Alkalien und der alkalischen Erden eignen [1]):

[1]) Siehe Trachytite.

in den Nephelinsyeniten, wo der Gehalt an alkalischen Erden ein grösserer ist, wird dieses Merkmal noch schärfer. Diese Beziehungen zwischen den Alkalien und den alkalischen Erden sind auch für die Beurtheilung des Differentiationsmechanismus des phonolithischen Magmas von Bedeutung.

Aus dem Diagramm XIV folgt noch:

Na^2O und Al^2O^3 . . . . öfter ||
Na^2O „ R^2O . . . . ||
Na^2O „ RO . . . . ×, ausgenommen ein Fall
Na^2O „ R^2O^3 . . . . öfter ||
K^2O „ RO . . . . öfter ×
Al^2O^3 „ RO . . . . ×, ausgenommen ein Fall
Al^2O^3 „ R^2O^3 . . . . ×
R^2O „ RO . . . . ×, ausgenommen ein Fall
RO „ R^2O^3 . . . . meist ×

Die übrigen Linien sind weniger charakteristisch. Für die Differentiation lassen sich hieraus folgende Schlüsse ziehen. Bei der Differentiation eines nephelinsyenitischen Magmas hat dasselbe das Bestreben einerseits ein mehr oder weniger reines Alkalimagma abzuspalten, wobei mit dem Natrongehalt auch der Thonerdegehalt steigt, andererseits die alkalischen Erden, die zu den Sesquioxyden sich antagonistisch verhalten, abzuscheiden. Die alkalischen Erden verbinden sich mit dem vorhandenen Kieselsäureüberschuss. Ein gemischtes, dem nephelinsyenitischen nahes, aber an Kieselsäure etwas angereichertes, Magma hat also das Bestreben ein nahezu reines alkalisches Magma von der Zusammensetzung $R^2O\,R^2O^3\,4\,SiO^2$ abzuspalten und andererseits an alkalischen Erden reichere Gesteine zu bilden (Trachytite) oder solche, wo der alkalische Kern mit einer mehr oder weniger bedeutenden Menge von monosilikatischem oder bisilikatischem Magma vermengt ist. Unter den Spaltungsgesteinen, welche die Nephelinsyenithe begleiten, kann

Phonolithe und Eläolithsyenite.

№№	$RO : R^2O$	$R^2O : R^2O^3 : SiO^2$	$K^2O : Na^2O$	% SiO^2
232*	1 : 5.6	1 : 1.5 : 5.8	1 : 2.2	59.46
233	1 : 11.4	1 : 0.97 : 3.97	1 : 3.1	57.06
246	1 : 4.1	1 : 1.1 : 4.3	1 : 3	55.18
234*	1 : 5.6	1 : 1.1 : 4.5	1 : 6	57.54
245*	1 : 1.4	1 : 1.3 : 5.5	1 : 2	56.64
247*	1 : 3	1 : 1 : 4.4	1 : 4.7	56.64
248*	1 : 3.1	1 : 1.6 : 6	1 : 1.7	57.20
257*	1 : 10.5	1 : 1 : 4.7	1 : 2.1	59.88
258	1 : 2.4	1 : 1.4 : 6.1	1 : 1.3	59.40
259	1 : 1.8	1 : 1.3 : 5.1	1 : 2.1	55.38
260	1 : 2.2	1 : 1 : 4	1 : 5	54.00
261*	1 : 3.3	1 : 1.2 : 4.7	1 : 2	54.78
262	1 : 5	1 : 1.5 : 4.1	1 : 2	53.94
263	1 : 3.2	1 : 1.2 : 4.4	1 : 1.6	52.08
264*	1 : 2.6	1 : 1 : 4.2	1 : 1.9	55.80
Mittel . .	1 : 3.7	1 : 1.2 : 4.8	1 : 2.7	

Durchschnittsformel: 0.26 $RO R^2O$ 1.21 R^2O^3 4.8 SiO^2, d. h. $[R^2O + RO] : R^2O^3 : SiO^2 = 1 : 1 : 4$.

Orthophyre [1].

69	2.1 : 1	1 : 1.48 : 7.85	1 : 2.1	57.0
70	1.2 : 1	1 : 0.89 : 5.0	1 : 1.7	55.16

[1]) Zwei Beispiele zum Vergleich.

man also Gesteine mit Olivin (z. Th. auch mit Anorthit und Plagioklas) erwarten, ebenfalls auch pyroxenreiche Gesteine; das trifft in der Natur auch wirklich zu (Malignite, Borolanit). Das den Phonolithen und Nephelinsyeniten entsprechende foyaitische Magma von Rosenbusch weicht insofern von den vorhandenen Analysen ab, als Rosenbusch die *RO*-Oxyde ganz vernachlässigt hat. Es genügt aber die betreffenden Analysen zu durchmustern, um sich davon zu überzeugen, dass die *RO*-Basen (besonders *CaO*, aber oft auch *FeO* und *MgO*) in der Zusammensetzung dieser Gesteine eine wesentliche Rolle spielen. Ja, anders kann es ja auch nicht sein, da im entgegengesetzten Fall die betreffenden Gesteine nur aus Feldspath- (resp. Feldspathiden-) Mineralien bestehen müssten — das ist aber nicht möglich und wiederspricht der Wirklichkeit. Indem Rosenbusch den Unterschied zwischen dem granodioritischen und dem foyaitischen Magma darin sieht, dass das letztere den Kern $Ca\,Al\,Si^2$ nicht enthält, begeht er ein Irrthum. Der Unterschied zwischen diesen beiden Magmata besteht vielmehr darin, dass das Verhältniss der Kerne $Ca\,Al\,Si^2$ und $(Na,K)\,Al\,Si^2$ ein anderes ist, und zwar fällt es im letzteren nicht unter 1 : 3.7, während es im ersteren 1 : 1 bis 1 : 3.5 beträgt. Weder die mineralogische, noch die chemische Zusammensetzung dieser Gesteine gestattet es die *RO*-Oxyde zu vernachlässigen. Beiliegende Tabelle bestätigt dieses auf's klarste. Von den 15 Analysen weisen nur zwei für das Verhältniss $RO:R^2O$ — 1 : 10.5 und 1 : 11.4 auf; bei den übrigen steigt es nicht über 1 : 5.6 und fällt nicht unter 1 : 1.4. Durchschnittlich ist dieses Verhältniss gleich 1 : 3.75, d. h. der Kern mit den *RO*-Basen macht mehr als ein Viertel des ganzen Magmas aus. Besonders interessant ist die mittlere Rubrik. An und für sich zeigt sie eine Veränderlichkeit der Zusammensetzung, die sich nicht unter eine allgemeine Formel unterbringen lässt. Es tritt aber die Bedeutung des Feldspathidenkernes $R^2O\ Al^2O^3\ 4\ SiO^2$ deutlich hervor; der Ueberschuss an SiO^2 deckt vollständig den Gehalt an RO und den Ueberschuss an Al^2O^3, wenn man diese als Bisilikate $RO\ SiO^2$ und $R^2O^3\ 3\ SiO^2$ berechnet; die mit einem * bezeichneten Analysen passen vollständig unter diese Berechnung, die übrigen weichen davon unbedeutend ab. Nimmt man ferner an, dass das Kali als Orthoklas und das Natron als Nephelin vorhanden sind, so erhält man für $K^2O : Na^2O$ ein Verhältniss, das gerade einem Gestein von der Zusammensetzung $R^2O\ R^2O^3\ 4\ SiO^2$ entspricht.

Am deutlichsten treten diese Beziehungen nicht an den einzelnen Analysen, sondern am Mittel aus allen 15 Analysen hervor. Hier haben wir $R^2O : R^2O^3 : SiO^2 = 1 : 1.2 : 4.8$. Nun muss man abziehen 0.8 SiO^2, die zur Bildung von Bisilicaten mit 0.2 RO und 0.2 R^2O^3 erforderlich sind; die Atomgruppen $RO\ SiO^2$ und $R^2O^3\ 3\ SiO^2$ sind fast in gleichen Mengen vorhanden; es bleibt dann der reine Kern $R^2O\ R^2O^3\ 4\ SiO^2$ zurück. Das Verhältniss $RO : R^2O = 1 : 3.75$. Also auf ein Theil $R^2O\ R^2O^3\ 4\ SiO^2$ kommen 0.26 Theile $RO\ R^2O^3 4 SiO^2$. Unmittelbar aus der Formel 0.26 $RO : R^2O : 1.21\ R^2O^3 : 4.8\ SiO^2$ berechnet sich der Aciditätscoefficient zu 1.96.

Das phonolithische Magma ist also ein reines bisilicatisches Magma mit dem Verhältniss:

$$RO\ R^2O^3\ 4\ SiO^2 : R^2O\ R^2O^3\ 4\ SiO = 1 : 3.75.$$

In diesem Magma ist also die Ausscheidung von freier Kieselsäure nicht möglich; das sporadische Auftreten von Olivin wird wahrscheinlich bedingt durch den Reichthum an R^2O und folglich durch einen Mangel von SiO^2 für RO.

Quarzdiabase. Quarzgabbros und Quarznorite.

Dank ihrer geringen Verbreitung, ja z. Th. sogar Seltenheit, und Dank den Eigenthümlichkeiten der Zusammensetzung bietet dieser Gruppe die es mir der Kürze wegen gestattet sei als „Quarztrappe“ oder „Quarzbasite“ zu bezeichnen, manche Eigenthümlichkeiten und Schwierigkeiten für die Classification. Als allen Gesteinen dieser Gruppe gemeinschaftliche Eigenthümlichkeit erscheint der Quarzgehalt, d. h. ein Ueberschuss von Kieselsäure. Nach diesem Merkmal, falls der Quarz wirklich primär ist, muss man diese Gesteine zu den „sauren“ zählen. Und in der That, berechnet man die Analysen derart, dass Kali und Natron als Orthoklas und Albit, der Kalk z. Th. (soviel als Thonerde ausreicht) als Anorthit und der Rest des Kalks mit MgO, FeO und Fe^2O als Bisilicate vorhanden sind, so bleibt ein Ueberschuss von Kieselsäure übrig (in der Analyse von Cohen etwa 2%, in derjenigen von Vrba bis 15%). Bei eingehenderem Studium der Analysen ersieht man, dass die Ursache dieses Ueberschusses nicht in einem absolut hohen Kieselsäuregehalt, sondern in einem Mangel an Al^2O^3 liegt; in diesen Gesteinen verhalten sich die Thonerde und die Kieselsäure antagonistisch. Nach ihrem Aciditätscoefficienten stehen die „Quarzbasite“ den andern sauren Gesteinen nach und bilden einigermaassen einen Uebergang zu den neutralen Gesteinen. Von den bei mir angeführten Analysen nähert sich diejenige des afrikanischen Diabases (nach Cohen) am meisten einem gewöhnlichen Diabas oder noch besser einem Norit (z. B. № 207). Lässt man dieses Gestein, angesichts des geringen Kieselsäuregehalts, weg und betrachtet als typische Vertreter der Gruppe nur die drei übrigen, so erhält man im Mittel die Formel $2.1\,RO\;R^2O^3\;6.4\,SiO^2$, welche derjenigen der Quarzdiorite nahe steht mit dem Unterschiede, dass sie mehr Oxyde $[R^2O + RO]$ enthält und dem entsprechend einen geringeren Aciditätscoefficienten besitzt. Die einzelnen Analysen bekunden auch eine grosse Verwandtschaft mit einigen Dioriten und Porphyriten. In Anbetracht des geringen Kieselsäuregehalts und des verhältnissmässig kleinen Aciditätscoefficienten könnte man diese Gesteine als halbsauer bezeichnen. An diesen Gesteinen kann man leicht sehen, dass der Procentgehalt an Kieselsäure zur Abgrenzung der sauren Gesteine von den neutralen nicht brauchbar ist.

Diese Analysen zeigen deutlich, dass man bei der Classification nicht den Kieselsäuregehalt selbst, sondern das Verhältniss der Kieselsäure zu den Basen und der Basen untereinander berücksichtigen muss. Und in der That, bei gleichem Kieselsäuregehalt kann man Gesteine von verschiedener Zusammensetzung haben, ja selbst Gesteine, die in ganz verschiedene Gruppen gehören: saure, neutrale und basische. Die Nephelinsyenite, die Andesite und die Quarzbasite unterscheiden sich in vielen Fällen durch ihren Kieselsäuregehalt nicht von einander, und wie grundverschieden sind doch diese Gesteine.

Was nun den Ursprung und den Character des Quarzes in diesen Gesteinen betrifft, so ist hier ein weites Feld für Beobachtungen und Speculationen geboten. Meiner Ansicht nach kann man hier vier Gruppen unterscheiden, von denen die drei ersten bereits von anderen aufgestellt worden sind.

1) Gesteine mit secundärem Quarz, mehr oder weniger stark metamorphosirt. Selbstverständlich sind diese Gesteine hier ausser Acht gelassen worden.

2) Gesteine mit mehr oder weniger deutlich exogenem Charakter des Quarzes, mit eingeschmolzenem Quarz, wie z. B. die Quarzbasalte. Bekanntlich sind zur Erklärung des Quarzgehalts von Basalten mehrere Hypothesen vorgeschlagen worden. Lässt man die wenig wahrscheinliche Annahme, dass der Quarz der zuerst ausgeschiedene Gemengtheil des basaltischen Magmas ist, nach dessen Abscheidung das Magma die basaltische Zusammensetzung erlangt hat, ausser Acht, so nehmen alle anderen Erklärungsversuche den exogenen, d. h. zufälligen Charakter des Quarzes in den Basalten an. Hierher

gehört die Ansicht, dass er von eingeschmolzenen quarzhaltigen Gesteinen stammt; hierher gehört die originelle Ansicht von Harker[1]), diejenige von Petersen[2]), von Lacroix[3]) etc.

3) Körnige Gesteine mit primärem Quarz. Wenn man auch auf die Diabase, als auf alte Dolerite, die in 2, erwähnten Ansichten anwendet, so bleiben doch noch die Quarznorite und die selteneren Quarzgabbros übrig, welche man, gleich den Quarzdioriten, als einen selbständigen Typus betrachten muss.

4) Gesteine mit pneumatolytischer, z. Th. synsomatischer Bildung des Quarzes. Hierher gehören die Quarz-Augitporphyrite mit Mandelsteinstructur. Vorläufig sind mir nur wenige Vertreter dieses interessanten Typus bekannt: die von mir[4]) untersuchten Quarzmandelsteine von Jalguba und die von Dathe[5]) beschriebenen sächsischen Mandelsteine. In diesen Gesteinen spielt der Quarz die Rolle einer Grundmasse, welche alle Zwischenräume zwischen den Poren und den Mandeln ausfüllt. Die Quarzcontoure sind ganz zufällig und unregelmässig, die Quarzausscheidungen sind meist sehr gross und nehmen unter dem Mikroskop bei schwachen Vergrösserungen recht grosse Theile des Geschichtsfeldes ein, die für secundären, wie auch für dynamometamorphen Quarz charakteristische Mosaikstructur fehlt hier vollständig. Alles dieses, ebenso wie der Gesammteindruck von dem Gestein unter dem Mikroskop sprechen dafür, dass dieser Quarz aus amorpher Basis oder gar unmittelbar aus gallertartigem Zustand entstanden

---

[1]) A. Harker. Geol. Magaz.. 1892. p. 485.

[2]) J. Petersen. Der Zustand im Erdinnern.—Samml. gemeinverst. wissensch. Vortr.. № 118: 1891, p. 38.

[3]) A. Lacroix. Les enclaves des roches volcaniques.—1893.

[4]) F. Loewinson-Lessing. Die Olonezer Diabasformation, p. 143.— Trav. Soc. Natur. St. Pétersbourg. XIX, 1888.

[5]) E. Dathe. Beitrag zur Kenntniss der Diabasmandelstein, 2, p. 13.— Jahrb. preuss. geol. Landesanstalt., 1883.

sei. Man erhält den Eindruck als ob es eine poröse schwammartige, von Kieselgallert durchtränkte Masse war oder als ob diese poröse Gesteinmasse von Glas oder von einer Magmamutterlauge durchtränkt war und als ob die die Eruption begleitenden Gasemanationen die Bildung des Quarzes daraus bedingt hätten. Diesen Eindruck habe ich von diesen Gesteinen unter dem Mikroskop erhalten. Kurz, ich glaube, dass die Silicatmasse, aus welcher die Grundmasse bestehen sollte, durch Wasserdampf, Salzsäure und andere die Eruption begleitende Gase zersetzt worden ist mit Abscheidung von Kieselsäure. Es ist also ein pneumatolytischer und synsomatischer Process. Dieser Gesteinstypus wird, soviel mir bekannt, nur bei Mandelsteinen angetroffen. Ist der Quarz dieser Gesteine wirklich primärer Natur und pneumatolytischen Ursprungs, so ist auch die Rolle der Poren begreiflich, da dieselben die Gase ansammeln und ihnen eine längere Einwirkung ermöglichen.

Aus Analyse 331 ist deutlich zu ersehen, dass der Quarzbasalt unstreitig ein basaltisches, durch exogenen Quarz saurer gewordenes, Magma und nicht etwa ein andesitisches ist.

Camptonit.

Die engen Beziehungen dieser Gesteine zu den Dioriten sind bereits von Hawes betont worden, der diese Gesteine zuerst beschrieben und als „basis diorites“ bezeichnet hat. Rosenbusch hat den Umfang der Bezeichnung erweitert und auch olivinhaltige und augithaltige ähnliche Gesteine hierher gerechnet. Zirkel opponirt diesem Vorgang und rechnet den Camptonit zu den Hornblendeporphyriten. In chemischer Hinsicht weist der Camptonit interessante Eigenthümlichkeiten auf. Es ist ein ultrabasisches, den Nephelinbasiten nahe stehendes, Gestein, aber mit einem Verhältniss $RO : R^2O^3$ und $R^2O : RO$, wie es den Dioriten und Porphyriten zukommt. Man kann den Camptonit auffassen als einen Diorit mit einem Mangel an Kieselsäure. Ich stelle ihn in die Gruppe der ultrabasischen Gesteine, wo er als Vertreter der Diorite erscheint wie der Limburgit als derjenige der Basalte (und Diabase).

Existiren wirklich Camptonite mit Olivin, so kann man sie als eine den Augititen parallele Gruppe aufstellen und mit Amphibol- oder Dioritlimburgit bezeichnen.

Hier hat man, wie es scheint, ein Beispiel für das in vielen Fällen zu beobachtende Vicariiren der Hornblende und des Olivins.

Ich habe nur eine einzige Analyse des Camptonits angeführt [1]); mehrere andere, bei Zirkel angeführte, Analysen unterscheiden sich nicht wesentlich von dieser. Aus dieser Analyse folgt mit Klarheit, dass der Camptonit in die Gruppe der ultrabasischen Gesteine, neben die Limburgite, die Nephelin- und Leucitbasite gehört. Michel-Lévy, Zirkel, Kemp zählen den Camptonit direct zu den Porphyriten, Rosenbusch betrachtet ihn als Spaltungsproduct von dem foyaitischen Magma; Brögger [2]) glaubt, dass die Camptonite (und die Bostonite) Spaltungsproducte eines Gabbro-Magmas sind; letztere Ansicht ist auf Grund obiger Auseinandersetzungen die richtigste.

Minette, Kersantit, Glimmerdiorit.

Den Beschreibungen zufolge tritt manchmal in den Minetten als untergeordneter Bestandtheil Plagioklas auf. Manchmal wird der Plagioklasgehalt bedeutender und bedingt einen zum Kersantit hinübergreifenden Charakter. Endlich ist in vielen Fällen der ursprüngliche Charakter des Feldspaths durch Metamorphosirung (Pelitisirung?) maskirt. In Verbindung mit

---

1) F. Zirkel. Lehrb. d. Petr. 1894, II. 558, IV.

2) C. W. Brögger. The eruptive rocks of Gran in Norway.—Q. J., 1894, pag. 15.

dem allgemeinen Charakter des Gesteins scheinen diese Umstände darauf hinzuweisen, dass diese Gesteine eigentlich in die Gruppe der Orthoklas-Plagioklas-Gesteine gehören. Bei einer näheren Betrachtung der bei mir angeführten Analysen von Minetten kann man eine bestimmte Variabilität der Acidität und des Verhältnisses $RO:R^2O^3$ constatiren, welche vielleicht mit der Zeit gestatten wird diese Gruppe einzutheilen in Glimmersyenit (oder Porphyr), eigentliche Minette und andere dem Glimmerdiorit und dem Kersantit nahe stehende Varietäten. Besonders interessant ist die zweite Gruppe. Das Vorwalten von Kali über Natron, der Reichthum an Alkalien und ein relativer Mangel an Thonerde erscheinen als charakteristische Merkmale dieser Gruppe. Durch die beiden letzteren Merkmale schliessen sich die Minetten den Monzoniten, den Gabbrosyeniten und ihnen verwandten Gesteinen an; in dem Vorwalten des Kali liegt ihr charakteristisches Unterscheidungsmerkmal.

Die Minette ist also ein porphyrartiger Vertreter der Glimmermonzonite; nach dem Verhältniss von $K^2O:Na^2O$ ist es ein Ergänzungstypus zu den Glimmerdioriten.

Minette, Glimmerdiorit und Kersantit gehören zu einem und demselben chemischen Typus und unterscheiden sich von einander nur durch die relativen Mengen einiger Bestandtheile, wodurch Unterschiede in der mineralogischen Zusammensetzung bedingt werden. Von den Glimmerdioriten und den Kersantiten scheint die Minette sich dadurch zu unterscheiden, dass die Magnesia über den Kalk vorherrscht, dass sie mehr Kali enthält (u. zwar mehr als Natron) und weniger Thonerde. Als allgemeines Merkmal dieser Gesteine erscheint der Aciditätscoefficient, das Verhältniss $R^2O:RO$, welches gewöhnlich ungefähr gleich 1 : 4 ist und das Verhältniss $RO:R^2O^3$ (gewöhnlich ist $RO:R^2O^3 > 2:1$). Nach diesem letzten Merkmal nähern sich diese Gesteine dem Monzonittypus.

Tephrite und Leucitite.

Ursprünglich trennte ich die Tephrite nicht von den Basaniten. Bei aufmerksamer Durchmusterung der betreffenden Analysen erwies es sich aber, dass die als Tephrite angeführten Analysen sich auf sehr verschiedenartiges Material beziehen. So manche Analyse ist vor Einführung des Mikroskops ausgeführt, so dass viele „Tephrite" eigentlich zu den Basaniten, zu den Nepheliniten und ähnlichen Gesteinen gehören. So schliessen sich die Analysen 237 und 238 eng den Basaniten und Nepheliniten an, und 225 — den echten Tephriten. Sollte sich meine Vermuthung, dass die Bezeichnung dieser Gesteine nicht immer zuverlässig ist, als irrthümlich erweisen, so wäre man genöthigt zwei Typen von Tephriten zu unterscheiden: 1) einen der zu den ultrabasischen Gesteinen gehört und sich den Basaniten eng anschliesst; 2) ein zweiten, der den Andesiten sich anschliesst, also zu den neutralen Gesteinen gehört. Betrachten wir vorläufig diesen zweiten Typus, den ich als den echten Tephrittypus ansehe.

Wenden wir uns den Analysen 239, 324 u. z. T. 225 zu. Aus diesen Analysen folgt mit Unzweideutigkeit, dass die Tephrite alkalische neutrale Gesteine sind, die sich durch ihre Armuth an Eisen, besonders Fe^2O^3, auszeichnen und die Alkalien und alkalische Erden in etwa gleichen Mengen enthalten. Die Aenlichkeit mit den Andesiten tritt deutlich hervor, so dass ich die Tephrite als alkalische Andesite betrachte, auf deren Existenz bei der Betrachtung der Wechselbeziehungen von R^2O und RO in den Andesiten hingewiesen wurde. Dagegen gehören die Leucitite und Nephelinite, die gewöhnlich vom Standpunkt der mineralogischen Zusammensetzung zu den Andesiten gestellt werden, meistentheils zu den Basaniten. Es giebt aber auch einen Leucitittypus (z. B. Analyse 319), der ein echter alkalischer Basalt zu sein scheint und die bei den Basalten ausgesprochene Vermuthung bestätigt.

Melilithbasalt.

(Siehe Anal. 346).

In dem ersten Capitel sind die Melilithbasalte von mir nicht berücksichtigt worden wegen der mit der Berechnung der Analysen verknüpften Schwierigkeiten: grosser Gehalt an Titansäure, Phosphorsäure, Kohlensäure, Wasser. Der Vollständigkeit wegen ist aber eine Analyse doch umgerechnet worden; daraus ist ersichtlich, dass der Melilithbasalt (und der Alnöit) zu den thonerdearmen ultrabasischen Gesteinen gehört. Nach allen Merkmalen, mit Ausnahme des etwas kleineren Aciditätscoefficienten, kann der Melilithbasalt betrachtet werden als ein Gemenge von einem Theil Limburgitmagma und zwei Theilen Peridotitmagma. Nach dem Verhältniss $RO:R^2O^3$ und nach dem Magnesiareichthum nähert sich dieses Magma sichtlich dem Shonkinit, so dass es „ultrabasischer Shonkinit" genannt werden könnte.

Teschenit und Theralith.

Die zwei bei mir angeführten Teschenitanalysen passen vollständig in die Rahmen der Grünsteine.

Was nun den Theralith betrifft, der im System eine ganz bestimmte, so zu sagen vacante. Stelle eingenommen hat, so ist dessen chemische Selbstständigkeit zweifelhaft. Ich habe zwei Analysen angeführt. Die eine (I) passt durchaus zum Gabbro und zeichnet sich durch nichts Eigenthümliches aus. Die andere (II) stimmt mit der Formel der Nephelinbasite überein und erscheint mir die Anschauung von Wolff, nach welcher der Theralith ein intrusiver Basanit wäre, durchaus richtig zu sein.

Im allgemeinen sind also die Theralithe Verbindungsglieder zwischen Gabbro und Basanit [1]).

[1]) A. Harker (Petrology for students) betrachtet den Theralith als einen Nephelindiorit oder Nephelingabbro.

III. Charakteristik neuer Gesteinstypen. Kritische Bemerkungen.

Ueber neue Typen. Tinguait. Grorudit. Nordmarkit. Sölvsbergit. Lindöit. Malignit. Missourit. Monzonit und die Gruppe der Orthoklas-Plagioklasgesteine überhaupt. Schonkinit. Monchiquit. Urtit. Kyshtymit. Absarokit. Toscanit. Vulsinit. Commendit. Ciminit. Gauteit. Paisanit. Taurit. Esterellit. Albitdiorit. Dacitandesit.

In den letzten Jahren macht sich eine Ueberbürdung der Petrographie mit neuen Namen fühlbar und manchmal tritt dadurch eine Verwirrung ein. Es ist nicht zu leugnen, dass man in letzterer Zeit nur allzu leicht neue Namen schafft und die Möglichkeit bereits bestehende Benennungen auszunutzen vernachlässigt. Von den vielen neuen Benennungen, die in der letzten Zeit entstanden sind, haben durchaus nicht alle volle Berechtigung. Diese Namen entstehen aus dem Bestreben mit Rosenbusch die Ganggesteine durch besondere Namen zu bezeichnen und jede geringfügige Structurmodification oder Abänderung der mineralogischen Beschaffenheit zu einem neuen Gestein mit besonderer Bezeichnung zu erheben. Weit davon entfernt die Nothwendigkeit neuer Benennungen in manchen Fällen zu leugnen oder eine volle Existenzberechtigung solchen Namen, wie Tinguait, Ijolith, Nordmarkit etc. abzusprechen, glaube ich doch, dass viele von den neuen Namen völlig entbehrlich sind. Man sollte als allgemeine Regel aufstellen, dass neue Namen nur in den folgenden Fällen angebracht sind:

1) Zur Bezeichnung bestimmter Structurarten, z. B. Implicationsstructur etc.

2) Für scharf charakterisirte neue chemische Typen von Gesteinen, z. B. Tinguait, Pantellerit.

3) Für neue Mineralcombinationen, z. B. Borolanit, Ijolith.

4) Zur Bezeichnung solcher Gesteinsvarietäten in Bezug auf

ihre mineralogische Zusammensetzung, die sich durch bereits existirende Benennungen mit Hinzufügung eines Adjectivs nicht ausdrücken lassen, in der Art wie etwa Aegyrinsgenit (oder Aegyrinfoyait) anstatt Sölvsbergit, Aegyrinkeratophyr anstatt Grorudit etc.

Im Folgenden sind die wichtigeren in der letzten Zeit aufgestellten Typen auf ihre Selbstständigkeit geprüft. Es sind dabei nur solche berücksichtigt, für welche chemische Analysen vorliegen.

Tinguait.

Der Tinguait lehnt sich in structureller, wie in mineralogischer Beziehung eng an die Phonolithe und Nephelinsyenite an. Selbst Brögger (I, p. 119) weist darauf hin, dass zwischen den Tinguaiten und Phonolithen kein Unterschied in dieser Beziehung vorhanden ist. In chemischer Beziehung unterscheidet er sich von diesen Gesteinen durch einen relativ grösseren Alkaliengehalt und kleineren Thonerdegehalt und zugleich durch mehr Fe^2O^3. Diese Eigenthümlichkeiten bedingen die Bildung von Aegyrin, der in solchen Natrongesteinen auftritt, die bei Anwesenheit von Fe^2O^3 das Alkalienverhältniss $R^2O > Al^2O^3$ aufweisen. Wollte man die Einführung eines neuen Wortes vermeiden, so könnten alle Eigenthümlichkeiten des Tinguaits in der Bezeichnung „Aegyrinfoyait“ ihren Ausdruck finden.

Grorudit.

Der Grorudit gehört entschieden zu den Quarzkeratophyren (oder zu den Pantelleriten, falls es ein recentes Gestein wäre), mit denen er in chemischer Beziehung völlig übereinstimmt. So ist z. B. der Grorudit von Varingskollen völlig identisch mit dem Keratophyr № 284, bis auf einen geringen Mangel an SiO^2 und einen etwas höheren Gehalt an K^2O. In chemischer Beziehung ist also die Stellung des Grorudits als eines sauren Natrongesteins genügend bezeichnet. Um seine mineralogische Zusammensetzung zu betonen, kann man ihn Aegyrin-Quarzkeratophyr, porphyrischer Quarznordmarkit oder Quarztinguait [1]) nennen. Jedenfalls ist der Grorudit ein älterer quarzreicher Akmittrachyt (also ein Aegyrin-Quarzkeratophyr).

Die Foyaite, Nordmarkite und Grorudite besitzen dasselbe Verhältniss $RO:R^2O^3$, $R^2O:RO$, $K^2O:Na^2O$ und unterscheiden sich von einander durch den Kieselsäuregehalt, d. h. durch den Coefficienten α. Was nun die Genesis der basischen, neutralen und sauren Vertreter dieser Gesteinsserie betrifft, so sind zwei Voraussetzungen möglich:

1) Nach Brögger's Ansichten wären die Grorudite und Foyaite Differentiationsproducte des Nordmarkitmagmas, etwa so: 3 Νο = 4 Γρω + 2 Φο.

2) Gemäss Johnston-Lavis Meinung sind diese drei Typen durch die successive Anreicherung des Foyaitmagmas an Kieselsäure entstanden. Erst bildet sich bei der Aufnahme von Kieselsäure ein pantelleritisches (oder nordmarkitisches) Magma und dann aus diesem ein groruditisches.

Die gegenseitigen Beziehungen dieser Magmen finden bei beiden eben angeführten Ansichten eine genügende Erklärung.

Nordmarkit.

Die Nordmarkite sind die abysischen granitischkörnigen Aequivalente der Keratophyre. Aus ihrer mittleren Zusammensetzung (nach Brögger) ist ihre chemische Identität mit gewissen Natrontrachyten (№ 166 und besonders № 162) einleuchtend; ein geringer Quarzgehalt ist beiden gemeinsam. Von den Groruditen und Foyaiten unterscheiden sich die Nord-

[1]) H. Rosenbusch. Mikrosk. Physiogr. 1896, p. 473.

markite nur durch ihren Kieselsäuregehalt. In Bezug auf ihre chemische Zusammensetzung sind es echte Quarzfoyaite und könnte man diese Bezeichnung beibehalten, wenn mit derselben die Gefahr einer irrigen Vorstellung nicht verknüpft wäre, nämlich, dass Nephelin und Quarz im Gestein als wesentliche Gemengtheile nebeneinander auftreten. Dagegen ist es unmöglich die Nordmarkite als Quarzsyenite aufzufassen und zu bezeichnen: dem wiedersprechen die Verhältnisse von $RO:R^2O$ und $RO:R^2O^3$.

Die Bezeichung „Nordmarkit" ist also willkommen und völlig angebracht zur Bezeichnung einer besonderen Gruppe von Natrongesteinen; vielleicht wird man mit der Zeit quarzhaltige und quarzfreie Nordmarkite unterscheiden können.

Sölvsbergit.

Die Selbstständigkeit dieses Gesteinstypus und die Nothwendigkeit einer besonderen Bezeichnung fussen auf der Bestrebung die Ganggesteine als eine selbstständige Gruppe aufzustellen. Hält man aber an diesem Princip nicht fest und rechnet die Sölvsbergite zu den Intrusivgesteinen überhaupt, so ist dadurch die Selbstständigkeit dieses Gesteinstypus ernstlich gefährdet. Als Sölvsbergite fasst Brögger eine Reihe von Gesteinen von verschiedenem Aciditätsgrade (2—2.1 bis 2.6—2.7). Der quarzfreie Sölvsbergit nähert sich dem Syenit № 26, dem Trachyt № 173 und besonders dem Nephelinsyenit № 268, mit welchem er bis auf einen etwas geringeren Kieselsäuregehalt identisch ist. Der Sölvsbergit № 271 lehnt sich dem Syenit № 29, dem Trachyt № 298 und besonders den Nordmarkiten an. Das Gestein № 270 kann man als ein Gemisch von Trachyt und Phonolith (Foyait) auffassen und das Gestein № 271 entspricht einer Mischung von Phonolith und Dacit (wie 1 : 3). Von den Syeniten und Trachyten, an die sie Anklänge zeigen, unterscheiden sich die Sölvsbergite durch ein anderes Verhältniss von $R^2O : RO$ (und $KO^2 : Na^2O$), nämlich so, dass sie vielleicht als complementäre Differentiationsproducte eines intermediären Magmas betrachtet werden können.

Unter den Effusivgesteinen entsprechen den Sölvsbergiten die Akmyttrachyte.

Die Bezeichnung Sölvsbergit kann entbehrt werden, da sie durch Aegyrinfoyait und Aegyrinnordmarkit völlig ersetzbar ist.

Lindöit.

Der Lindöit ist in chemischer Beziehung identisch mit dem Sölvsbergit und dem Nordmarkit, bis auf die Alkalien, da im Lindöit Kali vorherrscht und in den anderen Natron. Sind die Lindöite und die Sölvsbergite wirklich complementäre Differentiationsproducte des nordmarkitischen Magmas,—ein Natronmagma und ein Kalimagma,—so haben wir ein Beispiel des oben besprochenen Antagonismus von Kali und Natron in den sauren Gesteinen. Es ist kaum nothwendig die Sölvsbergite und Lindöite durch besondere Namen zu bezeichnen, da Schwankungen im Gehalt an einigen wesentlichen Bestandtheilen eine gewöhnliche Erscheinung darstellen. Beispielsweise seien Diabase und Augitporphyrite erwähnt, bei denen es feldspathreiche und pyroxenreiche Varietäten giebt, die durchaus keine besonderen Bezeichnungen erfordern [1]).

Malignit.

Die wenigen uns vorläufig zur Verfügung stehenden Analysen gestatten noch nicht eine definitive Vorstellung über

[1]) Der Sölvsbergit und der Lindöit sind leukokrate und melanokrate Vertreter eines und desselben Gesteins und können durch diese Adjectiva oder durch die Zeichen ○ und ● unterschieden werden.

dieses Gestein [1]) zu gewinnen. Immerhin ist eine gewisse Selbstständigkeit in chemischer Beziehung nicht zu verkennen. Nach seiner mineralogischen Zusammensetzung gehört der Malignit zu den Eläolithsyeniten (und nicht zum Theralith, wie es von **Rosenbusch** [2]) angenommen wird).

Die Zugehörigkeit des Malignits zu den Nephelinsyeniten ist aber nur durch den qualitativen Charakter der mineralogischen Zusammensetzung begründet; die quantitativen Verhältnisse der Gemengtheile sind ganz verschiedene, da in den Eläolithsyeniten die farblosen Gemengtheile, hier aber die Pyroxene vorwalten. Es wurde bereits darauf hingewiesen, dass bei der Spaltung eines Magmas, augenscheinlich solch eine Regel vorherrscht: es spaltet sich eine alkalische Combination und eine an den Oxyden der zweiwerthigen Metalle reiche Combination ab und die erste besitzt noch das Bestreben kali- und natronreiche Theilmagmen zu bilden. Mit anderen Worten: bei der Spaltung eines Magmas ist die Bildung eines feldspathreichen und eines an Eisenmagnesia-Silicaten reichen Gesteins eine verbreitete Erscheinung. An Beispielen solcher Spaltungen fehlt es nicht; es seien nur erwähnt in den Gabbrogesteinen die Labradorite und Anorthosite einerseits, die Pyroxenite und Peridotite anderseits, in den Diabasen—die plagioklas- und augitreichen Varietäten; in der Nordmarkitgruppe—die Lindöite und die Sölvsbergite etc., etc. Der Malignit gehört auch in diese Kategorie von Spaltungsprodukten: der Malignit ist eine pyroxenreiche, melanokrate Abart des Elaeolithsyenits. Durch das Vorwalten des Pyroxens ist auch das Verhältniss $RO : R^2O^3$ und der Gehalt an SiO^2 verändert.

Der Malignit liefert ein gutes Beispiel dafür, dass die

---

[1]) A. Lawson. On Malignite.—Univ. of California. Bull. of the Departm. of Geol., 1896, I, № 12, p. 337.

[2]) H. Rosenbusch. Mikroskop. Physiogr., 1896. p. 1302.

quantitativen Verhältnisse der Hauptgemengtheile eines Gesteins für dessen Charakteristik von Bedeutung sind und berücksichtigt werden müssen; doch sind dabei nicht immer neue Namen erforderlich.

Borolanit [1]).

(Siehe Analyse 347).

Indem der Borolanit sich dem Malignit nach seiner mineralogischen Zusammensetzung nähert, bildet er eine Abzweigung des foyaitischen Magmas. Er kann betrachtet werden als ein Gemenge von einem Theil foyaitischen Magmas und einem Theil leucitbasanitischen; ein derartiges Gemenge ist beinahe identisch mit dem Borolanit. Von dem foyaitischen Magma zweigen sich also mehrere Typen ab: der Malignit, der Tinguait, der Borolanit u. and.

Missourit.

Das mit obigem Namen bezeichnete Gestein hat in der Classificationstabelle der Eruptivgesteine eine der letzten Lücken ausgefüllt und eine völlig gut gekennzeichnete Stellung, als körniges intrusives Aequivalent der Leucitbasalte, eingenommen. Die Bezeichnung „Missourit“ [2]) hat denn auch ihre volle Berechtigung, obgleich man dieselbe, wollte man durchaus einen neuen Namen vermeiden, durch „Leucit-Olivingabbro“ ersetzen könnte. In dieser letzteren Bezeichnung gelangen die Structur, der mineralogische und chemische Befund und schliesslich auch die genetischen Beziehungen völlig zum Ausdruck. Und in der That lehnt sich der Missourit in chemischer Beziehung eher an den Gabbro, als an den

[1]) J. Horne and J. Teall On Borolanite.—Trans. Roy. Soc. of Edinb., XXXVII, I. № 11, p. 163. 1892.

[2]) H. Weed and L. Pirsson. Missourite, a new leucite rock from the Highwood Mountains of Montana.—Am. J. 1896, II, p. 315.

Leucitbasalt an. Der Missourit ist nämlich saurer als der Leucitbasalt und liefert in dieser Beziehung einen Fall, welcher mit der von Rosenbusch als allgemeine Regel aufgestellten Beziehnng nicht übereinstimmt: hier ist das Effusivgestein basischer als das entsprechende intrusive Gestein.

Es ist freilich misslich nach einer einzigen Analyse die chemische Formel für eine Familie zu geben und deren genetische Verhältnisse feststellen zu wollen. Immerhin tritt schon jetzt in seinen allgemeinen Zügen das chemische Antlitz des Missourits hervor. Nach dem Aciditätscoefficienten und nach dem Verhältniss $RO : SiO^2$ ist der Missourit einigen Gabbros, z. B. № 212, sehr ähnlich. Von den gewöhnlichen Gabbros unterscheidet er sich durch einen etwas höheren Gehalt an Alkalien und besonders durch seine Armuth an den Sesquioxyden (eigentlich an Al^2O^3). Dadurch schliesst sich der Missourit einerseits den Theralithen, andererseits den Pyroxeniten und Peridotiten an.

Wendet man sich zum Diagramm der Gabbros, so kann man aus dem Antagonismus der Alkalien und der alkalischen Erden den Schluss ziehen, dass von einem gemeinschaftlichen Muttermagma einerseits echte Gabbros, andererseits alkalische Gabbros, d. h. Missourite, sich abspalten können. Der Missourit und der Shonkinit stehen zum Gabbro in demselben Verhältniss, wie die Leucitite und Nephelinite zu den Basalten: beide sind verhältnissmässig alkalireiche (alkalireichere) Spaltungsproducte je eines gemeinschaftlichen Magmas.

„Monzonit“ und die Gruppe der Orthoklas-Plagioklasgesteine.

Die Bezeichnung „Monzonit“ ist vielfach verschieden aufgefasst worden und hat, gleich dem Melaphyr, an Unbestimmtheit gelitten. Dank Brögger hat dieser Name jetzt eine genaue Begrenzung und eine richtige Charakteristik erhalten und eine wichtige Stellung im System der Eruptivgesteine eingenommen.

Bekanntlich betrachtet Brögger [1]) diese Gesteine als eine Gruppe, welche die Mittelstellung zwischen Orthoklas- und Plagioklasgesteinen einnimmt; dieselbe wird von Brögger in Quarzmonzonite, eigentliche Monzonite und Olivinmonzonite eingetheilt. Weed und Pirsson [2]) hatten für den Monzonit die Bezeichnung „Yogoit" vorgeschlagen, die sie später fallen liessen Gleichzeitig mit Brögger's Arbeit ist auch diejenige von Tarassenko [3]) über die Gabbrogesteine Volhyniens und des Gouv. Kiew erschienen, in welcher sehr ausführlich Orthoklas-Plagioklasgesteine beschrieben werden. Krystallinischkörnige Tiefengesteine, deren wesentliche Gemengtheile Orthoklas, Plagioklas und Pyroxen sind, bezeichnet Tarassenko als „Gabbrosyenit". Diese Benennung hat nach meiner Ansicht viele Vorzüge vor den anderen, „da dieselbe sofort ganz genau auf die systematische Stellung des betreffenden Gesteins hinweist.

Bedeutend früher hatte Irving [4]) diese Gesteine unter dem Namen „Orthoklasgabbro" beschrieben. Ausser Orthoklas, Plagioklas und Diallag enthalten die von ihm beschriebenen Gesteine Ilmenit, grosse Apatitkrystalle, secundären Quarz; der pyroxenische Gemengtheil ist fast immer uralitisirt. Ich glaube, dass man die Benennung „Monzonit" als allgemeine Bezeichnung für die ganze Gruppe der Orthoklas-Plagioklasgesteine und speziell für den echten Pyroxensyenit behalten könnte. Die anderen Vertreter dieser Gruppe würden Gabbro-Syenit, Gabbro-

[1]) W. Brögger. Die Eruptivgesteine des Kristianiagebietes. II, p. 21, 1895.

[2]) H. Weed and L. Pirsson. The igneous rocks of Yogo Peak, Montana.—Am. J. 1895, I, p. 467.

[3]) B. Tarassenko. Ueber die Gesteine der Gabbrofamilie in den Kreisen Radomysl und Gitomir der Gouv. Kiew und Volhynien. 1895.

[4]) R. Irving. The copper-bearing rocks of Lake Superior.—Monographs of the U. S. Geol. Survey, V. 1883. Die Bezeichnung „Orthoklasgabbro" kommt, wenn ich nicht irre, zum ersten Mal bei R. Pumpelly (Geol. Surv. of Wisconsin. III. 1880. p. 29) vor.

Granit, Orthoklasgabbro, Olivinmonzonit, Olivinpyroxensyenit etc. heissen. Ausser den vier von Brögger angenommenen Gruppen (Adamellite, Banatite, Monzonite, Olivinmonzonite) kann man hier noch mehrere Uebergangsglieder annehmen. So giebt es mehrere Zwischenglieder zwischen dem eigentlichen Monzonit und dem Gabbro. welche durch die wechselnden relativen Mengen von Pyroxen und Feldspath bedingt sind. Weed und Pirsson bezeichnen als Pyroxensyenit die Varietät mit vorwaltendem Feldspathgehalt, Yogoit diejenige wo beide Gemengtheile etwa in gleichen Mengen vorhanden sind, und Shonkinit diejenige mit vorwaltendem Pyroxen. Abgesehen davon, dass die genaue Abgrenzung dieser Typen nicht möglich ist, ist kaum die Einführung von neuen Benennungen für solche Varietäten nöthig. Ich bin durchaus kein Gegner von feineren Abgrenzungen als die althergebrachten Typen, und erkenne die Nothwendigkeit die relativen Mengen der Hauptbestandtheile bei der Charakteristik und Classification der Gesteine zu berücksichtigen. Man muss aber dabei folgende Regel beobachten: man sollte bereits existirende Benennungen benutzen, indem man sie mit irgendwelchen einfachen Zeichen versieht oder mehrere alte Benennungen so gruppirt, dass man aus dem ätymologischen Bau solcher Bezeichnungen bereits herauslesen kann, was sie bedeuten. Nehmen wir ein Beispiel. Die Bezeichnung „Gabbrosyenit" zeigt ohne weitere Erklärungen die Zugehörigkeit dieser Gesteine zu einem zwischen dem Gabbro und dem Syenit intermediären Typus an. Die Verschiedenheit der Gabbrosyenite ist dadurch bedingt, dass die einen Vertreter dieses Typus sich mehr dem Syenit, die anderen dem Gabbro nähern. Diese Beziehungen könnte man so zum Ausdruck bringen in den Fällen wo die Analysen es gestatten: Gabbrosyenit $\Gamma\sigma$ und $\Sigma\gamma$, oder $\frac{\gamma}{\sigma}$ und $\frac{\sigma}{\gamma}$, oder $\Gamma > \Sigma$ und $\Sigma > \Gamma$, oder endlich durch Formeln, wie

z. B. $\Gamma\,2\,\Sigma$; $2\,\Gamma\,3\,\Sigma$ u. s. w. wenn die Analysen es gestatten.

Solche Gesteine wie der Monzonit, der Gabbrosyenit, der Shonkinit etc., die als verschiedene Mischungen von zwei Endgliedern aufzufassen—sind in diesem Falle als Mischungen von Syenit und Gabbro—schlage ich vor, analog den isomorphen Mischungen, „isotektische“ Gesteine zu nennen und sie durch obige Formeln zu bezeichnen.

In der chemischen Zusammensetzung der Monzonite und Gabbrosyenite tritt ebenso deutlich ihre Stellung als Uebergangsglieder zwischen Syenit und Gabbro hervor. Der Shonkinit ist fast identisch mit dem Diabas 224, das Verhältniss $R^2O : RO$ ist aber ein anderes; der Yogoit steht den Syeniten und Melaphyren nahe; der Gabbrosyenit hat viel mit dem Syenit 32, mit dem Norit 202, mit einigen Gabbros gemein. Im allgemeinen zeichnen sich diese Gesteine durch eine verhältnissmässige Armuth an Sesquioxyden und durch einen Reichthum an den Oxyden R^2O und RO aus; von den Syeniten unterscheiden sie sich durch ein bedeutendes Ueberwiegen von $[R^2O + RO]$ über R^2O^3, von den Grünsteinen durch einen relativen Reichthum an Alkalien, d. h. durch ein anderes Verhältnis $R^2O : RO$. Alle diese Eigenthümlichkeiten sind die Folge davon, dass diese Gesteine isotektische Gemenge von Gabbro und Syenit in verschiedenen Proportionen sind.

Es ist interessant und vielleicht von Bedeutung, dass augescheinlich fast alle Orthoklas-Plagioklasgesteine zu den Pyroxengesteinen gehören. Es wurde bereits darauf hingewiesen, dass die Pyroxengesteine gewöhnlich etwas basischer sind als die entsprechenden Amphibol- und Biotitgesteine. Die Pyroxengesteine sind ärmer an Kieselsäure und reicher an den Oxyden R^2O und RO; dadurch ist auch die Anwesenheit von Plagioklas neben Orthoklas erklärlich da, wo in den Amphibol- und Biotitgesteinen Orthoklas allein vorhanden ist.

Auf die Existenz von Orthoklas-Plagioklasgesteinen haben viele Autore in Einzelbeschreibungen hingewiesen, freilich ohne, wie dies von Brögger geschehen ist, auf der Aufstellung einer selbstständigen Gruppe von Orthoklas-Plagioklasgesteinen zu bestehen. Es sei mir gestattet mehrere Beispiele anzuführen.

So hat Irving [1]) Augitsyenite und Augitgranite mit beständigem Plagioklasgehalt beschrieben; solche Granite hat Irving mit der alten Benennung Granitell (Granitell-Adamellit Brögger) bezeichnet. Hierher gehören z. Th. auch die Hornblendegranite („Granitit" im urspünglichen Sinn), die schon längst als Gesteine erkannt sind, welche neben Orthoklas Plagioklas führen, die „Plagioklasgranite" von Mollengraaf u. Wichmann (siehe mein Petrogr. Lexikon, Supplem.). Bei den Effusivgesteinen hat man auch viele Beispiele von Orthoklas-Plagioklasgesteinen und selbst besondere Bezeichnungen dafür. Nur durch eine unbegreifliche Vernachlässigung unsererseits und durch das Bestreben alles unter festgesetzte Rubriken unterzubringen kann man es erklären, dass bis jetzt in unseren petrographischen Systemen keine besondere Rubrik für die Orthoklas-Plagioklasgesteine existirt. So hat bereits Abich [2]) den Trachydolerit aufgestellt um Orthoklas-Plagioklaslaven, die er als Uebergangsglieder zwischen dem Basalt und dem Trachyt betrachtete, zu bezeichnen. Hierher gehört auch der Grünsteintrachyt und der Oligoklastrachyt. Ebenfalls hat Ward [3]) alte Laven beschrieben welche eine intermediäre Stellung zwischen Felsiten und Basalten einnehmen; Ward hat sie Felsi-Dolerit genannt. Die Analyse 313 zeigt die Verwandschaft dieses Gesteins aus der Serie der Monzonite und Quarzmonzonite mit

[1]) R. Irving. Loc. cit., p. 115.

[2]) H. Abich. Natur und Zusammenhang der vulkanischen Bildungen, 1841, p. 101.

[3]) C. Ward. Notes on the comparative microscopic rock-structure of some ancient and modern volcanic rocks.—Q. J. 1875, 31, p. 417.

meinen Quarzbasiten. Hierher gehört auch der Plagioklas-Rhyolith von Szadezky, die „andesitoid trachytes" von King, die Augitgranite, die Minetten. Ebenfalls beschreiben Weed und Pirsson [1]) einen Quarz-Syenite-Porphyry, dessen wesentliche Bestandtheile Aegirinaugit, Plagioklas, Orthoklas, Anorthoklas und Quarz sind (letztere nur in der Grundmasse). Dieses Gestein nimmt eine Mittelstellung zwischen dem Granit (resp. Quarzporphyr und dem Quarzdioritporphyr ein. Ein weiteres Beispiel liefert ein von denselben Autoren [2]) beschriebener stark zersetzter Glimmertrachyt, der eine „Uebergangsform zwischen dem Glimmerandesit und dem Glimmertrachyt" ist. Auch Lagorio hat in mehreren Arbeiten sich gegen die Abgrenzung der Orthoklas- und Plagioklasgesteine ausgesprochen. Es seien noch die Andesittrachyte, die Gauteite etc. genannt.

Als charakteristische Merkmale des chemischen Typus der Orthoklas-Plagioklasgesteine kann man, wie es scheint, folgende betrachten:

$$R^2O : RO \text{ ungefähr } 1:4 \text{ bis } 1:3$$
$$RO : R^2O^3 > 2:1 \text{ u. bis } 3:1$$
$$R^2O^3 : SiO^2 \text{ von } 1:5 \text{ bis } 1:6{,}5.$$

Der Aciditätscoefficient beträgt bei den quarzfreien Gliedern ungefähr 2.0.

Shonkinit.

Soweit ich es nach den vier vorliegenden Analysen beurtheilen kann, steht der Shonkinit in chemischer Beziehung dem Missourit sehr nahe; besonders bezeichnend ist auch hier der geringe Gehalt an Thonerde (überhaupt an den Oxyden R^2O^3). Nach seiner mineralogischen Zusammensetzung gehört

[1]) W. Weed and L. Pirsson. On the igneous rocks of the Sweet Grass Hills, Montana.—Am. J. 1895, L (3 Ser.), p. 311.

[2]) W. Weed and L. Pirsson. The Bearpau Mountains, Montana, I.— Am. J. 1896, I (4 Ser.), p. 291.

der Shonkinit aber durchaus nicht zum Missourit, sondern zum „Orthoklasgabbro"; der Gehalt an Nephelin ist zufällig und accessorisch. Von dem Theralit unterscheidet sich der Shonkinit durch seine mineralogische Zusammensetzung, noch mehr durch die chemische Zusammensetzung und den Aciditätscoefficienten. Von Rosenbusch (p. 381) wird der Shonkinit mit dem Theralit und Ijolith vereinigt, was ich nicht für richtig halte. Ich halte den Shonkinit für einen melanokraten Magnesia-Alkali-Gabbro.

Monchiquit.

Solange der Monchiquit für ein glasiges Ganggestein galt, bestehend aus einer reichlichen farblosen Glasbasis und porphyrartigen Ausscheidungen von Olivin und Pyroxen, war seine Selbständigkeit nicht genügend begründet: wollte man von der Gangform absehen, so stand der Vereinigung des Monchiquits mit den Limburgiten nichts entgegen.

Die jüngst erschienene Arbeit von Pirsson [1]) wirft aber ein neues Licht auf den Monchiquit und einige verwante Gesteine. Auf Grund sorgfältiger Analysen kommt genannter Autor zum Schluss, dass die vermeintliche Glasbasis aus Analcimkrystallen besteht, und zwar neigt er sich zur Annahme des primären Charakters dieses Analcims.—Wenn ich nicht irre, ist diese Ansicht über die primäre Bildung des Analcims in einigen Basalten der Highwood Mountains, zum ersten Male von Lindgren ausgesprochen worden [2]). — Pirsson glaubt, dass primärer Analcim auch in anderen Gesteinen vorkommt, z. B. in den sog. Nephelinitoidbasalten. Sollte sich diese Vermuthung bestätigen, so kann man nur dem Autor beistimmen,

[1]) L. Pirsson. The monchiquites or analcite group of igneous rocks.— Journ. of geol., 1896, IV, № 6, p. 679.

[2]) W. Lindgren. Eruptive rocks from Montana. 10 Census U. S. XV, p. 712. Proc. Cal. Acad. of Sciences, Ser. 2, V, III, p. 51.

wenn er solche Gesteine als selbständige Analcimgesteine neben die Nephelin- und Leucit-Basalte, Basanite etc. hinstellt.

Was nun die chemische Zusammensetzung des Monchiquits betrifft, so ist eine Aehnlichkeit mit den Nephelinbasalten, Basaniten und Nepheliniten, ebenso wie mit den Limburgiten und Augititen nicht zu verkennen. Leider genügt die Anzahl der vorhandenen Analysen nicht um ein definitives Urtheil über den chemischen Typus des Monchiquits sich zu bilden und eine mittlere Formel zu geben. Von den drei bei Pirsson angeführten Analysen konnte ich nur von zweien Gebrauch machen, da in der dritten die Summe nur 95.19 beträgt. Die Analysen №№ 265, 301, 302 zeugen von einer gewissen Variabilität, einer Verschiedenheit der Monchiquite; und sollten keine Uebergangsglieder sich finden, so müsste jede dieser Analysen als Vertreterin eines besonderen Monchiquittypus betrachtet werden. Der eine dieser Typen — wollen wir ihn vorläufig mit II bezeichnen — nimmt eine Mittelstellung zwischen Limburgit und Tinguait ein; der zweite I — zeigt solch einen Anklang an die Nephelinbasaltgesteine, dass er ohne Weiteres mit denselben in eine Gruppe gestellt werden kann. Das basanitische Magma hat auf diese Weise drei Unterabtheilungen, die mineralogisch durch Nephelin, Leucit und Analcim gekennzeichnet sind.

Der Monchiquit II, der, wie erwähnt, als Verbindungsglied zwischen Limburgit und Tinguait angesehen werden kann, zeigt insofern, abgesehen von allem Anderen, durch ein wichtiges Merkmal einen Anklang an denselben, als sein Pyroxen und Amphibol alkalisch oder wenigstens alkaliführend sind. Doch ist der Gehalt an Alkalien und alkalischen Erden und das Verhältniss $R^2O:RO$ ein ganz anderes.

Der Monchiquit I unterscheidet sich von den Nephelinbasaltgesteinen nur durch einen geringen Ueberschuss an Bisilicaten, sonst ist er in allem Wesentlichen ihnen gleich.

Fasst man diesen Monchiquit als ein Gemenge von Limburgit- und Foyaitmagma auf, so liefert die Gleichung $5\,\Lambda\iota + \Phi o =$ $= 6\,Mo\nu_{II}$ ein diesem Monchiquit durchaus ähnliches Product. Im Grossen und Ganzen kann dieser Monchiquit als Uebergangsglied zwischen Limburgit und Foyait angesehen werden.

Die hier hervorgehobene Identität des Monchiquits I mit den Nephelinbasalten, Basaniten etc. ist schon von Pirsson richtig bemerkt worden; auf pag. 687 äussert er sich dahin, dass falls das Monchiquitmagma nicht als Gangausfüllung erstarrt, sondern als Lava über die Erdoberfläche fliesst, es als Nephelintephrit, Basanit, Nephelinbasalt oder Nephelinit erstarrt. Zugleich weist derselbe Autor darauf hin, dass grosse Massen von Monchiquitmagma in der Tiefe als Theralith erstarren können; diese Zusammenstellung ist auch völlig berichtigt, denn, wie seinerorts hingewiesen, gehört der Theralith nach Wolff's Analyse zum Nephelinbasanit.

Als charakteristische Eigenthümlichkeit des Monchiquits muss also der Analcimgehalt betrachtet werden. Sollte sich der primäre Charakter des Analcims bestätigen, dann würde die Aufrechterhaltung dieser selbständigen Gruppe und eines besonderen Namens nothwendig erscheinen. Aber selbst wenn der Analcim sich als ein secundärer Gemengtheil herausstellen sollte, wäre es dennoch nützlich diese Gesteine wegen der wichtigen, nicht zufälligen Rolle, des Analcims und der Unmöglichkeit das ursprüngliche Substrat zu bestimmen, besonders zu bezeichnen. Die Bezeichnung „Monchiquit", die sich bereits mehr oder weniger eingebürgert hat, könnte aufrecht erhalten werden. Sollte sich den Erwartungen Pirsson's gemäss eine recht weite Verbreitung des Analcims herausstellen, dann muss man hoffen, dass die neuen Benennungen solche sein werden: Analcimbasalt, Analcimbasanit, Analcimit, Analcimtephrit und nicht etwa neue Namen.

Die Frage nach dem primären oder secundären Charakter

des Analcims ist überaus interessant und wichtig, nicht allein in Bezug auf den Monchiquit selbst, sondern auch in Bezug auf die allgemeine Frage nach der Möglichkeit der primären Bildung von wasserhaltigen Mineralien in Eruptivgesteinen. Diese Frage hat auch Pirsson selbst erörtert, doch meiner Ansicht nach nicht ganz richtig. Die Structur, die Frische der andern Gemengtheile, der ganze äussere und mikroskopische Habitus des Gesteins kann hier an und für sich keine entscheidende Bedeutung haben, wenn man die Möglichkeit der Bildung des Analcims unter der Einwirkung von warmem oder heissem Wasser allein in Betracht zieht. Pirsson hat nur an die Umwandlung von Leucit in Analcim durch Einwirkung von Sodalösung in den Experimenten von Lemberg gedacht. Er hat aber eine andere, nicht minder wichtige und interessante Versuchsreihe von Lemberg, vergessen, auf die mich Prof. Lemberg aufmerksam machte, als ich mit ihm die betreffende Arbeit von Pirsson besprach. Bekanntlich hat Lemberg gezeigt, dass natürliche, ebenso wie künstlich durch Schmelzen von Silicaten erhaltene, Gläser sich leicht beim Digeriren mit Wasser auf dem Dampfbad, oder noch besser im Digestor hydratisiren lassen. Derselbe Autor [1]) zeigte, dass der zu Glas geschmolzene Analcim mit Leichtigkeit wieder hydratisirt wird und dass das aus geschmolzenem Jadeit erhaltene Glas sich von dem Analcimglas nicht unterscheidet. In diesen Umwandlungserscheinungen ist eine mögliche Erklärung des Auftretens von Analcim in den Monchiquiten zu suchen. Das Magma, aus welchem sich der Monchiquit bildete, besass eine derartige Zusammensetzung, dass, nach der Abscheidung von Olivin und Pyroxen (sowie auch einiger anderer Bestandtheile), ein Rest von der Zusammensetzung des Jadeits (oder,

---

[1]) J. Lemberg. Zur Kenntniss der Bildung und Unbildung von Silicaten. — Z. d. G. G. 1887, pp. 588, 589 u. f.

was wohl dasselbe ist, von wasserfreiem Analcim) [1]) zurückblieb. Wäre dieser Rückstand kalihaltig, und nicht ein Natronsilicat, dann würde er leicht als Leucit krystallisirt haben. Der Jadeit krystallisirt aber nicht bei diesen Umständen (er ist in den Eruptivgesteinen nicht bekannt, vielleicht weil er leicht in Nephelin und Albit zerfällt).

Es ist also die Annahme durchaus zulässig, dass dieser Rest als Glas erstarrte; es liegt hier in diesem Fall noch ein Beispiel davon vor, dass, wie ich behaupte, die Bildung von Glas in den Eruptivgesteinen manchmal nur durch Eigenthümlichkeiten der Zusammensetzung, unabhängig von den Krystallisationsbedingungen, bewirkt wird. Darauf wurde das Analcimglas, welches die Grundmasse des Monchiquits bildete, hydratisirt und in Analcim verwandelt.

Sollte der hier geschilderte Vorgang wirklich in der Natur vorliegen, dann hätten wir in den Monchiquiten und ähnlichen Gesteinen eine den Leucitbasiten parallele Reihe von Jadeit-Basiten (nach der chemischen Zusammensetzung), die wir mit vollem Recht als Analcimbasite bezeichnen können, da der Jadeit nicht auskrystallisirt ist und sofort nach der Bildung des Gesteins sich zu Analcim hydratisirt hat.

Um die Zulässigkeit obiger Erörterungen zu prüfen, habe ich zwei Experimente gemacht. Der gepulverte Analcim wurde im Forquignong'schen Ofen zu Glas geschmolzen und an blasenfreien Stückchen (das Glas ist stark blasig) das specifische Gewicht bestimmt. Es erwies sich, dass das Analcim- oder, was wohl dasselbe bedeutet, Jadeit-Glas schwerer ist als der Analcim. Da also das Analcimglas ein kleineres Molekularvolum hat als der Analcim, so ist die Hydratisirung dieses letzteren von Volumerweiterung begleitet, und muss das Gestein stark rissig sein. Freilich wenn man die Summe der Molekularvo-

[1]) Natürlich sehe ich hier von der Constitution und von der Metamerie, die sehr wahrscheinlich ist, ab.

lumina des Analcimglases und des zur Hydratisirung erforderlichen Wassers in Betracht zieht, dann ist umgekehrt eine Volumverminderung zu constatiren. Es ist nicht unmöglich, dass der Analcim sich nicht aus Analcimglas sondern aus Nephelin gebildet hat. Der Gang der Umwandlung besteht in diesem Fall in einer Abspaltung von Aluminat und einer Aufnahme von Wasser. Dieses ist auch von einer Volumvergrösserung begleitet: das Nephelinglas (welches ich durch Schmelzen von Eläolith erhielt) erwies sich bedeutend schwerer als der Analcim; selbst blasenreiche Stücke dieses Glases sanken zu Boden in einer Flüssigkeit, in welcher der Analcim schwebte. Zieht man die genetischen Beziehungen des Monchiquits zu dem Nephelinsyenit in Betracht, so erscheint die Vermuthung dass der Analcim sich aus Nephelin gebildet hat, recht wahrscheinlich.

Der Versuch durch Schmelzen von Analcim in einer Atmosphäre von Wasserdampf wieder Analcim zu erhalten gelang mir nicht.

Urtit.

(Siehe Anal. 330).

Unter der Bezeichnung „Urtit" hat Ramsay [1]) ein körniges Pyroxen-Nephelingestein beschrieben, das nach seiner mineralogischen Zusammensetzung darchaus die Bezeichnung „Aegyrin-Ijolit" verdient, da der Unterschied vom Ijolit eben darin besteht, dass der Pyroxen des Urtits Aegyrin ist. In chemischer Beziehung äussert sich der Unterschied im unbedeutenden Kalkgehalt und im grossen Gehalt an Natron, in dem bedeutenden Vorwalten der Alkalien über die alkalischen Erden und auch in dem grösseren Eisengehalt. Diesen Beson-

[1]) W. Ramsay. Urtit, ein neues basisches Endglied der Augitsyenit-Nephelinsyenit-Reihe. — Geol. Fören. i. Stockh. Förh., Bd. 18, Heft 16, 1896, p. 459.

derheiten zufolge (ebenso wie auch nach dem Verhältniss $RO : R^2O^3$) schliesst sich dieses Gestein, wie auch Ramsay ganz richtig hervorhebt, eng den Ijoliten und Theralithen, und nicht den Nephelinsyeniten, an. Man kann den Urtit betrachten als einen alkalischen (oder Natron-) Camptonit und könnte man ihn als Aegyrincamptonit bezeichen. Doch ist wohl richtiger ihn in einen neuen Typus auszusondern; wir haben hier einen der ziemlich seltenen Fälle, wo ein neuer Name wilkommen und nicht unnütz ist.

Kyschtymit [1]).

(Siehe Anal. 342).

Von allen in der letzten Zeit geschaffenen neuen Typen ist der Kyschtymit einer der originellsten. Es unterliegt wohl keinem Zweifel, dass dieses Gestein nicht in die Rahmen der bestehenden Familien passt; und ist es kein metamorphisches Gestein, kein zufälliges Gebilde, dann wird man ihm im System eine besondere Stelle einräumen müssen. Diese Stelle liegt aber, wie der Aciditätscoefficient es zeigt, ausserhalb des Bereichs der eigentlichen Silicatgesteine. Der Kyschtymit und ihm ähnliche Gesteine, einige an Eisenoxyden und Chromeisenstein reiche Peridotite, viele Steinmeteorite (Mesosiderite) bilden eine Gruppe von halbsilicatischen oder sesquioxydischen, an Sesquioxyden übersättigten, Gesteinen, ähnlich wie es an Kieselsäure übersättigte Gesteine giebt. Zieht man diesen Typus in Betracht, so kann man sagen, dass alle Silicatgesteine (die Meteorite mitgerechnet) in drei Gruppen zerfallen:

1) halbsilicatische, kieselsäurearme, an Sesquioxyden übersättigte, Magmen;

2) rein silicatische Magmen;

3) an Kieselsäure übersättigte Magmen.

[1]) J. Morozewitch. Versuche über die Bildung der Minerale im Magma.— 1897, p. 224.

Beiläufig sei bemerkt, dass in meinem ersten Classificationsversuche [1]) von mir als ein möglicher Uebergangstypus ein solcher aufgestellt wurde, in welchem $SiO^2 < R^2O^3$ ist; der Kyschtymit verwirklicht diesen Typus.

Absarokit [2]).

(Siehe Anal. 317).

Nach allen Eigenthümlichkeiten der chemischen Zusammensetzung lehnt sich der Absarokit eng dem Shonkinit an, so dass wenn diese letztere Bezeichnung bestehen bleibt, der Absarokit in Anbetracht seines Leucitgehalts Leucitshonkinit genannt werden könnte. Nebst dem Shonkinit und ihm ähnlichen Gesteinen gehört der Absarokit zum Typus der melanokraten Orthoklasgabbros oder Gabbrosyenite. Für derartige Gesteine ist eine besondere graphische Bezeichnungsart wünschenswerth; hält man an der oben gegebenen Bezeichnung fest, so könnte man es ausdrücken durch $\frac{\Gamma\alpha}{\Sigma\iota}$.

Toskanit [3]).

(Siehe Anal. 338 u. 339).

Ich glaube, dass Washington unter der Bezeichnung Toskanit mehrere Orthoklas-Plagioklasgesteine zusammengefasst hat, die z. Th. zum Pantellerit, z. Th. zum quarzführenden Trachyt gehören. Es scheint ein Typus von „Quarztrachyten" zu existiren, der sich ebenso von den Lipariten

---

[1]) F. Loewinson-Lessing. Étude sur la composition chimique des roches éruptives.—Bull. Soc. Belge de Géol., 1891.

[2]) J. Iddings. Absarokite-Shoshonite-Banakite Series.—Journ. of Geol., III, 1895, p. 935.

A. Hague. Note on the occurence of a leucite rock in the Absaroka Range, Wyoming Territory.—Am. J., 1889, XXXVIII, p. 43.

[3]) H. Washington. Italian petrological sketches.—The Journ. of Geol., 4, 1896, p. 541; 5, 1897, p. 34.

unterscheidet, wie der Quarzsyenit von den Graniten. Diese Quarztrachyte dürften wohl denjenigen Uebergangstypus zwischen den Daciten und den Lipariten repräsent.ren, den Brögger als „Dellenite" bezeichnet hat, Szadezky als „Plagioklas-Rhyolithe".

Vulsinit [1]).

(Siehe Anal. 340 u. 341).

Die Mittelstellung des Vulsinits zwischen dem Trachyt und dem Andesit, auf welche der Verfasser selbst hinweist, könnte mit genügender Bestimmtheit zum Ausdruck kommen in der Bezeichnung Andesittrachyt die von Fouqué [2]), Dannenberg [3]), King [4]), Brögger [5]) und ein. and. gebraucht wird. Ich glaube, dass die Vulsinite eher eine Mittelstellung zwischen den Andesiten und den Tephriten einnehmen; jedenfalls gehören sie zu einem Typus von Alkaliandesiten oder von Kalkmagnesiatrachyten. Diese beiden Typen sind von mir in der Classificationstabelle angegeben auf Grund des Studiums der Diagramme; jetzt haben sich also diese theoretisch vorhergesehenen Typen gefunden.

Commendit [6]).

(Siehe Anal. 336).

Der Commendit nimmt eine Mittelstellung zwischen Pantellerit und Natronliparit ein. Von beiden unterscheidet er

[1]) H. Washington. Italian petrological sketches.—The Journ. of Geol. 4, 1896, p. 541 u. 5, 1897, p. 34.

[2]) F. Fouqué. Contribution à l'étude des feldspaths.—(Bull. Soc. Franç. d. Minér.). 1894.

[3]) A. Dannenberg, Die Trachyte, Andesite und Phonolithe des Westerwaldes.—T. M. P. M. 1897, XVII, № 4 u. 5.

[4]) C. King. Siehe nächst. Capit.

[5]) C. Brögger. II, p. 60 (Siehe pag. 281).

[6]) S. Bertolio. Sulla composizione chimica delle Commenditi.— Rendic. Accad. dei Lincei (5), 1896, Sem. 2, fasc. 4, p. 150.

sich nur durch das Verhältniss $RO : R^2O^3$. Abgesehen von der Kieselsäure, entspricht die Zusammensetzung des Gesteins genau einem Gemenge aus einem Theil Pantellerit und einem Theil Liparit. Da es Commendite giebt die reicher an Kieselsäure und ärmer an Alkalien sind, so verschmelzen sie zweifellos in den Endgliedern mit den Lipariten.

Man kann ohne eine neue Benennung auskommen, wenn man den Commendit mit Aegyrin-Natronliparit bezeichnet und dabei im Auge behält, dass er etwas reicher an Alkalien und alkalischen Erden ist als der eigentliche Liparit. Um seine intermediäre Stellung zwischen dem Liparit und dem Pantellerit zu betonen, kann man eine derartige Formel in Anwendung bringen:

$$\frac{\Pi\alpha + \Lambda\iota}{2} \text{ oder } \frac{\Pi\alpha}{\Lambda\iota}.$$

Ciminit [1]).

(Siehe Anal. 337).

Das als Ciminit bezeichnete Gestein gehört zum basaltischen Magmentypus und unterscheidet sich von demselben nur durch einen grösseren Alkaliengehalt und einen dadurch bedingten grösseren Thonerdereichtum; (die wesentlichen Bestandtheile des Ciminits sind: Orthoklas, basischer Plagioklas, Augit und Olivin). Beim Studium der Basalte wurde auf die Existenz von alkalischen Basalten hingewiesen; einen Vertreter dieser alkalischen Basalte hat man in den Leucititen (und Nepheliniten) einen andern in dem Ciminit, der, analog dem Orthoklasgabbro, Orthoklasbasalt genannt werden kann.

[1]) H. Washington. Loc. cit.

Gauteit [1]).

(Siehe Anal. 344).

Der Gauteit ist ein typisches Uebergangsgestein zwischen Andesit und Trachyt. Fouqué, Brögger, Dannenberg u. and. beschreiben diese Gesteine unter den rationellen Bezeichnungen „Trachy-andésite", „Trachyt-Andesit". Das ist der Trachydolerit Abichs. Dieses Gestein (siehe auch Wulsinit u. ein. and.) liefert noch ein prägnantes Beispiel davon, dass die Kette der Uebergänge zwischen den verschiedenen Gesteinen eine ununterbrochene ist, dass die Andesite, Trachyte, Liparite und and. Gesteine nur Etappen in dieser ununterbrochenen Reihe sind. Auch zeugt der Gauteit dafür, dass die Orthoklas-Plagioklasgesteine eine weite Verbreitung haben.

Paisanit [2]).

(Siehe Anal. 335).

Gleich dem Taurit gehört der Paisanit zu den Natronlipariten. Seine Stellung im System und seine Eigenthümlichkeiten kommen völlig zum Ausdruck in der Bezeichnung Riebeckit-Natron- (oder Albit-) Liparit.

Taurit [3]).

(Siehe Anal. 333 u. 334).

Nach allen Eigenthümlichkeiten der chemischen Zusammensetzung gehört der Taurit zweifellos zu den Natronlipari-

---

[1]) Hibsch. Erläuterung zur geologischen Karte des böhmischen Mittelgebirges.—T. M. P. M. 1897, XVII, p. 84.

[2]) A. Osann. Beiträge zur Geologie und Petrographie der Apache (Davis) Mts., West-Texas.—T. M. P. M. 1898, XVI, p. 394).

[3]) Siehe die petrographischen Untersuchungen von Lagorio in N. Golowkinsky et A. Lagorio. Itinéraire géologique d'Aluchta à Sébastopol.— Guide des excursions du VII Congrès Géologique International. 1897.

ten (oder zu den Quarzkeratophyren). Seiner mineralogischen Zusammensetzung und Structur nach könnte das Gestein als sphärolithischer (oder granophyrischer) Aegyrinliparit bezeichnet werden.

Esterellit [1]).

(Siehe Anal. 332).

Am nächsten steht dieses Gestein dem Durchschnittstypus der Porphyrite. Wenn es gelungen sein vird eine passende Charakteristik dieser verschiedenartigen Gruppe zu geben und dieselbe in die betreffenden Typen zu zerlegen, dann wird sicherlich auch der Esterellit eine Stelle in dieser Gruppe finden.

Schlussfolgerungen.

Als Zweck aller obigen Betrachtungen, aller Berechnungen und Diagramme sind Eingangs folgende vier Fragen aufgeworfen worden:

1) Giebt es bestimmte chemische Typen von Eruptivgesteinen oder sind letztere ganz zufällige, willkürliche Gemenge?

2) Existirt eine bedingende Beziehung für die Variabilität des Gehalts an verschiedenen Oxyden oder kann der Gehalt eines jeden selbstständig, unabhängig von den anderen, variiren?

3) Können die verschiedenen Gruppen der Eruptivgesteine eine mehr oder weniger bestimmte Charakteristik auf Grund der chemischen Zusammensetzung erhalten?

4) Kann man in der Verschiedenheit der chemischen Zusammensetzung der Eruptivgesteine ein Kriterium finden für die Beurtheilung der Differentiationsprocesse und der genetischen Beziehungen der Eruptivgesteine?

Die Frage nach der Existenz von bestimmten chemischen

---

[1]) A. Michel-Lévy. Mémoire sur le porphyre bleu de l'Esterel. — Bull. d. serv. d. l. Carte Géol. d. l. France, 1897, № 57, t. IX, 1897—98.

Typen der Eruptivgesteine muss bejahend, obgleich mit einigen Einschränkungen beantwortet werden. Solche Typen existiren, sie sind aber viel zahlreicher, als ich früher annahm und als Rosenbusch annimmt. Zur Charakteristik der Familien eignen sich sehr gut die Durchschnittsformeln, in denen die Unterschiede der Familie von anderen ihr nahe stehenden bestimmt zum Ausdruck kommen. Diese Durchschnittsformeln bieten so zu sagen das Ideal, welchem in den einzelnen concreten Fällen die Gesteine sich mehr oder weniger nähern. In den Einzelfällen constatirt man Abweichungen von der mittleren Zusammensetzung nach der einen oder der anderen Richtung, doch greifen diese Abweichungen nicht über die Grenzen der anderen Familien hinüber. Die Existenz der von mir angegebenen Typen ist zweifellos; doch schliesse ich durchaus die Existenz noch anderer Typen nicht aus; hierin liegt, wie ich glaube, eins der wesentlichsten Merkmale, durch welches mein jetziger Classificationsversuch sich von den anderen unterscheidet. Ich habe mich nicht bemüht eine beschränkte Anzahl von festen Typen aufzustellen in die man gezwungen wäre die grosse Mannigfaltigkeit der bereits bekannten und neuen, noch zu entdeckenden, Gesteinsfamilien hineinzuzwingen. Ich habe vielmehr als meine Aufgabe betrachtet nur eine chemische Charakteristik der verschiedenen Familien und ein Prinzip zu geben, wobei der erforderliche Raum und die nöthige Freiheit durchaus offen bleiben, um die bestehenden Typen durch neue, falls dieselben entdeckt werden, zu ergänzen; letzteres ist auch schon theilweise von mir selbst geschehen.

Die zweite Frage hat auch eine positive Beantwortung gefunden. Unter den Schwankungen im Gehalt an verschiedenen Oxyden giebt es solche die nicht unabhängig voneinander sind, sondern sich gegenseitig bedingen. correlate Schwankungen sind. Besonders wichtig erscheinen die Wechselbeziechung in dem Gehalt an Alkalien und an Sesquioxyden (besonders Thonerde) und die entgegengesetzten Schwankungen im Gehalt an Alkalien und an alkalischen Erden. Die verschiedenen hierher gehörigen Fälle findet man in den Diagrammen und in den vorhergehenden Capiteln.

Auf die dritte Frage ist die Antwort, wie es mir scheint, auch eine positive und befriedigende. Bei Benutzung der unter 2) erwähnten Beziehungen ist es möglich passende Kennzeichen für die weitere Gliederung der Familien zu finden. Auf diese Weise ist es mir gelungen in einigen Fällen die Zulässigkeit der angenommenen Gliederung einiger Familien zu bestätigen, in anderen, wie z. B. in den Basalten, den Gabbros, sogar die Existenz neuer Typen, die sich wirklich gefunden haben, vorauszusagen. Andererseits bietet die durchschnittliche Zusammensetzung der Familien eine zuverlässige Charakteristik derselben. Solche Fakta wie die völlige Uebereinstimmung der Durchschnittsanalysen für die Diabase und die Basalte, für die Nephelinsyenite und die Phonolithe, für die Dacite und die Quarzporphyrite sprechen genügend zu Gunsten dieser Formeln als eines Mittels für die Charakteristik der Familie. Und in der That hat die Benutzung dieser Formeln beim Studium neuer Typen, deren Lage im System noch unklar oder unsicher war, es ermöglicht in einigen Fällen die Selbstständigkeit dieser Typen, in anderen ihre Zugehörigkeit zu bekannten Typen festzustellen. Diese Fakta und die daraus folgenden Erwägungen führen mich zu der Annahme, dass die Hauptbasis für die Classification der Eruptivgesteine zu suchen ist. Die mineralogische Zusammensetzung, die eine Function der chemischen ist, und die Structur, welche ein Ausdruck der Krystallisationsbedingungen ist, müssen erst an zweiter Stelle berücksichtigt werden, wie es im Capitel über Classification näher auseinandergesetzt werden wird.

Endlich hat auch die vierte der Eingangs gestellten Fragen eine Lösung in positivem Sinne erfahren. Der Antagonismus der Alkalien und der alkalischen Erden, derjenige von Kali und Natron, das Gebundensein der Thonerde an die Akalien, die Vertheilung der Kieselsäure unter alle Oxyde gemäss den resp. Affinitäten—das ist die Grundlage, der man in Zukunft folgen sollte bei der Beurtheilung des Ganges der Differentiation. Ich glaube, dass man bereits jetzt ein derartiges Bild des Ganges der Differenzirung eines gemischten Magmas entwerfen kann. Die Alkalien haben das Bestreben sich zu einem Theilmagma zu sondern, die alkalischen Erden ihrerseits ein anderes Theilmagma zu bilden. Die Thonerde folgt den Alkalien und nur der nach der Bildung der Feldspathmineralien zurückgebliebene Rest bleibt bei den alkalischen Erden. Die Kieselsäure vertheilt sich unter beide Gruppen, wobei sie das Bestreben hat bei den Alkalien in den zur Bildung der höchsten Silicatstufen erforderlichen Mengen zu bleiben. Kurz, ein in Differentiation begriffenes Magma hat das Bestreben eine feldspathige Combination (d. h. eine solche in der Feldspäthe und Feldspathide sich bilden) und eine magnesiaeisenhaltige [1]) (je nach dem Kieselsäuregehalt eine peridotitische oder eine pyroxenitische zu bilden. Dieser Antagonismus der feldspathigen und der eisenmagnesiasilicatischen Oxydgruppen erscheint mir als das Grundprinzip der Differentiation. Zu demselben Schluss bin ich auch auf ganz anderem Wege gelangt, wie es im Capitel über Differentiation erörtert werden wird; dieses Zusammentreffen ist wohl ein Beweis der Richtigkeit oder wenigstens der grossen Wahrscheinlichkeit dieser Annahme.

Wäre das Magma frei von Nebeneinwirkungen, könnte der betreffende Process bis zu Ende gehen, so müsste jedes Magma zu einer Spaltung gelangen in ein Feldspathmagma, das oft

[1]) Der Kalk vertheilt sich unter beide.

mit Kieselsäure angereichert ist, und ein Eisenmagnesiamagma (oder richtiger Eisen-Magnesia-Kalk-Magma); bei der weiteren Differenzirung würde das erste zerfallen in ein Kalimagma und ein Natronmagma, das zweite in ein monosilicatisches und ein bisilicatisches; der Kieselsäureüberschuss bliebe entweder beim Feldspathmagma oder würde mit einer geringen Beimengung von Alkalien und Thonerde ein selbstständiges Magma (Greisen) bilden. Auf diese Weise erscheinen als reine, zur weiteren Spaltung unfähigen Magmata („Kerne" im Sinne von Rosenbusch): das Feldspath- (und Feldspathiden-) Magma, das peridotitische, das pyroxenitische, das Feldspath-Greisen-Magma und das Greisenmagma. Diese Magmata treten entweder selbstständig in freiem Zustande auf oder in verschiedenen Proportionen gemengt; solche Gemenge sind die meisten Eruptivgesteine [1]). Man hat vielleicht Ursache anzunehmen, dass diese Magmata: das feldspathige, das peridotitische, das pyroxenitische und das quarzige bei hohen Temperaturen und gewöhnlichem Druck sich in willkürlichen Proportionen mengen; Veränderung von Temperatur und Druck könnte hingegen eine beschränkte Mischbarkeit hervorrufen und Differentiation bedingen.

Betrachtet man die Eruptivgesteine der Einfachheit wegen als Gemenge (nur vom Standpunkt der chemische Zusammensetzung ohne Rücksicht auf die Enstehungsweise), so kann man die Gesteine folgendermaasen unterscheiden: 1) monotektische [2]) Gesteine d. h. solche die aus einem der genan-

---

[1]) Das Vorkommen dieser reinen Magmen wird an einer anderen Stelle besprochen werden. Es sei hier nur noch erwähnt, dass auch Vogt (Zeitschr. für prakt. Geol, p. 276) daraufhinweist, dass die Differenzirung das Bestreben offenbart ein basisches Theilmagma, das reich ist an Eisen und Eisenmagnesiasilicaten, und ein saures, vorwiegend alkalisches Magma abzusondern. Aehnliche Schlussforgerungen finden wir auch bei Hague und and. (siehe nächstes Capitel).

[2]) Es wäre vielleicht passender „monomikt", „polymikt", „monomer", „heteromer" etc zu gebrauchen, falls diese Bezeichnungen nicht bereits in an-

ten reinen Magmen (wohl auch mit einer geringen Beimengung eines der anderen) bestehen; 2) heterotektische, die ein Gemenge von zwei oder mehreren reinen Magmen sind; 3) polytektische, complicirte Magmen, als welche die Magmen vor der Eruption oder vor der Differentiation und auch viele Eruptivgesteine erscheinen.

Ausserdem kann man noch die Gesteine und Magmen in proterotektische und deuterotektische eintheilen; die ersteren kann man di rectaus verschiedenen Combinationen von monotektischen Magmen, d. h. Feldspathmagma, Pyroxenitisches, Peridotitisches und Quarzmagma ableiten; die anderen sind als Gemische von heterotektischen und polytektischen Magmen aufzufassen. Aus der Gruppe der deuterotektischen verdienen besonderer Berücksichtigung diejenigen, welche aufgefasst werden können als Gemenge zweier heterotektischer Magmen in verschiedenen Proportionen, so dass in den einen Gliedern dieser Mischungsreihe das eine, in den andern das Magma vorherrscht. Solche Reihen (die „Gesteinsserien" von Brögger) nenne ich isotektische [1]) Reihen oder Gesteine. Diese Bezeichnung ist meiner Ansicht nach zweckmässig und bringt Beziehungen zum Ausdruck, die eine weitere Bearbeitung verdienen; ich stehe für die Aufrechterhaltung dieser Bezeichnung, auch wenn alle andern eben erwähnten sich als unnütz erweisen sollten.

Die isotektischen Gemenge zeigen eine Analogie mit den isomorphen Mischungen; der Gehalt an verschiedenen Oxyden kann direct aus den Mengen der das Gestein zusammensetzenden einfacheren Magmen berechnet werden. Ordnet man solch eine Reihe zwischen die Endglieder in einer der auf- oder absteigenden Acidität entsprechenden Reihenfolge

derem Sinne Verwerthung gefunden hätten. „Monotektisch" etc. ist analog mit eutektisch gebildet (von τήκω, ich schmelze).

[1]) „Isotektisch" und nicht „homöotektisch" nach Analogie mit „isomorph", obgleich „homöomorph" richtiger wäre.

und trägt man den Kieselsäuregehalt als Abscissen, die Basen als Ordinaten auf, so muss man erwarten die Punkte eines jeden Oxyds oder einer jeden Oxydgruppe, als Funktionen des Kiesesäuregehalts, auf geraden Linien liegen werden. Soweit es bei der Mangelhaftigkeit des Materials möglich ist, bestätigt sich diese Vermuthung annähernd an einigen von mir entworfenen Diagrammen.

Eine ausführliche Bearbeitung der Beziehungen der isotektischen Gemenge gehört noch der Zukunft an, falls es dieser Vorstellung vergönnt sein sollte fernerhin zu bestehen und sich zu entwickeln. Ich will vorläufig nur einige Beispiele solcher isotektischer Gemenge anführen.

I. Gabbrosyenitische oder Monzonitische Reihe.

$$x\Gamma\alpha + y\Sigma\iota.$$

Gabbro (Norit, Hypersthenit).
Shonkinit.
Gabbrosyenit.
Orthoklasgabbro.
Monzonit.
Syenit.

II. Foyaitisch-Groruditische Reihe.

$$x\Phi o\iota + yK$$ [1]).

Foyait (Phonolith).
(Sölvsbergit).
Nordmarkit.
Grorudit (Pantellerit?).

III. Monzonitisch-Granitische Reihe.

$$yMo + y\Gamma\rho.$$

Monzonit.
Quarzmonzonit.

[1]) K = Quarz.

Tonalit, Banatit.
Adamellit.
Granit.

IV. Granitisch-Syenitische Reihe.

$x\Gamma\rho + y\Sigma\iota$.

Syenit.
Quarzsyenit.
Syenitgranit.
Granit.

V. Gabbrogranitische Reihe.

$x\Gamma\rho + y\Gamma\alpha$.

Gabbro.
Gabbrogranit.
Pyroxengranit.

VI. Andesitisch-Trachytische Reihe.

Andesit.
Andesittrachyt (Gauteit, Vulsinit), Trachytit.
Trachyt.
Quarztrachyt (Toscanit).
Dacitandesit.
Dacit.

Es sei zum Schluss noch auf eine Beziehung hingewiesen. Nimmt man, in Anbetracht des mehrmals hervorgehobenen Antagonismus der Alkalien und der alkalischen Erden, das Verhältniss von $R^2O:RO$ als Basis der Classification, so findet man, dass einem jeden Verhältniss $R^2O:RO$ eine ganze Reihe Gesteine von verschiedener Acidität entspricht. So entsprechen z. B. dem Verhältniss $R^2O:RO = 1:1$ die Trachytite, die Trachyte, die Quarzporphyrite; für $R^2O:RO = 1:1.5$ hat man die Orthophyre, die Dacite, die Plagioklasgranite; für $R^2O : RO = 1.5 : 1$ — die Tephrite, die Pantellerite, die Granite; für Gesteine mit sehr untergeordnetem Gehalt an RO — die Phonolithe, Nordmarkite, Liparite etc. Man könnte alle Gesteine in eine Reihe von periodischen Gruppen verschiedener Acidität zerlegen; in mehreren Perioden beginnt eine, einem bestimmten Verhältniss von $R^2O : RO$ entsprechende, Periode mit Gesteinen von ungefähr demselben Aciditätscoefficienten; die Progression wächst aber mit zunehmendem Gehalt an Alkalien immer stärker. Lassen wir ein Paar Beispiele folgen.

$RO^2 : RO$.	*Aciditätscoefficient* α.	*Differenz.*
1 : 1.5	2.2 — 2.6 — 3.0	0.4
1 : 1	1.7 — 2.4 — 3.0	0.6 — 0.7
1.5 : 1	2.2 — 3.5 — (3.9)	1.3
4.5 : 1	2.0 — 3.3 — 4.5	1.2 — 1.3

Zum Schluss kann ich nicht umhin noch einmal der Ueberzeugung Ausdruck zu geben, dass der chemischen Zusammensetzung der Eruptivgesteine bei der Classification derselben eine sehr wichtige, ja vielleicht dominirende, Bedeutung zukommt.

ZWEITES CAPITEL.

Zur Frage über die Differentiation und Krystallisation der Magmen.

I. Einleitung und kurze allgemeine Uebersicht.

In der modernen Petrographie, welche die Genesis der Eruptivgesteine vom Standpunkte der Differentiation zu erforschen sucht, stehen wir vor folgenden drei Problemen:

1) Durch welche physikochemischen Processe ist die Spaltung eines Stamm-Magmas in eine Anzahl abgeleiteter Magmen eingeleitet und bewerkstelligt und die chemische Zusammensetzung dieser Magmen bedingt worden?—Das ist die sog. magmatische Differentiation.

2) Von welchen physikochemischen Vorgängen ist die Abkühlung und Krystallisation des Theilmagmas geleitet und dessen mineralogische Zusammensetzung und Structur bedingt worden?—Das ist die sog. Krystallisationsdifferenzirung.

3) Welcher Art sind die verwandtschaftlichen Beziehungen, die es gestatten die verschiedenartigen Eruptivgesteine eines und desselben Gebiets als ein Ganzes, als eine petrographische Provinz oder eine vulkanische Formation zusammenzufassen?

Die folgenden Zeilen haben den Zweck die Differenzirungserscheinungen, d. h. die Gesammtheit aller Vorgänge, welche die Verschiedenheit der Eruptivgesteine bedingen, zu durchmustern, zu kritisiren und zum Theil neu zu beleuchten. Es existiren bereits mehrere Hypothesen und Theorien, die die chemische und mineralogische Verschiedenheit der Eruptivgesteine zu erklären bezwecken; folgende sind die wichtigsten:

I. Die am bestimmtesten von Sartorius von Waltershausen formulirte Theorie einer ursprünglichen Verschiedenheit in der Zusammensetzung der Erdrinde.

II. Durocher's Liquationstheorie.

III. Bunsen's Mischungstheorie.

IV. Die neuere Diffusionstheorie der Differentiation, welche die Abspaltung von Spaltungsmagmen durch Diffusionserscheinungen erklärt.

V. Die Schlierentheorie und Umschmelzungstheorie nach Reyer und King.

VI. Die Einschmelzungs- oder Assimilationstheorie. Einige

Autoren nehmen eine unmittelbare Einschmelzung der durchbrochenen Gesteine an (Ricciardi, Ward und and.); Johnston-Lavis [1]) spricht von einem Austausch von Gemengtheilen zwischen dem Magma und den umgehenden Gesteinen und bezeichnet seine Auffassung als osmotische Theorie.

Die Differentiationstheorie bietet in ihren Einzelheiten und in Bezug auf die Ursachen der Differenzirung eine recht grosse Mannigfaltigkeit. Von den mir bekannten Erscheinungen und Ursachen, die man zur Erklärung der Differenzirung im Magma hinzugezogen hat, seien folgende erwähnt.

1. Die Soret'sche Regel, die zuerst von Teall [2]) und Lagorio in der Petrographie in Anwendung gebracht worden ist. Der Gedanke von Teall, dass die Soret'sche Regel auf die Differenzirungserscheinungen anwendbar sei, ist von Brögger weiter ausgearbeitet und entwickelt worden. Von Johnston-Lavis, Bäckström, Becker und anderen sind hingegen Einwände gegen diese Hypothese vorgebracht worden. Ursprünglich hatte Teall hauptsächlich den Mechanismus der Krystallisation der Laven im Auge; erst später dehnte er seine diesbezüglichen Vorstellungen auch auf die Differenzirung des flüssigen Magmas aus. Brögger schenkt gerade dieser Differenzirung die grösste Aufmerksamkeit; er unterscheidet eine

---

[1]) H. J. Johnston-Lavis. The basic eruptive rocks of Gran (Norway) and their interpretation. — Geol. Mag. 1894, p. 252.

— The causes of variation in the composition of igneous rocks.—Natur. Science, 1894, IV, Febr.

— Sulla inclusione di quarzo nelle lave di Stromboli eccole sui cambiamenti da cio causati nella composizione della lava. — Boll. della Societa geolog. Ital., XIII, 1894, p. 32.

— The Highwood Mountains of Montana and magmatic differentiation. A criticism. — Rep. Brit. Assoc. Liverpool. Meeting, 1896, p. 19.

— The relationship of the structure of rocks to the conditions of their formation. — Scient. Proc. Roy. Dublin Soc., 1886, V. part. 3, p. 113.

[2]) J. H. Teall. British Petrography. 1888, p. 403.

magmatische und eine Krystallisations-Differenzirung, deren volle Analogie von Brögger und Teall hervorgehoben wird. Letzterer betrachtet die von Rosenbusch verallgemeinerte Krystallisationsfolge nach abnehmender Basicität als allgemeine Regel und dehnt dieselbe auch auf die Reihenfolge in der Bildung von Spaltungsmagmen durch Abspaltung von dem Muttermagma aus.

Die Einwände von Johnston-Lavis, die sich hauptsächlich gegen die Arbeiten von Brögger [1]) richten, fussen auf folgenden Betrachtungen. Das flüssige Magma schmilzt bei seiner Fortbewegung im Erdinnern einen Theil der umgebenden Gesteine ein; dabei tritt ein Austausch von Gemengtheilen zwischen dem Magma und den angeschmolzenen Gesteinen ein, und kann so auf dem Wege des Austausches eine Anreicherung des Magmas an bestimmten Bestandtheilen stattfinden. Durch eine derartige „Osmose“ und nicht durch Diffusionserscheinungen ist, nach diesem Autor, die Verschiedenheit der Eruptivgesteine, die zu verschiedenen Zeiten in einem vulkanischen Gebiet gefördert werden, zu erklären. An den Gesteinen des Kristianiagebietes und an einigen anderen Beispielen sucht Johnston-Lavis seine Auffassung zu begründen.

Von einem ganz verschiedenen Standpunkt bekämpft Bäckström die Diffusionstheorie. Sorets Regel hat nämlich Bezug auf die Vertheilung des gelösten Stoffes in dem Lösungsmittel und bedingt die verschiedene Concentration verschiedener Partieen einer Lösung, deren Temperatur eine verschiedene ist. Es fragt sich nun aber, ob man Soret's Regel auf eine Lösung mit mehreren gelösten Stoffen anwenden und deren verschiedene Vertheilung in der Lösung erklären kann; Bäck-

---

[1]) W. C. Brögger. The basic eruptiv rocks of Gran. — Q. J. 1894. L, I, p. 15.

— Die Mineralien der Syenitpegmatitgänge. — Z. f. Kr. XVI, 1890.

— Die Eruptivgesteine des Kristianiagebiets. I, II. 1894. 1895.

ström beantwortet diese Frage verneinend. Er behauptet dass die Differenzirung nicht auf Diffusion, sondern auf Liquation, Entmischung nach den Gesetzen der Mischbarkeit von Flüssigkeiten zurückzuführen sei.

Für die Differenzirung auf dem Wege der Diffusion tritt in seinen Arbeiten Iddings auf. Die zuerst von Richthofen ausgesprochene, dann von Judd, Geikie und anderen bestätigte Eruptionsfolge betrachtet er als allgemeines Gesetz, während die damit nicht übereinstimmenden Fälle ihm als Ausnahmen gelten. Die Eruptionen beginnen ihm zufolge mit neutralen intermediären Gesteinen und schliessen mit den äussersten Endgliedern: Rhyolith und Basalt; darin erblickt Iddings einen Beweis für die stattfindende Differenzirung; „it may be stated as a general law", sagt er, „that the variation in the composition of igneous rocks, which constitute a series of eruptions at any volcanic center, is the result of the chemical differentiation of some intermediate magma."

Neuerdings ist als entschiedener Gegner der Differentiation auf dem Wege der Diffusionserscheinungen oder der Liquation nach den Mischungsgesetzen der Flüssigkeiten, Becker[1]) aufgetreten. Die Anwendung der Soret'schen Regel sei hier nicht zulässig, da man die Existenz von grossen verticalen Magmabassins annehmen müsste, deren obere Theile heisser wären, als die unteren, was nicht annehmbar ist. Becker führt Formeln und Zahlen an, aus welchen es einleuchtet, dass selbst in gewöhnlichen wässerigen Lösungen osmotische und Diffusionsströme nur sehr langsam von statten gehen. Da aber die innere Reibung des Magmas, die er aus der Fortbewegungsschnelligkeit der Kilauea-Ströme berechnet, etwa 50—60 mal grösser ist, als bei wässerigen Lösungen, so

[1]) G. Becker. Some queries on rock differentiation. – Am. J., 1897 (IV Ser.) vol. III. (CLIII), p. 21.

müsste die Differenzirung eines Magmas auf dem Wege der Diffusion und osmotischer Ströme unglaublich lange Zeiträume erfordern [1]).

Dieselben Erwägungen sprechen nach Becker auch gegen die Möglichkeit einer Differenzirung vermittelst Entmischung nach den Mischungsgesetzen der Flüssigkeiten. Doch ist es nicht schwer sich davon zu überzeugen, dass die Sonderung der nicht unbegrenzt mischbaren Flüssigkeiten durchaus nicht grosse Zeiträume beansprucht, vielmehr sich oft fast momentan vollzieht, wie ich mich an einem von meinem Collegen Prof. Tamman mir gezeigten Beispiel überzeugen konnte.

Becker's Angaben über die Viscosität des Magmas und alle daraus sich ergebenden Betrachtungen müssen stark modificirt werden, wenn man in Betracht zieht, dass das Magma eine von Wasserdampf imprägnirte Schmelzmasse ist. Das im Magma eingeschlossene und über die kritische Temperatur erhitzte Wasser setzt die Viscosität des Magmas herab und verleiht ihm eine gewisse Dünnflüssigkeit. Sollten Becker's Erwägungen für einen gewöhnlichen „trockenen" Schmelzfuss auch völlig zutreffend sein, so müssen sie in Bezug auf ein wasserdurchtränktes Magma mehr oder weniger bedeutend modificirt werden.

Nach Becker ist die Ursache der Verschiedenheit der Eruptivgesteine in den eingeschmolzenen Massen, in Mischungs- und nicht in Differentiationserscheinungen, zu suchen. Darin stimmt er mit Johnston-Lavis und z. Th. auch mit meinen Anschauungen überein.

---

[1]) Dass die Differenzirung im Grossen bedeutende Zeiträume beansprucht, ist auch schon früher betont worden. So sagt z. B. Vogt, ein eifriger Anhänger der Differentiationstheorie, dass die Spaltungsprocesse wahrscheinlich sehr beträchtliche Zeitperioden beansprucht haben; er glaubt sogar dadurch die Abwesenheit von basischen Ausscheidungen in den Effusivgesteinen erklären zu können.

In neuester Zeit hat Becker [1]) noch die fractionirte Krystallisation als Ursache de Differenzirung hervorgehoben. Wie bereits p. 206 erwähnt, ist auch Michel-Lévy ein Gegner der Diffusionsdifferenzirung.

2. Das Berthelot'sche Princip der grössten Arbeit, das von Harker [2]) zur Erklärung der Differenzirung benutzt worden ist.

3. Elektromagnetische Kräfte. Scheerer [3]) und Dathe [4]) haben dieselben für die Erklärung der Bildungsweise der krystallinischen Schiefer und Vogt für die eruptiven Eisenerzmassen benutzt.

4. Sättigung und Uebersättigung von Lösungen — Lagorio und Iddings; letzterer schreibt die Hauptrolle bei der Differenzirung den Veränderungen der Temperatur zu.

5. Mischbarkeit von Flüssigkeiten und Zerfall der Mischungen in Schichten von verschiedener Zusammensetzung — Bäckström [5]).

6. Die Rolle des spec. Gew., der man, nach den Beobachtungen von Gouy und Chapéron, die verschiedene Concentration verschiedener Theile des Magmas zuschrieb. Das durch das spec. Gew. bedingte Sinken oder Aufsteigen von Krystallen im Magna wurde auch als ein bei der Vertheilung der Krystalle im Magma mitwirkender Factor betrachtet.

7. Die sog. „Agents minéralisateurs", in denen Michel-Lévy [6]) den Hauptfactor der Differenzierung sieht.

---

[1]) G. Becker. Fractional crystallisation of rocks.—Am. J. 1897, (4), IV, p. 257.

[2]) A. Harker. Berthelot's principle applied to magmatic concentration. Geol Mag. 1893, p. 546.

[3]) Scheerer in Karst. u. v. Dechen's Archiv, 1842, XVI, p. 109.

[4]) E. Dathe. Jahrb. der preuss. geol. Landesanstalt, 1893, XII, (für 1891). p. 231.

[5]) H. Bäckström. Causes of magmatic differentiation.—The Journ. of Geology, 1893, Nov.—Dec., p. 773.

[6]) A. Michel-Lévy. Classification des magmas des roches éruptives. Bull. Soc. Géol. de France, 1897.

Es unterliegt wohl keinem Zweifel, dass allen erwähnten Factoren, mit Ausschluss des dritten, dessen Unhaltbarkeit bald erwiesen wurde, eine bestimmte Rolle bei der Differenzirung zukommt. Die Bedeutung, den Wirkungskreis und die Anwendbarkeit einer jeden von ihnen genau festzustellen ist eine Aufgabe der Zukunft. Einiges lässt sich jedoch schon jetzt feststellen.

Unter Differenzirung verstehe ich im weiten Sinne des Wortes die Gesammtheit aller physikochemischen Processe, durch welche der Uebergang eines feuerflüssigen Magmas in ein Eruptivgestein bedingt wird. Ein Theil dieser Processe vollzieht sich im flüssigen Magma, während es noch mehr oder weniger bedeutend über den Erstarrungspunkt erhitzt ist. Ein anderer Theil dieser Processe ist mit der Abkühlung des Magmas bis zum Erstarrungspunkt und noch weiter verbunden, folglich auch mit den Erstarrungserscheinungen und mit der Krystallisation. Durch die Bezeichnungen magmatische und Krystallisations-Differenzirung wird der Wirkungskreis jeder dieser zwei Gruppen von Processen bestimmt. Es läss sich schon a priori nicht in Abrede stellen, dass der Charakter, der Gang und die Ursachen dieser zwei Gruppen von Differenzirungsvorgängen verschiedene sein müssen. Deshalb erscheint es ganz natürlich und zweckmässig die magmatische und die durch Krystallisation bedingte Differenzirung getrennt zu betrachten.

Zur Erkenntniss der magmatischen Differenzirung dienen folgende Wege:

1) der experimentelle Weg und theoretische Nachforschungen;

2) das Studium der chemischen Zusammensetzung der Gesammtheit aller Eruptivgesteine einer petrographischen Provinz oder der in verschiedenen Eruptionsperioden von ein und demselben Vulkan gelieferten Gesteine;

3) das Studium der complexen Gänge oder überhaupt derjenigen Ganggesteine, die in Verbindung gebracht werden können mit bestimmten Tiefenmassivs, als deren Differenzirungsprodukte die Ganggesteine betrachtet werden können;

4) das Studium der Taxite und z. Th. der endogenen Einschlüsse (der „enclaves homoeogènes" von Lacroix).

Für die Entifferung der Krystallisationsdifferenzirung giebt es andererseits folgende Mittel:

1) das Studium der Reihenfolge in welcher die Mineralien sich aus dem Magma ausscheiden;

2) das analytische Studium der Bedeutung, welche die Zusammensetzung des Magmas für die Zusammensetzung und die Eigenschaften der in demselben sich bildenden Minerale hat;

3) die Zusammensetzung der Sphärolithe und der sie umschliessenden Grundmasse; die chemische Zusammensetzung der glasigen Basis im Vergleich zu derjenigen des ganzen Gesteins;

5) z. Th. die endogenen Einschlüsse;

6) das experimentelle Studium der krystallisirenden Magmen und das analytische Studium der Schlacken.

Einiges ist bereits auf diesem Gebiet geschehen und erreicht, doch bleibt noch viel mehr zu thun übrig. Es kann durchaus nicht mein Zweck sein eine volle Uebersicht und Zusammenstellung der bisher auf diesem Gebiet erreichten Resultate zu geben, noch weniger die hier aufgeworfenen Fragen völlig zu lösen, was bei dem jetzigen Stand unseres Wissens selbstverständlich nicht möglich ist. Ich will mich nur damit begnügen einiges zu der Lösung dieser Fragen beizusteuern in der Hoffnung mit der Zeit einige dieser Fragen experimentell studiren zu können.

In diesem Capitel beschränke ich mich hauptsächlich auf die Auseinandersetzung der Bedingungen und der Eigenthümlichkeiten der Krystallisationsdifferenzirung und berühre die magmatische Differenzirung nur in den allgemeinsten Zügen.

II. Die durch Krystallisation bedingte Differentiation.

Die Ausscheidungsfolge der Mineralien im Magma. — Die Rolle des specifischen Gewichts in den Differentiationsprocessen.—Die Rolle des Druckes.

Die Ausscheidungsfolge der Mineralien.

Lange vor Einführung des Mikroskops in die Petrographie wurde der Reihenfolge, in welcher die Mineralien sich aus dem Magma ausscheiden, Aufmerksamkeit geschenkt. Wie früher, so dienen auch jetzt bei der Beurtheilung dieser Reihenfolge als Wegweiser der Grad des Idiomorphismus der betreffenden Gemengtheile und das Vorkommen derselben als Einschlüsse in den andern Gemengtheilen. Die ersten Verallgemeinerungen auf diesem Gebiet fussten auf der irrthümlichen Voraussetzung, dass die Ausscheidungsfolge der Mineralien von ihrer relativen Schmelzbarkeit geregelt wird; dabei musste man zu verschiedenen wenig wahrscheinlichen Hypothesen greifen um die Ausnahmen, deren es viele gab, zu erklären. Auf die Irrthümlichkeit dieser Anschauungsweise hat Bunsen [1]) bereits 1861 hingewiesen, indem er die Aufmerksamkeit der Geologen darauf zog, dass der Schmelzpunkt einer Substanz in reinem Zustande und in einer Lösung zusammen mit anderen Substanzen ganz verschiedene sind. Man musste sich also anderen Factoren zuwenden oder das Suchen einer Gesetzmässigkeit in der Ausscheidungsfolge der Mineralien ganz aufgeben.

Eine Zeit schien es den Anschein zu haben, als ob in der That keine bestimmte gesetzmässige Ausscheidunsfolge der Mineralien aus dem Magma existire, dass dieselbe vielmehr in jedem Einzelfall verschieden und mehr oder weniger zufällig wäre. In diesem Sinn hat sich 1869 Fuchs [2]) ausgesprochen. Allmählig musste aber diese Anschauungsweise

---

[1]) R. Bunsen. Ueber die Bildung des Granites.—Z. d. g. G. 1861, p. 61.
[2]) C. W. Fuchs. Die Laven des Vesuv.—N. J. 1869, p. 192.

vor den Beobachtungen weichen. Zuerst zeigte Fouqué [1]), dass die Ausscheidung der Feldspäthe aus dem Magma mit den basischesten beginnt und in der Reihenfolge zunehmender Acidität fortschreitet. Fouqué hat auch gezeigt, das dass vulkanische Glas in den Dykes von Santorin immer saurer ist als die Krystalle der ersten Krystallisationsphase. Darauf stellte Höpfner [2]) den Satz auf, dass die Ausscheidungsfolge der Mineralien im Magma von dessen Temperatur und chemicher Zusammensetzung, nicht aber vom Druck abhängt; er zeigte auch, dass der Anorthit sich vor dem Albit und den sauren Plagioklasen ausscheidet und führte noch ein paar Beispiele der Ausscheidungsfolge nach abnehmender Basicität an. Endlich stellte Rosenbusch [3]) die Ausscheidungsfolge nach zunehmender Acidität als allgemeine Regel auf.

Rosenbusch's Regel hat eine recht weite Verbreitung und Anerkennung gefunden; andererseits ist sie auf Entgegnungen gestossen, welche durch die Diabase, die Basalte, die sphärolithischen Gesteine und einige Specialfälle geboten wurden. Als Rosenbusch's Gegner auf diesem Gebiet trat Lagorio [4]) auf. Lagorio (p. 425) stellt folgenden Satz auf: „Unter gleichen physikalischen Bedingungen sind lediglich Massenwirkungen und die Affinität der Basen untereinander, in zweiter Linie zur Kieselsäure, das Entscheidenste". Er führt die Ausscheidungsfolge auf die Löslichkeit der verschiedenen

[1]) F. Fouqué. Santorin et ses éruptions.—1866.

[2]) C. Höpfner. Ueber die Gesteine des Monte Tajumbina in Peru.—N. J. 1881, II, p. 188.

[3]) H. Rosenbusch. Ueber das Wesen der körnigen und porphyrischen Structur bei Massengesteinen.—N. J. 1882, II, p. 1.

Eine ähnliche Reihenfolge hatte bereits Sartorius von Waltershausen in seiner Arbeit über Sicilien aufgestellt, indem er die Reihenfolge: Olivin, Augit, Glimmer. Leucit, Feldspath (die Kieselsäure kommt nach ihm früher zur Ausscheidung, als es von Rosenbusch angenommen wird) auf die Schmelzbarkeit zurückführte.

[4]) A. Lagorio. Uber die Natur der Glasbasis, sowie der Krystallisationsvorgänge im eruptiven Magma.—T. M. P. M. 1887, VIII, p. 421.

Oxyde (und deren Silicate) im Magma, auf ihre Fähigkeit das Magma zu übersättigen und auf ihre Krystallisationsfähigkeit zurück. Auf Grund dieser Sätze hat er folgende Ausscheidungsfolge festgestellt: freie Oxyde, Eisensilicate, Magnesiasilicate, Eisenmagnesia-, Magnesiakalk-, Magnesiakali-, Kalk-, Kalknatron-, Natron-, Kalisilicate, endlich freie Kieselsäure (letztere manchmal auch vor den Kalisilicaten). Ausserdem hat Lagorio auf die interessante Beziehung hingewiesen, dass diese Reihenfolge zunehmender Wärmecapacität der Mineralien entspricht. Eine ganze Reihe von Ausnahmen aus Rosenbusch's Regel ist von Zirkel [1]) sorgfältig gesammelt und zusammengestellt. Die Bedeutung der Schmelzbarkeit für die Ausscheidungsfolge ist aber durchaus nicht von allen Petrographen aufgegeben und wird noch mit verschiedenen Einschränkungen von manchen aufrecht erhalten. So äussern sich Fouqué und Michel-Lévy [2]) folgendermaassen: „Ainsi, en résumé, le principe qui nous paraît avoir présidé à la formation des roches ignées, consiste dans ce fait que les minéraux se sont consolidés suivant l'ordre de leurs fusibilités respectives". Andererseits stellt Morozewicz [3]), indem er ganz richtig darauf hinweist, dass die Ausscheidungsfolge nicht von einem einzigen Factor abhängt, sondern von mehreren gleichzeitig wirkenden Factoren, als Hauptfactor die Löslichkeit bei den gegebenen Bedingungen und überhaupt die von Lagorio hervorgehobenen Bedindungen. Neuerdings sind noch zwei Aufsätze erschienen, die sich mit dieser Frage beschäftigen. Becke [4]) ist bemüht für die zonar gebauten isomorphen Krystalle festzustellen, dass die

[1]) F. Zirkel. Lehrbuch der Petrographie, I, p. 732, 1893.

[2]) F. Fouqué et A. Michel-Lévy. Synthèse des minéraux et des roches.—1882. p. 51.

[3]) J. Morozewicz. Versuche über die Bildung der Mineralien im Magma.—1896, p. 224.

[4]) F. Becke. Ueber Zonenstructur der Krystalle in Erstarrungsgesteinen.—T. M. P. M. 1897, XVII, p. 97.

schwerer schmelzbaren Bestandtheile den Kern bilden, während die äusseren Zonen an den leicht flüssigeren Bestandtheilen reicher sind. Hingegen führt Brauns [1]) die Krystallisationsfolge auf die Löslichkeit zurück, mit dem Hinweis darauf, dass die Ausscheidung eines Minerals aus dem Magma nicht über dessen Schmelzpunkt stattfinden kann. Auf den ersten Blick hat es den Anschein, als ob zwischen beiden Standpunkten (Schmelzbarkeit und Löslichkeit) ein tiefer prinzipieller Unterschied vorhanden wäre. Zieht man aber in Betracht: 1) dass wenn man von einer Bedeutung der Schmelzbarkeit spricht, man nicht den Schmelzpunkt der betreffenden Substanz an und für sich, sondern die von den anderen mit ihr in der Lösung oder Legirung befindlichen Substanzen bedingte Schmelzbarkeit berücksichtigt; 2) dass die so aufgefasste Löslichkeit eine veränderliche Grösse ist, eine Function von der Zusammensetzung des betreffenden Gemenges, – dann verwischt sich der Unterschied zwischen beiden Anschauungsweisen. In beiden Fällen ist die Fähigkeit der betreffenden Substanz in der complexen Flüssigkeit zu bleiben („in der Lösung") oder in mehr oder weniger bedeutenden Mengen auszufallen—eine Function von der Zusammensetzung des Gemenges, die sich während des Krystallisationsprocesses fortwährend ändert, dann auch von der Temperatur und dem Druck. In Bezug auf das krystallisirende Magma muss man als „Stoffe" des Systems nicht die einzelnen Oxyde, sondern den zukünftigen Mineralen entsprechende Gruppen von Oxyden verstehen (mit Ausnahme derjenigen Oxyde, die als selbstständige Minerale auftreten können). Wenn ein Mineral aus einem Magma von bestimmter Zusammensetzung bei der Temperatur t erstarrt, so wird es unlöslich, sobald das Magma diese Temperatur erreicht hat;

[1]) R. Brauns. Ueber Beziehungen zwischen dem Schmelzpunkt von Mineralien, ihrer Zonenstructur und Ausscheidungsfolge in Eruptivgesteinen. Temperatur der Laven.—Ibid., p. 485.

es erstarrt aber nicht die ganze Menge des betreffenden Minerals auf einmal, weil durch die eingetretene Ausscheidung einer bestimmten Quantität des Minerals A die Zusammensetzung des Magmas sich verändert hat, ebenfalls seine Temperatur (dieselbe kann z. B. gestiegen sein in Folge der bei der Krystallisation von A freiwerdenden Wärme)—und die noch nicht verfestigte Menge von A wird „löslich", mit anderen Worten bleibt flüssig, weil der Schmelzpunkt jetzt ein anderer ist. Löslichkeit und Schmelzbarkeit decken sich, wenn man die Schmelzbarkeit als eine variable Grösse betrachtet, die von der Zusammensetzung, der Temperatur, dem Druck etc. abhängt. Selbstverständlich hängt die Ausscheidungsfolge der Mineralien von der Phasenregel ab und hängen die relativen Mengen der festen und der flüssigen Phasen der verschiedenen Minerale des Magmas von den eben genannten Bedingungen ab. Doch sind die Beziehungen hier recht complicirt, weil das Lösungsmittel selbst an den Reactionen theilnimmt. Daher sind die einfachen Vorstellungen von Lagorio und Morozewicz über Löslichkeit und Uebersättigung wohl direct nur auf diejenigen Oxyde anwendbar, die selbstständig Minerale bilden können (Korund, Magnetit, Rutil und and.).

Es sei noch hinzugefügt dass Jhonston-Lavis [1]) und andere Autoren eine Reihe von Beispielen anführen, die klar und deutlich gegen die Ausscheidungsfolge nach der Schmelzbarkeit sprechen; dass Iddings den Einfluss von Druck und Temperatur auf die Löslichkeit und die Ausscheidung der Mineralien im Magma einer kritischen Prüfung unterzogen hat; endlich, dass Becker auf das Prinzip der grössten Arbeit aufmerksam gemacht hat.

Augenblicklich kann man drei verschiedene Fälle, drei verschiedene Gesteinsgruppen nach der Ausscheidungsfolge unterscheiden:

[1]) „The relationship" etc. (siehe p. 310).

1) Die Ausscheidungsfolge entspricht der Regel von Rosenbusch, d. h. die Krystallisation beginnt mit den basischsten Gemengtheilen und schreitet allmählig zu den sauersten. Das ist der verbreitetste Fall, welcher in den verschiedensten Gesteinsfamilien wiederkehrt. Obgleich man in der Acidität nur ein zufälliges Merkmal sehen muss, das nur als äusserer Ausdruck anderer Factoren, wie das specifische Gewicht, das Princip der grössten Arbeit etc. erscheint, kann man doch darin einen einfachen und scharfen Ausdruck für die beobachteten Erscheinungen sehen. Ganz allgemein lässt sich dieser Fall so ausdrücken: die Magnesia-Eisensilicate scheiden sich vor den Feldspathmineralien aus.

In dieser allgemeinen Form ist dieser Satz entschieden richtig und kann controllirt werden, während die Feststellung der Ausscheidungsfolge der einzelnen Minerale noch der Zukunft vorbehalten bleibt und durchaus nicht einfach und in allen Gesteinen dieselbe ist. Eine wichtige Bestätigung dieser Anschauungsweise geben die Untersuchungen von Lacroix [1]) über die homöogenen Einschlüsse: letztere bestehen immer aus den basischen Gemengtheilen des betreffenden Gesteins, doch ist die Ausscheidungsfolge der einzelnen Mineralien dieser endogenen Einschlüsse durchaus nicht immer diejenige, welche ihren respectiven Basicitäten entspricht.

2) Die entgegengesetzte Reihenfolge, bei welcher die Feldspathmineralien vor den Eisenmagnesia-Bisilicaten auskrystallisiren. Das ist derjenige Fall, der bei den Diabasen, den Augitporphyriten und den Basalten auftritt und die ophitische oder doleritische Structur bedingt. Dieser spezielle Fall (dass der Feldspath vor dem Pyroxen auskrystallisirt) passt in eine allgemeinere Erscheinung, nämlich dass der zuerst auskrystallisirte Bestandtheil saurer ist, als der später zur Krystallisa-

[1]) A. Lacroix. Les enclaves des roches volcaniques. p. 613.

tion gelangende Antheil des Magmas. In diesem Fall krystallisiren zuerst die spezifisch leichteren Bestandtheile, also entgegengesetzt dem vorhergehenden Fall und dem, was bei den isomorphen Mischungen beobachtet wird. Bei dieser Formulirung gehören hierher auch die sphärolithischen Gesteine. Es ist eine allgemein bekannte Thatsache, das die Variolen und die Sphärolithe spezifisch leichter und saurer sind, als die zugehörigen Grundmassen. In den Diabas- und Basaltgesteinen hat man also eine der Rosenbusch'schen Regel entgegengesetzte Ausscheidungsfolge.

In den Diabas- und Basaltgesteinen beginnt nicht allein die Krystallisation des Feldspaths, sondern findet oft auch ihren Abschluss vor derjenigen des Pyroxens. Ausser den Eigenthümlichkeiten der ophitisch-doleritischen Structur spricht dafür die Existenz solcher Facies von Augitporphyriten, bei welchen die Krystallisation zwischen der Ausscheidung der Feldspäthe und des Pyroxens stehen geblieben ist. Das sind glasige, schlackige, mandelsteinartige Varietäten von effusiven Augitporphyriten und einige gangförmig auftretende Varietäten. In diesen Gesteinen findet man manchmal porphyrartige Feldspathausscheidungen, die Grundmasse ist reich an Feldspathmikrolithen; der Pyroxen fehlt aber vollständig, oder tritt in wenigen kleinen Körnern auf. Ich kann auf die mir durch Autopsie bekannten Olonezer Augitporphyrite, die Vitrophyrite der Olonezer und der kaukasischen Ataxite, auf die Gangporphyrite von Pargas, von Sordawala etc. hinweisen. Obgleich der Pyroxen ihnen fehlt, ist doch die Zugehörigkeit dieser Gesteine zu den Augitporphyriten durch deren chemische Zusammensetzung und den geologischen Befund bewiesen.

3) Symplektische Verwachsungen, bedingt durch die gleichzeitige Auskrystallisirung zweier Gemengtheile, kommen hauptsächlich in sauren Gesteinen vor, sind aber auch in andern Gesteinen bekannt. Die Ursachen, welche die gleichzeitige

Auskrystallisirung zweier Gemengtheile bedingen, sind noch nicht festgestellt. Es können hier mehrere Voraussetzungen gemacht werden, die aber alle noch einer sorgfältigen analytischen und z. Th. experimentellen Prüfung bedürfen.

a) Es ist nicht unwahrscheinlich, dass man in einigen symplektischen Verwachsungen Gemenge hat, die den eutektischen Mischungen von Guthrie entsprechen

b) Es ist auch möglich, dass die symplektischen Verwachsungen das Resultat einer schnellen Erstarrung von überkälteten und unterkühlten Magmen sind, welche längere Zeit im flüssigen Zustande nahe vom Erstarrungspunkt gewesen sind.

c) In einigen Fällen hat man wohl in den symplektischen Verwachsungen nicht zwei gleichzeitig ausgeschiedene Gemengtheile, sondern Einschlüsse von früher ausgeschiedenen Krystallen eines Minerals in grosse Individuen eines andern, wenn die Auskrystallisirung dieses letzteren so schnell und auf so grossen Flächen des Magmas vor sich geht, dass die früher ausgeschiedenen Krystalle nicht Zeit haben auszuweichen und so zu sagen eingeschlossen und gefangen bleiben.

Das ist die faktische Seite der Frage von der Ausscheidungsfolge der Mineralien in Eruptivgesteinen. Lassen wir vorläufig die symplektischen Verwachsungen bei Seite und betrachten nur die beiden ersten Fälle. Eine genaue Feststellung der Ausscheidungsfolge, eine Verallgemeinerung ist wohl kaum möglich wegen der vielen Abweichungen in den verschiedenen Spezialfällen. Für alle Details verweise ich auf die ausgezeichnete Zusammenstellung von Zirkel [1]), wo verschiedene Einzelfälle, die Ausnahmen aus Rosenbusch's Regel etc., zusammengestellt sind. Mit Ausschluss dieser Einzelheiten lassen sich folgende Hauptsätze aufstellen:

1) die nicht silicatischen Gemengtheile gehören zu den

[1]) F. Zirkel. Loc. cit., p. 732.

frühesten Ausscheidungen, worauf Zirkel[1]) bereits längst hingewiesen hat;

2) in den Tiefengesteinen und in vielen Effusivgesteinen krystallisiren die Eisenmagnesia-Silicate vor den Feldspathmineralien aus;

3) in den Diabas- und Basaltgesteinen (ebenfalls in den sphärolithischen Gesteinen) scheidet sich im Gegentheil der Feldspathgemengtheil vor den Pyroxenen aus.

Ich glaube, dass man die Frage zuerst in dieser allgemeinen Form behandeln muss, um mit der Zeit zu den Einzelheiten übergehen zu können.

Nun gehe ich zur Darstellung einer von mir gefundenen Beziehung über, die vielleicht einiges Licht auf die hier dargelegte Frage werfen wird. Von der Annahme ausgehend, dass die Ausscheidungsfolge der Mineralien von den Gesetzen der Termochemie regirt wird, habe ich schon längst meine Aufmerksamkeit dem vermuthlichen Einfluss der Molecularvolumina der sich bildenden Minerale zugewandt. Ich vermuthete a priori, dass zwischen der Reihenfolge, in welcher die verschiedenen Mineralien sich aus dem Magma ausscheiden, und der Volumcontraction bei der Bildung einer complicirten Verbindung aus ihren Bestandtheilen ein Zusammenhang existiren muss. Dieser Zusammenhang müsste derartig sein, dachte ich, dass diejenigen Minerale sich früher ausscheiden, die eine grössere Contraction aufweisen (d. h. wo der Unterschied zwischen dem theoretischen und dem wirklichen Molecularvolum grösser ist); mit anderen Worten, dass die Ausscheidungsfolge von Berthelot's Princip regirt wird. Ich glaube, dass es mir gelungen ist eine Bestätigung meiner Vermuthung im Grossen und Ganzen zu finden.

Wie bereits erwähnt, ist die Anwendung des Berthe-

[1]) F. Zirkel. Die mikroskopische Beschaffenheit der Mineralien und Gesteine.—1873, p. 83, 245.

lot'schen Princips auf die Ausseidungsfolge der Mineralien aus dem Magma bereits 1886 von Becker [1]), freilich nur theoretisch, in abstracter Form, versucht worden. Becker hat in allgemeiner Form den Satz aufgestellt, dass die Ausscheidungsfolge der Mineralien eine Function des Berthelot'schen Princips ist, d. h. das Resultat einer derartigen Combination von chemischen Processen im Magma, bei welcher die bei gegebenen Verhältnissen grösst mögliche Wärmeausscheidung stattfindet. Er wies darauf hin, dass es im krystallisirenden Magma zwei Processe giebt, die von Wärmeausscheidung begleitet werden: 1) die chemischen Reactionen bei der Bildung der Minerale und 2) der Process der Verfestigung, der Uebergang in den festen Zustand. Zieht man in Betracht, dass die chemische Zusammensetzung und die physikalischen Bedingungen des Magmas während der Krystallisation sich ändern und dass die quantitativen Beziehungen der verschiedenen Gemengtheile in den verschiedenen Magmen verschiedene sind, so lässt sich nicht a priori eine allgemeine bestimmte Ausscheidungsfolge feststellen, dieselbe muss vielmehr in verschiedenen Fällen eine verschiedene sein, was in der That auch wirklich beobachtet wird. Alles hängt hier von der Nothwendigkeit derjenigen Combinationen ab, die zu der grössten Wärmeabscheidung führen. Das Berthelot'sche Princip wird von Becker [2]) einer anderen umfangreicheren Verallgemeinerung untergeordnet, die er als „theorem of maximum dissipativity“ bezeichnet und folgendermaassen definirt: „The sum of the chemical and physical transformations in any chemically active system will be such as to convert higher forms of energy into heat, light etc. at the greatest possible rate, provided that the interval of time for which the comparison is made is a multiple of a

[1]) G. Becker. A new law of thermo-chemistry. A. M., 1886 (3 Ser.), XXXI, p. 120.

[2]) G. Becker. A theorem of maximum dissipativity. Ibid., p. 115.

certain fraction of the period of the most rapidly moving particles of the system". Nach seiner Auffassung ist also die Ausscheidungsfolge in jedem einzelnen Fall das Resultat einer derartigen Combination der chemischen und physikalischen Vorgänge im Magma, bei welcher die grösst mögliche Quantität von Energie in Wärme und Licht verwandelt wird.

Gehen wir zu meinen Berechnungen über. Vergleicht man die Molecularvolumina der Mineralien mit der Summe der Molecularvolumina der Oxyde oder der Atomvolumina der Elemente, aus denen sie bestehen, so constatirt man immer einen grossen Unterschied zwischen ihnen. Nennen wir v — das theoretische Molecularvolumen nach den Oxyden, d. h. die Summe der Molecularvolumina aller Oxyde (natürlich die Kieselsäure mitgerechnet), aus denen das Mineral besteht; v' — das theoretische Molecularvolumen nach den Elementen, d. h. die Summe der Atomvolumina der Elemente, aus welchen das Mineral aufgebaut ist; V — das wirkliche Molecularvolumen, d. h. das Moleculargewicht dividirt durch das spezifische Gewicht. Es erweist sich, dass $V < v'$ und $V \gtreqless v$. Mit anderen Worten, die Bildung von complicirten Verbindungen wird im ersten Falle von eine Contraction des Volumen, im zweiten — von einer Contraction oder von einer Dilatation begleitet. Da der procentische Betrag der Contraction oder Dilatation bei verschiedenen Mineralien ein verschiedener ist, so könnte man hier eine derartige Gesetzmässigkeit erwarten, dass diejenigen Minerale, ceteris paribus, sich früher ausscheiden, bei denen eine grössere Contraction oder eine kleinere Dilatation beobachtet wird.

Bei den Feldspathmineralien (Feldspäthen, Leucit, Nephelin) der Eruptivgesteine ist $V > v$, d. h. das wirkliche Molecularvolumen ist grösser als das theoretische; bei den gefärbten Eisenmagnesiasilicaten (Pyroxen, Amphibol, Olivin, Biotit) ist im Gegentheil

V < v d. h. sie weisen eine Contraction auf. Im Bereich einer jeden dieser Gruppen scheiden sich die Mineralien ungefähr in der Reihenfolge der abnehmenden Volumcontraction oder der zunehmenden Dilatation aus. Wendet man sich v′ zu, so kann man constatiren, dass alle Minerale V < v′ zeigen; bei der ersten Gruppe beträgt diese Contraction weniger als 50%, bei der zweiten mehr als 50%. Die diesbezüglichen Berechnungen sind mit grossen Schwierigkeiten verknüpft und sind deswegen auch nur für eine geringe Anzahl von Mineralien ausgeführt; doch hielt ich es für richtig schon jetzt auf die allgemeine Schlussfolgerung aufmerksam zu machen da man hier wohl die Entdeckung einer Gesetzmässigkeit erwarten kann.

Die Analysen und die entsprechenden spezifischen Gewichte habe ich Dana's System of Mineralogy, 1892, entnommen. Die passenden Analysen wurden auf die Molecularproportionen umgerechnet und daraus die Formel berechnet. Da absolut frische Minerale, frei von Wasser und Beimengungen, nur selten anzutreffen sind, so musste ich manchmal der Vereinfachung wegen diese unbedeutenden Beimengungen vernachlässigen worunter die Genauigkeit der Berechnungen etwas leiden musste. Wurde das Molecularvolumen nicht für eine bestimmte Analyse, sondern nach der theoretischen Formel (z. B. $K^2OAl^2O^3 6SiO^2$ &) berechnet, so nahm ich für das spezifische Gewicht die wahrscheinlichste Grösse, nämlich die den Analysen der reinsten und frischesten Mineralien entsprechende. Die spezifischen Gewichte und die Atom- und Molecularvolumina der Elemente und Oxyde habe ich Mendelejeff's Lehrbuch der Chemie und Landolt's Tabellen entnommen; für FeO giebt es keine diesbezüglichen Angaben; ich musste mich mit einer Grösse begnügen, die mir im Vergleich mit denjenigen für Fe, O, und Fe^2O^3 am wahrscheinlichsten erschien.

In beiliegender Tabelle sind meine Berechnungen wiedergegeben und beifolgend auch Beispiele für die Berechnung der Formeln nach den bei Dana entnommenen Analysen.

Diopsid (Dana, 399; 10).

SiO^2	— 0,918	2
FeO	— 0,007	
CaO	— 0,458	1
MgO	— 0,459	1

$CaOMgOSiO^2$

Uralit (Ibidem, 11).

0,963	3.62
0,011	
0,266	1
0,653	2.45

$2\,CaO\,5\,MgO\,7\,SiO^2$

Diopsid (Dana, 390; 6).

SiO^2	— 0,915			
Al^2O^3	— 0,010			
FeO	— 0,042	0,946	1	0.09
MgO	— 0,478		11	1.04
CaO	— 0,386		9	0.85

Aktinolith (Ibid., 7).

0,959			
—			
0,073	0,887	1	0,34
0,614		8,4	2,8
0,200		2,7	0,9

Enstatit (Dana, 11).

SiO^2	— 0,918		
Al^2O^3	— 0,048		
FeO	— 0,130	1	0,15 FeO
MgO	— 0,755	5.7	0,85 MgO

Labrador (Dana, 327).

Na^2O	1
CaO	2,6
Al^2O^3	3,6
SiO^2	11.3

Selbstverständlich kann erst die Zukunft lehren, ob die von mir vermuthete Gesetzmässigkeit hier wirklich besteht, und uns die Möglichkeit geben diese Frage in's Licht der Thermochemie und der Theorie der Lösungen zu bringen. Es sei mir aber doch gestattet einige Erwägungen hier vorzubringen. Das Magma muss im weiten Sinne des Worts als Lösung aufgefasst werden, ganz abgesehen davon ob man es als eine Lösung mit einem bestimmten Lösungsmittel, als eine Legirung oder als ein geschmolzenes Gemenge betrachtet. Man kann also auf das Magma und dessen Bestandtheile die Erfahrungen über den Einfluss des Druckes auf die Löslichkeit anwenden. Bekanntlich ist bei einigen Körpern der Uebergang in den gelösten Zustand von einer Volumcontraction, bei anderen von einer Dilatation begleitet. Selbstverständlich wird die Löslichkeit bei der ersten Kategorie von Substanzen durch den Druck vermindert, bei der zweiten hingegen ge-

Mineral.	Spezifisches Gewicht s	Das theoretische Molecularvolum. nach den Elementen berechnet v'	Das theoret. Molecularvolum. nach den Oxyden berechnet v.	Das wirkliche Molecularvolum V	V/v	Wieviel Einheiten wirkl. Molecularvolum. auf 100 v'
Orthoklas.	2.56	380	196	217	1.1	57
Albit (Dana, 327)	2.62	404	185	200	1.08	49.5
Anorthit (Dana, 327)	2.758	179	89	100	1.13	55
Labrador (Dana, 327)	2.7003	978.2	418.65	464	1.11	47.4
Quarz.	2.6	44	22.5	22.6	1.00	51.3
Diopsid (Dana, 390, 6)* . .	3.3 (3.2)	116.46		67.4 (65.3)		58
Tremolit (Ibid., 7)*	3.0	304.15		142.7		46.9
Diopsid (Dana, 390, 10)*. . .	3.249		74	66	0.89	
Uralit (Ibid., 11)*	3.003		248.5	243	0.97	
Pyroxen (Dana, 391).	3.181		64	74	1.15	
Fe^3O^4 (Magnetit)	4.9—5.2	85.6		47.3—44.6	(3)	53.7
Fe^2O^3 (Eisenglanz).	5.24	62.4		30.5		48.8
Al^2O^3 (Korund)	4.0	70		25.5		36.4
Rutil	4.25	41.4		18.8		45.4
Zirkon	4.4—4.7	98	44	41.3—39.1	0.91	41
Enstatit (Dana, 11)	3.27	132.98	35.33	34.1	0.96	25
Olivin (Dana, 7) ungef. . . .		104	44.5	43.8	0.98	42
Augit (Dana, 66 a).	3.35	159	76.6 (74)	67.5 (64.1)	0.88	41
Leucit	2.479	292	151	175	1.15	59.9
Kaliophilit	2.5—2.6		106	126 (122)	1.18 (1.15)	
Nephelin ($Na^2OAl^2O^3 2SiO^2$). .	2.55—2.65		95	111 (107)	1.16 (1.12)	
Nephelin ($3 Na^2OK^2O 4 Al^2O^3$) $9 SiO^2$)			413.5	481 (451)	1.16 (1.10)	
Olivin (Forsterit, Dana, 451: 7).	3.191		44.5	43	0.96	
Wollastonit	2.9		40.5	40	0.98	
Enstatit.	3.2		33.5	31.2	0.93	
Diopsid.	3.2—3.3		74	67.5 (66.4)	0.91 (0.89)	
Tremolit	3.1—2.9		141	133 (143)	0.94 (0.01)	
Mikroklin (Dana, 323, 1). . .	2.54		196	214	1.09	
Andesin (Dana, 327).	2.694		274	297	1.08	
Ab_1An_1)			137	148.5		
Jadeit	2.33		140	173	1.22 (?)	

fördert. Bereits Sorby hat dargelegt, dass der Druck die Krystallisation derjenigen Salze fördert, die beim Uebergang aus dem flüssigen Zustand sich dilatiren. Die Beziehungen zwischen Druck, Temperatur und Volumen in festem und flüssigem Zustande werden bekanntlich durch beistehende Formel ausgedrückt

$$r = Au \,.\, T \,.\, \frac{dp}{dT} \ ^{1)}$$

wo r — die Latente Wärme der Umwandlung, A — $\frac{1}{425}$, u—die Differenz der Volumina vor und nach der Umwandlung, T — die absolute Temperatur, p — den Druck bedeutet. Das Studium der oben dargelegten Beziehungen der Molecularvolumina im Lichte dieser Formel scheint mir eine interessante Aufgabe für zukünftige Experimentalarbeiten zu sein.

Für die Beurtheilung der Krystallisationsvorgänge im feurigflüssigen Magma haben einen grossen Werth die Experimentalarbeiten von Barus. Tritt bei dem Uebergang aus dem flüssigen in den festen Zustand bei den Silicaten und Silicatgesteinen eine Contraction oder eine Dilatation ein? Bekanntlich hatten Stapff und Niess [2]) das Letztere angenommen, gestützt auf die Erfahrungen über Wismuth und Eisen. Aus seinen Experimenten über die Volumänderung des Diabases beim Schmelzen und bei verschiedenen Temperaturen zieht Barus [3]) den entgegengesetzten Schluss, nämlich, dass der Uebergang aus dem flüssigen Zustand in den festen von einer Contraction begleitet wird.

Barus fand, dass die Contraction beim Diabas für den Uebergang aus dem flüssigen Zustande in ein homogenes Glas

[1]) Oder $\frac{dT}{dp} = \frac{T(\sigma - \tau)}{Er}$.

[2]) F. Niess. Ueber das Verhalten der Silicate beim Uebergang aus dem glutflüssigen in den festen Aggregatzustand. — Programm zur 70 Jahresfeier d. k. Würtemb. landw. Akademie: Stuttgart, 1889. Hierin auch die Litteratur.

[3]) C. Barus. High temperature work in igneous fusion and ebullition, chiefly in relation to pressure.—Bull. U. S. Geol. Survey, № 103. 1893.

3.5—4$^0/_0$ beträgt, dass die Verfestigung ein scharf ausgeprägter Moment ist und dass eine Continuität der Volumänderung nur scheinbar ist. Das Schelzen und Festwerden ist also hier normal. Interessant ist es, dass die Wärmecapacität des Diabases im geschmolzenen Zustande grösser ist als im festen.

Barus hat Untersuchungen über die Grösse von $\frac{dT}{dp}$ angestellt und gefunden, dass für den Diabas (vermuthlich für Silicate überhaupt) $\frac{dT}{dp} = 0.025$, während die betreffenden Zahlen für Wallrath, Paraffin Naphthalin und Thymol zwischen 0.020 und 0.036 liegen. Daraus zieht Barus den Schluss, dass die Beziehung zwischen Schmelztemperatur und Druck, im normalen Schmelztypus, ungefähr constant ist, unabhängig von der Substanz und colossaler Unterschiede in der chemischen Ausdehnung und wahrscheinlich auch in der Compressibilität. Die Beziehung zwischen Schmelztemperatur und Druck ist vermuthlich eine lineare.

Sollte sich diese Schlussfolgerung wirklich bestätigen, so hätten wir hier eine wichtige Gesetzmässigkeit. Vorläufig scheinen die hier bestehenden Beziehungen nicht so einfache zu sein. So führt z. B. Nernst [1]) an, dass es Körper giebt die bei bestimmten Temperaturen in Bezug auf die Abhängigkeit des Schmelzpunkts vom Druck sich wie Wasser verhalten, bei anderen hingegen wie die grosse Mehrzahl der Körper, d. h. bis zu einer bestimmten Temperatur steigt der Schmelzpunkt mit dem Druck und dann fällt er; als Beispiel hierfür kann Naphthalamin dienen.

Nimmt man an, dass die Silicate zu denjenigen Körpern gehören, die sich beim Verfestigen contrahiren, so muss man mit Sorby und anderen zugeben, dass der Druck in der Nähe des Schmelzpunktes ein die Krystallisation fördernder Factor ist. Obgleich dieser Satz im allgemeinen als richtig

[1]) Nernst. Theoretische Chemie, p. 63.

betrachtet werden muss, so muss man doch eingestehen, dass wir noch keine festen Angaben besitzen für die Annahme, dass alle Minerale sich beim Verfestigen contrahiren. Von manchen wird sogar die Ansicht verfochten, dass die silicatischen Magmen im Moment der Verfestigung sich etwas dilatiren. Ungeachtet dieser Lückenhaftigkeit unserer Kenntnisse auf diesem Gebiet geben uns doch die Molecularvolumina einige Anhaltspunkte zur Beurtheilung der Bedeutung einer Beziehung zwischen Druck und Krystallisation.

„Angenommen, die Mineralien der Lava lösten sich in dem uns unbekannten Lösungsmittel unter Contraction, sagt Brauns [1]), so müsste ihre Löslichkeit mit dem Druck zunehmen; im andern Fall, wenn ihre Auflösung in dem Magma mit Ausdehnung verbunden wäre, müsste ihre Löslichkeit mit dem Druck abnehmen". Leider wissen wir so gut wie nichts über die Löslichkeit der Silicate im Magma unter Druck; es lassen sich aber darüber einige Betrachtungen anstellen vom Standpunkt der Beziehungen der Molecularvolumina. Die Mineralien der Lava sind im Magma nicht unzersetzt gelöst, sie sind vielmehr dissiociirt, in Ione zerlegt. Was diese Ionen sind, wissen wirn icht. Nimmt man an es seien im Magma die Basen und die Kieselsäure einzeln vorhanden, dass sie erst bei fortschreitender Abkühlung sich zu complicirten Verbindungen vereinigen und dass nahe vom Schmelzpunkt, wie Lehman [2]) es annimmt, der feste Körper bereits als solcher in der Lösung vorhanden ist, so kann man folgendes Bild entwerfen.

Die Feldspath- und Eisenmagnesia-Silicate befinden sich in dem feuerflüssigen Magma in dissociirtem Zustande, sie sind in die betreffenden Oxyde zerlegt. Dabei nehmen die Feldspathmineralien ein kleineres Volumen als dasjenige der fertigen Mineralien ein, die Eisenmagnesiasilicate hingegen ein

[1]) R. Brauns. Chemische Mineralogie. 1896, p. 92.

[2]) O. Lehman. Molecularphysik. I, p. 682 u. II. p. 411.

grösseres. Wendet man hier der Vereinfachung wegen die Vorstellungen über Löslichkeit an, so kann man sagen, dass unter hohem Druck die „Löslichkeit“ der Eisenmagnesiasilicate erniedrigt, bei den Feldspäthen und Feldspathiden hingegen erhöht ist. Ceterias paribus fördert der Druck die Vereinigung der Oxyde zu Eisenmagnesiasilicaten und wirkt der Bildung der Feldtpathmineralien entgegen. Daraus kann man den Schluss ziehen, dass in der Tiefe unter Druck die erstgenannte Gruppe von Mineralien vor der zweiten zur Ausscheidung gelangen wird und dass die Ausscheidungsfolge eine der Abnahme des Contractionscoefficienten entsprechende Reihe geben wird (d. h. diejenigen Mineralien die bei der „Auflösung“ sich dilatiren werden sich früher verfestigen).

Man kann also, wie es mir scheint, den Satz aufstellen, dass die Ausscheidungsfolge der Mineralien in einem unter Druck krystallisirenden Magma von dem Verhältniss zwischen der Volumcontraction und dem Druck abhängt. In den effusiven Magmen tritt eine Veränderung ein: die Eisenmagnesiasilicate werden „löslicher“ und hängt die Ausscheidungsfolge von der Löslichkeit bei gewöhnlichem Druck oder von der relativen Schmelzbarkeit ab.

Die Beziehungen der Molecularvolumina sind auch für die Frage der gegenseitigen Beziehungen des Augits und der Hornblende, für den Dynamometamorphismus und für die isomorphen Mischungen von Interesse.

Ich hatte schon vor längerer Zeit einige diesbezüglichen Berechnungen gemacht, wegen ihrer Lückenhaftigkeit sie aber nicht veröffentlicht. Die neuerdings erschienene Notiz von Becke giebt mir Veranlassung es jetzt zu thun. Becke hat gefunden, dass bei der Skapolithisation eine Volumcontraction beobachtet wird, und glaubt, dass vielleicht durch eine derartige Volumcontraction der ganze Gang der Dynamometamorphose, speciell der Uralitisirung, bedingt wird. Die in der obigen Tabelle mit einem * bezeichneten Analysen zeigen, dass bei der Uralitisirung der Pyroxene in manchen Fällen eine Volumverminderung, manchmal hingegen eine Volumzunahme beobachtet wird. Das war auch zu erwarten, wenn man in Betracht zieht, das die Uralitisirung ein rein chemischer (oder wenigstens dynamochemischer und nicht rein dynamometamorpher) Process ist. Hingegen zeigt der Vergleich des Tremolits mit dessen Umschmelzungsproducten dass hier eine Volumcontraction eintritt. Das Erstarren des geschmolzenen Tremolits als Pyroxen könnte also, ganz abgesehen von der möglichen Einwirkung von Wasserdampf, Fluor, Druck &, auf das Princip der grössten Arbeit zurückgeführt werden. Betrachten wir beispielsweise die zwei folgenden Fälle in der Voraussetzung, dass der geschmolzene Tremolit entweder in Diopsit und Enstatit oder in Enstatit und Wollastonit zerfällt.

$$CaO\,3\,MgO\,4\,SiO^2 = CaO\,MgO\,2\,SiO^2 + 2\,(MgOSiO^2).$$

s = 3   s = 3.2   s = 3.2

$v = 141 \quad v_I = 74 \quad v_{II} = 44.5 \quad v_I + v_{II} = 118.5$

$V = 138.6 \quad V_I = 67.5 \quad V_{II} = 31.2 \quad V_I + 2\,V_{II} = 130$

$$CaO\,3\,MgO\,4\,SiO^2 = CaOSiO^2 + 3(MgOSiO^2).$$

$v = 141 \quad v_I = 40.5 \quad v_{II} = 44.5 \quad v_I + 3\,v_{II} = 174$

$V = 138.6 \quad V_I = 40 \quad V_{II} = 31.2 \quad V_I + 3\,V_{II} = 133.6$

Wie bereits hervorgehoben genügt die Schmelzbarkeit der Minerale nicht zur Erklärung ihrer Ausscheidungsfolge aus dem Magma; doch darf die Schmelzbarkeit nicht einfach über Bord geworfen werden und kann vielmehr noch im Licht der Molecularvolumina betrachtet werden. Die durch den Druck bewirkte Schmelzpunktserhöhung ist nicht gleich bei verschiedenen Körpern. Es kann vorkommen, dass ein leichtflüssiger Körper unter hohem Druck schwerflüssiger wird als ein anderer, der unter gewöhnlichem Druck leichter schmolz, wie es z. B. von Bunsen [1]) für Paraffin und Wallross dargethan ist. Zieht man diese Beziehungen in Betracht, dann tritt die Bedeutung der Schmelzbarkeit wieder hervor und es können auf diesem Wege einige scheinbare Widersprüche in der Krystallisationsfolge beseitigt werden. Betrachten wir beispielsweise die intratellurische und die ophitische Ausscheidungsfolge. In den Basalten, Diabasen und Augitporphyriten entspricht die Ausscheidungsfolge der Mineralien ihrer Schmelzbarkeit. In der Tiefe unter starkem Druck sind aber die Schmelzpunkte andere geworden. Sie sind für den Feldspath wie für den Pyroxen gestiegen, aber nicht in gleichem Masse. Die Beziehungen der Molecularvolumina gestatten die Annahme, dass der Pyroxen, der eine grössere Volumcontraction aufweist, unter erhöhtem Druck schwerflüssiger geworden ist als der Feldspath,—was die entgegengesetzte Ausscheidungsfolge bewirken würde. Die Mineralien sind im Magma dissociirt und entstehen aus den betreffenden Oxyden erst in der Nähe des Erstarrungspunktes. Unter hohem Druck ist die dazu erforderliche Vereinigung der Oxyde für die Pyroxene erleichtert, für die Feldspäthe hingegen erschwert durch den Druck und durch die bei der Bildung der Pyroxene frei werdende Wärme. Dass physikalische und thermochemische Ursachen und nicht Eigenthümlichkeiten der Zusammensetzung bei der Ausscheidungsfolge in erster Linie in Betracht kommen, zeigt das Beispiel der Diabase, Basalte und Augitporphyrite einerseits, der Gabbros, Norite u. drgl. andererseits.

Ein anderes Beispiel bildet die verschiedene Ausscheidungsfolge des Orthoklases und des Quarzes in den Graniten und den Quarzporphyren. In diesen letzteren sind die porphyrischen Einsprenglinge oft nur durch Quarz vertreten; daraus zieht man den übereilten Schluss, dass der Quarz sich in diesem Falle vor

[1]) R. Bunsen. Pogg. Ann., 1850, 81, p. 562.

dem Orthoklas ausgeschieden hat. Dieser scheinbare Widerspruch lässt aber auch eine andere Erklärung zu. Erstens ist die Möglichkeit nicht ausgeschlossen, dass der Quarzporphyr durch Umschmelzung von Granit entstanden ist. Angenommen der Granit geht bei Verminderung des darauf lastenden Druckes zufolge Reyer's Anschauungen in Schmelzfluss über, so kann man sich leicht vorstellen, dass das Emporsteigen und der Erguss, folglich auch eine bedeutende Abkühlung des Schmelzflusses, eintrat ehe die Granitmasse ganz geschmolzen war. Der Quarz kam als der schwerflüssigere Gemengtheil erst nach den anderen zum Schmelzen und wurde nur angeschmolzen, aber nicht ganz geschmolzen, und blieb nun in dem auf diese Weise entstandenen Quarzporphyr als Einsprengling zurück. Es lässt sich auch eine andere Annahme machen. In dem feuerflüssigen Magma des Quarzporphyrs haben sich in der intratellurischen Krystallisationsphase die porphyrartigen Einsprenglinge in der gewöhnlichen Reihenfolge ausgeschieden, nämlich zuerst das Eisenmagnesiasilicat, dann der Orthoklas und zuletzt der Quarz. Nach der Eruption dieser bereits an krystallinischen Ausscheidungen reichen Lava ändern sich die Krystallisationsbedingungen recht scharf: der Druck ist aufgehoben, die Temperatur ist aber noch so hoch, (die sauren Laven scheinen meist eine hohe Temperatur zu besitzen) dass ein Theil der porphyrartigen Einsprenglinge corrodirt und z. Th. wieder gelöst wird. Selbst der Quarz ist theilweise angeschmolzen, doch genügte die Wärme nicht, um ihn ganz aufzulösen, ehe die Verfestigung des Magmas eintrat. Bekanntlich sind die Quarzeinsprenglinge in den Porphyren immer stark corrodirt; bei beiden oben gemachten Vermuthungen ist diese Anschmelzung des Quarzes erklärlich. Ich betrachte also die Quarzeinsprengungen der Porphyre nicht als Krystalle, die sich vor dem Feldspath ausgeschieden hätten, sondern für Krystalle, die von der Corrosion verschont geblieben sind. Selbstverständlich findet die Resorption der porphyrartigen Ausscheidungen nicht allein nach der Eruption des Magmas statt, sondern auch in der intratellurischen Periode des Magmas und während des intratellurischen Aufsteigens desselben bis zu der Stelle, wo die Verfestigung eintritt. Die Resorption der früher ausgeschiedenen Krystalle ist eine Function des Druckes, der Temperatur und der Löslichkeitsverhältnisse. Diese Seite der Frage ist bereits von Iddings erläutert worden; indem ich die Richtigkeit seiner Betrachtungen anerkenne, stimme ich doch in einem Punkte mit ihm nicht überein. Iddings nimmt an, dass bei einer entsprechenden Temperatur- oder Druckabnahme die bereits früher ausgeschiedenen Minerale in einer ihrer Ausscheidungsfolge entgegengesetzten Reihenfolge resorbirt werden, d. h. dass die jüngeren Ausscheidungen vor den älteren der Resorption anheimfallen. Das trifft aber nur für den Fall zu, wenn die Temperatur- und Druckveränderungen diametral entgegengesetzt sind denjenigen betreffenden Veränderungen, welche das Magma zum Krystallisiren brachten; gewöhnlich bestehen aber complicirtere Beziehungen in dem Gange der Temperatur- und Druckveränderungen. Nehmen wir beispielsweise an, dass aus einem Magma, welches hohe Temperatur besitzt und unter starkem Druck sich befindet, in Folge einer Druckerniedrigung, aber ohne Abnahme der Temperatur, Pyroxen, Feldspath und Quarz in dieser Reihenfolge sich ausgeschieden hätten. Würde der Druck wieder steigen, so würde eine Resorption der bereits ausgeschiedenen Minerale eintreten, und zwar würde die Resorption mit den zuletzt ausgeshiedenen Mineralen beginnen und erst allmählich zu den zuerst ausgeschiedenen schreiten. Dasselbe gilt auch in Bezug auf die Wirkung der Temperaturveränderung bei unverändertem Druck. Die in der Natur waltenden Beziehungen sind aber viel complicirter, und hängt die Ausscheidungsfolge der Mineralien von den gleichzeitigen Wirkungen der Abkühlung und der Temperaturabnahme ab. In der effusiven Krystallisationsphase, ebenso wie auch am Schluss der intratellurischen Phase, kann eine Temperaturerhöhung eintreten, aber ohne gleichzeitige Druckzunahme. Es ist also ganz natürlich zu erwarten, dass die leichtflüssigen Minerale früher der Resorption anheimfallen, obgleich dieselben früher auskrystallisirt wären als andere strengflüssigere Minerale, die bei starkem Druck nicht zur Abscheidung gelangen konnten. Es ist meiner Ansicht nach noch ein höchst wichtiger Factor nicht ausser Acht zu lassen, und zwar der Umstand, dass das Tiefenmagma stark mit Wasserdämpfen imprägnirt ist und dass es am Schluss der intratellurischen Phase, und besonders in der effusiven Phase, fast all sein Wasser verliert. Die Wirkung der Temperaturveränderungen an einem auf diese Weise entwässerten Magma muss aber eine andere sein als an einem von Wasser durchtränkten Magma: es ist sehr wahrscheinlich, dass die Reihenfolge der Resorption in einem vom Wasser durchtränkten intratellurischen Magma und im effusiven Magma ganz verschieden, ja entgegengesetzt sein kann.

Auf Grund obiger Betrachtungen halte ich es nicht nur für wahrscheinlich, sondern sogar für nothwendig, dass der Gang der Resorption von bereits ausgeschiedenen Gemengtheilen im intratellurischen und im effusiven Magma ein verschiedener ist. In vielen Fällen beginnt die Resorption mit den älteren Ausscheidungen, wie man es an theilweise resorbirten „Xenolithen“ constatiren kann. Deswegen erheischt die Feststellung der Ausscheidungsfolge im effusiven Magma grosse Vorsicht: es ist nicht zulässig, nach der Anwesenheit bestimmter Gemengtheile und der Abwesenheit anderer unter den porphyrischen Ausscheidungen die Krystallisationsfolge festzustellen, da man hier in vielen Fällen das Resultat nicht allein einer bestimmten Krystallisationsfolge, sondern auch einer mitspielenden Resorptionsfolge hat. Die durch Resorption bedingte scheinbare Krystallisationsfolge will sich als „tektische“ Ausscheidugsfolge bezeichnen; ein Unterschied zwischen der intrusiven und effusiven Krystallisationsphase besteht u. A. auch darin, dass wir in der ersteren meist eine reine Krystallisationsfolge haben, während in der letzteren die tektische Ausscheidungsfolge mitspielt.

Es erübrigt noch zwei Factore zu berücksichtigen, welche für die Ausscheidungsfolge der Minerale im Magma von Bedeutung sind, und zwar: die Affinität der Basen zu der Kieselsäure und die Rolle des specifischen Gewichts. Das experimentelle Studium der Frage von der Affinität der Basen zur Kieselsäure gehört noch der Zukunft an; bis dahin giebt es zwei Wege, auf denen man dem Verständniss und der Aufklärung dieser Frage sich nähern kann. Der erste Weg beruht auf dem Studium der chemischen Zusammensetzung der porphyrartigen Ausscheidungen, der Grundmasse, der glasigen Basis und des ganzen Gesteins in ihren gegenseitigen Beziehungen. Auf diese Weise hat Lagorio bestimmt, welche Basen ein grösseres Krystallisationsvermögen besitzen, leichter das Magma sättigen und früher zur Ausscheidung gelangen. Zuverlässiger und richtiger erscheint mit jedoch der andere Weg. Derselbe stützt sich auf das Studium der Vertheilung der Kieselsäure unter die verschiedenen im Magma enthaltenen Basen. Es unterliegt keinem Zweifel, dass eine Säure in Anwesenheit zweier Basen sich nicht gleichmässig unter dieselben vertheilt, sondern proportional den betreffenden Affinitäten und der Massenwirkung. Es können sich also aus einem Gemenge zweier Basen A und B und einer Säure C entweder neutrale Salze von A und B bilden, oder ein saures Salz von A und ein basisches Salz von B, oder umgekehrt. Besitzt die betreffende Säure die Fähigkeit Polysäuren zu bilden, so wird die Base mit der stärkeren Affinität das Bestreben haben, säurereichere Salze zu bilden, grössere Mengen von Säure zu binden, obgleich eventuell eine andere Base mit schwächerer Affinität früher aus dem Gemenge als Salz zur Abscheidung gelangen würde. Bekanntlich hängt die Vertheilung einer Base unter zwei Säuren nicht von der Natur der Base, sondern von dem Grade der Dissociation der Säuren ab und ist der Theilungscoefficient $\frac{1-x}{x} = \frac{a_1}{a_2}$ proportional dem Verhältniss des Grades der Dissociation bei bestimmter Concentration. Dieselben Beziehungen sind auch wohl für den Fall von einer Säure und mehreren Basen anzunehmen. Ich erinnere als Beispiel an die Vertheilung von Salzsäure unter Codein und Chinin, die nach Jellet [1]) durch $K = \frac{K_1}{K_2}$ ausgedrückt wird, d. h. die Gleichgewichtsconstante ist gleich dem Verhältniss der Dissociationsconstanten. Von diesem Standpunkt der Affinität lassen sich schon jetzt in Bezug auf das Magma folgende interessante Erwägungen und Auseinandersetzungen aufstellen, die einer experimentellen Controlle bedürfen und interessante zukünftige Aufgaben bilden.

Das Kali besitzt eine grössere Affinität zur Kieselsäure als das Natron und die Erdalkalien. Das Kali hat daher die Tendenz die bei der betreffenden Acidität des Magmas möglichst säurereichen Salze zu bilden. Man muss annehmen, dass die Kieselsäure bereits in der flüssigen Lava oder wenigstens vor dem Festwerden unter die Basen vertheilt ist; im entgegengesetzten Falle würden diejenigen Basen, deren Salze eine grössere Krystallisationsfähigkeit besitzen, fast die ganze Kiselsäure für sich in Anspruch nehmen, so das für diejenigen Basen, deren Salze eine geringere Krystallisationstendenz besitzen, fast garnichts übrig bleiben würde. Bei diesen Bedingungen könnte man erwarten in kieselsäurearmen Gesteinen Bisilicate von Magnesia und Kalk, im günstigen

---

[1]) Siehe Nernst. Theoretische Chemie, p. 361.

Falle kieselsäurearme Natronsilicate und das Kali (manchmal auch einen Theil des Natrons) im Glase mit dem Rest der Kieselsäure anzutreffen. In Wirklichkeit verhält es sich aber anders; wir sehen im Gegentheil, dass das Kali, obgleich dessen Salze später als die übrigen zur Krystallisation gelangen, eine solche Menge Kieselsäure für sich in Anspruch nimmt als für die Bildung der bei gegebenen Verhältnissen möglichst kieselsäurereichen Salze erforderlich ist. So ist in der Vesuvlava das Kali als Leucit vorhanden und nicht etwa als ein Kalinephelin oder desgleichen und müssen sich die übrigen Basen in den Rest der Kieselsäure theilen. Die Bildung von Sanidin ist in dieser Lava nicht möglich, da in diesem Falle die Kieselsäure für die übrigen Basen nicht ausreichen würde. Uebrigens scheint es, dass man einer derartigen Rolle des Kali eine nicht geringere, wenn nicht grössere, Affinität der Magnesia zur Kieselsäure zur Seite stellen muss. In derselben Vesuvlava befindet sich die Magnesia als Bisilicat, als Augit, und nicht als Monosilicat, Olivin, wie es sein müsste, falls das Kali einen Trisilicat, Sanidin, gebildet hätte. Man kann also annehmen, dass das Kali und die Magnesia die Hauptmasse der Kieselsäure unter sich vertheilen und den Rest dem Natron und dem Kalk überlassen, die dem entsprechend den einen oder den andern Plagioklas bilden.

Dasselbe sehen wir auch in den Gesteinen die Nephelin und Augit und nicht Albit und Olivin enthalten. Hierher gehört auch die umgekehrte Proportionalität von Olivin und Enstatit in den Melaphyren und andere Beispiele.

Weder die Ausscheidungsfolge der Mineralien aus dem Magma, noch die Krystallisationsfähigkeit oder die Löslichkeit können an und für sich als Maass der Affinität der Basen zur Kieselsäure gelten. Viel wichtiger ist das Studium der Vertheilung der Kieselsäure unter die verschiedenen Basen. Wie es scheint lassen sich die Basen nach ihrer Affinität zur Kieselsäure folgendermassen ordnen: Kali, Magnesia, Natron, Kalk.

Die obigen Betrachtungen beziehen sich auf die Gier mit welcher die verschiedenen Basen sich mit der Kieselsäure zu verbinden streben, d. h. auf das Bestreben grössere Mengen von Kieselsäure zu binden, säurereichere Salze zu bilden. Die eben angeführte Reihenfolge der wichtigsten Basen nach ihrer Affinität zur Kieselsäure ist aber auch vom Standpunkt der Beständigkeit der verschiedenen Silicate gerechtfertigt. Lemberg, dem man ein reiches experimentelles und analytisches Material über Genesis und Umwandlungserscheinungen verdankt, weist auf die grössere Beständigkeit der Kalisilicate im Vergleich mit den Natronsilicaten und der Alkalisilicate überhaupt im Vergleich mit den Kalksilicaten hin. Zugleich weist Lemberg [1]) auch darauf hin, dass die Magnesia eine grosse Affinität zur Kieselsäure besitzt; die Beständigkeit und die Wiederstandsfähigkeit der Magnesiasilicate, die nebst den wasserhaltigen Thonerdesilicaten, den Carbonaten, dem Quarz und den Eisenoxyden als Endziele der Verwitterung erscheinen, ist übrigens allen Petrographen genügend bekannt.

Es giebt noch einen Factor, dessen Einfluss auf die Ausscheidungsfolge der Mineralien in den Tiefengesteinen jedenfalls nicht ausser Acht gelassen werden darf: ich meine die katalytische Wirkung verschiedener meist gasförmiger Substanzen, welche bei der Herausbildung eines Gesteins aus dem Magma mitwirken. Michel-Lévy und die französischen Autoren überhaupt legen bekanntlich ein grosses Gewicht auf die sog. „agents minéralisateurs“; andererseits wollen Lagorio und Morozewicz denselben eine jegliche Bedeutung absprechen. Ohne die Ansicht der französischen Autoren zu theilen, die mir die Rolle dieser agents minéralisateurs bedeutend zu überschätzen scheinen, kann ich doch diesem Factor eine

[1]) J. Lemberg. Ueber Silicatumwandlungen.—Z. d. g. G., 1876, p. 17 u. 47.

bestimmte Bedeutung nicht absprechen und bei Lagorio und Morozewicz selbst findet man Beispiele, die gegen ihren Standpunkt sprechen. Es ist auch anders nicht zu erwarten, da man aus der Chemie viele Fälle solcher katalytischer Wirkungen kennt. Es genügt an die katalytische Wirkung der Säuren bei der Inversion einer wässerigen Lösung von Rohrzucker in Dextrose und Lävulose, an die Autokatalyse bei einem Gemisch von Wasser, Amylen und Aether, an die katalytische Wirkung von Wasserdampf bei der Explosion eines Gemisches von CO und O, welches von einem elektrischen Funken nur in Anwesenheit einer geringen Menge von Wasserdampf explodirt etc. zu erinnern, um Anhaltspunkte zu finden für katalytische Erscheinungen im Magma, abgesehen von den Fällen, wo die agents minéralisateurs selbst an dem Aufbau einiger Bestandtheile der Eruptivgesteine sich betheiligen.

Die Rolle des specifischen Gewichtes bei den Differentiationsvorgängen im Magma.

Die Frage über die Bedeutung des specifischen Gewichts für die Differentiation des Magmas kann von zwei Gesichtspunkten aus betrachtet werden: in Bezug auf einen ganzen Complex von Magmen und in Bezug auf die Zergliederung eines Magmas in seine Bestandtheile. Seit dem Bestehen der Theorie von Kant-Laplace nimmt man an, dass beim Uebergang der Erdkugel aus einem gasförmigen Zustande in einen flüssigen und festen die schwereren Elemente das Bestreben zeigen mussten sich im Centrum zu concentriren, im Kern der Erdkugel, die leichteren Elemente hingegen und ihre Verbindungen im äusseren Theil der Erdkugel, in der Erdkruste zurückzubleiben. Das, was als Beweis dieser Vorstellung und Auffassung über das specifische Gewicht der Erde und ihrer äusseren Theile angeführt wird, ist einem jeden zu gut bekannt, um dabei länger zu verweilen. In Anwendung auf die Petrographie wurden die erwähnten genetischen Vorstellungen von Sartorius von Waltershausen (und Durocher) benutzt. Ausser dieser ursprünglichen schichtweisen Ungleichartigkeit der Erdkugel in Bezug auf das specifische Gewicht, ist es erforderlich die viel wichtigere Differentiation des Magmas in Bezug auf das specifische Gewicht in den unterirdischen Reservoiren von geschmolzener Materie im Auge zu halten. Durocher, Rosenbusch und andere richteten ihr Augenmerk darauf, dass die geschmolzene Masse, die im Schoosse der Erde sich selbst überlassen ist, allmählig so differentiirt wird, dass die schwereren Bestandtheile das Bestreben zeigen sich in den niederen Theilen des Magmas zu concentriren, während die oberen Theile sich mit den leichteren Elementen bereichern (so zum Beispiel müssen sich nach Durocher Na^2O und SiO^2 hauptsächlich in den oberen Schichten des Magmas anhäufen). Deshalb spalten sich die unterirdischen Reservoire der Lava und die Vorräthe der flüssigen Lava unter den Vulkanen in der Periode ihrer Ruhe so, dass die unteren Schichten die Zusammensetzung des schweren basischen Magmas annehmen, die oberen—die des sauren leichten, und die zwischenliegenden stellen eine Zusammensetzung dar, die am meisten der normalen ursprünglichen Zusammensetzung des ganzen Magmas entspricht.

Das mittlere vermischte Magma, dass sich einige Zeit in Ruhe befindet unterliegt noch einigen Einflüssen, welche im specifischen Gewichte des Magmas und seiner Bestandtheile wurzeln und sich bestreben das Magma in mehr oder weniger durchdringender Weise zu differenziren.

Erstens zwingt einen die Analogie der feuerflüssigen Massen mit den Lösungen auch auf das geschmolzene Magma die Beobachtungen von Gouy und Chapéron [1]) auszudehnen, welche

[1]) Siehe auch die Data über das Meerwasser; eine solche Concentration wird bemerkbar bei einer Höhe der Säule einer Lösung von über 100 m.

darin bestanden, dass sich verschiedene Theile der Lösung in vertikaler Richtung im spec. Gew. unterscheiden, und dass die Concentration der Lösung und der Gehalt in ihr an schweren Bestandtheilen in dem Maasse der Entfernung von der oberen Oberfläche der Lösung zur unteren wachsen. Wenn eine solche Differentiation wirklich besteht, so müssen die niederen Theile dieses Magmas reicher an Oxyden des Eisens und an Magnesiasilikaten sein, als die oberen. So zum Beispiel kann es vorkommen, dass ein Andesitmagma nach unten zu in ein Basaltmagma übergeht; die Andesite mit sporadischen Gehalt an Olivin stellen möglicher Weise ein solches an der Grenze liegendes oder nicht ganz differentiirtes Magma vor...

Ein anderer Factor, der die Spaltung des Magmas leitet, ist die Erscheinung, die für Lösungen von Soret beobachtet wurde und darin besteht, dass die schwereren der gelösten Materien in die kälteren Theile des Magma streben.

In den eben angeführten Fällen zeigte sich die Bedeutung des specifischen Gewichtes bei der Spaltung des flüssigen Magmas, bei der Differentiation desselben vor der Krystallisation und unabhängig von ihr. Aber die Bedeutung des specifischen Gewichtes kann auch in anderer Form hervortreten, und zwar in ungleichmässiger Vertheilung der schon ausgeschiedenen Krystalle in der noch flüssigen Grundmasse. Grössere porphyrartige Einsprenglinge von intratellurischer Bildung oder überhaupt Bestandtheile, die sich schon in der Lava in fertigem Zustande vor ihrer definitiven Verfestigung befinden, können sich in der Lava ungleichmässig vertheilen. Als Beispiel kann hierfür dienen die Leucitlava des Vesuvs. Das specifische Gewicht des Leucits ist 2,5, dasjenige der Vesuvlava — 2,77; nach Beobachtungen von Delesse und Roth verringert sich das spec. Gew. der Leucitgesteine bei der Einschmelzung in Glas um 4—5%; wenn man zugiebt, dass sich das sp. Gew. bei dem Uebergang in einen flüssigen Zustand fast um eben soviel verringert, und wenn man beachtet das sp. Gew. der Lava ohne Leucit, so erscheint es unbestreitbar, dass die flüssige Lava des Vesuvs specifisch schwerer ist, als die Leucitkrystalle. Folglich sind diese letzteren im Stande in der flüssigen Lava zu schwimmen und sich an deren Oberfläche zu erheben, wobei in hervorragendem Maasse die aus der Lava hervortretenden Wasserdämpfe mitwirken können. Mir erscheint es, dass man durch diese Wechselbeziehungen das auf den ersten Blick wunderbare Factum erklären kann, dass die schlackige, stark poröse äussere Zone der Lava reich an grösseren intratellurischen Leucitkrystallen ist, und zwar bisweilen so grossen, dass ihr Durchmesser gleich dem ganzen Zwischenraume zwischen den benachbarten Hohlräumen der schlackigen Lava ist. Umgekehrt enthält die compacte steinige Lava der inneren Schichten des Stromes gewöhnlich nur kleine Leucitkrystalle zweiter Generation, aber dafür ist sie reich an porphyrartigen Einsprenglingen von Augit, welcher als schwererer in der flüssigen Lava untertaucht und das Bestreben zeigt die unteren Schichten des Stromes zu bereichern. Auf diese Weise kann im Lavastrom, welcher intratellurische Krystalle von Leucit und Augit enthält, eine gewisse Differentiation vor sich gehen in Folge des Bestrebens des Augits in der flüssigen Lava unterzutauchen, des Leucit dagegen aufzutauchen [1]). Eben solch

[1]) Zum Zweck eines experimentalen Controllversuches über die Richtigkeit einer solchen Annahme wurde von mir folgender Versuch gemacht. In geschmolzene Lava tauchte ich Leucit- und Augitkrystalle. Diese Versuche sind mit grossen Schwierigkeiten verbunden, da sich einerseits die Krystalle leicht in der geschmolzenen Lava lösen, andererseits, obgleich selbst geglüht, bedecken sie sich bei der gegenseitigen Berührung mit der geschmolzenen Masse mit einer glasartigen Schicht, welche gleichsam als Boot dient (worauf bereits Barus hingewiesen hatte) und im Stande ist sogar schwerere Krystalle, als das Magma selbst, an der Oberfläche zu halten. Nachdem ich nach Möglichkeit diese Unzuträglichkeiten beseitigt hatte, konnte ich konstatiren, dass Augit untertauchte, Leucit dagegen auftauchte.

eine Beziehung stellen die Modificationen der Augitporphyrite dar, die reich an Plagioklas und diejenigen, die reich an Augit sind, und einige andere Beispiele. Durch eben solch eine Rolle des specifischen Gewichtes, wie bekannt, erklärt Harker [1]) die Gegenwart von Quarz in den sogenannten Quarzbasalten [2]).

Es ist bekann, dass die Sphärolithstructur oft auf die oberen äusseren Theile oder Nester der Ströme von Porphyrgesteinen beschränkt ist. Interessant wäre zu sehen, ob man nicht auch hier eine Erklärung in der Wirkung des specifischen Gewichtes der Bestandtheile finden kann. Bei Lagorio und anderen Autoren kann man Angaben über das specifische Gewicht der Sphärolithe und des ganzen Gesteins finden. Ein solches Beispiel stellen auch die Variolite der Durance, von Jalguba, von Bochtybai, (Mugodjaren) dar, wo die Variolen leichter erscheinen, als die sie einschliessende Grundmasse. Da die Sphärolithe und die Variolen in der Zeit ihrer Bildung der Krystallisation oder überhaupt der Erstarrung der übrigen Masse des Gesteins vorangehen, so müssten oder konnten sie wenigstens, als leichterere, an die Oberfläche emportauchen und sich in den oberen Theilen des Gesteins anhäufen. Hierdurch wird auch erklärt, weshalb die Variolite und Spärolithfelse oft nur an den Rändern („randliche Ausbildungsform“) der gewöhnlichen Augitporphyrite oder der Liparite auftreten. Was die Variolite betrifft, so erscheint mir eine solche Erklärung sehr wahrscheinlich; so viel ich nach mir persönlich bekannten Beispielen urtheilen kann,

[1]) A. Harker. On porphyritic quarz in basic igneous rocks. — Geol. Mag. 1892, p. 485.

[2]) Als diese Zeilen schon geschrieben waren, fand ich eine vollständig analoge Auffassung bei Fuchs. (C. W. Fuchs. Die Veränderungen in der flüssigen und erstarrenden Lava. — T. M. P. M. 1871—72, p. 72): „Wenn die geschmolzene Masse so reichlich war, dass die Krystalle in ihr schwammen, ordneten sich letztere, so gut wie möglich, nach der Schwere.

bilden die Variolite die oberen äusseren Theile oder lagern sich in Form von Flecken und unregelmässigen Partien in den äusseren Theilen der Augitporphyrite und der Diabasströme.

Solcher Art sind die Bedingungen in Jalguba, desgleichen in den Mugodjaren. Interessant ist es, dass dieselbe Ansicht über die Bedeutung des specifischen Gewichtes für die Differentiation des sich krystallisirenden Magmas schon viel früher von Darwin ausgesprochen wurde, darauf aber in sehr bestimmter Form von Scrope [1]), welcher die Möglichkeit der Differentiation zuliess in Folge von Emportauchen der leichteren Feldspäthe und Untertauchen der schwereren Augite in die unteren Theile des geschmolzenen Magmas. Der Auffassung Scrope's trat auch King bei, welcher dem specifischen Gewicht eine bedeutende Rolle bei der Differentiaton, wie in flüssiger Form, so auch bei der Krystallisation zuschrieb.

Unlängst wurde die Bedeutung des spec. Gew. als eines Factors, der das Untertauchen der ausgeschiedenen Krystalle oder Krystallgruppen in die tieferen Schichten des noch flüssigen Magmas bedingt, mit Erfolg von Popow angewandt zur Erklärung der Form und Structur der kugeligen Concretionen im Rappakiwi [2]).

Eine interessante Aeusserung über die Bildung des Corsits, welche mit meiner Auffassung einiger Sphärolithgesteine identisch ist, findet sich bei Collomb: „Les orbicules“, sagt er, „auront flotté à la surface d'un bain encore liquide ou pâteux. Cette dernière supposition s'accorde avec le peu de profondeur du phénomène“ [3]).

[1]) G. Scrope. Volcanoes.—2-te Aufl. 1872.

[2]) B. Popow. Ellipsoidale Einsprenglinge des finnländischen Granits Rappakiwi. — Arbeiten der St. Peterb. Naturf. Ges. 1897. — Einige andere Beispiele, aus den Werken von Geikie, Stock, Schauf entlehnt, sind bei Zirkel angeführt (I, p. 815).

[3]) E. Collomb. Bull. Soc. Géol. de France, XI, 1853—54, p. 63.

Ebenso weist Mercalli [1]) darauf hin, dass in der Vesuvlava vom Jahre 1883 auf der Oberfläche eine flussige sehr bewegliche Schicht mit fertigen Leucitkrystallen war. Bei Lapparent [2]) findet man einen Hinweis auf die Vertheilung der Laven von Teneriffa und Gouadeloupe in drei Schichten, die von oben nach unten zu in abnehmender Acidität und mit aufsteigendem specifischem Gewichte angeordnet waren; die Teneriflava enthält im oberen Horizont 58—59% SiO^2 und hat ein spec. Gew. (S) von 2.35 im mittleren ist der Kieselsäuregehalt gleich 52% und $S = 2.945$, im unteren hat man 47% SiO^2 und $S = 3.01$; in der Guadeloupelava wechselt der Kieselsäuregehalt von 45%—74% im oberen und unteren Horizont; solcher Beispiele der Bedeutung des specifischen Gewichtes könnte man noch mehrere anführen.

Die Rolle des specifischen Gewichtes kann sich noch in anderer Beziehung zeigen. Die sich aus dem Magma ausscheidenden Krystalle müssen sich zufolge ihres grösseren specifischen Gewichtes in die tieferen Schichten der geschmolzenen Masse einsenken, und aus ihnen das geschmolzene Magma in die höheren Schichten drängen. Wenn man beachtet, dass sich in den ersten Stadien der Krystallisation basischere Minerale ausscheiden, dass fernerhin das zurückbleibende Magma eine andere Zusammensetzung hat, so bekommt man einen Hinweis auf die Möglichkeit der Differentiation des Magmas auf diesem Wege. Doch dieses nicht allein, leichterere und saurere Theile des Magmas werden sich in Folge von diesem Umstande in den höher gelegenen Theilen des Magma concentriren, und wenn sie die Zusammensetzung von Tetrasilicat, oder eine noch saurere haben, so müssen sie als amorphe Masse erstarren. Auf diese Weise ist die Möglichkeit der Bildung einer glasigen Schicht, unabhängig von der Schnelligkeit des Erkaltens, an-

[1]) Mercalli (Atti della Soc. ital. di scienze nat., XXVII, 1884).
[2]) A. de Lapparent. Traité de géologie. 1883, p. 384.

dererseits einer vollkrystallinischen Structur der unteren Theile der Lavaströme, unabhängig vom Druck, vorhanden.

Eine solche Auffassung war schon mit grossem Scharfsinn von Darwin[1]) ausgesprochen worden. Er wies auf die Möglichkeit eines Abstehens der porphyrartigen Ausscheidungen des Magmas, welche specifisch schwerer als es selbst sind, in den unteren Theilen des Magmas hin. Desgleichen deutete er die Möglichkeit einer Bildung auf diesem Wege einer leichteren oberen Schicht des Magmas an. Er stellte sich sogar die Möglichkeit der Bildung auf diesem Wege von Basalt und Obsidian aus einem Magma vor und zur Bekräftigung einer solchen Ansicht wies er auf die Anpassung der Basalte an die Basis der Vulkane und der Obsidiane an deren Gipfel hin.

Folglich zeigt sich die Bedeutung des specifischen Gewichtes erstens bei der Differentiation des Magmas in flüssigem Zustande, zweitens bei der Vertheilung im Magma der aus ihm ausgeschiedenen Krystalle; drittens kann sie sich in den Krystallisationsprocessen selbst wiederspiegeln, indem sie die Zusammensetzung der sich krystallisirenden Minerale bedingt. Die Bedeutung des specifischen Gewichtes in dieser letzten Rolle kann aus den Data über die Erstarrung der geschmolzenen isomorphen Gemische hergeleitet werden. Nach Untersuchungen von Küster[2]) scheiden sich die isomorphem Gemische aus geschmolzenem Zustande gewöhnlich nicht in Form einer gleichartigen Masse aus; in den ersten Ausscheidungen herrscht gewöhnlich der Stoff mit grösserem specifischen Gewichte, oder, wenn die Schmelzpunkte nahe liegen, mit grösserer Krystallisationsfähigkeit vor. Eine allgemeine Gesetzmässigkeit über die Erstarrung von Lösungen ist hier nicht anwendbar, da sich das Lösungsmittel nicht in reinem Zu-

---

[1]) C. Darwin. Volcanic Islands.—1844, p, 117.

[2]) F. Küster. Ueber die Erstarrungspunkte isomorpher Gemische. — Zeitschr. f. phys. Chem. VIII, 1891. p. 576.

stande ausscheidet. Das geschmolzene Magma nähert sich theilweise dem Typus der isomorphen Gemische und verwirklicht den eben angeführten Fall. Deshalb nun ist es erlaubt möglicher Weise die oben angeführte Angabe auf das Magma auszudehnen und als Regel gelten zu lassen, dass die Reihenfolge der Ausscheidungen der Minerale aus dem Magma sich gewissermaassen nach abnehmenden specifischen Gewichten ordnet.

In den Grenzen derjenigen Bestandteile des Magmas, welche isomorphe Mischungen darstellen, zeigt sich sehr klar die Einwirkung der Regel von Küster. So ist noch seit den ersten Beobachtungen in dieser Richtung von Fouqué bekannt, dass die inneren Theile der zonar gebauten Plagioklase zu den basischeren, folglich zu den schwereren Plagioklasen gehören. Häufig kann man Hinweise darauf finden, dass Aegyrinkrystalle eine Zonenumwachsung von Diapsid aufweisen. Vielen Petrographen sind auch ohne Zweifel andere analoge Fälle bekannt.

Man muss bemerken, dass die Ausscheidungsfolge der Minerale aus dem Magma im allgemeinen sich nach abnehmendem spec. Gew. richtet und zugleich auch nach der Basicität. Möglicher Weise muss man hier die Aufmerksamkeit gerade auf das specifische Gewicht, und nicht auf die Basicität richten.

In den Grenzen der eigentlichen isomorphen Reihen, welche an der Zusammensetzung des Magmas theilnehmen, ist die Regel Küsters unfraglich anwendbar; deshalb kann man für den Mechanismus der Spaltung der Lava und der Ausscheidungsfolge der Minerale aus derselben folgende drei Thesen aufstellen:

1) Die Kieselsäure vertheilt sich in dem noch flüssigen Magma unter die Basen entsprechend ihrer Affinität zu denselben.

2) Die Ausscheidungsfolge grösserer Gruppen (Feldspäthe, Pyroxene, nicht silicatische Bestandteile) wird hauptsächlich durch das Princip der grössten Arbeit, durch die Krystallisationsfähigkeit und Löslichkeit bedingt, wobei in der intratellurischen Phase der Krystallisation die Nichtsilicate früher als die Silicate, Magnesiasilicate früher als Alkalisilicate, Natronsilicate früher als Kalisilicate sich ausscheiden.

3) In den Grenzen jeder dieser Gruppen, besonders der isomorphen, wird die Reihenfolge der Krystallisation durch das specifische Gewicht bedingt und zwar so, dass die Verbindungen mit grösserem spec. Gewicht früher zur Abscheidung gelangen.

Die Folgerungen aus diesen drei Annahmen, die einer Controlle und nach Möglichkeit eines experimentellen Studiums bedürfen, werden durch die relativen Quantitäten der verschiedenen Verbindungen, durch den Einfluss der Masse und andere Ursachen, hervorgerufen.

Man kann nicht unterlassen eine besondere Aufmerksamkeit auf die Bedeutung der Massenwirkung zu richten.

Die nichtsilicatartigen Bestandteile des Magmas, wie auch alle Bestandtheile, welche in geringer Quantität vorkommen, gehören zu den frühesten Ausscheidungen. Was die Nichtsilicatbestandteile betrifft, so ist die Zulassung sehr wahrscheinlich, dass sie eine sehr geringe Löslichkeit im Silicatmagma besitzen oder dass sie eine Flüssigkeit vorstellen, die sich mit Silicatflüssigkeit nicht vermischt; jedoch genügt in vielen Fällen eine solche Erklärung nicht.

Aus den hydrochemischen Versuchen von Lemberg ist bekannt, welch eine wichtige Bedeutung für den Gang der Reaction die Massen besitzen, die relativen Mengen der einwirkenden Stoffe, wie dieses besonders deutlich bei der Reaction der Umwandlung des Leucits in Analcim und umgekehrt hervortritt. Es unterliegt keinem Zweifel, dass sich die

Bedeutung der Massenwirkung auch beim Gang der Reaction in der feuerflüssigen Masse zeigt.

Ich kann nicht unterlassen die Aufmerksamkeit auf ein interessantes Beispiel zu richten: in der Gruppe der Diabas-Gabbro-Gesteine kann man oft constatiren, dass sich Pyroxen im Falle eines Reichtums an Feldspath früher ausscheidet und umgekehrt, als ob der Stoff, welcher in die Zusammensetzung des Magmas in grösserer Menge tritt, als Lösungsmittel für den Stoff dient, welcher in geringerer Quantität vorhanden ist. Wenn sich diese Beobachtung auch in Bezug auf andere Gesteine und deren Bestandteile bewahrheiten würde, so könnte man folgendes Criterium für die Bestimmung des Lösungsmittels im Magma aufstellen. Als Lösungsmittel erscheint der Theil des Magmas (welcher einem oder mehreren Mineralen des zukünftigen Gesteins entspricht) oder die Bestandteile (wenn man die einzelnen Oxyde im Auge hat), die im gegebenen Moment vorherrschen [1].

Die Rolle des Druckes.

Die Bedeutung des Druckes für das Schmelzen und die Krystallisation des feuerflüssigen Magmas zeigt sich in folgenden Fällen:

1) Eine Veränderung des Druckes kann den Schmelzpunkt erniedrigen oder erhöhen.

2) Der Druck trägt zur Beibehaltung im Magma des Wasserdampfes und anderer Gase („agents minéralisateurs"), bei

[1] Es fehlen uns noch in Bezug auf das Magma die nöthigen Erfahrungen, um die Massenwirkung zu beurtheilen, wie dieselbe in einfacheren Fällen als das feuerflüssige Magma ist, in Betracht kommt, z. B. bei der Vertheilung der Molekeln einer Substanz unter zwei Lösungsmittel, oder eines Lösungsmittels unter zwei Stoffen etc. (Siehe Nernst. Theor. Chem. 338—399). Ausserdem ist das Magma eine sehr complicirte Lösung und stellt zudem denjenigen Fall einer complicirten Lösung vor, wo das Lösungsmittel selbst an den Reationen des Systems theilnimmt, was dass Studium solcher Lösungen sehr erschwert.

folglich auch zu deren Theilnahme bei den Krystallisationsvorgängen.

3) Der Druck kann die Ausscheidung flüchtiger Bestandtheile und die Dissociation der sich bei hoher Temperatur spaltenden Verbindungen hindern.

4) Der Druck muss auch eine Bedeutung für die magmatische Differentiation haben, indem er in einigen Fällen die Spaltung (Liquation) der nicht mischbaren Flüssigkeiten befördert, in anderen Fällen derselben entgegenwirkt.

5) Der Druck kann die Differentiation darin befördern, dass er den Krystallisationsrückstand oder überhaupt ein Theil des Magmas herauspresst.

6) Der die Krystallisation begleitende Druck kann seine Spur auch in der Structur des Gesteins oder wenigstens im Charakter der einzelnen Bestandtheile desselben zurücklassen.

Die allgemeine Rolle des Druckes (und der Temperatur) bei der Krystallisation stellt einen so bekannten und von allen anerkannten Gemeinplatz dar, dass ein Verweilen bei dieser Frage zum wenigsten überflüssig wäre. Aber in den Einzelheiten dieser Frage giebt es noch solche Seiten, die einer Beleuchtung bedürfen; auf einzelne von ihnen möchte ich jetzt in allgemeinen Zügen hinweisen.

Jedenfalls hat der Druck und seine Aenderung eine viel grössere Bedeutung für das intratellurische Magma, also für die Intrusivgesteine, als für das effusive, da letzteres zu den sogen. „condensirten Systemen" gehört, die nur aus festen und flüssigen Phasen bestehen, und auf welche Druckänderungen verhältnissmässig schwach einwirken.

1) Im Capitel über die Reihenfolge der Ausscheidung der Minerale aus dem Magma ist auf einige interessante Seiten der Rolle des Druckes hingewiesen worden.

2) Aeusserst interessant erweist sich die Frage über die Bedingungen der Krystallisation der Magmen unter Wasser,

auf dem Meeresboden. Gewöhnlich nimmt man an, dass auf dem Meeresboden unter grossem Druck des Wassers die Bedingungen für eine langsame Krystallisation des Magmas bei andauernder Teilnahme des Wasserdampfes und des Drucks gegeben sind. In der Regel nimmt man an, dass sich die unter Wasser befindlichen Eruptionsmassen in Bedingungen befinden, die eine vollkrystallinische Structur, das heisst eine Bildung der Structur von Intrusivgesteinen, begünstigen. In letzterer Zeit versuchte De Stefani [1]) eine neue Beleuchtung dieser Frage zu geben. Er beweist, dass der Druck des Wassers sogar in den tiefen Theilen des Oceans nicht im Stande ist die Spannung der in der Lava eingeschlossenen Dämpfe zu überwinden; folglich können sich die Dämpfe ausscheiden und muss in den submarinen Eruptionen porige Lava vorkommen. Ferner beweist derselbe Gelehrte, dass im Wasser das Erkalten der Lava unvergleichlich schneller vor sich geht, als in der Luft (die Wärmestrahlung im Wasser ist drei mal, die Wärmeleitung 117.5 mal grösser); deshalb bildet sich unter Wasser leicht Glas. De Stefani nimmt an, dass die Lava um so leichter in Form von Glas erstarrt, je mehr sich ihr Volumen bei der Krystallistation verringert, und dass sie sich um so mehr im Volumen verringert, je weniger schmelzbar sie ist; eine solche Annahme kann wohl kaum das Recht einer allgemeinen Regel beanspruchen, und der Autor selbst weist auch auf Ausnahmen von dieser Regel hin.

Die angeführten Ansichten von De Stefani stimmen mit den Beobachtungen vollständig überein; man kann jedoch aus ihnen noch weitere nicht uninteressante Folgerungen ziehen. Der Reichthum an Bimmstein, Schlacken, porigen Lavastücken, vulkanischem Glase auf dem Meeresboden und auf dem Wasser in der Nähe von vulkanischen oceanischen Inseln ist eine

[1]) C. De Stefani. Sui possibili caratteri delle lave errutate a grandi profondita nei mari. — Boll. d. Soc. Geol. Ital., 1895. XIV. I, p. 1.

allgemeine bekannte Thatsache, welche die Schlussfolgerungen De Stefani's gut illustrirt—sowohl seine Folgerungen über die Möglichkeit der Bildung poriger Modificationen, als auch über die Nothwendigkeit des schnellen Erkaltens der submarinen Lava und ihrer Erstarrung in Form von einer glasigen Masse [1]). Aber gerade hier muss man eine Einschränkung und einen Einwand machen. Der äussere, mehr oder weniger dünne oder mächtige, Theil des submarinen Lavastromes muss in der That schnell erstarren und hat alle Chancen in Form von Glas zu erstarren. Aber sobald sich nur eine solche Kruste gebildet hat, ändern sich die Bedingungen. Diese Kruste erscheint als guter Isolator und schützt, ihrer schlechten Wärmeleitung infolge und kraft ihrer — im Vergleich zur terrestrischen Lava — grösseren Mächtigkeit, die unter ihr verdeckte flüssige Lava vor schnellem Erkalten besser, als eine dünne poröse Kruste der effusiven terrestrischen Lava. Ich glaube, dass die unter Wasser befindliche Lava unter einer solchen Kruste lange eine hohe Temperatur bewahrt, und dass ihr dabei der Druck der Wassersäule zu einer erfolgreichen Krystallisation verhilft. Deshalb kann man erwarten, dass die submarine Lava eine vollkrystallinische Structur und zugleich eine schlackige, glasige, mehr oder weniger dicke, Kruste besitzt. Diese Kruste wird wahrscheinlich meistens bei der Denudation vernichtet, weshalb man sie auch so selten findet. Ein gutes Beispiel für solche Gesteine sind die Diabase, deren submarine effusive Entstehung ich schon lange vertheidige [2]). Manchmal finden sich Diabase mit erhaltener Schlackenkruste, Diabase mit Sardawalit-Oberfläche (mit geflossener Oberfläche, wie sich Rosenbusch ausdrückt).

---

[1]) Auf den Glasreichthum der submarinen Lava weist auch schon Dana hin. (J. Dana. Characteristics af volcanaes, 1890. p. 145. 301).

[2]) F. Loewinson-Lessing. Quelques considérations génétiques sur les diabases, les gabbros et les diorites. — Bull. Soc. Belge de Géol., 1888. II.

3) Durch Versuch von Lechatelier ist bewiesen, dass bei genügend grossem Drucke (1000 kilogr. auf 1 □ cent.) kohlensaurer Kalk bei einer Temperatur von 1000° C nicht zerfällt, aber schmilzt und in Form von krystallinischem Marmor erstarrt. Diese Versuche geben das Recht, über die ursprüngliche Entstehung des Calcits in den plutonischen Gesteinen, (z. B. im Calcitgranit von Törnebohm), über die Möglichkeit einer eruptiven Entstehung der krystallinischen archäischen Kalksteine, welche den Gneissen eingelagert sind, und über eine ursprüngliche Entstehung des Cancrinits in den Eläolithsyeniten zu sprechen [1]). Der Druck ist der Dissociation des kohlensauren Kalks hinderlich; andererseits wirkt der Druck, wie bekannt [2]), solchen chemischen Reactionen, welche mit einer Vergrösserung des Volumens verbunden sind, entgegen. Aus diesen zwei Annahmen kann man nicht unterlassen, die Schlussfolgerung zu ziehen, dass dort, wo das mit Kalkstein zusammenschmelzende Magma sich unter genügendem Druck befindet, kein Zerfall von kohlensaurem Kalk und keine Ausscheidung von Kohlensäure stattfindet; dort kann auch eine pyrogene Krystallisation von Calcit, Marmor und Cancrinit stattfinden. Aber für ein solches Magma genügt es, sich näher zur Erdoberfläche zu erheben oder durch eine Spalte mit ihr in Verbindung zu treten, um sofort die Ausscheidung einer grossen Menge von Kohlensäure hervorzubringen (welche wahrscheinlich als einer von den Factoren bei dem Vorgange des Emporsteigens der Lava erscheint), um das Magma mit Kalk zu bereichern und zu übersättigen,

[1]) Zirkel. Lehrbuch der Petrographie, I, 434. 777; II, 13, 516. A. Högbom. Ueber das Nephelinsyenitgebiet auf der Insel Alnö (Geol. Fören. i Stockholm Forhandl., 1895, Band 17, p. 109, 141, 218, 222 u. a.). R. Brauns. Chemische Mineralogie, 1896, p. 301.

[2]) Siehe z. B. F. Pfaff. Versuche über die Wirkungen des Druckes auf chemische und physikalische Vorgänge. — N. J. 1871, p. 834.

und um infolgedessen eine Spaltung, eine Differentiation des Magmas eintreten zn lassen.

Durch diese Rolle des Druckes könnte man wohl auch die ursprüngliche Entstehung der wasserhaltigen Minerale in den Eruptivgesteinen und den Wassergehalt in einzelnen Gläsern erklären. So z. B. nimmt Pirsson an, dass der Analcim der Monchiquite als ein ursprünglicher Bestandthil erscheint; Weinschenk setzt in seinen „Stubachiten“ [1]) die ursprüngliche intrusive Entstehung des Antigorits voraus; Keyes giebt die ursprüngliche Entstehung des Epidots in den Graniten [2]) zu, Lindgren [3]) spricht von primärem Wassergehalt in Pechsteinen u. s. w., u. s. w. Ich halte mich auch an die Ansicht, dass das Wasser mit dem Drucke zusammen eine wesentliche Rolle bei der Bildung einiger Bestandtheile der Eruptivgesteine, wie z. B. der Hornblende spielt. Von mir wurde eine ganze Reihe von Versuchen gemacht in Betreff des Schmelzens von Pyroxenen und Amphibolen in einer Atmosphäre von Wasserdämpfen; obgleich das Bestreben auf diesem Wege die Hornblende zu erhalten nicht mit Erfolg gekrönt wurde, so konnte ich mich doch bei diesen Versuchen mit Sicherheit davon überzeugen, dass die Wasserdämpfe von der geschmolzenen Silicatmasse absorbirt werden und einen Einfluss auf deren Krystallisation ausüben. Eine andere Reihe von Versuchen über Schmelzen in einer Atmosphäre von Wasserdämpfen wurde zum Zweck einer Lösung der Frage über die Möglichkeit einer primären synsomatischen Hydratisirung der Gläser auf dem Wege der Absorption und des Zurückhaltens der Wasserdämpfe durch die geschmolzene Masse

---

[1]) E. Weinschenk. Beiträge zur Petrographie der östlichen Centralalpen, speciell des Gross-Venedigerstockes. II.—Abh. bayer. Akad. d. Wiss., (II. Cl.) Band 18, III Abth. 1894

[2]) C. Keyes. The origin and relations of the central Maryland granites. — 15-th Ann. Rep. U. S. Geol. Surv., 1895, p. 738.

[3]) Proc. Calif. Acad. of Science, ser. 2, I, 1890.

aufgestellt. Die geschmolzene Masse, welche aus Feldspäthen, Pyroxenen und Amphibolen bestand, absorbirte hierbei im ganzen ungefähr 0,1% Wasser.

4) Es ist bekannt, dass einige Minerale ein Schmelzen ohne Zerfall nicht ertragen, dass sie beim Schmelzen zerfallen und Material zur Bildung von neuen Mineralen geben. Ich erinnere an die Versuche von Doelter und weise auf meine noch nicht veröffentlichten Versuche über das Schmelzen der Hornblenden hin. Es ist verständlich, dass in den Fällen, wo dieser Zerfall mit einer Vergrösserung des Volumens verbunden ist, derselbe im Druck einem mehr oder weniger starken Widerstand begegnen muss. Besonders stark muss sich die entgegenwirkende Bedeutung des Druckes in den Fällen zeigen, wo der Zerfall mit Ausscheidung flüchtiger Producte verbunden ist. So z. B. existirt ein Grund eine solche Ausscheidung flüchtiger Bestandtheile beim Schmelzen der Hornblenden und des Biotits anzunehmen; hier giebt es folglich wirkliche Fälle von Dissociation und der Druck muss ihr entgegenwirken.

Eins von den Producten beim Schmelzen und Zerfall der Hornblende ist der Olivin. Man muss folglich erwarten, dass dort wo die Bedingungen existiren, welche ein Schmelzen der Hornblende begünstigen, sich auf Kosten desselben Olivin bildet, welcher dort fehlt, wo der Druck einen Zerfall der geschmolzenen Hornblende hindert. Mir sind einige Hinweise in der Litteratur bekannt, in denen eine solche Annahme der Bildung des Olivins auf Kosten der Hornblende und ihrer umgekehrten Proportionalität durchaus gerechtfertigt wird.

5) Bäckström [1]) weist darauf hin, dass die Liquation der Flüssigkeiten eine Function nicht nur der Zeit, sondern auch des Druckes ist. Dort, wo die Spaltung mit einer Vergrösserung des Volumens verbunden ist, hält der Druck die Spaltung

[1]) Loco cit. p. 314.

auf, das heisst er wirkt wie eine Erhöhung des Druckes, und umgekehrt. Es giebt Fälle, wo der Uebergang der vollen Mischbarkeit in eine partielle von einer Verkleinerung des Volumens begleitet ist (Pfeiffer); man muss folglich annehmen, dass bei einer Erniedrigung der Temperatur eine Verringerung des Druckes die Spaltung des Magmas begünstigt. In der Tiefe geht die Spaltung langsam vor sich, ausschliesslich oder vorwiegend in Abhängigkeit von den Temperaturbedingungen. Bei der Eruption des Magmas entsteht der Verringerung des Druckes gemäss auch eine energischere Liquation. Sollte man in der That die Gesetze der Mischbarkeit der Flüssigkeiten und die Erscheinungen der Saigerung (der Liquation) dieser Gemische auf das Magma anwenden können, so existirt eine Erklärung für eine grössere Differentiation der Gänge im Vergleich zu den entsprechenden Tiefengesteinen. Das die Spalte anfüllende Magma wird in Folge der Verringerung des Druckes nach den Gesetzen der Spaltung von Flüssigkeitsgemischen differentiirt. Sowohl die Erscheinungen der zusammengesetzten Gänge (composite dykes), als auch der Zusammenhang von bestimmten mehr oder weniger verschiedenartigen Ganggesteinen mit bestimmten Tiefengesteinen (die sog. „Ganggefolgschaft") finden eine Erklärung in dieser Spaltung. Es versteht sich von selbst, dass hier als mischbare Flüssigkeiten mehr oder weniger complicirte Lösungen erscheinen.

Wie verlockend auch eine solche Theorie sei, so besitzen wir für ihre Begründung noch zu wenig Data, und müssten zu viele Einräumungen gemacht werden. Die Zukunft wird zeigen, in wieweit die Gesetze der Mischbarkeit der Flüssigkeiten auf das Magma anwendbar sind. Jedenfalls ordnen sich diese Erscheinungen der Regel der Phasen unter, indem sie einen Fall von unvollkommenem und unvollständigem Gleichgewichte vorstellen, und können theoretisch genau begründet werden.

Indem wir diese Frage in Bezug auf die Differentiation des Magmas für's erste offen lassen, können wir nicht umhin auf einen speciellen Fall hinzuweisen, wo man dem Anschein nach diese Erscheinungen annehmen kann. Jedem Petrographen sind die grossen porphyrartigen Feldspathkrystalle der Andesite und anderer Laven gut bekannt, die so sehr von schlackigen (glasigen) Einschlüssen überfüllt sind, dass häufig diese letzteren dem von ihnen eingenommenen Raume nach über ihren Wirth vorherrschen. Mir scheint, dass wir hier wahrscheinlich ein Beispiel von einem solchen Fall von Liquation haben. Diese gitterartigen Krystalle finden sich hauptsächlich (wenn nicht ausschliesslich) unter den Feldspäthen. d. h. denjenigen Mineralen, deren Entstehung aus den Oxyden von einer Vergrösserung des Volumens begleitet wird. Sie stellen echte symplektische Verwachsungen des Feldspathes mit Glas dar. Die Krystallisation des Feldspathes und die Bildung des Glases musste gleichzeitig sein; mir stellt sich diese Erscheinung in folgendem Lichte dar. Der Erniedrigung der Temperatur des gleichartigen Magmas gemäss, beginnt ein Theil der Oxyde sich zu einer derartigen Flüssigkeit zu vereinigen, welche nach der Krystallisation den Feldspath giebt. Man bekommt scheinbar ein Gemisch von zwei Flüssigkeiten: des Feldspathes und der nach Abzug des Feldspathes zurückbleibenden Mutterlauge. Wenn kurz vor Erreichung der Ausscheidungstemperatur des Feldspaths eine Verringerung des Druckes entsteht, so krystallisirt der Feldspath und zwar in schönen grossen Krystallen aus. Aber die Theile des Magmas, in denen sich der Feldspath bildete, stellten keine reine Feldspathflüssigkeit dar, sondern ein Gemisch derselben mit der Mutterlauge in der Proportion, welche ihrer Mischbarkeit bei gegebener Temperatur entspricht. Bei sehr langsamer Krystallisation würden die sich verbindenden Melekel des Feldspaths allmählich die ihnen beigemischte magmatische Flüssigkeit herausdrängen. Im gegebenen Falle vollendet sich die Krystallisation, welche durch einen andauernden viscosen Zustand vorbereitet war, und nun einen Anstoss erhielt (durch die Verringerung des Druckes, oder durch die Ausscheidung von Dämpfen, oder durch das Fallen der Temperatur)—so schnell, dass sich die ausscheidende magmatische Flüssigkeit, welche mit Feldspathflüssigkeit gemischt war, in Tropfen ansammelt, welche von dem krystallisirenden Feldspath eingeschlossen werden, und welche im Inneren des Krystalls erstarren, da sie keinen Ausweg finden. Wenn die hier erwähnten Erwägungen richtig sind, so müssen in ein und derselden Lava für solche Krystalle eine vollständig bestimmte und beständige Wechselbeziehung zwischen der Menge der glasigen Einsprenkelungen und der Fläche des Krystalls selbst vorhanden sein.

Ein anderes Beispiel von Entmischung stellen einige Sphärolithe, Eutaxite und Taxite dar, auf die ich an einem andern Ort zurückkommen werde.

Bäkström [1]) hat diese Anschauungen zur Erklärung der Bildung von Kugelgranit angewandt; in einem Fall sprechen Weed und Pirsson [2]) von „a sort of emulsion of the two on a vast scale". In ähnlicher Weise stelle ich mir die Bildung der gebänderten Gabbros vor: das Magma zerfällt in zwei nicht mischbare Flüssigkeiten, die eine Emulsion bilden; beim Fliessen bilden die unregelmässigen Partien dieser gigantischen Emulsion ausgezogene parallele Streifen und Lagen, es entsteht die sog. „banded structure, structure rubanée" [3]); ist das Material einer Serie dieser Lagen zähflüssig, erstarrt es leichter und ist also spröde, so entsteht ein Ataxit.

[1]) Geol. Fören. i Stockh. Förhandl.. *16*, 1894, p. 128.

[2]) Weed and Pirsson. Geology of the Castle Mount. Min. Distr., Montana.—Bull. U. S. Geol. Surv., № 139. 1896, p. 88.

[3]) Siehe Iddings's Erklärung der eutaxitischen Structur in den Yellowstone-Lipariten.

5) Wenn unsere Vorstellungen darüber richtig sind, dass sich das Tiefenmagma unter einem Druck befindet und krystallisirt, so kann man sich folgendes Bild vorstellen. Unter dem Einfluss dieses Druckes dringt das Magma in die benachbarten Spalten und Höhlungen ein und bildet Gänge, Apophysen etc. Wenn das Magma in die Gänge vor dem Beginn der Krystallisation des ganzen betreffenden Magmabassins eindringt, so unterscheiden sich solche Ganggesteine vom Batolith mit dem sie verbunden sind, nur durch die Structur, aber nicht durch die Zusammensetzung. Wenn aber die Ausfüllung der Spalten und Höhlungen während und nach dem Beginn der Krystallisation des ursprünglichen Magmas stattfindet, so wird ein Magma von anderer Zusammensetzung herausgedrängt, gleichsam eine Mutterlauge des Stammmagmas. Hierdurch kann man in einzelnen Fällen das Vorhandensein von Ganggesteinen erklären, welche unmittelbar mit einem Batholiten verbunden sind, die sich aber von demselben mehr oder weniger scharf ihrer Zusammensetzung nach unterscheiden. Einige Ganggesteine, in denen man Differentiationsproducte sieht, lassen sich wahrscheinlich gerade auf diesem Wege erklären. So sehe ich z. B. den Greisen wie einen aus dem sich krystallisirenden Granitmagma herausgepressten Krystallisationsrest an; ebenso betrachtet auch Harker den Greisen; unzweifelhaft giebt es viele Fälle, auf die eine Ansicht dieser Art anwendbar ist.

Der Uebergang aus dem flüssigen Zustande in einen festen ist in der grossen Mehrzahl der Fälle von einer Verringerung des Volumens begleitet; deshalb muss im Grunde gesagt, bei sonst gleichen Bedingungen, der Druck die Krystallisation begünstigen. Durch den Druck können ausserdem die Reste des flüssigen Magmas unter günstigen Bedingungen (benachbarte Höhlungen, Spalten) ausgepresst werden, wie Wasser aus einem Schwamm. Deshalb kann man nicht umhin in dem Druck einen von den Factoren zu sehen, welche die vollkrystallinische Structur des krystallisirenden Magmas begünstigen. Es ist höchst wahrscheinlich, dass in vielen Fällen die Rolle des Druckes noch weiter gehen kann, sie kann sich in der Form und im Charakter der Krystalle selbst äussern. Indem der Druck den flüssigen Theil des Magmas herauspresst, kann er sich in den Krystallen durch Brüche und Zertrümmerung der spröden Minerale, durch Knickungen und Biegungen der weichen äussern. Auf diese Weise kann sogar auch primäre Kataklasstructur, eine echte Protoklasstructur entstehen.

Wie mir scheint, sind viele Anzeichen von Dynamometamorphismus, viele Fälle von Kataklase in den Graniten, lamellarer Bau des Quarzes u. dsgl. gerade durch eine derartige ursprüngliche Bildung entstanden. Es scheint mir überhaupt, als ob man sich doch etwas hinreissen lässt, wenn man alle Kataklasstructuren einem metasomatischen Dynamometamorphismus zuschreibt. Viele von ihnen halte ich für das Resultat solcher besonderer Krystallisationsbedingungen, welche Weinschenk [1]) treffend mit dem Namen „Piezokrystallisation" bezeichnete. Die Krümmung der Krystalle im Moment ihrer Entstehung, so lange sie noch in der zähen Masse eingeschlossen sind, scheint sogar dem Anschein nach keinen besonders starken Druck zu erfordern; in einigen Fällen genügt sogar der Druck, welchen die die Krystalle umgebende Masse auf dieselben im Moment der Erstarrung ausübt. Bei meinen Versuchen über Schmelzen der Pyroxene und Hornblenden, die ich im Forquignon'schen Ofen anstellte, erhielt ich in einem Fall einen gekrümmten Augitkrystall, ganz so wie in einem dynamomorphen Gestein. Dieser Fall zwingt

[1]) E. Weinschenk. Beiträge zur Petrographie der östlichen Centralalpen, speciell des Gross-Venedigerstockes. II. — Abh. bayer. Akad., II. Cl., XVIII, III. Abth., 1894, p. 741.

mich vorsichtig und kritisch mich zu stellen zu den in vielen Gesteinen anzutreffenden Krümmungen einzelner Krystalle, welche für Anzeichen von metasomatischem Dynamometamorphismus gehalten werden.

Man kann nicht unterlassen noch zum Schluss auf eine wichtige Rolle des Druckes hinzuweisen. Es ist bekannt [1]), dass der Druck die Löslichkeit der Salze erhöht, welche sich mit Volumenverminderung lösen. Folglich muss der Druck zum Zurückhalten einzelner Bestandtheile in der Lösung in dem Intrusivmagma in grösserer Menge als in dem Effusivmagma beitragen, eine Verringerung des Druckes aber muss von einer Ausscheidung derselben begleitet sein.

III. Die magmatische Differentiation.

Die Bedeutung eingeschmolzener Massen. Assimilationstheorie. Einige Eigenthümlichkeiten und Einzelheiten der Differentiation.

Ungeachtet dessen, dass sich schon längst einige Stimmen zu Gunsten einer wichtigen Bedeutung der in das Magma eingeschmolzenen heterogenen fremden Mineralmassen vernehmen liessen, so hat man doch bis jetzt diesem Factor bei den Beurtheilungen über die Vorgänge der Differentiation einen viel zu kleinen Platz eingeräumt. Indessen scheint mir, dass es genügt sich ein klein wenig in die Theorie der Frage über die Entstehung des Magmas zu vertiefen, und dass es genügt einzelne specielle Fälle, so z. B. die Contacte der Ganggesteine, zu beachten, um sich von der Möglichkeit, ja sogar von der Nothwendigkeit einer merklichen Rolle der eingeschmolzenen Massen zu überzeugen.

[1]) Sorby. Proc. Roy. Soc. XII. 1863, p. 538, Braun. Wied. Annal. d. Phys.. XXX, 1897, p. 250.

Es ist gleichgültig, ob man als Ursprung des Magmas den feuerflüssigen Inhalt der Erde, oder den festen Kern der Erdkugel, welcher beim Vorhandensein günstiger Bedingungen schmilzt, annimmt; dieses Magma muss mit den benachbarten festen Gesteinen zusammenschmelzen, bis es unter einer gewisse Temperatur erkaltet. Solche fremde Massen, die mit dem Magma verschmolzen sind, können nicht nur andere plutonische und vulkanische Gesteine, sondern auch Sedimentgesteine sein; in vielen Fällen haben diese letzteren sogar dem Anschein nach eine vorwiegende Bedeutung. Zu Gunsten der Einschmelzung benachbarter Mineralmassen in mehr oder weniger beträchtlichen Mengen sprechen folgende Erwägungen und Data.

1) Aprioristische Erwägungen. Man kann sich schwer vorstellen, dass die bedeutende Masse des geschmolzenen Stoffes in gegenseitiger Berührung mit den sie umgebenden Gesteinen oder mit den Wänden derjenigen Spalten bleiben konnte, in welchen sie sich erhebt, ohne dieselben, wenn auch nur theilweise, zum Schmelzen zu bringen. Desgleichen kann man sich schwer vorstellen, dass die Krater der Vulkane und die Spalten, in denen sich die Lava erhebt und aus denen sie ausströmt, dass ferner die von den Batholithen eingenommenen Höhlungen, und theilweise auch die Lakkolithen ausschliesslich mechanischen Ursprungs sind. Höchst wahrscheinlich scheint mir, dass das Schmelzen der Gesteine, welche entsprechende Theile der Erdkruste einnahmen, die Bildung und Vergrösserung dieser Krater, Spalten und Höhlungen etc. in hervorragendem Maasse beförderte.

Es ist bekannt, dass für Granitmassive ein solches Zusammenschmelzen in grossem Maasstabe von Kjerulf [1]),

[1]) Th. Kjerulf. Udrigt over det sydlige Norges Geologi. — Kristiania, 1879.

Michel-Lévy [1]) und Suess [2]) zugelassen wird. Diese Autoren geben ein Einschmelzen in Granitmagma mehr oder weniger beträchtlicher Massen der Sedimentgesteine zu, und messen dem Einschmelzen eine wesentliche Rolle beim Vorgange der Erhebung des Granitmagmas und der Anfüllung der Höhlungen in Form von Batholithen bei. Als Gegner einer solchen Anschauung, die von ihm „Assimilationstheorie", genannt wurde trat [3]) Brögger auf, welcher ein Einschmelzen beträchtlicher Massen von Sendimentgesteinen in Abrede stellte. Auf dem Boden theoretischer Erörterungen ist hier ein grosser Spielraum für Subjectivität geboten, und es fällt schwer den Streit auf concrete Data hinzuführen. Aber Brögger führt auch einen thatsächlichen Einwand, auf die Data der Analysen gegründet, an, welcher jedoch meiner Ansicht nach misslungen ist. Er weist darauf hin, dass die Granite von Kristiania nur $^1/_2$ % *CaO* enthalten, nicht mit Kalk bereichert sind; wo ist nun der Kalk geblieben, fragt er, wenn in den Granit silurische Kalksteine eingeschmolzen sind, und ist nicht gerade die Abwesenheit von Kalk im Granit ein Beweis gegen das Einschmelzen? Aber Brögger vergisst den Gabbro und andere basische Gesteine des von ihm betrachteten Gebietes. Wenn auch ein Einschmelzen in das ursprüngliche, noch nicht differentiirte Magma, welches sich vom Granit unterschied (nach seiner Ansicht war das ursprüngliche Magma ein intermediäres), stattfinden konnte, so konnte oder musste sogar das Einschmelzen eine Spaltung in das an Kalk arme saure Magma und

[1]) A. Michel-Lévy. Contributions à l'étude du granite de Franconville et des granites français en général. — Bull. d. serv. d. l, carte géolog., № 36, t. V. 1893.

[2]) G. Suess. Einige Bemerkungen über den Mond. — Sitz.-Ber. Akad. d. Wiss. Wien, Math.-naturw. Cl., B. 104, I. 1895, p. 33.

[3]) W. Brögger. Die Eruptionsfolge u. s. w., p. 129. — Uebrigens giebt auch Brögger selbst (Mineralien d. Syenitpegmatitgänge, p. 110—113) in einigen Fällen den Einfluss der resorbirten fremden Gesteinsmassen auf eine Veränderung der Zusammensetzung eruptiver Gesteine zu.

das an Kalk reiche basische Magma hervorrufen. Ja, das Granitmagma stellt schon ein abgeleitetes Magma dar, das Resultat der Differentiation; das Einschmelzen jedoch fand vor der Differentiation im intermediären neutralen Magma statt. Das Fehlen von Kalk im Granit spricht folglich noch lange nicht gegen das Einschmelzen der Kalksteine.

2) Gasförmige Producte der Eruptionen, und zwar Wasserdämpfe und Kohlensäure. Aeusserst wahrscheinlich erscheint es mir, dass ihr Ursprung Sedimentärgesteine sind, die in das Magma eingeschmolzen worden sind. Thone und einige andere Gesteine konnten einen bedeutenden Theil derjenigen Wasserdämpfe, welche eine so wichtige Rolle bei der Thätigkeit der Vulkane spielen, ergeben, die Kalksteine hingegen—die Kohlensäure.

3) Einschlüsse fremder Gesteine in der Lava und in Tiefengesteinen. Die grosse Anzahl dieser Einschlüsse, die sogenannten „Xenolithe", ihre Mannigfaltigkeit, in vielen Fällen ihre bedeutende Metamorphisation, die an ihnen zu beobachtenden Corrosionserscheinungen, die Bildung von Glas oder verschiedener Minerale auf ihre Rechnung,—alles dieses spricht beredt genug zu Gunsten einer ausgedehnten Verbreitung und einer wichtigen Bedeutung der eingeschmolzenen Massen.

In der Litteratur findet man eine Menge Hinweise auf solche Einschlüsse und eine grosse Anzahl von Untersuchungen, die der Frage über den Einfluss der resorbirten Einschlüsse auf die Veränderung der Zusammensetzung und der Structur der Eruptivgesteine, ferner auf die Bildung neuer Minerale, die sich unter normalen Bedingungen in den Eruptivgesteinen nicht bilden, gewidmet sind. Aus diesen Arbeiten geht ganz klar die Bedeutung und die ausgedehnte Verbreitung der Einschlüsse und folglich auch der eingeschmolzenen Massen hervor; der Systematik und einer monographischen

Untersuchung dieser Frage ist die umfangreiche Arbeit von Lacroix [1]) gewidmet.

4) Contacte der Ganggesteine. In vielen Fällen ist die Grenze des Ganggesteines mit den Wänden des Ganges eine vollständig scharfe, ohne jedes Anzeichen von Zusammenschmelzen; dieses kann man bei sehr dünnen Gängen oder bei solchen, deren Temperatur nicht genügend für ein Zerschmelzen der Wände der benachbarten Gesteine war, beobachten (diese Gänge haben oft glasige Salbänder). Allein in einigen Gängen, erscheinen die Contacte ungleichmässig, gewunden, mit sichtbaren Anzeichen von Zusammenschmelzen, wobei bisweilen von den Wänden des Ganges Stücke los- und fortgerissen, oder vom Magma des Ganggesteines in Form von Einschlüssen umschmolzen sind. Solche Contacte hatte ich Gelegenheit im Kaukasus zu beobachten, z. B. in den Grünsteingängen,

[1]) A. Lacroix Les enclaves des roches volcaniques. 1893. In dieser und den drei folgenden Arbeiten ist eine umfangreiche Litteratur über die Einschlüsse angeführt: ich begnüge mich daher auf diese Arbeiten und auf einige neuere hinzuweisen.

J. Judd. On inclusions of tertiary granite in the gabbro of the Cuillin Hills. Skye: and on the products resulting from the partial fusion of the acid by the basic rock.—Q. J. 1893, XLIX, p. 175.

A. Dannenberg. Studien an Einschlüssen in den vulkanischen Gesteinen des Siebengebirges.—T. M. P. M. XIV, p. 17.

H. J. Johnston-Lavis. Sulla inclusione di quarzo nelle lave di Stromboli e sui cambiamenti du ció causati nella composizione della lava. — Boll. Soc. Geol. Ital., p. 32. 1894. XIII. 1.

Derselbe. The geology of Monte Somma and Vesuvius, being a study in volcanology.—Q. J. XL, 1884, p. 54.

Derselbe. On the ejected blocks of Monte Somma. I. Stratified limestones. Proc. Geol. Soc. 1888, p. 94.—Trans. Edinb. Geol. Soc. VI, 1893, p. 314.

Johnston-Lavis and Gregory. On the eozoonal structure of the ejected blocks of Monte Somma.—Scient. Transact. Roy. Dubl. Soc. V, 1894, № VII.

A. Harker. On certain granophyres modified by the incorporation of Gabbro-fragments in Strath (Skye).—Q. J. 1896, LII. № 206, p. 320.

J. Szádeczky. Ueber den Andesit des Berges Sägh bei Szob und seine Gesteinseinschlüsse.—Földt. Közl. 1895, 25, 161 und 229.

R. Reinisch. Ueber Einschlüsse im Granitporphyr des Leipziger Kreises.—T. M. P. M. 1897. p. 3.

welche den Granit von Darial durchkreuzen [1]). Die Hinweise auf solche Contacte sind in der Litteratur nicht zahlreich, kommen jedoch vor; so weist z. B. Harker [2]) darauf hin, dass die gegenseitige Einwirkung des Gabbro und der Gänge von Granophyr, die ihn durchbrochen haben, eine Bereicherung dieses letzteren mit Augit und Eisenoxyden in den Contacttheilen bedingt haben; Harker erklärt dieses durch ein Zusammenschmelzen des Gabbro mit Granophyrmagma. Ueber ein Zusammenschmelzen der Quarzporphyre mit Gabbro unter Bildung besonderer Contactgesteine spricht Bayley [3]); analoge Hinweise sind bei Sollas [4]), Judd und anderen zu finden; wie oben angeführt war, hält Judd sogar die Granophyrstructur selbst für das Resultat eines Zusammenschmelzens des sauren Magmas mit basischem. Eine scharfe Grenze des Ganges mit dem durchgebrochenen Gestein kann noch nicht als ein Beweis gegen das Zusammenschmelzen dienen, da sich dasselbe gerade bis zu einer Absonderungsspalte oder einer andern Spalte ertrecken kann.

Hinweise über verschiedene Erscheinungen des Zusammenschmelzens findet man bei vielen Autoren.

Brögger [5]) führt einen interessanten Hinweis auf die Bedeutung des Zusammenschmelzens eines Ganggesteins mit dem durchbrochenen Gestein an: diejenigen Gänge, welche vom Augitsyenit sich abzweigen und devonische Sandsteine durchbrochen haben, besitzen eine granitische Zusammenzetzung, sind reich an Quarz und arm an Eisenmagnesiasilicaten; diejenigen hin-

[1]) F. Löwinson-Lessing. De Wladikavkaz à Tiflis, 1897.
[2]) A. Harker. The Carrock Fell. II, p. 133.
[3]) W. Bayley. The eruptive and sedimentary rocks of Pigeon Point, Minnesota, and their contact phenomena.—Bull. U. S. Geol. Survey, № 109, 1893.
[4]) W. Sollas. On the volcanic district of Carlingford and Slieve Gullion.—Trans. Roy. Irish Acad. XXX, 1891, p. 477.
[5]) W. C. Brögger. Zeitschr. f. Krystallogr. 1890, XVI, p. 1?9.

gegen, welche Augitporphyrite durchbrochen haben, sind kieselsäureärmer und reicher an Eisenmagnesiasilicaten.

Zu Gunsten der Bedeutung von eingeschmolzenen Massen haben sich noch viele andere Autoren ausgesprochen, z. B. Lasaulx [1]), Sollas [2]), welcher sich gegen die Differentiationstheorie und gegen die Existenz einer bestimmten Eruptionsfolge ausspricht, Harker [3]), Lacroix, Michel-Lévy [4]), welcher den eingeschmolzenen Massen eine grosse Bedeutung bei der Bildung der granitischen Batholithe zuschreibt, Kjerulf und andere. Harker beschreibt Fälle von partieller Resorption, wobei einzelne Krystalle (phenocrysts) zurückbleiben, ohne sich mit Bestimmtheit weder für noch gegen eine weite Verbreitung von voller Assimilation auszusprechen. Bleibtreu [5]) spricht die Vermuthung aus, dass der von ihm untersuchte Basalt nur dadurch ein Basalt geworden ist, dass das Magma olivinische und überhaupt basische Einschlüsse eingeschmolzen und assimilirt hat; ursprünglich soll das Magma ein trachytisches oder phonolithisches gewesen sein. Ueber die Entstehung von centrischen Structuren als Folge von Einschmelzung sprechen Frosterus [6]) und Chrustschoff [7]).

---

[1]) A. v. Lasaulx. Petrographische Studien an den vulkanischen Gesteinen der Auvergne. II.—N. J. 1870. p. 713.

[2]) W. Sollas. On the volcanic district of Carlingford and Slieve Gullion.—Trans. Roy. Irish Acad. *30*, 1894. p. 477.

[3]) A. Harker. On certain granophyres modified by the incorporation of gabbro fragments in Strath (Skye).—Q. J. 1896, *52*, p. 320.

[4]) A. Michel-Lévy. Sur quelques particularités de gisement du porphyre bleu de l'Estérel. Application aux récentes théories sur les racines granitiques et sur la différentiation des magmas éruptifs. — Bull. Soc. Géol. 1896. XXIV. p. 123.

[5]) K. Bleibtreu. Beiträge zur Kenntniss der Einschlüsse in den Basalten mit besonderer Berücksichtigung der Olivinfels-Einschlüsse.—Z. d. g. G. 1883. *35*. p. 489.

[6]) B. Frosterus. Ueber einen neuen Kugelgranit von Kangasniemi in Finland.—Bull. Com. Géol. d. l. Finlande. № 4. 1896.

[7]) Siehe p. 205.

5) Contactminerale, überhaupt Besonderheiten der Zusammensetzung des Eruptivgesteins im Contact mit einem anderen eruptiven oder sedimentären Gestein, welche auf einen Zufluss an Material von aussen hinweisen, z. B. Cordierit, Andalusit und einige andere Bestandtheile der Eruptivgesteine in den Contacten. Bei Johnston-Lavis, Brauns, besonders aber bei Lacroix, kann man eine Menge Beispiele über einen solchen Austausch des Eruptivgesteins mit den Contactwänden und über die hierdurch hervorgerufenen Besonderheiten der Zusammensetzung finden.—Jukes-Brown[1]) zeigte schon 1857 die Bedeutung der eingeschmolzenen Massen. Er weist darauf hin, dass die an Kieselsäure reicheren, strengflüssigen Massen, indem dieselben auf ihrem Wege nach oben die basischeren Massen einschmolzen, welche wie ein Fluss wirkten, dank diesem Umstande eine grössere Schmelzbarkeit erworben und die Oberfläche ohne zu erstarren erreichen konnten. Durch den Einfluss der eingeschmolzenen Massen kann man, seiner Ansicht nach, die Mannigfaltigkeit der Zusammensetzung der genetisch unter einander verbundenen Magmen der Eruptivgesteine, das Vorkommen von Gängen und Ausscheidungen, welche sich ihrer Zusammensetzung nach von der Hauptmasse unterscheiden, u. s. w. erklären. „If it be well foundet, it will unable us to amount for the gradual changes in one connected igneous mass, as also for the veins and patches of different character sometimes to be found occurring very abruptly in such masses, indepedently of the supposition of a subsequent intrusion of one igneous rock through the body of another", sagt dieser Autor.

Eine grosse Bedeutung schreibt auch Cotta den eingeschmolzenen Massen zu; nach seinen Vorstellungen besteht die Erdkruste vorwiegend aus Kieselsäuremassen, der feuer-

---

[1]) Jukes-Brown. The students manual of geology. 1857, p. 81.

flüssige Inhalt der Erde hingegen aus basischen Verbindungen; die Mannigfaltigkeit der Eruptivgesteine wird durch die Menge des von der Kruste eingeschmolzenen Theiles beim Erheben der feuerflüssigen inneren Massen an die Oberfläche bedingt. Ricciardi sprach die Vermuthung aus, dass viele vulkanische Gesteine Italiens aus einem mehr sauren Magma entstehen, welches durch in dasselbe eingeschmolzene Kalksteine der Apenninen verändert wurde.

Eine analoge Ansicht sprachen Herrick, Clarke und Deming in Bezug auf die Möglichkeit einer Erhöhung der Acidität der basischen Eruptivgesteine durch den Einfluss der umliegenden Gesteine am gegebenen Ort aus.

Lacroix weist auf eine Menge Beispiele über gegenseitige Wirkung des Magmas und der Einschlüsse hin; besonders interessant ist der Hinweis auf das Zusammenschmelzen der Laven des Vesuvs mit Kalksteinen, wobei ein Austausch der Basen stattfindet, so dass sich näher zur Lava im Contact Kalksteinsilicate, in den Kalksteinen hingegen Magnesiasilicate bilden; auf diese Weise wird hier ein Streben nach Ausgleich der Zusammensetzung der zusammenschmelzenden Gesteine beobachtet; diesen letzteren Vorgang nennt Johnston-Lavis „Osmose".

In letzterer Zeit, wie schon früher erwähnt, trat als Vertheidiger für die wichtige Bedeutung der eingeschmolzenen Massen Johnston-Lavis auf, welcher durch diese „Osmose", und nicht durch die Differentiation des Urmagmas allein, die Mannigfaltigkeit der Eruptivgesteine einzelner petrographischer Provinzen erklärt. In einer ganzen Reihe von Arbeiten [1]) bemüht sich dieser Gelehrte zu beweisen, dass eine vorwiegende Rolle bei der Bildung einzelner Eruptivgesteine aus ein und demselben Magma dem Zusammenschmelzen mit den das Magma

[1]) Siehe p. 310.

umgebenden Gesteinen, und dem „osmotischen“ Austausch der Bestandtheile zwischen dem Magma und diesen Gesteinen, und nicht der Differentiation, gebührt.

Auf die Bedeutung eines „osmotischen“ Austausches der Basen in den Contacten zwischem dem Magma und dem von ihm durchbrochenen Gestein weist auch Brauns [1]) hin.

Ich persönlich bin auch geneigt den eingeschmolzenen fremden Gesteinsmassen eine wichtige Bedeutung zuzuschreiben. Meiner Ansicht nach genügt eine „Osmose“ allein nicht; das Einschmelzen fremder Massen findet auch in grösserem Maasstabe statt und führt in vielen Fällen zu einer so radicalen Veränderung der Zusammensetzung des Magmas, dass bei einer Erniedrigung der Temperatur desselben ein Zerfall, eine Liquation stattfinden muss. Die Bezeichnung „osmotische“ Theorie drückt nicht vollständig die Erscheinungen des Einschmelzens in ihrem ganzen Umfange aus; besser gewählt ist die Bezeichnung „Assimilationstheorie“, welche von Brögger angewandt wird. Die Gesammtheit der jeniger Vorgänge der Differentiation, die durch das Einschmelzen und durch die Liquiation (Saigerung) bedingt sind, werde ich als Einschmelzungs- oder syntektische Theorie bezeichnen.

Dort, wo das Einschmelzen in kleinem Maasstabe stattfindet, zeigt sich die Resorption in der Zusammensetzung des Gesteins durch das Auftreten neuer Minerale oder durch eine Veränderung der relativen Mengen der das Gestein zusammensetzenden Minerale. Dort hingegen, wo das Einschmelzen von bedeutenden Mengen fremder Gesteinsmassen stattfindet, führt dasselbe ohne Zweifel zu einem Zerfall — zur Differentiation des Magmas bei seinem Erkalten. Auf Grund des Vergleiches von Durchschnittsformeln verschiedener Gesteine und aus dem Gang der Linien verschiedener Oxyde in den Diagrammen

[1]) R. Brauns. Chemische Mineralogie, 1896, p. 254.

waren im I-ten Capitel einige Betrachtungen für die Beurtheilung des Ganges der Differentiation angeführt. Einige Beispiele seien gegeben.

Granitmagma kann man als Syenitmagma betrachten, welches mit SiO_2 (ungefähr 17%) bereichert und etwas an Bisilikatmagma verarmt ist; vollständig identische Beziehungen lassen sich zwischen Dacit- und Andesitmagma beobachten. Hieraus kann man den Schluss ziehen, dass, wenn das neutrale (Andesit- oder Syenit-) Magma auf seinem Wege Quarziten oder überhaupt Massen von SiO_2 begegnet und dieselben einschmilzt, die unmittelbare Einverleibung von SiO_2 von einer Ausscheidung einer gewissen Menge RO begleitet wird. Umgekehrt wandelt das Einschmelzen von Kalkstein und Dolomit in ein saures Magma dasselbe in neutrales um; aber bei einer gewissen Grenze beginnt eine Spaltung des Magmas in zwei Theilmagmen: in ein saures alkalisches und in ein basisches erdalkalisches. Trachytmagma ist zu einer Spaltung in Dacit- und Phonolithmagma fähig, Dacitmagma kann in Andesit- und Granitmagma zerfallen, Quarzdioritmagma in Granit- und Syenitmagma u. s. w.

Wenn man solche Fälle von Spaltung beachtet, wie Malignit und Eläolithsyenit, Lindöit und Sölvsbergite, Shonkinit und Ortoklasgabbro, Anorthosite, Labradorite und Pyroxenite, Peridotite u. s. w., u. s. w., so kann man nicht umhin zu bemerken, dass man als Grunderscheinung der Differentiation das Streben zur Trennung eines basischen eisenoxydul- und magnesiahaltigen Magmas und eines saureren alkalischen Magmas anerkennen muss, worauf schon ausführlicher von mir beim Schluss des ersten Capitels hingewiesen ist [1]. Eine

[1] Auf die Tendenz eines Magmas sich in zwei Facies oder Theilmagmen zu spalten, von denen das eine an Feldspath reich ist, das andere an Eisenmagnesiasilicaten, habe ich bereits 1888 für die Olonezer Diabasformation hingewiesen („Die Olonezer Diabasformation. p. 316).

solche allgemeine Richtung der Differentiation erscheint mir als das Resultat der Liquation dieser zwei complicirten Flüssigkeiten und nicht als das Resultat der Diffusionsdifferentiation. Die Ursachen und Factoren, welche diese Spaltung hervorrufen, muss man in der Wirkung der eingeschmolzenen Massen, in den Veränderungen der Temperatur und des Druckes, ferner in der Rolle der specifischen Gewichte der sich bildenden Minerale oder der abgeleiteten Magmen suchen.

Die Vertheidiger der Differentiationstheorie sehen einen Beweis für die Spaltung eines Stammmagmas in Theilmagmen darin, dass die durchschnittliche Zusammensetzung eines Gemenges der äusseren gangförmigen und effusiven Glieder einer bestimmten vulkanischen Provinz der Zusammensetzung desjenigen intermediären Tiefenmagmas entspricht, als dessen Spaltungsproducte die betreffenden äussersten Glieder der Provinz angesehen werden. Das ist die Methode von Brögger, die wir bei Lagorio und einigen anderen wiederfinden. Nach meiner Ansicht stecken hier zwei Fehler. Erstens, ist die genannte Uebereinstimmung in der Zusammensetzung noch kein Beweis einer Spaltung, da dieselbe mit ebenso viel Recht von den Anhängern der Einschmelzungs- oder der Mischungstheorie benutzt werden könnte als Beweis der Richtigkeit ihrer Anschauungen. Zweitens, ist die Berechnungsmethode an und für sich nicht einwandsfrei oder gar nicht richtig, da man die relativen Mengen der als Grundlage der Berechnung dienenden Theilmagmen nicht bestimmen kann. Die Versuche diese Mengen zu bestimmen, wie Brögger es thut, sind unsicher; und die Vermuthung, dass die Theilmagmen in gleichen Mengen an der Zusammensetzung des Stammmagmas sich betheiligen, wie Lagorio [1]) es thut, ist willkürlich.

---

[1]) Siehe p. 299. und A. Lagorio. Die Frage über die Ursachen der Verschiedenheit der Eruptivgesteine. — Protok. d. Warschauer Naturf.-Ges., 1897.

Auf den ersten Blick erscheint es, als ob das Einschmelzen fremder Massen in grossem Maasstabe nicht vor sich gehen kann, da dasselbe Verluste an Wärme bedingt und folglich von einer Erniedrigung der Temperatur des Magmas begleitet ist. Allein man muss nicht vergessen, dass in der Mehrzahl der Fälle, nach Maassgabe der Einschmelzung fremder Massen, das Magma leichtflüssiger, folglich zu weiteren Einschmelzungen fähig wird und dadurch immer noch eine höhere Temperatur besitzt, als die Erstarrungstemperatur desselben, sowohl im Ganzen als auch einzelner Bestandtheile. So z. B. wird magnesiahaltiges Magma nach Einschmelzung von Kalksteinen leichter schmelzbar, saures Magma erlangt auf dem Wege der Einschmelzung von fremden Gesteinen eine grössere Schmelzbarkeit u. s. w. Es ist schon längst bekannt, dass der Schmelzpunkt eines Gemisches bedeutend niedriger liegt als die Schmelzpunkte der Bestandtheile desselben; Bunsen war der erste, welcher die Aufmerksamkeit der Geologen darauf richtete und sich für die Nothwendigkeit aussprach diese Erfahrungen auf die Petrogenesis anzuwenden.

In letzter Zeit beschäftigten sich Küster [1]) und Le Chatelier [2]) mit der experimentellen Bearbeitung dieser Frage; dieser Gelehrte theilt interessante Zahlendata mit, aus denen klar hervorgeht, dass drei und vier Bestandtheile enthaltende Verbindungen leichter als Doppelsalze, die nur aus zwei Bestandtheilen bestehen, schmelzen, diese letzteren leichter, als einfache Salze. Beiläufig gelang es mir selbst bei Versuchen über Schmelzen zu bemerken, dass ein Gemisch, welches MgO und CaO enthielt, leichter als analoge Gemische schmilzt

[1]) F. Küster. Loc. cit.

[2]) Le Chatelier. Sur la fusibilité des mélanges salins isomorphes. — C. R. 1891. № 7, p. 350; hier sind Data über die Schmelzpunkte von Kali- und Natronsalzen mitgetheilt.

— Derselbe. Sur la fusibilité des melanges isomorphes de quelques carbonates doubles. — Ibid., № 8, p. 415.

(welche ihrer Zusammensetzung nach dem Basalt ohne Eisen entsprechen), die nur *MgO* oder *CaO* enthalten. Ich erinnere auch an folgende Aesserung von Lehmann [1]): „Die einfache Berührung zweier, im flüssigen Zustande mischbarer Körper genügt, um den Schmelzpunkt zu erniedrigen, und das Erstarrungsprodukt gemengter Schmelzflüsse ist im Allgemeinen nicht homogen".

Natürlich bleibt die Frage über die Anwendbarkeit der Erscheinungen des Zusammenschmelzens und der Liquation auf die Erklärung der Differentiation dem experimentellen und theoretischen Studium vorbehalten. Aber auch jetzt schon, wie an verschiedenen Stellen dieses Capitels angeführt ist, kann man über eine syntektische Liquationstheorie der Differentiation sprechen. Ausser dem oben erwähnten kann ich nicht unterlassen noch auf eine Wechselbeziehung die Aufmerksamkeit zu richten. Wenn man zwei Flüssigkeiten hat, die einander nur theilweise auflösen, so kann man durch das Hinzufügen einer dritten Flüssigkeit, welche sich mit beiden in willkürlichen Proportionen mischt, eine homogene Lösung erhalten. Ein solches Hinzufügen einer dritten Flüssigkeit wirkt wie eine Erhöhung der Temperatur [2]). Aehnliche Fälle finden öfters beim Magma statt. Stellen wir uns ein Magma vor, welches ein Gemenge von Pyroxenit-Peridotitmagma und Feldspathmagma ist; bei einer bestimmten Temperatur müsste es der Liquation unterliegen und den Anfang zu zwei abgeleiteten Magmen geben — (vergl. Shonkinit und Gabbrosyenit, Lindöit und Sölvsbergit, Labradorit und Pyroxenit, Malignit und Eläolithsyenit, an Feld-

[1]) O. Lehmann. Ueber den Schmelzpunkt im Contact befindlicher Körper und die Elektrolyse des festen Jodsilbers.—Wiedem. Ann. d. Phys., 1885. 24, p. 1.

— Derselbe. Molekularphysik I, 1888, p. 748.

[2]) W. Ostwald. Lehrbuch der allgemeinen Chemie: I. Stöchiometrie — 1891, p. 819 und ff.

spath reiche Augitporphyritfacies und an Augit reiche u. s. w., u. s. w.). Wenn dieses Magma mit Quarz- (oder Greisen-) Magma zusammenschmilzt, welches sich mit ihnen in willkürlichem oder jedenfalls in bei weitem grösserem Maasse mischt, so wird die Homogenität der Lösung wiederhergestellt; das Magma kann einen grossen oder kleinen Ortswechsel erleiden, kann noch abkühlen — und nur dann tritt die Liquation ein, welche dabei jetzt schon zu anderen Producten, zu anderen abgeleiteten Magmen führt. Solche und diesen analoge Beispiele könnte man wahrscheinlich viele finden.

Genau so wird man, sobald die gleichzeitigen Wirkungen mehrerer Lösungsmittel in einer dem Magma analogen Lösung, erforscht sind, den Schlüssel zur Erklärung vieler Vorgänge der Differentiation und der Liquation finden können. So z. B. ist es bekannt, dass beim hinzufügen einer kleinen Menge Wasser zur Lösung von Benzol und Essigsäure, die Flüssigkeit trübe wird und in zwei Schichten von verschiedener Zusammensetzung zerfällt, in Folge von einer verschiedenen Löslichkeit des Wassers und des Benzols in Essigsäure und einer unbedeutenden gegenseitigen Löslichkeit dieser beiden. Solche Fälle können auch im Magma vorkommen; bisweilen genügt ein Einschmelzen einer unbedeutenden Menge irgend eines fremden Stoffes, der im Magma oder in einem Theil desselben wenig löslich ist, um einen Anstoss zur Spaltung in mehr oder weniger grossem Maasstabe zu geben. Möglicher Weise gehört eine solche Rolle den Sulfiden und anderen Erzen an und kann man ihre Ausscheidung aus dem Magma gerade auf diese Vorgänge zurückführen und nicht auf eine Diffusionsdifferentiation, wie Vogt annimmt.

Mit einem Wort, aus allen diesen Data geht ohne Zweifel hervor, dass das Einschmelzen fremder Massen das Magma leichtflüssiger und dünnflüssiger macht, und folglich in gewissen Grenzen nicht nur kein Erkalten oder gar Erstarrung hervorruft, sondern die Erniedrigung des Schmelzpunktes und eine weitere Lösungfähigkeit begünstigt. Auch bei Lagorio (loc. cit., p. 512) findet man Hinweise auf die Möglichkeit eines eigenthümlichen Ganges der Differentiation bei der Begegnung und dem Zusammenschmelzen zweier verschiedener Magmen und auf die Bedeutung dieser Vorstellung zur Erklärung der Bildung einiger eigenthümlicher Ganggesteine.

Um den Gang der Differentiationsvorgänge welche durch eingeschmolzene Massen hervorgerufen wurde, richtig zu verstehen, müsste man experimentelle Arbeiten vornehmen und Studien über den Einfluss der resorbirten Xenolithe auf eine Veränderung der Zusammensetzung des Eruptivgesteins machen. Viele Hinweise und ein umfangreiches Material hierfür kann man bei Lacroix und anderen Autoren, die auf S. 370 citirt sind, ferner bei Lagorio und Vogt [1]) finden. Bei diesem letzteren Gelehrten findet man Hinweise darauf, dass eine Bereicherung des Magmas an FeO, MnO und MgO, wahrscheinlich auch an CaO, dasselbe leichtflüssiger und dünnflüssiger macht; umgekehrt machen K^2O und Al^2O^3 das Magma strengflüssiger und erhöhen die Viscosität derselben. Auf Grund der Untersuchungen von Lagorio wissen wir auch, dass K^2O und Al^2O^3 in der Zusammensetzung der glasigen Basis in grösserer Menge als Bestandtheil auftreten, als in dem ganzen Gestein. Alle diese Beziehungen haben eine Bedeutung für den Gang der Differentiation; ich will als Beispiel auf die Rolle der Thonerde hinweisen. Vogt beweist. dass ein Ueberschuss an Thonerde oder sogar ein bestimmter Gehalt derselben in der geschmolzenen Masse die Krystalli-

[1]) Vogt. Studier öfver Slagger.—Bihang till k. Svensk. Vetensk. Akad. Handlingar, 1884, IX, № 1.

Derselbe.—Bildung von Erzlagerstätten u. s. w., p. 275.

Derselbe.—Beiträge zur Kentniss der Gesetze der Mineralbildung in Schmelzmassen und in neovulkanischen Ergussgesteinen.—Arch. f. Math. Og. Naturvidenskab. 1890. 13 und 14.

sation aufhält; bei einem bestimmten Gehalt hindert schliesslich Thonerde sogar die Krystallisation. Die Thonerde wirkt der Krystallisation derjenigen Minerale entgegen, in deren Zusammensetzung sie nicht vorkommt. Vogt hält diese Wirkung für eine chemische und schreibt dieselbe einer bestimmten Combination der Affinitätsverhältnisse der verschiedenen Bestandtheile der geschmolzenen Masse zu. Bei einem bestimmten Gehalt an Thonerde erstarrt das Magma auf jeden Fall in Form von Glas. Dieser letztere Hinweis bietet für mich ein besonderes Interesse, da er mit meinen Ansichten über die möglichen Ursachen der Bildung des Glases im Magma, unabhängig von der Schnelligkeit oder Langsamkeit des Erkaltens, zusammenfällt. Olivinmagmen mit 7 — 10% an Thonerde krystallisiren mit einer grossen Menge an Glasbasis, während solche Magmen, die keine Thonerde enthalten, ganz frei von Glas sind. Aus der von Vogt angeführten Rolle der Thonerde bei der Bildung eines glasigen Stoffes kann man eine zweifache Folgerung ziehen. Erstens kann man annehmen, dass in einigen Fällen die Gegenwart von Glas im Gestein durch einen überschüssigen Gehalt an Thonerde bedingt sein kann. Zweitens — diese Folgerung ist interessanter und wichtiger — muss man erwarten, dass bei der Differentiation der Magmata eine Bereicherung der einen oder der anderen von ihnen an Thonerde zu einer geringeren Krystallinität desselben beitragen wird. Mit anderen Worten, man muss erwarten, dass glasige Gesteine an Thonerde reicher erscheinen, als die ihnen entsprechenden, mehr oder weniger krystallinischen Gesteine. In der That, in einigen Fällen bewahrheitet sich dieses: die Limburgite sind reich an Thonerde; die Grundmasse der Variolite ist an Kali und Thonerde reicher, als die Variolen.

Ich führte schon an, dass die Reihenfolge der Ausscheidung der Minerale aus dem Magma und die Krystallisationsdifferentiation des Magmas, welche sich bei der Bildung der

Sphärolith- und Taxitstructuren äussert, eine zusammengesetztere Erscheinung darstellt, als ein einfaches Ausscheiden des Ueberschusses an gelösten Stoffen und nicht immer mit dem von einigen Autoren aufgestellten Grade der Löslichkeit und der Fähigkeit einer Uebersättigung verschiedener Oxyde zusammenfällt. Ich will auf ein Beispiel und zwar auf die Variolithe hinweisen. In der Grundmasse der Variolite von Jalguba findet sich mehr Al^2O^3, MgO, CaO und FeO, als in den Variolen; in der Grundmasse ist $CaO < MgO$, in den Variolen hingegen umgekehrt; hieraus müsste man darauf schliessen, dass SiO^2, R^2O und CaO ein grösseres Krystallisationsvermögen, als MgO besitzen. Im Variolit von Cervières enthält die Grundmasse mehr Al^2O^3, FeO, MgO und K^2O und weniger SiO^2, CaO und Na^2O; Alkalien sind in den Variolen in grösserer Menge vorhanden; das Verhältniss $CaO : MgO$ ist dasselbe wie in den Varioliten von Jalguba; wie man sieht, stimmen die Folgerungen über den Grad der Löslichkeit auf Grund dieser Analysen nicht vollständig mit dem überein, was die Variolite von Jalguba ergeben.

Meine Anschauung über den Vorgang der Differentiation versöhnt die reine Diffusionstheorie mit der osmotischen oder Assimilationstheorie, indem sie deren gleichzeitige Wirkung verlangt. Wenn auch nicht immer, so kann man sich doch in vielen Fällen den allgemeinen Gang der Differentiation auf folgende Weise vorstellen. Das feuerflüssige Magma mischt sich mit einem anderen ebensolchen Magma oder schmilzt benachbarte und ihm auf dem Wege, bei seiner Erhebung, begegnende andere eruptive oder sedimentäre Gesteine ein. Auf diese Weise findet eine Bereicherung an einem oder einigen Bestandtheilen statt. Solange die Temperatur genügend hoch, so lange das Magma genügend flüssig ist, kann es auch die für ein Eruptivgestein anormale Zusammensetzung bewahren. Möglicher Weise findet zu dieser

Zeit ein Ausscheiden einiger überschüssiger Bestandtheile aus der Lösung statt, wie z. B. Lagorio [1]) dieses hinsichtlich der Thonerde [2]) glaubt. Möglicher Weise findet auch hier ein Zerfall den Anschauungen von Bäckström entsprechend statt. Eine definitive Differentiation beginnt aber nur bei einer Erniedrigung der Temperatur. Wenn sich die Temperatur mehr oder weniger der Verfestigungstemperatur nähert und das Magma aus einem beweglich-flüssigen in einen mehr oder weniger viscosen Zustand übergeht, dann tritt die Rolle der Affinit der verschiedenen Basen unter einanter in den Vordergrund. In einem solchen krystallisationsfertigen Magma vertheilten schon alle Basen untereinander die Kieselsäure, ihrer Affinität zu ihr entsprechend und gemäss ihrer relativen Mengen im Magma. Bei diesem Stadium sind schon im Magma, obgleich es noch flüssig ist, alle Bestandtheile des zukünftigen Gesteins in Bereitschaft gehalten, so zu sagen angedeutet und gebildet. Es wird nur von den Bedingungen der Krystallisation abhängen, ob alle diese Bestandtheile auskrystallisiren, oder ob einige von ihnen in Form von Glas erstarren werden. Aber wenn dieses in der That so ist, so können in dem viscosen, krystallisationsfertigen Magma die verschiedenen Bestandtheile nur in solchen Proportionen vorkommen, welche der Zusammensetzung der zukünftigen Minerale des zur Bildung gelangenden Gesteins entsprechen; in überschüssigem oder freiem Zustande können sich in einem solchen Magma nur diejenigen Bestandtheile befinden, welche in freiem Zustande zu krystallisiren fähig sind, welche an und für sich in Form von Mineralen in den Eruptivgesteinen vorkommen;

[1]) A. Lagorio. Pyroxener Korund, dessen Verbreitung und Herkunft.— Z. f. Kr., 1895, XXIV, p. 285.

[2]) So, z. B., kann sich ein Ueberschuss an CaO und MgO mit SiO^2 verbinden, indem er einen kleinen Ueberschuss an Al^2O^3 mit sich reisst, und sich in Form von Peridotit- oder Pyroxenitmagma ausscheiden, etc.

aber diese Bestandtheile sind nicht zahlreich: Kieselsäure, Titansäure und Eisenoxyde (Korund?). Alles was den eben angeführten Bedingungen nicht entspricht, muss aus dem Magma ausgeschieden werden, sei es in Form von Mutterlauge, oder als selbstständiges abgeleitetes Magma, oder als feste Massen,— doch alles dieses ist schon eine andere Frage. Mir scheint, dass dieser letzte Moment der Alkühlung (noch vor vollständigem Erstarren), wenn die Hauptrolle der Combination der Affinitätsverhältnisse zufällt, sehr wichtig ist. Es erübrigt noch noch die Bedingungen dieser Abkühlungsdifferentiation zu erlernen und aufzustellen. Mit der Zeit werden sich hier wahrscheinlich irgend welche geseztmässige Wechselbeziehungen, laut der Phasenregel von Gibbs, zwischen der Temperatur, der Zusammensetzung des erstarrenden Magmas und der Zusammensetzung der abgespaltenen und abgeleiteten Magmen zeigen.

Iddings kam zu einer, meiner Folgerung diametral entgegengesetzten. Er hält jedes Oxyd im Magma für ein selbstständiges und spricht die Verbindung der Oxyde zu bestimmten Silicaten im geschmolzenen Magma ab. Obgleich die Differentiation, nach seinen Worten, nicht über eine gewisse Grenze geht und immer zur Bildung von Silicatgesteinen führt, so sind doch die Schwankungen im Gehalt an den einzelnen Oxydee nichts destoweniger bedeutend und sprechen gegen die Anpassung der Oxyde an bestimmte Gruppen. Allein von diesem Gesichtspunkt aus, wenn man die Differentiation nur als von Temperaturbedingungen und von dem Soret'schen Princip abhängig ansieht und wenn man die Bedeutung der chemischen Affinität vollständig ignorirt, so ist das Nichtvorkommen von Fällen mit Ueberschuss an freier Thonerde, oder Magnesia, oder Kali u. s. w. unverständlich. Ein solcher Ueberschuss ist nur für Kieselsäure bekannt, welche im Eruptivgesteine als selbstständiger Bestandtheil vorkommen kann.

„The one (result) which exhibits the independence of the oxide molecules from any fixed combination, while in a molten state, is the variability of the molecular proportions of the oxides in various rocks, and the consequent mineral composition of rocks“, sagt Iddings [1]). Er hält (p. 160) die Veränderungen der Temperatur und das Soret'sche Princip für Factoren, die zur Erklärung der Vorgänge bei der Differentiation genügen. „From the foregoing it may be concludet, that the molecular concentration of particular constituents of molten magmas in the cooler parts of inclosed bodies of magma is a sufficient cause for their differentiation“. Meiner Ansicht nach ist bedeutend wichtiger, als das Soret'sche Princip, die Combination der Affinitäten, die Veränderung des Druckes, die Liquation nach den Gesetzen über die Spaltung von Flüssigkeitsgemischen. Bei der Zusammenwirkung dieser Factoren muss man als Grunderscheinung der Differentiation, wie auch schon mehrmals angeführt war, den Antagonismus der Alkalien und der alkalischen Erden halten, d. h. der feldspath- und eisenoxydulmagnesia-haltigen Gesteinselemente; in den Grenzen der alkalischen Magmen hingegen den Antagonismus des Kali und des Natron.

Die Differentiation kann bisweilen in ihrer Dimension nach so unbedeutenden Gesteinsmassen auftreten, dass sich auf diese Weise ein ganz allmähliger Uebergang zur Krystallisationsdifferentiation einstellt. In kleinen Massiven, in kleinen Gängen, sogar in kleinen Nestern führte die Differentiation bisweilen zu einem mehr oder weniger prägnanten Unterschiede verschiedener Partieen des Gesteins, nicht nur in structureller Hinsicht, sondern auch der chemischen und mineralogischen Zusammensetzung nach. Doch nicht allein dieses,—bisweilen kann man eine Differentiation bemerken, die

1) J. Iddings. The origin of igneous rocks. p. 164.

sich in ein und demselben Handstück zeigt. In dieser Hinsicht stellen einige Berge im Mugodschargebirge wie z. B. der Berg Bochtybai, in welchem wir Diorite, Porphyrite, Variolite und Gläser vorfinden — nicht als Producte verschiedener selbstständiger Eruptionen, sondern als Producte der Differentiation ein und derselben Eruptivmasse. Zur Controlle der Vermuthungen, die sich in dieser Hinsicht aufdrängten, wurden von Herrn Lehbert auf meinen Vorschlag hin chemische Analysen einzelner Probestücke aus der glasig-variolitischen Facies des Bochtybai gemacht und dabei wurden die Probestücke aus verschiedenen Theilen ein und desselben Handstücks genommen. Eine Gruppe von Analysen bilden drei verschiedene Theile ein und derselben Stufe № 58+, wo man eine Mannigfaltigkeit der Gestalt und Uebergänge von einer glasigen zur echten variolitischen Structur wahrnehmen kann. Eine andere Gruppe von Analysen unter № 60 umfasst drei verschiedene Vertreter einer glasigen Ader: reines Glas, eutaxitisches Glas und eine Uebergangsbildung.

Ein Gegeneinanderhalten der angeführten Analysen zeigt recht wesentliche Verschiedenheiten in der chemischen Zusammensetzung der verschiedenen Partieen ein und desselben Handstücks. In drei Analysen 58+ kann man folgende Unterschiede bemerken: Der Gehalt an Kieselsäure fällt von 52% zu 46%; parallel der Verminderung derselben vermindert sich auch der Gehalt an Al^2O^3, und Na^2O nimmt ab, während der Gehalt an FeO, CaO und MgO steigt. Genau so stellt der Gehalt an SiO^2 in den drei Analysen № 60 scharfe Unterschiede dar—55%, 50% und 46,5%: zugleich steigt der Gehalt an Fe^2O^3, FeO und CaO, während der Gehalt an Fe^2O^3 abnimmt; Na^2O und MgO zeigen unregelmässige Schwankungen. Nicht weniger interessant ist die Gegenüberstellung aller neun Analysen, da sie sich auf verschiedene Theile ein und desselben Grünsteinmassivs beziehen.

	58 + I	58 + II	58 + III	60 f	60 f +	60 j
SiO^2	51,95	50,50	46,04	46,52	50,01	48,57
Al^2O^3	16,20	15,62	15,11	18,53	17,76	22,40
Fe^2O^3	3,83	2,52	4,60	3,46	4,02	4,69
FeO	9,63	13,12	14,53	16,46	9,44	3,49
CaO	8,68	8,95	9,34	9,05	7,64	13,25
MgO	3,13	3,73	5,15	2,11	5,57	3,95
K^2O	0.28	0.39	0,33	0,11	0,23	0,17
Na^2O	4.41	3,57	2,80	1,76	3,57	2,80
H^2O	1,08	0,99	1,32	0.73	0.87	0,98
Summa. . . .	99,19	99.39	99,22	98,73	99,01	100,30

IV. Schluss.

Man kann natürlich nicht die grosse Analogie, die bedeutende Aehnlichkeit der Vorgänge bei der magmatischen und der Krystallisationsdifferentiation in Abrede stellen. Einige Autoren, wie z. B. Teall [1]) und Brögger [2]) versuchen hier sogar eine vollkommene Identität zu finden. Unstreitig existiren viele gemeinschaftliche Processe, und das Anerkennen dieser Analogie kann man im ganzen Vorhergehenden finden. Sowohl hier wie dort finden wir Lösungs-, Uebersättigungs-, Spaltungserscheinungen u. s. w. Nichts desto weniger kann man, meiner Ansicht nach, nicht vom Standpunkte der Vorgänge selbst, son-

[1]) I. A. Teall. The sequence of plutonic rocks.—Natural Science. 1892. I, № 4. p. 288.

[2]) W. Brögger. Die Eruptionsfolge der triadischen Eruptivgesteine bei Predazzo in Südtyrol. — Videnskab. Skrifter. — I, Mathem.-naturv. Kl., 1895, № 7. p. 175. — Brögger stellt hier eine vollständige Identität der Differentiationsfolge, der Krystallisationsfolge und der Eruptionsfolge auf.

dern ihrer Ursachen, einen principiellen Unterschied finden. Die magmatische Differentiation erfolgt in der flüssigen leicht beweglichen Masse, bewegt sich so zu sagen nur in flüssigen Phasen; die Krystallisationsdifferenzirung findet hingegen in der zähen, viscosen Masse, unmittelbar vor der Krystallisation der verschiedenen Bestandtheile statt. In der ersten Differentiation spielen eine vorwiegende Rolle äussere Einflüsse: Temperatur, Druck; in der zweiten erscheinen als leitendes Prinzip die Combinationen der chemischen Affinitäten der sich unter einander verbindenden Basen und das Princip der grössten Arbeit.

Eine andere allgemeine Annahme, welche mir sehr wahrscheinlich dünkt, ist der Umstand, dass die Differentiation nicht durch einzelne Oxyde zu Stande kommt, sondern durch ihre Gruppen, den zukünftigen Silicaten entsprechend. Meiner Ansicht nach gruppiren sich jedenfalls bei der Krystallisationsdifferenzirung, gleichfalls bei der magmatischen Differentiation nahe vom Erstarrungspunkt einzelner Bestandtheile, die Oxyde unter dem Einfluss der Affinitäten und verändern den Ort bei der Differentiation als Gruppen mit der Zusammensetzung der zukünftigen Minerale. Mit anderen Worten es geht eine Differentiation durch Feldspathgruppen (resp. Feldspathiden), durch eisenoxydul-magnesiahaltige Bisilicate, durch eisenoxydul-magnesiahaltige Monosilicate u. s. w. vor sich. Einzeln ändern ihren Ort bei der Differentiation wahrscheinlich nur die Oxyde, welche als selbstständige Minerale in den Eruptivgesteinen vorkommen, vorwiegend Kieselsäure und Eisenoxyde. Deshalb muss man die öfters anzutreffenden Hinweise darauf, dass die Differentiation in einem Concentriren von MgO und FeO in den kälteren Theilen des Magmas (das Soret'sche Princip) besteht, in der Weise verstehen, dass dort eine Bereicherung an eisenoxydul-magnesiahaltigen Mineralen, d. h. an MgO und FeO unter Begleitung der zur Bildung dieser Minerale nothwendigen Mengen von Al^2O^3 und SiO^2 erfolgt. Im entgegengesetzten Fall, d. h. wenn die Vertheilung der Oxyde ausschliesslich durch Temperaturbedingungen, und nicht durch die chemische Affinität, regulirt werden würde, könnte man stellweise einen solchen Ueberschuss an MgO und FeO erwarten, welcher keinen Platz für sich in den Mineralen des Eruptivgesteines finden würde, was in der That nicht beobachtet wird.

Mir scheint es, dass man bei Anwendung der Soret'schen Regel auf die Erklärung der Vorgänge bei der Differentiation einen Fehler machte, indem man annahm, dass man durch diese Regel eine Bereicherung der kälteren Theile des Magmas an einigen Basen erklären kann. Die Soret'sche Regel bezieht sich auf die Vergrösserung der Concentration der Lösung, auf die Anhäufung des gelösten Salzes, aber nicht einzelner Jone. Die Petrographen, welche die Erfahrungen von Soret benutzen, verstossen, meiner Ansicht nach, gegen folgende Punkte:

1) Die Beobachtungen von Soret beziehen sich auf mehr oder weniger schwache Lösungen; wir wissen nicht in wieweit die Lösungen, welche durch das Magma dargestellt werden, concentrirt sind, und ob man sie für schwache halten kann. Kurz vor dem Beginn der Krystallisationsdifferenzirung ist die Lösung jedenfalls beinahe gesättigt.

2) In den Beobachtungen von Soret sehen wir eine Veränderung der Concentration der Lösung in Bezug auf das ganze Salz, und nicht auf die einzelnen Jone; folglich kann man dieselben auf die Translocation ganzer Complexe von Oxyden anwenden, welche den Salzen des Magmas (den Pyroxenen, Feldspäthen, Peridotiten u. s. w.) entsprechen, und nicht einzelner Oxyde (natürlich mit Ausnahme von Eisenoxyden und einiger anderer Erzverbindungen, mit deren Bildung sich z. B. Vogt beschäftigt).

3) In dem krystallisirenden Magma sind die Minerale

schon fertig in der Lösung vorhanden, sie sind wahrscheinlich nicht mehr dissociirt.

4) Das Magma stellt eine sehr complicirte Lösung dar (und dazu noch durchtränkt von Wasserdämpfen); die Anwendbarkeit der Soret'schen Regel auf solche complexe Lösungen oder ihre besonderen Eigenthümlichkeiten in diesem Fall sind noch nicht bekannt.

5) Weshalb hält man *MgO, FeO* und einige andere Oxyde, deren Anhäufung man in bestimmten Theilen des Magmas durch die Soret'sche Regel erklären will, für gelöste Substanzen? In vielen Fällen dagegen treten sie als Lösungsmittel oder als Theil desselben auf, deshalb nun unterliegen sie nicht der Concentration.

Alle diese Vorstellungen zwingen einen sich sehr vorsichtig zur Soret'schen Regel bei der Anwendung auf die Differentiation des Magmas zu verhalten, und veranlassen mich eine wichtigere Rolle den Vorgängen der Liquation, einer unvollständigen Vermischung der Flüssigkeiten zuzuertheilen.

Bis hierzu konnten wir über zwei Arten von Differentiation sprechen: über die magmatische und die Krystallisationsdifferentiation. Möglicher Weise ist es richtiger, jedenfalls für mehrere Fälle, dreierlei Art Differentiation zu unterscheiden:

1) diejenige, welche im Tiefenmagma in der Periode der Ruhe erfolgt; dies ist die statische oder tiefmagmatische Differentiation;

2) diejenige, welche beim Erheben des Magmas, in den Spalten und Höhlungen während seiner Bewegung erfolgt, wenngleich auch diese Bewegung innerhalb der Erdkruste endigen würde und keine Eruption erfolgte; dieses ist die intrusive Ascensions- (anabantische-), Abkühlungsdifferentiation;

3) endlich diejenige, durch welche ein Cyklus von Vorgängen erfolgt, welche die feuerflüssige Masse in festes Gestein verwandeln; dieses ist die Krystallisationsdifferenzirung.

Jede von diesen Differentiationen hat ihr bestimmtes Gepräge und wird durch ihre eigenen anregenden Ursachen und Factoren geleitet.

In der Krystallisationsdifferenzirung spielt, wie bereits erwähnt, die chemische Affinität eine wesentliche Rolle. Bei der Tiefendifferentiation erscheinen als Hauptfactoren das specifische Gewicht, die Temperatur und der Druck. Bei der intrusiven Differentiation haben wir, meiner Ansicht nach, Spaltungserscheinungen der Flüssigkeitsgemischeunter dem Einfluss eingeschmolzener Stoffe. Wie die Erscheinungen des Zusammenschmelzens in den Gängen, die Xenolithe und die theoretischen Erwägungen zeigen, muss beim Erheben des Magmas ein Einschmelzen in mehr oder weniger grossem Maasstabe der durchbrochenen Gesteine, sowohl der Sedimentär-, als auch der Eruptivgesteine, stattfinden. Als Folge von solch einem Einschmelzen tritt eine Veränderung der Löslichkeit einiger von den Stoffen und eine Störung des Gleichgewichts auf, welche sich nicht einfach als eine Ausscheidung des Ueberschusses einiger von den gelösten Stoffen zeigt, sondern als Spaltung des Magmas noch den Principien der Spaltung der Flüssigkeitsgemische. In den Gängen und in den Massiven, für die ein gewisses Erheben des Magmas, welches dieselbengebildet hat, wahrscheinlich ist, wird deshalb auch öfters ein gleichzeitiges Vorhandensein verschiedener Gesteine beobachtet, welche aus dem allgemeinen Magma unter dem Einfluss der Liquation desselben in zwei verschiedene Gemische, und nicht auf dem Wege der Diffusionsdifferentiation hervorgingen.

Wenn man das feuerflüssige Magma als eine complexe Lösung ansieht — eine solche Ansicht nun kann man nicht umhin als eine sehr fruchtbare zu bezeichnen [1]) — so muss man durchaus folgende Bedingungen beachten, welche in Bezug auf das Silicatmagma noch nicht genügend oder überhaupt nicht studirt sind.

1) Die Phasenregel.

2) Die Bedingungen der Löslichkeit isomorpher Gemische.

3) Das Princip der grössten Arbeit.

4) Die Abhängigkeit der Löslichkeit vom Druck und der Temperatur.

5) Die Bedingungen der Löslichkeit mehrerer Verbindungen in einer Lösung oder eines Stoffes gleichzeitig in zwei Lösungsmitteln.

6) Die Bedingungen der Unterkühlung des Magmas.

Einige von diesen Punkten sind schon früher betrachtet; hinsichtlich 5) müsste man in der Zukunft die Aufmerksamkeit auf folgende Erwägungen richten. Es ist bekannt, dass hinsichtlich der gleichzeitigen Löslichkeit folgende Annahmen stattfinden.

a) Die Löslichkeit des Salzes wird geringer bei Gegenwart eines anderen Salzes mit beiden gemeinsamen Jonen;

b) die Löslichkeit des Salzes steigt in Gegenwart eines

[1]) Die Ansicht, dass man das Magma als eine Lösung zu betrachten hat, wurde zuerst von Bunsen ausgesprochen. Darauf wandte Schott diese Ansicht auf die Gläser an, welche er für übersättigte Lösungen hielt. Pelouze brachte den ersten Versuch zur Kenntniss der Löslichkeit verschiedener Oxyde in den Gläsern. Bei Lagorio erhielt die Ansicht, dass das Magma als eine Lösung zu betrachten sei, die vollständigste Entwickelung und dabei dehnte er die Gesetze der Löslichkeit und der Uebersättigung auf das Magma aus. Derselben Ansicht sind Guthrie, Judd, Iddings, Teall, Vogt, Brauns und andere. Siehe: R. Bunsen. Z. d. g. G. 1861, 13, p. 62. Schott. Pogg. Ann. 154, p. 422. Guthrie. Phil. Mag. 5. ser. XVII (1884), p. 462 und XVIII (1884), p. 22 und 105. Pelouze. C.-R. 1867, 64, p. 53. A. Lagorio. Loc. cit. J. Iddings. On the cristallization of igneous rocks. — Bull. Philos. Soc. Washington, 1892. XI, p. 65 und The origin of igneous rocks, ibid. II. Teall. Loc. cit. Brauns. Chemische Mineralogie, 1896. Judd. On composite dykes in Arran. — Q. J. 1893. 49. p. 536 etc.

anderen, welches mit dem ersten keinen einzigen gemeinsamen Jon hat.

Diese zwei Annahmen muss man beachten bei der Beurtheilung des Reactionsganges im Magma mit den eingeschmolzenen Massen, mit den Einschlüssen, und in den Contacten.

Durch die Untersuchungen von Pelouze und Lagorio wurde bestimmt, dass die Oxyde im geschmolzenen Magma sich der steigenden Löslichkeit gemäss in folgender Ordnung vertheilen: TiO^2, ZrO^2, Fe^2O^3, FeO, MgO, CaO, Na^2O, SiO^2, Al^2O^3, K^2O. Allein unmittelbar hieraus Folgerungen über den Grad der Löslichkeit der Silicate zu ziehen, würde falsch sein; in dieser Beziehung kann man in unserem Wissen eine Lücke bemerken, die um so empfindlicher ist, weil sich, wie man annehmen muss, in dem krystallisirenden Magma gelöste Minerale und nicht einzelne Oxyde befinden.

Wenn man das Magma wie eine Lösung betrachtet, so entsteht die Frage, was man für das Lösungsmittel ansehen soll? Auf diese Frage giebt es verschiedene Antworten. Lagorio hält für das Lösungsmittel im Magma ein Silicat von der Zusammensetzung $R^2O \,.\, 2SiO^2$, wo $R = K$, Na ist; mit demselben kann sich noch zuweilen eine gewisse Menge $RO \,.\, 2SiO^2$, wo $R = Ca$ ist und $R^2O^3 \,.\, 6\, SiO^2$, wo $R = Al$ ist, vereinigen. Iddings hällt die Anerkennung eines Lösungsmittels von bestimmter Zusammensetzung für verschiedene Gesteine für unmöglich. Er weist ganz richtig darauf hin, dass die letzten Producte der Krystallisation in den verschiedenen Gesteinen, welche als Lösungsmittel für frühere Ausscheidungen dienten, verschieden sind. Seiner Ansicht nach ist das Lösungsmittel in den verschiedenen Gesteinen verschieden, und ist von der Zusammensetzung des Magmas und den relativen Mengen der Bestandtheile desselben abhängig. Diese Ansicht von Iddings kann man nicht umhin als richtig anzuerkennen. Wenn man das Magma als Legirungen oder als Lösungen betrachtet, so muss man zugeben, dass die Lösungsmittel nicht nur in den verschiedenen Magmen, sonder auch in ein und demselben Magma bei den verschiedenen Phasen seiner Existenz ungleichartig sind. Ausserdem müsste man daran denken, dass das Magma nicht ein einfaches feuerflüssiges Gemisch darstellt, sondern eine geschmolzene Masse, die von Wasser durchtränkt ist. Aber diese Beziehungen erschweren alle in bedeutendem Maasse die Beurtheilung der Differentiationsvorgänge und das Unterordnen derselben unter die Phasenregel von Gibbs, überhaupt unter die Erstarrungsgesetze der Lösungen. Wie oben angeführt (p. 354), haben wir in der Krystallisationsfolge der Bestandtheile des Magmas, und in den relativen Mengen derselben ein Kriterium für die Beurtheilung der Zusammensetzung des Lösungsmittels.

Wie p. 354 bereits ausgesprochen worden ist, betrachte ich als Lösungsmittel diejenigen Bestandtheile des Magmas, die im gegebenen Moment über die andern quantitativ überwiegen. Das stimmt mit der Definition überein, die Nernst [1]) für Lösungen giebt: „Wenn von den zu einem homogenen flüssigen Gemische vereinigten Stoffen einer in grossem Ueberschusse vorhanden ist, so haben wir eine Lösung vor uns."

Viele interessante und wichtige Schlüsse über den Gang und die Richtung der Krystallisationsvorgänge im Magma kann man aus den Data über das Schmelzen und Erstarren der Gemische, complexer Lösungen und Legirungen ziehen. So z. B. kann man die Lehre von Guthrie über die eutektischen Gemische und die Kryohydrate wahrscheinlich benutzen zur Erklärung der pegmatitischen Structur, der Granophyrdurchwachsungen, der felsitischen Grundmasse der Porphyre (auf diese letzteren wies auch schon Teall hin).

---

[1]) Theoretische Chemie, p. 363.

Nicht weniger fruchtbar kann die Lehre über den Grenzgehalt des Stoffes in der Lösung erscheinen, in welcher das Lösungsmittel und der gelöste Stoff ihre Rollen vertauschen können in Abhängihkeit von der Temperatur der Lösung und der relativen Menge ihrer Bestandtheile [1]). Bei Anwendung dieser Beobachtungen auf das Magma kann man einzelne Eigenthümlichkeiten der Krystallisation mit derselben in Einklang bringen, wie z. B. die Bildung der Zonenkrystalle (bei welchen sich Zonen von verschiedener Zusammensetzung wiederholen), die eutaxitische Structur saurer Gläser u. s. w. Die Bildung von Schichten verschiedener Zusammensetzung erklärt sich hier durch eine schwankende Ausscheidung bald des einen, bald des anderen Bestandtheiles des Magmas („des Lösungsmittels“ und „des gelösten Stoffes“), welches in Folge fortwährender Temperaturschwankungen den Grenzgehalt nicht beibehält (Wärmeausscheidung bei der Krystallisation, Abkühlung u. s. w.)

Erst wenn wir den Charakter und den Grad der Dissociation im Magma kennen werden und wenn so complexe Systeme wie das Magma so weit erforscht sein werden, dass man die Krystallisationserscheinungen in denselben vom Standpunkt der Phasenregel wird verfolgen können, erst dann wird die Aufgabe über die Krystallisationsfolge gelöst sein. Dann wird man dieselbe unter die allgemeine Formel für den Gleichgewichtszustand complexer ungleichartiger Systeme unterbringen können, nämlich:

$$K = K' \frac{k_1'^{n_1'} \; k_2'^{n'_2} \; \ldots\ldots}{k_1^{n_1}, \; k_2^{n_2} \; \ldots\ldots},$$

wo K und K' die von der Temperatur abhängigen Coefficienten der Reaction (oder des Gleichgewichts) sind, n mit verschiedenen Zeichen—die Zahl der Molekel der an den Reac-

[1]) O. Lehmann. Molekularphysik, I, 1888, p. 741.

tionen theilnehmenden und sich bildenden Verbindungen, und *k* mit verschiedenen Zeichen — die ebenfalls von der Temperatur abhängigen Lösungscoefficienten der verschiedenen Molekelarten [1]).

Interessante Folgerungen wird man mit der Zeit aus den wichtigen Versuchen von Tammann [2]) über die Unterkühlung und den Einfluss derselben auf die Erstarrungsfähigkeit und das Krystallisationsvermögen ziehen können. Endlich bedürfen die gewöhnlichen Vorstellungen über die Abhängigkeit der grobkrystallinischen, vollkrystallinischen und idiomorphen Structur von einer langsamen Krystallisation einer ernsten Controlle und Kritik. Einzelne diesbezügliche Erwägungen werden im nächsten Capitel von mir angeführt werden.

Wenn man das Facit der Krystallisations- und magmatischen Differentiation der feuerflüssigen Massen zieht, aus denen sich alle Eruptivgesteine bilden, so kann man alle hierbei erfolgenden Vorgänge in folgende Kathegorieen gruppiren:

1) Die Spaltung der Flüssigkeiten, welche bei verschiedenen Temperaturen sich in verschiedenen Proportionen mischen — die Liquation unter der Temperatur ihrer unbegrenzten Mischbarkeit.

2) Die Ausscheidung der gelösten Stoffe aus der Lösung.

3) Die Dissociation.

---

[1]) W. Nernst. Theoretische Chemie, 1893, p. 398.

„Kennen wir den Gleichgewichtscoefficienten einer bei einer bestimmten Temperatur in einer beliebigen Phase sich abspielenden Reaction und die Theilungscoefficienten sämmtlicher Molecülgattungen gegenüber einer zweiten Phase, so kennen wir auch den Gleichgewichtszustand in der zweiten Phase bei der gleichen Temperatur“.

[2]) G. Tammann. Ueber die Abhängigkeit der Zahl der Kerne, welche sich in verschiedenen unterkälten Flüssigkeiten bilden, von der Temperatur.—Zeitschr. f. phys. Chem. 25, 1898, p. 441.

Derselbe. Ueber die Grenzen des festen Zustandes.—Wied. Annal. 62, 1897, p. 280.

4) Umwandlungen verschiedener Modificationen ein und desselben Stoffes einer in die andere.

5) Unterkühlung.

6) Erstarrung.

Alles dieses sind gut erforschte chemische und physikochemische Grundvorgänge, welche sich alle einem allgemeinen Gesetze. das unter dem Namen „Phasenregel“ bekannt ist, unterwerfen. Hieraus ist es natürlich der Schluss zu ziehen, dass offenbar auch die verschiedenen Vorgänge bei der Differentiation sich der Phasenregel unterwerfen müssen und von diesem Standpunkt aus betrachtet werden können. Leider ist eine erfolgreiche Beleuchtung der Differentiationserscheinungen vom Standpunkt der Phasenregel aus noch wohl kaum möglich, da wegen der hohen Temperatur und des grossen Druckes, wie sie den Magmen eigen sind, experimentelle Forschungen fehlen und wegen der Complicirtheit der Zusammensetzung, welche dasselbe von allen bis jetzt studirten Systemen unterscheidet. Experimentelle Studien auf diesem Gebiete sind eine Sache der Zukunft; dieselben wird man mit einfachen Gemischen beginnen müssen, welche einem trockenen Schmelzen unterzogen werden. In der Gegenwart kann man nur einige Erwägungen in allgemeiner Form aussprechen. Es existirt die Annahme, dass beim Vorhandensein auch nur einer Phase im System, in deren Zusammensetzung alle Stoffe des gegebenen Systems als Bestandtheile auftreten, nur einerlei Art von Umwandlungen möglich ist, d. h. es ist nur eine Kathegorie von chemischen Vorgängen möglich [1]. Im Magma giebt es eine solche Phase; dieses ist die flüssige Phase, der geschmolzene Stoff. Hieraus ergiebt sich die Folgerung, dass von der feuerflüssigen Masse von bestimmter Zusammensetzung, bei übrigen gleichen Bedingungen, eine Ab-

[1]) Vergleiche W. Meyerhoffer. Die Phasenregel und ihre Anwendung.— 1893, p. 70.

spaltung nur bestimmter Producte, und nicht willkürlicher, möglich ist, und dass ein Ausscheiden nur bestimmter Verbindungen (Minerale) und dabei in bestimmter Reihenfolge vorkommen kann. Mit anderen Worten, die Zusammensetzung und die Reihenfolge der Ausscheidung aus dem Magma sind so zu sagen voraus bestimmt. Weshalb nun, kann man fragen, werden nichtsdestoweniger Verschiedenheiten in der Ausscheidungsfolge von Bestandtheilen des intrusiven und des effusiven Magmas von ein und derselben Zusammensetzung beobachtet? Deshalb sage ich, weil diese Magmen wesentlich verschieden sind, da im ersten das von der feuerflüssigen Masse aufgenommene Wasser (auch andere Dämpfe und Gase) als Bestandtheil vorkommt, welches unstreitig eine wichtige Rolle bei den Vorgängen der Differentiation und der Krystallisation der Tiefenmagmen spielt.

Die anwendbarkeit der Phasenregel auf die Magmen kann an einigen speciellen Fällen gezeigt werden. So, z. B. können die an glasigen Einschlüssen reichen, porphyrartigen Krystalle des Feldspathes in den Andesiten auf Mischungserscheinungen zweier Flüssigkeiten, die sich bei verschiedener Temperatur in verschiedener Proportion mischen, bezogen werden. Der zukünftige Feldspath — ist eine Flüssigkeit (*A*), der übrige Theil des Magmas eine andere Flüssigkeit (*B*). Bei einer gewissen hohen Temperatur mischen sie sich unbegrenzt oder jedenfalls in grossem Maassstabe; in der Nähe der Ausscheidungstemperatur des Feldspathes spalten sie sich in zwei Gemische: *B* mit einem solchen Gehalt an *A*, welcher der späteren Ausscheidung desselben als Mikrolithe entspricht, und *A* mit einigem Gehalt an *B*. Beim Erstarren des zweiten Gemisches—dasselbe geht dem Festwerden des ersten vor—krystallisirt der Stoff *A* aus, und das in ihm gelöste Gemisch *B* scheidet sich aus, ist mitgerissen, eingeschlossen und bildet glasige Einschlüsse. Ein anderes Beispiel stellt die Eutaxitstructur dar, welche unstreitig auch zur Kathegorie der Spaltungserscheinungen und der schichtweisen Aufeinanderfolge verschiedener Gemische zweier Flüssigkeiten gehört, wobei die eine Schicht Flüssigkeit A, die mit Flüssigkeit B gesättigt ist, die andere umgekehrt Flüssigkeit B darstellt, die mit Flüssgkeiit A gesättigt ist. Ein noch deutlicheres Beispiel kann man in den Sphärolithgesteinen erblicken, besonders in solchen Sphärolithen, auf welche die Vorstellungen von Cross über einen colloidalen Zustand derselben vor dem Erstarren anwendbar sind. Hierher müsste man auch die Taxite rechnen, deren Studium ein Licht auf den Mechanismus der Differentiation werfen kann.

Vom Standpunkt der Phasenregel erhält der Gehalt an Wasserdämpfen im Magma und deren Ausscheidung aus der Lava eine interessante Beleuchtung. Wenn im System irgend ein Stoff nur in einer Phase vorkommt, welche keine anderen Stoffe enthält, so stört nicht die Entfernung dieser Phase, die bis hierzu vorhanden gewesenen Gleichgewichtsbedingungen. Als ein solcher Stoff erscheinen im Magma Wasserdämpfe; ihre Ausscheidung — sogar eine vollständige — ist an und für sich nicht fähig irgend welche Umwandlungen im Magma hervorzurufen. Folglich stellt sich der Unterschied der intrusiven und effusiven Magmata, welcher durch Wasserdämpfe bedingt wird, in einer Verschiedenheit der Viscosität (der inneren Reibung), der Schmelzbarkeit, der Wärmecapacität und in anderen rein physikalischen Krystallisationsbedingungen heraus; aber an und für sich kann der Unterschied, bei gleichen übrigen Bedingungen, weder Veränderungen in den relativen Mengen der Phasen, noch um so weniger Veränderungen im Gange der chemischen Reactionen—d. h. in der mineralogischen Zusammensetzung des zukünftigen Gesteins (ausser der Bildung der wasserhaltigen Minerale)—bedingen.

Die in dem vorliegenden Capitel niedergelegten Erwägungen sind flüchtig, nicht systematisch, oft hypothetisch. Eine vollständige Beleuchtung der Differentiationsvorgänge ist noch Sache der Zukunft. Die Anwendung des Princips der grössten Arbeit (Molecularvolumina u. s. w.), die Entwickelung der Theorie der Zusammenschmelzung (der syntektischen Liquationstheorie), das Studium der Erstarrungs- und der Krystallisationsbedingungen zusammengesetzter Complexe, als welche die Magmen vom Standpunkt der Phasenregel erscheinen — dies sind wichtige und interessante Aufgaben für die Petrographie der Eruptivgesteine, Aufgaben, die noch für mehrere Jahrzehnte Stoff liefern. Ohne diese Aufgaben wäre die Petrographie eine tote, nur beschreibende Wissenschaft; jeder Schritt hingegen auf dem Wege zur Lösung dieser Aufgaben bringt einen frischen, belebenden Strom in die Petrographie und sichert ihre Lebensfähigkeit.

DRITTES CAPITEL.

Ueber Classification und Nomenclatur der Eruptivgesteine.

I. Ueber Classification.

Bedeutung der einzelnen Merkmale der Eruptivgesteine für die Classification: mineralogische Zusammensetzung, Structur, Lagerungsbedingungen, chemische Zusammensetzung. Bedeutung der Gangsteine, der Taxite, der Masseneruptionen.

Bedeutung der einzelnen Merkmale der Eruptivgesteine für die Classification.

In jeder Classification der Eruptivgesteine ist eine ganze Reihe von Merkmalen zu berücksichtigen und zwar: die mineralogische Zusammensetzung, die Structur, die chemische

Zusammensetzung, die Lagerungsverhältnisse, die genetischen Beziehungen zu anderen Gesteinen, die Bildungsweise. Nur diejenige Classification kann als rationell und brauchbar betrachtet werden, die auf alle genannten Merkmale sich stützt und einem jeden die ihm zukommende Bedeutung einräumt. Es taucht aber doch dabei die Frage auf, welches von diesen Merkmalen ist das wichtigste, welches muss als Basis der Hauptgruppen betrachtet werden und welche von diesen Merkmalen können für die Aufstellung der kleineren Unterabtheilungen verwerthet werden? In den folgenden Auseinandersetzungen will ich diese Fragen zu beantworten suchen.

Die mineralogische Zusammensetzung.

Die allgemein verbreiteten Classificationen stützen sich vor Allem auf die mineralogische Zusammensetzung (und die Structur); hierher gehören die Classificationen von Zirkel, Rosenbusch, Fouqué und Michel-Lévy. Es werden aber wohl alle zugeben, dass die mineralogische Zusammensetzung durchaus nicht als das Grundmerkmal, als die prima causa betrachtet werden kann, da sie selbst durch andere Ursachen bedingt wird; die mineralogische Zusammensetzung ist an und für sich nicht ausreichend als Basis einer rationellen und consequenten Classification aus folgenden Gründen.

1) Eine wesentliche Schattenseite des Princips der mineralogischen Zusammensetzung muss man darin sehen, dass dabei die relativen Mengen der Bestandtheile der Gesteine nicht berücksichtigt werden und nicht zum Ausdruck kommen. Es giebt aber bekanntlich Gesteine, die in Bezug auf ihre mineralorische Zusammensetzung sich nur dadurch unterscheiden, dass in den einen der Feldspathgemengtheil, in den anderen die Eisenmagnesiasilicate vorwalten. Es genügt auf die Gabbrosyenite und die Shonkinite, die Sölvsbergite und die Lindöite,

auf die zahlreichen aplitischen und lamprophyrischen Porphyre und Porphyrite u. s. w. hinzuweisen [1]).

2) Die mineralogische Zusammensetzung eines Eruptivgesteins ist eine Function seiner chemischen Zusammensetzung, durch welche erstere bestimmt wird. Bekanntlich ist die Frage nach der Abhängigkeit der mineralogischen Zusammensetzung von der chemischen, oder richtiger nach dem Grade dieser Abhängigkeit, (in allgemeinen Zügen ist die Frage bereits von Durocher erörtert worden, loc. cit. p. 237) von Roth und Rosenbusch discutirt worden und kann auch noch jetzt nicht als erledigt betrachtet werden. Roth verneinte die Existenz einer bestimmten und directen Abhängigkeit, indem er behauptete, dass Magmen von derselben Zusammensetzung je nach den äusseren Bedingungen in verschiedene Mineralien zerfallen können. Hingegen behauptete Rosenbusch, dass man nach der chemischen Zusammensetzung eines Gesteins dessen mineralogische Zusammensetzung vorhersagen könne. In gewissen Grenzen trifft letzteres auch wirklich zu: jedenfalls kann man behaupten, dass das Magma durchaus nicht spontan in die einen oder die anderen Mineralien zerfallen kann. Die äusseren Krystallisationsbedingungen beeinflussen nur die Ausscheidungsfolge der Mineralien und haben nur in bestimmten Fällen eine Bedeutung für die Herausbildung eines bestimmten Minerals an Stelle eines anderen, nämlich da wo die Krystallisationsbedingungen maassgebend sind für die Bildung bestimmter Mineralien. So können beispielsweise zwei Gesteine von gleicher chemischer Zusammensetzung sich dadurch unterscheiden, dass in dem einen Augit, in dem anderen Hornblende sich gebildet hat;

---

[1]) Bei der Discussion in einer der Sitzungen des Congresses erwähnte Brögger, dass er zur Bezeichnung der an Feldspathmineralien oder an farbigen Gemengtheilen reichen Gesteinsvarietäten oder Spaltungsproducte die Ausdrücke leukokrat und melanokrat bezeichnet. Diese Benennungen erscheinen mir sehr willkommen, und werde ich bereits jetzt davon Gebrauch machen.

oder sie können sich dadurch unterscheiden, dass in dem einen der Feldspathgemengtheil oder das Eisenmagnesiasilicat nicht vorhanden ist, weil die Erstarrung vor der Bildung des betreffenden Gemengtheils eingetreten ist. Es können manchmal unwesentliche und unbedeutende Unterschiede in der mineralogischen Zusammensetzung vorhanden sein; doch ist die Existenz zweier Gesteine von gleicher chemischer Zusammensetzung und mit wesentlichen Unterschieden der mineralogischen Zusammensetzung nicht gut möglich. In diesem Sinne hat sich bereits Lang [1]) in dieser Frage geäussert. Ja für einige Fälle sind genauere Data festgestellt die ein Urtheil über den Zusammenhang zwischen chemischer und mineralogischer Zusammensetzung festzustellen ermöglichen. Es mögen einige Beispiele folgen.

Leucit und Nephelin. Es wurde bereits darauf hingewiesen, dass die Feldspathmineralien das Bestreben haben in den säurereichsten bei den gegebenen Verhältnissen möglichen Silicaten aufzutreten. Das ist eine allgemeine Regel. durch welche die Krystallisationsbedingungen für Leucit und Nephelin z. Th. bestimmt werden: diese Mineralien bilden sich in den Fällen, wo die Bildung von Feldspäthen nicht möglich ist [2]). Ausser dieser negativen Bedingung kann man aber auch bestimmtere und positive Bedingungen finden. Aus einer Uebersicht der betreffenden Analysen ergiebt es sich, dass der Leucit und der Nephelin sich hauptsächlich in den basischen Gesteinen bilden, manchmal in den neutralen, wenn der Aciditätscoefficient 2.4 nicht übersteigt. Die für die Bildung des Leucits und des Nephelins günstigen Bedingungen sind also— ein basisches alkali- und thonerdereiches Magma, recht arm an Eisenoxyden. Diese Bedingungen lassen sich in groben

[1]) Lang (Loc. cit. p. 115) nennt solche Magmen „ungesättigte".

[2]) O. Lang. Beiträge zur Systematik der Eruptivgesteine. — T. M. P. M. 1892

Zügen numerisch ausdrücken. Das Verhältniss $R^2O^3 : SiO^2$ darf in diesen Gesteinen 1 : 5 nicht übersteigen; ist mehr SiO^2 vorhanden, so ist die Möglichkeit der Bildung von Feldspathiden ausgeschlossen. Für die Nephelingesteine ist das Verhältniss $Na^2O : SiO^2$ nicht unter 1 : 6 oder 1 : 7, während es in anderen Gesteinen 1:10, 1:15, 1:20 und noch weniger betragen kann. Bezeichnend sind auch die Verhältnisse $Na^2O : Al^2O^3$ und $K^2O : Al^2O^3$; es beträgt hier nicht weniger als 1 : 2, während in anderen Gesteinen mehr Thonerde im Verhältniss zu Kali oder Natron vorhanden sein kann, z. B. 1:3 und mehr. Ausserdem scheint die Bildung des Leucits von dem Verhältniss $K^2O : SiO^2$ unabhängig zu sein (siehe beispielsweise die Analysen 274, 275, 276), wird aber oft durch das Verhältnis $R^2O > RO$ bedingt. Bei gleichem Kieselsäuregehalt kann ein Gestein ein Bisilicat sein oder einen grösseren Aciditätscoefficienten besitzen; im ersteren Falle wird es bei obigen Bedingungen Leucit oder Nephelin enthalten, im zweiten Orthoklas (Sanidin).

Speciell für den Leucit scheinen ausser der chemischen Zusammensetzung auch noch bestimmte physikalische Bedingungen wichtig zu sein: so weisen z. B. Lemberg und Lacroix auf die Abwesenheit des Leucits in den Tiefengesteinen resp. in den homoeogenen Einschlüssen hin; Lemberg sieht die Ursache dieser Erscheinung in dem Druck, welcher der Bildung des Leucits entgegenwirken soll, Lacroix in den Mineralisatoren.

Alkalische Pyroxene und Amphibole. Ein Versuch die Krystallisationsbedingungen des Aegyrins (und der alkalischen Amphibole) oder, wie er sich ausdrückt, dessen Krystallisationsspatium zu bestimmen, ist bereits von Brögger gemacht worden. Er kam dabei zum Schluss, dass der Aegyrin sich in natronreichen und zugleich kalk- und magnesiaarmen Magmen von beliebiger Acidität (45%—74% SiO^2) bilden kann, falls dieselben genügend Eisenoxyd enthalten (nicht weniger als 4,34%). Vom Standpunkt der obigen Betrachtungen über die Vertheilung der Kieselsäure unter die Basen, muss man sagen, dass die alkalischen Bisilicate sich nur in solchen natron- und eisenreichen Magmen bilden, wo nach der Bildung des Albits (resp. des Nephelins) ein Natronüberschuss zurückbleibt. Nur derjenige Natronüberschuss und Thonerdeüberschuss, der zur Bildung von Albit resp. Nepheiin nicht verwerthet werden kann, sei es wegen des Mangels an Kieselsäure, sei es deswegen, weil ein unmöglicher Krystallisationsrückstand zurückbleiben würde, kann zur Bildung von alkalischen Amphibolen und Pyroxenen dienen. Möglicherweise hat hier eine Bedeutung die Beziehung $R^2O : R^2O^3 = 1 : 1.1$ die oft in den Aegyringesteinen (und auch in den Nephelinsyeniten) besteht. So zeichnet sich z. B. die Groruditserie durch ein beständiges Verhältniss $R^2O : R^2O^3$ bei wechselnder Acidität aus. Als mehr oder weniger sichere Krystallisationsbedingungen für die alkalischen Pyroxene und Amphibole kann man also folgende betrachten: relativer Reichthum an Eisenoxyd und die Verhältnisse $Na^2O > K^2O$ und $R^2O > Al^2O^3$.

Augit und Hornblende. In chemischer Beziehung scheint zwischen den Augit- und den entsprechenden Hornblendegesteinen kein Unterschied oder ein nur ganz geringer zu bestehen. Es ist sehr wahrscheinlich, dass bei der Bildung der Hornblende eine grössere Rolle den Krystallisationsbedingungen (Druck, Wasserdämpfe) und einigen flüchtigen Substanzen (Fluor?) zukommt. Doch lassen sich im allgemeinen auch einige chemische Bedingungen aufstellen. Gewöhnlich sind die Augitgesteine im Vergleich zu den entsprechenden Hornblendegesteinen kieselsäureärmer und enthalten auch wohl etwas mehr alkalische Erden; ausserdem scheint für die Hornblendegesteine ein grösserer Gehalt an Titansäure von Bedeutung zu sein. In allen Fällen wo wir Parallelreihen von Augit- und Hornblendegesteinen haben, enthalten letztere neben Orthoklas auch Plagioklas oder, falls es reine Plagioklasgesteine sind, basischere Plagioklase, während die entsprechenden Hornblendegesteine mehr oder weniger reine Orthoklasgesteine sind oder sich durch saurere Plagioklase auszeichnen (vergl. z. B. die entsprechenden Granite, Syenite, die Diorite, Gabbros und Diabase). Bei einer Zusammenstellung der entsprechenden Biotit-, Amphibol- und Pyroxengesteine, kann man sich davon überzeugen, dass die ersteren die kieselsäurereichsten, die letzteren die kieselsäureärmsten sind. Etwas bestimmtere Beziehungen treten hervor, wenn man Gesteine von gleicher Acidität vergleicht. In diesem Fall scheint dem Verhältniss $MgO : CaO$ eine Bedeutung zuzukommen.

So beträgt in den Augitsyeniten $MgO : CaO$ — 1 : 2,5 in den Hornblendesyeniten — 1 : 1,6; 1 : 1,2; 1 : 2 (siehe die Analysen 26, 30, 29, 33). Ausserdem enthalten die Augitsyenite mehr Sesquioxyde als die Hornblendesyenite; der Gesammtgehalt an Monoxyden ist derselbe, doch enthalten die Augitsyenite mehr Alkalien.

Für das Verhältniss $MgO : CaO$ gilt dasselbe auch in Bezug auf die Dacite. In den Porphyriten sind die amphibolhaltigen Glieder magnesiareicher (siehe besonders die Analysen von Cross), doch besteht nicht immer das Verhältniss $MgO > CaO$; in den Glimmerporphyriten hat man $R^2O > RO$.

Die Andesite bieten in Bezug auf $CaO : MgO$ meist dasselbe wie die Syenite. Ausserdem tritt hier die Bedeutung der Basen RO hervor: die Hornblende- und die Hypersthenandesite enthalten viel mehr RO als die Augitandesite (die mehr R^2O^3 führen) und als die Glimmerandesite (die mehr R^2O enthalten). — (Vergl. die Analysen 151, 141, 146, 143, 145, 140, 149).

Quarz. Nur im dem Fall wenn im Magma mehr Kieselsäure enthalten ist als erforderlich um alle Basen in Silicate zu verwandeln, kommt der Kieselsäureüberschuss als Quarz zur Abscheidung. Normalerweise tritt der Quarz nicht auf in Gesteinen, deren Aciditätscoefficient geringer ist als 2.4; bei dieser Grenze stellt sich sporadisch Quarz ein aber erst über 2.5 liegt das Gebiet der normalen Quarzgesteine.

Sanidin. Lagorio hat die Aufmerksamkeit darauf gelenkt, dass der Sanidin nur dann zur Ausscheidung gelangt, wenn das Verhältniss $K^2O : Na^2O$ nicht kleiner ist als 2:1. Selbstverständlich ist ausserdem noch ein genügender Gehalt an Thonerde und besonders an Kieselsäure erforderlich. Die reinen Sanidingesteine haben einen höheren Aciditätscoefficienten als 2.

Einige andere interessante Beispiele, die sich auf Pyroxene, Melilith, Olivin und einige andere Mineralien beziehen, finden sich in der wichtigen Arbeit von Vogt: Beiträge zur Kenntniss der Gesetze etc.

Aus den angeführten Beispielen ergiebt sich zweifellos die Existenz eines functionellen Zusammenhangs zwischen der chemischen und der mineralogischen Zusammensetzung, dessen Details noch festzustellen sind, der aber im Allgemeinen schon jetzt als erwiesen betrachtet werden muss. Ist diese Schlussfolgerung richtig, dann ist es jedenfalls logischer und richtiger als Ausgangspunkt der Classification die unabhängige Variable der Function, nämlich die chemische Zusammensetzung, zu wählen und nicht die mineralogische Zusammensetzung, die selbst nur eine Folge, eine Function der chemischen Zusammensetzung ist.

3. Eine zu enge und einseitige Durchführung des Princips der mineralogischen Zusammensetzung muss zu Widersprüchen und Inconsequenzen führen. Es genügen einige Beispiele um sich davon zu überzeugen. So ist man bei der Eintheilung der Gesteine in feldspathführende und feldspathfreie (d. h. solche, die weder Feldspäthe noch Feldspathiden ent-

halten) gezwungen die Pyroxenite, die Amphibolithe (Hornblendite) und selbst den Greisen in eine Gruppe mit den Peridotiten zu stellen. Vom Standpunkt der mineralogischen Zusammensetzung müsste man zu den feldspathfreien Gesteinen auch die Limburgite rechnen (wie es auch von manchen geschieht), ungeachtet ihrer engen Beziehungen zu den Basalten, ebenfalls die feldspathfreien Augitporphyrite, die Obsidiane, die Tachylyte. Dieser Vorgang wäre aber durchaus kein richtiger, da man offenbar als feldspathfreie nicht solche Gesteine betrachten muss, wo der Feldspath in Folge von besonderen Krystallisationsbedingungen nicht zur Abscheidung gelangt ist, sondern diejenigen, wo die Bildung des Feldspaths unmöglich ist in Folge bestimmter Eigenthümlichkeiten der chemischen Zusammensetzung. Ein anderes Beispiel de Unzulänglichkeit des Princips der mineralogischen Zusammensetzung liefern die quarzführenden und quarzfreien Gesteine. Man begegnet öfters Hinweisen auf die Existenz von Orthophyren mit etwa 70% Kieselsäure, von Andesiten mit 64—66% Kieselsäure. Die Abwesenheit von Quarz in solchen Gesteinen wird als ein genügendes Argument betrachtet um diese Gesteine den betreffenden quarzfreien Typen zuzuzählen, obgleich diese Gesteine durchaus keine Orthophyre und Andesite, sondern Quarzporphyre und Dacite sind. Dieser Wiederspruch beruht darauf, dass man als Grundlage der Classification das Princip der mineralogischen Zusammensetzung (Quarzgehalt) und nicht dasjenige der chemischen Zusammensetzung (Kieselsäureüberschuss in freiem Zustande) hinstellt. Als saure Gesteine (resp. Quarzgesteine) sind Gesteine mit einem Ueberschuss von Kieselsäure zu betrachten, d. h. solche, wo die Ausscheidung von primärem Quarz möglich ist; ist in Folge von besonderen Krystallisationsbedingungen der Kieselsäureüberschuss nicht zur Abscheidung als Quarz gelangt, so hört das Gestein nicht auf ein saures zu sein, und ist es durchaus nicht gerechtfertigt ihm unter den entsprechenden quarzfreien Gesteinen einen Platz anzuweisen. Indem wir ein Gestein als saures bezeichnen, bringen wir sofort sein chemisches Gepräge zum Ausdruck, weisen auf die Unmöglichkeit eines primären Gehalts an Olivin, Anorthit, Leucit, Nephelin hin, mit einem Wort auf solche Eigenthümlichkeiten der mineralogischen Zusammensetzung, die nicht durch den Quarzgehalt, sondern durch den Kieselsäureüberschuss und die Möglichkeit der Ausscheidung von Quarz bedingt sind. Nur auf Grund der chemischen und nicht der mineralogischen Zusammensetzung lassen sich die sauren und die neutralen Gesteine von einander scheiden und die neutralen von den basischen; solche Paradoxe wie Orthophyre mit 70% Kieselsäure oder Andesite mit 60—66% Kieselsäure sind nicht denkbar, wenn man die Classification und Nomenclatur in erster Linie auf die chemiche Zusammensetzung basirt.

Ein anderes einleuchtendes Beispiel für die Richtigkeit der hier vertretenen Ansicht bieten die olivinfreien Basalte. Vom Standpunkt der mineralogischen Zusammensetzung ist ein Basalt ohne Olivin ein Paradox; vom Standpunkt der chemischen Zusammensetzung ist aber die Zugehörigkeit dieser so richtig von Bücking erkannten Gesteinsgruppe zu den Basalten durchaus begreiflich. Von den Andesiten unterscheiden sich diese Gesteine ebenso wie alle Basalte, und ist die Abwesenheit von Olivin durchaus nicht maassgebend um diese Gesteine von den Basalten zu trennen, ebenso wie ein sporadischer zufälliger Gehalt an Olivin in einem Andesit oder einem Augitporphyrit nicht genügt um das betreffende Gestein zu den Basalten zu stellen (wie das von manchen bei einer strengen Durchführung des Princips, auch von mir selbst geschehen ist).

Noch ein Beispiel bieten die Quarzsyenite. Vom ausschliesslichen Standpunkt der mineralogischen Zusammensetzung kann es keine Quarzsyenite geben; die betreffenden Gesteine müssten zu den Graniten gestellt werden. Das war früher auch meine Anschauungsweise. Es besteht aber zwischen dem granitischen und dem syenitischen Magma ein wesentlicher Unterschied abgesehen von dem Quarzgehalt. Ein geringer Kieselsäureüberschuss im Syenit, der als Quarz zur Abscheidung kommt, genügt noch nicht um das ganze Gepräge des Magmas zu verändern und das Magma in ein granitisches zu verwandeln. Zieht man ausser der mineralogischen auch die chemische Zusammensetzung in Betracht, so gewinnen die Quarzsyenite eine volle Existenzberechtigung und können durchaus nicht mit den Graniten vereinigt werden.

Ich könnte noch auf die Augitdiorite und einige andere Beispiele hinweisen; doch glaube ich, dass die angeführten genügen, um meinen Standpunkt zu illustriren.

Das Auseinanderhalten der wesentlichen und der unwesentlichen Gemengtheile genügt nicht immer, um solche Fehlgriffe, wie die oben angeführten, zu verhüten.

Structur.

Bekanntlich spielt die Mikrostructur eine wichtige Rolle in den Classificationen: 1) auf dieselbe stützt sich die Eintheilung der Eruptivgesteine in die zwei Fundamentalgruppen der granitoiden und der trachytoiden oder porphyrischen Gesteine; 2) giebt die Structur die Möglichkeit im Bereich eines auf Grund der mineralogischen Zusammensetzung aufgestellten Typus Unterabtheilungen zu unterscheiden und überhaupt kleinere und feinere Unterschiede, als die mineralogische Zusammensetzung es gestattet, zum Ausdruck zu bringen. Von diesen beiden Functionen der Structur ist die zweite in der That für die Classification nützlich und wohlbegründet: die structurellen Unterschiede gehen weiter, als die auf die mineralogische oder chemische Zusammenzetzungen sich stützenden. In Betreff der ersten von den oben genannten Anwendungen der Mikrostructur bedarf es noch einer Durchsicht und gewisser Einschränkungen.

Und in der That, worin besteht der unterschied zwischen der granitoiden und der trachytoiden Structur? Darin, dass man in den trachytoiden Gesteinen deutlich zwei Krystallisationsphasen unterscheiden kann, dass sie gewöhnlich porphyrisch sind—würden die einen sagen. Darin dass die beiden Krystallisationsphasen („les deux temps de consolidation") sich scharf von einander unterscheiden, während dieser Unterschied zwischen ihnen bei den granitoiden Gesteinen nicht besteht—würden die andern sagen. Darin, würden endlich noch andere sagen, dass in den trachytoiden Gesteinen Recurrenz in der Bildung eines Gemengtheils eintreten kann, dass ein Gemengtheil in zwei Generationen auftreten kann. Alle diese Unterschiede sind aber nicht genügend scharf und genügend streng definirt. Die Grenze zwischen den granitoiden und den trachytoiden Gesteinen verwischt sich noch mehr, wenn man das Princip der Structur durch dasjenige der Bildungsweise ersetzen, resp. begründen will, indem man beide Principien als äquivalent betrachtet. Die intrusiven Gesteine sind eben nicht immer granitisch, es finden sich darunter auch porphyrartige Glieder, ja selbst solche Familien, wie die Diabase, wo die intrusiven Glieder sich structurell von den effusiven nicht unterscheiden. Verschiedene holokrystalline Granitporphyre, z. Th. der Rappakiwi, die intrusiven Diabaslager, endlich die lakkolithischen Gesteine sind Beispiele von intrusiven Gesteinen nicht granitischer, sondern granito-porphyrischer oder schlechtweg porphyrartiger Structur.

Andrerseits ist das Auftreten eines Gemengtheils in zwei Generationen durchaus nicht ein nothwendiges, nie fehlendes Merkmal der Effusivgesteine. Es giebt im Gegentheil so manche

Effusivgesteine, wie etwa die Spilite und viele andere, welche ganz frei von intratellurischen porphyrischen Ausscheidungen sind.

Die Existenz von intrusiven Gesteinen mit porphyrartiger Structur und andrerseits von holokrystallinen Effusivgesteinen, die Abwesenheit von porphyrischer Ausbildung im engen Sinne des Worts bei einigen Effusivgesteinen beweisen offenbar, dass das Princip der Structur durch dasjenige der Bildungsweise nicht ersetzt werden kann und dass es durchaus nicht leicht ist die Grenze zwischen den intrusiven und den effusiven Gesteinen zu ziehen, wie es auf den ersten Blick erscheinen möchte. Es entsteht also unwillkürlich die Frage: giebt es überhaupt solche structurelle Eigenthümlichkeiten, welche für die Effusivgesteine charakteristisch wären und den Intrusivgesteinen fehlten und umgekehrt? Solche Merkmale giebt es in der That, sie sind aber nicht zahlreich: eine glasige (oder überhaupt amorphe) Basis, glasige Einschlüsse, prismatische und nadelförmige Mikrolithe und Mikrofluidalstructur sind für die Effusivgesteine so sehr charakteristische Kennzeichen, dass es der Anwesenheit eines von ihnen genügt, um die effusive Entstehungsweise eines Gesteins und die Unmöglichkeit einer intrusiven Bildungsweise zu beweisen. Andrerseits muss die holokrystalline körnige Ausbildungsweise als für die Intrusivgesteine bezeichnend betrachtet werden. Ebenso findet sich sphärolithische oder variolitische Structur nur bei Effusivgesteinen und Implicationsstructur nur bei Intrusivgesteinen. Ausser diesen wenigen specifischen Eigenthümlichkeiten bietet die Structur keine Anhaltspunkte um die effusiven Gesteine von den intrusiven zu unterscheiden und um über die Bildungsweise eines Gesteins zu urtheilen. Noch weniger lässt sich über den Zusammenhang der Structur mit der chemischen oder der mineralogischen Structur sagen. Zirkel weist darauf hin, dass die ophitische Structur an basische Gesteine und die mirolithische oder die perlitische Ausbildungsweise an saure Gesteine gebunden sind. Dazu lässt sich jetzt kaum etwas hinzufügen.

Die Structur ist also kaum geeignet als erste Grundlage für die Classification zu dienen. Hingegen ist ihre Bedeutung für die Aufstellung und Abgrenzung kleinerer Unterabtheilungen im Bereich der verschiedenen Gesteinstypen unbestreitbar. Es lassen sich auf Grund der Structurabweichungen solche Varietäten und kleinere Unterabtheilungen aufstellen, die sich durch die mineralogische und chemische Zusammensetzung allein nicht erfassen lassen. Ja, bei rationeller Benutzung der structurellen Abweichungen könnte man selbst der Nothwendigkeit neuer Namen für kleinere Unterabtheilungen und Varietäten entgehen.

Bildungsweise und Lagerungsart.

Obgleich es durchaus erwünscht erscheint in jeder Classification nach Möglichkeit dem genetischen Moment den ersten Platz anzuweisen, ist dieses bei der Classification der Eruptivgesteine vorläufig kaum zweckmässig. Wie bereits oben erwähnt, ist es nicht immer möglich eine scharfe Grenze zwischen den intrusiven und den effusiven Gesteinen zu ziehen auf Grund ihrer Structur. Noch weniger wissen wir über die Bedeutung der einzelnen Lagerungsformen und über die eigenthümlichen Krystallisationsbedingungen dieser Lagerungsformen (siehe weiter über die Ganggesteine).

Chemische Zusammensetzung.

Erst unlängst haben sich die Petrographen von neuem der chemischen Zusammensetzung der Eruptivgesteine zugewandt, um auf dieser Basis die genetischen und verwandtschaftlichen Beziehungen zu entziffern und um die Classification der Eruptivgesteine auf die chemische Zusammensetzung zu stützen. Es ist bereits gelungen solche Beziehungen zu entdecken, welche ganz klar dafür sprechen, dass der chemischen Zusammensetzung der Eruptivgesteine bei der Classification eine wichtige Bedeutung zukommt. Und in der That, die chemische Zusammensetzung hängt weder von der Bildungsweise, noch von der Lagerungsform des Gesteins ab; sie ist unabhängig von der Structur, und durch die chemische Zusammensetzung des Gesteins wird auch dessen mineralogische Zusammensetzung bedingt. Daraus folgt, wie es mir scheint, ganz klar, dass die chemische Zusammensetzung diejenige unabhängige Variable ist, welche alle andern Merkmale des Gesteins bedingt und welche als Basis einer rationellen Classification betrachtet werden muss. Ich bin fest überzeugt, dass die Classification der Eruptivgesteine von der chemischen Zusammensetzung ausgehen muss und das die Eintheilung der grossen Gruppen in kleinere Unterabtheilungen sich ebenfalls auf die chemische Zusammensetzung stützen muss. Die Structur, die mineralogische Zusammensetzung und die Bildungsweise sind für die Classification Merkmale zweiten Grades; die Lagerungsform hat augenblicklich als classificatorisches Moment keine Bedeutung. Kommt wirklich der chemischen Zusammensetzung diese Rolle zu, so muss man sich über folgende Punkte klar werden: 1) wie lässt sich die chemische Zusammensetzung für die Classification und die Charakteristik der Eruptivgesteine ausnutzen? 2) welche Unterabtheilungen können von der chemischen Zusammensetzung ausgehen? Die erste Frage und theilweise auch die zweite sind bereits durch die Darlegungen des ersten Capitels beantwortet; die zweite Frage soll später noch ausführlicher behandelt werden.

Bedeutung der Ganggesteine, der Taxite und der Masseneruptionen.

Es erübrigt noch das genetische Moment zu beleuchten und dessen Verwerthbarkeit für die Classification zu prüfen. Leider sind unsere Kenntnisse auf diesem Gebiet noch zu mangelhaft, selbst in Bezug auf solche allgemeine Fragen, wie die Abgrenzung der effusiven und der intrusiven Gesteine, auf die Rolle der „agents minéralisateurs", des Druckes u. s. w. Abgesehen davon giebt es aber hier einige wichtige Fragen über die man sich klar werden muss um eine Verständigung anstreben zu können. Unter diesen Fragen spielen entschieden die erste Rolle folgende Punkte: die Ganggesteine, die Taxite, die Effusivdecken der Masseneruptionen und die krystallinischen Schiefer.

Eine besonders brennende und in praktischer Beziehung wichtige Frage bieten die Ganggesteine. Die Ansichten der Petrographen über diese Gesteine werden und müssen jede zukünftige Classification der Eruptivgesteine mehr oder weniger stark beeinflussen. Ich werfe nun die Frage auf, ob die Ausscheidung der Ganggesteine in eine selbstständige Gruppe und die Bezeichnung der Ganggesteine durch besondere Namen gerechtfertigt ist? Ich meine — nein [1]).

1. Es wurde bereits darauf hingewiesen, dass man in structureller Beziehung bestimmte Verbindungspunkte und Uebergänge selbst zwischen den Gruppen der Effusivgesteine und der Intrusivgesteine finden kann. Um so mehr muss man solche Uebergänge in den Ganggesteinen erwarten, deren Structur sich je nach den Dimensionen des Ganges bald mehr dem Typus der Intrusivgesteine, bald demjenigen der Effusivgesteine

[1]) Als Gegner der Rosenbusch'schen Auffassung der Ganggesteine sind schon solche Autoritäten wie Zirkel, Michel-Lévy, Iddings aufgetreten, indem sie den Beweis lieferten, dass die „Ganggesteine" nicht nur in Gängen auftreten.

nähert. Ich kenne keinen einzigen Structurtypus, der ausschliesslich den Ganggesteinen eigen wäre; hingegen finden sich bei den Ganggesteinen viele für die intrusiven oder die effusiven Gesteine charakteristischen Structuren. Man könnte mir erwiedern mit dem Hinweis auf die panidiomorphkörnige Structur. Aber, abgesehen davon, dass nicht alle Ganggesteine diese Structur besitzen, ist dieselbe auch anderen Gesteinen nicht fremd; ich erinnere daran, dass diese Structur von mir in einem Olonezer Diabas als „prismatischkörnige“ beschrieben worden ist noch vor dem Erscheinen der zweiten Ausgabe von Rosenbusch's Physiographie. Für viele Ganggesteine ist die holokrystallin-porphyrische Structur bezeichnend; doch kann man durchaus nicht behaupten, dass dieselbe ausschliesslich auf die Gänge beschränkt wäre. Sie scheint vielmehr überhaupt an diejenigen Intrusivgesteine gebunden zu sein, die vor der Erstarrung in der Erdkruste mehr oder weniger bedeutend emporgestiegen sind; die Ganggesteine bilden hier aber nur einen speciellen Einzelfall solcher Gesteine. Mir ist kein einziger speciell den Ganggesteinen eigenthümlicher Structurtypus bekannt.

2. Die Lagerungsart der Ganggesteine scheint mir ebenfalls die Sonderstellung derselben nicht zu rechtfertigen. Kann man streng auseinanderhalten die Gänge, die Lagergänge (oder Intrusivdecken), die Lakkolithe, die Stöcke, die Nester, die Linsen u. s. w.? Kann man für jede dieser Lagerungsformen charakteristische Eigenthümlichkeiten der Bildungsweise aufweisen? Entschieden nicht. Für alle diese Lagerungsformen sind hier folgende, ihnen allen gemeinschaftliche Eigenthümlichkeiten bezeichnend: Abwesenheit von Tuffen, von schlackiger und mandelsteinartiger Structur, mehr oder weniger langsames Abkühlen in der Erdkruste. Das ist aber nichts weiter, als die Characteristik der Intrusivgesteine überhaupt; es liegt also kein Grund vor, aus der Gruppe der Intrusivgesteine die Gang-

gesteine auszuscheiden, falls man es nicht anstrebt die Intrusivgesteine überhaupt in Untergruppen zu theilen, etwa in: batholithische, lakkolithische, nesterförmige (linsenartige), gangförmige, intrusivdeckenförmige. Nach ihrer Lagerungsform und nach ihrer Bildungsweise gehören also die Ganggesteine zu den Intrusivgesteinen, zu den intratellurischen Bildungen. Die Dimensionen der Gänge sind von Bedeutung für die Ausbildung von körnigen, porphyrischen mehr oder weniger vitrophyrischen Structuren; sie sind wohl auch von Bedeutung für die chemische Zusammensetzung der Ganggesteine, indem von den Dimensionen des Ganges das Ausmaass der Assimilation der Salbänder abhängt, also die Veränderung des Gesteins durch Einschmelzung des Nebengesteins. Man hat noch zu wenig Aufmerksamkeit geschenkt der Bedeutung, welche eine derartige Einschmelzung und Assimilation der von ihnen durchbrochenen Gesteine für die Ganggesteine hat, obgleich meiner Ansicht nach diese Beziehungen viel wichtiger und bezeichnender sind, als die structurellen Eigenthümlichkeiten der Ganggesteine. In structureller Beziehung, und theilweise auch in Bezug auf ihre Zusammensetzung, unterscheiden sich die kleinen Gänge von den grossen oft bedeutend mehr, als die Ganggesteine überhaupt von den Intrusivgesteinen. Ich weise auf die Dimensionen der Gänge und deren Bedeutung hin, weil es bei der Ausscheidung der Ganggesteine in eine besondere Gesteinsgruppe durchaus begründet wäre die Untergruppen der mächtigen und der kleinen Gänge aufzustellen; wo und wie soll man aber da die Grenze ziehen?

3. Die mineralogische Zusammensetzung der Ganggesteine spricht durchaus nicht zu Gunsten ihrer Sonderstellung. Um das Gegentheil zu verfechten, müsste man beweisen: a) dass in den Ganggesteinen wesentliche primäre Gemengtheile vorkommen, die in anderen Gesteinen nicht auftreten; b) dass in den Ganggesteinen solche Mineralassociationen auf-

treten, die den Intrusiv- und Effusivgesteinen fremd sind; c) dass in den Ganggesteinen den anderen Gesteinen fremde Mengenverhältnisse der wesentlichen Gemengtheile vorkommen. Meines Wissens kann heutzutage keiner von diesen drei Punkten bewiesen werden.

4. In Bezug auf die chemische Zusammensetzung muss dasselbe gesagt werden, wie in Bezug auf die mineralogische Zusammensetzung: es giebt keine chemischen Gesteinstypen, die ausschliesslich den Ganggesteinen eigen wären. Gesteine von derselben Zusammensetzung finden sich unter den Ganggesteinen, sowie unter der Tiefengesteinen und den Effusivgesteinen. Die Anhänger der Selbstständigkeit der Ganggesteine legen gewöhnlich Gewicht darauf, dass die Ganggesteine weiter differenzirt sind in Bezug auf ihre chemische Zusammensetzung, als die entsprechenden Tiefengesteine. Dasselbe lässt sich aber auch von den Effusivgesteinen und von einigen intrusiven Gesteinen sagen, wie z. B. von den Lakkolithgesteinen.

Auf Grund obiger Betrachtungen halte ich die Aufstellung einer besonderen den Tiefen- und Effusivgesteinen äquivalenten Gruppe von Ganggesteinen und die Bezeichnung dieser Gesteine mit besonderen Namen für überflüssig, da weder das eine noch das andere durch besondere Eigenthümlichkeiten der Ganggesteine genügend begründet ist. Jedenfalls können die Ganggesteine nicht als eine den Effusivgesteinen und den Intrusivgesteinen äquivalente Gruppe betrachtet werden. Sollte es mit der Zeit gelingen eine intermediäre Gesteinsgruppe zwischen den typischen granitoiden Tiefengesteinen und den Effusivgesteinen aufzustellen, so werden die Ganggesteine nur als eine Unterabtheilung in diese Gruppe neben die Lakkolithe und die Lagergänge hineinpassen. Es hat sich bereits einmal Lagorio für die Vereinigung der Ganggesteine mit den Lakkolithen ausgesprochen und den Vorschlag gemacht diese Gesteine Dykite und Lakkolithite zu nennen; Brögger gebraucht bekanntlich dafür die Bezeichnung hypabyssische Gesteine zum Unterschied von den abyssischen oder echten Tiefengesteinen. Vielleicht wird diese Eintheilung mit der Zeit als wünschenswerth und genügend begründet erscheinen; die Gründe dafür wären folgende. Die hypabyssischen Gesteine sind in feuerflüssigem Zustande mehr oder weniger in der Erdkruste emporgestiegen, obgleich sie auch nicht, wie die Effusivgesteine, die Erdoberfläche in diesem Zustande erreicht haben. Der ganze Verlauf der Abkühlung und der Verfestigung ist in den Krystallisationsbedingungen der Tiefengesteine zum Abschluss gekommen, — das ist ein genetisches Moment das die Ganggesteine mit den Tiefengesteinen vereinigt; aber, wie es aus der öfters auftretenden porphyrartigen Ausbildung zu ersehen ist, sind hier zwei Krystallisationsphasen vorhanden, die Verfestigung ist in zwei Abschnitten vor sich gegangen — das ist ein Merkmal, welches die Ganggesteine den Effusivgesteinen nähert. Der Unterschied von den Ergussgesteinen besteht darin, dass hier die beiden Krystallisationsphasen unter gleichen Bedingungen sich befunden haben und die Producte der zwei Krystallisationsphasen sich nur durch ihre Dimensionen unterscheiden. In structureller Beziehung könnte man für diese Gesteine als bezeichend betrachten die holokrystallinporphyrische Structur mit allen ihren Spielarten; in genetischer Hinsicht ein Emporsteigen des feuerflüssigen Magmas, die Möglichkeit von Einschmelzung fremder Gesteine in mehr oder weniger bedeutendem Maasse und die dadurch bedingte Differenzirung. Das sind aber alles Merkmale, die sich nicht speciell auf die Ganggesteine beziehen, sondern auf die hypabyssischen Gesteine überhaupt.

Sollte man also die Eruptivgesteine nicht mehr in zwei, sondern in drei Gruppen theilen, so muss man erwarten, dass es die folgenden sein werden:

1. Eigentliche Tiefengesteine, abyssische oder autochthone Intrusivgesteine — solche, die in feuerflüssigem Zustande nachweisbar wenig oder garnicht emporgestiegen sind. Das sind die echten granitoiden Gesteine.

2. Hypabyssische oder anabantische Intrusivgesteine — für welche ein Emporsteigen in feuerflüssigem Zustande nachweisbar recht bedeutend war (Gänge, Intrusivlager, Lakkolithe).

3. Ergussgesteine, Laven.

B. Die zweite Frage, die für mich persönlich ein grosses Interesse bietet, sind die Taxite. Bekanntlich verstehe ich unter dieser Bezeichnung solche complexe vulkanische Gesteine, die aus zwei verschiedenen, bei der Krystallisation des Magmas entstandenen, Gesteinen bestehen. Nach dem äusseren Merkmal — der Inhomogeneität gehören die Taxite zu den schlierigen Gesteinen; ihre schlierige breccienartige oder eutaxitische inhomogene Beschaffenheit verdanken sie aber der Differentiation und besonderen Krystallisationseigenthümlichkeiten und nicht einer ursprünglichen Inhomogeneität der Zusammensetzung. Die von mir als Taxite beschriebenen Typen sind später auch von anderen Autoren (Barrois, Bascom, Graeff, Nordensljöld u. and.) gefunden worden, und manchmal sind auch die von mir vorgeschlagenen Bezeichnungen in Anwendung gebracht worden. Doch scheint die Bedeutung dieses Gesteinstypus noch nicht genügend von den Petrographen gewürdigt zu werden. Und dennoch ist die Frage von den bisomatischen Laven oder Taxiten gereift: die Eutaxite von Fritsch und Reiss, die Tuflaven Abich's, die Piperno-Gesteine, die von mir beschriebenen und auch von anderen wiedergefundenen Typen sprechen mit genügender Beredsamkeit für die Taxite. Seit mehreren Jahren weise ich in meinen Vorlesungen über Petrographie diesen Gesteinen eine Stelle im System an, indem ich alle protogenen oder massigen Eruptivgesteine in monosomatische (intrusive und effusive) und bisomatische oder Taxite eintheile. Vom Standpunkt des Mechanismus der Differentiation bieten die Taxite ein besonderes Interesse; diese Frage soll an anderer Stelle ausführlicher behandelt werden.

C. Die dritte Frage, welche von Belang ist für die Classification, bezieht sich auf die Effusivgesteine: das ist die Frage von den Masseneruptionen durch Spalten und von den gewöhnlichen Kratereruptionen. Giebt es irgend welche Unterschiede zwischen den Laven, die von Vulkanen des Vesuv-Typus ergossen werden, und grossen Decken, die als Spaltenergüsse zu betrachten sind? Ist diese Eintheilung nicht rein hypothetisch, giebt es wirklich Massenergüsse durch Spalten und zeichnen sich die Gesteine dieser Ergüsse durch Eigenthümlichkeiten der Structur oder der Zusammensetzung aus, die auf ihre Genesis zu beziehen wären? Ich würde mich nicht entschliessen diese Fragen jetzt zu beantworten.

D. Es unterliegt keinem Zweifel, dass für die Classification der Eruptivgesteine von der grössten Wichtigkeit die Frage von den krystallinischen Schiefern ist. Es giebt unzweifelhaft unter diesen solche Gesteine, für welche eine metamorphe Entstehungsweise weder aus sedimentären, noch aus eruptiven Gesteinen sich beweisen lässt. Vielleicht sind viele archäische Gneisse und Glimmerschiefer (mit Ausnahme der nachweislich dynamometamorphen) so entstanden, dass die Erdkruste von unten her aus dem feuerflüssigen Erdmagma unter starkem Druck mit Unterbrechungen anwuchs: das würde ihre Einförmigkeit, ihre Schichtung und manche andere Eigenthümlichkeiten erklären. Das ist natürlich nur eine Vermuthung, auf der ich nicht bestehen kann; ich spreche sie nur aus, um zu zeigen, dass es noch einen Typus von Eruptivgesteinen geben kann, der in unseren Classificationen keinen bestimmten Platz hat.

II. Ueber die Nomenclatur.

Allgemeine Betrachtungen.—Die Nomenclatur mikroskopischer Bestandtheile der Eruptivgesteine. — Die morphologische Nomenclatur der Bestandtheile der Eruptivgesteine. — Zur Nomenclatur der Porphyrstructuren. — Zur Nomenclatur metamorphischer Gesteine.

Allgemeine Betrachtungen.

Die Petrographie der Eruptivgesteine ist schon reichlich durch mehr oder weniger schwer zu behaltende Namen belastet. Die Zahl dieser Benennungen wächst mit unglaublicher Schnelligkeit; in Folge dessen entsteht unwillkürlich die Frage: sind alle diese neuen Namen in der That nothwendig?

Obgleich ich die Eigenliebe der Autoren dieser Namen anzutasten riskiere, wage ich dennoch zu behaupten, dass viele von diesen Namen nicht nothwendig oder sogar überflüssig sind, und dass die Nomenclatur der Eruptivgesteine einer Verbesserung und Vereinfachung bedarf. Natürlich würde es unnütz und ungerecht sein zu leugnen, dass es Fälle giebt, wo ein neuer Name nützlich und sogar wünschenswerth erscheint; aber diese Fälle sind bedeutend seltener, als die in der letzten Zeit auftretenden Namen. Mir scheint es, dass man im Interesse einer rationellen Nomenclatur die Willkür beim Schaffen neuer Namen durch einige Forderungen und Regeln begrenzen müsste. Zu diesem Zweck muss man, erstens, die Fälle bestimmen, bei denen ein neuer Name wünschenswerth oder zulässig ist, und zweitens, darin übereinkommen, wie neue Benennungen zu schaffen sind.

Meiner Ansicht nach, ist ein neuer Name gerechtfertigt, zweckentsprechend und sogar nothwendig nur in einem von den folgenden Fällen:

1. Zur Bezeichnung eines neuen Structurtypus oder für eine Gruppe von mehreren Structurtypen, die von einem gewissen Standpunkte aus in eine grössere Classificationseinheit vereint

sind. Solche Namen wie glomero-porphyrische, panidiomorphe, symplektische, taxitische u. s. w. Structuren tragen zur Vereinfachung der Nomenclatur bei, da im gegebenen Falle ein neuer Name als Ersatz für eine mehr oder weniger bedeutende Zahl neuer Namen tritt, welche alsbald zur Bezeichnung verschiedener Gesteine mit symplektischer, taxitischer, panidiomorpher u. s. w. Structur geschaffen werden würden, wenn nicht die erwähnten Namen für die Structuren existieren würden. Man könnte mit Leichtigkeit zahlreiche Beispiele zur Vereinfachung der Nomenclatur auf diesem Wege anführen.

2. Zur Bezeichnung einer neuen Familie oder eines neuen Gesteinstypus, welche sich wesentlich durch ihre chemische oder mineralogische Zusammensetzung [1]) von schon bekannten Gesteinen unterscheiden.

In chemischer Hinsicht erkenne ich die Individualität des Gesteins nur in solchem Falle als bewiesen an, wenn sich der Aciditätscoefficient α, die allgemeine Formel und die Verhältnisse $RO : R^2O^3$, oder $R^2O : RO$, oder $Na^2O : K^2O$ von schon bekannten Gesteinen unterscheiden.

Hinsichtlich der mineralogischen Zusammensetzung kann man die Selbständigkeit eines neuen Gesteins, welches einen neuen Namen erfordert, nur in dem Fall anerkennen, wenn das Gestein eine neue Association von Mineralen darstellt,

[1]) Ungefähr vor 10 Jahren wurde von mir in den Thesen zu meiner Magisterdissertation („Die Olonezer Diabasformation") derselbe Gedanke ausgesprochen, und zwar: These 16). „Neue Namen in der Nomenclatur der Massivgesteine können nur für neue mineralogische Combinationen, aber nicht für structurelle Varietäten zugelassen werden".— These 17). Jeder neue structurelle oder genetische Begriff, welcher eine mehr oder weniger allgemeine Anwendung findet, bedarf eines speciellen Terminus". Diese zwei Thesen waren durch die Befürchtung hervorgerufen, dass die eben erschienene zweite Auflage der Physiographie von Rosenbusch, in welcher er eine Reihe neuer Namen vorschlug, Anlass zum Auftreten neuer Gesteinsnamen geben werde, welche ohne genügenden Grund oder ohne bestimmtes System geschaffen werden. Diese Befürchtungen haben sich, wie bekannt, gerechtfertigt.

oder sich durch irgend einen wesentlichen Bestandtheil unterscheidet.

Umgekehrt muss man in folgenden Fällen das Schaffen neuer Namen vermeiden.

1. Jedes Mal, wenn man ohne ein neues Wort auskommt, indem vorhandene Namen so variirt oder combiniert werden, dass man eine neue Benennung erhält.

2. Wenn man es mit Gesteinsvarietäten zu thun hat, die sich von schon bekannten Gesteinen nur durch unwichtige Besonderheiten, z. B. durch einen untergeordneten Bestandtheil, durch unbedeutende Verschiedenheit der Structur u. s. w. unterscheiden.

3. Wenn der neue Name sich auf eine Hypothese stützt, oder Vorstellungen einführt, die von der einen oder anderen petrographischen Schule angenommen werden, aber nicht von allen. So z. B. soll die Bezeichnung der Ganggesteine, die mit dem einen oder anderen Intrusiv- oder Effusivgesteine der Structur und Zusammensetzung nach identisch sind, durch besondere Namen nicht stattfinden, da das Anrecht der Ganggesteine auf Selbständigkeit nicht von allen Petrographen anerkannt wird.

Ich glaube, dass man sich bei neuen Benennungen der Gesteine in einem von den oben erwähnten Fällen, wenn dieser neue Name genügend motivirt ist, nach Möglichkeit solcher neuer Worte enthalten muss, die geographischen Namen oder Ortsbezeichnungen entlehnt sind. Man muss nach Möglichkeit schon vorhandene Namen von Gesteinen benutzen, indem man denselben ein Adjectiv, Suffixum, oder eine neue Endung beifügt, da auf diese Weise gleichzeitig sowohl auf das nächste ihm verwandte Gestein oder Gesteinsgruppe, als auch auf die unterscheidenden Merkmale des neuen Gesteins hingewiesen wird. Ueberhaupt lassen sich Namen, die auf verwandtschaftliche Beziehungen hinweisen, welche Vorstellungen über den Ort des gegebenen Gegenstandes im System, zu dem er gehört, hervorrufen, leichter behalten, als neue Worte, die uns nichts sagen, wenn sie auch kürzer wären; deshalb verdienen diese den Vorzug vor jenen nicht.

Die in der organischen Chemie angenommene Terminologie zeigt, dass die Complicirtheit der Namen den Interessen der Nomenclatur durchaus nicht schadet und dass sogar ein sehr zusammengesetzter Name unstreitig den Vorzug vor einem einfachen neuen Worte verdient, wenn dieser zusammengesetzte Name so gebildet ist, dass man an ihm sofort einige unterscheidende Merkmale des neuen Stoffes, seine Verwandtschaft in genetischer oder classificatorischer Beziehung mit den einen oder anderen bekannten Körpern bemerken kann. Fragt einen Chemiker, welchem von beiden Namen er den Vorzug geben wird: „Diazetilphenolphtalein“ oder z. B. „Butlerowit“ — und er wird ohne Nachdenken für den ersten sprechen. Weshalb sollen nun nicht auch die Petrographen diesem Princip folgen und nicht Gleichförmigkeit und Einfachheit in die Nomenclatur einführen? Solche Namen wie „Aegyringranit, Albitophyr, Diallagporphyrit, Aegyrinliparit, Gabbrosyenit“ u. s. w. rufen sofort gewisse verwandtschaftliche Beziehungen hervor, charakterisieren bis zu einem gewissen Grade das von ihnen bezeichnete Gestein und lassen sich dank diesem Umstande leicht behalten. Solche Namen hingegen wie Odinit, Malchit, Lindöit, Vulsinit u. s. w. sagen uns nichts, werden mit Mühe und nur rein mechanisch behalten und belasten das Gedächtnis.

Als allgemeine Regel sollte angenommen werden, dass der Name des Gesteins auf folgende Weise gebildet werden muss: auf Grund der allgemeinen chemischen Zusammensetzung und der wesentlichen mineralogischen Bestandtheile erhält das Gestein die Benennung der Familie zu welcher es gehört: G r a n i t, T r a c h y t, A n d e s i t u. s. w. Zur Bezeichnung der unterscheidenden Merkmale in der chemischen und mineralogischen

Zusammensetzung werden Adjectiva angefügt, wie z. B. Kalitrachyt oder—Granit, Natrontrachyt oder—Granit, ferner Aegirin-Natrontrachyt, Hornblende-Natrontrachyt u. s. w. Endlich basiert die fernere Charakteristik und Unterabtheilung auf structurellen Eigenthümlichkeiten, wie z. B. taxitischer Natron-Aegyrintrachyt, mikrogranitischer oder vollkrystallinischporphyrischer Aegyrin-Quarzkeratophyr u. s. w. Auf diese Weise kann man auch auf die Art des Vorkommens: gangförmiger, lakkolithischer u. s. w., und auf untergeordnete oder zufällige Bestandtheile hinweisen. Man erhält lange, dennoch aber leichter zu behaltende Namen, als Orbit, Luciit, Beerbachit u. s. w. In den Fällen, wo für das Gestein seine intermediäre Stellung zwischen zwei bekannten Familien oder Typen charakterisrisch ist, und man es nach der Zusammensetzung als ein Gemisch derselben ansehen kann, ist es zweckentsprechend dieselben durch Namen zu bezeichnen, die aus den Namen dieser beiden Familien gebildet sind, wie z. B. Gabbrosyenit, Trachytbasalt u. s. w. Dabei kann man für solche isotektische Uebergangsgesteine Abarten unterscheiden, welche sich mehr dem einen oder anderen Endgliede nähern, durch Variation des Namens, z. B. in der Art: Trachytandesit und Andesittrachyt, Gabbrosyenit und Syenitgabbro.

Die Frage über die Feldspäthe hat für die Nomenclatur der Eruptivgesteine eine wichtige Bedeutung. Dank den neuen Untersuchungsmethoden und den vorzüglichen Arbeiten von Fouqué, Michel-Lévy, Fedorow und Becke ist es uns gegenwärtig möglich die gesteinsbildenden Feldspäthe vollständig genau zu bestimmen. Es erscheint deshalb als ob man in der Nomenclatur der Eruptivgesteine die Zusammensetzung des Feldspathes beachten und Anortit-, Labrador-, Andesin-, Oligoklasgesteine unterscheiden sollte. Allein in der Mehrzahl der Fälle tritt im Gestein als Bestandtheil nicht irgend ein

Feldspath, sondern eine ganze Reihe von denselben auf. Obgleich gewöhnlich einer von ihnen vorherrscht, so kann man dennoch lange nicht immer die Andesit-, Oligoklas-, Labrador-Gesteine u. s. w. scharf abgrenzen. Hingegen kann man den allgemeinen Charakter des Feldspathbestandtheils recht genau bestimmen, wenn man grössere Einheiten als die Arten nimmt, und meine Ansicht ist, dass man sich in der Mehrzahl der Fälle bei der Classification und Nomenclatur der Eruptivgesteine auf eine Theilung derselben in: 1) Gesteine mit saurem Kalknatron-Feldspath, 2) Gesteine mit basischem Kalknatron-Feldspath, 3) Gesteine mit Kalifeldspath, 4) Gesteine mit Natronfeldspath und 5) Gesteine mit Kali-Natronfeldspath beschränken kann. Es versteht sich von selbst, dass man in den Fällen, wo sich die Möglichkeit dazu bietet, den Feldspath genauer bezeichnen sollte.

Auf Grund obiger Betrachtungen kann man, meiner Ansicht nach, folgende Regeln aufstellen oder jedenfalls folgende Wünsche äussern:

1) Einen neuen Namen muss man nur in einem von den obenerwähnten Fällen schaffen, wenn sich hierzu eine Nothwendigkeit zeigt.

2) Dieser neue Name kann einem Ortsnamen oder Eigennamen nur in den Fällen entlehnt werden, wenn die Bildung einer Benennung auf andere Weise unmöglich oder unbequem ist.

3) Man sollte nach Möglichkeit den Gebrauch von schon vorhandenen oder veralteten Namen und Termini vermeiden, indem man denselben eine neue Bedeutung giebt und deren Anwendung ausdehnt oder beschränkt.

4) Ein Gestein kann man nur unter der Bedingung einer vollständigen Beschreibung und im Besonderen eines Vorweises der chemischen Analyse mit einem neuen Namen bezeichnen.

5) Eine neue Structur, die durch einen neuen Namen bezeichnet wird, muss dargestellt sein.

6) Die Priorität soll festgestellt werden nicht nur nach der Zeit des Auftretens eines neuen Namens, sondern auch in Abhängigkeit von der Erfüllung der Bedingungen, die in den Punkten 4 und 5 formulirt sind.

Obgleich ich ein Gegner neuer Namen für einzelne Gesteine bin, halte ich hingegen das Einführen gewisser neuer Namen für die Bezeichnung der Structuren, morphologischer Eigenthümlichkeiten der Bestandtheile u. s. w. für nützlich. Meiner Ansicht nach kann man auf diese Weise die Nomenclatur bis zu einem gewissen Grade vereinfachen und derselben eine gewisse Gleichförmigkeit geben. Aus diesem Grunde entschliesse ich mich auch einige Entwürfe für solche Nomenclaturen vorzuschlagen, indem ich nach Möglichkeit schon bestehende Namen benutze.

Die Nomenclatur mikroskopischer Bestandtheile der Eruptivgesteine.

Als Mikrite liessen sich alle mikroskopischen, nur unter der Lupe oder dem Mikroskop zu unterscheidenden Bestandtheile der Eruptivgesteine bezeichnen, d. h. diejenigen, welche als Bestandtheil der Grundmasse der porphyrischen Gesteine auftreten. Hierher gehören:

I. Mikrokrystalle — d. h. alle krystallinischen Elemente der Grundmasse.

II. Krystallite, welche alle rudimentären, unvollständigen Bestandtheile umfassen, d. h. solche, die morphologisch schon individualisiert sind aber noch nicht die Eigenschaften von Krystallen besitzen.

III. Amorphe Basis, — Krystallisationsrückstand; hierher gehört, wie bekannt, das eigentliche Glas und Mikrofelsit.

Die Mikrokrystalle zerfallen in folgende Unterabtheilungen:

1) Mikrolithe — in einer Richtung ausgezogen leistenförmige und prismatische Mikrite; als typische Vertreter derselben erscheinen die Feldspathmikrolithe der Grundmassen.

2) Mikroplakite — tafelförmige, schuppenförmige und derartige Mikrite.

3) Mikrospiculite — nadel- oder faserförmige Mikrokrystalle.

4) Mikrokokkite — körnige Mikrokrystalle.

Man könnte noch hinzufügen die Mikrosomatite zur Bezeichnung so winziger krystalliner Gemengtheile, unabhängig von ihrer Form, die unter dem Mikroskop nicht als Durchschnitte, sondern als Körper erscheinen; das sind die Mikrolithe im Sinne von Cohen.

Die Krystallite zerfallen auch in eine mehr oder weniger bedeutende Anzahl Unterabtheilungen; je nach den Umständen kann man hier entweder die allgemeine Classification von Vogelsang und Zirkel, oder die detaillirte Classification und Nomenclatur von Rutley anwenden.

Die morphologische Nomenclatur der Bestandtheile der Eruptivgesteine.

Dank den Arbeiten von Rohrbach, Rosenbusch und Milch besitzen wir bereits gegenwärtig eine gewisse Zahl Termini zur Bezeichnung morphologischer Eigenthümlichkeiten der Gesteinsgemengtheile. Möglicher Weise wäre zum Zweck der Gleichförmigkeit der Gebrauch folgender Bezeichnungen nicht unnütz.

I. Protomorphe oder synsomatische Formen — solche, die mit der Bildung des Minerals selbst gleichzeitig sind.

II. Deuteromorphe (oder metasomatische, teratomorphe) — solche, die später vom Mineral, nach der Bildung desselben, erworben werden.

Die erste Gruppe umfasst, wie bekannt, die automorphen (idiomorphen) und die xenomorphen (allotriomorphen) Ausbildungsarten.

Die zweite kann eingetheilt werden in:

1) Lytomorphe Formen — später durch wässerige Lösungen veränderte Formen.

2) Tektomorphe — durch Schmelzen veränderte, „corrodirte“ Formen.

3) Klastomorphe — durch mechanische Umformung präexistirender Formen ausserhalb des ursprünglichen Bildungsortes entstanden; sie zerfallen in zwei Unterabtheilungen: abgerundete und eckige Formen.

4) Schizomorphe oder kataklastische Formen — welche später durch mechanische Einwirkungen im Gestein selbst, und nicht ausserhalb desselben, vor seiner Bildung, wie die klastischen Formen, verändert wurden.

5) Neomorphe Formen — welche auf wässerigem Wege oder durch Ansatz aus dem Schmelzfluss (hydroneomorphe und tektoneomorphe) mit späteren Anwachsungszonen regenerirt wurden.

Zur Nomenclatur der porphyrischen Structuren.

Wie schon oben erwähnt, ist es nicht immer leicht das richtige unterscheidende Merkmal und die Charakteristik der Porphyrstructuren zu finden. Die Charakteristik Rosenbusch's kann ohne Einwand nicht angenommen werden. Das Vorkommen von Granitporphyrstructuren, porphyrischer Structuren ohne grössere porphyrartige Einsprenglinge intratellurischer Bildung, endlich die Möglichkeit der Einräumung, dass die porphyrartigen Einsprenglinge nicht immer von intratellurischer Bildung sind [vergl. die Hinweise von Zirkel [1]), Weed

[1]) F. Zirkel. Lehrbuch der Petrographie. I.

und Pirsson [1]), Cross [2]) und einiger anderer [3])] hindern die allgemeine Anerkennung der einfachen Charakteristik Rosenbusch's. In der That ist die Charakteristik der Porphyrstructuren complicirter. Meine Ansicht ist, dass man unter Beachtung alles Obenerwähnten, den Namen „porphyrische“ für alle Gesteine behalten kann, die eine oder einige von den folgenden Eigenthümlichkeiten haben, welche allen körnigen Structuren fehlen:

1) Amorphe Basis.

2) Mikrolithe.

3) Mikrokrystalline Grundmasse und porphyrartig ausgeschiedene Krystalle von grösseren Dimensionen.

4) Vollkrystallinische körnige Structur, aber aphanitische Ausbildung, bei welcher die einzelnen Gemengtheile nur unter dem Mikroskop zu unterscheiden sind.

Diese Charakteristik ist complicirt, aber die Structuren, welche unter dem Namen „porphyrischer“ [4]) zusammengefasst werden, sind ja auch verschiedenartig. Diese Structuren können in folgende Untergruppen eingetheilt werden.

[1]) Weed and Pirsson. The Bearpaw Mountains, Montana. I. Am. Journ. (4 ser.), I. 1896, p. 298.

[2]) W. Cross. The laccolitic mountain groups of Colorado, Utah and Arizona. XIV-th. Ann. Rep. U. S. Geol. Survey Surv. 1892—93.—1895.

[3]) Ohne auf eine nähere Betrachtung der Frage über den Ursprung porphyrartiger Einsprenglinge einzugehen, bemerke ich, dass die Abwesenheit dieser Einsprenglinge in den äusseren Contacttheilen der Gänge oder der Laccolithe und die Anwesenheit in den inneren noch nicht als Argument gegen das Vorhandensein dieser Einsprenglinge im Magma während der Eruption desselben dienen kann. Dieses Factum kann auch anders ausgelegt werden und zwar so, dass im Contact ein Zusammenschmelzen mit dem angrenzenden Gestein stattfindet, eine Assimilation und in Folge dessen auch eine Vernichtung der Krystalle, die sich früher ausgeschieden hatten.

[4]) Man sollte eigentlich streng auseinanderhalten die porphyrischen Structuren und die porphyrartige Ausbildung. Die charakteristischen Merkmale der porphyrischen Structuren sind eben aufgezählt worden. Die porphyrartige Ausbildung, die auch bei Intrusivgesteinen vorkommen kann, ist nur durch grössere Dimensionen einzelner Krystalle gekennzeichnet, weist aber keine von den oben aufgezählten Eigenthümlichkeiten auf.

I. Mikrogranitische, mikrodioritische, mikrodiabasische, mikrogabbro- etc. Gesteine, d. h. porphyrische Gesteine, welche sich von den entsprechenden körnigen Gesteinen nur durch die bedeutende Feinheit des Korns unterscheiden.

II. Euporphyre und Euporphyrite—alle Gesteine (vollkrystallinische oder granitporphyrische, halbkrystallinische und vitrophyrische) mit mehr oder weniger scharf ausgeprägtem Gegensatz einer Grundmasse und porphyrartiger Einsprenglinge. Das sind die eigentlichen typischen porphyrischen Gesteine.

III. Spilite und Felsite — basische und saure aphanitische porphyrische Gesteine ohne porphyrartige Einsprenglinge. Hierher gehören auch die Mikrolithite, bei denen alle krystallinischen Gemengtheile in Form von Mikrolithen erscheinen.

IV. Mikroporphyre und Mikroporphyrite—Gesteine, bei denen die porphyrartigen Einsprenglinge mit blossem unbewaffnetem Auge nicht sichtbar sind; unter dem Mikroskop tritt aber ein Gegensatz der Grundmasse und der Einsprenglinge hervor.

An diese vier Kathegorien von porphyrischen Structuren, welche in jeder Gruppe eine mehr oder weniger bedeutende Anzahl kleiner Unterschiede und Varietäten aufweisen, würde ich reihen:

V. Ovoidophyre — euporphyrische Gesteine mit grossen tektomorphen porphyrartigen Krystallen, die zu sphäroidalen, ovoidalen u. drgl. Formen corrodirt sind. Oft treten dabei spätere Anwachsungszonen auf. Dieser Typus charakterisiert den Rappakiwi und einige andere Granitporphyre. Die Ovoidophyre mit zusammengesetzten Ovoiden, welche aus einigen Mineralen bestehen („Gromero-Ovoide") können als ein Uebergangstypus zwischen den Euporphyriten und den Taxiten angesehen werden.

Zur Nomenclatur metamorphischer Gesteine.

Die Zeit für eine in den Details ausgearbeitete Nomenclatur der metamorphischen Gesteine ist noch nicht gekommen, denn unsere Kenntnisse und Vorstellungen von der Genesis verschiedener metamorphischer Gesteine sind noch viel zu ungenügend. Allein meiner Ansicht nach gewährt dieser Umstand um so mehr eine Veranlassung, dass gewisse leitende Principien aufgestellt werden, und es wäre sehr erwünscht, wenn man sich in der Zukunft an dieselben halten würde. Die Nomenclatur der metamorphischen Gesteine muss nach Möglichkeit neue Worte vermeiden und muss auf die genetischen Beziehungen des metamorphischen Gesteins zu demjenigen, aus welchem es hervor ging, hinweisen. Schon vor 20 Jahren schlug Inostranzeff [1]) in dieser Hinsicht einen rationellen Weg ein: die verschiedenen Umwandlungsproducte der Diorite erhielten bei ihm verständliche und einfache Bezeichnungen, bei denen sowohl in der Mehrzahl der Fälle die Beziehungen zum normalen Diorit, aus welchem diese Gesteine entstanden, als auch deren neuerworbene unterscheidende Eigenthümlichkeit hervorgehen. Leider halten sich nicht alle und nicht immer an einen derartigen Weg.

Auf metamorphischem Wege bilden sich bisweilen Gesteine derselben Zusammensetzung und ähnlicher Structur, wie einige Gesteine nicht metamorphischen Ursprungs. In diesen Fällen ist der Hinweis im Namen selbst auf den secundären Charakter eines solchen Gesteins besonders wichtig. Besonders zahlreich sind diese Fälle unter den kataklastischen Gesteinen und un-

[1]) A. Inostranzeff. Geologischer Grundriss des Powienetzschen Kreises im Gouvernement Olonez und seiner Erzlagerstätten. — Mat. für die Geol. Russlands. Band VII, 1877.

— A. v. Inostranzeff. Studien über metomorphosirte Gesteine im Gouv. Olonez. — Leipzig. 1879.

ter den metamorphischen Amphibolgesteinen, die aus Pyroxengesteinen hervorgingen. Auch giebt es hier schon einige Benennungen, deren Bildungsweise man mit Erfolg verallgemeinern kann, wenn man analoge Fälle bezeichnet. „Klastogneiss“ [1]), „Metagneiss“ [1]), „Deuterodiorit“ [2]), Metadiorit [3]), „Epidiabas“, „Scheindiorit“ [4]), „Druckdiorit“ u. s. w. — das sind Beispiele für rationelle Namen metamorphischer Gesteine. Sollte man sich nicht auch in der Zukunft an folgende allgemeine Thesen halten können:

1) Den Gesteinen kataklastischen Ursprungs könnte man das Wörtchen „Klasto“ vorsetzen, z. B. Klastogneiss, Klastogranit, Klastoamphibolit etc.

2) Gesteine metamorphischen und zudem vorzüglich oder ausschliesslich hydrometamorphischen Ursprungs kann man von den entsprechenden ursprünglichen Gesteinen zweckentsprechend durch Vorsetzen des Wörtchens „Meta“ unterscheiden, z. B. Metadiorit, Metagneiss, Metamphibolit.

3) Durch Vorsetzen des Wortes „Epi“ an den Namen des Gesteins, aus welchem das gegebene metamorphische Gestein hervorging, kann man auf den genetischen Zusammenhang unter ihnen hinweisen; z. B. epidiabasischer Metadiorit, Epigabbro-Metadiorit epigranitischer oder epitonalitischer Metagneiss, epiwebsteritischer, epilherzolithischer Serpentin u. s. w.

4) In den Fällen, wo man es mit metamorphischen Ge-

[1]) R. Lepsius. Mittheilung auf dem Züricher Congress.—Congrès Géologique International. Compte-Rendu de la sixième session en Suisse, 1897. p. 95 und „Geologie von Attika“.

[2]) F. Loewinson-Lessing. Geologische Untersuchungen in den Guberlinskischen Bergen. — Verhandl. der Kaiserl. S. Petersb. Miner. Gesellsch. XXVIII. 1892.

[3]) F. Loewinson-Lessing. Petrographische Untersuchungen im centralen Theil der Kaukasusbergkette. S. 16.—Ein Separatabzug aus dem von A. Inostranzeff herausgegebenen Werk: „Au travers de la chaine principale du Caucase“. 1896.

[4]) Bergt. Beitr. z. Petrogr. d. Sierra Newada... T. M. P. M. 1889. X, p. 319.

steinen unbekannten Ursprungs zu thun hat, ist es zuweilen zweckentsprechend dieselben bis zur Aufklärung ihrer Genesis in besondere Gruppen auszuscheiden, wie z. B. Porphyroide, Porphyritoide, Hälleflinten u. s. w.

Eine rationelle Nomenclatur der Eruptivgesteine gewährt eine ernste Aufgabe für die vereinte Arbeit der Petrographen aus verschiedenen Schulen. Nur auf dem Wege vereinter Arbeit, durch gegenseitiges Nachgeben wird man dieselbe in der Zukunft erreichen können. Jedoch zu diesem Zwecke ist es erforderlich, dass jeder, der sich für die Erfolge der Petrographie in dieser Hinsicht interessirt, seinen Standpunkt und seine Ansichten mittheilt, wenn auch in abgerissener Form, und ohne sich der schweren, über die Kräfte eines einzelnen Arbeiters hinausreichenden, Aufgabe zu unterziehen, persönlich eine vollständige, systematisch ausgearbeitete, Nomenclatur zu schaffen, welche Chancen hat, allgemein angenommen zu werden. Diese Erwägungen, sowie auch die Ueberzeugung, dass sich die heutige Nomenclatur auf einem falschen Wege befindet, veranlassten mich mit der Frage über die Classification und Nomenclatur der Eruptivgesteine auf dem letzten Congress hervorzutreten [1], die obenerwähnten allgemeinen Erwägungen mitzutheilen und einige Entwürfe für specielle Nomenclaturen zu geben.

ANHANG.

Graphische Darstellung der chemischen Zusammensetzung der Eruptivgesteine.

Es unterliegt wohl keinem Zweifel, dass eine graphische Darstellung der chemischen und der mineralogischen Eigen-

[1] Vergl. F. Loewinson-Lessing. Note sur la classification et la nomenclature des roches éruptives. — Congrès Géolog. Internat.; 7-me Session, Russie. 1897, wo mit einigen Kürzungen und Ergänzungen der Gegenstand vorliegenden Capitels behandelt wurde.

thümlichkeiten der Eruptivgesteine dazu beitragen muss die Unterschiede und die Aehnlichkeiten der betreffenden Gesteine leicht und schnell zu erfassen. Eine einfache graphische Darstellung ist leichter zu erfassen, als eine mehr oder weniger weitläufige Beschreibung. Selbstverständlich müssen bei der Aufzeichnung solcher Diagramme nach Möglichkeit alle hypothetischen Vorstellungen vermieden werden und müssen im Interesse einer weiten Verbreitung solcher Diagramme nur allgemein anerkannte Ansichten als Grundlage dienen. Ebenso wie in dem Versuch durch Formeln eine internationale petrographische Sprache zu schaffen, gehört auch hier die Priorität Michel-Lévy [1]). Seine Diagramme verdienen besonders deshalb eine Beachtung, weil sie die Möglichkeit geben die relativen Mengen der Feldspath- und der Eisenmagnesiahaltigen Gemengtheile der Eruptivgesteine zu überblicken, also zu bestimmen, ob man es mit einem leukokraten oder einem melanokraten Gesteinstypus zu thun hat. Leider ist es erforderlich für die Herstellung dieser Diagramme zu wissen, welcher Antheil des Kalkgehalts an der Zusammensetzung der Feldspäthe theilnimmt und welcher in die Eisenmagnesiaminerale gehört, was durchaus nicht immer leicht und möglich ist.

Die von mir vorgeschlagenen Diagramme sind einfach, übersichtlich und dazu geeignet die von mir als Grundlage der chemischen Charakteristik der Eruptivgesteine gewählten Data zum Ausdruck zu bringen; sie lassen sich mit Leichtigkeit auf Millimeterpapier anfertigen.

Damit die Diagramme verschiedener Gesteine untereinander in quantitativer Beziehung vergleichbar seien, ist es erforderlich für alle dieselbe Form und dieselben Dimensionen festzusetzen. Ich habe dazu ein Rechteck aus 15 Quadra-

---

[1]) A. Michel-Lévy. Mémoire sur le porphyre bleu de l'Esterel. Bull. de serv. d. l. Carte géol. d. l. France. 1897. — № 57, t. IX. 1897—98.

ten gewählt (3 in horizontaler und 5 in vertikaler Richtung). Rechnet man eine in $^0/_0$ ausgedrückte Analyse in Molecularproportionen um, so erhält man als Summe der Aequivalentzahlen eine Zahl, die sich mehr oder weniger 1,5 [1]) nähert. Der Uebersichtlichkeit wegen multipliciren wir diese Zahl mit 10; dann ist 15 diejenige Norm, um welche die Summen der Molecularproportionen nach beiden Seiten schwanken

Das Diagramm wird durch horizontale Linien in vier Felder eingetheilt, entsprechend dem Verhältniss $R^2O : RO : R^2O^3 : SiO^2$. Durch vertikale Striche werden die Felder von R^2O, RO, R^2O^3 eingetheilt in Unterabtheilungen entsprechend dem Gehalt an K^2O, Na^2O, CaO, MgO, FeO. In das Kieselsäurefeld wird der Aciditätscoefficient und die Bezeichnung des Gesteins mit griechischen Buchstaben eingetragen.

Die verschiedenen Gesteine werden durch einen oder zweidrei griechische Buchstaben bezeichnet; soll der leukokrate oder melanokrate Charakter des Gesteins zum Ausdruck gebracht werden, so wird es durch einen an die Benennung rechts angesetzten dunkeln oder hellen Kreis bezeichnet, z. B. $\Gamma\alpha\circ$ und $\Gamma\alpha\bullet$, $\frac{\Gamma\alpha}{\Sigma\iota}\circ$ und $\frac{\Gamma\alpha}{\Sigma\iota}\bullet$, d. h. durch das Vorherrschen des Feldspaths oder des Pyroxens gekennzeichnete Abarten des Gabbros oder des Gabbrosyenits.

Die kali- oder natronreichen Abarten eines Gesteinstypus, ebenfalls die an Alkalien oder alkalichen Erden reichen, werden durch in Klammern gesetzte $\varkappa$, ν, R^2O, RO, z. B. $\Lambda\iota^{(\nu)}$, $\Lambda\iota^{(\varkappa)}$ — für Natron- und Kaliliparit u. s. w. Ebenso kann man auch die metamorphosirten Gesteine bezeichnen, z. B. $\Delta\iota^{(\Delta\iota\alpha)}$ — ein aus Diabas hervorgegangener Metadiorit, $\Delta\iota^{(\Gamma\alpha)}$ — ein aus Gabbro entstandener Metadiorit u. s. w.

---

[1]) Mit 100 multiplicirt giebt es die „Zahl“ von Rosenbusch; bekanntlich kommt dieser Zahl die von ihm zugeschriebene Bedeutung nicht zu.

Verzeichniss der Analysen.

In diesem Verzeichniss wird das Werk angegeben, aus welchem die Analyse entnommen ist und nicht der Analytiker selbst. Die Abkürzungen bedeuten:

Z. — F. Zirkel. Lehrbuch der Petrographie. 1894.

Ros. — H. Rosenbusch. Ueber die chemischen Beziehungen der Eruptivgesteine. — T. M. P. M. XI.

Brögger. — C. Brögger. Die Eruptivgesteine des Kristianiagebiets. I, II.

Cross. — W. Cross. The laccolitic mountain groups of Colorado, Utah and Arizona. — XIV th. Ann. Rep. U. S. Geol. Surv., 1894, p. 227.

1. Natrongranit. — Brögger, 127.
2. Granit. — Z. II, 29, I.
3. Granit. — „ VI.
4. Granit. — „ XI.
5. Granit. — „ VII.
6. Granit. — „ II.
7. Granit. — „ X.
8. Granit. — „ IV.
9. Granit. — „ XII.
10. Granit. — „ IX.
11. Granit. — „ VIII.
12. Granit (Norm. durchschn. Zusammens.). — Z. II, 30.
13. Granit. — Z. II, 31, I.
14. Granit. — „ III.
15. Protogingranit. — Z. II, 48, I.
16. Protogingranit. — „ V.
18. Granit. — Z. II, 66, a.
19. Granit. — „ b.
20. Augitgranit [1]). — Thost, Gesteine des Karabagh-Gaus. 221, I.
21. Amphibolgranitit [2]). — Ros. V.
22. Albitgranit. — Ros. I.
23. Granitit. — Ros. IV.
24. Protogin. — Z. II, 48, II.
26. Augitsyenit. — Ros. VII.
27. Syenit. — Ros. VIII.
28. Syenit. — Schröckenstein, 160 (Vide pag. 4).
29. Syenit. — Z. II, 305, IV.
30. Syenit. — „ V.
31. Syenit. — „ VI.
32. Syenit. — „ II.

[1]) Das ist eigentlich eher ein Quarzdiorit (augitführend).

[2]) Richtiger Quarzdiorit.

33. Syenit. — Z. II, 305, I.
34. Alsbachit. — Brögger, I, 66.
35. Quarzporphyr. — Z. II, 177, VIII.
36. Quarzporphyr. — „ VII.
37. Quarzporphyr. — „ VI.
38. Felsitfels. — Z. II, 206, I.
39. Felsitfels. — „ IV.
40. Elvan. — Z. II. 209, I.
41. Quarzporphyr. — Henderson bei G. Williams. Am. J., XLIV, 1892.
42. Quarzporphyr. — Z. II, 177, III.
43. Quarzporphyr. — „ IV.
44. Quarzporphyr-Grundmasse. — Z. II, 177, I.
45. Quarzkeratophyr. — Z. II, 334, VI.
46. Quarporphyr. — Z. II, 177, X.
47. Quarzkeratophyr. — Z. II, 334, VII.
48. Quarzporphyr. — Cross. XVI.
49. Quarzporphyrit. — Z. II, 545. VI.
50. Quarzporphyrit. — Cross, X.
51. Quarzporphyrit. — „ XIII.
52. Quarzporphyrit. — „ XIV.
53. Quarzporphyrit. — „ XI.
54. Quarzporphyrit. — „ XII.
55. Dacit. — Z. II. 575, IV.
56. Dacit. — „ V.
57. Dacit. — „ II.
58. Dacit. — „ III.
59. Dacit. — „ I.
60. Dacit. — Abich. Geol. d. Armen. Hochl. III.
61. Dacit. — Ros. XLV.
62. Dacit. — Z. II. 575, VI.
63. Dacit. — „ VII.
64. Dacit. — „ 819. VII.
65. Dacit. — Cross. XIX.
66. Orthoklasporphyr. — Z. II, 232, II.
67. Rhombenporphyr — Z. II, 328, IV.
68. Orthoklasporphyr. — Z. II. 323, V.
69. Rhombenporphyr. — Z. II, 328, II.
70. Rhombenporphyr. — „ III.
71. Keratophyr. — Z. II. 334, IV.
72. Orthoklasporphyr. — Z. II. 323. II.
73. Orthoklasporphyr. — „ IV.
74. Keratophyr. Z. II. 334. I.
75. Rhombenporphyr. — Ros. XXIII (Tab. I).
76. Dasselbe Gestein. — „ (Tab. II).
77. Enstatitporphyrit. — C. v. John (Verh. geol. R.-A., 1894, p. 133).
78. Hornblendeporphyrit. — Z. II, 545, VII.
79. Hornblendeporphyrit. — „ II.

80. Hornblendeporphyrit. — Z. II, 545, IV.
81. Porphyrit. — Z. II, 545, I.
82. Porphyrit. — „ III.
83. Porphyrit. — „ VIII.
84. Variolit von Jalguba (Typ. IV). — Loewinson-Lessing. Olonezer Diabasformation, 1888.
85. Variolit von Jalguba (Typ. II). — Loewinson-Lessing. Olonezer Diabasformation, 1888.
86. Variolitaphanit. — Loewinson-Lessing. Olonezer Diabasformation. 1888.
87. Variolit von Jalguba (I): Variolen. — Loewinson-Lessing. Olonezer Diabasformation, 1888
88. Variolit von Jalguba (II): Variolen. — Loewinson-Lessing. Olonezer Diabasformation, 1888.
89. Variolit von Jalguba (II); Grundmasse. — Loewinson-Lessing. Olonezer Diabasformation, 1888.
90. Variolit von Jalguba (I): Grundmasse. — Loewinson-Lessing. Olonezer Diabasformation, 1888.
91. Variolit. — Z. II, 707, I:
92. Variolit-Grundmasse, a. — Z. II, 707. II.
93. Variolen, a'. — Z. II, 707, V.
94. Variolen. — Z. II, 707, VI.
95. Wichtisit. — Z. II, 713, a.
96. Wichtisit. — „ b.
97. Variolen. — Z. II, 707, IV.
98. Camptonit. — Z. II, 558, IV.
99. Augitporphyrit. — Cross, I.
100. Hornblendeporphyrit. — Cross, II.
101. Hornblendeporphyrit. — „ IV.
102. Hornblendeporphyrit. — „ III.
103. Hornblendeporphyrit. — „ V.
104. Hornblende-Glimmerporphyrit. — Cross, VII.
105. Porphyrit. — Cross, VIII.
106. Hornblende-Glimmerporphyrit. — Cross, XV.
107. „Quarz-mica-diorite-porphyrite". — Cross, XVII.
108. Sphärolithfels. — Z. II, 209, V.
109. Sphärolithfels. — „ IV.
110. Rhyolith. — Z. II, 250, IV.
112. Rhyolith. — „ II.
113. Melaphyr. — Z. II, 859, VII.
114. Dolerit. — Z. II, 901, I.
115. Basalt. — Z. II, 901, II.
117. Basalt. — Lagorio (vide pag. 126), p. 480.
118. Glasbasis aus vor. Gest. Lagorio (vide pag. 126), p. 480.
119. Dolerit. — Turner. The rocks of Sierra Nevada — U. S. Geol. Rep. XIX, p. 492, № 311.
120. Dolerit. — Turner. The rocks of Sierra Nevada. — U. S. Geol. Rep. XIX, p. 492, № 314.

121. Augitit. — Ros. LXII.
122. Basaltlava. — Ros. LI.
123. Limburgit. — Z. III, 80, I.
124. Limburgit — „ V.
125. Limburgit. — „ VI.
126. Limburgit. — „ VII.
127. Hyalomelan. — Z. III, 94, II.
128. Pele's Haar. — Z. III, 94, VI.
129. Tachylit. — Z. III, 94, VII.
130. Tachylit. — „ IX.
131. Basalt. Mittel aus den Aetnalaven. — Z. II, 901, IX.
132. Basalt. — Z. II, 901, VIII.
133. Melaphyr. — Z. II, 859, IV.
134. Basalt. — Z. II, 901, IV.
134 a. Dasselbe, nicht auf wasserfreie Substanz umgerechnet.
135. Basalt. — Z. II, 901, VI.
136. Basalt. — „ VII.
137. Basalt. — „ X.
138. Basalt. — „ XII.
139. Basalt. — „ XVII.
140. Hornblende-Glimmerandesit. — Cross, XVIII.
141. Andesit. — Z. II, 608, VI.
142. Hornblende-Andesit. — Z. II, 608, VII.
143. Hornblende-Glimmerandesit. — Z. II, 608, I.
144. Andesit. Z. II, 608, II.
145. Pyroxenandesit. — Z. II, 819, III
146. Andesit. — Z. II, 608, III.
147. Andesit. — „ V.
148. Andesit. — „ VIII.
149. Andesit vom Kleinen Ararat. — Abich. — Geol. Arm. Hochl., III, 103.
150. Andesit vom Grossen Ararat. — Ibid.
151. Pyroxenandesit. Turner, № 12 (vide 119).
152. Pyroxenandesit. — Z. II, 819, I.
153. Pyroxenandesit. — „ II.
154. Pyroxenandesit. — „ IV.
155. Dacit. [1] — Z. II, 819, IX.
156. Pantellerit. (Mittel). — Brögger, I, 62.
157. Trachyt. — Z. II, 378, VIII.
158. Trachyt. — „ VII.
159. Pantellerit. — Z. II, 582, c.
160. Pantellerit. — „ b.
161. Trachytglas. — Z. II, 400, c.
162. Trachytglas. — „ b.
163. Trachyt (Domit). — Z. II, 379, V.
164. Pantellerit. — Z. II, 582, d.

---

[1] Angeführt als Augitandesit.

165. Pantellerit. — Z. II, 582, c.
166. Trachyt. — Z. II, 378, I a.
167. Trachyt. — „ III.
168. Trachyt. — „ II.
169. Trachyt. — „ III a.
170. Trachyt. — „ IV.
171. Trachyt; Grundmasse. — Z. II, 378, I.
173. Trachyt. — Z. II, 378, VI.
174. Trachyt. — „ IX.
175. Trachytglas. — Z. II, 400, a.
176. Lherzolith. — Lacroix. Nouv. Arch. Mus. d'Hist. Nat. (3) 6, 1894, p. 209.
177. Pyroxenit. — Z. III, 140, V.
178. Dunit. — Z. III, 121.
179. Pyroxenit. — Z. III, 140, I.
180. Pyroxenit. — „ II.
181. Lherzolith. — Ros., XVII.
182. Dunit. — Z. III, 121, II.
184. Granodiorit. — W. Lindgren. The gold-silver veins of Ophir, California. — U. S. Geol. Surv. XIX-th. Rep. (1892—93), 1894, p. 255.
185. Camptonit. — Ibid., p. 262.
186. Diorit. — Z. II, 485, III.
187. Diorit. — Ros. XIII.
188. Tonalit. — Ros. X.
189. Diorit. — Z. II, 485, I.
190. Diorit. — „ IV.
191. Diorit. — „ II.
192. Diorit. — „ VI.
193. Glimmerdiorit. — Z. II, 503, III.
194. Glimmerdiorit. — „ IV.
195. Glimmerdiorit. — „ V.
196. Kersantit. — Z. II, 519, I.
197. Minette. — Z. II, 349, IV.
198. Minette. — „ II.
199. Banatit. — Ros., XI.
200. Porphyrisch. Augitdiorit. — Cross, VI.
201. Porphyrisch. Diorit. — Cross, IX.
202. Norit. — Z. II, 790, I.
203. Quarznorit. — Z. II. 790, IV.
204. Diabas. — Ros. XXX.
205. Gabbro. — Z. II, 755, V.
206. Gabbro. — Z. II, 713, VI.
207. Norit. — Z. II, 790, II.
208. Norit. — „ V.
209. Quarznorit. — Z. II. 790, III.
210. Norit. — Z. II, 789, V.
211. Norit. — „ VI.
212. Olivingabbro. — Z. II, 755, III.

213. Diabas. — Z. II. 638. XI.
214. Gabbro. — „ 755. I.
215. Gabbro. — „ VIII.
216. Gabbro. — „ IX.
217. Gabbro. — „ II.
218. Gabbro. — „ IV.
219. Diabas. — „ 638. I.
220. Diabas. — „ II.
221. Diabas. — „ V.
222. Diabas. — „ IV.
223. Diabas. — „ VIII.
224. Diabas. — „ IX.
225. Nephelinbasanit. — Z. III. 9. II.
226. Nephelinbasanit. — „ VI.
227. Eläolithsyenit. — Ros., VIII.
228. Nephelinbasanit. — Z. III, 9, VI.
229. Leucitbasalt. — Ros. LVIII.
230. Miascit. — Schröckenstein, 146 (vide pag. 6).
231. Ditroit. Z. II, 410, I.
232. Phonolith. — Z. II, 446, IV.
233. Phonolith. — „ III.
234. Phonolith. — „ VII.
235. Teschenit. — Z. II, 682, II a.
236. Teschenit. — „ I a.
237. Nephelinbasanit. — Z. III. 25. I.
238. Nephelinbasanit. — „ III.
239. Nephelintephrit. — „ IV.
240. Leucitbasalt. — Z. III, 52. I.
241. Leucitit. — Z. III. 65. I.
242. Leucitit. — „ II.
243. Leucitit. — „ III.
244. Nephelinit. — Z. III. 61. IV.
245. Nephelinsyenit. Z. II, 410, IV.
246. Phonolith. — Z. II. 446, V.
247. Phonolith. — „ VI.
248. Phonolith. — „ 449.
249. Nephelinit. — Z. III. 61. III.
250. Nephelinit. — „ II.
251. Leucitbasalt. — Z. III. 52. IV.
252. Leucitbasalt. — „ III.
253. Nephelinbasalt. — Z. III. 38, II.
254. Nephelinbasalt. — „ V.
255. Nephelinbasalt. — „ VII.
256. Nephelinbasalt. — „ IX.
257. Phonolith. — Z. II. 446, I.
258. Phonolith. — „ II.
259. Nephelinsyenit. — Z. II, 410, II.

260. Nephelinsyenit. — Z. II, 410, III a.
261. Nephelinsyenit. — „ V a.
262. Nephelinsyenit. — „ VI.
263. Nephelinsyenit. — „ VII.
264. Nephelinsyenit. — Ros., IX.
265. Monchiquit. — Z. III, 4, I.
266. Monchiquit: Glasbasis. — Z. III, 4, IV.
267. Tinguait. — Brögger, I. 199, XIV.
268. Nephelinführ. Sölvsbergit. — Brögg., 199, X.
269. Grorudit. — Brögger, 1, 63.
270. Quarzfreier Sölvsbergit. — Brögger, I, 164.
271. Hornblende-Sölvsbergit. — „
272. Grorudit. — Brögger, I, 162, 199, I.
273. Tinguait. — „
274. Syenit. — Ros. VI.
275. Trachyt. — Ros. XXXIX.
276. Leucitophyr. — Ros. XLIII.
277. Granit. — Ros. II.
278. Vitrophyr. — Ros. XXII.
279. Liparit. — Ros. XXXIV.
280. Granit. — Ros. III.
281. Vesuvlava.
282. Hornblendepikrit. — Ros. XVIII.
283. Pikrit. — Lang. T. M. P. M.
284. Quarzkeratophyr. — Ros. XX.
285. Quarzporphyr. — Ros. XXI.
286. Pantellerit. — Ros. XXXVI.
287. Akmittrachyt. — Ros. XXXVII.
288. Labradorporphyrit. — Ros. XXVIII.
289. Melaphyr. — Ros. XXIX.
290. Augit-Hornblendeporphyrit. — Ros. XXVI.
291. Augivitrophyrit. — Ros. XXVII.
292. Olivindiabas. — Ros. XXXI.
293. Felsoliparit. — Ros. XXXV.
294. Amphibolandesit. — Ros. XLVI.
295. Hypersthenandesit. — Ros. XLIX.
296. Basalt. — Ros. L.
297. Olivinfreier Basalt. — Ros. LII.
298, Trachyt. — Ros. XXXVIII.
299. Basalt. — Ros. LIII.
300. Hornblendebasalt. — Ros. LIV.
301. Monchiquit. — Williams. Ign. Rocks of Arkansas, 1890, p. 295.
302. Monchiquit. — Hunter u. Rosenb. (T. M. P. M. 1890, p. 445).
303. Nordmarkit: Mittel. — Brögger, I, p. 3.
304. Theralith. — Wolff. Bull. Geol. Soc. Amer. 1891. III, p. 419.
305. Theralith. — Eichleitner. Verh. geol. R.-A. 1893, p. 217.
306. Malignit. — Lawson. 350. I (cf. pag. 89).

307. Malignit. — Lawson, 361. I.
308. Missourit. — Weed a. Pirsson. Am. Journ. 1896, II, p. 315.
309. Pyroxensyenit. — Tarassenko, 280. I, (cf. p. 92).
310. Gabbrosyenit. — Tarassenko, 280, II.
311. Yogoit. — Weed a. Pirsson. Am. J. 1895, 50, p. 473.
312. Monzonit. — Brögger. II, p. 24.
313. Felsidolerit. — Word. Q. J. 1875, 31, p. 417.
314. Schonkinit. — Weed a. Pirsson. Am. J. 1896, I, 360, I.
315. Schonkinit. — Weed a. Pirsson. Bull. Geol. Soc. Amer. 1895, VI. p. 414.
316. Schonkinit. — (Cf. № 311).
317. Leucitabsarokit. — Iddings. Journ. of Geol. 1895, III, p. 938 (Hague Am. J. 1889, p. 43).
318. Labradorit. — (Morozievitch). Tarassenko. 281, 8.
319. Leucitit. — Weed a. Pirsson. Am. J. 1896, II, p. 136.
320. Ijolit. — Z. III, 58.
321. Tephritischer Trachyt = Trachytit. — Becke. T. M. P. M. 1896, p. 168.
322. Einschluss im vorigen. — Ibid.
323. Camptonit. — Z. II, 558. IV.
324. Leucittephrit. — Z. III, 29.
325. Quarzdiabas. — Cohen. N. J. 1887, B.-B., 195, № 8.
326. Minette. — Z. II, 349. VI.
327. Quarzdiabas. — Z. II. 638, VII.
328. Adamellit. — Brögger. II, 62, № 4.
329. Lindöit. — Brögger, I, 131.
330. Urtit. — Ramsay. 462, I (vide pag. 102).
331. Quarzbasalt. — Diller. Am. J. 1887. p. 43.
332. Esterellit. — Rüst: bei Michel-Lévy (cf. pag. 108).
333. Taurit. — Lagorio (vide p. 107).
334. Taurit. — „
335. Paisanit. — Osann. — T. M. P. M. 15. 1896, p. 394.
336. Commendit. — Bertolio. — Rend. Acad. Lincei. 5. fasc. 4, 1896, p. 150.
337. Ciminit. — Waschington. — Journ. of Geol., 4. 1896. 5, 1897.
338. Toscanit. — „ „
339. Toscanit. — „ „
340. Vulsinit. — „ „
341. Vulsinit. — „ „
342. Kyschtymit. — Merosievitch. Versuche über die Bildung der Mineralien im Magma. 1897. p. 224.
343. Augitgranit [1]) — Merian. N. J., B.-B. III. p. 269.
344. Gauteit. — Hibsch. — T. M. P. 1897. XVII. p. 84.
345. Hornblendegabbro. — Van Horn. T. M. P. M. 1897, p. 418.
346. Melilithbasalt. — Z. III, 71, VI.
347. Borolanit. — Teall u. Horne (cf. p. 90).

[1]) Eigentlich Quarzmonzonit.

Granite.

№№	SiO^2	Al^2O^3	Fe^2O^3	FeO	CaO	MgO	K^2O	Na^2O	R^2O	RO	R^2O -RO	R^2O^3	SiO^2	Aciditäts-coefficient, α.	F O R M E L N. [1])	Basenmolekelzahl auf 100 Molekel SiO^2, β.
2	1.168	0.151	0.038	—	0.021	—	0.045	0.052	0.097	0.021	0.118	0.189	1.168	3.4	1.2 RO 1.9 R^2O^3 11.7 SiO^2	26
3	1.162	0.158	0.009	0.011	0.043	0.025	0.045	0.066	0.111	0.079	0.190	0.167	1.162	3.36	1.9 RO 1.7 R^2O^3 11.6 SiO^2	30
4	1.132	0.128	0.028	0.053	0.055	0.025	0.002	0.077	0.078	0.133	0.211	0.156	1.132	3.33	2.1 RO 1.6 R^2O^3 11.3 SiO^2	32
5	1.237	0.146	0.010	0.007	0.030	0.009	0.054	0.056	0.110	0.046	0.156	0.156	1.237	3.96	1.6 RO 1.6 R^2O^3 12.4 SiO^2	25
6	1.267	0.130	—	0.020	0.011	0.006	0.056	0.042	0.098	0.037	0.135	0.130	1.267	4.8	1.4 RO 1.3 R^2O^3 12.7 SiO^2	20
7	1.230	0.146	—	0.023	0.016	0.006	0.041	0.067	0.108	0.045	0.153	0.146	1.230	4.4	1.5 RO 1.5 R^2O^3 12.3 SiO^2	24
8	1.143	0.161	0.014	—	0.016	0.014	0.071	0.055	0.126	0.020	0.146	0.175	1.143	3.4	1.5 RO 1.8 R^2O^3 11.4 SiO^2	28
9	1.200	0.145	—	0.027	0.043	0.008	0.052	0.034	0.096	0.098	0.184	0.145	1.200	3.8	1.8 RO 1.5 R^2O^3 12.0 SiO^2	27
10	1.216	0.136	0.017	—	0.015	—	0.055	0.029	0.084	0.015	0.099	0.153	1.216	4.3	1.0 RO 1.5 R^2O^3 12.2 SiO^2	20
11	1.156	0.160	—	0.060	0.054	0.020	0.030	0.053	0.083	0.134	0.217	0.160	1.156	3.3	2.2 RO 1.6 R^2O^3 11.6 SiO^2	32
12	1.200	0.156	0.009	—	0.026	0.012	0.070	0.040	0.110	0.038	0.148	0.165	1.200	3.7	1.5 RO 1.7 R^2O^3 12.0 SiO^2	26
13	1.118	0.176	0.021	—	0.028	0.041	0.057	0.035	0.092	0.069	0.161	0.197	1.118	3.0	1.6 RO 2.0 R^2O^3 11.2 SiO^2	32
14	1.236	0.104	0.020	—	—	0.028	0.097	0.030	0.127	0.028	0.155	0.124	1.236	4.5	1.6 RO 1.2 R^2O^3 12.4 SiO^2	22
15	1.213	0.124	—	0.036	0.044	0.028	0.030	0.050	0.080	0.108	0.188	0.124	1.213	4.3	1.9 RO 1.2 R^2O^3 12.1 SiO^2	25
18	1.250	0.134	0.016	—	0.009	0.004	0.060	0.037	0.097	0.013	0.110	0.150	1.250	4.5	1.1 RO 1.5 R^2O^3 12.5 SiO^2	20
19	1.255	0.120	0.016	—	0.019	0.006	0.061	0.041	0.101	0.025	0.126	0.136	1.255	4.6	1.3 RO 1.4 R^2O^3 12.6 SiO^2	20
280	1.221	0.134	—	0.059	0.055	0.027	0.039	0.048	0.087	0.141	0.228	0.134	1.221	3.86	2.3 RO 1.4 R^2O^3 12.2 SiO^2	21
1	1.040	0.119	0.017	0.025	—	—	0.042	0.101	0.143	0.025	0.168	0.136	1.040	3.5	1.7 RO 1.4 R^2O^3 10.4 SiO^2	30
22	1.298	0.118	0.012	—	0.001	—	0.047	0.054	0.101	0.001	0.102	0.130	1.298	5.3	1.0 RO 1.3 R^2O^3 13.0 SiO^2	17
23	1.161	0.147	0.014	0.012	0.069	0.027	0.048	0.040	0.088	0.108	0.196	0.161	1.161	3.4	2.0 RO 1.6 R^2O^3 11.6 SiO^2	30
16	1.214	0.153		0.021	0.020	0.007	0.058	0.055	0.114	0.052	0.166	0.153	1.214	3.88	1.7 RO 1.5 R^2O^3 12.1 SiO^2	26
24	1.277	0.115	—	0.049	0.032	0.005	0.030	0.050	0.080	0.076	0.166	0.115	1.277	4.8	1.7 RO 1.2 R^2O^3 12.8 SiO^2	22
Mittel.	**1.1956**	**0.139**	**0.011**	**0.018**	**0.027**	**0.015**	**0.048**	**0.049**	**0.099**	**0.059**	**0.162**	**0.152**	**1.1956**	**3.91**	**1.60 RO 1.54 R^2O^3 11.96 SiO^2**	**25.6**

[1]) In allen Formeln ist hier unter RO zu verstehen RO d. h. [RO + R^2O].

Liparite.

№№	SiO²	Al²O³	Fe²O³	FeO	CaO	MgO	K²O	Na²O	R²O	RO	R²O / RO	R²O³	SiO²	Aciditäts-coefficient, α.	FORMELN.	Basenmolekelzahl auf 100 Molekel SiO², β.
108	1.223	0.141	0.011	0.012	0.016	—	0.066	0.031	0.097	0.028	0.125	0.155	1.223	4.1	1.3 RO 1.6 R²O³ 12.2 SiO²	23
109	1.398	0.101	—	—	0.004	0.002	0.019	0.058	0.077	0.006	0.083	0.101	1.398	7.2	1.0 RO 1.0 R²O³ 14.0 SiO²	13
110	1.250	0.129	—	0.023	0.015	0.007	0.040	0.084	0.124	0.045	0.169	0.129	1.250	4.5	1.7 RO 1.3 R²O³ 12.5 SiO²	23
112	1.272	0.129	0.012	—	0.033	0.005	0.039	0.045	0.084	0.058	0.122	0.142	1.272	4.6	1.2 RO 1.4 R²O³ 12.7 SiO²	20
293	1.165	0.169	—	—	0.012	-	0.104	0.037	0.141	0.012	0.153	0.169	1.165	3.5	1.5 RO 1.7 R²O³ 11.7 SiO²	27
Mittel.	**1.261**	**0.134**	**0.004**	**0.007**	**0.016**	**0.002**	**0.053**	**0.051**	**0.106**	**0.026**	**0.132**	**0.139**	**1.261**	**4.76** [4.15]	**1.36 RO 1.40 R²O³ 12.6 SiO²**	**21** [23]

Quarzporphyre.

№№	SiO²	Al²O³	Fe²O³	FeO	CaO	MgO	K²O	Na²O	R²O	RO	R²O / RO	R²O³	SiO²	Aciditäts-coefficient, α.	FORMELN.	Basenmolekelzahl auf 100 Molekel SiO², β.
34	1.068	0.123	0.018	0.012	0.028	0.005	0.022	0.073	0.095	0.045	0.140	0.141	1.068	3.8	1.4 RO 1.4 R²O³ 10.7 SiO²	26
35	1.250	0.130	0.014	—	0.014	0.015	0.054	0.040	0.094	0.029	0.123	0.144	1.258	4.5	1.2 RO 1.4 R²O³ 12.5 SiO²	21
36	1.255	0.141	0.004	0.016	0.008	0.008	0.060	0.009	0.069	0.032	0.101	0.145	1.255	4.6	1.0 RO 1.5 R²O³ 12.5 SiO²	19
37	1.262	0.127	0.010	0.011	0.011	0.015	0.056	0.033	0.090	0.037	0.127	0.137	1.262	4.7	1.3 RO 1.4 R²O³ 12.6 SiO²	20
38	1.358	0.077	0.020	—	0.017	0.011	0.033	0.041	0.074	0.028	0.102	0.097	1.358	6.9	1.0 RO 1.0 R²O³ 13.6 SiO²	14
39	1.254	0.118	0.021	0.002	0.006	0.032	0.050	0.040	0.090	0.040	0.130	0.140	1.254	4.5	1.3 RO 1.4 R²O³ 12.6 SiO²	21
40	1.210	0.153	0.001	0.031	0.008	0.006	0.059	0.045	0.104	0.045	0.149	0.154	1.210	3.96	1.5 RO 1.5 R²O³ 12.1 SiO²	17
41	1.243	0.121	0.013	0.056	0.006	0.006	0.027	0.058	0.085	0.068	0.153	0.134	1.243	4.4	1.5 RO 1.3 R²O³ 12.4 SiO²	23
42	1.217	0.135	0.019	0.001	0.017	0.016	0.067	0.048	0.115	0.034	0.149	0.154	1.217	4.0	1.5 RO 1.5 R²O³ 12.2 SiO²	25
43	1.232	0.130	0.019	—	0.024	0.012	0.044	0.052	0.096	0.036	0.132	0.149	1.232	4.2	1.3 RO 1.5 R²O³ 12.3 SiO²	23
44	1.265	0.135	—	0.031	0.021	—	0.057	0.023	0.080	0.052	0.132	0.135	1.265	4.7	1.3 RO 1.4 R²O³ 12.7 SiO²	21
45	1.243	0.134	0.011	—	0.014	0.003	0.062	0.054	0.116	0.017	0.133	0.145	1.243	4.35	1.3 RO 1.5 R²O³ 12.4 SiO²	22
48	1.225	0.144	0.006	0.006	0.038	0.007	0.038	0.056	0.094	0.051	0.145	0.150	1.225	4.1	1.5 RO 1.5 R²O³ 12.3 SiO²	26
285	1.278	0.122	0.013	—	—	0.012	0.075	0.017	0.092	0.012	0.104	0.135	1.278	5.0	1.0 RO 1.4 R²O³ 12.8 SiO²	18
Mittel.	**1.240**	**0.128**	**0.012**	**0.011**	**0.015**	**0.010**	**0.050**	**0.029**	**0.092**	**0.037**	**0.130**	**0.147**	**1.240**	**4.55**	**1.29 RO 1.40 R²O³ 12.4 SiO²**	**21**

Quarzkeratophyre.

№№	SiO²	Al²O³	Fe²O³	FeO	CaO	MgO	K²O	Na²O	R²O	RO	R²O / RO	R²O³	SiO²	Aciditäts-coefficient, α.	FORMELN.	Basenmolekelzahl auf 100 Molekel SiO², β.
46	1.211	0.138	0.020	0.010	0.009	0.005	0.017	0.163	0.180	0.024	0.204	0.158	1.211	3.57	2.0 RO 1.6 R²O³ 12.1 SiO²	29
47	1.283	0.143	—	—	—	0.009	0.001	0.122	0.123	0.009	0.132	0.143	1.283	4.57	1.3 RO 1.4 R²O³ 12.8 SiO²	21
284	1.310	0.121	0.003	0.002	0.003	0.017	0.002	0.114	0.116	0.022	0.138	0.124	1.310	5.1	1.4 RO 1.2 R²O³ 13.1 SiO²	20
[illegible]	[illegible]	[illegible]	[illegible]	[illegible]	**0.004**	[illegible]	**0.007**	**0.123**	**0.139**	**0.048**	**0.158**	**0.142**	**1.268**	**4.41**	**1.57 RO 1.40 R²O³ 12.67 SiO²**	**27**

Dacite.

55	1.156	0.159	0.005	0.021	0.056	0.033	0.032	0.065	0.097	0.110	0.207	0.164	1.156	3.3	2.1 RO 1.6 R^2O^3 11.6 SiO^2	32
56	1.131	0.170	0.011	0.017	0.050	0.033	0.019	0.087	0.106	0.100	0.206	0.181	1.131	3.0	2.1 RO 1.8 R^2O^3 11.3 SiO^2	34
57	1.111	0.137	—	0.079	0.029	0.003	0.034	0.127	0.161	0.111	0.272	0.137	1.111	3.2	2.7 RO 1.4 R^2O^3 11.1 SiO^2	36
58	1.053	0.182	0.025	0.026	0.086	0.028	0.020	0.059	0.079	0.140	0.219	0.207	1.053	2.5	2.2 RO 2.1 R^2O^3 10.5 SiO^2	40
59	1.142	0.134	—	0.093	0.040	0.010	0.018	0.097	0.115	0.143	0.258	0.134	1.142	3.5	2.6 RO 1.3 R^2O^3 11.4 SiO^2	34
60	1.157	0.146	0.020	—	0.083	0.024	0.015	0.071	0.086	0.107	0.193	0.166	1.157	3.3	1.9 RO 1.7 R^2O^3 11.6 SiO^2	31
61	1.116	0.167	0.022	0.016	0.083	0.037	0.017	0.060	0.077	0.136	0.213	0.192	1.116	2.8	2.0 RO 1.9 R^2O^3 11.2 SiO^2	35
62	1.154	0.179	0.018	—	0.063	0.035	0.013	0.057	0.070	0.098	0.168	0.197	1.154	3.0	1.7 RO 2.0 R^2O^3 11.5 SiO^2	31
63	1.059	0.156	0.032	0.018	0.116	0.065	0.017	0.040	0.057	0.199	0.256	0.188	1.059	2.58	2.6 RO 1.9 R^2O^3 10.6 SiO^2	41
64	1.160	0.154	0.017	0.028	0.081	0.052	0.017	0.074	0.091	0.161	0.262	0.171	1.160	3.0	2.6 RO 1.7 R^2O^3 11.6 SiO^2	37
65	1.125	0.157	0.008	0.018	0.048	0.033	0.025	0.070	0.095	0.099	0.194	0.165	1.125	3.2	2.0 RO 1.7 R^2O^3 11.3 SiO^2	31
49	1.115	0.162	0.017	0.023	0.084	0.066	0.015	0.046	0.061	0.173	0.234	0.179	1.115	2.9	2.3 RO 1.8 R^2O^3 11.2 SiO^2	37
Mittel.	**1.123**	**0.158**	**0.014**	**0.028**	**0.068**	**0.035**	**0.020**	**0.071**	**0.091**	**0.142**	**0.223**	**0.173**	**1.123**	**3.02**	**2.23 RO 1.74 R^2O^3 11.24 SiO^2**	**35**
155	1.120	0.134	0.011	0.070	0.061	0.030	0.027	0.079	0.106	0.161	0.267	0.145	1.120	3.1	2.8 RO 1.5 R^2O^3 11.2 SiO^2	36

Quarzporphyrite.

50	1.089	0.152	0.019	0.019	0.074	0.038	0.036	0.058	0.094	0.131	0.225	0.171	1.089	2.9	2.3 RO 1.7 R^2O^3 10.9 SiO^2	36
51	1.122	0.153	0.011	0.030	0.042	0.018	0.038	0.061	0.099	0.090	0.189	0.164	1.122	3.3	1.9 RO 1.6 R^2O^3 11.2 SiO^2	31
52	1.138	0.158	0.010	0.024	0.049	0.026	0.038	0.063	0.101	0.099	0.200	0.168	1.138	3.2	2.0 RO 1.7 R^2O^3 11.4 SiO^2	32
53	1.095	0.179	0.007	0.021	0.039	0.024	0.042	0.080	0.122	0.084	0.206	0.186	1.095	2.8	2.1 RO 1.9 R^2O^3 11.0 SiO^2	44
54	1.061	0.166	0.012	0.038	0.069	0.050	0.033	0.067	0.100	0.157	0.257	0.178	1.061	2.6	2.6 RO 1.8 R^2O^3 10.6 SiO^2	41
107	1.154	0.148	0.040	0.009	0.053	0.024	0.026	0.071	0.097	0.086	0.183	0.188	1.154	3.0	1.8 RO 1.9 R^2O^3 11.5 SiO^2	32
184	1.097	0.162	0.008	0.035	0.087	0.063	0.020	0.066	0.086	0.185	0.271	0.170	1.097	3.2	2.7 RO 1.7 R^2O^3 11.0 SiO^2	40
Mittel.	**1.108**	**0.159**	**0.015**	**0.025**	**0.059**	**0.034**	**0.032**	**0.072**	**0.099**	**0.119**	**0.218**	**0.175**	**1.108**	**3.0**	**2.20 RO 1.75 R^2O^3 11.08 SiO^2**	**36**

Quarzdiorite.

188	1.126	0.150	—	0.091	0.068	0.060	0.009	0.056	0.065	0.219	0.284	0.150	1.126	3.0	2.8 RO 1.5 R^2O^3 11.3 SiO^2	38
199	1.093	0.167	0.017	0.025	0.092	0.065	0.010	0.062	0.072	0.182	0.254	0.184	1.093	2.7	2.5 RO 1.8 R^2O^3 11.0 SiO^2	40
201	1.047	0.159	0.019	0.022	0.084	0.037	0.033	0.056	0.089	0.143	0.232	0.178	1.047	2.7	2.3 RO 1.8 R^2O^3 10.5 SiO^2	39
Mittel.	**1.088**	**0.158**	**0.018**	**0.046**	**0.081**	**0.054**	**0.017**	**0.058**	**0.075**	**0.181**	**0.256**	**0.170**	**1.088**	**2.8**	**2.53 RO 1.70 R^2O^3 10.93 SiO^2**	**39**
21	1.099	0.176	0.026	0.009	0.091	0.052	0.023	0.029	0.052	0.152	0.204	0.202	1.099	2.7	2.0 RO 2.0 R^2O^3 11.0 SiO^2	36
20	1.034	0.156	0.026	0.025	0.082	0.040	0.040	0.084	0.124	0.147	0.271	0.182	1.034	2.5	2.7 RO 1.8 R^2O^3 10.3 SiO^2	43

Glimmerdiorite.

№№	SiO^2	Al^2O^3	Fe^2O^3	FeO	CaO	MgO	K^2O	Na^2O	R^2O	RO	R^2O +RO	R^2O^3	SiO^2	Aciditäts-coefficient, α.	F O R M E L N.	Basenmolekelzahl auf 100 Molekel SiO^2, β.
193	0.934	0.164	0.025	0.086	0.128	0.114	0.006	0.074	0.080	0.328	0.408	0.189	0.934	1.9	4.1 RO 1.9 R^2O^3 9.3 SiO^2	63
194	0.934	0.157	0.019	0.066	0.120	0.200	0.020	0.056	0.076	0.386	0.462	0.176	0.934	1.86	4.6 RO 1.8 R^2O^3 9.3 SiO^2	66
195	0.979	0.156	0.047	0.034	0.126	0.079	0.025	0.038	0.063	0.239	0.302	0.203	0.979	2.1	3.0 RO 2.0 R^2O^3 9.8 SiO^2	51
196	0.979	0.159	0.018	0.056	0.066	0.142	0.035	0.068	0.103	0.264	0.367	0.177	0.979	2.15	3.7 RO 1.8 R^2O^3 9.8 SiO^2	55
Mittel.	**0.956**	**0.160**	**0.027**	**0.060**	**0.112**	**0.134**	**0.021**	**0.059**	**0.080**	**0.304**	**0.384**	**0.188**	**0.956**	**2.0**	**3.82 RO 1.87 R^2O^3 9.55 SiO^2**	**58.7**

Diorite.

№№	SiO^2	Al^2O^3	Fe^2O^3	FeO	CaO	MgO	K^2O	Na^2O	R^2O	RO	R^2O +RO	R^2O^3	SiO^2	α	Formeln	β
186	0.815	0.156	0.078	0.015	0.146	0.156	0.012	0.062	0.074	0.317	0.391	0.234	0.815	1.5	3.9 RO 2.3 R^2O^3 8.2 SiO^2	75
187	0.966	0.173	0.030	0.073	0.148	0.120	0.016	0.048	0.064	0.341	0.405	0.203	0.966	1.9	4.1 RO 2.1 R^2O^3 9.7 SiO^2	52
189	0.857	0.212	0.035	0.078	0.115	0.106	0.004	0.059	0.063	0.299	0.362	0.247	0.857	1.5	3.6 RO 2.5 R^2O^3 8.6 SiO^2	71
190	0.886	0.185	0.072	0.016	0.123	0.135	0.004	0.044	0.048	0.274	0.312	0.259	0.886	1.6	3.1 RO 2.6 R^2O^3 8.9 SiO^2	64
191	0.906	0.227	0.035	0.057	0.137	0.054	0.004	0.038	0.042	0.248	0.290	0.262	0.905	1.7	2.9 RO 2.6 R^2O^3 9.1 SiO^2	61
192	0.957	0.170	0.024	0.058	0.120	0.117	0.021	0.046	0.067	0.295	0.362	0.194	0.957	2.0	3.6 RO 2.0 R^2O^3 9.6 SiO^2	58
200	0.986	0.176	0.019	0.034	0.116	0.037	0.029	0.064	0.093	0.187	0.280	0.195	0.986	2.2	2.8 RO 2.0 R^2O^3 9.9 SiO^2	48
Mittel.	**0.912**	**0.185**	**0.042**	**0.047**	**0.129**	**0.103**	**0.013**	**0.051**	**0.064**	**0.280**	**0.343**	**0.227**	**0.912**	**1.77**	**3.40 RO 2.28 R^2O^3 9.20 SiO^2**	**61**

„Adamellit".

№№	SiO^2	Al^2O^3	Fe^2O^3	FeO	CaO	MgO	K^2O	Na^2O	R^2O	RO	R^2O +RO	R^2O^3	SiO^2	α	Formeln	β
328	1.150	0.145	0.020	—	0.068	0.029	0.048	0.040	0.088	0.097	0.185	0.165	1.150	3.38	1.9 RO 1.7 R^2O^3 11.5 SiO^2	34

Syenite.

№№	SiO^2	Al^2O^3	Fe^2O^3	FeO	CaO	MgO	K^2O	Na^2O	R^2O	RO	R^2O +RO	R^2O^3	SiO^2	α	Formeln	β
26	0.988	0.200	0.022	0.036	0.053	0.020	0.047	0.091	0.138	0.109	0.247	0.222	0.988	2.1	2.5 RO 2.2 R^2O^3 9.9 SiO^2	47
27	1.019	0.169	0.012	0.054	0.053	0.017	0.054	0.089	0.143	0.124	0.267	0.181	1.019	2.54	2.7 RO 1.8 R^2O^3 10.2 SiO^2	44
28	1.000	0.164	—	0.097	0.078	0.065	0.070	0.022	0.092	0.240	0.332	0.164	1.000	2.5	3.3 RO 1.6 R^2O^3 10.0 SiO^2	49
29	0.988	0.126	0.041	0.027	0.074	0.045	0.071	0.020	0.091	0.146	0.237	0.167	0.988	2.6	2.4 RO 1.7 R^2O^3 9.9 SiO^2	41
30	0.986	0.176	—	0.117	0.105	0.052	0.034	0.048	0.082	0.274	0.356	0.176	0.986	2.2	3.6 RO 1.8 R^2O^3 9.9 SiO^2	54
31	1.044	0.135	—	0.105	0.106	0.084	0.036	0.050	0.086	0.295	0.381	0.135	1.044	2.6	3.8 RO 1.4 R^2O^3 10.4 SiO^2	49
32	0.940	0.198	—	0.110	0.129	0.103	0.018	0.044	0.062	0.342	0.404	0.198	0.940	1.9	4.0 RO 2.0 R^2O^3 9.4 SiO^2	64
33	1.000	0.169	—	0.097	0.079	0.065	0.070	0.039	0.109	0.242	0.351	0.169	1.000	2.3	3.5 RO 1.7 R^2O^3 10.0 SiO^2	52
274	1.000	0.167	—	0.097	0.079	0.060	0.070	0.038	0.108	0.236	0.344	0.167	1.000	2.4	3.4 RO 1.7 R^2O^3 10.0 SiO^2	50
Mittel.	**0.996**	**0.167**	**0.008**	**0.082**	**0.084**	**0.057**	**0.052**	**0.049**	**0.101**	**0.223**	**0.324**	**0.175**	**0.996**	**2.34**	**3.24 RO 1.76 R^2O^3 9.92 SiO^2**	**50**

Trachyte.

157	0.962	0.175	0.027	0.054	0.065	0.044	0.081	0.060	0.141	0.163	0.304	0.202	0.962	2.1	3.0 RO 2.0 R^2O^3 9.6 SiO^2	52
158	1.057	0.169	—	0.062	0.015	0.010	0.064	0.124	0.188	0.093	0.281	0.169	1.057	2.6	2.8 RO 1.7 R^2O^3 10.6 SiO^2	44
163	1.016	0.205	0.023	—	0.002	0.025	0.094	0.081	0.175	0.027	0.202	0.228	1.016	2.3	2.0 RO 2.3 R^2O^3 10.2 SiO^2	42
166	1.101	0.182	0.004	0.011	0.026	0.020	0.046	0.109	0.155	0.057	0.212	0.186	1.101	2.85	2.1 RO 1.9 R^2O^3 11.0 SiO^2	36
167	1.024	0.167	0.022	0.033	0.110	0.028	0.041	0.065	0.106	0.171	0.277	0.189	1.024	2.4	2.8 RO 1.9 R^2O^3 10.2 SiO^2	45
168	1.033	0.172	0.027	0.027	0.051	0.019	0.071	0.054	0.125	0.097	0.222	0.199	1.033	2.43	2.2 RO 2.0 R^2O^3 10.0 SiO^2	47
169	1.078	0.180	—	0.047	0.030	0.012	0.068	0.074	0.142	0.089	0.231	0.180	1.078	2.8	2.3 RO 1.8 R^2O^3 10.8 SiO^2	47
170	0.976	0.195	—	0.130	0.118	0.014	0.027	0.036	0.063	0.262	0.325	0.195	0.976	2.1	3.3 RO 2.0 R^2O^3 9.8 SiO^2	53
173	0.966	0.207	0.026	—	0.052	0.031	0.065	0.097	0.162	0.083	0.245	0.233	0.966	2.0	2.5 RO 2.3 R^2O^3 9.7 SiO^2	49
174	0.985	0.176	0.004	0.107	0.100	0.043	0.057	0.024	0.081	0.250	0.331	0.180	0.985	2.2	3.3 RO 1.8 R^2O^3 9.9 SiO^2	51
275	0.999	0.183	—	0.084	0.053	0.027	0.072	0.079	0.151	0.164	0.315	0.183	0.999	2.3	3.1 RO 1.8 R^2O^3 10.0 SiO^2	50
161	1.073	0.168	0.027	—	0.023	0.018	0.038	0.103	0.141	0.041	0.182	0.195	1.073	2.78	1.8 RO 2.0 R^2O^3 10.7 SiO^2	35
162	1.057	0.167	0.031	—	0.031	0.020	0.046	0.098	0.144	0.051	0.195	0.198	1.057	2.6	2.0 RO 2.0 R^2O^3 10.6 SiO^2	36
298	1.070	0.163	0.011	0.034	0.066	0.047	0.065	0.041	0.106	0.147	0.253	0.174	1.070	2.7	2.5 RO 1.7 R^2O^3 10.7 SiO^2	39
175	1.012	0.191	0.025	0.033	0.029	0.008	0.066	0.079	0.145	0.070	0.215	0.219	1.062	2.3	2.2 RO 2.2 R^2O^3 10.1 SiO^2	40
Mittel.	**1.027**	**0.180**	**0.015**	**0.041**	**0.051**	**0.024**	**0.060**	**0.075**	**0.135**	**0.117**	**0.252**	**0.195**	**1.027**	**2.42**	**2.52 RO 1.96 R^2O^3 10.26 SiO^2**	**44.4**
171	1.259	0.172	0.029	—	0.032	0.025	0.050	0.073	0.123	0.057	0.180	0.201	1.259	2.5	1.8 RO 2.0 R^2O^3 12.6 SiO^2	30

Orthophyre.

67	0.988	0.207	0.020	0.009	0.053	0.034	0.039	0.110	0.149	0.096	0.245	0.227	0.988	2.1	2.5 RO 2.3 R^2O^3 9.9 SiO^2	48
68	1.067	0.190	0.021	0.025	0.033	0.035	0.055	0.043	0.097	0.093	0.190	0.211	1.067	2.6	1.9 RO 2.1 R^2O^3 10.7 SiO^2	37
69	0.950	0.180	—	0.107	0.062	0.090	0.039	0.082	0.121	0.259	0.380	0.180	0.950	2.0	3.8 RO 1.8 R^2O^3 9.5 SiO^2	59
70	0.919	0.162	—	0.140	0.072	0.018	0.067	0.114	0.181	0.230	0.411	0.162	0.919	2.0	4.1 RO 1.6 R^2O^3 9.2 SiO^2	62
72	0.968	0.190	—	0.137	0.065	0.025	0.042	0.058	0.100	0.227	0.327	0.190	0.968	2.15	3.3 RO 1.9 R^2O^3 9.7 SiO^2	53
73	1.043	0.168	0.003	0.070	0.043	0.011	0.066	0.086	0.152	0.124	0.276	0.171	1.043	2.6	2.8 RO 1.7 R^2O^3 10.4 SiO^2	42
76	0.958	0.181	—	0.108	0.064	0.090	0.040	0.083	0.123	0.262	0.385	0.181	0.958	2.0	3.9 RO 1.8 R^2O^3 9.6 SiO^2	58
Mittel.	**0.985**	**0.182**	**0.006**	**0.085**	**0.056**	**0.043**	**0.050**	**0.082**	**0.132**	**0.184**	**0.316**	**0.189**	**0.985**	**2.21**	**3.17 RO 1.85 R^2O^3 9.85 SiO^2**	**51**
66	0.959	0.188	—	0.136	0.064	0.025	0.042	0.058	0.100	0.225	0.325	0.188	0.959	2.15	3.3 RO 1.9 R^2O^3 9.6 SiO^2	53

Pantellerite.

156	1.146	0.087	0.037	0.052	0.024	0.014	0.036	0.113	0.149	0.090	0.239	0.124	1.146	3.8	2.4 RO 1.2 R^2O^3 11.5 SiO^2	31
160	1.181	0.062	0.058	0.020	0.015	0.022	0.026	0.125	0.151	0.057	0.208	0.120	1.181	4.1	2.1 RO 1.2 R^2O^3 11.8 SiO^2	28
164	1.147	0.157	0.027	0.063	0.026	0.019	0.039	0.101	0.140	0.107	0.247	0.185	1.147	2.86	2.5 RO 1.9 R^2O^3 11.5 SiO^2	37
165	1.133	0.097	0.046	0.030	0.026	0.019	0.031	0.117	0.148	0.075	0.223	0.143	1.133	3.47	2.2 RO 1.4 R^2O^3 11.3 SiO^2	32
286	1.145	0.098	0.027	0.063	0.026	0.020	0.039	0.101	0.140	0.109	0.249	0.125	1.145	3.6	2.5 RO 1.3 R^2O^3 11.5 SiO^2	32
Mittel.	**1.150**	**0.100**	**0.039**	**0.053**	**0.023**	**0.019**	**0.034**	**0.111**	**0.145**	**0.087**	**0.233**	**0.139**	**1.150**	**3.54**	**2.34 RO 1.4 R^2O^3 11.48 SiO^2**	**32**
159	1.147	0.058	0.056	0.074	0.037	0.002	0.045	0.121	0.166	0.113	0.279	0.094	1.147	4.0	2.8 RO 1.0 R^2O^3 11.5 SiO^2	32

Trachytit (und Einschluss darin—322).

№№	SiO^2	Al^2O^3	Fe^2O^3	FeO	CaO	MgO	K^2O	Na^2O	R^2O	RO	R^2O + RO	R^2O^3	SiO^2	Aciditäts-coefficient, α.	F O R M E L N.	Basenmolekelzahl auf 100 Molekel SiO^2, β.
321	0.911	0.206	0.033	0.021	0.078	0.048	0.058	0.100	0.153	0.147	0.300	0.239	0.911	1.79	3.0 RO 2.4 R^2O^3 9.1 SiO^2	59
322	0.800	0.193	0.063	0.013	0.129	0.137	0.027	0.098	0.118	0.279	0.397	0.256	0.800	1.37	4.0 RO 2.6 R^2O^3 8.0 SiO^2	81
Tinguait.																
267	0.962	0.199	0.020	0.014	0.020	0.003	0.058	0.179	0.238	0.037	0.275	0.219	0.962	2.0	2.8 RO 2.2 R^2O^3 9.6 SiO^2	51
273	0.943	0.194	0.020	0.008	0.019	0.005	0.058	0.173	0.231	0.038	0.269	0.214	0.943	2.0	2.7 RO 2.1 R^2O^3 9.4 SiO^2	51
Andesite.																
140	1.071	0.173	0.021	0.018	0.061	0.050	0.026	0.061	0.087	0.129	0.216	0.194	1.071	2.6	2.2 RO 2.0 R^2O^3 10.7 SiO^2	38
141	1.032	0.138	—	0.086	0.107	0.131	0.006	0.078	0.084	0.324	0.408	0.138	1.032	2.5	4.1 RO 1.4 R^2O^3 10.3 SiO^2	52
142	0.923	0.193	0.011	0.068	0.126	0.093	0.035	0.057	0.092	0.287	0.379	0.204	0.923	1.8	3.8 RO 2.0 R^2O^3 9.2 SiO^2	63
143	0.987	0.133	0.034	0.055	0.091	0.041	0.048	0.085	0.133	0.187	0.320	0.167	0.987	2.5	3.2 RO 1.7 R^2O^3 9.9 SiO^2	49
144	1.000	0.206	—	0.117	0.056	0.018	0.021	0.069	0.090	0.191	0.281	0.206	1.000	2.2	2.8 RO 2.1 R^2O^3 10.0 SiO^2	19
145	1.043	0.156	0.025	0.041	0.132	0.072	0.007	0.049	0.056	0.245	0.301	0.181	1.043	2.48	3.0 RO 1.8 R^2O^3 10.4 SiO^2	46
146	0.992	0.210	—	0.105	0.121	0.020	0.011	0.035	0.046	0.246	0.292	0.210	0.992	2.1	2.9 RO 2.1 R^2O^3 9.9 SiO^2	40
147	0.960	0.201	—	0.121	0.118	0.042	0.015	0.049	0.064	0.281	0.345	0.201	0.960	2.0	3.5 RO 2.0 R^2O^3 9.6 SiO^2	56
148	0.923	0.206	0.010	0.042	0.063	0.022	0.047	0.123	0.170	0.127	0.297	0.216	0.923	2.0	3.0 RO 2.2 R^2O^3 9.2 SiO^2	55
149	0.985	0.200	0.029	0.009	0.098	0.074	0.009	0.078	0.087	0.181	0.268	0.229	0.985	2.0	2.7 RO 2.3 R^2O^3 9.9 SiO^2	50
150	0.937	0.102	0.042	0.009	0.309	0.152	0.007	0.015	0.022	0.470	0.492	0.144	0.937	2.0	4.9 RO 1.4 R^2O^3 9.4 SiO^2	67
151	1.028	0.173	0.020	0.039	0.110	0.082	0.015	0.055	0.070	0.231	0.301	0.193	1.028	2.3	3.0 RO 1.9 R^2O^3 10.3 SiO^2	47
152	0.948	0.160	0.030	0.061	0.124	0.115	0.025	0.047	0.072	0.300	0.372	0.190	0.948	2.0	3.7 RO 1.9 R^2O^3 9.5 SiO^2	59
153	0.959	0.151	0.080	—	0.100	0.040	0.032	0.064	0.096	0.140	0.236	0.231	0.959	2.0	2.4 RO 2.3 R^2O^3 9.6 SiO^2	48
154	1.052	0.178	—	0.062	0.097	0.067	0.015	0.070	0.085	0.166	0.251	0.178	1.052	2.6	2.5 RO 1.8 R^2O^3 10.5 SiO^2	40
294	1.056	0.184	0.025	0.027	0.087	0.030	0.021	0.059	0.080	0.144	0.224	0.209	1.056	2.5	2.2 RO 2.1 R^2O^3 10.6 SiO^2	41
295	0.945	0.159	0.031	0.062	0.126	0.117	0.025	0.048	0.073	0.305	0.378	0.190	0.945	2.0	3.8 RO 1.9 R^2O^3 9.5 SiO^2	60
Mittel.	**0.991**	**0.172**	**0.021**	**0.054**	**0.113**	**0.068**	**0.021**	**0.061**	**0.083**	**0.233**	**0.316**	**0.193**	**0.991**	**2.21**	**3.16 RO 1.88 R^2O^3 9.91 SiO^2**	**50**

Phonolithe.

232	0.991	0.225	0.022	—	0.017	0.012	0.052	0.115	0.167*	0.029	0.196	0.247	0.991	2.0	2.0 RO 2.5 R^2O^3 9.9 SiO^2	45
233	0.951	0.215	0.018	—	0.016	0.004	0.055	0.184	0.239	0.020	0.259	0.233	0.951	2.0	2.6 RO 2.3 R^2O^3 9.5 SiO^2	51
234	0.959	0.222	0.016	0.013	0.025	—	0.030	0.182	0.212	0.038	0.250	0.238	0.959	1.97	2.5 RO 2.4 R^2O^3 9.6 SiO^2	51
246	0.920	0.223	0.026	0.007	0.032	0.012	0.053	0.159	0.212	0.051	0.263	0.249	0.920	1.8	2.7 RO 2.5 R^2O^3 9.2 SiO^2	55
247	0.944	0.219	0.013	0.028	0.038	0.003	0.037	0.175	0.212	0.069	0.281	0.232	0.944	1.93	2.8 RO 2.3 R^2O^3 9.4 SiO^2	54
248	0.953	0.233	0.028	—	0.050	—	0.058	0.099	0.157	0.050	0.207	0.261	0.953	1.92	2.1 RO 2.6 R^2O^3 9.5 SiO^2	48
257	0.998	0.195	0.021	—	0.016	0.004	0.068	0.143	0.211	0.020	0.231	0.216	0.998	2.2	2.3 RO 2.2 R^2O^3 10.0 SiO^2	45
258	0.990	0.211	0.017	—	0.036	0.031	0.070	0.091	0.161	0.067	0.228	0.231	0.990	2.1	2.3 RO 2.3 R^2O^3 9.9 SiO^2	46
Mittel.	**0.963**	**0.218**	**0.021**	**0.006**	**0.028**	**0.008**	**0.052**	**0.143**	**0.196**	**0.043**	**0.239**	**0.238**	**0.963**	**2.0**	**2.40 RO 2.38 R^2O^3 9.62 SiO^2**	**49.3**

Nephelinsyenite.

259	0.923	0.219	0.011	0.034	0.044	0.022	0.058	0.122	0.180	0.100	0.280	0.233	0.923	1.88	2.8 RO 2.2 R^2O^3 9.2 SiO^2	56
260	0.900	0.212	0.011	0.030	0.016	0.024	0.037	0.187	0.224	0.100	0.324	0.223	0.900	1.80	3.2 RO 2.2 R^2O^3 9.0 SiO^2	60
261	0.913	0.203	0.023	0.029	0.018	0.011	0.064	0.128	0.192	0.088	0.280	0.226	0.913	1.87	2.8 RO 2.3 R^2O^3 9.1 SiO^2	56
262	0.899	0.221	0.031	–	0.038	0.003	0.068	0.136	0.204	0.041	0.215	0.255	0.899	1.78	2.5 RO 2.6 R^2O^3 9.0 SiO^2	56
263	0.868	0.196	0.013	—	0.061	—	0.076	0.123	0.199	0.061	0.260	0.239	0.868	1.77	2.6 RO 2.4 R^2O^3 8.7 SiO^2	51
264	0.930	0.219	0.003	0.036	0.035	0.012	0.076	0.145	0.221	0.083	0.304	0.222	0.930	1.91	3.0 RO 2.2 R^2O^3 9.3 SiO^2	56
227	0.943	0.238	0.012	—	0.012	0.002	0.073	0.151	0.224	0.014	0.238	0.250	0.943	1.9	2.4 RO 2.5 R^2O^3 9.4 SiO^2	51
245	0.944	0.215	0.010	0.057	0.010	0.018	0.057	0.113	0.170	0.115	0.285	0.225	0.944	1.96	2.9 RO 2.3 R^2O^3 9.4 SiO^2	54
230	0.913	0.229	0.006	—	—	0.040	0.095	0.145	0.240	0.040	0.280	0.233	0.913	1.85	2.4 RO 2.4 R^2O^3 9.1 SiO^2	56
231	0.938	0.236	0.012	—	0.012	0.003	0.072	0.149	0.221	0.015	0.236	0.218	0.938	1.92	2.4 RO 2.5 R^2O^3 9.4 SiO^2	52
268	1.003	0.178	0.025	0.010	0.019	0.014	0.060	0.121	0.181	0.073	0.254	0.203	1.003	2.3	2.5 RO 2.0 R^2O^3 10.0 SiO^2	45
267	0.962	0.199	0.020	0.014	0.020	0.003	0.058	0.179	0.238	0.037	0.275	0.219	0.962	2.0	2.8 RO 2.2 R^2O^3 9.6 SiO^2	51
Mittel.	**0.928**	**0.214**	**0.017**	**0.020**	**0.031**	**0.012**	**0.064**	**0.141**	**0.208**	**0.064**	**0.271**	**0.231**	**0.928**	**1.91**	**2.69 RO 2.31 R^2O^3 9.25 SiO^2**	**54**

Gabbros.

205	0.815	0.160	0.049	—	0.262	0.257	0.006	0.027	0.033	0.519	0.552	0.209	0.815	1.4	5.5 RO 2.1 R^2O^3 8.2 SiO^2	93
206	0.832	0.170	0.005	0.078	0.303	0.001	0.001	0.023	0.024	0.385	0.409	0.175	0.832	1.7	4.1 RO 1.8 R^2O^3 8.3 SiO^2	71
212	0.791	0.136	0.007	0.129	0.156	0.387	0.009	0.030	0.039	0.672	0.711	0.143	0.791	1.4	7.1 RO 1.4 R^2O^3 7.9 SiO^2	108
211	0.819	0.148	0.036	0.131	0.187	0.166	0.002	0.036	0.038	0.484	0.522	0.184	0.819	1.5	5.2 RO 1.8 R^2O^3 8.1 SiO^2	86
215	0.816	0.169	—	0.186	0.316	0.141	—	0.029	0.029	0.643	0.672	0.169	0.816	1.3	6.7 RO 1.7 R^2O^3 8.2 SiO^2	103
216	0.781	0.193	0.020	0.111	0.233	0.193	0.001	0.025	0.026	0.537	0.563	0.213	0.781	1.3	5.6 RO 2.1 R^2O^3 7.8 SiO^2	98
217	0.905	0.206	0.006	0.105	0.181	0.039	0.017	0.053	0.070	0.325	0.395	0.212	0.905	1.7	4.0 RO 2.1 R^2O^3 9.1 SiO^2	67
218	0.841	0.152	—	0.093	0.267	0.249	0.003	0.029	0.032	0.609	0.641	0.152	0.841	1.5	6.4 RO 1.5 R^2O^3 8.4 SiO^2	94
Mittel.	**0.828**	**0.167**	**0.015**	**0.104**	**0.238**	**0.179**	**0.005**	**0.031**	**0.035**	**0.521**	**0.558**	**0.182**	**0.828**	**1.45**	**5.57 RO 1.81 R^2O^3 8.25 SiO^2**	**90**

Norite.

№№	SiO^2	Al^2O^3	Fe^2O^3	FeO	CaO	MgO	K^2O	Na^2O	R^2O	RO	R^2O +RO	R^2O^3	SiO^2	Aciditäts-coefficient, α.	F O R M E L N.	Basenmolekelzahl auf 100 Molekel SiO^2, β.
202	0.926	0.162	0.025	0.085	0.126	0.117	0.006	0.073	0.079	0.324	0.403	0.187	0.926	1.9	4.0 RO 1.9 R^2O^3 9.3 SiO^2	63
207	0.943	0.168	0.032	0.099	0.124	0.069	0.013	0.058	0.071	0.292	0.363	0.200	0.943	1.95	3.6 RO 2.0 R^2O^3 9.4 SiO^2	60
208	0.947	0.163	0.037	0.099	0.106	0.081	0.020	0.044	0.064	0.286	0.350	0.200	0.947	2.0	3.5 RO 2.0 R^2O^3 9.5 SiO^2	58
210	0.820	0.246	0.008	0.045	0.224	0.223	0.002?	0.010?	0.012	0.492	0.504	0.254	0.820	1.3	5.0 RO 2.5 R^2O^3 8.2 SiO^2	91
211	0.827	0.181	0.006	0.044	0.226	0.305	0.003?	0.010?	0.013	0.575	0.588	0.190	0.827	1.4	5.9 RO 2.0 R^2O^3 8.3 SiO^2	93
Mittel.	**0.892**	**0.184**	**0.021**	**0.074**	**0.161**	**0.159**	**0.009**	**0.039**	**0.048**	**0.394**	**0.441**	**0.206**	**0.892**	**1.71**	**4.4 RO 2.08 R^2O^3 8.98 SiO^2**	**73**

Diabase.

№№	SiO^2	Al^2O^3	Fe^2O^3	FeO	CaO	MgO	K^2O	Na^2O	R^2O	RO	R^2O +RO	R^2O^3	SiO^2	Aciditäts-coefficient, α.	F O R M E L N.	Basenmolekelzahl auf 100 Molekel SiO^2, β.
204	0.871	0.127	0.025	0.148	0.153	0.165	0.017	0.050	0.067	0.466	0.533	0.152	0.871	1.7	5.3 RO 1.5 R^2O^3 8.7 SiO^2	78
213	0.863	0.139	0.051	0.049	0.191	0.191	0.004	0.034	0.038	0.431	0.469	0.190	0.863	1.6	4.7 RO 1.9 R^2O^3 8.7 SiO^2	76
219	0.786	0.186	0.036	0.070	0.233	0.147	0.006	0.053	0.059	0.450	0.509	0.222	0.786	1.3	5.1 RO 2.2 R^2O^3 7.9 SiO^2	92
221	0.811	0.153	0.045	0.099	0.116	0.145	0.015	0.060	0.075	0.360	0.435	0.198	0.811	1.5	4.3 RO 2.0 R^2O^3 8.1 SiO^2	78
222	0.891	0.181	0.055	0.022	0.120	0.116	0.020	0.049	0.069	0.256	0.325	0.236	0.891	1.7	3.3 RO 2.4 R^2O^3 9.0 SiO^2	63
223	0.881	0.167	—	0.184	0.120	0.103	0.017	0.076	0.093	0.407	0.500	0.167	0.881	1.76	5.0 RO 1.7 R^2O^3 8.8 SiO^2	75
224	0.833	0.142	—	0.201	0.192	0.152	0.008	0.043	0.051	0.545	0.596	0.142	0.833	1.6	6.0 RO 1.4 R^2O^3 8.3 SiO^2	88
Mittel.	**0.848**	**0.156**	**0.030**	**0.110**	**0.160**	**0.145**	**0.012**	**0.052**	**0.064**	**0.416**	**0.481**	**0.186**	**0.848**	**1.62**	**4.75 RO 1.87 R^2O^3 8.20 SiO^2**	**78**
Allgemeines Mittel für die Gabbros, die Norite und die Diabase.													**0.850**	**1.575**	**4.99 RO 1.90 R^2O^3 8.50 SiO^2**	**82**

Olivindiabas.

№№	SiO^2	Al^2O^3	Fe^2O^3	FeO	CaO	MgO	K^2O	Na^2O	R^2O	RO	R^2O +RO	R^2O^3	SiO^2	Aciditäts-coefficient, α.	F O R M E L N.	Basenmolekelzahl auf 100 Molekel SiO^2, β.
292	0.820	0.144	—	0.230	0.183	0.142	0.014	0.033	0.047	0.555	0.602	0.144	0.820	1.58	6.0 RO 1.4 R^2O^3 8.2 SiO^2	90

Quarznorite.

№№	SiO^2	Al^2O^3	Fe^2O^3	FeO	CaO	MgO	K^2O	Na^2O	R^2O	RO	R^2O +RO	R^2O^3	SiO^2	Aciditäts-coefficient, α.	F O R M E L N.	Basenmolekelzahl auf 100 Molekel SiO^2, β.
209	1.015	0.168	0.015	0.067	0.091	0.090	0.014	0.062	0.076	0.248	0.324	0.183	1.015	2.3	3.2 RO 1.8 R^2O^3 10.2 SiO^2	50
203	1.068	0.159	0.016	0.058	0.084	0.058	0.020	0.062	0.082	0.200	0.282	0.175	1.068	2.5	2.8 RO 1.8 R^2O^3 10.7 SiO^2	43

Quarzdiabase.

№№	SiO^2	Al^2O^3	Fe^2O^3	FeO	CaO	MgO	K^2O	Na^2O	R^2O	RO	R^2O +RO	R^2O^3	SiO^2	Aciditäts-coefficient, α.	F O R M E L N.	Basenmolekelzahl auf 100 Molekel SiO^2, β.
327	1.009	0.102	0.033	0.101	0.154	0.103	0.007	0.042	0.049	0.358	0.407	0.135	1.009	2.48	4.1 RO 1.4 R^2O^3 10.1 SiO^2	53
[illegible]	[illegible]	[illegible]	[illegible]	[illegible]	[illegible]	0.079	0.013	0.064	0.077	0.265	0.342	0.189	0.944	2.07	3.4 RO 1.9 R^2O^3 9.4 SiO^2	56

							Quarzbasalt.								
331	0.954	0.151	0.010	0.065	0.137	0.193	0.016	0.048	0.064	0.396	0.460	0.161	0.954	2.0	4.6 RO 1.6 R^2O^3 9.5 SiO^2	65
							Minette.								
326	1.004	0.138	0.016	0.050	0.103	0.159	0.049	0.025	0.074	0.312	0.386	0.154	1.004	2.36	3.8 RO 1.5 R^2O^3 10.0 SiO^2	53
198[1])	0.907	0.153	0.112	—	0.098	0.184	0.052	0.051	0.103	0.282	0.385	0.265	0.907	1.5	3.9 RO 2.7 R^2O^3 9.1 SiO^2	71
197	0.952	0.159	0.001	0.111	0.116	0.139	0.043	0.034	0.078	0.366	0.444	0.160	0.952	2.0	4.4 RO 1.6 R^2O^3 9.5 SiO^2	63
							Borolanit.								
347	0.828	0.203	0.043	0.018	0.115	0.028	0.078	0.091	0.169	0.161	0.330	0.246	0.828	1.55	3.3 RO 2.5 R^2O^3 8.3 SiO^2	70
							Basaltgläser.								
127	0.905	0.145	0.092	—	0.107	0.091	0.013	0.068	0.081	0.198	0.279	0.237	0.905	1.92	2.8 RO 2.4 R^2O^3 9.1 SiO^2	57
128	0.867	0.091	0.046	0.105	0.212	0.185	0.011	0.050	0.061	0.502	0.563	0.137	0.867	1.7	5.6 RO 1.4 R^2O^3 8.7 SiO^2	80
129	0.842	0.176	—	0.158	0.148	0.084	0.041	0.084	0.125	0.390	0.515	0.176	0.842	1.5	5.2 RO 1.8 R^2O^3 8.4 SiO^2	82
130	0.759	0.198	0.078	—	0.155	0.090	0.044	0.093	0.136	0.245	0.381	0.276	0.759	1.2	3.8 RO 2.8 R^2O^3 7.6 SiO^2	86
Mittel.	**0.843**	**0.152**	**0.054**	**0.066**	**0.155**	**0.117**	**0.027**	**0.074**	**0.101**	**0.334**	**0.434**	**0.206**	**0.843**	**1.57**	**4.35 RO 2.10 R^2O^3 8.42 SiO^2**	**76**
118	0.720	0.262	0.080	—	0.168	0.070	0.017	0.052	0.069	0.238	0.307	0.342	0.720	1.0	3.1 RO 3.4 R^2O^3 7.2 SiO^2	90
							Melaphyre.								
113	0.905	0.174	0.028	0.076	0.129	0.125	0.017	0.059	0.076	0.330	0.406	0.202	0.905	1.8	4.1 RO 2.0 R^2O^3 9.1 SiO^2	67
133	0.960	0.135	—	0.178	0.096	0.070	0.039	0.060	0.099	0.344	0.443	0.135	0.960	2.2	4.4 RO 1.4 R^2O^3 9.6 SiO^2	68
289	0.981	0.153	0.054	—	0.207	0.097	0.007	0.085	0.092	0.302	0.396	0.207	0.901	1.7	4.0 RO 2.0 R^2O^3 9.0 SiO^2	65
Mittel.	**0.922**	**0.154**	**0.027**	**0.084**	**0.144**	**0.097**	**0.021**	**0.068**	**0.089**	**0.325**	**0.415**	**0.181**	**0.922**	**1.9**	**4.13 RO 1.80 R^2O^3 9.23 SiO^2**	**67**
							Nephelinbasalte, Nephelinbasanite u. dergl.								
253	0.669	0.107	0.083	0.040	0.284	0.280	0.012	0.043	0.055	0.604	0.659	0.190	0.669	1.0	6.6 RO 1.9 R^2O^3 6.7 SiO^2	127
254	0.693	0.150	0.029	0.126	0.233	0.217	0.038	0.059	0.097	0.576	0.673	0.179	0.693	1.1	6.7 RO 1.8 R^2O^3 6.9 SiO^2	123
255	0.733	0.147	0.085	—	0.242	0.160	0.024	0.069	0.093	0.402	0.495	0.232	0.733	1.2	5.0 RO 2.3 R^2O^3 7.3 SiO^2	100
256	0.678	0.121	0.036	0.153	0.218	0.230	0.011	0.122	0.133	0.601	0.734	0.157	0.678	1.1	7.3 RO 1.6 R^2O^3 6.8 SiO^2	131
226	0.763	0.153	0.021	0.094	0.178	0.325	0.018	0.050	0.068	0.597	0.665	0.174	0.763	1.2	6.7 RO 1.7 R^2O^3 7.6 SiO^2	109
237	0.769	0.100	0.089	0.089	0.150	0.037	0.042	0.142	0.184	0.276	0.460	0.189	0.769	1.3	4.6 RO 1.9 R^2O^3 7.7 SiO^2	84
238	0.793	0.233	0.042	0.049	0.115	0.049	0.035	0.103	0.138	0.213	0.351	0.276	0.793	1.3	3.5 RO 2.8 R^2O^3 7.9 SiO^2	79
244	0.798	0.218	0.051	—	0.145	0.063	0.022	0.146	0.168	0.208	0.376	0.269	0.798	1.3	3.8 RO 2.7 R^2O^3 8.0 SiO^2	80
249	0.729	0.140	0.100	—	0.230	0.100	0.042	0.077	0.129	0.330	0.459	0.240	0.729	1.2	4.6 RO 2.4 R^2O^3 7.3 SiO^2	95
250	0.716	0.167	0.020	0.020	0.221	0.183	0.006	0.090	0.096	0.424	0.520	0.187	0.716	1.3	5.2 RO 1.9 R^2O^3 7.2 SiO^2	98
Mittel.	**0.685**	**0.154**	**0.056**	**0.057**	**0.202**	**0.164**	**0.025**	**0.090**	**0.116**	**0.423**	**0.539**	**0.209**	**0.734**	**1.20**	**5.4 RO 2.1 R^2O^3 7.31 SiO^2**	**103**

[1]) Augenscheinlich werden unter der Bezeichnung Minette ziemlich heterogene Gesteine beschrieben. Die Abweichungen der Analyse 198 von den andern sind dadurch zu erklären, dass FeO nicht bestimmt worden ist.

Leucitbasalte, Leucitbasanite u. dergl.

№№	SiO^2	Al^2O^3	Fe^2O^3	FeO	CaO	MgO	K^2O	Na^2O	R^2O	RO	R^2O +RO	R^2O^3	SiO^2	Acidiläts-coefficient, α.	FORMELN.	Basenmolekelzahl auf 100 Molekel SiO^2, β.
229	0.685	0.115	0.201	—	0.201	0.195	0.015	0.022	0.067	0.396	0.463	0.316	0.685	0.9	4.6 RO 3.1 R^2O^3 6.8 SiO^2	112
240	0.716	0.133	0.101		0.192	0.284	0.032	0.031	0.063	0.476	0.539	0.234	0.716	1.1	5.4 RO 2.3 R^2O^3 7.2 SiO^2	108
251	0.707	0.179	0.108	—	0.197	0.164	0.031	0.021	0.052	0.361	0.413	0.287	0.707	1.1	4.1 RO 2.9 R^2O^3 7.1 SiO^2	100
252	0.714	0.117	0.163	–	0.192	0.014	0.031	0.044	0.075	0.206	0.281	0.280	0.714	1.3	2.8 RO 2.8 R^2O^3 7.4 SiO^2	75
241	0.765	0.183	—	0.148	0.188	0.141	0.072	0.027	0.099	0.477	0.576	0.183	0.765	1.3	5.8 RO 1.8 R^2O^3 7.7 SiO^2	99
242	0.793	0.172	0.082	—	0.171	0.073	0.069	0.038	0.107	0.243	0.350	0.254	0.793	1.4	3.6 RO 2.5 R^2O^3 7.9 SiO^2	76
243	0.767	0.153	—	0.194	0.198	0.075	0.062	0.084	0.146	0.467	0.613	0.153	0.767	1.4	6.1 RO 1.5 R^2O^3 7.7 SiO^2	100
Mittel.	**0.751**	**0.150**	**0.093**	**0.049**	**0.191**	**0.135**	**0.049**	**0.038**	**0.089**	**0.395**	**0.462**	**0.244**	**0.751**	**1.21**	**4.61 RO 2.41 R^2O^3 7.40 SiO^2**	**96**
								Teschenite.								
235	0.829	0.191	—	0.147	0.134	0.132	0.023	0.083	0.106	0.414	0.520	0.191	0.829	1.5	5.2 RO 1.9 R^2O^3 8.3 SiO^2	88
236	0.768	0.158	—	0.209	0.251	0.167	0.008	0.059	0.067	0.627	0.694	0.158	0.768	1.4	6.9 RO 1.6 R^2O^3 7.9 SiO^2	109
														1.45	**6.1 RO 1.8 R^2O^3 8.1 SiO^2**	**98**
								Nephelintephrite								
225[1]	0.864	0.118	0.031	0.031	0.113	0.199	0.025	0.037	0.062	0.334	0.396	0.149	0.864	2.0	4.0 RO 1.5 R^2O^3 8.6 SiO^2	63
239	0.980	0.202	0.064	0.020	0.058	0.017	0.051	0.124	0.175	0.095	0.270	0.216	0.980	2.1	2.7 RO 2.2 R^2O^3 9.8 SiO^2	48
								Peridotite.								
176	0.696	0.068	0.013	0.093	0.104	0.903	0.003	0.022	0.025	1.100	1.125	0.081	0.696	1.0	11.3 RO 0.8 R^2O^3 7.0 SiO^2	173
181	0.785	0.028	—	0.213	0.062	0.777	—	—	—	1.052		0.028	0.785	1.37	10.5 RO 0.3 R^2O^3 7.9 SiO^2	137
182	0.713	—	—	0.140	—	1.147	—	—	—	1.287		—	0.713	1.1	12.9 RO 0.0 R^2O^3 7.1 SiO^2	180
282	0.696	0.064	0.086	0.087	0.128	0.460	0.009	0.003								
282a	0.725	0.067	0.093	0.091	0.135	0.485	0.009	0.003	0.012	0.711	0.723	0.160	0.725	1.2	7.2 RO 1.6 R^2O^3 7.3 SiO^2	121
Mittel.	**0.730**	**0.040**	**0.026**	**0.134**	**0.073**	**0.828**	**0.005**	**0.007**	**0.009**	**1.037**		**0.067**	**0.730**	**1.17**	**10.65 RO 0.67 R^2O^3 7.32 SiO^2**	**152**
								Pyroxenite								
177	0.919	0.006	0.021	0.065	0.150	0.666	—	—	—	0.881	—	0.027	0.919	1.91	8.8 RO 0.3 R^2O^3 9.2 SiO^2	98
179	0.816	0.034	0.008	0.112	0.220	0.569	—	—	—	0.901	—	0.041	0.816	1.7	9.0 RO 0.4 R^2O^3 8.5 SiO^2	110
180	0.900	0.012	0.009	0.054	0.276	0.564	—	—	—	0.894	—	0.021	0.900	1.88	8.9 RO 0.2 R^2O^3 9.0 SiO^2	101
Mittel.	**0.888**	**0.017**	**0.013**	**0.077**	**0.215**	**0.577**				**0.892**		**0.029**	**0.888**	**1.83**	**8.9 RO 0.3 R^2O^3 8.9 SiO^2**	**103**

[1]) Bei *Zirkel* als Nephelinbasanit angeführt.

Porphyrite.

77	0.960	0.161	0.008	0.094	0.112	0.178	0.004	0.043	0.047	0.384	0.431	0.169	0.962	2.0	4.3 RO 1.7 R^2O^3 9.6 SiO^2	62
78	1.043	0.198	0.011	0.043	0.060	0.068	0.034	0.036	0.070	0.171	0.241	0.209	1.043	2.6	2.4 RO 2.1 R^2O^3 10.4 SiO^2	43
79	1.024	0.171	—	0.080	0.075	0.068	0.030	0.064	0.094	0.223	0.377	0.171	1.024	2.46	3.2 RO 1.7 R^2O^3 10.2 SiO^2	47
80	1.082	0.171	0.004	0.054	0.046	0.070	0.033	c.055	0.088	0.170	0.258	0.171	1.082	2.7	2.6 RO 1.8 R^2O^3 10.8 SiO^2	42
81	1.083	0.162	—	0.108	0.055	0.022	0.040	0.047	0.087	0.185	0.272	0.162	1.083	2.8	2.7 RO 1.6 R O^3 10.8 SiO^2	40
82	1.012	0.125	0.067	—	0.046	0.019	0.064	0.098	0.162	0.065	0.227	0.192	1.012	2.5	2.3 RO 2.0 R^2O^3 10.1 SiO^2	41
83	0.939	0.202	0.048	0.007	0.057	0.133	0.040	0.037	0.077	0.297	0.374	0.250	0.939	1.67	3.7 RO 2.5 R^2O^3 9.4 SiO^2	66
99	1.016	0.187	0.011	0.018	0.065	0.016	0.038	0.108	0.146	0.099	0.245	0.198	1.016	2.4	2.5 RO 2.0 R^2O^3 10.2 SiO^2	43
100	1.058	0.169	0.011	0.038	0.097	0.057	0.024	0.073	0.097	0.172	0.269	0.180	1.058	2.6	2.7 RO 1.8 R^2O^3 10.6 SiO^2	42
101	1.046	0.162	0.015	0.038	0.089	0.037	0.029	0.071	0.100	0.165	0.265	0.177	1.046	2.6	2.7 RO 1.8 R^2O^3 10.5 SiO^2	42
102	1.053	0.160	0.015	0.038	0.084	0.033	0.032	0.071	0.103	0.155	0.258	0.175	1.053	2.6	2.6 RO 1.8 R^2O^3 10.5 SiO^2	41
103	0.990	0.162	0.020	0.047	0.100	0.056	0.030	0.067	0.097	0.203	0.300	0.182	0.990	2.3	3.0 RO 1.8 R^2O^3 9.9 SiO^2	48
104	1.051	0.152	0.018	0.070	0.074	0.042	0.039	0.061	0.100	0.186	0.286	0.170	1.051	2.6	2.9 RO 1.7 R^2O^3 10.5 SiO^2	43
105	1.024	0.173	0.026	0.026	0.094	0.045	0.033	0.051	0.084	0.165	0.249	0.199	1.024	2.4	2.5 RO 2.0 R^2O^3 10.2 SiO^2	43
106	0.911	0.162	0.030	0.047	0.132	0.102	0.021	0.056	0.077	0.281	0.358	0.192	0.944	2.0	3.6 RO 1.9 R^2O^3 9.4 SiO^2	58
290	1.010	0.156	0.039	0.040	0.116	0.095	0.023	0.027	0.050	0.251	0.301	0.195	1.010	2.2	3.0 RO 2.0 R^2O^3 10.1 SiO^2	49
291	1.020	0.159	—	0.168	0.058	0.020	0.007	0.090	0.097	0.146	0.243	0.159	1.020	2.8	2.4 RO 1.6 R^2O^3 10.2 SiO^2	39
288	0.936	0.163	0.033	0.061	0.150	0.057	0.041	0.045	0.086	0.268	0.354	0.196	0.936	1.98	3.5 RO 2.0 R^2O^3 9.4 SiO^2	48
Mittel.									**0.092**	**0.199**	**0.294**	**0.186**	**1.016**	**2.4**	**2.70 RO 1.87 R^2O^3 10.15 SiO^2**	**46**

Variolite.

84	0.920	0.138	0.035	0.085	0.160	0.100	0.026	0.050	0.076	0.345	0.421	0.173	0.920	1.95	4.2 RO 1.7 R^2O^3 9.2 SiO^2	64
85	0.868	0.150	0.048	0.050	0.190	0.111	0.029	0.046	0.075	0.351	0.426	0.198	0.868	1.6	4.3 RO 2.0 R^2O^3 8.7 SiO^2	71
91	0.925	0.120	—	0.165	0.121	0.237	0.012	0.052	0.064	0.523	0.587	0.120	0.925	1.95	5.9 RO 1.2 R^2O^3 9.3 SiO^2	75
86	0.862	0.144	0.052	0.054	0.206	0.107	0.026	0.046	0.072	0.367	0.439	0.196	0.862	1.6	4.4 RO 2.0 R^2O^3 8.6 SiO^2	73
Mittel.	**0.894**	**0.138**	**0.034**	**0.088**	**0.169**	**0.139**	**0.023**	**0.048**	**0.072**	**0.396**	**0.468**	**0.171**	**0.894**	**1.77**	**4.70 RO 1.72 R^2O^3 8.95 SiO^2**	**71**

Variolen.

87	0.976	0.190	0.035	0.043	0.160	0.097	0.024	0.033	0.057	0.300	0.357	0.225	0.976	1.89	3.6 RO 2.3 R^2O^3 9.8 SiO^2	60
88	0.978	0.134	0.008	0.097	0.160	0.102	0.024	0.033	0.057	0.359	0.416	0.142	0.978	2.3	4.2 RO 1.4 R^2O^3 9.8 SiO^2	57
93	0.929	0.184	—	0.085	0.160	0.115	0.006	0.065	0.071	0.390	0.461	0.184	0.929	1.8	4.6 RO 1.8 R^2O^3 9.3 SiO^2	70
94	1.072	0.112	0.051	—	0.082	0.039	0.018	0.086	0.104	0.121	0.225	0.163	1.072	3.0	2.3 RO 1.6 R^2O^3 10.7 SiO^2	35
97	0.952	0.173	0.049	—	0.160	0.087	0.002	0.060	0.062	0.247	0.309	0.222	0.952	1.95	3.1 RO 2.2 R^2O^3 9.5 SiO^2	55
Mittel.	**0.981**	**0.158**	**0.024**	**0.045**	**0.144**	**0.094**	**0.015**	**0.055**	**0.070**	**0.283**	**0.333**	**0.187**	**0.981**	**2.18**	**3.56 RO 1.86 R^2O^3 9.82 SiO^2**	**55**

Variolithische Grundmasse.

№№	SiO^2	Al^2O^3	Fe^2O^3	FeO	CaO	MgO	K^2O	Na^2O	R^2O	RO	$R^2O + RO$	R^2O^3	SiO^2	Aciditäts-coefficient, α.	FORMELN.	Basenmolekelzahl auf 100 Molekel. SiO^2, β.
89	0.766	0.169	—	0.203	0.166	0.179	0.026	0.035	0.061	0.548	0.609	0.169	0.766	1.3	6.1 RO 1.7 R^2O^3 7.7 SiO^2	101
90	0.769	0.155	0.012	0.200	0.165	0.180	0.025	0.035	0.060	0.545	0.605	0.167	0.769	1.3	6.0 RO 1.7 R^2O^3 7.7 SiO^2	103
92	0.744	0.215	—	0.192	0.101	0.223	0.012	0.049	0.061	0.519	0.580	0.215	0.744	1.19	5.8 RO 2.2 R^2O^3 7.4 SiO^2	108
Mittel.	**0.726**	**0.179**	**0.004**	**0.198**	**0.145**	**0.194**	**0.021**	**0.039**	**0.061**	**0.537**	**0.598**	**0.183**	**0.759**	**1.26**	**5.96 RO 1.86 R^2O^3 7.60 SiO^2**	**104**

Wichtisit.

№№	SiO^2	Al^2O^3	Fe^2O^3	FeO	CaO	MgO	K^2O	Na^2O	R^2O	RO	$R^2O + RO$	R^2O^3	SiO^2	Aciditäts-coefficient, α.	FORMELN.	Basenmolekelzahl auf 100 Molekel. SiO^2, β.
95	0.947	0.129	0.027	0.182	0.117	0.082	—	0.061	0.061	0.381	0.442	0.156	0.947	2.0	4.4 RO 1.6 R^2O^3 9.5 SiO^2	52
96	0.904	0.140	—	0.254	0.100	0.096	—	0.062	0.062	0.450	0.512	0.140	0.904	1.96	5.0 RO 1.4 R^2O^3 9.0 SiO^2	72
Mittel.	**0.925**	**0.134**	**0.014**	**0.218**	**0.109**	**0.089**	—	**0.062**	**0.062**	**0.415**	**0.477**	**0.148**	**0.925**	**1.98**	**4.7 RO 1.5 R^2O^3 9.25 SiO^2**	**62**

Lamprophyr [1]).

№№	SiO^2	Al^2O^3	Fe^2O^3	FeO	CaO	MgO	K^2O	Na^2O	R^2O	RO	$R^2O + RO$	R^2O^3	SiO^2	Aciditäts-coefficient, α.	FORMELN.	Basenmolekelzahl auf 100 Molekel. SiO^2, β.
185	1.031	0.166	0.014	0.044	0.105	0.112	0.007	0.074	0.081	0.261	0.342	0.180	1.031	2.3	3.4 RO 2.6 R^2O^3 10.3 SiO^2	50

Camptonit.

№№	SiO^2	Al^2O^3	Fe^2O^3	FeO	CaO	MgO	K^2O	Na^2O	R^2O	RO	$R^2O + RO$	R^2O^3	SiO^2	Aciditäts-coefficient, α.	FORMELN.	Basenmolekelzahl auf 100 Molekel. SiO^2, β.
98	0.761	0.175	0.089	—	0.152	0.178	0.033	0.047	0.080	0.330	0.410	0.264	0.761	1.2	4.1 RO 2.6 R^2O^3 7.6 SiO^2	88

Monchiquite.

№№	SiO^2	Al^2O^3	Fe^2O^3	FeO	CaO	MgO	K^2O	Na^2O	R^2O	RO	$R^2O + RO$	R^2O^3	SiO^2	Aciditäts-coefficient, α.	FORMELN.	Basenmolekelzahl auf 100 Molekel. SiO^2, β.
265	0.813	0.166	0.040	0.088	0.137	0.105	0.034	0.095	0.129	0.330	0.459	0.206	0.813	1.5	4.6 RO 2.1 R^2O^3 8.1 SiO^2	81
301	0.739	0.180	0.047	0.108	0.229	0.088	0.014	0.033[2])	0.116[3])	0.425	0.541	0.227	0.739	1.20	5.4 RO 2.3 R^2O^3 7.4 SiO^2	104[4])
302	0.775	0.158	0.038	0.084	0.131	0.100	0.032	0.094[5])	0.126	0.315	0.441	0.196	0.775	1.5	4.4 RO 2.0 R^2O^3 7.8 SiO^2	
Mittel.									**0.127**	**0.356**	**0.480**	**0.209**	**0.776**	**1.4**	**4.8 RO 2.1 R^2O^3 7.7 SiO^2**	

[1]) Als Camptonit bezeichnet. [2]) Ausserdem H^2O—0.069. [3]) $R^2O + H^2O$. [4]) Mit H^2O. [5]) Ausserdem H^2O—0.238.

Glasbasis aus Monchiquit.

266	0.963	0.211	0.017	—	0.022	0.007	0.029	0.213	0.242	0.029	0.271	0.228	0.963	2.0	2.7 RO 2.3 R^2O^3 9.6 SiO^2	51

Schonkinite.

314	0.867	0.099	0.022	0.071	0.154	0.309	0.055	0.040	0.095	0.535	0.630	0.121	0.867	1.74	6.3 RO 1.2 R^2O^3 8.7 SiO^2	86
315	0.802	0.101	0.022	0.117	0.243	0.249	0.041	0.030	0.071	0.609	0.680	0.123	0.802	1.52	6.8 RO 1.2 R^2O^3 8.0 SiO^2	100
316	0.839	0.124	0.018	0.082	0.186	0.234	0.054	0.036	0.090	0.502	0.592	0.142	0.839	1.64	5.9 RO 1.4 R^2O^3 8.4 SiO^2	87
317	0.823	0.118	0.023	0.083	0.170	0.342	0.024	0.045	0.069	0.595	0.664	0.141	0.823	1.51	6.6 RO 1.4 R^2O^3 8.2 SiO^2	97
Mittel.									**0.081**	**0.560**				**1.60**	**6.4 RO 1.3 R^2O^3 8.3 SiO^2**	**92**

Missourit.

308	0.796	0.101	0.020	0.080	0.194	0.379	0.056	0.021	0.077	0.653	0.730	0.121	0.796	1.45	7.3 RO 1.2 R^2O^3 8.0 SiO^2	106

Ijolit.

320	0.769	0.200	0.029	0.040	0.186	0.049	0.018	0.161	0.179	0.275	0.454	0.229	0.769	1.34	4.5 RO 2.3 R^2O^3 7.7 SiO^2	

Basalte.

114	0.945	0.142	0.010	0.148	0.123	0.141	0.005	0.066	0.071	0.412	0.483	0.152	0.945	2.0	4.8 RO 1.5 R^2O^3 9.5 SiO^2	66
115	0.915	0.100	0.044	0.081	0.160	0.163	0.023	0.067	0.090	0.404	0.494	0.144	0.915	1.9	4.9 RO 1.4 R^2O^3 9.2 SiO^2	69
116	0.954	0.151	0.010	0.066	0.137	0.193	0.016	0.048	0.064	0.396	0.460	0.161	0.954	2.0	4.6 RO 1.6 R^2O^3 9.5 SiO^2	65
117	0.851	0.202	0.022	0.124	0.166	0.065	0.005	0.050	0.055	0.355	0.410	0.224	0.851	1.5	4.1 RO 2.2 R^2O^3 8.5 SiO^2	74
119	0.907	0.178	0.014	0.068	0.185	0.140	0.014	0.047	0.061	0.393	0.454	0.193	0.907	1.7	4.5 RO 1.9 R^2O^3 9.1 SiO^2	71
120	0.895	0.165	0.017	0.086	0.184	0.155	0.011	0.045	0.056	0.425	0.481	0.182	0.895	1.6	4.9 RO 1.8 R^2O^3 9.0 SiO^2	74
131	0.828	0.180	0.043	0.077	0.191	0.099	0.011	0.056	0.067	0.367	0.434	0.229	0.828	1.48	4.3 RO 2.3 R^2O^3 8.3 SiO^2	80
132	0.847	0.145	0.051	0.095	0.167	0.169	0.007	0.045	0.052	0.381	0.433	0.196	0.847	1.6	4.3 RO 2.0 R^2O^3 8.5 SiO^2	74
134	0.877	0.147	—	0.164	0.190	0.161	0.007	0.043	0.050	0.515	0.565	0.147	0.877	1.7	5.7 RO 1.5 R^2O^3 8.8 SiO^2	80
135	0.842	0.160	0.054	0.051	0.036	0.176	—	—	—	0.264	0.264	0.215	0.842	1.8	2.6 RO 2.2 R^2O^3 8.4 SiO^2	56
136	0.834	0.184	—	0.162	0.208	0.130	0.004	0.036	0.040	0.500	0.540	0.184	0.834	1.5	5.4 RO 1.8 R^2O^3 8.3 SiO^2	82
137	0.818	0.224	0.030	0.057	0.240	0.094	0.003	0.020	0.023	0.341	0.364	0.255	0.818	1.45	3.6 RO 2.6 R^2O^3 8.2 SiO^2	75
138	0.804	0.148	—	0.184	0.232	0.172	0.009	0.040	0.049	0.588	0.637	0.148	0.804	1.5	6.4 RO 1.5 R^2O^3 8.0 SiO^2	97
139	0.741	0.117	0.050	0.218	0.188	0.084	0.014	0.056	0.070	0.490	0.560	0.167	0.741	1.5	5.6 RO 1.7 R^2O^3 7.4 SiO^2	98
296	0.913	0.127	0.059	0.058	0.150	0.122	0.026	0.043	0.069	0.330	0.399	0.186	0.913	1.9	4.0 RO 1.9 R^2O^3 9.1 SiO^2	61
297	0.850	0.157	0.056	0.066	0.148	0.182	0.011	0.037	0.048	0.396	0.444	0.213	0.850	1.56	4.4 RO 2.1 R^2O^3 8.5 SiO^2	78
299	0.805	0.147	—	0.186	0.232	0.172	0.009	0.040	0.049	0.590	0.639	0.147	0.805	1.5	6.4 RO 1.5 R^2O^3 8.1 SiO^2	97
300	0.728	0.094	0.072	0.101	0.241	0.257	0.012	0.043	0.055	0.599	0.654	0.166	0.728	1.3	6.5 RO 1.7 R^2O^3 7.3 SiO^2	112
122	0.830	0.176	—	0.173	0.203	0.100	0.007	0.054	0.061	0.476	0.537	0.176	0.830	1.55	5.4 RO 1.8 R^2O^3 8.3 SiO^2	86
Mittel.	**0.852**	**0.155**	**0.029**	**0.114**	**0.178**	**0.146**	**0.010**	**0.044**	**0.055**	**0.432**	**0.487**	**0.183**	**0.852**	**1.63**	**4.86 RO 1.84 R^2O^3 8.52 SiO^2**	**79**

Limburgite.

№№	SiO^2	Al^2O^3	Fe^2O^3	FeO	CaO	MgO	K^2O	Na^2O	R^2O	RO	R^2O +RO	R^2O^3	SiO^2	Aciditäts-coefficient, α.	FORMELN.	Basenmolekelzahl auf 100 Molekel SiO^2, β.
121	0.695	0.241	0.060	—	0.200	0.130	0.019	0.002	0.111	0.390	0.501	0.301	0.695	1.0	5.0 RO 3.0 R^2O^3 7.0 SiO^2	106
123	0.711	0.088	—	0.273	0.228	0.261	0.006	0.038	0.044	0.762	0.808	0.088	0.741	1.37	8.1 RO 0.9 R^2O^3 7.4 SiO^2	120
124	0.724	0.144	0.100	—	0.210	0.230	0.018	0.051	0.069	0.440	0.509	0.244	0.724	1.1	5.1 RO 2.4 R^2O^3 7.2 SiO^2	105
125	0.670	0.178	0.106	—	0.241	0.133	0.015	0.070	0.085	0.374	0.459	0.284	0.670	1.02	4.6 RO 2.8 R^2O^3 6.7 SiO^2	110
126	0.677	0.112	0.110	0.033	0.020	0.184	0.020	0.064	0.084	0.237	0.321	0.252	0.677	1.2	3.2 RO 2.5 R^2O^3 6.8 SiO^2	84
Mittel.	**0.701**	**0.158**	**0.075**	**0.061**	**0.179**	**0.187**	**0.015**	**0.063**	**0.078**	**0.440**	**0.519**	**0.233**	**0.701**	**1.14**	**5.20 RO 2.32 R^2O^3 7.02 SiO^2**	**105**

Monzonite.

№№	SiO^2	Al^2O^3	Fe^2O^3	FeO	CaO	MgO	K^2O	Na^2O	R^2O	RO	R^2O +RO	R^2O^3	SiO^2	Aciditäts-coefficient, α.	FORMELN.	Basenmolekelzahl auf 100 Molekel SiO^2, β.
312	0.912	0.155	0.023	0.085	0.153	0.085	0.017	0.050	0.097	0.323	0.420	0.178	0.912	1.91	4.2 RO 1.8 R^2O^3 9.1 SiO^2	
311	0.925	0.112	0.021	0.060	0.145	0.156	0.045	0.056	0.101	0.361	0.462	0.163	0.925	1.94	4.6 RO 1.6 R^2O^3 9.2 SiO^2	
310	0.922	0.152	0.012	0.165	0.106	0.091	0.027	0.051	0.078	0.362	0.440	0.164	0.922	1.97	4.4 RO 1.6 R^2O^3 9.2 SiO^2	
309	0.951	0.140	0.004	0.164	0.107	0.085	0.034	0.050	0.084	0.356	0.440	0.144	0.951	2.18	4.4 RO 1.4 R^2O^3 9.5 SiO^2	
Mittel.									**0.090**	**0.350**	**0.440**	**0.162**	**0.927**	**2.0**	**4.4 RO 1.6 R^2O^3 9.25 SiO^2**	**64**
312	0.912	0.155	0.023	0.085	0.153	0.085	0.017	0.050	0.097	0.323	0.420	0.178	0.912	1.91	4.2 RO 1.8 R^2O^3 9.1 SiO^2	
318	0.901	0.277	—	0.010	0.186	0.010	0.006	0.073	0.079	0.206	0.285	0.277	0.902	1.61	2.9 RO 2.8 R^2O^3 9.0 SiO^2	

Felsidolerit.

№№	SiO^2	Al^2O^3	Fe^2O^3	FeO	CaO	MgO	K^2O	Na^2O	R^2O	RO	R^2O +RO	R^2O^3	SiO^2	Aciditäts-coefficient, α.	FORMELN.	Basenmolekelzahl auf 100 Molekel SiO^2, β.
313	1.068	0.154	0.009	0.093	0.073	0.019	0.026	0.047	0.073	0.215	0.288	0.163	1.068	2.71	2.9 RO 1.6 R^2O^3 10.7 SiO^2	

Malignit.

№№	SiO^2	Al^2O^3	Fe^2O^3	FeO	CaO	MgO	K^2O	Na^2O	R^2O	RO	R^2O +RO	R^2O^3	SiO^2	Aciditäts-coefficient, α.	FORMELN.	Basenmolekelzahl auf 100 Molekel SiO^2, β.
307	0.873	0.140	0.023	0.050	0.198	0.087	0.049	0.111	0.160	0.335	0.495	0.163	0.873	1.77	5.0 RO 1.6 R^2O^3 8.7 SiO^2	75
306	0.830	0.135	0.018	0.038	0.213	0.148	0.058	0.061	0.119	0.439	0.558	0.153	0.830	1.64	5.6 RO 1.5 R^2O^3 8.3 SiO^2	85

Theralith.

№№	SiO^2	Al^2O^3	Fe^2O^3	FeO	CaO	MgO	K^2O	Na^2O	R^2O	RO	R^2O +RO	R^2O^3	SiO^2	Aciditäts-coefficient, α.	FORMELN.	Basenmolekelzahl auf 100 Molekel SiO^2, β.
305	0.790	0.143	0.028	0.118	0.206	0.167	0.017	0.081	0.098	0.491	0.589	0.171	0.790	1.43	5.9 RO 1.7 R^2O^3 7.9 SiO^2	96
304	0.755	0.156	0.049	0.038	0.198	0.151	0.045	0.096	0.141	0.387	0.528	0.205	0.755	1.31	5.3 RO 2.1 R^2O^3 7.6 SiO^2	97

Grorudit.

№№	SiO^2	Al^2O^3	Fe^2O^3	FeO	CaO	MgO	K^2O	Na^2O	R^2O	RO	R^2O +RO	R^2O^3	SiO^2	Aciditäts-coefficient, α.	FORMELN.	Basenmolekelzahl auf 100 Molekel SiO^2, β.
269	1.169	0.117	0.030	0.023	0.011	0.004	0.043	0.092	0.135	0.038	0.173	0.147	1.169	3.7	1.8 RO 1.5 R^2O^3 11.7 SiO^2	28
[illegible]	[illegible]	[illegible]	[illegible]	[illegible]	[illegible]	[illegible]	[illegible]	0.073	0.115	0.027	0.142	0.122	1.240	4.96	1.4 RO 1.2 R^2O^3 12.4 SiO^2	20

							Akmittrachyt.									
287	1.108	0.177	—	0.059	0.023	0.012	0.037	0.093	0.130	0.094	0.224	0.177	1.108	3.0	2.2 RO 1.8 R^2O^3 11.1 SiO^2	36
							Sölvsbergite.									
270	0.908	0.173	0.025	0.042	0.019	0.014	0.060	0.119	0.179	0.075	0.253	0.197	0.908	2.14	2.5 RO 2.0 R^2O^3 9.1 SiO^2	49
271	1.045	0.160	0.021	0.033	0.017	0.020	0.056	0.115	0.171	0.070	0.241	0.181	1.045	2.6	2.4 RO 1.8 R^2O^3 10.5 SiO^2	40
268	1.003	0.178	0.025	0.040	0.019	0.014	0.060	0.121	0.181	0.073	0.254	0.203	1.003	2.3	2.5 RO 2.0 R^2O^3 10.0 SiO^2	45
							Leucitite.									
319	0.775	0.115	0.047	0.061	0.132	0.118	0.092	0.038	0.130	0.311	0.441	0.162	0.775	1.65	4.4 RO 1.6 R^2O^3 7.8 SiO^2	74
242	0.793	0.172	0.082	—	0.171	0.073	0.069	0.038	0.107	0.243	0.350	0.254	0.793	1.4	3.5 RO 2.0 R^2O^3 7.9 SiO^2	76
243	0.767	0.153	—	0.194	0.198	0.075	0.062	0.084	0.146	0.467	0.613	0.153	0.767	1.4	6.1 RO 1.5 R^2O^3 7.7 SiO^2	100
Mittel.							**0.074**	**0.053**	**0.128**	**0.340**	**0.468**	**0.189**	**0.778**	**1.45**	**4.65 RO 1.7 R^2O^3 7.8 SiO^2**	
							Leucittephrit.									
321	0.975	0.191	—	0.069	0.046	0.013	0.111	0.050	0.161	0.128	0.289	0.191	0.975	2.26	2.9 RO 1.9 R^2O^3 9.8 SiO^2	49
							Leucitabsarokit									
317	0.823	0.118	0.023	0.083	0.170	0.312	0.021	0.045	0.069	0.595	0.664	0.141	0.823	1.51	6.6 RO 1.4 R^2O^3 8.2 SiO^2	97
							Nordmarkit.									
303	1.058	0.170	0.022	—	0.024	0.014	0.061	0.112	0.173	0.038	0.211	0.192	1.058	2.68	2.1 RO 1.9 R^2O^3 10.6 SiO^2	38
							Urtit.									
330	0.762	0.283	0.019	0.005	0.033	0.005	0.036	0.266	0.302	0.043	0.345	0.302	0.762	1.21	3.5 RO 3.0 R^2O^3 7.6 SiO^2	84
330a	0.758	0.282	0.019	0.005	0.033	0.005	0.036	0.260	0.296	0.043	0.339	0.301	0.758	1.21	3.4 RO 3.0 R^2O^3 7.6 SiO^2	
							Esterellit.									
332	1.026	0.184	0.029	—	0.117	0.051	0.015	0.069	0.084	0.168	0.252	0.213	1.026	2.28	2.5 RO 2.1 R^2O^3 10.3 SiO^2	
							Taurit.									
333	1.267	0.115	0.024	—	0.006	0.009	0.010	0.065	0.105	0.015	0.120	0.139	1.267	4.53	1.2 RO 1.4 R^2O^3 12.7 SiO^2	
334	1.213	0.120	0.041	—	0.011	0.023	0.024	0.086	0.112	0.034	0.146	0.161	1.213	3.88	1.5 RO 1.6 R^2O^3 12.1 SiO^2	
							Paisanit.									
335	1.222	0.149	0.011	0.004	0.004	0.002	0.060	0.070	0.130	0.010	0.140	0.160	1.222	3.94	1.4 RO 1.6 R^2O^3 12.2 SiO^2	24

№№	SiO^2	Al^2O^3	Fe^2O^3	FeO	CaO	MgO	K^2O	Na^2O	R^2O	RO	R^2O + RO	R^2O^3	SiO^2	Aciditäts-coefficient, α.	F O R M E L N.	Basenmolekelzahl auf 100 Molekel SiO^2, β.
								Commendit.								
336	1.153	0.142	0.006	0.040	—	—	0.030	0.148	0.178	0.040	0.218	0.148	1.153	3.48	2.2 RO 1.5 R^2O^3 11.5 SiO^2	31
								Ciminit.								
337	0.926	0.182	0.013	0.062	0.120	0.118	0.070	0.029	0.099	0.300	0.399	0.195	0.926	1.86	4.0 RO 2.0 R^2O^3 9.3 SiO^2	
								Toscanit.								
338	1.094	0.145	0.010	0.065	0.074	0.026	0.039	0.068	0.107	0.165	0.272	0.155	1.094	2.97	2.7 RO 1.6 R^2O^3 11.0 SiO^2	
339	1.119	0.162	0.007	0.035	0.053	0.025	0.067	0.037	0.104	0.113	0.217	0.169	1.119	3.09	2.2 RO 1.7 R^2O^3 11.2 SiO^2	
								Andesittrachyte.								
340 [1]	0.979	0.197	0.025	0.012	0.064	0.024	0.094	0.041	0.135	0.100	0.235	0.222	0.979	2.17	2.4 RO 2.2 R^2O^3 9.8 SiO^2	
341 [2]	0.961	0.195	0.014	0.032	0.068	0.040	0.097	0.052	0.149	0.140	0.289	0.209	0.961	2.09	2.9 RO 2.1 R^2O^3 9.6 SiO^2	
344 [3]	0.938	0.186	0.023	0.030	0.090	0.066	0.074	0.072	0.146	0.186	0.332	0.209	0.938	1.95	3.3 RO 2.1 R^2O^3 9.4 SiO^2	
Mittel.									**0.143**	**0.143**	**0.285**			**2.07**	**2.9 RO 2.1 R^2O^3 9.6 SiO^2**	**52**
								Kyshtymit.								
342	0.382	0.638	0.020	—	0.120	0.034	0.006	0.016	0.022	0.154	0.176	0.658	0.382	0.35	1.8 RO 6.6 R^2O^3 3.8 SiO^2	218
								Melilithbasalt.								
346	0.634	0.119	0.015	0.079	0.219	0.464	0.031	0.029	0.060	0.762	0.822	0.134	0.634	1.03	8.2 RO 1.3 R^2O^3 6.3 SiO^2	150
								Quarzmonzonit [4].								
343	1.053	0.131	0.023	0.034	0.062	0.117	0.066	0.043	0.110	0.213	0.323	0.154	1.053	2.68	3.2 RO 1.5 R^2O^3 10.5 SiO^2	
								Hornblendegabbro.								
345	0.670	0.196	0.048	0.124	0.253	0.185	0.005	0.025	0.030	0.562	0.592	0.244	0.670	1.03	6.0 RO 2.4 R^2O^3 6.7 SiO^2	

1) Vulsinit. 2) Vulsinit. 3) [illegible] 4) Angeführt als Augitgranit.

Nachträge.

Ad. pag. 39. Die Bezeichnungen: „Quarzsyenit“, „Quarzandesit“, „Quarztrachyt“ sind durchaus nicht Synonyme von „Granit, Dacit, Liparit“ und müssen für Syenite, Andesite und Trachyte mit zufälligem geringem Quarzgehalt aufrecht erhalten werden.

Ad. pag. 151. Brauns führt in seiner chemischen Mineralogie an, dass nach Lemberg und Lagorio die Magnesia eine grössere Affinität zur Kieselsäure besitzt, als die Alkalien. Das trifft völlig zu für die hydrochemischen Processe, wo ein Austausch dieser, von verschiedenen Säuren gebundenen, Basen eintreten kann. Ich betrachte aber hier einen andern Fall, nämlich die Vertheilung einer Säure (die Kieselsäure) unter zwei Basen. Die Vertheilung einer Säure unter zwei Basen oder einer Base unter zwei Säuren hängt, bekanntlich, von dem Grad der Dissociation ab [1]): die stärker dissociirte Base ist stärker und bindet mehr Säure etc. In Bezug auf das Magma wird die Frage leider complicirter, weil es sich hier nicht um zwei, sondern um mehrere Basen handelt, weil sich saure und basische Salze bilden können, endlich weil die Concentration und einige andere Bedingungen in's Gewicht fallen.

Ad. pag. 156. Teall [2]) weist auf die Bedeutung des specifischen Gewichts hin, die sich bei der Differentiation in Folgendem äussert: 1) die früheren Ausscheidungen, die zu den basischen Mineralien gehören, sinken unter, wodurch die obere Schichte des Magmas saurer wird; 2) die untersinkenden Kry-

[1]) W. Nernst. Theoretische Chemie. 1893, p. 409—414.
[2]) H. Teall. On some quartz-felsites and augite-granites from the Cheviot District. — Geol. Mag. 1885, p. 119.

stalle werden unten wieder aufgelöst und bewirken auf diese Weise eine Veränderung der Zusammensetzung in den unteren Schichten des Magmas; 3) die saurere Mutterlauge kann ausgepresst werden und die sog. „contemporaneous veins“ bilden.

Es finden sich ebenfalls bei Darwin Hinweise auf das Untersinken der bereits ausgeschiedenen Krystalle und auf die Bildung einer leichten oberen Schichte, die frei von Krystallen ist. Darwin und Scrope sprechen ebenfalls von einem Auspressen der nicht krystallisirenden Theile des Magmas.

Hinweise auf das Untersinken von Feldspath- und Augitkrystallen in der Lava von Kilauea finden sich bei King. (pag. 678).

Erklärung der Tafeln.

Tafeln I—III.

Diagramme zur Veranschaulichung der Wechselbeziehungen in dem Gehalt an verschiedenen Bestandtheilen (einzelne Oxyde, Oxydgruppen und Kieselsäure) in den Eruptivgesteinen.

Tafel IV.

Diagramme zur Veranschaulichung der chemischen Zusammensetzung der Eruptivgesteine.

Ra

0.57 1.0
1.070

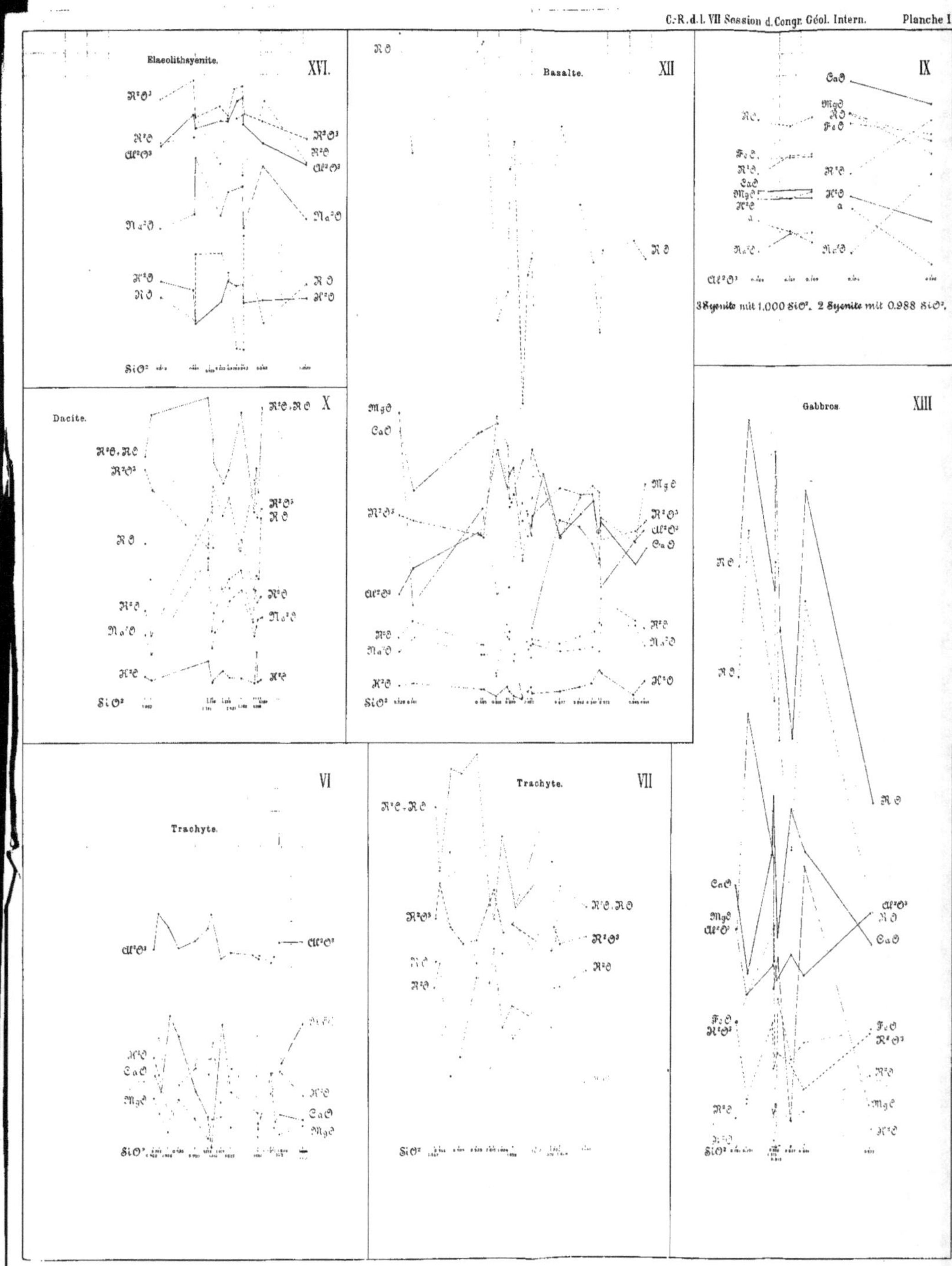
Elaeolithsyenite.
XVI.
Basalte.
XII
IX
38 Syenite mit 1.000 SiO². 2 Syenite mit 0.988 SiO².
Dacite.
X
Gabbros
XIII
VI
Trachyte.
Trachyte.
VII

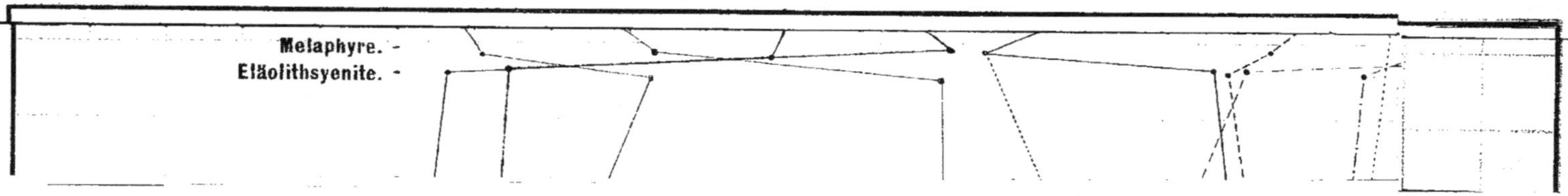

Melaphyre.
Eläolithsyenite.

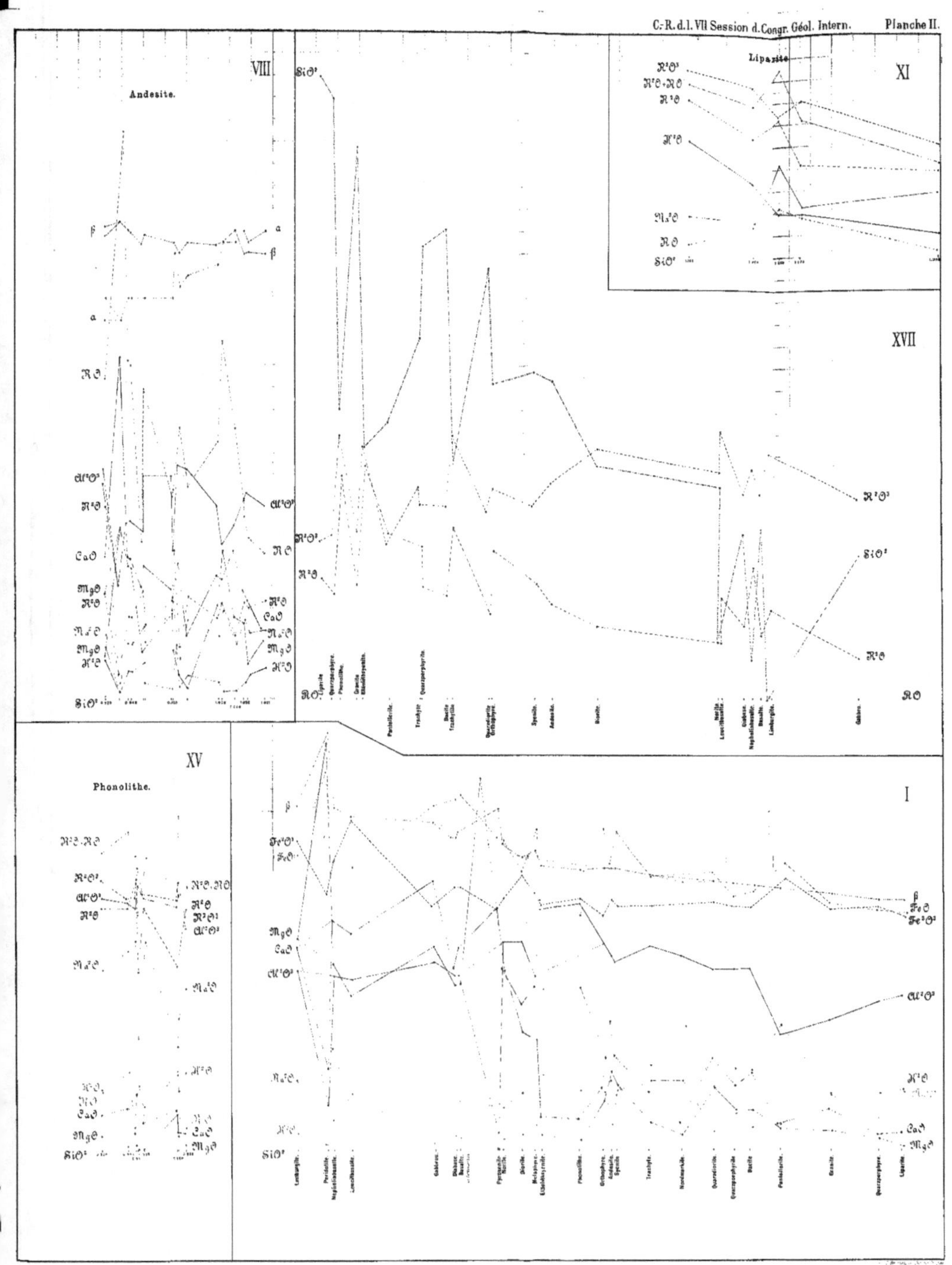
VIII
Andesite.
XI
Liparite
XVII
XV
Phonolithe.
I

Quarzporphyrite....

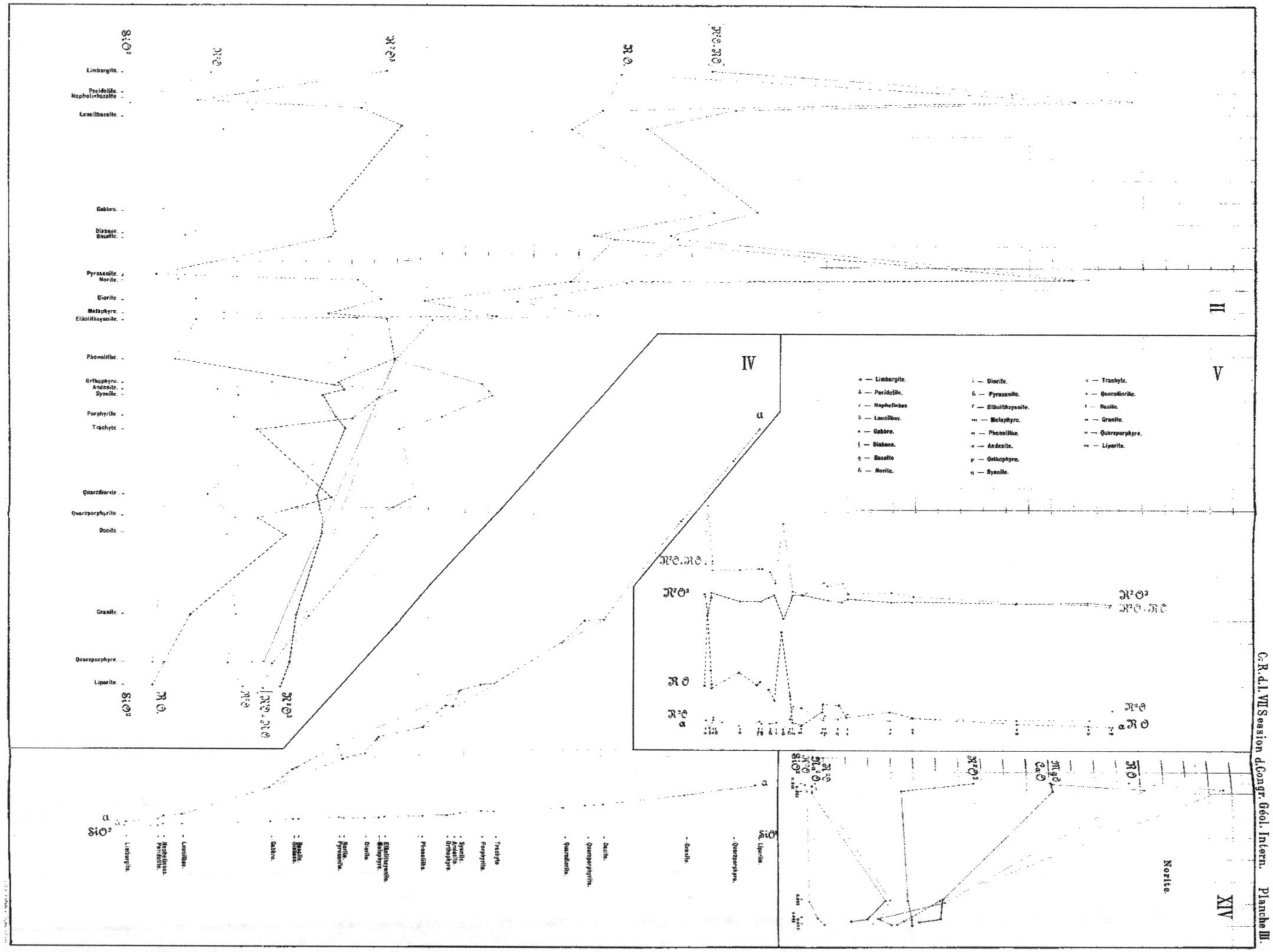
II
IV
V
XIV
Norite.
SiO²
Limburgite.
Peridotite.
Nephelinbasalte
Leucitbasalte.
Gabbro.
Diabase.
Basalte.
Pyroxenite.
Norite.
Diorite
Melaphyre.
Eläolithsyenite.
Phonolithe.
Orthophyre.
Andesite.
Syenite.
Porphyrite
Trachyte
Quarzdiorite
Quarzporphyrite
Dacite
Granite
Quarzporphyre
Liparite
a — Limburgite.
b — Peridotite.
c — Nephelinbas.
d — Leucitbas.
e — Gabbro.
f — Diabase.
g — Basalte
h — Norite.
i — Diorite.
k — Pyroxenite.
l — Eläolithsyenite.
m — Melaphyre.
n — Phonolithe.
o — Andesite.
p — Orthophyre.
q — Syenite.
r — Trachyte.
s — Quarzdiorite.
t — Dacite.
u — Granite.
v — Quarzporphyre.
w — Liparite.
a

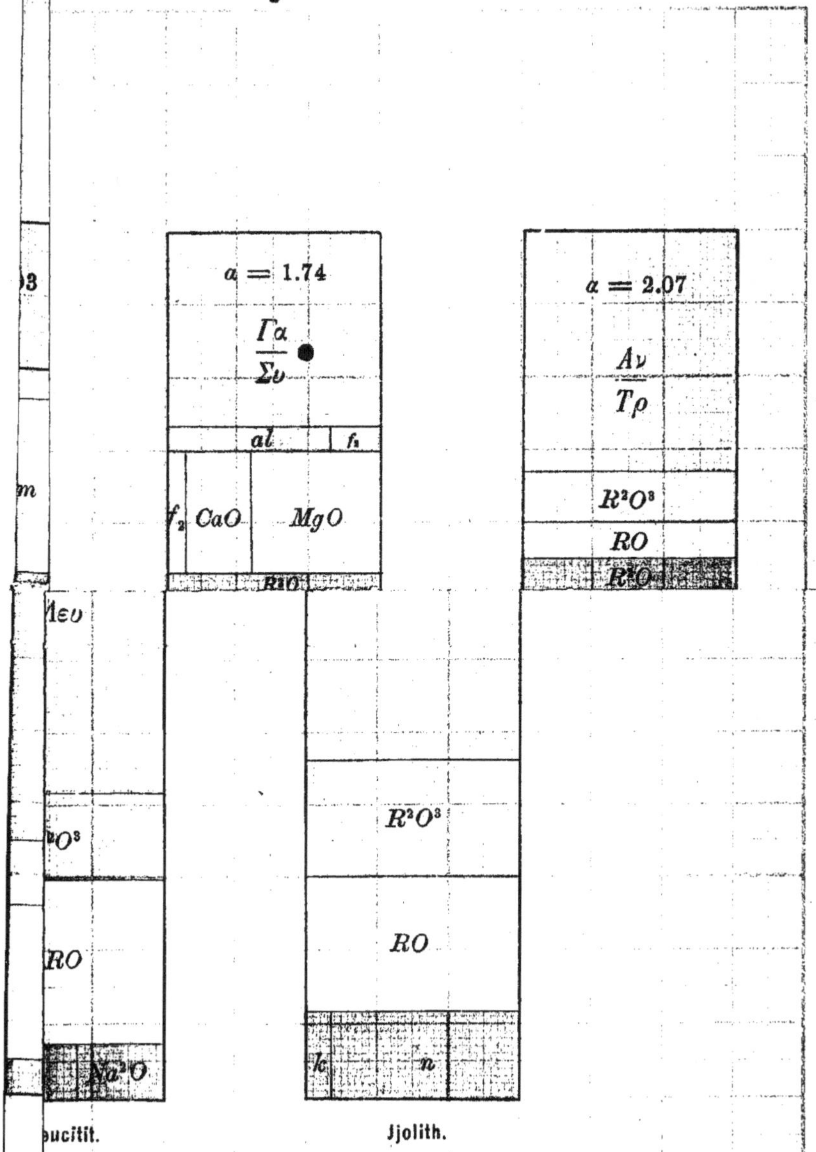

$a = 1.74$

$\frac{\Gamma\alpha}{\Sigma\upsilon}$

al

f_1

f_2 CaO MgO

R^2O

$a = 2.07$

$\frac{A\nu}{T\rho}$

R^2O^3

RO

R^2O

3

m

Λευ

O^3

RO

Na^2O

ucitit.

R^2O^3

RO

k n

Ijolith.

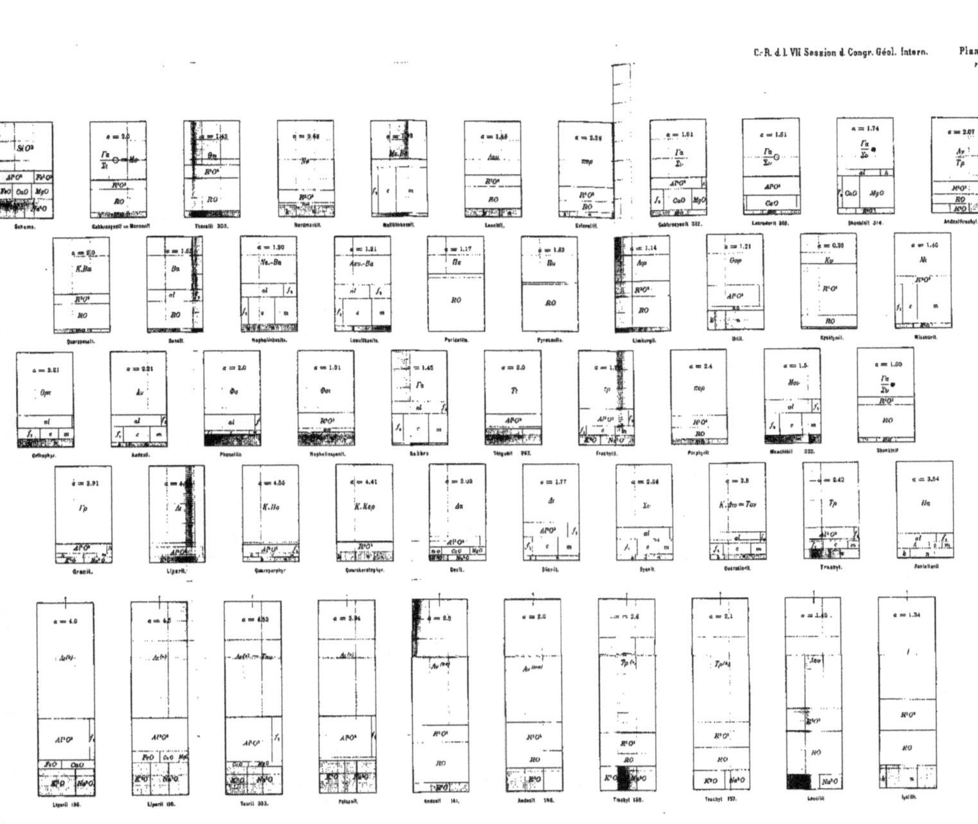

www.ingramcontent.com/pod-product-compliance
Lightning Source LLC
LaVergne TN
LVHW020935230826
846092LV00001BA/3

* 9 7 8 2 3 2 9 4 6 4 9 7 8 *